国家出版基金项目
NATIONAL PUBLICATION FOUNDATION

重金属清洁冶金

唐谟堂　杨声海　唐朝波 ◇ **等著**

中南大学出版社
www.csupress.com.cn
·长沙·

图书在版编目（CIP）数据

重金属清洁冶金／唐谟堂等著. —长沙：中南大学
出版社，2022.11

（有色金属理论与技术前沿丛书）

ISBN 978-7-5487-4885-4

Ⅰ.①重… Ⅱ.①唐… Ⅲ.①重金属冶金—无污染工
艺 Ⅳ.①TF81

中国版本图书馆 CIP 数据核字（2022）第 076066 号

重金属清洁冶金
ZHONGJINSHU QINGJIE YEJIN

唐谟堂　杨声海　唐朝波　等著

□出 版 人	吴湘华	
□责任编辑	史海燕	
□责任印制	李月腾	
□出版发行	中南大学出版社	
	社址：长沙市麓山南路	邮编：410083
	发行科电话：0731-88876770	传真：0731-88710482
□印　　装	湖南省众鑫印务有限公司	

□开　　本	710 mm×1000 mm 1/16	□印张 39.5	□字数 793 千字
□版　　次	2022 年 11 月第 1 版	□印次 2022 年 11 月第 1 次印刷	
□书　　号	ISBN 978-7-5487-4885-4		
□定　　价	220.00 元		

内容简介

《重金属清洁冶金》全面、系统地介绍了作者学术团队在赵天从教授"无污染冶金"学术思想指导下 30 多年来在重金属清洁冶金学科方向上取得的学术成就和研究成果。全书分为四篇：第一篇是绪论，系统介绍重金属及伴生元素的毒性和冶金行为；第二篇是火法清洁冶金，系统介绍铅、锑、铋的还原造锍熔炼，铅、铋、镍的碱性熔炼以及铅、锑的低温熔盐冶金的基础理论和工艺方法；第三篇是湿法清洁冶金，详细介绍锌和镉的氨法清洁冶金，锡、锑、铋和银的湿法氯化冶金，以及无铁渣湿法炼锌提铟与铁资源利用的基础理论和工艺方法；第四篇是重金属冶金"三废"资源无害化处理，详细介绍高砷物料、炼锌废渣、氟铍废水、低浓度二氧化硫烟气及含汞烟气的资源化和无害化处理的工艺和理论。该书涵盖了重金属金、银、铟、钼及锰的清洁冶金和综合回收，以及冶金"三废"资源化无害化处理的新领域，内容全面、丰富、系统，创新性强。该书可作为冶金、环境、化工、材料类硕士生的教材，也可作为从事冶金、环境、化工、材料科研和生产的有关人员以及大专院校相关专业师生的参考书。

作者简介

About the Author

唐谟堂，工学博士，退休前为中南大学二级教授，博士生导师。长期致力于有色金属冶金的教学和科研工作，擅长重金属清洁冶金、精细冶金和非传统资源的有效利用。共培养博士23人，硕士35人。主持和完成国家项目13项，省部级项目6项，横向合作项目多项。获授权发明34项，获省部级科技进步一、二、三等奖各1项，获省优秀教材奖1项。发表论文280余篇；出版图书10种，其中专著3种。1991年被授予"做出突出贡献的中国博士学位获得者"的荣誉称号，获政府特殊津贴。

杨声海，工学博士，中南大学教授，博士生导师，主要从事有色金属冶金科研与教学工作，擅长湿法冶金、电化学合成与纯化制备高纯有色金属有机化合物。主持完成国家"863"计划项目2项、国家自然科学基金项目3项、国家博士后科学基金项目2项，负责国家自然科学基金重点项目子项与"973计划"项目子项各2项，广东省重大专项项目、四川省科技厅重点研发计划项目各1项，横向项目多项。在国内外刊物上发表论文100余篇，申请发明专利50余件，授权32件；出版著作1部、参著2部。获得中国有色金属工业科学技术奖一等奖、三等奖各1项，2009年入选"湖南省普通高等学校青年骨干教师"培养计划，2012年入选江苏省"双创计划"。

唐朝波，工学博士，中南大学副教授，硕士生导师，中国有色金属学会和美国TMS学会会员，主要研究领域为重有色金属清洁冶金和固废资源循环利用。主持国家自然科学基金项目2项、国家科技支撑计划项目专题1项、参与国家级项目5项、主持企业横向科研合作项目多项。在国内外知名刊物上发表学术论文40余篇，其中SCI收录20余篇，获得国家发明专利20项，获得省部级科技进步一等奖2项，三等奖1项。

学术委员会

Academic Committee

国家出版基金项目
有色金属理论与技术前沿丛书

主　任

王淀佐　中国科学院院士　中国工程院院士

委　员（按姓氏笔画排序）

于润沧	中国工程院院士	古德生	中国工程院院士
左铁镛	中国工程院院士	刘业翔	中国工程院院士
刘宝琛	中国工程院院士	孙传尧	中国工程院院士
李东英	中国工程院院士	邱定蕃	中国工程院院士
何季麟	中国工程院院士	何继善	中国工程院院士
余永富	中国工程院院士	汪旭光	中国工程院院士
张　懿	中国工程院院士	张文海	中国工程院院士
张国成	中国工程院院士	陈　景	中国工程院院士
金展鹏	中国科学院院士	周　廉	中国工程院院士
周克崧	中国工程院院士	钟　掘	中国工程院院士
柴立元	中国工程院院士	黄伯云	中国工程院院士
黄培云	中国工程院院士	屠海令	中国工程院院士
曾苏民	中国工程院院士	戴永年	中国工程院院士

编辑出版委员会

Editorial and Publishing Committee

国家出版基金项目
有色金属理论与技术前沿丛书

总序
Preface

当今有色金属已成为决定一个国家经济、科学技术、国防建设等发展的重要物质基础，是提升国家综合实力和保障国家安全的关键性战略资源。作为有色金属生产第一大国，我国在有色金属研究领域，特别是在复杂低品位有色金属资源的开发与利用上取得了长足进展。

我国有色金属工业近 30 年来发展迅速，产量连年来居世界首位，有色金属科技在国民经济建设和现代化国防建设中发挥着越来越重要的作用。与此同时，有色金属资源短缺与国民经济发展需求之间的矛盾也日益突出，对国外资源的依赖程度逐年增加，严重影响我国国民经济的健康发展。

随着经济的发展，已探明的优质矿产资源接近枯竭，不仅使我国面临有色金属材料总量供应严重短缺的危机，而且因为"难探、难采、难选、难冶"的复杂低品位矿石资源或二次资源逐步成为主体原料后，对传统的地质、采矿、选矿、冶金、材料、加工、环境等科学技术提出了巨大挑战。资源的低质化将会使我国有色金属工业及相关产业面临生存竞争的危机。我国有色金属工业的发展迫切需要适应我国资源特点的新理论、新技术。系统完整、水平领先和相互融合的有色金属科技图书的出版，对于提高我国有色金属工业的自主创新能力，促进高效、低耗、无污染、综合利用有色金属资源的新理论与新技术的应用，确保我国有色金属产业的可持续发展，具有重大的推动作用。

作为国家出版基金资助的国家重大出版项目，"有色金属理论与技术前沿丛书"计划出版 100 种图书，涵盖材料、冶金、矿业、地学和机电等学科。丛书的作者荟萃了有色金属研究领域的院士、国家重大科研计划项目的首席科学家、长江学者特聘教授、国家杰出青年科学基金获得者、全国优秀博士论文奖获得者、国家重大人才计划入选者、有色金属大型研究院所及骨干企业的顶尖专家。

　　国家出版基金由国家设立，用于鼓励和支持优秀公益性出版项目，代表我国学术出版的最高水平。"有色金属理论与技术前沿丛书"瞄准有色金属研究发展前沿，把握国内外有色金属学科的最新动态，全面、及时、准确地反映有色金属科学与工程技术方面的新理论、新技术和新应用，发掘与采集极富价值的研究成果，具有很高的学术价值。

　　中南大学出版社长期倾力服务有色金属的图书出版，在"有色金属理论与技术前沿丛书"的策划与出版过程中做了大量极富成效的工作，大力推动了我国有色金属行业优秀科技著作的出版，对高等院校、研究院所及大中型企业的有色金属学科人才培养具有直接而重大的促进作用。

前言 / Foreword

有色金属是支撑国民经济发展的重要基础材料，但有色金属原料富含有毒（害）元素，特别是大多数重金属本身就是有毒（害）元素。因此，有色金属产业在三废排放和环境污染等方面的问题远比其他产业严重，是排放铅、镉、汞等有毒重金属及砷、铊、铍等有毒元素，SO_2 和放射性废物的大户。

针对上述情况，20 世纪 80 年代初，赵天从教授以其深广的学术造诣和对学科发展的敏锐洞察力，以及对社会的高度责任感，预见到粗放的冶金方式的严重后果，高瞻远瞩地提出了"无污染冶金"这一战略性的学科方向。"无污染冶金"有着深广的学术含义，是一个集清洁冶金工艺、"三废"治理及资源循环利用、冶金过程的节能降耗在内的范围极广的新学科方向。

在赵天从教授及其"无污染冶金"学术思想的指导下，作者学术团队于 20 世纪 80 年代初期即开始对重金属清洁冶金理论和新工艺的研究，取得了多项重要的阶段性成果，《重金属清洁冶金》这本专著也得以问世。

全书分为四篇：第一篇是绪论，系统介绍重金属及伴生元素的毒性和冶金行为；第二篇是火法清洁冶金，系统介绍铅、锑、铋的还原造锍熔炼，铅、铋、镍的碱性熔炼，以及铅、锑的低温熔盐冶金的基础理论和工艺方法；第三篇是湿法清洁冶金，详细介绍锌和镉的氨法清洁冶金，锡、锑、铋和银的湿法氯化清洁冶金，以及无铁渣湿法炼锌提铟和铁资源利用的基础理论和工艺方法；第四篇是重金属冶金"三废"资源无害化处理，详细介绍高砷物料、炼锌废渣、氟铍废水、低浓度二氧化硫烟气及含汞烟气的资源化和无害化处理的工艺和理论。

本书涵盖了重金属金、银、铟、钼及锰的清洁冶金和综合回收，以及冶金"三废"资源无害化处置的新领域，内容全面、丰富、系统,创新性强,反映了作者及其合作者三十多年来在清洁冶金学科方向上的学术成就和研究成果。本书所介绍的新技术与研究成果有的已实现产业化,有的是实验室研究成果,但这些都展示着清洁冶金技术正在快速发展,其学术地位和重要作用日益显现。

本书在以作者团队学术成就和研究成果的内容为主体的前提下,还收集整理了已公开发表及有重要学术意义的别人在清洁冶金方面的研究成果,如硫化锌精矿的固硫挥发熔炼及氯配合法处理含汞烟气等。

全书由唐谟堂策划,确定编著范围和结构,收集整理入编材料,然后分工编写初稿。具体分工如下:唐谟堂编写第一篇,各篇的绪言及参考文献,第二篇第 2 章 2.1 节、2.2 节(2.2.6 小节除外)及 2.5 节,第三篇第 3 章 3.1 节、3.3 节及 3.4 节,第四篇第 1 章、第 3 章及第 4 章;何静编写第三篇第 2 章,第四篇第 2 章 2.4 节;杨声海编写第三篇第 1 章;唐朝波编写第二篇第 1 章(1.3.4 小节除外)、第 2 章 2.3 节、2.4 节及 2.2.6 小节;杨建广编写第三篇第 3 章 3.2 节;陈永明编写第二篇第 1 章 1.3.4 小节及第四篇第 2 章(2.4 节除外)。之后由唐谟堂统一对初稿进行整理、修改和初步定稿,再由杨声海(第一篇、第三篇及第四篇)和唐朝波(第二篇)详细校阅和格式化处理,最后由唐谟堂审阅定稿。

从作者学术团队离休的建校元老汪键,退休老教师鲁君乐、袁延胜、晏德生、贺青蒲、姚维义对本书的问世都做出了重要贡献,对此作者深表谢意。

张文海院士的博士研究生王瑞祥和叶龙刚,张多默教授的博士研究生唐朝波,本书作者的博士研究生杨声海、张保平、李仕庆、黄潮、陈永明、夏志美、胡宇杰等,作者学术团队的硕士研究生唐明成、欧阳民、程华月、赵庭凯、夏志华、李诚国、肖剑飞、王亦男、张鹏、周存、张家靓、吴胜男、卢阶主、覃宝桂、刘永、刘小文、高亮、雷杰、彭思尧和陈龙等的学位论文研究成果为本书的编写提供了全面、充足的实质性素材。对他们的贡献表示谢意,并以此书缅怀我们最崇敬的赵老师。

值得指出的是,有多家合作单位参与了本书部分研究成果的中试、工试和试生产,这些单位是西部矿业集团有限公司、宜州威远公司、郴州国大有色金属冶炼有限公司、湖南柿竹园有色金属有限责任公司、广东南海市里水沙涌标辉冶炼厂、湖南晨州矿业有限责任公司、湖南水口山有色金属集团有限公司、四川省会泽铅锌矿、江西新干县金山化工厂、广西福斯银冶炼公司、江永县银铅锌矿。对上述单位关心和支持合作研究的领导及具体参与现场试验、试产的所有人员的付出与贡献表示衷心感谢。

梅光贵教授与作者真诚合作，完成了浸锰液制取电解二氧化锰的试验研究。另外，本书还引用了张传福、李作刚、刘志宏和董丰库等已公开发表的有关论文内容。对他们的贡献表示衷心感谢。

本书可作为冶金、环保、化工、材料类硕士生的教材，也可作为从事冶金、环保、化工、材料科研和生产的有关人员以及相关专业大专院校师生的参考用书。

由于本书作者学识水平有限，书中错误在所难免，敬请各位同行和读者批评指正，以便在本书再版时修正。对本书存在的问题和建议请发往 tmtang@126.com，作者将不胜感谢。

目录

Contents

第一篇 绪 论

第二篇 火法清洁冶金

第三篇　湿法清洁冶金

第四篇 重金属冶金"三废"资源无害化处理

第一篇　绪　论

有色金属是支撑国民经济发展的重要基础材料，但有色金属冶金工艺流程复杂，原材料多种多样，并富含有毒(害)元素，特别是大多数重金属本身就是有毒(害)元素。因此，有色金属产业在"三废"排放和环境污染等方面的问题远比其他产业严重，是排放铅、镉、汞等有毒重金属及砷、铊、铍等有毒元素和放射性废物的大户，其排放的 SO_2 量也居各行业的前列。

20 世纪 80 年代初期，赵天从教授以其深广的学术造诣和对学科发展的敏锐洞察力以及对社会的高度责任感，预见粗放的冶金方式的严重后果，高瞻远瞩地提出了"无污染冶金"这一战略性的学科方向。他提出的"无污染冶金"首先意味着冶金过程中应改进生产工艺，不排放或少排放对人类健康及生态环境有害的气态、固态、液态废物，即要研究与开发清洁冶金工艺，从源头上解决"三废"问题。同时考虑到冶金过程中所投入的物质，除进入产品及副产品的部分以外，其他都以各种废料形式产出的实际情况，为减少废料的产出，其根本办法是降低消耗，并将资源中的有价物质循环利用，在生产中应最大限度地节约资源，贯彻循环经济的原则。此外，"无污染冶金"还涉及冶金过程中已产生的"三废"的无害化处理，即"末端"治理。因此，"无污染冶金"是一个集合清洁冶金工艺、"三废"治理及资源循环利用、冶金过程的节能降耗的一个范围极广的学科方向。

在赵天从教授及其"无污染冶金"学术思想的指导下，作者学术团队于 20 世纪 80 年代初期就开始对重金属清洁冶金理论和新工艺的研究，包括重金属火法清洁冶金、重金属湿法清洁冶金以及主要的重金属冶金"三废"的资源化和无害化处理新技术，取得了多项重要的阶段性成果。

冶金学定义的重金属包括铜、镍、钴、铅、锌、镉、锡、锑、铋、汞，但环境学定义的重金属除了以上十种金属，还包括与重金属伴生的有毒元素砷、硫、铊、铍、氟等以及有毒的黑色金属铬和锰。本篇不仅系统介绍了重金属及伴生元素的毒性和冶金行为，还讲述了重金属冶金"三废"。

第1章 重金属的毒性及其冶金行为

重金属本身除了锡、铋和钴外都有毒性，其中毒性最大的是汞，其次是镉和铅，再次是锌、锑、铜和镍。与重金属大量伴生的砷、氟、铊和铍毒性均很强，硫亦有毒性，冶炼过程中硫以二氧化硫的形式排出，污染环境。

1.1 汞

地壳含汞量平均为 $8.3 \times 10^{-6}\%$（质量分数），但富集为矿床的仅为总量的 0.02%，其余的则呈极分散状态存在，汞的主要矿物是辰砂（HgS）、硫汞锑矿（$HgS \cdot 2Sb_2S_3$）和汞黝铜矿（$2Cu_2S \cdot HgS \cdot Sb_2S_3$）。辰砂的伴生矿物有黄铁矿、白铁矿、黄铜矿、辉锑矿、方解石、雄黄及闪锌矿等。例如，锌汞共存于闪锌矿晶格中，每吨锌精矿常含有几克甚至几百克的汞，而锑汞精矿含汞量为 $0.4\% \sim 1.0\%$（质量分数）。汞的熔点为 $-38.87℃$，沸点为 $357.25℃$，挥发性极大，在火法冶金过程中，有过量空气存在时，硫化汞分解为金属汞和二氧化硫：$HgS+O_2 \Longrightarrow Hg+SO_2$。该反应于 $285℃$ 开始，$360 \sim 370℃$ 时反应加剧，当温度进一步升高时反应更加剧烈。汞蒸气几乎百分之百进入烟气。人类活动是汞释放的主要原因，尤其是火力发电、生活燃煤、废物焚化以及汞、重金属和黄金的开采和冶炼。例如，锌精矿在焙烧过程中，汞全部挥发，其中约 50% 进入硫酸，如我国某炼锌厂年产 $1000 \ kt$ 硫酸，平均含汞量为 100×10^{-6}（质量分数）。如此大量的汞含量严重超标的硫酸流入市场后，势必造成大范围的汞污染；另外 50% 的汞则飘散落至工厂周围的地面上。汞一旦进入环境，即借助细菌变为甲基汞。甲基汞随后在鱼和贝类中形成生物蓄积，并进一步通过掠食性鱼类食用许多吞咽浮游生物的小鱼而使甲基汞更加富集。

汞是最毒的重金属，它有多种存在形式：单质、无机物和有机物。单质和甲基汞会毒害人大脑中央和周围的神经系统。吸入汞蒸气可对神经、消化和免疫系统以及肺和肾造成损害，后果是致命的。汞的无机盐会腐蚀皮肤、眼睛和胃肠道，如果食入，可引发肾中毒，导致尿蛋白增加致使肾功能衰竭。不同汞化合物的吸入、食入或表皮接触后，会出现神经功能紊乱，症状包括震颤、失眠、记忆力减退、神经肌肉伤害、头痛、认知能力和运动功能障碍。接触 $20 \ \mu g/m^3$ 单质汞的空气几年之久的工人，会出现中枢神经系统中毒的轻微亚临床症状。

一般说来，有两种情况对汞更为敏感。第一种情况是胎儿发育，其最易受到汞的影响。胎儿在子宫中接触甲基汞是由于母亲食用含汞的鱼和贝类，损害其正在发育的大脑和神经系统。因此，胎儿期接触甲基汞的儿童的认知思维、记忆、注意力、语言以及运动能力和视觉空间技能都可能受到影响。第二种情况是经常（长期）接触高浓度汞。在特定的以鱼类为主食的人群中，每千人中有 1.5 至 17 名儿童表现出因食用含汞鱼类造成的认知损伤。

1.2 镉

镉以硫化镉矿物的形式存在于自然界中，但没有镉的单独矿床，镉常与铅锌矿共生，含镉量为 0.01% 至 0.7% 之间（质量分数）。在选矿过程中，大部分镉进入锌精矿，少部分进入铅精矿。金属镉的熔点为 320.9℃，沸点为 765℃，挥发性很大；但氧化镉的熔点为 1427℃，沸点为 1559℃，挥发性较小；硫化镉的熔点为 1750℃，沸点未定，挥发性更小。在火法冶金过程中，有过量空气存在时，硫化镉氧化成氧化镉和二氧化硫，约 50% 的镉挥发进入烟尘，另 50% 的镉残留于焙砂或烧结块中。在湿法炼锌浸出过程中，绝大部分镉进入锌浸出液，净化过程中有 95% 以上的镉进入铜镉渣。

镉的毒性很大，在重金属中其毒性仅次于汞。急性镉中毒，大多是在生产环境中一次吸入或摄入大量镉化物而引起的。含镉气体通过呼吸道会引起呼吸道刺激症状，如出现肺炎、肺水肿、呼吸困难等。镉从消化道进入人体，则会出现呕吐、胃肠痉挛、腹疼、腹泻等症状，甚至可因肝肾综合征而死亡。长期摄食被镉污染的水源中的生物体及果实（特别是稻谷）或饮用污染水本身会引起慢性镉中毒，导致肺纤维化和肾脏病变；可能导致"痛痛病"，即身体积聚过量的镉损坏肾小管功能，久而久之形成软骨症和自发性骨折；还可能刺激动脉血管平滑肌细胞导致血压升高及贫血。慢性镉中毒对人的生育能力也有影响，它会严重损伤 Y 染色体，使出生的婴儿多为女性。进入血液的镉，主要与红细胞结合。肝脏和肾脏是体内贮存镉的两大器官，两者所含的镉约占人体内镉总量的 60%。镉还会造成肝细胞损害，引起肝功能异常；阻碍肠道对铁的吸收，诱发低色素贫血。镉对血管有原发性损害，引起组织缺氧和损害。

研究显示，镉污染途径以水型污染为主（废水→土壤→稻米→人体），米中的镉含量、人体镉摄入量可反映环境污染程度。镉不是人体的必需元素，锌对镉的损伤则有保护作用。镉的排出速度很慢，人肾皮质镉的生物学半衰期是 10 ~ 30 年。

1.3 铅

在自然界，存在硫化铅矿和氧化铅矿两大类铅矿资源，前者如方铅矿（PbS）、锑铅矿（$3PbS \cdot Sb_2S_3$）、车轮矿（$2PbS \cdot Cu_2S \cdot Sb_2S_3$）、脆硫锑铅矿（$4PbS \cdot FeS \cdot 3Sb_2S_3$），后者如白铅矿（$PbCO_3$）和硫酸铅矿（$PbSO_4$）。硫化铅矿分布广，储量最大，是炼铅的主要原料。金属铅的熔点为327℃，沸点为1740℃；氧化铅的熔点为886℃，沸点为1470℃；硫化铅的熔点为1114℃，沸点为1470℃。无论是铅的单质还是铅的化合物，挥发性均很大，单质铅在500~550℃时即显著挥发。铅液的饱和蒸汽压在973℃以下较低，小于17.3 Pa，但随着温度的升高，铅液的饱和蒸汽压大幅度上升，1358℃时达到177318 Pa。氧化铅在800℃以下时显著挥发，当温度高于900℃时，挥发量大大增加；600℃时硫化铅开始挥发，800℃以上时，其蒸汽压为单质铅的10~20倍。正因为铅及其化合物的挥发性大，在铅的高温（>1200℃）火法冶金中，无论是氧化熔炼，还是还原熔炼，都有一部分铅挥发进入烟气，其中大部分被收集于烟尘中，但仍有少部分以铅雾形式排放，污染大气和周边土地。铜精矿中伴生少量（质量分数为0.3%~0.5%）的铅，火法炼铜过程中大部分都进入了烟尘。锌精矿含铅量较高（质量分数为0.4%~2.5%），氧化焙烧过程中铅分散于烟尘和焙砂，烟尘和焙砂混合浸出时绝大部分都进入了浸出渣。锡精矿、锑精矿、铋精矿伴生的铅，在火法冶炼过程中大部分进入粗锡、粗锑、粗铋。

铅是毒性较大的重金属，人体吸（食）入过量铅可引起铅中毒，使血铅、软组织铅与骨骼铅的动态平衡状态被破坏。颗粒小的铅化合物容易由呼吸道吸入，溶解度大的铅化合物进入体内容易被吸收，因而毒性较大。铅在人体内易与蛋白质的巯基结合，可抑制含巯基的酶，特别是有关血红素合成的几种酶，使血清和尿中 δ-氨基-γ-酮戊酸（ALA）增多，引起尿中粪卟啉增多，干扰铁与原卟啉结合成血红素，并影响血红蛋白的生成，使红细胞内嘧啶核苷酸降解发生障碍，同时也妨碍核糖体 RNA 的降解，使大量 ALA 进入脑组织引起各种行为和神经的效应。正常人每日由饮食摄入300 μg铅，其中约有10%可被吸收，铅吸收后进入血液，分布于软组织，如肝、脾、肾、脑等，在体内重新分布；90%~95%的铅贮存于骨骼，吸收到体内的铅主要由肾排出。人体每日铅吸收量超过0.5 mg时，可发生蓄积并出现毒性。

1.4 锌

锌在地壳中的平均含量（质量分数）为0.02%。在自然界，存在硫化锌矿和氧化锌矿两大类锌矿资源，前者如闪锌矿（ZnS）、纤维锌矿（ZnS）、铁闪锌矿（nZnS $\cdot$ mFeS）

等，后者如红锌矿（ZnO）、菱锌矿（ZnCO$_3$）、水锌矿[ZnCO$_3$·3Zn（OH）$_2$]、硅锌矿（Zn$_2$SiO$_4$）、异极矿[Zn$_4$（Si$_2$O$_7$）（OH）$_2$·H$_2$O]等。硫化锌矿分布广，储量最大，是炼锌的主要原料，锌精矿中一般伴生有铟、锗、铊、镓等稀有金属，其中铊、镓的毒性很大。金属锌的熔点419.4℃，沸点906℃，挥发性很大；氧化锌的熔点高达1975℃，但温度大于1000℃时即开始直接汽化挥发，大于1400℃时挥发剧烈；硫化锌的熔点为1700℃，在高温下直接汽化挥发，在氮气流中1200℃时显著挥发。

在锌精矿流态化焙烧过程中，硫化锌氧化为二氧化硫和氧化锌及铁酸锌，约2/3的氧化锌和铁酸锌进入焙砂，约1/3的氧化锌进入烟尘，焙砂和烟尘一起浸出，绝大部分锌进入浸出液中，少部分留于浸出渣中；浸出渣用威尔法处理，绝大部分锌和铅富集于烟尘中。硫化铅精矿中含1.0%~11.0%的锌（质量分数），在铅精矿烧结或氧化熔炼过程中，由于烟尘返回，锌全部进入烧结块或高铅渣，在下一步还原熔炼过程中，少部分锌以ZnS形式进入铅冰铜，大部分锌进入炉渣；炉渣经烟化法处理，绝大部分锌富集于次氧化锌烟尘中。铜精矿中伴生少量（质量分数为0.6%~4.0%）的锌，在火法炼铜过程中分散于烟尘和炉渣中。

锌是人体必需的微量元素，保证锌的营养素供给量对于促进人体的生长发育和维持健康具有重要意义，锌缺乏易得原发性男性不育症、营养性侏儒症、肠源性肢体皮炎等疾病。正常人体内含锌量2~2.5 g，但锌过量摄入人体内会导致锌中毒。锌的供给量和中毒剂量相距很近，即安全带很窄，人的锌供给量为10~20 mg/d，而中毒量为80~400 mg/d。

急性锌中毒主要是由于应用镀锌的器皿制备或储存酸性饮料，并饮用这种溶解有较多锌的酸性饮料。其他原因为误服药用的氧化锌或硫酸锌，或大面积创面吸收氧化锌及吸入大量锌蒸气或氧化锌烟雾。饮食性锌中毒后，会出现口、咽及消化道糜烂，唇及声门肿胀，腹痛、泻、吐以及水和电解质紊乱，重者可见血压升高、气促、瞳孔散大、休克、抽搐等危象；吸入性锌中毒后，会引起金属烟尘热，口中有甜味、口渴、咽痒、食欲不振、疲乏无力、胸部发紧、有时干咳，先发冷后打寒战，继后高热，脉搏、呼吸增快，血糖暂时上升，白细胞增多。

长期接触锌蒸气、锌粉或锌化合物会导致慢性锌中毒，其临床表现为顽固性贫血，食欲下降，合并有血清脂肪酸及淀粉酶增高，并影响铜代谢和胆固醇代谢，形成高胆固醇血症，最终导致动脉粥样硬化、高血压、冠心病等。

1.5 锑

地壳含锑量平均为0.0001%~0.5×10^{-6}（质量分数），已知的含锑矿物达112种之多，但有用矿物只有辉锑矿（Sb$_2$S$_3$）、脆硫锑铅矿（4PbS·FeS·3Sb$_2$S$_3$）、硫汞锑矿（HgS·2Sb$_2$S$_3$）、硫氧锑矿（2Sb$_2$S$_3$·Sb$_2$O$_3$）、黝铜矿[Cu$_{12}$（SbAS）$_4$S$_{13}$]、

方锑矿（Sb_2O_3）、锑华（Sb_2O_3）、锑赭石（Sb_2O_4）等十种。硫化锑矿分布广，储量最大，是炼锑的主要原料。金属锑的熔点为 630.5℃，沸点为 1750℃；三氧化二锑的熔点为 656℃，沸点为 1425℃；三硫化二锑的熔点为 550℃，沸点为 1080~1090℃。无论是锑的单质还是锑的低价化合物，挥发性均很大，尤其是锑的低价化合物挥发性更大。基于此，常用氧化挥发熔炼处理锑精矿，使绝大部分锑挥发并富集于粗氧化锑中，然后还原熔炼获得金属锑。但锑的高价氧化物和锑酸盐的挥发性却很小。铜精矿中含有少量的锑，在火法炼铜过程中大部分挥发进入烟尘，少部分进入粗铜，继而进入铜电解阳极泥中。不同铅精矿的含锑量（质量分数为 0.015%~30%）差别很大，在火法炼铅过程中，低锑铅精矿中的锑分散进入烟尘和粗铅，高锑铅精矿中的锑主要进入铅锑合金，采用低温氧化挥发法分离铅锑，使大部分锑被制成锑白产品。底铅和粗铅电解精炼过程中，锑进入铅阳极泥。

锑单质及化合物引起白鼠 50% 死亡率的最小剂量如表 1-1 所示。

表 1-1　锑及其化合物的毒性

物质	酒石酸锑钾	金属锑	Sb_2S_3	Sb_2S_5	Sb_2O_3	Sb_2O_5
50%死亡的最小剂量（100 g 体重含锑量）/mg	1.1	10.0	100	150.0	325	400

可见，除了酒石酸锑钾毒性最大，金属锑的毒性大于锑化合物，硫化锑的毒性大于氧化锑，三价锑的毒性大于五价锑。

锑在人体内不易蓄积，摄入人体的锑大部分从尿中排出，正常成年人体内含锑量为 5.8 mg。锑主要由呼吸道及口进入体内，在血液中与巯基结合，干扰酶的活性，破坏细胞内离子平衡，使细胞缺氧，引起新陈代谢紊乱，导致神经系统和其他器官损害。吸入过量的锑会引起急性中毒，其特点是发病急，呕吐不止，体温下降，达致命剂量数天内甚至数小时内丧命。但锑中毒一般多为慢性中毒，出现咽喉发干、吞食时食道疼痛、呕吐恶心、四肢无力、腹泻、食欲减退、头昏，引起发炎或溃疡以及对心脏的机能造成某些影响等。

工业企业设计卫生标准规定，对锑单质及化合物在工作地点的最大允许浓度均为 0.5 mg/m³（以锑计），操作人员不宜直接与锑或其化合物接触，生产车间需设有良好的通风设备。水体中锑的最大容许质量浓度为 0.05 mg/L。

1.6　铜

地壳含铜量平均为 $6.8×10^{-4}\%$（质量分数），已知的含铜矿物达 165 种之多，除了少见的自然铜，主要有原生硫化铜矿 [如黄铜矿（$CuFeS_2$）、斑铜矿（Cu_5FeS_4）、辉铜矿（Cu_2S）、铜蓝（CuS）、黝铜矿（$Cu_8Sb_2S_7$）、砷黝铜矿（$Cu_{12}As_4S_{13}$）] 和次生氧化铜矿 [如赤铜矿（Cu_2O）、黑铜矿（CuO）、孔雀石（$CuCO_3 \cdot Cu(OH)_2$）、蓝铜矿 [$2CuCO_3 \cdot Cu(OH)_2$]、水胆矾 [$Cu_4SO_4(OH)_6$]、氯铜矿 [$Cu_2Cl(OH)_3$]、硅孔雀石（$CuSiO_3 \cdot 2H_2O$）。硫化铜矿分布广，储量最大，是炼铜的主要原料。

金属铜的熔点为 1083℃，沸点为 2567℃；氧化铜和硫化铜在熔化前均会被分解，氧化亚铜和硫化亚铜的熔点分别为 1235℃ 及 1100℃，无论是铜的单质还是铜的化合物，挥发性均很小。在火法炼铜过程中，绝大部分铜进入冰铜，继而吹炼成粗铜，极少部分铜进入炉渣。在火法炼铅过程中，铜分散于粗铅和铅冰铜中，然后分别回收。在火法炼镍过程中，铜与镍一起进入高冰镍，继而用选矿或湿法冶金方法分离铜和镍，然后分别提取。在锌精矿流态化焙烧过程中，硫化铜氧化为二氧化硫和氧化铜，绝大部分进入焙砂；在湿法炼锌浸出过程中，绝大部分铜进入锌浸出液，净化过程中有 95% 以上的铜进入铜镉渣。

铜是生命必需的微量元素之一，缺乏及过量均对机体有害。口服时，铜的毒性以铜的机体吸收为前提，金属铜不易溶解，毒性比铜盐小，铜盐中尤以水溶性盐，如醋酸铜和硫酸铜的毒性大。铜可与溶酶体的脂肪发生氧化作用，导致溶酶体膜的破裂，水解酶大量释放引起肝组织坏死，红细胞溶血引起黄疸。当铜超过人体需要量的 100~150 倍时，可引起坏死性肝炎和溶血性贫血。

发生急性铜中毒的原因是治疗上应用硫酸铜过量、含铜绿的铜器皿存放和储存食物，有意无意吞服可溶性铜盐以及吸入铜及铜化合物细微颗粒等。饮食性急性铜中毒的临床表现为急性胃肠炎，中毒者口中有金属味，流涎、恶心、呕吐、上腹痛、腹泻，有时可有呕血和黑便，牙齿、齿龈、舌苔蓝染或绿染，呕吐物呈蓝绿色、血红蛋白尿或血尿，尿少或尿闭，病情严重者可因肾衰而死亡。吸入性急性铜中毒表现为急性金属烟尘热，出现发冷、发热，体温高达 39℃ 以上，大量出汗、口渴、乏力、肌肉疼痛、头痛、头晕、咽喉干、咳嗽、胸痛、呼吸困难，有时恶心、食欲不振。总之，急性铜中毒患者的血清铜可升高到 126~166 μg/100 mL（正常值为 76.6 μg/100 mL）。

发生慢性铜中毒的原因是长期吸入含铜的气体或摄入含铜的食物。如长期接触高浓度铜尘的工人，X 射线照射胸透时可出现条索状纤维化。慢性铜中毒的症状在神经系统方面，记忆力减退、注意力不集中、易激动，还可能出现多发性神经炎、神经衰弱综合征；在消化系统方面，可出现食欲不振、恶心呕吐、腹痛腹泻，部分病人出现黄疸、肝肿大、肝功能异常等；在心血管方面，可出现心前区疼痛，心悸，高血压或低血压；在内分泌方面，少部分病人出现阳痿，产生非分泌性脑垂体腺瘤。

1.7 镍

地壳含镍量平均为 0.018%（质量分数），主要镍矿物有镍黄铁矿 $[(Ni，Fe)_9S_8]$、针镍矿或黄镍矿（NiS）、硅镁镍矿 $[(Ni，Mg)SiO_3·nH_2O]$、红镍矿（NiAs）等。海底的锰结核中镍的储量很大，是镍的重要远景资源。常见的镍化合物有一氧化镍、三氧化二镍、氢氧化镍、硫酸镍、氯化镍和硝酸镍等。

镍及其水溶性化合物的毒性均较低，大量吞入单质镍也不会产生急性中毒，而由粪便排出。但大量食入二价无机镍盐会引起急性中毒，症状为恶心呕吐、头痛、心悸、呼吸短促、咳嗽、腹泻、虚弱等，持续 1~2 d。作为一种具有生物学作用的元素，镍能激活或抑制一系列酶如精氨酸酶、羧化酶等，发生其毒性作用。实验证明，镍对家兔的致死量为 7~8 mg/kg，镍及其化合物对人皮肤黏膜和呼吸道有刺激作用，可引起皮炎和气管炎，甚至发生肺炎。镍具有积存作用，在肾、脾、肝中积存最多，可诱发鼻咽癌和肺癌。经常接触镍制品会引起皮肤炎，吸入金属镍的粉尘易导致呼吸器官障碍，肺泡肥大。有机镍盐特别是羰基镍有非常强的毒性，因为它容易挥发，与蛋白质及核酸的结合力又很强，所以容易由呼吸道进入体内，然后快速溶于脂肪组织进入细胞膜内，首先伤害肺脏，引起肺水肿、急性肺炎，并诱发呼吸系统癌。镍作业工人的呼吸道癌发病率高于一般人群，据统计，其肺癌发生率高出普通人的 2.6~16 倍，鼻腔癌发病率竟高出普通人的 37~196 倍。

镍是人体不可缺少的微量元素。成人体内的含镍量为 6~10 mg，主要存在脑部和肝脏中。含镍的食品包括香蕉、大麦、豆荚、甘蓝、坚果、发酵粉和可可粉，但食物中的镍只有 10%~20%能被人体吸收。

第 2 章　重金属伴生的有毒元素毒性和冶金行为

大量与重金属伴生的有毒元素是硫和砷，其中砷的毒性很大，As_2O_3 对人的致死量为 0.1 g，最毒的砷化合物是 H_3As。另外，与重金属伴生的剧毒元素还有铊和铍，不过，它们的含量一般均很低。

2.1　硫

硫大量与重金属元素伴生，重金属的主要矿物是硫化矿，重金属硫化物精矿的含硫量（质量分数）分别为铜精矿 30%~40%、铅精矿 15%~18%、镍精矿 15%~17%、锑精矿 20%~24%、铋精矿 20%~25%、锌精矿中硫的质量分数大于 28%，我国目前随重金属进入冶炼厂的硫量已大于 12 Mt/a。重金属硫化物精矿在氧化熔炼过程中，硫氧化为二氧化硫。如今大部分二氧化硫烟气用于生产硫酸，但仍有少部分排入大气，污染环境，这是重金属冶炼中存在二氧化硫烟害的主要原因。

二氧化硫是毒性较大的气体，被人体吸入后，会在呼吸道黏膜表面与水作用生成亚硫酸，再经氧化成硫酸，因此，它对呼吸道黏膜具有强烈的刺激作用。动物试验证明：二氧化碳从呼吸道吸入，在组织中分布量以气管为最高，肺、肺门淋巴结及食道次之，肝、脾、肾较少。同时发现，二氧化碳可使动物的呼吸道阻力增加，其原因可能是刺激支气管的神经末梢后，引起反射性的支气管痉挛；也可能是二氧化碳直接作用于呼吸道平滑肌，使其收缩或因直接刺激作用使细胞坏死，分泌增加。吸入大量高浓度的二氧化碳后，可使深部呼吸道和肺组织受损，引起肺部充血、肺水肿或产生反射性喉头痉挛而导致窒息死亡。二氧化碳还能与血液中的硫胺素结合，破坏酶的过程，导致糖及蛋白质的代谢障碍，从而引起脑、肝、脾等组织发生退行性病变。

2.2　砷

2.2.1　砷的储量及采选行为

在元素地球化学分类中，砷属半金属，在自然界中生成 100 多种矿物，但大都与有色金属矿物共生。因此，各种有色金属精矿中无不存在数量不等的砷，见表 1-2 及表 1-3。

表 1-2　我国主要金属矿共生、伴生砷的品位及储量

主金属矿	频数	As 品位/%	范围中值	算术平均值	几何平均值	As 储量/kt
Sn	24	0.23~10.25	1.12	1.82	0.75	1331
Zn	29	0.22~13.99	1.20	2.30	0.73	1126
Pb	30	0.22~13.99	1.20	2.54	0.75	1057
Au	49	0.1~11.06	0.46	1.47	0.63	951
Cu	26	0.13~7.64	1.21	1.98	0.40	890.8
W	9	0.15~3.61	1.24	1.58	0.64	636.7
主金属矿	频数	As 品位/%	范围中值	算术平均值	几何平均值	As 储量/kt
Fe	9	0.10~4.83	0.33	1.11	0.36	287.2
Ag	15	0.16~7.64	0.75	1.38	0.69	254
S	10	0.10~12.31	0.31	1.53	0.41	229.8
Sb	12	0.20~11.06	0.66	1.83	0.49	161.9
Hg	5	0.38~22.99	3.96	8.36	1.90	43.7

表 1-3　我国部分地区主要有色金属矿共生、伴生的砷量及 $w(As)/w(Me)$

矿种	矿区	矿产类型	$w(As)$/%	$w(Me)$/%	$w(As)/w(Me)$
锡矿	云南个旧卡房锡矿	伴生	1.54	0.21	7.50
锡矿	云南个旧老厂矿田竹叶山矿段	伴生	2.40	0.22	10.8
锡矿	云南个旧老厂矿田竹林锡矿	伴生	0.90	0.76	1.18
锡矿	广西南丹大厂锡矿	伴生	0.54	0.56	0.96
锡矿	广西融水县白云加龙铜锡矿	伴生	1.18	0.32	3.73
锡矿	湖南郴县红旗岭矿区锡多金属矿	共生	1.24	0.40	3.14
铅矿	内蒙古额济纳旗老硐沟金铅矿床	共生	6.18	3.76	1.64
铅矿	湖南常宁县水口山铅锌矿(康家湾区)	伴生	0.46	3.92	0.12
铜矿	甘肃夏河县龙得岗铜矿	共生	5.22	0.68	7.68
铜矿	湖南桂阳大顺窿含铜多金属矿	共生	3.11	0.91	3.42
铜矿	湖南新化县杨家山五峰铜砷矿	共生	6.04	0.94	6.46

续表1-3

矿种	矿区	矿产类型	$w(As)$ /%	$w(Me)$ /%	$w(As)$ /$w(Me)$
铜矿	贵州印江石柱岩铜矿	共生	1.02	0.99	1.03
铜矿	甘肃安西辉铜山铜矿（Ⅰ矿段）	伴生	4.56	1.71	2.67
金矿	贵州三都苗龙金矿	伴生	11.1	5.31	20829
金矿	安徽休宁县小贺多金属矿（铅、锌）	共生	5.87	4.02	14602
金矿	吉林桦甸市兴隆金矿	伴生	6.78	8.41	8062
金矿	内蒙古额济纳旗老硐沟金铅矿	共生	6.18	9.24	6688
金矿	甘肃舟曲九源坪定金矿	伴生	6.62	11.6	5697
金矿	湖南溆浦县江溪垅金锑矿	伴生	0.57	2.28	2500
金矿	湖南溆浦县龙王江矿田泥潭冲金矿	共生	1.15	6.64	1732

注：金的质量分数单位为 g/t。

表1-2及表1-3说明，我国砷资源主要伴生在锡、铅、锌、铜、金等矿产资源中。重金属精矿均含有砷，其平均含量 $w(As)$ 为铜精矿 0.19%~1.38%、高砷铜精矿 2.73%、砷钴矿 50%~55%、砷钴镍矿 33.79%、铅精矿 0.46%、锌精矿 0.34%~0.63%、锡精矿 0.5%~1.65%、锑精矿 0.09%~0.16%、铅锑精矿 0.76%~1.2%、铋精矿 0.29%、金精矿 1%~5%、银精矿 1.79%。锡矿中含有大量的砷，储量达 1331 kt。另外，铅、锌、金、铜矿中的砷储量也非常丰富，都在 1000 kt 左右。共生、伴生砷矿产地 61 处，储量共 2436 kt，占总储量的 87.1%。

砷伴随着主体金属被开采出来后，在矿石的前处理过程中，大部分都被弃留在尾矿中。例如，广西大厂多金属复杂锡矿蕴藏的砷，已查明的地质储量高达 80 多万 t。在矿石加工过程中，这些砷将分别进入砷精矿、锡精矿、锡中矿、锡烟尘、锌精矿、铅锑精矿、硫精矿及尾矿中。三类锡矿每年共产砷 20161.3 t，分别进入砷精矿（13025.7 t/a，占 64.61%）、有色金属精矿及锡中矿（2138.745 t/a，占 10.61%）和尾矿及硫精矿等矿中（4996.56 t/a，占 24.78%）。

据国内有关选矿资料统计，全国平均约 70% 的砷采出量废弃于选矿尾砂中，平均只有 20% 的砷进入冶炼厂。

2.2.2　砷在冶炼过程中的行为

1. 砷在锡冶炼过程中的行为

锡精矿含砷量为 0.5%~3.5%（质量分数），含砷较高时则在熔炼前进行焙烧脱砷。采用沸腾炉焙烧脱砷时，有 65%~75% 的砷进入烟尘，25%~35% 的砷进入焙砂。还原熔炼时，80% 的砷进入粗锡，20% 的砷进入烟尘。粗锡火法精炼时，约70%的砷进入煤粉渣,其余分配在硫磺渣、高锑含铝渣等精炼中间产品中。这些中间产品经焙烧脱砷后和反射炉烟尘、烟化炉烟尘一起送还原熔炼产出高砷粗锡,高砷粗锡必须再经熔析炉熔炼。由此可见,锡冶炼过程中,除了从焙烧烟尘和煤粉渣中开路砷(制取白砷),随锡精矿进入炼锡流程的砷还形成了恶性循环。生产实践说明,50 t砷要随着550~600 t锡在流程中循环,精炼时除去1 kg砷要带走10 kg以上的锡,严重影响锡的直收率和燃料消耗;同时,反射炉熔炼高砷中间产品时,时间长,直收率低,燃料消耗高,金属损失大,劳动条件恶劣。

2.砷在铅冶炼过程中的行为

砷在传统铅冶炼流程中是分散的:炉料中的砷,约33.6%进入炼铅炉渣和烟尘,66.4%进入粗铅。粗铅精炼时,粗铅中的砷41.18%进入铜浮渣,进而转入铅砷冰铜,其余58.82%进入阳极泥。铅砷冰铜吹炼时,产出高砷铅烟尘;阳极泥处理时,产出高砷锑烟尘。特别是阳极泥熔炼烟尘,其砷锑含量均高达35%左右,砷大都以As_2O_3的形式存在,易溶于水,保管稍有不慎,即流失造成环境严重污染。

3.砷在铜、锌冶炼过程中的行为

砷在铜、锌冶炼过程中也进入粗金属、烟尘、烟气、废水和废渣中,形成各种含砷中间产品。据某厂1979年统计,铜、锌系统年带入砷分别为280 t和80 t。砷的走向:炼铜炉渣年排砷15 t,回转窑渣年排砷18 t,铜烟气的制酸尾气年排砷16 t,锌净化系统以H_3As气体年排砷18 t,废水年排砷80 t。全年进厂的砷约有300 t以多种形式排放,还有200 t在生产系统中循环和积存在中间产品中。

4.砷在锑冶炼过程中的行为

砷与锑的性质相似,很难将它们分离,因此,高砷锑矿的处理是一个尚未解决的技术难题。低砷锑矿在火法冶炼时,砷几乎都进入粗锑,碱性氧化精炼时砷进入碱渣。碱渣中的砷以水溶性的砷酸钠存在,极易流失,造成污染,碱渣中还带有大量的锑。因此,砷也是锑原料中最有害的杂质元素。

2.2.3　砷的毒性

砷以四种形式存在:负三价砷(arsenide),零价砷(arsenic),三价砷(arsenite),五价砷(arsenate),其化合物对哺乳动物的毒性由价数、有机或是无机、气体、液体或固体、溶解度、粒径、吸收率、代谢率、纯度等来确定。一般而言,无机砷比有机砷要毒,三价砷比五价砷毒,但是我们对零价砷的毒性了解还很少。砷化氢的毒性和其他砷物种都不同,可以说它是目前已知的最毒的砷化合物。

三价砷会抑制含—SH的酵素,五价砷会在许多生化反应中与磷酸竞争,因为键结构的不稳定,很快会因水解而导致高能键(如ATP)的消失。砷化氢被吸入之后会很快与红血球结合并造成不可逆的细胞膜破坏,高浓度时则会造成肠胃道、肝脏、肾脏等多器官的细胞毒性。慢性砷食入可能会导致由非肝硬化引起的门脉高血压。食入大量砷的人会出现急性砷中毒,使血管扩张,造成全身血管的破坏,引起大量体液渗出,进而血压过低或休克,继而可能出现心肌病变及急性肾小管坏死,因肾小球坏死而发生蛋白尿。在急性砷中毒24~72 h或慢性中毒时常产生神经系统毒性,使周边神经轴突即末端的感觉运动神经受损,影响运动神经,出现无力、瘫痪(由脚往上)症状。最常看到的砷的皮肤毒性症状是皮肤颜色变深,角质层增厚等。砷的呼吸系统毒性见于在高浓度砷粉尘中工作的冶炼工人和暴露于含砷农药杀虫剂的工人,其患肺癌的概率较高。砷对血液系统的毒化作用是全方位的:不管是急性或慢性砷中毒,都会毒化到血液系统,会出现骨髓造血功能被压抑,且常见白血球、红血球、血小板下降,而嗜酸性白血球数上升的情形。砷对生殖系统产生严重危害:砷会透过胎盘,使脐带血中砷的浓度和母体内砷的浓度一样。曾有一个怀孕末期服用砷的个案,马上生产而新生儿在12 h内就死去,解剖发现其肺泡内出血,脑中、肝脏、肾脏中含砷浓度都很高。针对住在附近或在铜精炼厂工作的妇女做的研究发现,她们体内的砷浓度都有所升高,而她们发生流产及生产后发现婴儿先天畸形的概率都较高,是一般人的2倍,而多次生产先天婴儿畸形的概率是一般人的5倍,不过因为这些妇女还有暴露于铅、镉、二氧化硫环境中,所以不能排除是其他化学物质引起的。

致癌性:慢性砷食入与皮肤癌密切相关,也可能和肺癌、肝癌、膀胱癌、肾脏癌、大肠癌有关。关于砷是如何引发癌症的机理还不清楚,可能与干扰脱氧核糖核酸的复制及修复的酶素有关。皮肤癌:在长期食用含无机砷的药物、水以及工作场所暴露砷的人的研究中常常会发现皮肤癌,通常是全身的,但是在躯干、手掌、脚掌这些较少接触阳光的地方有较高的发生率。一个病人有可能会发现数种皮肤癌,发生的概率由高到低为原位性皮肤癌、上皮细胞癌、基底细胞癌以及混合型。砷引起的基底细胞癌常常是多发性的而且常分布在躯干中,病灶为红色、鳞片状,萎缩,难以与原位性皮肤癌区分。砷引起的上皮细胞癌主要发生在阳光不会照到的躯干,而紫外线引起的一般发生在头颈部阳光常照射的地方。流行病学研究发现,砷的暴露量跟皮肤癌的发生有剂量反应效应;而在葡萄园工作由皮肤吸入暴露砷的工人的流行病学研究发现,工人因为皮肤癌而死亡的概率较高。

2.3 铊

铊在地壳中的含量约为十万分之三,在地球化学中,铊属于亲铜元素,通常以低浓度分布在长石、云母和伴生于铜、铅、锌及铁的硫化矿中,只有在超常富集的特殊成矿条件下,铊才可以形成独立的矿床。在有色金属冶炼过程中,铊会进入冶炼产品、副产品、废气、废水和废渣中,因此弄清铊在冶炼过程中的行为十分必要。

2.3.1 铊在铅、锌、铜冶炼过程中的行为

1. 铅冶炼

方铅矿精矿中含铊量一般为 20~3000 g/t(质量分数)。硫化铅精矿及铅锌硫化矿精矿中的铊以 Tl_2S_3、Tl_2S 和 $TlCl$ 的形态存在,在高温下具有极易挥发的特性。在高于 320℃的温度烧结铅精矿时,物料中的 Tl_2S 挥发,同时被氧化生成硫酸盐:

$$Tl_2S(s) + 2O_2(g) \Longrightarrow Tl_2SO_4(s) \qquad (1-1)$$

当温度再升高时,Tl_2S 的氧化加速。温度高于 600℃时,Tl_2SO_4 离解成易挥发的 Tl_2O。温度高于 700℃时,Tl_2O_3 也离解成低价氧化物:

$$2Tl_2S(s) + 3O_2(g) \Longrightarrow 2Tl_2O(g) + 2SO_2(g) \qquad (1-2)$$

$$Tl_2O_3(s) \Longrightarrow Tl_2O(g) + O_2(g) \qquad (1-3)$$

由此可知,在铅精矿高温(800~900℃)烧结焙烧过程中,铊主要富集在烧结烟尘中,其质量分数约为铅精矿中含铊量的 75%~80%。鼓风炉熔炼过程中,铊主要分布在鼓风炉烟尘和粗铅内;而精炼过程中,铊主要进入精炼浮渣。

2. 锌冶炼

竖罐炼锌过程中,在高温流态化焙烧阶段,有 60%~70%的铊进入焙烧烟尘。该烟尘在用湿法回收硫酸锌和镉的过程中,44.2%的铊进入二次镉海绵物,品位由锌精矿的 0.0009%左右富集到 0.2%~4.6%,是提铊的主要原料。烧结过程结束后,烧结矿被送到竖罐进行还原蒸馏,经冷凝后得到液态粗锌、罐渣和蓝粉,铊在三者之间的分配情况(质量分数)如下:粗锌 12.75%、罐渣 6.6%、蓝粉 80.3%。

湿法炼锌包括常规浸出与热酸浸出两种工艺,铊在两种工艺中的行为大体相似。在锌精矿的焙烧过程中,有 70%~84%的铊挥发进入烟尘;仅有 16%~30%的铊留在焙砂中。但因为焙烧烟尘比例大,所以烟尘中的铊质量分数比较低,一般达不到提铊的要求,而且绝大部分烟尘和焙砂混合进行浸出。在浸出过程中,铊主要随锌进入酸性浸出液,在净化除铜镉时,原料中的铊约 70%进入铜镉渣而富集。残留在浸出渣中的少量铊,在挥发窑处理时大部分挥发进入烟尘。

3. 铜冶炼

关于传统炼铜工艺(鼓风炉、反射炉炼铜)中铊的分布有人曾做过研究,但对于以闪速炼铜和熔池熔炼为代表的现代强化炼铜过程中铊行为的研究比较少。从鼓风炉、反射炉和白银法炼铜过程中各物料的铊品位来看,铊的富集程度比较低。在半自热鼓风炉炼铜过程中,铊的分布规律同反射炉炼铜过程大体一致,只是具体含量不同而已。白银法炼铜过程中,虽然大部分铊(66.88%)进入炉渣,但因为渣量很大,所以铊的品位并不高;相反,烟尘中的铊虽然只有 10.18%,但品位相对高一些。由此可得出结论,相对铅、锌冶炼而言,铊在铜冶炼过程中较

为分散，在冰铜和炉渣中分布多，但没有富集，只在各类烟尘中稍有富集。

2.3.2 铊的毒性

铊是一种毒性很强的元素，铊对哺乳动物的毒性高于铅、汞、铬等金属元素，与砷相当，其对成人的最小致死剂量为 12 mg/kg，对儿童为 8.8~15 mg/kg。铊中毒的典型症状有毛发脱落、胃肠道反应、神经系统损伤等。铊还具有强蓄积性毒性，可以对患者造成永久性损害，包括肌肉萎缩、肝肾的永久性损伤等。

脱发是铊中毒的特异性症状，所有铊中毒患者都会在中毒反应发生后脱发，不仅头发脱落，胡须、腋毛和阴毛也会脱落，但是眉毛通常不会脱落。据报道，脱落的毛发一般会在铊中毒治愈后 4 周左右开始再生，3 个月后完全恢复，但严重的铊中毒可以导致永久性脱发。铊能够引起周围神经炎，患者会在中毒的 0.5 d 到 7 d 出现双侧下肢麻木，随即足端部疼痛，并随着病程进展向上蔓延，皮肤产生难忍的灼痛感。随后，患者将产生运动障碍，感觉下肢无力，最终发展成肌肉萎缩。铊还会影响视神经，导致球后视神经炎、视神经萎缩以及黄斑区光反射消失，造成眼肌麻痹，上眼睑下垂。此外，由于铊的作用，患者的晶状体通常会出现白色浑浊。这些因素最终导致铊中毒患者视力下降乃至完全丧失光感。铊对中枢神经系统也有影响，患者会出现头痛、睡眠障碍、焦虑不安乃至人格改变等症状；部分患者还会出现癫病样表现，有伤人或者自伤的行为。

经口服接触摄入铊化合物的患者会较早地出现消化系统症状，这些症状包括恶心、呕吐、食欲减退以及腹痛。除此之外，患者会经常便秘，随着病程的发展，后期转为腹泻；部分患者还会出现口腔炎、舌炎、牙龈糜烂、消化道出血等症状。一些严重的病例还可能发生中毒性肝炎。

铊中毒的治疗方法：使用普鲁士蓝、二巯基丙酸钠、硫代硫酸钠等药物促进铊离子的排泄；口服氯化钾溶液和使用利尿药促进铊的肾代谢；加速其排泄；使用血液灌流疗法在体外吸附、清除铊离子等。

2.3.3 铊对冶炼作业者健康的危害及防治

在有色金属冶炼流程中，敞开式的含铊物料很容易以烟气、粉尘的形式进入车间环境中，因此车间含铊粉尘是危害作业者健康的最大因素。铊一旦被吸入人体，就会在人体内积累。研究表明，在工作场所空气中，铊凝聚和分解的气溶胶浓度为 0.0039~0.066 mg/m³ 时就会表现出铊中毒症状，出现周期性头痛、噩梦和明显多汗现象；体征检查发现，患者主要表现为神经状态失调、伸臂手指颤抖、心动过速及血管性低血压倾向等。因此，职业性铊中毒应引起我们的高度重视。含铊物料破碎、筛分、运输等外力作用产生的粉尘，熔炼过程中铊氧化物升华或凝结形成的微粒，燃烧过程中产生的烟尘以及水淬时产生的含铊水雾等会形成溶胶悬浮于空气中,对作业者造成很大危害。

可采取以下措施防止铊对作业者的危害。①以现代成熟新工艺取代传统工艺;②完善和改进现有工艺,尽量采取密闭和负压技术,如采用密闭双料钟加料、负压操作和真空输送等;③加强车间空气流通和作业者个体保护,对作业者进行安全教育,增强防患意识,严格遵守作业制度;工作时穿戴好防护口罩、鞋帽、工作服,必要时使用隔离式空气呼吸器,防止铊等有毒物质通过呼吸系统和皮肤进入体内;④对含铊高的物料进行铊回收,以降低物料中的铊含量,减少铊的危害。

2.3.4 含铊"三废"对环境的危害及防治

重金属冶金工业"三废"排放是铊污染的主要来源,食物链迁移是人体铊暴露和慢性铊中毒的主要途径,减小铊污染及其生态健康风险的对策应从以下方面着手。①控制污染源:加强铊的检测,制定铊的排放标准,严格限制含铊"三废"的排放,减轻铊的环境负荷;②铊污染土壤的修复:利用超积累植物提取和富集土壤中的铊,减轻土壤的铊污染;③调控食物链中铊的迁移:选用对铊富集系数小的作物种类或品种,降低农产品中的铊含量,减少人体通过食物链吸取铊的途径;④慢性铊中毒的诊断和治疗:加强慢性铊中毒诊断技术的研究,开发人体去铊的新药品,及时治愈铊中毒患者。

2.4 铍

铍在地壳中的含量为 $6 \times 10^{-4}\%$(质量分数),含铍矿物有 50 多种,具有工业价值的铍矿物主要有绿柱石、金绿宝石、硅铍石、日光榴石、似晶石,其中以绿柱石最为重要。绿柱石是铍的铝硅酸盐类,呈绿色、淡绿色、淡蓝色、粉红色等。理论上,纯绿柱石中的 BeO 含量约 14%(质量分数),Al_2O_3 含量约 19%(质量分数),SiO_2 含量约 67%(质量分数);但实际上绿柱石中尚有 Na_2O、K_2O、Li_2O 等其他杂质成分。

金绿宝石呈绿色或黄绿色,其理论成分(质量分数)为 19.8% BeO、80.2% Al_2O_3。日光榴石为褐色,有时呈黄色或绿色,多产于矽卡岩矿床中。硅铍石为无色或淡黄色,斜方晶系,常与绿柱石等共生于伟晶岩中。当前开采的铍矿主要是花岗伟晶岩矿床,常伴生有稀有轻金属锂。

值得指出的是,湖南柿竹园钨钼锡铋多金属矿床伴生有丰富的铍,以绿柱石和金绿宝石形态存在,富集于铋中矿[w(BeO)为 0.046%]和铋精矿[w(BeO)为 0.0024%~0.0067%]中,按 30 万 t 铋储量计算,伴生的 BeO 量大于 50 t。

常用氟化法或硫酸法从原料中提取铍。氟化法是将磨细的绿柱石与氟硅酸钠、铁冰晶及碳酸钠按 10:3.2:4.8:2(质量比)混合压块后于电阻加热窑炉中烧结,烧结块混磨后用水浸出铍,然后通过结晶沉淀、热分解得到氧化铍。硫酸法又分为加熔剂硫酸法和不加熔剂硫酸法,我国目前采用的工艺方法是加熔剂熔炼法,其工艺流程为铍矿石+方解石→熔炼→酸化浸出→蒸发结晶→中和除铁→沉淀→氢氧化铍→煅烧→氧化铍。

铍在铋冶炼过程中的行为更值得关注,火法炼铋是在 1200℃ 以上的高温及有大量苏打等碱性物质存在的情况下进行的,熔炼过程中本来以绿柱石、金绿宝石等稳定态存在的铍转化为活性大、易溶于水的铍化合物并进入炉渣。这种炉渣放于露天渣场后,铍不断流失进入地下水和土壤,长期污染环境;在湿法炼铋过程中,有 24.61% 的铍进入浸出液,带来含铍废水的处理难题。

铍及其化合物毒性大,是一种全身性毒物,为剧烈的原浆毒。动物由静脉注入硫酸铍溶液后,肝、脾、肾、骨髓等器官有广泛坏死性病灶,并有溶血和出血现象;存活动物的受损害器官组织逐渐出现纤维增殖反应。吸入大量铍或其化合物可引起肺炎或肺水肿。显然,铍具有全身性的毒性作用。但其作用机理目前尚未完全阐明,主要的假说有三个。①免疫病理假说:铍作为一种半抗原,在机体内与蛋白质(载体)结合,形成一系列反应直至发病;②酶系统扰乱假说:铍能扰乱多种酶系统,产生酶活性改变导致生化、病理改变;③诱发假说:最近有人认为肾上腺皮质功能失调能诱发隐性铍病,用以解释某些慢性铍肺经长潜伏期后发病。

铍毒性的大小,取决于入体途径、不同铍化合物的理化性质及实验动物的种类。一般而言,可溶性铍的毒性大,难溶性的毒性小;静脉注入时的毒性最大,呼吸道吸入次之,经口及经皮吸入最小。

引起急性或慢性铍中毒时,与铍化合物的种类有关。急性中毒是在短时间内接触或吸入大量铍化合物引起的,病症包括接触性皮炎,皮肤溃疡,眼结膜炎,呼吸系统的鼻黏膜炎、咽炎、支气管炎、化学性肺炎等。慢性中毒是迟发性的,发病时间可迟至接触毒物后 20 年,主要表现为肺部的长期延续性病变,肝细胞普遍肿胀变性、脂肪变性及小灶性肝细胞坏死等。近年有研究认为,铍含量不高的各种铍合金仍可引起铍肺。

铍的毒害主要产生于粉尘、烟雾的吸入和接触,各国为此制定了防范性的卫生标准。比如,1949 年美国确定的空气含铍允许浓度标准如下:①车间工作时间内空气中铍的浓度平均不得超过 2 $\mu g/m^3$;②任何时间一次检测车间空气中的铍浓度不得超过 25 $\mu g/m^3$;③铍厂邻近地区空气中铍的月平均浓度不应超过 0.01 $\mu g/m^3$。

第3章 重金属冶金"三废"

3.1 废气

重金属冶金废气主要是低浓度二氧化硫烟气，按 2012 年的原生重金属产量计算，当年共产生二氧化硫 2144.5 万 t/a，排放 251.4 万 t/a，用于制酸 1893.1 万 t/a，利用率 88.28%。具体情况如下：硫化铜精矿平均含硫量为 30.29%（质量分数），品位为 17.72%，冶炼 1 t 铜约产生 3.5 t 二氧化硫。铜冶炼已基本完成技术改造，采用闪速熔炼、顶吹、底吹、侧吹富氧熔池熔炼等先进的炼铜工艺，二氧化硫的利用率为 92%~98%，平均外排 5%，这部分外排主要是转炉吹炼泄漏所引起的。2012 年的原生铜产量为 331 万 t，二氧化硫排放量约为 58 万 t。硫化镍精矿平均含硫量 25.5%（质量分数），品位 5.83%，冶炼 1 t 镍约产生 9.2 t 二氧化硫，利用率为 78%，平均外排 22%。2012 年的原生镍产量为 31.6 万 t，二氧化硫排放量约为 64 万 t。硫化铅精矿平均含硫量 18%（质量分数），品位 62%，冶炼 1 t 铅产生 0.6 t 二氧化硫。近十多年来，我国铅冶炼取得重大技术进步，全国有 770 余家铅冶炼厂，有 60% 以上的产能采用底吹、顶吹及侧吹富氧熔池熔炼或基夫赛特（闪速）熔炼，但传统工艺仍占一定比例。2012 年的原生铅产量为 328.4 万 t，二氧化硫排放量约为 79 万 t。硫化锌精矿平均含硫量 30%（质量分数），品位 47.50%，冶炼 1 t 锌产生 1.3 t 二氧化硫。硫化锌精矿沸腾焙烧产生的二氧化硫烟气用于制酸，利用了 95% 的硫，另外 5% 的硫进入浸出渣，在浸出渣火法处理过程中，以低浓度二氧化硫烟气的形式外排。2012 年的原生锌产量为 513.2 万 t，二氧化硫排放量约为 34.0 万 t。硫化锑精矿平均含硫量 23.11%（质量分数），品位 41.45%，冶炼 1 t 锑约产生 1.2 t 二氧化硫。1958 年以来，锑的冶炼工艺无多大技术进步，二氧化硫全部外排。2012 年的原生锑产量为 21.552 万 t，二氧化硫排放量约为 25.9 万 t。锡精矿一般含硫量小于 1%（质量分数），冶炼烟气含二氧化硫量很低，为 0.05%~1%（质量分数），2012 年的原生锡产量为 14.81 万 t，二氧化硫排放量约 1 万 t。

镍、钴、锑、铋等氯化冶金产生含氯及氯化氢的废气；产品深度加工过程中硝酸溶解金属产生的废气，如金、银、铋的溶解产生致癌的 NO_x 废气；汞、铅、锌火法冶炼过程中产生含汞烟气；湿法冶金过程中产生如 AsH_3 和 H_2S 等剧毒气体。

3.2 废水

重金属冶金废水包括工艺废水和地面废水两大类。据 2003 年统计,全国有色冶金行业共排放废水 3.7451 亿 m³,占当年全国各行业废水量的 2.02%。2012 年我国有色金属产量为 2003 年的 3.063 倍,有色冶金行业废水排放总量估计为 11.5 亿 m³。重金属冶金废水是危害最大的废水之一,是治理的重点和难点。有色冶金行业是资源密集和污染物排放量大的传统行业,其工业产值虽然只占全国工业总产值的 2.52%,但产生的废水和污染物排放量所占比例却相对较高。其中重金属的绝对排放量十分惊人,占总排放量的 66.33%(含采选),排放强度也比较大(见表 1-4),同时因企业大小或所有制不同而有较大差别(见表 1-5)。

表 1-4 我国有色冶金工业废水 2003 年的污染物排放浓度　　　单位:mg/L

类别	汞	镉	六价铬	铅	砷	挥发酚	氰化物	COD	石油类	悬浮物	硫化物
最大	0.26	12.63	23.81	230.77	7.71	79.34	77.93	4720.28	80.00	5324.68	486.29
平均	0.08	0.83	1.16	4.37	0.81	4.34	4.63	139.23	5.23	199.99	16.58

表 1-5 我国各类有色冶金企业废水 2003 年的污染物排放浓度　　　单位:mg/L

类别	汞	镉	六价铬	铅	砷	挥发酚	氰化物	COD	石油类	悬浮物	硫化物
大型	0.020	0.950	0.067	0.696	0.767	0.018	0.178	103.56	4.518	103.48	1.918
小型	0.148	0.268	2.962	6.570	0.811	0.420	6.343	163.44	7.069	251.89	34.480
国营	0.025	0.937	0.030	1.764	1.015	6.134	0.173	73.12	4.846	118.50	1.603
乡镇	0.136	1.003	1.141	9.069	0.739	3.090	10.280	168.76	3.086	201.31	28.832

3.3 废渣

重金属冶金废渣包括火法冶金炉渣和湿法冶金废渣两大类,后者含浸出渣、除铁渣和净化渣。

3.3.1 火法冶金炉渣

火法冶金炉渣主要是铜、铅、锌、镍、锑、锡和铋的火法冶金过程中产生的炉渣，它们均为玻璃体结构，很稳定，是生产水泥的好原料，对环境基本上无影响。另外，还包括锡、铋、锑和铅锑的火法精炼渣。锡精炼渣含锡高，种类繁多，包括熔析渣、离心析渣、硫渣、炭渣和铝渣；铋精炼渣的种类也比较多，主要有除铜渣、砷锑渣、碲锡渣、银锌渣和氯化锌（铅）渣；锑和铅锑精炼渣主要产出砷碱渣；锑精炼渣还产出铅渣。火法精炼渣中的有价金属和有毒元素都比较多，回收价值大，但必须进行无害化处理。根据 2012 年的金属产量，我国几种主要的重金属冶炼炉渣量和成分见表 1-6。

表 1-6   2012 年我国重金属冶炼炉渣量及其成分

炉渣类型	炉渣量/kt	$w(Fe)/\%$	$w(SiO_2)/\%$	$w(CaO)/\%$	$w(MgO)/\%$	$w(Zn)/\%$
炼铜炉渣	29007	35.73	33.60	8.50	—	—
炼镍炉渣	7195	31.09	32.15	7.0	10.73	—
炼铅炉渣	2323	24	18	20	—	—
炼锌炉渣	679	27.23	22.50	20.25	—	5.88
炼锑炉渣 A	250	28	20	15	—	—
炼锑炉渣 B	105	30	41	20	—	—
炼锡烟化炉渣	1530	39	24.08	4.70	0.99	—

由表 1-6 可知，2012 年我国重金属火法冶金过程共产出约 4109 万 t 炉渣，其中铋冶炼炉渣量少，未计入。

3.3.2   湿法冶金废渣

湿法冶金废渣主要为湿法炼锌废渣，包括浸出渣和净化渣两大类。含锌 85%以上时用湿法生产，2012 年我国湿法炼锌锌产量约 440 万 t，产出浸出渣 310 万 t、铁矾渣 140 万 t 以及相应量的铜镉渣和钴渣。

浸出渣分为传统湿法炼锌流程的低酸浸出渣和全湿法炼锌流程的高酸浸出渣，它们的成分见表 1-7。净化渣包括除铁过程的铁矾渣或针铁矿渣、除铜镉过程的铜镉渣及除钴过程的钴渣等，典型铁矾渣的成分见表 1-8，铜镉渣及钴渣的成分见表 1-9。

表1-7　湿法炼锌浸出渣各成分的质量分数　　　　　单位：%

类别	Zn	Cd	Pb	Cu	Fe	Ag	S	SiO$_2$	Ge	In	As	CaO
低酸浸渣	21.88	0.13	3.46	0.79	25.28	0.02	7.04	10.15	—	—	—	2.34
高锗浸渣	12.24	0.12	4.51	—	8.61	0.06	12.6	20.23	0.022	—	—	—
高酸浸渣	3.42	0.26	0.52	0.15	27.23	0.01	—	9.84	—	0.193	0.41	0.3
氧压浸渣	1.36	—	9.25	—	12.32	—	51.42	—	—	—	—	—

表1-8　国内几家炼锌厂铁矾渣各成分的质量分数　　　　　单位：%

炼锌厂	柳州有色总厂	来宾冶炼厂	西北炼锌厂	西昌冶炼厂	赤峰红烨锌厂
Zn	4.78	8.65	3.33	3.23	9.20
Ag	0.0119	0.005	0.002	0.0137	—
Fe	26.9	28.55	31.06	28.14	22.22
Cu	0.18	0.29	0.04	0.11	0.45
Cd	0.05	0.13	0.04	0.29	0.24
As	1.23	0.52	0.059	1.04	—
S	—	—	—	—	12.29
Sb	0.18	0.27	0.11	0.33	—
Pb	0.63	0.24	1.65	1.44	0.58
In	—	0.30	0.02		
SiO$_2$	4.78	4.50	—	1.58	2.58
Ge	—	—		0.13	
Sn	—	0.40			
Mn	—	—	—		
Mg	—	—	—		0.25
备注	洗涤	未洗	洗涤	洗涤	未洗

表1-9　铜镉渣及钴渣各成分的质量分数　　　　　单位：%

类别	Zn	Cu	Co	Ni	Pb	Sb	As	Fe	Cd
铜镉渣	39.07	1.93	0.16	—	1.08	0.364	0.06	0.96	10.99
钴渣	49.42	0.76	0.46	0.33	3.52	0.32	0.043	0.43	8.65

3.4　高砷物料及固废

1990年起，我国每年进入重金属冶炼厂的砷量超过30 kt，估计目前已高达

111 kt/a,其中铜厂约为 62 kt/a,铅厂约为 19 kt/a,锌厂约为 28 kt/a。进入冶炼厂的砷在冶炼过程中富集于冶炼中间产物中,形成多种含砷中间物料,如各种烟尘、高砷铅阳极泥、高砷锑阳极泥、铅阳极泥冶炼稀渣、锑精炼砷碱渣、高砷锗渣、硫化砷渣(酸泥)及砷冰铜等。砷中间物料的砷含量(质量分数):铜转炉烟灰 2%~20%,锡烟尘 6.42%~10.74%,铅阳极泥冶炼高砷锑烟尘 35%,炼铅鼓风炉烟尘 2%~10%,铅阳极泥冶炼稀渣不小于 20%,锑精炼砷碱渣 10%~20%(新)或 1%~5%(老),高砷铅阳极泥 17.48%~29.72%,硫化砷渣 15%~30%。这些高砷物料中,除了砷钴矿脱砷烟尘、炼锡烟尘等几种含砷较高的物料用挥发法处理生产白砷或金属砷,其他高砷物料都长期堆存,目前这些含砷物料的产出量都为 444 kt/a(按 15%As 计)以上。含砷物料的特点是含砷高、不稳定、毒性大(砷冰铜除外),保管稍有不慎,即会流失,造成严重污染,过去发生的几十起砷污染中毒事件大部分是因有色金属冶炼过程中砷的流失和扩散到周边环境而造成的。因此,含砷物料及固废的处置已成为各大冶炼厂消除砷害回收有价金属的重大课题。

参考文献

[1] 赵天从.重金属冶金学[M].北京:冶金工业出版社,1981.
[2] 彭容秋.重金属冶金学[M].长沙:中南工业大学出版社,1991.
[3] 赵天从.无污染有色冶金[M].北京:科学出版社,1992.
[4] 唐谟堂,李洪桂.无污染冶金——纪念赵天从教授诞辰 100 周年文集[M].长沙:中南大学出版社,2006.
[5] 井村伸正,永沼章,周耀群.重金属环境污染的毒性机理[J].农业环境科学学报,1982,(4):24-28.
[6] 肖细元,陈同斌,廖晓勇,等.中国主要含砷矿产资源的区域分布与砷污染问题[J].地理研究,2008,27(1):201-212.
[7] 黄正林,吴枚红.一起意外事件酿成急性砷中毒事故及 5 年后追踪调查报告[J].中国卫生监督杂志,2000,7(1):10-12.
[8] 唐谟堂.我国有色冶金中的砷害与对策[J].湖南有色金属,1989,5(2):42-45.
[9] 唐谟堂,唐朝波,何静,等.有色金属选冶过程中的砷害与对策[C]//全国重有色金属冶炼含砷危废处理及资源化综合利用研讨会论文集.烟台:2008.
[10] 刘志宏,李鸿飞,李启厚,等.铊在有色冶炼过程中的行为和危害及防治[J].山西化工,2007,27(6):47-51.
[11] 谢文彪,常向阳,陈穗玲,等.铊资源的分布及利用中的环境问题[J].广州大学学报,2004,3(6):510-514.

第二篇 火法清洁冶金

绪 言

重金属的矿物原料绝大部分为硫化矿，冶炼方法大都是火法，其中又分为粗炼和精炼两个阶段。从原理上说，重金属粗炼过程需经过两个阶段，对于铜，进行造锍熔炼和吹炼，因为它们都是氧化熔炼，只是吹炼的氧化性更强，氧位更高；镍（钴）也进行造锍熔炼，但因镍（钴）金属的熔点太高，不能吹炼成金属镍（钴），而只能吹炼成高冰镍（钴），然后用湿法冶金方法处理高冰镍（钴），制取金属镍（钴）；对于铅，进行氧化熔炼和还原熔炼。铜、镍（钴）、铅粗炼过程的共同点是通过氧化熔炼脱硫，使硫化物形态的硫氧化为二氧化硫。但传统冶炼方法存在二氧化硫浓度低、污染大、氧化反应热没有利用、能耗高及自动化程度低等突出问题，因而，三十多年来传统熔炼方法逐渐被高效、节能、低污染的富氧强化熔炼方法所取代。富氧强化熔炼工艺可分为两大类：一类是漂浮熔炼方法，如奥托昆普闪速熔炼、Inco 闪速熔炼、漩涡顶吹熔炼和氧气喷撒熔炼等；另一类是熔池熔炼方法，熔池熔炼包括顶吹熔炼（如澳斯麦特/艾萨熔炼法和特尼恩特熔炼法）、侧吹熔炼（如瓦纽柯夫法、诺兰达法和白银法）、立式吊吹熔炼（如三菱法、卡尔多炉熔炼法）和底吹熔炼（水口山法）四大类。这些强化熔炼法的共同特点是采用富氧熔炼技术来强化熔炼过程，从而大大提高了生产效率；充分利用硫化矿氧化过程的反应热，实现自热或近自热熔炼，从而大幅度降低了能源消耗；产出高浓度二氧化硫烟气，实现了硫的高效回收，从而消除了二氧化硫对环境的污染。对于铜、镍（钴）和锡，基本上能实现清洁生产；但对于铅，虽然解决了二氧化硫对环境的污染问题，但铅尘和铅雾的污染问题没有得到解决。锌大部分采用湿法生产，存在能耗高和废渣污染严重等问题；锑和铋等小金属仍然采用传统冶炼工艺，大量低浓度二氧化硫烟气直接排空，污染大气，而且能耗很高，温室气体排放量大。

重金属粗炼还有直接熔炼方法，即一步还原固硫熔炼方法，例如沉淀熔炼就是一种古老且成熟的固硫熔炼方法。在一步还原固硫熔炼解决低浓度二氧化硫烟气污染的学术思想的指导下，作者学术团队从 20 世纪末开始进行高温固硫熔炼的基础理论和新工艺研究，提出了"铅、锑、铋还原造锍熔炼"新方法，系统、深入地研究了其基础理论和新工艺。

针对高温炼铅不能解决铅尘和铅雾的污染问题，苏联学者谢里科会母（3. A. Сериковым）于 1948 年首先提出低温碱性炼铅法，即在 436~650℃下向 NaOH 熔体中加入硫化铅精矿，鼓入空气以获得粗铅。20 世纪 60 年代至 90 年代，斯米尔洛夫（Смирнов М. П.）完成低温碱性熔炼原生铅的系统研究。低温碱性熔炼不产生二氧化硫和铅蒸气，铅尘也很少，工作条件和周边环境较传统炼铅法大为改善，但碱耗高，成本较传统炼铅法高，因此未能工业应用。

20 世纪 90 年代末，斯米尔洛夫教授来中国讲学，之后中南工业大学等单位对低温碱性熔炼进行了系统、深入的研究，作者学术团队发现低温碱性熔炼更适合冶炼再生铅。21 世纪初，研究人员将低温碱性熔炼技术向前推进了一大步，提出了低温熔盐冶金新概念。十多年来，研究人员还对铅、锑、铋低温熔盐冶金的基础理论和工艺进行了进一步的研究。

本篇将详细介绍作者学术团队在重金属高温固硫熔炼和低温固硫熔炼方面的学术成就和研究成果。高温固硫熔炼方面包括硫化铅精矿、硫化锑精矿、硫化铋精矿、脆硫锑铅矿精矿、含铅废料和涉重铁渣的还原造锍熔炼的基础理论和工艺方法；低温固硫熔炼方面包括硫化铅精矿、再生铅、硫化铋精矿、富铋烟尘及镍钼矿的碱性熔炼以及硫化铅精矿、硫化铅锌精矿、再生铅物料和硫化锑精矿的低温熔盐冶金以及熔盐回用和再生的基础理论和工艺方法。值得指出的是，含铅废料和涉重铁渣的还原造锍熔炼新工艺已获得工业应用，具有显著的经济效益和突出的环保效果，获 2012 年环境保护部的科技进步奖。

第1章　重金属高温固硫冶金

1.1　概　述

重金属的矿物原料绝大部分为硫化矿，为防止和减少二氧化硫烟气的污染，人们试验研究了多种固硫熔炼工艺，包括沉淀熔炼、碱性熔炼、石灰(石灰石)固硫熔炼和还原造锍熔炼等。其中，沉淀熔炼、硫化锌精矿的固硫挥发和铅、锑、铋硫化矿精矿的还原造锍熔炼均属于高温固硫冶金，在1100℃以上的温度及还原性气氛中进行。

沉淀熔炼是一种古老且成熟的冶炼方法，并有多年的小规模生产实践经验。在再生铅的生产中，用铁屑加纯碱的短窑或长窑熔炼生产工艺目前仍在应用，但低浓度二氧化硫烟气污染问题依然存在。沉淀熔炼工艺简单，但其技术经济指标较差，渣含金属量较高，而且会消耗大量的铁屑，生产成本高，这阻碍了其大规模工业化应用。

固硫挥发冶金系日本学者后藤佐吉首先提出，用氧化钙或碳酸钙作固硫剂，固硫还原过程中产生的金属锌以气态挥发，从而与以硫化钙为主要成分的固态残渣分离。张传福教授及其学生对硫化锌的固硫还原挥发进行了系统而深入的研究。

1999年，作者提出了一种无二氧化硫排放冶炼铅、锑、铋的新方法——还原造锍熔炼方法，并获得国家发明专利(专利号：ZL001 13284.9)。该专利用氧化铁废料或含重金属的氧化铁矿作固硫剂，直接使有色金属硫化精矿或含硫物料冶炼成有色金属粗金属或合金，烟气中的二氧化硫达标排放。十多年来，作者学术团队对还原造锍熔炼新工艺进行了系统而深入的研究，成功开发"鼓风炉还原造锍熔炼清洁处置重金属(铅)废料"新技术。该技术已通过省级鉴定，处于国际领先水平，目前被应用于郴州市国大有色金属冶炼有限公司，清洁处置重金属(铅)废料，实现高危固废资源化利用，彻底根除重金属污染。

本章将重点介绍还原造锍熔炼的研究成果，以促进重金属火法清洁冶金的发展。

1.2 硫化锌的固硫还原与挥发

1.2.1 概述

石灰是很有效的含硫气体吸收剂之一，它的添加可导致以下反应的发生，这些反应具有很大的平衡常数。

$$CaO+H_2S =\!=\!= CaS+H_2O \tag{2-1}$$

$$CaO+COS =\!=\!= CaS+CO_2 \tag{2-2}$$

因此，金属硫化矿用 H_2 或 CO 强化还原和石灰固硫在热力学上很容易实现，可用下列总反应式表示：

$$MS+CaO+H_2 =\!=\!= M+CaS+H_2O \tag{2-3}$$

$$MS+CaO+CO =\!=\!= M+CaS+CO_2 \tag{2-4}$$

目前已有从黄铜矿精矿、辉钼矿精矿和辉锑矿生产有关金属的石灰强化还原固硫的报道，特别对硫化锌的石灰强化固硫还原挥发进行了深入研究。这种工艺与传统的火法冶金方法相比，流程简单，能消除二氧化硫烟气污染，适合处理小型矿山产出的硫化锌精矿，还可用该方法快速生产某些金属纤维。其缺点是产出的含 CaS 渣不稳定，较难处理。

1.2.2 基本原理

1.热力学分析

用氧化钙或碳酸钙作固硫剂时，在 1300~1400 K 的情况下，锌的还原挥发及硫的固定的热力学趋势大。在没有固硫剂的情况下，硫化锌被碳或一氧化碳还原的反应如下：

$$2ZnS+C =\!=\!= 2Zn+CS_2 \tag{2-5}$$

$$ZnS+CO =\!=\!= Zn+COS \tag{2-6}$$

两个反应的平衡常数见表 2-1，从表 2-1 中可以看出，这两个反应在热力学上很不利，因为平衡常数均很小。显然，降低含硫气体 CS_2 和 COS 的分压是推动反应式(2-5)和反应式(2-6)向右进行的重要热力学条件。这可以通过向体系中加入硫化物气体的强吸收剂即固硫剂来达到目的，而氧化钙是已知的硫化物气体的强吸收剂之一，其固硫反应见式(2-7)和式(2-8)，平衡常数见表 2-2。

$$2CaO+CS_2 =\!=\!= 2CaS+CO_2 \tag{2-7}$$

$$CaO+COS =\!=\!= CaS+CO_2 \tag{2-8}$$

表 2-1　相应温度下硫化锌还原反应的平衡常数

T/K	1000	1100	1200	1300	1400
反应式(2-5)	3.6×10^{-9}	6.8×10^{-8}	9.5×10^{-7}	1.8×10^{-5}	2.0×10^{-4}
反应式(2-6)	8.0×10^{-9}	5.7×10^{-8}	3.6×10^{-7}	3.4×10^{-6}	2.2×10^{-5}

表 2-2　相应温度下氧化钙固硫反应的平衡常数

T/K	1000	1100	1200	1300	1400
反应式(2-7)	1.68×10^{5}	5.63×10^{4}	2.97×10^{4}	1.01×10^{4}	5.36×10^{3}
反应式(2-8)	5.71×10^{4}	1.99×10^{4}	8.27×10^{3}	4.03×10^{3}	2.06×10^{3}

表 2-2 说明,氧化钙固硫反应的平衡常数均很大,而且随温度的降低而增大。氧化钙存在的情况下,硫化锌的还原固硫反应可以顺利进行:

$$ZnS+CaO+C \xrightarrow{\hspace{1cm}} Zn+CaS+CO \tag{2-9}$$

式(2-9)的平衡常数见表 2-3。

表 2-3　相应温度下式(2-9)的平衡常数

T/K	1000	1100	1200	1300	1400
K_p	8.0×10^{-4}	1.3×10^{-2}	1.6×10^{-1}	2.61	26.4

表 2-3 说明,在 1300~1400 K,硫化锌的还原固硫反应可快速进行,其行为值得关注。它被加热到高温时即升华成气体,蒸汽压与温度的关系如式(2-10):

$$\lg p = \frac{-14405}{T}+11.032 \tag{2-10}$$

硫化锌蒸气发生离解:

$$2ZnS(g) \xrightarrow{\hspace{1cm}} 2Zn(g)+S_2(g) \tag{2-11}$$

S_2 蒸气因与氧化钙产生反应而被固定于 CaS 固体中:

$$S_2(g)+2CaO+C \xrightarrow{\hspace{1cm}} 2CaS+CO(g) \tag{2-12}$$

式(2-11)及式(2-12)的平衡常数见表 2-4。

表 2-4 离解及固硫反应的平衡常数

T/K	1000	1100	1200	1300	1400
反应式(2-11)	6.01×10^2	1.58×10^2	63.6	61.0	58.9
反应式(2-12)	6.46×10^5	5.20×10^5	4.32×10^5	3.66×10^5	3.16×10^3

表 2-4 说明，在 1000～1400 K 高温下，硫化锌蒸气离解度很大，而且离解产物硫蒸气被氧化钙强烈吸收固定成硫化钙；没有离解的极少量的硫化锌按式(2-5)至式(2-8)途径将硫固定，而锌被还原挥发。总之，在热力学上不存在含硫气体逸出的条件。

2. 平衡状态图

在高温下，ZnS-CaO-C 体系中存在 CO、CO_2、S_2、COS、SC_2 及 Zn 等气体组分，根据 1300 K 及 1400 K 下体系中发生的主要反应和热力学平衡关系，将各气体组分的分压表示为一氧化碳气体分压的函数：

$$ZnS(g) \Longrightarrow Zn(g) + 1/2S_2(g) \tag{2-11}$$

$$1/2S_2(g) + CaO(s) + C(s) \Longrightarrow CaS(s) + CO(g) \tag{2-12}$$

1300 K：
$$\lg p_{S_2} = -11.13 + 2\lg p_{CO}$$

1400 K：
$$\lg p_{S_2} = -11.00 + 2\lg p_{CO}$$

$$ZnS(s) + CO(g) \Longrightarrow Zn(g) + COS(g) \tag{2-13}$$

$$CaO(s) + CO(g) + S \Longrightarrow CaS(s) + CO_2(g) \tag{2-14}$$

1300 K：
$$\lg p_{COS} = -5.882 + 2\lg p_{CO}$$

1400 K：
$$\lg p_{COS} = -6.082 + 2\lg p_{CO}$$

$$2ZnS(s) + C(s) \Longrightarrow 2Zn(g) + CS_2(g) \tag{2-15}$$

$$CaO(s) + 1/2CS_2(g) \Longrightarrow CaS(s) + 1/2CO_2(g) \tag{2-16}$$

1300 K：
$$\lg p_{CS_2} = -10.326 + 2\lg p_{CO}$$

1400 K：
$$\lg p_{CS_2} = -10.228 + 2\lg p_{CO}$$

多余碳存在的条件下，产生布多尔反应：

$$CO_2(g) + C(s) \Longrightarrow 2CO(g) \tag{2-17}$$

1300 K：
$$\lg p_{CO_2} = -2.289 + 2\lg p_{CO}$$

1400 K：
$$\lg p_{CO_2} = -2.768 + 2\lg p_{CO}$$

总反应为：

$$ZnS(s) + CaO(s) + C(s) \Longrightarrow Zn(g) + CaS(s) + CO(g) \tag{2-18}$$

1300 K：
$$\lg p_{Zn} = 0.416 - \lg p_{CO}$$

1400 K：
$$\lg p_{Zn} = 1.422 - \lg p_{CO}$$

碳酸钙的分解反应为：

$$CaCO_3(s) \rightleftharpoons CaO(s) + CO_2(g) \tag{2-19}$$

1300 K：$\qquad\qquad\qquad lg\,p_{CO_2} = 0.0416$

1400 K：$\qquad\qquad\qquad lg\,p_{CO_2} = 0.073$

在总压为 101325 Pa 的条件下，按这些函数计算出 1300 K 下气体组分的平衡分压及体积百分比组成，示于表 2-5。

表 2-5　1300 K 气体组分的平衡分压和气相组成

成分	平衡分压/Pa	体积分数 φ/%
CO_2	129.9	0.1282
S_2	1.873×10^{-7}	1.873×10^{-10}
COS	3.315×10^{-2}	3.272×10^{-5}
SC_2	1.973×10^{-6}	1.902×10^{-9}
Zn	50597.5	49.93585
CO	50597.5	49.93585

从表 2-5 可以看出，含硫气体组分的含量非常低。根据以上计算结果绘制了在 1300 K 和 1400 K 下 Zn-CaO-C 三元系的热力学状态图，如图 2-1、图 2-2 所示。图中的 A、B 两点分别表示总反应在 1300 K 和 1400 K 下的平衡状态，其锌蒸气平衡分压分别为 159 kPa 和 523 kPa，C、D 分别表示总反应进行过程中应该控制的状态，其体系总压均略大于 100 kPa。因此，C、D 两点的锌蒸气及 CO 的分压都约为 50 kPa，远离总反应和布多尔反应的正向进行的平衡状态，使得这两个反应正向进行的热力学推动力进一步变大了。可以计算出在 C、D 两点锌的还原挥发率和硫的固定率理论上都极为接近 100%。图中阴影部分表示锌蒸气的优势区，可以看出温度升高后锌蒸气的优势区扩大了。

同时可以看出，COS、CS_2、S_2 等含硫气体的优势区都远在锌蒸气优势区和 CO 优势区之下。

在图 2-1、图 2-2 中分别推荐的实际过程易于控制的 C、D 两点的气氛条件下，含硫气体的逸出在热力学上的推动力是极小的。从这些硫化物气体优势区的相对大小及从热力学的观点来看，硫化锌进行直接还原蒸馏时，反应式(2-11)和反应式(2-12)将是占优势的中间反应。图中的虚线表示碳酸钙的分解线，可以看出布多尔反应能够将碳酸钙离解产出的 CO_2 全部转化为 CO，而且实验已证实 C 的过量系数在实际过程中比 $CaCO_3$ 的过量系数大一倍以上，故使用碳酸钙作硫的固定剂时锌蒸气在引出过程中不会被 CO_2 氧化。

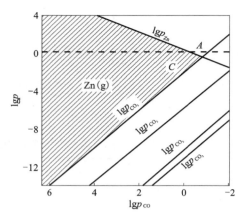

图 2-1　1300 K 下 Zn-CaO-C 三元系热力学状态图

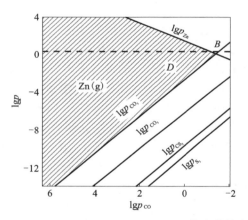

图 2-2　1400 K 下 Zn-CaO-C 三元系热力学状态图

总之,用石灰和碳(煤)实现硫化锌精矿直接还原蒸馏在热力学上是易行的,锌蒸气的冷凝不会存在困难,硫进入固相后,基本消除了二氧化硫的污染。用石灰石作固硫剂时,硫化锌的还原固硫挥发仍按氧化钙作固硫剂的机理和途径进行。只要碳过量,锌蒸气在引出过程中就不会被氧化。与使用石灰作固硫剂时相比,气体产物中锌蒸气的浓度将降低一半,因此,锌蒸气的冷凝较前者困难。

3. 锌蒸气冷凝热力学

在硫化锌的还原固硫挥发过程中,锌以单质蒸气产出,由于锌的沸点(1180 K)较低,需对锌蒸气的冷凝问题进行热力学分析。硫化锌的还原固硫挥发应在密闭的反应器中进行，固定过程温度为 1300~1400 K，过程开始时反应器内不存在锌蒸气和一氧化碳，用惰性气体保护，体系总压略大于 100 kPa。这样，硫化锌的还原固硫挥发过程会快速进行，气体被不断引出，惰性气体完全排出后引出的气体中锌蒸气和一氧化碳的分压是相等的，氧化钙作固硫剂时均为 50 kPa，碳酸钙作固硫剂时均为 25 kPa。根据锌蒸汽压和液体锌温度的关系，求得相应的露点为 1115 K 和 1057 K，均高于锌的熔点 693 K。锌冷凝器中的温度一般略高于锌的熔点，因此，采用飞溅冷凝器可顺利地将 $p \geqslant 25$ kPa 的锌蒸气冷凝。

1.2.3　硫化锌精矿团矿压制和固硫还原

将硫化锌与适量的氧化钙和焦炭、煤或活性炭等碳质材料混合并进行加热，可以使硫以 CaS 的形态固定下来，锌（Ⅱ）被还原成锌蒸气而挥发。这种方法已被实验所证实，但是其应用于工业生产时，必须将主要成分为硫化锌的锌精矿、氧化钙和碳质材料的混合物压制成强度较大的团矿或球团矿，并且必须保证反应炉内的透气性。另外，由于锌精矿的粒子比较致密，可塑性能差，要将其制作成团矿是困难的，即使添加像水玻璃那样的胶结剂也无法制作出强度大的球团矿。竖罐炼锌预处理过程中将锌精矿进行氧化焙烧，然后和煤焦化制造出强度大且还原性能好的焦化团矿是业内人士众所周知的方法。本节采用类似方法将硫化锌精矿和氧化钙、煤混合，压制成强度大的团矿，先进行焦化，然后固硫还原锌（Ⅱ）成锌蒸气，这对促进硫化锌精矿固硫挥发冶金的产业化具有重要意义。

1. 试验

1）试料

试验原材料是由三井金属公司三池冶炼厂提供的作为竖罐炼锌用的锌精矿和煤以及一级试剂氧化钙。锌精矿的成分（w）：锌 59.2%，硫 32.4%，铁 4.8%，铅 0.6%，镉 0.32%。所使用的煤是强黏结性煤，煤中各组成质量分数为固定碳 39.1%、挥发物 38.1%，灰分 21.0%。

2）试验装置及方法

制作团矿的顺序和测定团矿强度的方法与锌焙砂制团的方法一样。混合试料的总量为 5 g。因为所使用的液压机的最大载荷只有 7061 N，所以不能测定超过 7061 N 的强度。在焦化团矿固硫还原锌的试验过程中，加热温度为 1100℃，加热时间为 1 h。在计算还原率和固硫率时，将在同一条件下制作的焦化团矿作为对比试料，但硫的固定率实际上不仅有 CaS 所固定的硫，而且还包括以 ZnS 的形式残留下来的硫。因此，如果固硫率为 100%，就意味着硫没有从气相中溢出。

2. 试验结果及讨论

试验条件汇总于表 2-6 中，该表所列因素系氧化钙固硫还原试验所得各图

（见图 2-3~图 2-13）的可变因素和固定因素。从表 2-6 可以知道，在每次试验中考虑的因素很多，所以，试验结果的分析是非常复杂的。要说明的是，在探求最佳条件过程中积累的各种数据都已省略，这里所说的最佳是指在本试验范围内的最佳数据；图 2-3~图 2-15 所表示的是各个试验因素对团矿的强度及焦化团矿中硫化锌的还原率的影响以及通过 X 射线对一部分试料进行分析的结果，在描绘团矿强度的图中，加上"—"表示团矿在油压机的最大载荷（3923 N）下也不会发生损坏。

表 2-6　与每一图相对应的试验因素条件

试验因素	图 2-3	图 2-4	图 2-5	图 2-6	图 2-9	图 2-10	图 2-11	图 2-12	图 2-13
预热温度/℃	可变	500	500	500	500	500	500	500	500
预热时间/min	可变	15	15	15	15	15	15	15	15
制团压力/N	3923	可变	3923	3923	3923	3923	3923	3923	3923
焦化温度/℃	—	750	可变	750	750	750	750	750	750
焦化时间/min	—	60	60	可变	60	60	60	60	60
n_C/n_{ZnS}	2.5	2.5	2.5	2.5	可变	2.5	2.5	2.5	2.5
n_{CaO}/n_{ZnS}	1.5	1.5	1.5	1.5	1.5	可变	1.5	1.5	1.5
精矿粒度/目	-120	-120	-120	-120	-120	-120	可变	-120	-120
煤的粒度/目	-120	-120	-120	-120	-120	-120	-120	可变	-120
石灰粒度/目	-100	-100	-100	-100	-100	-100	-100	-100	可变
还原温度/℃	—	1100	—	—	1100	—	—	—	—
还原时间/min	—	60	—	—	60	60	—	—	—

1）预热温度和预热时间

图 2-3 表示在压缩成型前，预热温度和预热时间对生团矿强度的影响。原来希望软化后的煤在压缩过程中渗出的焦油能浸透到精矿和氧化钙的颗粒内，但是如果温度过低，煤的软化就不完全；如果温度过高或者预热时间过长，焦油就容易损失。如上所述，因为试验因素有很多，所以认为 500℃、15 min 是适当的。但不能说这是最佳条件，这一条件还受所使用的煤的种类制约，当使用中国产的煤时，以 450℃、15~20 min 为最适宜。

2）制团压力

图 2-4 表示制团压力的影响。制团压力增大到 3923 N 时，生团矿和焦化团矿的强度随制团压力的增大而增大。当超过 3923 N 时，团矿的表面强度就开始减弱，同时还原率也随之降低。对于一度增大了的强度但又再次减弱的现象，其原因还不完全清楚。在这次实验过程中，再次证明了团矿密度随着制团压力的增

大而稍有增大。然而，通过显微镜对经过研磨的焦化团矿进行观察，却不能证明焦化团矿的密度因制团压力的不同而不同。另外，必须说明的是，当团矿强度减弱时，其还原速度也随之减慢。但目前仍然无法说明其中的原因。

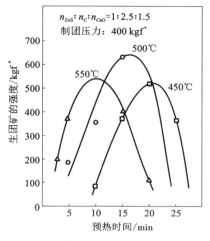

图 2-3　预热时间对生团矿强度的影响

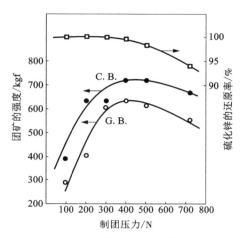

图 2-4　制团压力对生团矿
和焦化团矿强度的影响

3）焦化温度和焦化时间

焦化温度和焦化时间的影响如图 2-5 和图 2-6 所示。在使用氧化焙烧矿的条件下，长时间的高温加热可使焦化团矿的强度增强；但在采用硫化锌精矿的条件下，温度过高以及加热时间过长，焦化团矿的强度就会明显减弱。初步分析其原因可能是在焦化过程中发生了一些还原反应，使一部分锌和碳从气相中消失，团矿内部产生气孔，从而使团矿的强度降低。但是，如果这是主要原因，那么在采用焙烧矿的情况下也应该出现同样的倾向。为了调查具体的原因，绘制了强度低的焦化团矿的 X 射线衍射图谱，如图 2-7 和图 2-8 所示。根据图谱可清楚看到生成的 CaS 的情况。首先比较 CaO 的相对密度和 CaS 的相对密度，前者为3.37，后者为 2.25（不定型）~2.8（结晶）。CaO 的相对密度很大，当 CaO 转变为CaS 时，它的体积增大到 1.2~1.5 倍，因此，强度的减弱可以认为是在还原 ZnS的同时，CaO 转化为 CaS 使体积增大，致使团矿内部生成细小裂隙。参照表 2-6会清楚图 2-7 和图 2-8 的焦化团矿分别与图 2-5 和图 2-6 右边的一点相对应。然后，从峰高来看，CaS 的生成量在图 2-7 的条件下要多一些；从与之相对应的图 2-5 可以看出，团矿强度降低也特别明显。这就证明了上面的分析是正确的。

---

* 　1 kgf=9.8 Pa。

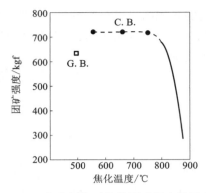

图 2-5 焦化温度对焦化团矿强度的影响

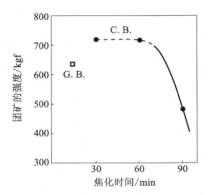

图 2-6 焦化时间对焦化团矿强度的影响

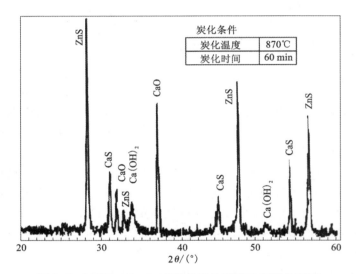

图 2-7 800℃, 60 min 下焦化后的团矿 X 射线衍射图

碳和氧化钙还原 ZnS 的总反应见式(2-18)。但实际上反应机理比较复杂,有人提出了这样的问题:ZnS(s)和 CaO(s)固体间的反应会生成 ZnO(s),并且有 CO(g)或者 COS(g)等放出。然而,假设 $p_{Zn}=p_{CO}$,根据式(2-9)反应的标准吉布斯自由能变化,计算 p_{Zn},结果列于表 2-7 中。

表 2-7 反应式(2-9)中的锌蒸汽压

加热温度/℃	600	700	800	850	900
p_{Zn}/Pa	50.05	655.56	5268.9	12969.6	29485.6

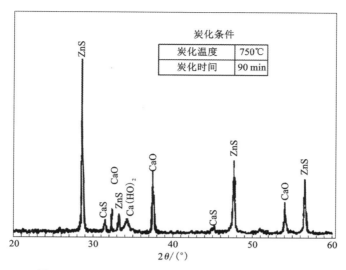

图 2-8　750℃，90 min 下焦化后团矿 X 射线衍射图

从表 2-7 可知，加热到 850℃时，还原反应进展很快。另外，根据图 2-8 可知，在 750℃加热 90 min 的条件下有一定量的 CaS 生成，这意味着在焦化反应过程中有锌蒸气挥发，因此，在团矿强度没有减弱的时候要求温度低、时间短。但是，如果温度太低，有机物质就可能会残留下来，使锌蒸气在下一个还原过程中的回收率下降。根据以上条件，焦化的最低适合条件为 700℃、约 60 min。

4) 反应物比例

图 2-9 和图 2-10 是将 ZnS 和 CaO 的摩尔比固定在 1∶1.5 时，碳量的变化对硫化锌的还原率及团矿强度的影响。即使在碳比例发生改变的条件下，其还原率仍能保持在接近 100%。还原率曲线中，左下角是碳量低于 ZnS 的量时的曲线。根据式(2-9)，其还原率毫无疑问会降低。另外，当 $n_C/n_{ZnS} = 2.5$ 时，强度受到的影响最大，这是由于煤少时渗出焦油量不够，而煤太多时，集料中的氧化物和硫化物的比例减小所造成的。将图 2-10 下边的横轴稍加改变，就表示了集料中 CaO 的效果。特别是在煤少的情况下，焦化团矿的强度比生团矿的强度低。这是因为生团矿中的煤含有挥发性的有机物质，它具有一定的黏结作用，而焦化团矿中的有机物质已经消失。

图 2-11 表示的是 ZnS 与 C 的用量固定，其摩尔比为 1∶2.5 时，CaO 量的变化对硫化锌还原率的影响。如果 CaO 没有超过与 ZnS 摩尔比的 1.2 倍，其还原率就很低。图 2-12 是在与图 2-11 相同条件下的团矿的强度，从图中可以看出生团矿的强度最大，焦化团矿的强度则基本上保持稳定。但是，在新试验的四种焦化

团矿中，与右边两个点相对应的任何一个团矿在油压机的最大载荷为 3923 N 的条件下都不会损坏；如果采用更大压力的冲压机，也很可能会得到它们的最大强度。另外，图 2-12 上边的横轴的刻度 $n_C/n_{(CaO+ZnS)}$ 与图 2-10 的情况一样，只是为了与图 2-11 相一致，根据 CaO 从左边增大的方向进行刻度，所以数字从左往右减小。图 2-10 中的团矿强度普遍比图 2-12 中的低，并且变化很激烈，这是由于图 2-10 中碳量的相对变化幅度要比图 2-12 的大而造成的。从图 2-10 和图 2-12 中可以看出：当 $n_C/n_{CaO} = 1$ 时，强度可以说是最适当的；当 $n_{CaO}/n_{ZnS} = 1.2$ 时，还原率开始急剧下降(见图 2-11)，该比例最好保持在 1.5。

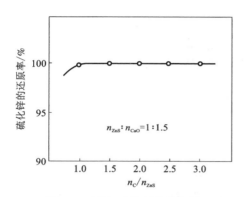

图 2-9　碳与硫化锌的摩尔比
对硫化锌的还原率的影响

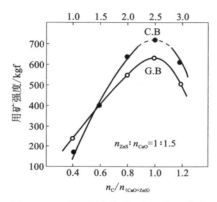

图 2-10　碳与氧化钙和硫化锌总量的
摩尔比对生团矿和焦化团矿强度的影响

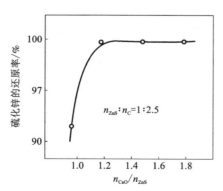

图 2-11　氧化钙与硫化锌的摩尔比
对硫化锌还原率的影响

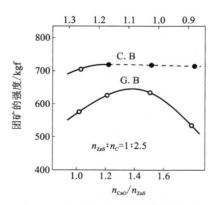

图 2-12　氧化钙与硫化锌的摩尔比
对生团矿和焦化团矿强度的影响

5）精矿、煤及氧化钙的粒度

如图2-13所示，在保持煤的粒度为-120目，氧化钙的粒度为-100目时，它们对精矿粒度的影响。在精矿粒度为-120目时，生团矿的强度和焦化团矿的强度最大。由于浮选精矿原来的粒度为-150目，所以团矿所用的精矿粒度为-80目或-40目，这样的粗粒精矿当然含有一些缓慢凝聚的微粒。对于这种精矿来说，即使是经过焦化，它的集料强度仍很低，因此其团矿的强度自然不会提高。另外，精矿粒度过小，团矿强度也会降低，这也可以认为是集料的性能减弱的缘故，正好与含有砂和小石的混凝土的强度比只含砂的灰浆的强度大的原因一样。

根据文献报道，在焙烧矿的粒度为-120目时，其强度最大。当粒度更进一步从-160目降低到锌精矿的粒度-200目时，焙烧矿的强度则会一度降低，然后又会再次增大，对此没法解释。但是，本实验用的硫化锌精矿没有发生这种现象。图2-14所示的是煤的粒度的影响。由图2-14可以发现，生团矿的强度随着煤粒度的变小而增大，焦化团矿则保持稳定。但是，焦化团矿的数据都是在油压机最大载荷为7061 N团矿不损坏的条件下获得的数据，所以如果进一步增重载荷，可能会出现像生团矿一样的倾向。前次在采用氧化焙烧矿的情况下，煤的粒度为-120目时，焦化团矿的强度显示出最大值。煤的粒度变小，团矿的强度也减小，这也许是由煤的性质不同引起的，所以，前次使用的煤和这次实验的煤相比，压缩成型时的最适当预热温度降低了50℃，并且比较容易软化。氧化钙的粒度的影响如图2-15所示，从图中可以看出团矿强度随着氧化钙的粒度变细而增大。在粒度细于-100目时，强度会保持一定数值。但是焦化团矿的强度大，在-100目和

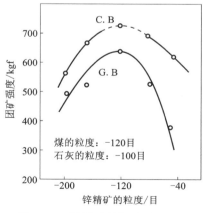

图2-13 锌精矿的粒度对生团矿和焦化团矿强度的影响

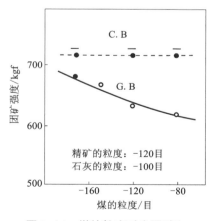

图2-14 煤的粒度对生团矿和焦化团矿强度的影响

7061 N 的载荷下也不损坏，所以，在这里焦化团矿的强度也可能是最大的。上面叙述的为精矿、煤及氧化钙的粒度的影响及其各自带来的效果，总的来说是比较复杂的，但可以知道，如果调整精矿的粒度为-120 目，就能使生团矿和焦化团矿都变成高强度的物质。

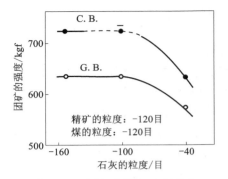

图 2-15　石灰的粒度对生团矿和焦化团矿强度的影响

6) 固硫率

一些零散的统计数据表明硫的固定率已经超过 99.3%，接近 100%。这个数据虽然包含着因实际还原过程中实验原材料的成分和对比实验原材料的成分有一些差异而带来的实验误差，但是在一般情况下，几乎没有硫从气相中散失。如上文所述，硫的固定率也包括 ZnS 残留的硫分。但是，如图 2-4、图 2-9 和图 2-11 所示，只要不选择临界条件，硫化锌的还原率接近 100%，所以大部分的硫以 CaS 的形式被固定下来。

7) 残渣团矿的强度

以氧化焙烧矿为原料的残渣团矿的强度很小，用手指也能挤碎。本试验所得焦化团矿的强度在 7061 N 以上，而且，在几乎 100% 的硫化锌被还原之后，残渣团矿的强度也超过 1128 N，有时还可能超过 1961 N。本次试验与上次试验之所以会产生这么大的差别，主要是由于本次试验的焦化团矿在硫化锌还原后，CaS 作为集料残留在团矿中。在竖罐蒸馏的实际作业过程中，必须将氧化锌的还原率控制在 95% 至 96% 之间，以维持残渣团矿的强度。因此，如果采用硫化锌精矿作为团矿的原料，则不必担心残渣团矿的强度，还有希望使作业效率得以提高。

3. 结论

为了在工业上进行硫化锌精矿的直接还原，可先将锌精矿和氧化钙与煤混合，然后对其进行加热，加压成型，最后得到强度高、还原性能良好的焦化团矿。表 2-8 列出了本试验研究得出的最佳条件。

表 2-8　团矿压制和还原的最佳近似条件

预热温度/℃	500	n_C/n_{ZnS}	2.5
预热时间/min	15	n_{CaO}/n_{ZnS}	1.5
制团压力/N	3923	精矿粒度/目	-120
焦化温度/℃	700	煤的粒度/目	<-80
焦化时间/min	60	炭的粒度/目	<-100
还原温度/℃	1100	还原时间/min	60

　　在近于100%的硫化锌被还原之后，这种团矿还保持着相当高的强度，而且大部分硫都以CaS的形态固定在残团矿中。因为本试验制作的焦化团矿的电阻率小(常温下，团矿的电阻率为5.1 Ω·cm，焦化团矿的电阻率为1.6~1.8 Ω·cm)，所以它既可作为竖罐蒸馏炉的原料，也可作为电热蒸馏炉的原料使用。

1.3　还原造锍熔炼

1.3.1　概　述

1.还原造锍熔炼的定义与特点

　　还原造锍熔炼是一个新概念，即既有还原反应又有造锍反应的熔炼过程。与铜、镍、钴的造锍熔炼不同，其主要特征是造锍反应，即在强还原性气氛下，同时还原金属并造富铁锍，铅、锑、铋硫化物中的正价态金属被还原成金属单质，而硫与铁结合成富铁锍。它是还原熔炼与造锍熔炼相互结合的结果，与二者既有相同之处，也有较大差别。它与还原熔炼的相同之处：①都需要强还原气氛，$\dfrac{p_{CO_2}}{p_{CO}}$是重要的表征性热力学参数；②从反应本身看，没有氧气参与，不产生二氧化硫，因此炉气量少；③冶炼目标金属都是以金属或合金的形态产出。它与还原熔炼不同点：①原料中冶炼目标金属存在的形态不同，还原熔炼是金属氧化物，而还原造锍熔炼是金属硫化物；②冶炼副产物不同，还原熔炼的副产物主要是炉渣、冰铜且量很少，但还原造锍熔炼的副产物主要是铁锍，炉渣量却较少。它与造锍熔炼的相似之处：①原料中冶炼目标金属的形态都是硫化物；②都产生大量的锍。但它与造锍熔炼的区别较大：①造锍熔炼需弱氧化性气氛，要脱去部分硫，必须有氧气参与反应，炉气量较大，二氧化硫分压较高，因此，p_{SO_2}及p_{O_2}是重要的表征性热力学参数；②主产品形态不同，造锍熔炼是锍，而还原造锍熔炼是粗金属或合金；③造锍熔炼不需加造锍剂(氧化铁)，而是将脱硫反应产生的氧化铁造渣除去，但还原造锍熔炼必须加入相应量的氧化铁作造锍剂(或固硫剂)；④还原造锍熔炼需加入少量的含钠添加剂，而造锍熔炼及大部分还原熔炼不加含钠添加剂。

　　适用于还原造锍熔炼的重金属原料有铅、锑和铋的硫化矿精矿及其含硫二次资源，Fe质量分数在50%以上的黄铁矿烧渣及涉重铁渣或氧化铁矿均可作固硫剂。当然，用作固硫剂的铁渣或铁矿最好含贵金属，硅和硫的含量应尽量低。

2.还原造锍熔炼的产物及其主要组成

　　还原造锍熔炼的主要产物是粗金属或合金，其次是铁锍、炉渣和烟尘。除烟尘外，其他产物都是液相，即存在金属相、锍相及炉渣相三个液相的平衡，也存在这些液相(主要是锍相和炉渣相)与炉气的平衡。硫化矿的主体金属绝大部分进入了金属相，与之伴生的贵金属也富集于金属相。硫化矿的硫会进入锍相，进入锍相的还有少量银和铅，与硫亲和力很强的金属如铜、镍、钴等都富集于锍相中，因此金属相中这些亲硫金属的含量非常低。锌在冶炼过程中的行为是值得注意的，ZnS 不能进行还原造锍反应，其挥发性又较大，故大部分 ZnS 挥发分解，最后氧化进入烟尘，但未挥发的 ZnS 仍留在铁锍中。镉、砷、硒、碲及稀散金属均大部分挥发进入烟尘。

锍相的主体成分是 FeS，此外，铁锍中还含有少量被溶解的金属 Pb、对硫亲和力大的金属硫化物以及在熔炼中产生的 Na_2S。纯 FeS 的熔点是 1195℃，黏度也较大，随着 Na_2S 含量的增加，铁锍的熔点和黏度迅速降低，这对于还原造锍熔炼的顺利进行及工业生产的操作是至关重要的。由于人们对这个体系的研究不多，铁锍中各成分对其物理化学性质的影响目前没有明确的结论，需要进行深入研究。

作为造锍剂加入的铁（包括硫化矿中的铁）大部分进入了锍相，少部分与脉石造渣。在还原造锍熔炼中，炉渣的产量是不多的，约为铁锍量的 1/4。炉渣的主要成分是 SiO_2、FeO 和 CaO 等，由于含钠添加剂的加入，一部分钠进入渣相后降低了炉渣的熔点。

3. 还原造锍熔炼原则工艺流程

还原造锍熔炼的原则工艺流程如图 2-16 所示。

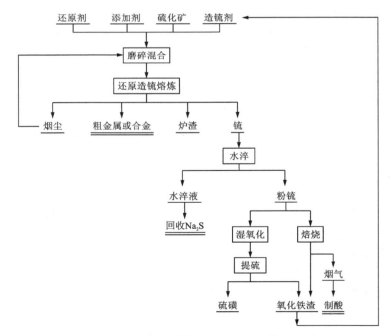

图 2-16　还原造锍熔炼的原则工艺流程

先将添加剂、还原煤、固硫剂和精矿一起磨碎混合均匀，然后将其投入熔炼炉内，在高温下进行还原造锍熔炼；反应结束后，得到合金或粗金属、烟尘、炉渣及铁锍(含有少量 Me_nS_m 以及大量的 FeS)，烟尘返回熔炼，炉渣制水泥或堆存。铁锍水浸回收硫化钠后，有两种处理方法：第一种是经湿氧化处理，将 FeS 转换为氧化铁和硫磺，以硫化物形态进入铁锍的铅、锑、铋等仍保持硫化物形态，然后浮选分离，获得硫磺精矿、铅、锑、铋二次精矿及氧化铁渣，氧化铁渣再作为固硫剂返回熔炼，二次精矿也返回熔炼；第二种方法是直接焙烧，烟气制酸，烧渣返回熔炼。这样，在铁锍中分散的金属(如 Pb、Ag 等)就能够得到充分回收。

1.3.2　还原造锍熔炼理论基础

1. 熔炼过程热力学

1) 基本反应

还原造锍熔炼过程中可能发生以下反应：

$$Sb_2S_3+3FeO+3C \Longrightarrow 2Sb+3FeS+3CO \tag{2-20}$$

$$Sb_2S_3+3FeO+3CO \Longrightarrow 2Sb+3FeS+3CO_2 \tag{2-21}$$

$$PbS+FeO+C \Longrightarrow Pb+FeS+CO \tag{2-22}$$

$$PbS+FeO+CO \Longrightarrow Pb+FeS+CO_2 \tag{2-23}$$

$$ZnS+FeO+3C \Longrightarrow Zn+FeS+CO \tag{2-24}$$

$$ZnS+FeO+3CO \Longrightarrow Zn+FeS+CO_2 \tag{2-25}$$

$$Bi_2S_3+3FeO+3C \Longrightarrow 2Bi+3FeS+3CO \tag{2-26}$$

$$Bi_2S_3+3FeO+3CO \Longrightarrow 2Bi+3FeS+3CO_2 \tag{2-27}$$

$$Ag_2S+FeO+C \Longrightarrow 2Ag+FeS+CO \tag{2-28}$$

$$Ag_2S+FeO+CO \Longrightarrow 2Ag+FeS+CO_2 \tag{2-29}$$

$$As_2O_3+2iFeO+(2i+3)C \Longrightarrow 2Fe_iAs+(2i+3)CO \tag{2-30}$$

$$As_2O_3+2iFeO+(2i+3)CO \Longrightarrow 2Fe_iAs+(2i+3)CO_2 \tag{2-31}$$

$$Me_3AsO_4+iFeO+(i+1)C \Longrightarrow Fe_iAs+3MeO+(i+1)CO \tag{2-32}$$

$$Me_3AsO_4+iFeO+(i+1)CO \Longrightarrow Fe_iAs+3MeO+(i+1)CO_2 \tag{2-33}$$

式中：$i=2\sim5$。

由于 Fe_2O_3 可被还原成 FeO、Fe_3O_4 或 Fe，在铅、锑、铋硫化矿的还原造锍熔炼中，可能存在四种形式的还原造锍反应：

(1)金属硫化物与氧化铁产生还原造锍反应：

$$Me_xS_y+y/2Fe_2O_3+3y/2CO \Longrightarrow xMe+yFeS+3y/2CO_2 \tag{2-34}$$

(2)氧化铁被还原成氧化亚铁，再与金属硫化物产生还原造锍反应：

$$Fe_2O_3+CO \Longrightarrow 2FeO+CO_2 \tag{2-35}$$

$$Me_xS_y+yFeO+yCO \Longrightarrow xMe+yFeS+yCO_2 \tag{2-36}$$

（3）氧化铁被还原成四氧化三铁，再与金属硫化物产生还原造锍反应：

$$Fe_2O_3+1/3CO \Longrightarrow 2/3Fe_3O_4+1/3CO_2 \tag{2-37}$$

$$Me_xS_y+y/3Fe_3O_4+4y/3CO \Longrightarrow xMe+yFeS+4y/3CO_2 \tag{2-38}$$

（4）氧化铁被还原成金属铁，金属铁再与金属硫化物产生置换反应：

$$Fe_2O_3+3CO \Longrightarrow 2Fe+3CO_2 \tag{2-39}$$

$$Me_xS_y+yFe \Longrightarrow xMe+yFeS \tag{2-40}$$

式（2-34）、式（2-36）、式（2-38）可归并于以下两个反应：

$$Me_xS_y+y/iFe_iO_j+(j/i-1)yCO \Longrightarrow yFeS+Me_xO_y+(j/i-1)yCO_2 \tag{2-41}$$

$$Me_xO_y+yCO \Longrightarrow xMe+yCO_2 \tag{2-42}$$

根据文献的分析结果，还原造锍反应主要按第（2）种形式进行。

2）热力学分析

（1）热力学数据选择及计算

对 Sb_2S_3、PbS、ZnS、Bi_2S_3 以及 Ag_2S 等金属硫化物，所用标准态热力学数据大部分取自 I. Barin 和 O. Knacke 主编的 1973 年版 *Thermochemical properties of inorganic substances*，少部分取自其他文献。

在高温下，吉布斯自由能的计算公式如下：

$$\Delta G_T^{\ominus} = \Delta H_T^{\ominus} - T\Delta S_T^{\ominus} \tag{2-43}$$

$\Delta H_T^{\ominus}$ 和 $\Delta S_T^{\ominus}$ 的值可分别由下列两式计算：

$$\Delta H_T^{\ominus} = \Delta H_{298}^{\ominus} + \int_{298}^{T} \left(\sum C_{p,\,产物} - \sum C_{p,\,反应物} \right) dT \tag{2-44}$$

$$\Delta S_T^{\ominus} = \Delta S_{298}^{\ominus} + \int_{298}^{T} \frac{\Delta C_p}{T} dT \tag{2-45}$$

将式（2-44）和式（2-45）代入式（2-43）即得：

$$\Delta G_T^{\ominus} = \left[\Delta H_{298}^{\ominus} + \int_{298}^{T} \Delta C_p dT \right] - T \left[\Delta S_{298}^{\ominus} + \int_{298}^{T} \frac{\Delta C_p}{T} dT \right] \tag{2-46}$$

如果参加反应的各反应物与生成物的 $\Delta H_T^{\ominus}$、$\Delta S_T^{\ominus}$ 和 ΔC_p 已知，则可依据式（2-46）计算出任何温度下的 $\Delta G_T^{\ominus}$。但是，在 $298 \sim T$ 的温度区间内，反应物和产物如果发生了任何相变（如熔化、同素异形变化等），则必须在计算式中引入相应的相变修正项。

当反应达到平衡时，反应物与产物彼此间处于平衡状态，则吉布斯自由能变化值为 0，故反应的热力学平衡常数由下式计算：

$$\Delta G_T^{\ominus} = -RT\ln K \tag{2-47}$$

按式（2-47）计算反应式（2-20）~反应式（2-29）的 $\Delta G_T^{\ominus}$ 和平衡常数分别列于表 2-9 和表 2-10 中，并根据表 2-9 的数据绘制相关反应的 $\Delta G_T^{\ominus}-T$ 图，如

图 2-17 所示。

从表 2-9、表 2-10 及图 2-17 可以看出，硫化铅、三硫化铋以及硫化银同三硫化锑一样，可以发生还原造硫熔炼反应，生成的金属铅、铋和锑相形成合金，而生成的金属银大部分富集于合金相中，小部分进入铁锍。另外，硫化矿中与硫亲和力很强的金属，如铜、镍、钴等都富集于锍相中。硫化锌在 800~1400 K 时，还原造锍熔炼反应的 $\Delta G_T^{\ominus}>0$，在热力学上难以进行。同时，由于硫化锌高温易挥发，在还原造锍熔炼炼锑过程中，精矿中的硫化锌在高温下大部分挥发后进入了气相。在 970~1280 K 时，硫化锌的蒸汽压与温度的关系可用下式表示：

$$\lg p = -13.98\times10^3 T^{-1} + 8.10 \qquad (2-48)$$

（2）有关反应的平衡常数-温度（$\dfrac{\ln K - 1}{T}$）图

在 800~1386 K 时，反应式（2-23）[PbS(s)+FeO(s)+CO(g)===Pb(l)+ FeS(s)+CO₂(g)]的标准自由能变化如下：

表 2-9　相关反应的 $\Delta G_T^{\ominus}$ 　　　　　　　　单位：J

反应式	温度/K								
	800	900	1000	1100	1200	1300	1400	1500	1600
(2-20)	−8565	−54024.9	−101635	−148757	—	—	—	—	—
(2-21)	−100441.8	−92823.9	−87622	−82193.9					
(2-22)	21671	3422.3	−14692	−32667.7	−50509	−68212.7	−85575	−101104	−118021
(2-23)	−8954.6	−9510.7	−10021	−10480	−10894.8	−11257.4	−11378	−9719.5	−9546.8
(2-24)	117268.4	97745.5	78339	59043.8	37903.6	9183.6	—	—	—
(2-25)	86642.8	84812.5	83010	81231.5	77517.8	66138.9	55823.4		
(2-26)	−72564.6	−127547.6	−181956	−232039.8	—	—	—		
(2-27)	−164441.4	−166346.6	−167943	−165454.7	—	—	—		
(2-28)	−13146.4	−25935.2	−38562	−51145.2	−62797.2	−75554.6			
(2-29)	−43772	−38870	−33891	−28898.1	−23183	−18599.3			

$$\Delta G_T^{\ominus} = 1319.3 - 11.17T \qquad (2-49)$$

反应的平衡常数：

$$K = \frac{a_{Pb}a_{FeS}a_{CO_2}}{a_{PbS}a_{FeO}a_{CO}} = \frac{p_{CO_2}}{p_{CO}} \qquad (2-50)$$

式中：a 为活度；p 为分压，Pa。

表 2-10　有关反应的热力学平衡常数

反应式	温度/K								
	800	900	1000	1100	1200	1300	1400	1500	1600
(2-20)	3.624	1.3×10^3	2.03×10^5	1.16×10^7	—	—	—	—	—
(2-21)	3.61×10^6	2.44×10^5	3.77×10^4	7.99×10^4	—	—	—	—	—
(2-22)	0.0385	0.633	5.852	35.566	157.9	550.1	1557	3313	7119
(2-23)	3.842	3.564	3.337	3.145	2.980	2.833	2.657	2.180	2.049
(2-24)	2.2×10^{-8}	2.1×10^{-6}	8.1×10^{-5}	1.57×10^{-3}	2.24×10^{-2}	0.428	—	—	—
(2-25)	2.2×10^{-6}	2.1×10^{-5}	4.6×10^{-5}	1.4×10^{-4}	4.2×10^{-4}	2.2×10^{-3}	8.3×10^{-3}	—	—
(2-26)	5.5×10^4	2.5×10^7	3.2×10^9	1.1×10^{11}	—	—	—	—	—
(2-27)	5.4×10^{10}	4.5×10^9	5.9×10^8	7.2×10^7	—	—	—	—	—
(2-28)	7.215	31.991	1.1×10^2	2.18×10^2	5.4×10^2	1.1×10^3	—	—	—
(2-29)	7.2×10^2	1.8×10^2	58.89	23.55	10.21	5.59	—	—	—

由式(2-45)可得：

$$\lg \frac{p_{CO_2}}{p_{CO}} = -\frac{68.90}{T} + 0.5834 \tag{2-51}$$

作 $\lg \dfrac{p_{CO_2}}{p_{CO}}$ -1/T 图，如图2-18所示。图中直线上方区域任一温度下的 $\dfrac{p_{CO_2}}{p_{CO}}$ 要大于

平衡线上同温度的 $\dfrac{p'_{CO_2}}{p'_{CO}}$ ，由等温方程得：

$$\Delta G_T^{\ominus} = -RT\ln \frac{p'_{CO_2}}{p'_{CO}} + RT\ln \frac{p_{CO_2}}{p_{CO}} \tag{2-52}$$

可知， $\dfrac{p'_{CO_2}}{p'_{CO}} > \dfrac{p_{CO_2}}{p_{CO}}$ ，故 $\Delta G_T^{\ominus} > 0$ ，反应逆向生成 PbS。平衡线上方是 PbS 的稳定区；在

平衡线下方， $\dfrac{p'_{CO_2}}{p'_{CO}} < \dfrac{p_{CO_2}}{p_{CO}}$ ， $\Delta G_T^{\ominus} < 0$ ，反应正向生成 Pb，因此平衡线下方区域为 Pb 的

稳定区。

同样，对于反应式(2-27)，$Bi_2S_3 + 3FeO + 3CO \Longrightarrow 2Bi + 3FeS + 3CO_2$（600~1023 K）。

$$\Delta G_T^{\ominus} = -123240 - 71.78T$$

$$\lg \frac{p_{CO_2}}{p_{CO}} = \frac{6436.5}{T} + 3.75 \tag{2-53}$$

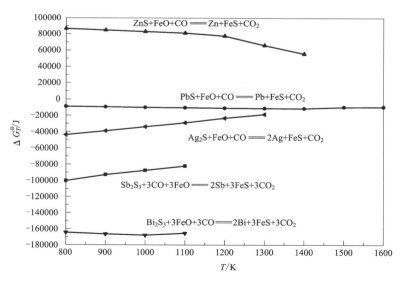

图 2-17 金属硫化物还原造锍熔炼反应的 $\Delta G_T^{\ominus}$-T 图

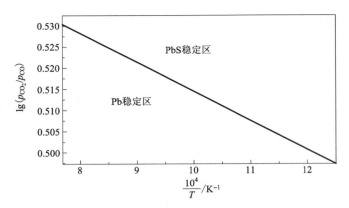

图 2-18　反应式(2-23)的 lg $\dfrac{p_{CO_2}}{p_{CO}}$-1/T 图

对于反应式(2-21)，$Sb_2S_3+3FeO+3CO \Longrightarrow 2Sb+3FeS+3CO_2$，(800~1500 K)。

$$\Delta G_T^{\ominus} = -216494 - 18.95T\lg T + 119.68T \tag{2-54}$$

$$\lg \frac{p_{CO_2}}{p_{CO}} = \frac{11307}{T} + 0.9897\lg T - 6.251 \tag{2-55}$$

作反应式(2-21)及反应式(2-27)的 lg $\dfrac{p_{CO_2}}{p_{CO}}$-1/T 图，如图 2-19 及图 2-20 所示，稳定区解释与铅的一样，此处不再叙述。

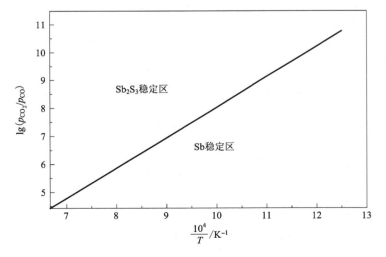

图 2-19　反应式(2-21)的 lg $\dfrac{p_{CO_2}}{p_{CO}}$-1/T 图

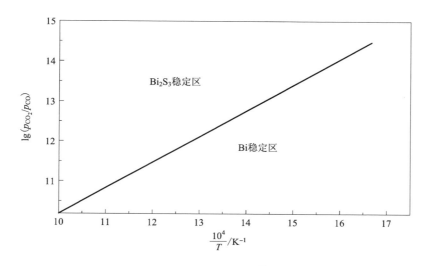

图 2-20　反应式(2-27)的 $\lg\dfrac{p_{CO_2}}{p_{CO}}$-1/$T$ 图

（3）还原造锍反应平衡气相组成的计算

上述还原造锍反应机理的热力学分析表明，在还原造锍熔炼过程中，当体系达到平衡时，气相成分主要以 CO 和 CO_2 为主，同时存在 CS_2、SO_2、COS 及 S_2 等含硫气体。这些含硫气体在平衡气相中的含量对固硫率有直接影响，所以用热力学计算方法确定平衡气相组成是十分必要的。

平衡气相组成取决于以下反应的同时平衡：

$$FeO(s)+0.5S_2(g)+CO \Longrightarrow FeS+CO_2 \tag{2-56}$$

$$Sb_2S_3+3CO \Longrightarrow 2Sb+3COS \tag{2-57}$$

$$FeO(s)+0.5CS_2 \Longrightarrow FeS+0.5CO_2 \tag{2-58}$$

$$0.5S_2+2CO_2 \Longrightarrow SO_2+2CO \tag{2-59}$$

$$C+CO_2 \Longrightarrow 2CO \tag{2-60}$$

当体系的温度一定时，能确定以上各反应的平衡常数，即可建立五个分压方程；当总压确定时，又可建立一个总压方程。根据同时平衡原理，将这六个独立方程联立求解，即可得到特定温度下的各气体的平衡分压。设定体系总压为 101325 Pa，计算出 1100~1400 K 时各气体的平衡分压以及平衡气相组成，分别列于表 2-11 和表 2-12。

表 2-11　不同温度下的各气体的平衡分压

温度/K	各气体的平衡分压/Pa					
	p_{S_2}	p_{CS_2}	p_{COS}	p_{CO}	p_{CO_2}	p_{SO_2}
1100	3.78×10^{-5}	2.88×10^{-4}	4.23	93609	7717	5.22×10^{-7}
1200	4.16×10^{-5}	2.87×10^{-4}	2.01	99455	1870	1.78×10^{-7}
1300	4.23×10^{-5}	2.70×10^{-4}	0.99	100802	523	6.50×10^{-8}
1400	2.63×10^{-5}	2.53×10^{-4}	0.54	101153	172	2.10×10^{-8}

表 2-12　不同温度下的平衡气相组成

温度/K	气相平衡组成, 体积分数/%					
	S_2	CS_2	COS	SO_2	CO	CO_2
1100	3.78×10^{-8}	2.88×10^{-7}	4.17×10^{-3}	5.22×10^{-10}	92.38	7.616
1200	4.16×10^{-8}	2.87×10^{-7}	1.98×10^{-3}	1.78×10^{-10}	98.15	1.846
1300	4.23×10^{-8}	2.70×10^{-7}	9.80×10^{-4}	6.50×10^{-11}	99.48	0.516
1400	2.62×10^{-8}	2.53×10^{-7}	5.30×10^{-4}	2.10×10^{-11}	99.8297	0.1697

从表 2-11 和表 2-12 可以看出, 还原造锍熔炼平衡气相的主要组成为 CO 和 CO_2, 两者体积分数之和大于 99.995%; 而含硫气体质量分数≤50×10^{-6}, 所占的比例很小, 其理论固硫率接近 100%, 这正是还原造锍熔炼不排放二氧化硫的理论依据。实际上, 在还原造锍熔炼一步炼锑过程中, 固硫率可达到 99%, 不存在含硫气体的污染问题。

2. 杂质金属在锍相及金属相之间的分布规律

在还原造锍熔炼中, 除金属产物外, 最重要的产物就是铁锍。铁锍的主成分是 FeS, 少部分是 Na_2S, Na_2S 与 FeS 形成均匀的熔体(铁锍), 这大幅度降低了铁锍的熔点。有色金属矿物中大多含有贵金属及其他有价金属, 因此, 这些有价金属在铁锍和金属相之间的分配是一个非常重要的问题。

在金属间相互作用小的情况下, 可以把锍看作是由金属和硫的亚晶格组成的金属硫化物混合物(特姆金理论模型)。特姆金理论模型通常适用于离子熔体, 其中阳离子和阴离子为独立的亚晶格。阳离子和阴离子被认为是以各自的亚晶格状态无规律地混合在一起的, 不可能从这两种亚晶格中交换离子。对于含 N_m 个 M 阳离子和 N_x 个 X 阴离子的熔体, 化合物 M_uX_v 的活度表示为:

$$a_{M_uX_v} = N_m^u N_x^v \tag{2-61}$$

式中: N_m 和 N_x 分别为阳离子和阴离子的原子百分比, 分别由 $\dfrac{N_m}{阳离子总数}$ 和 $\dfrac{N_x}{阴离子总数}$ 求得。

元素 M 在锍和金属相间的分布平衡可用下式表示：

$$M+0.5yS_2 \Longrightarrow MS_y \qquad (2-62)$$

由于

$$\Delta G_T^{\ominus} = -RT\ln K \qquad (2-63)$$

其中：

$$K = \frac{a_{MS_y}}{a_M p_{S_2}^{0.5y}} \qquad (2-64)$$

如果特姆金方程式是适用的，则

$$K = \frac{N_{MS_y}}{r_M^0 N_M p_{S_2}^{0.5y}} \qquad (2-65)$$

在元素 M 的浓度很低时，分配系数如下：

$$D = \frac{w(M_{粗金属})}{w(M_{锍})} = \frac{N_M}{N_{MS_y}} \qquad (2-66)$$

由式(2-65)得 $N_M = \dfrac{N_{MS_y}}{Kr_M^0 p_{S_2}^{0.5y}}$，代入式(2-66)中，则

$$D = \frac{1}{r_M^0 K p_{S_2}^{0.5y}} \qquad (2-67)$$

式中：r_M^0 为元素 M 在金属中浓度无限稀释时的活度系数；K 为金属硫化物分解反应的平衡常数；p 为金属硫化物分解反应平衡时 S_2 的分压。

计算杂质硫化物标准自由能变化值的方程式见表 2-13(除特殊注明外，标准状态指纯液态金属和纯液态硫化物)。液体铅中有关金属的亨利活度系数取自 Hultgren、Sigcoorth 和 Elliott 的文献，或者根据 Miedema 模型估算而得。按反应式 $Pb(l)+0.5S_2(g) \Longrightarrow PbS(l)$ 的 $\Delta G_T^{\ominus} = -113390+50.84T$，计算出在 1473 K 时，平衡分压 p_{S_2} 为 5000 Pa。按反应式 $Fe+0.5S_2 \Longrightarrow FeS$ 的 $\Delta G_T^{\ominus} = -148840+50.79T$，计算出在 1473 K 时，平衡分压 p_{S_2} 为 290 Pa。由于硫化铅精矿中一般都含有较高的 ZnS，硫化锌在热力学上不会产生还原造锍反应。按照反应式 $Zn+0.5S_2 \Longrightarrow ZnS$，$\Delta G_T^{\ominus} = -261460+92.72T$ 计算，平衡分压 p_{S_2} 为 5.33 Pa。因此，取铁锍和金属铅之间的 p_{S_2} 分压为 5.33 Pa。按表 2-13 中的算出 $\Delta G_T^{\ominus}$，由式(2-35)算出平衡常数 K，再按式(2-39)计算有关金属的分配系数(见表 2-14)。

由表 2-14 可知，贵金属中的金及铂族金属的分配系数较高，基本上分布到金属相中，在锍相中的分布很少；而银的分配系数较少，只有 1.64，分散在金属相及锍相中。贱金属中锑、铋的分配系数很大，基本上分布在金属相中，而铜、锰、锌、钴、镍、铬的分配系数较小，基本上分布在锍相中。

表 2-13　由液态金属和气态硫生成液态金属硫化物的自由能变化值（101325 Pa，1273~1473 K）

反应式	$\Delta G_T^{\ominus}/(J \cdot mol^{-1})$
$Cr+0.5S_2 \!=\!\!=\!\!= CrS$	$-153230+41.07T$
$Cu+0.25S_2 \!=\!\!=\!\!= CuS_{0.5}$	$-94110-51.9T$
$Fe+0.5S_2 \!=\!\!=\!\!= FeS$	$-148840+50.79T$
$Zn+0.5S_2 \!=\!\!=\!\!= ZnS$	$-261460+92.72T$
$Co+3/8S_2 \!=\!\!=\!\!= CoS_{0.75}$	$-118470+50.80T$
$Mn+0.5S_2 \!=\!\!=\!\!= MnS$	$-273650+66.95T$
$Ni+1/3S_2 \!=\!\!=\!\!= NiS_{0.66}$	$-97918+32.09T$
$Ag+0.25S_2 \!=\!\!=\!\!= AgS_{0.5}$	$-54183+25.45T$
$Au+0.25S_2 \!=\!\!=\!\!= AuS_{0.5}$	在 1473 K 时为 7320
$Pb+0.5S_2 \!=\!\!=\!\!= PbS$	$-113390+50.84T$
$Sb+0.75S_2 \!=\!\!=\!\!= SbS_{1.5}$	$-172800+89.87T$
$Bi+0.75S_2 \!=\!\!=\!\!= BiS_{1.5}$	$-152385+88.53T$
$Pt+0.5S_2 \!=\!\!=\!\!= PtS$	$-134453+83.05T$

表 2-14　1473 K 下，金属在粗铅相和铁锍相之间的分配系数计算结果

金属	K	r_M^0	$D_{计算}$
Mn	1.6×10^6	0.51	0.00019
Cu	1.0×10^6	2.3	5.70×10^{-6}
Co	35.3	12.3	0.103
Ni	62.5	2.22	0.214
Zn	2.7×10^4	0.146	0.039
Ag	3.91	2.04	1.64
Au	0.55	0.15	159
Pt	2.69	0.07	815
Ir	1.89	4.0	237
Cr	1953	43.0	0.0018
Sb	27.1	0.014	4735
Bi	6.02	2.5	119

3. 铅在 $FeS-Na_2S$ 体系中的溶解度

由 $FeS-Na_2S$ 系相图可知，硫化亚铁能与铅形成均相熔合物，但锑及铋在 $FeS-Na_2S$ 系中的溶解度却很低。铁锍中溶解的铅量与 $FeS-Na_2S$ 系中 Na_2S 的含量密切相关。根据有学者对铅锍（$PbS-Cu_2S-FeS$ 系）的研究可知，铅锍中硫化铅

的含量随着其中的硫化亚铁的含量变化而变化，即在硫化亚铁质量分数小于70%时，硫化铅的含量随着硫化亚铁含量的增大而减少，大于70%时则随着硫化亚铁含量的增大而增大，铅锍中的铅含量随着其中的钠含量的增加而逐渐减少，但这个体系的研究尚不充分。因此，我们用相平衡法测定了铅在$FeS-Na_2S$系中的溶解度，结果如图2-21及图2-22所示。

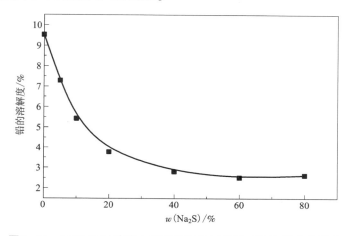

图2-21　1373 K 时铁锍中的硫化钠质量分数对铅溶解度的影响

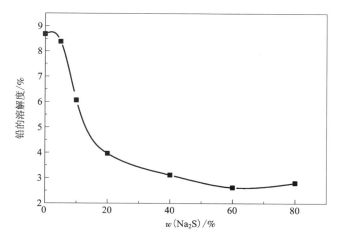

图2-22　1473 K 时 $FeS-Na_2S$ 系中的硫化钠质量分数对铅的溶解度的影响

　　由图2-21和图2-22可以看出，硫化钠含量对$FeS-Na_2S$系中的铅的溶解度有着重要影响。在硫化钠质量分数为0~20%时，随着硫化钠含量的增大，铅的溶解度迅速降低；在硫化钠质量分数为20%~60%时，随着硫化钠含量的增大，铅的溶解度缓慢降低，大约在60%时铁锍中的铅含量达到最低水平。这些结果及结论对于硫化铅精矿的还原造锍熔炼有着重要的理论指导意义。为了降低铅在铁锍中的含量,可以适当增加铁锍中硫化钠的含量,但在 Na_2S 质量分数超过 20% 时,继续增加硫化钠含量,对降低铁锍中的铅含量的作用不大。

1.3.3 硫化铅精矿还原造锍熔炼

以西部矿业公司自产和进口的硫化铅精矿为原料,含金黄铁矿烧渣作固硫剂,我们进行了硫化铅精矿还原造锍熔炼实验室试验和半工业试验,均取得了较好结果,下面将详细介绍。

1. 实验室试验

1)试验原料

试验所用的硫化铅精矿有两种,一种是锡铁山自产铅精矿,另一种是进口铅精矿,其成分如表 2-15 所示。试验用辅助原料包括黄铁矿烧渣、还原煤[$w(C)$ 72.05%,$w(S)$ 2.18%]添加剂,为工业级试剂。黄铁矿烧渣的成分如表 2-16 所示。

表 2-15 实验室试验用铅精矿各成分的质量分数 单位:%

产地	Pb	Fe	S	SiO_2	Zn	CaO	Cu	Ag	Al_2O_3	Sb
锡铁山铅精矿	70.12	6.08	15.04	0.79	2.84	0.38	0.40	0.0741	0.55	0.56
进口铅精矿	51.55	5.34	18.52	2.69	11.53	0.14	0.11	0.0365	0.60	0.40

表 2-16 黄铁矿烧渣各成分的质量分数 单位:%

Fe	SiO_2	CaO	S	Al_3O_4	Pb	Cu
51.41	11.04	3.75	1.98	2.38	0.083	1.40

2)试验设备及方法

熔炼试验的设备为一台三相硅碳棒箱式马弗炉,最高可升温至1250℃。熔炼反应器为工业石墨车成的圆柱形坩埚,尺寸为 $\phi 90\ mm \times 70\ mm$,容积为 445 cm^3。

根据试料中的硫和铁全部反应生成 FeS 的原则,按式(2-68)计算造锍剂——烧渣的理论加入量。每次试验取 200 g 精矿,再按试验条件依次加入不同量的烧渣、粉煤、添加剂,研磨混匀,装入石墨坩埚,然后放入马弗炉内熔炼一定时间;到时间后,取出石墨坩埚,在室温下急冷。用水浸泡锍和炉渣,然后将粗铅与锍分离,粗铅称重,取样分析,炉渣用60℃热水洗涤后,烘干,用20目筛子分离锍和炉渣,分别取样称重分析,洗水也取样分析。

$$\frac{200a+bc+xd}{32}=\frac{200e+xf}{55.847} \tag{2-68}$$

式中：a 为铅精矿中的 $w(S)$，%；b 为还原煤的质量，g；c 为还原煤 $w(S)$，%；d 为烧渣的硫质量，g；e 为铅精矿的 $w(Fe)$，%；f 为烧渣的 $w(Fe)$，%；x 为所需烧渣的理论质量，g。

3）试验结果及讨论

（1）硫化铅精矿还原造锍熔炼技术条件的优化

试验以锡铁山自产铅精矿为原料，考察了温度、添加剂、还原剂加入量等因素对硫化铅精矿还原造锍熔炼的影响，以优化熔炼工艺技术条件。

①温度对熔炼效果的影响。按 m（铅精矿）：m（烧渣）：m（煤粉）：m（纯碱）：m（无水芒硝）＝ 100：57.35：15.5：5：10 的配比制备炉料，先在熔炼温度下反应 50 min，再升温至 1200℃反应，澄清 40 min。试验结果如表 2-17 和图 2-23 所示。

表 2-17　温度对熔炼结果的影响

温度/℃	1150	1100	1050	1000	950	900
粗铅重/g	126	128.7	127	132.3	133.2	133.6
粗铅直收率/%	87.27	89.13	87.96	91.63	92.25	92.53

注：各试验按粗铅品位 98%计算铅直收率，以下同。

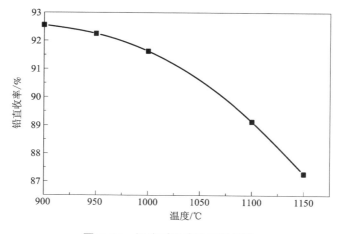

图 2-23　温度对铅直收率的影响

由试验结果可知，在整个试验温度范围内，粗铅的直收率都大于 87%，这说明在 900～1200℃，温度对熔炼过程的影响不大。但随着熔炼温度的升高，铅的直收率有少许降低，这主要是因为温度升高，铅的挥发加剧。考虑到熔炼过程是一个还原过程,需大量的热量,并且较高的温度可使炉渣熔化和保持较好的流动性,因此合理的操作方法是先在低温下(900℃)进行熔炼反应,然后升高温度放渣。

②添加剂加入量对熔炼结果的影响。改变添加剂量,其他配比及条件与①一样,冷炉料在1150℃的炉内熔炼1.5 h。试验结果如表2-18及图2-24所示。

表2-18 苏打及无水硫酸钠对熔炼结果的影响

纯碱质量 /g	0				5			7.5			10		
无水芒硝 质量/g	15	20	25	30	15	20	25	15	20	25	15	20	25
粗铅质量 /g	113	120	120	125.6	120	125	129	123.3	126	128	124.7	126	128.5
铅直收 率/%	78.3	83.1	83.1	87.0	83.1	86.6	89.3	85.4	87.3	88.9	86.4	87.3	89.0

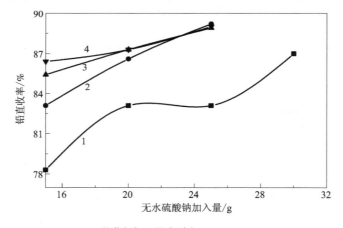

1、2、3、4 的苏打加入量分别为 0 g、5 g、7.5 g、10 g。

图2-24 添加剂加入量对铅直收率的影响

由表2-18及图2-24可以看出,随着添加剂加入量的增加,粗铅直收率逐步提高,但两者都加时比只加纯碱时高,而且纯碱耗量还可以减少许多。这主要是因为硫酸钠在熔炼过程中被碳还原成 Na_2S,而根据第2章的研究结论,硫化钠的含量越高,则铁锍中铅的含量越低。但该还原过程是一个强吸热反应,并消耗大量的还原剂,因此根据试验结果,我们认为合适的苏打和无水芒硝加入量分别是铅精矿质量的5%和12.5%。

③烧渣加入量对冶炼结果的影响。改变烧渣量，其他配比及条件与①一样，温度与时间与②一样。试验结果如表 2-19 及图 2-25 所示。

表 2-19　烧渣加入量对熔炼结果的影响

烧渣加入量/g	86.4	97.2	108	114.7	119
理论量百分数/%	88	98	107	114	118
粗铅质量/g	119	126	125	126	126
铅直收率/%	81.42	87.26	86.57	87.26	86.57

注：在计算烧渣理论量百分数时，按 $SiO_2$40%、Fe30%的典型质量分数扣除了三元渣需要的铁量。

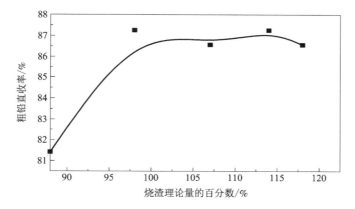

图 2-25　烧渣加入量对粗铅直收率的影响

从试验结果可以看出，烧渣用量为理论量的 98%~118%，对粗铅直收率的影响很小。在烧渣加入不足理论量时，铅的直收率也可达到较高的水平，这主要是由于其添加了一定量的纯碱，纯碱可以代替氧化铁与铅精矿发生反应。烧渣中有 11.4%的 SiO_2，其在熔炼过程中会结合一部分氧化铁和氧化钙造渣，因此烧渣加入量远少于理论量时，则炉渣中铁低硅高，熔点高，流动性不好，不利于渣的排放，烧渣加入量必须维持一定的过剩系数。但烧渣加入量过大，则渣量大，能耗大，生产能力也会下降。因此，合适的烧渣加入量为烧渣理论量的 98%~105%。

④时间对熔炼结果的影响。炉料配比及条件与①一样，温度同②。试验结果如表 2-20 及图 2-26 所示。

表 2-20　时间对熔炼结果的影响

时间/h	1.0	1.5	2.0	2.5
粗铅质量/g	126.5	128	127.2	124
粗铅直收率/%	88.11	89.16	85.60	81.34

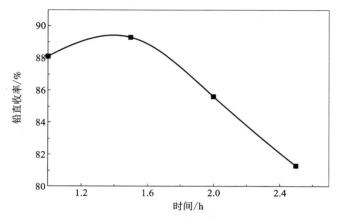

图 2-26 时间对铅直收率的影响

由试验结果可知,硫化铅精矿的还原造锍反应是很迅速的,在 1 h 内,其反应已达到平衡,并且随着时间的延长,铅直收率逐渐降低,这主要是铅的挥发所致。当然,在该试验条件下,由于传热极为迅速,炉料能快速地达到反应和炉渣熔化所需的温度。但在生产条件下,炉子传热及升温缓慢,炉料不可能在如此短的时间内反应完全,因此,如何迅速提高炉料的温度,使反应完全,并使炉渣完全熔化,从而减少金属的挥发损失,是一个至关重要的问题。

(2)最优条件试验结果

①锡铁山铅精矿冶炼试验。我们以锡铁山硫化铅精矿为试料,以 m(铅精矿):m(煤粉):m(烧渣):m(纯碱):m(无水芒硝)= 100:15:57.35:5:10 配比配制炉料,熔炼时间 1.5 h 的最佳条件下,进行了综合条件试验。试验规模和条件试验一样。试验结果见表 2-21,产物成分见表 2-22,金属平衡见表 2-23。

表 2-21 锡铁山铅精矿熔炼试验结果

产品	粗铅	铁锍	炉渣	水洗液体积/mL
质量/g	127	145	36	1000

从表 2-21 中的数据可以看出,粗铅的直收率较高,硫几乎完全被固定在铁锍中,粗铅质量很高,可直接电解精炼。但铁锍中的铅含量较高,从表 2-23 可以看出,铜、铁等元素基本上进入了铁锍,银分散在粗铅和铁锍中,粗铅中的锌含量很低,大部分锌留在铁锍中,约总锌质量 35%的锌按反应:$ZnS =\!=\!= Zn+0.5S_2$ 分解成金属锌,并挥发氧化进入烟尘。这些金属在金属相和锍相的分布情况与理论研究结论相符。铁锍中的铅含量和银含量较高,约有总铅量 7%的铅及总银量 23%的银分散在铁锍中,因此,必须对铁锍中的铅和银加以回收。

表 2-22　锡铁山铅精矿熔炼产物各成分的质量分数　　单位：%

成分	Pb	S	Sb	Fe	Ag	Cu	Zn	Sn	SiO₂	CaO	Al₂O₃	MgO	Na₂O
粗铅	98.18	0.068	0.83	0.19	0.0893	0.018	0.038	0.23	—	—	—	—	—
铁锍	6.95	22.27	0.096	42.18	0.0233	1.70	2.34	—	1.18	—	—	—	—
炉渣	2.19	2.72	0.021	9.01	0.0045	—	0.67	—	39.23	10.63	8.18	3.97	—
水洗液*	—	5000	—	29.0	—	—	—	—	33.0	14.5	34.0	47.4	9690

注：* 单位为 mg/L。

表 2-23　锡铁山铅精矿最佳条件试验的金属平衡

元素		加入 铅精矿	烧渣	芒硝	还原煤	共计	产出 粗铅	铁锍	炉渣	烟尘	水洗液	共计	误差
Pb	g	140.2	—	—	—	140.2	124.7	10.07	0.79	4.68	—	140.24	—
	%	100	—	—	—	100	88.91	7.18	0.56	3.38	—	100	—
Sb	g	1.10	—	—	—	1.10	1.05	0.14	0.007	—	—	1.197	0.097
	%	100	—	—	—	100	95.82	12.73	0.64	—	—	108.8	8.82
Fe	g	11.16	59.12	—	—	70.28	0.24	62.06	3.24	—	—	65.54	-4.74
	%	17.06	82.94	—	—	100	0.34	88.30	4.61	—	—	93.25	-6.75
Ag	g	0.148	—	—	—	0.148	0.113	0.034	—	—	—	0.147	-0.001
	%	100	—	—	—	100	76.35	22.97	—	—	—	99.32	-0.68
S	g	30.08	2.28	4.51	0.60	37.47	0.086	32.29	0.98	—	5.0	38.36	0.89
	%	80.28	6.08	12.03	1.60	100	0.23	86.34	2.61	—	13.34	102.4	2.40
Cu	g	0.80	1.61	—	—	2.41	0.022	2.46	—	—	—	2.482	0.072
	%	33.20	66.80	—	—	100	0.91	102.1	—	—	—	103.0	3.0
Zn	g	5.68	—	—	—	5.68	0.048	3.39	0.24	2.0	—	5.68	—
	%	100	—	—	—	100	0.84	59.68	4.22	35.21	—	100	—

注：烟尘中的元素含量为总加入量减去其他所有产物的含量。

②进口铅精矿冶炼试验。以进口硫化铅精矿为原料,除了烧渣用量为43.85%的精矿质量外,最佳条件与自产矿一样。试验结果见表2-24,产物成分见表2-25,金属平衡见表2-26。

表2-24 进口铅精矿最佳条件下的熔炼试验结果

产品	粗铅	铁锍	炉渣	水洗液体积/mL
质量/g	87.2	137	52	1100

表2-25 进口铅精矿最佳条件下熔炼试验产物的各成分质量分数　　　单位:%

产品	Pb	S	Sb	Fe	Ag	Cu	Zn	Sn	SiO$_2$	CaO	Al$_2$O$_3$	MgO	Na$_2$O
粗铅	97.88	0.15	0.89	0.38	0.0536	0.035	0.093	—	—	—	—	—	—
铁锍	7.83	26.18	0.083	34.83	0.017	40.85	6.52		0.90	0.47	0.26		—
炉渣	4.01	7.40	0.049	14.41		0.12							
水洗液*	—	4090	—	31.3	—	—	—		43.0	11.47	11.6	—	3560

注: * 单位为 mg/L。

进口矿的试验结果与锡铁山自产矿的试验结果相似,锡铁山矿和进口矿的综合条件试验都说明,铅的直收率较高,分别大于88%和83%,硫被完全固定在铁锍中。粗铅质量高,但铁锍中的铅含量和银含量较高,如果铁锍能够把硫脱除,以氧化铁形式返回,则铅和银的总回收率有望大于98%。

2. 半工业试验

2000年7月,在西部矿业公司所属汉江公司进行了硫化铅精矿1 m^{2}小反射炉还原造锍熔炼半工业试验,并取得了较好的结果,现介绍如下。

1)半工业试验原材料

试验原料是硫化铅精矿,一种为西部矿业公司自产矿(A),一种为锌含量高的进口矿(B),还有一种为作补锑用的高锑铅精矿(C),用量少。这三种铅精矿的化学成分见表2-27。

辅助材料中有造锍剂(黄铁矿烧渣或氧化铁矿粉、轧钢铁皮及铁屑为临时补铁用)、还原剂(无烟煤与焦粉)、添加剂(苏打与芒硝)。造锍剂及还原剂化学成分见表2-28。

表 2-26　进口铅精矿最佳条件试验的金属平衡

元素		加入					产出						
		铅精矿	烧渣	芒硝	还原煤	共计	粗铅	铁锍	炉渣	烟尘	水洗液	共计	误差
Pb	g	103.1	—	—	—	103.1	85.35	10.73	2.08	4.94	—	103.1	—
	%	100	—	—	—	100	82.78	10.41	2.02	4.79	—	100	—
Sb	g	0.80	—	—	—	0.80	0.77	0.11	0.025	—	—	0.90	0.10
	%	100	—	—	—	100	96.25	13.75	0.31	—	—	112.5	12.5
Fe	g	11.75	44.98	—	—	56.73	0.33	47.71	7.49	1.20	—	56.73	—
	%	17.06	82.94	—	—	100	0.58	84.10	13.20	2.13	—	100	—
Ag	g	0.073	—	—	—	0.073	0.0467	0.0238	—	—	—	0.070	0.003
	%	100	—	—	—	100	63.97	32.60	—	—	—	95.89	4.11
S	g	37.04	1.73	4.51	0.60	43.88	0.13	35.87	3.85	—	4.50	44.35	0.47
	%	84.41	3.94	10.28	1.37	100	0.30	81.74	8.77	—	10.26	101.1	1.10
Cu	g	0.22	1.22	—	—	1.44	0.03	1.16	0.06	0.19	—	1.44	—
	%	15.28	84.72	—	—	100	2.08	80.56	4.16	13.19	—	100	—
Zn	g	23.06	—	—	—	23.06	0.081	8.93	—	14.05	—	23.06	—
	%	100	—	—	—	—	0.35	38.72	—	60.93	—	100	—

表 2-27 硫化铅精矿各化学成分的质量分数

单位: %

铅精矿	Pb	Sb	Zn	Cu	S	Ag*	SiO$_2$	Al$_2$O$_3$	CaO	MgO	H$_2$O
A	62.23	0.54	7.23	0.32	16.33	582.6	1.87	0.78	0.16	0.11	3.64
B	53.46	0.09	12.1	0.08	18.00	363.9	3.17	0.65	0.06	0.09	2.82
C	40.42	1.25	5.97	0.38	16.20	589.5	1.78	0.55	0.17	0.10	5.39

注: * 单位为 g/t。

表 2-28 造锍剂及还原剂各化学成分的质量分数

单位: %

原料	Pb	S	Zn	Cu	Fe	Ag	C	SiO$_2$	Al$_2$O$_3$	CaO	MgO	H$_2$O
烧渣	1.61	1.39	0.73	0.37	34.58	—	—	31.96	5.31	3.91	3.97	12.15
氧化铁矿	—	0.67	—	0.09	47.01	—	—	20.55	7.66	0.24	0.062	15.22
铁屑	—	—	—	—	90.10	—	—	—	—	—	—	—
氧化铁皮	—	—	—	—	71.20	—	—	8.19	1.71	1.51	0.94	—
还原煤	—	1.33	—	—	—	—	73.1	14.72	3.95	2.09	0.37	6.48
焦粉	—	1.24	—	—	—	—	64.0	19.22	7.60	2.36	0.38	2.59

2）半工业试验设备及方法

（1）熔炼设备

熔炼主体设备为炉膛面积 1 m² 的小反射炉（见图 2-27），用无烟煤作燃料，火室面积为 1.5 m²，内衬高铝耐火砖。烟气经下部有水的地面烟道稍冷却后，由烟囱排空。反射炉有一个熔体放出口，下部配有一台约 0.3 m³ 的铸铁锅。

图 2-27　试验用 1 m² 的小反射炉

（2）试验方法

①造锍剂及高铅锑矿加入量的计算。根据炉料中的铁和硫全部生成 FeS 的原则，按式（2-69）计算造锍剂的加入量：

$$\frac{m_{Pb} \cdot A_{Fe}+m_r \cdot B_{Fe}+m_j \cdot C_S}{55.847}=\frac{m_{Pb} \cdot A_S+m_r \cdot B_S+m_j \cdot C_{Fe}+m_C \cdot E_S}{32} \quad (2-69)$$

式中：m_{Pb}、m_r、m_j 及 m_C 分别为铅精矿、造锍剂、高锑铅精矿及粉煤的质量，kg；A_{Fe}、B_{Fe} 及 C_{Fe} 分别为铅精矿、造锍剂、高锑铅精矿中铁的质量分数，%；A_S、B_S、C_S 及 E_S 分别为铅精矿、造锍剂、高锑铅精矿及粉煤中硫的质量分数，%。

高锑铅精矿质量由式（2-70）算出：

$$G_j=\frac{\left[\alpha_{Sb} \cdot A_{Pb}-(1-\alpha_{Sb})A_{Sb}\right] \cdot G_{Pb}}{(1-\alpha_{Sb})C_{Sb}-\alpha_{Sb}C_{Pb}} \quad (2-70)$$

式中：A_{Sb} 及 C_{Sb} 分别为铅精矿及高锑铅精矿中锑的质量分数，%；α_{Sb} 为炉料中锑量对铅锑总量的比例，%，取 0.5%~0.75%；造锍剂的加入量为计算值的 110%，再根据有关反应计算还原剂的碳用量。

②配料及操作。根据计算结果确定炉料配比，基本配比为 m（硫化铅精矿）:m（造锍剂）:m（还原剂）:m（苏打）:m（无水芒硝）:m（高锑铅精矿）= 100:60.56:16.5:4.81:12.03:4.33。物料混合好后人工铲入炉内，表面再撒上少许焦粉和添加剂，以减少表面生料的氧化现象。熔炼温度为 900~1100℃，熔炼时间为 4~6 h，然后升温至 1200℃ 进行过热沉淀分离，其间翻动炉料多次，待炉料全部熔化后保温 0.5~1 h，一次放出全部熔体。熔体在铸铁锅内沉淀分离后，吊出上部冷凝渣与锍，并趁热舀出底部粗铅铸锭。待锍风化后过筛分离锍和渣。

反射炉熔炼间断操作，炼好一炉后，将熔体放空，再加炉料炼下一炉。一共熔炼 16 炉，其中第 1~10 炉用黄铁矿烧渣作造锍剂，熔炼自产矿，但前 3 炉缺铁，后 7 炉用铁屑补铁；第 11~16 炉用氧化铁矿作造锍剂，第 11~13 炉熔炼自产矿，第 14~15 炉熔炼进口矿，第 16 炉熔炼混合矿。

3）半工业试验结果及讨论

（1）用烧渣作造锍剂的熔炼试验

①第一批熔炼。熔炼3炉，炉料缺铁在28%以上，加上烧渣中 SiO_2 和 Al_2O_3 等脉石的含量高，脉石造渣会夺走一部分铁，这样缺铁更加严重，因此1~3炉熔炼出铅很少，粗铅直收率只有20.52%，PbS大量进入锍中形成铅冰铜。

②第二批熔炼。熔炼4~10炉，每炉加铁屑22 kg补铁，同时增加了30 kg粉煤，获得了较好的效果。第5炉和7炉的渣、锍化学成分见表2-29，熔炼结果见表2-30。

表 2-29　第 5 炉和 7 炉的渣、锍化学成分的质量分数　　　　单位：%

炉　　次	种类	Pb	S	Fe	Zn	SiO2
5	炉渣	2.96	—	18.24	1.28	32.82
	铁锍	7.19	21.76	53.88	—	—
7	炉渣	4.40	—	20.36	1.95	—
	铁锍	8.22	25.48	—	—	—

表 2-30　第 4~10 炉熔炼物料质量及直收率　　　　单位：kg

炉次	入炉炉料总质量	铅精矿质量	炉渣和铁锍质量	粗铅质量	粗铅直收率/%
4	500	236.5	285	170	—
5	500	36.5	344	132	—
6	500	236.5	354	116	—
7	500	236.5	434	161	—
8	500	236.5	354	131	—
9	500	236.5	344	104	—
10	500	236.5	374	120	—
总计	3500	1655.5	2489	934	87.71

补加铁屑后，铅的直收率大幅度升高，平均为87.71%，平均熔炼时间为6.75 h，铁锍中硫质量分数达21.76%~25.48%，固硫效果明显。

（2）以氧化铁矿为造锍剂的熔炼试验

第11~16炉用氧化铁矿粉作造锍剂，第11~15炉的氧化铁矿粉铁含量化验值比实际值偏高，使得炉料仍然缺铁，导致熔炼时间延长，粗铅的直收率也偏低。第16炉补加了24 kg轧钢氧化铁皮，粗铅直收率高达88.12%，其金属平衡见表2-31。

表2-31　第16炉熔炼金属平衡

元素	质量	投入							产出				
		铅精矿	造锍剂	高锑铅精矿	煤和焦粉	纯碱	无水硫酸钠	总计	粗铅	铁锍	炉渣	烟尘	总和
Pb	kg	185.4	—	4.32	—	—	—	189.7	167.2	6.31	5.79	10.43	189.73
	%	97.72	—	2.28	—	—	—	100.8	88.13	3.32	3.05	5.57	100
Fe	kg	18.43	108	0.60	—	—	—	126.6	0.05	39.08	44.26	43.21	126.61
	%	14.56	85.0	0.47	—	—	—	100	0.04	30.87	34.96	34.13	100
Zn	kg	30.99	—	0.64	—	—	—	31.63	0.70	6.01	2.58	22.34	31.63
	%	97.98	—	2.02	—	—	—	100	2.21	19.00	8.16	70.63	100
Cu	kg	0.64	0.18	0.04	—	—	—	0.86	0.07	0.36	0.26	0.17	0.86
	%	74.42	20.9	4.65	—	—	—	100	8.14	41.86	30.23	19.77	100
Sb	kg	1.00	—	0.13	—	—	—	1.13	0.66	0.05	0.12	0.30	1.13
	%	88.50	—	11.50	—	—	—	100	58.40	4.42	10.63	26.55	100
Na	kg	—	—	—	—	21.7	13.0	34.70	—	6.06	15.45	13.19	34.70
	%	—	—	—	—	62.5	37.4	100	—	17.46	44.52	38.02	100
Ag	g	151.5	—	6.30	—	—	—	157.8	124.3	13.71	7.21	12.60	157.8
	%	96.01	—	3.99	—	—	—	100	78.76	8.69	4.57	7.98	100

从表2-31可以看出：铅、锑和银主要进入粗铅（分别为原料中Pb、Sb、Ag总质量的88.13%、58.4%、78.76%），锌主要进入烟尘（为原料中Zn总质量的70.63%），铁、铜、硫主要进入锍，钠主要进入炉渣。金属在冶炼产物中的分布结果与实验室试验结果基本相同。

（3）反射炉熔炼过程的热传递限制

从热力学计算结果可知，硫化铅的还原造锍反应是吸热反应，而且只有在900℃以上的温度才能以较快的速度进行，大于1000℃时会产生剧烈反应。因此，强化传热是熔炼的关键，但反射炉熔炼中料层是静态的，而且导热性能又不好，特别是上部炉料熔化，形成导热性更不好的炉渣浮在表面，严重阻碍热的传递。因为反射炉还原造锍熔炼受到炉料层的热传递控制，所以熔炼时间长。为消除这种限制，在熔炼中后期适当地翻动炉料是加快熔炼必不可少的措施。

4）半工业试验技术经济指标

（1）金属回收率

熔炼过程的金属回收率见表2-32，从中可以看出：铅的总回收率和粗铅直收率分别为96.44%及87.1%，银、锌和锑的回收率也分别达到95.43%、89.63%和89.38%。

表2-32 金属回收率及其他技术经济指标 　　　　单位：%

炉次	粗铅直收率	铅总回收率	固硫率	烟尘率	铁锍产出率	银直收率	银回收率	锌挥发率	锌回收率	锑回收率
4~16	87.1	96.44	>96	4.70	30.31	—	—	—	—	—
16	88.13	96.95	—	—	14.42	78.76	95.43	70.63	89.63	89.38

（2）粗铅质量

粗铅成分见表2-33，可以看出，粗铅品位不小于98%，含铜量为0.036%（质量分数），含锑量为0.59%（质量分数），达到了铅阳极板的要求。也就是说，可省去火法初步精炼工序，粗铅直接浇铸成阳极板进行电解精炼。

表2-33 粗铅质量（各成分质量分数） 　　　　单位：%

炉次	Pb	Sb	Cu	Zn	Ag	S	Fe
11~13	97.56	1.00	0.042	0.0053	0.0789	0.055	0.061
14~15	98.48	0.39	0.026	0.0064	0.0719	0.036	0.033
16	98.33	0.39	0.040	0.41	0.0731	—	0.03
平均值	98.12	0.59	0.036	0.14	0.0747	0.0455	0.041

（3）尾气 SO_2 含量

经老河口市环境监测站测试，结果见表2-34。从表2-34中可看出，炉气中 SO_2 的含量小于 850 mg/m^3，尤其是熔炼自产矿时，炉气中的 SO_2 含量为 260～360 mg/m^3，但烧煤烟气中 SO_2 的含量为 200～300 mg/m^3，所以此工艺排放 SO_2 的效果甚微，固硫率一般在96%以上。

表 2-34　反射炉烟气二氧化硫质量浓度　　　　　　　　单位：mg/m^3

炉次	第一次	第二次	平均
11	257.90	262.92	260.40
12	266.33	257.83	262.08
13	418.18	302.36	360.27
14	923.40	534.20	728.80
15	757.10	619.76	688.43

3. 小结

（1）硫化铅精矿还原造锍熔炼的实验室研究得到的最佳工艺条件：①先在900℃完成熔炼过程，然后升到1200℃左右放渣；②熔炼时间1.5 h；③烧渣加入量为理论量的98%～105%；④添加剂加入量：苏打和无水芒硝加入量分别是铅精矿质量的5%和12.5%。在最佳条件下，铅的直收率大于88%，银的直收率为70%，固硫率不小于96%。

（2）1 m^2 反射炉硫化铅精矿还原造锍熔炼的半工业试验证明：硫化铅精矿还原造锍熔炼是可行的，在配比合理的情况下，粗铅直收率为87.13%，铅总回收率为96.44%；烟气中的二氧化硫含量全部达标，固硫率不小于96%。

（3）有价金属及硫在熔炼产物中的去向：铅、锑、银主要进入粗铅，锌大部分进入烟尘。铁、硫、铜等主要进入铁锍，而钠进入炉渣，这验证了关于金属分配研究结论的正确性。

（4）还原造锍熔炼得到的粗铅质量好，含铅量高[$w(Pb)\geqslant98\%$]，含铜、锌量低（两者的质量分数不大于0.05%），在熔炼过程中完成配锑，可直接电解精炼。

（5）半工业试验表明，反射炉传热传质效果差，热效率低，冶炼时间长，生产效率低，消耗大。这说明反射炉不适合硫化铅精矿的还原造锍熔炼，因此，研究适合还原造锍熔炼的设备，对于该工艺来说是至关重要的。从目前的生产实践及所查阅的资料来看：回转窑（包括短窑和长窑）、鼓风炉等，都是有希望可供采用的设备。

（6）铁锍中铅的质量分数大于5%，银在铁锍中的分配率约为30%。因此，研究出一种经济的铁锍处理方法，将回收硫后的氧化铁渣返回造锍熔炼，同时回收其中的铅和银，是该工艺能否推广应用的关键。

1.3.4 硫化锑精矿还原造锍熔炼

1.试验原料和辅助材料

还原造锍熔炼试验以锡矿山的硫化锑精矿、硫-氧混合锑矿以及南丹茶山锑矿为原料，其化学成分见表2-35，物相组成见表2-36。

试验所用的辅助原料包括黄铁矿烧渣（A、B两种）、还原煤、添加剂（苏打、芒硝、食盐）以及生石灰。黄铁矿烧渣、还原煤和生石灰的成分列于表2-37中，所用的添加剂均为工业纯级试剂，纯度大于98.5%。

2.试验方法

采用单因素试验法考察了熔炼温度、反应时间、烧渣加入量以及添加剂加入量对还原造锍熔炼有关技术经济指标的影响。

每次试验称取100 g硫化锑（精）矿，再按试验条件依次加入相应量的烧渣、还原煤、添加剂以及生石灰后，研磨混匀，装入石墨坩埚，然后放入马弗炉中。在相应试验条件下熔炼一定时间，将炉温升至1200℃保温一段时间后，取出石墨坩埚，在室温下急冷，然后将金属锑、铁锍及炉渣分离，分别称重、取样分析。

试验中黄铁矿烧渣的加入量包括两部分：一是固硫所需的烧渣，二是作为造渣熔剂的烧渣。其中，作为固硫剂的烧渣量根据试料中的硫全部与铁反应生成FeS的原则，按式（2-68）计算；造渣所需的烧渣量以及生石灰加入量则根据所选的渣型进行配料计算。

从表2-35可以看出，本试验所用的硫化锑矿所含的SiO_2量很高。这必然导致还原造锍熔炼过程中，SiO_2不光与炉料中的FeO、CaO结合形成FeO-SiO_2-CaO三元渣而减少固硫用的烧渣量，更为严重的是生成黏度大、流动性差、含锑高的炉渣，使得还原造锍熔炼难以顺利进行。因此需要加入一定量的熔剂，改变炉渣的渣型，以便降低炉渣的硅酸度，减小炉渣黏度，改善其流动性。FeO-SiO_2-CaO三元渣的渣型选择既要满足熔炼技术上的要求（包括熔炼工艺对炉渣的熔点、黏度、密度、硅酸度等的要求），又要体现经济上的合理性（如渣量少，造渣熔剂成本低、来源广），同时还要考虑资源的综合利用。根据以上原则，我们选定炉渣的主成分（质量分数）占90%，Al_2O_3+MgO占10%。炉渣的主成分比例见式（2-71）。

$$m(SiO_2):m(FeO):m(CaO)=40:30:20 \tag{2-71}$$

此种成分的炉渣熔点为1000~1050℃，在1200℃下的黏度约为3 Pa·s，密度为3450~3500 kg/m³。

表 2-35　硫化锑矿及锑精矿各化学成分的质量分数

单位：%

名称	Sb	S	Fe	Cu	Pb	Zn	As	Au*	Ag*	SiO₂	CaO	Al₂O₃
混合锑精矿	31.31	12.31	1.89	0.0062	0.049	0.0091	0.016	0.83	2.2	43.75	1.12	3.59
辉锑矿精矿	48.15	21.82	2.46	0.0058	0.085	0.018	0.02	0.31	2.2	16.94	0.69	2.16
茶山锑矿	55.55	22.51	0.55	—	0.01	—	0.02	0.40	12	21.31	1.52	0.40
富铜锑精矿	55.68	24.91	0.94	0.43	0.43	—	0.10	—	—	5.28	1.21	2.38

注：* 单位为 g/t。

表 2-36　硫化锑矿的物相组成及锑的质量分数

单位：%

名称	Sb_2S_3 中的 Sb	Sb_2O_3 中的 Sb	Sb_2O_5 中的 Sb	Me_3SbO_4 中的 Sb	Sb_T
辉锑矿精矿	44.50	2.30	—	1.35	48.15
硫-氧混合锑精矿	24.82	2.02	1.78	2.69	31.31

表 2-37　试验用辅助原料各成分质量分数

单位：%

名称	Fe	S	Au*	Ag*	SiO₂	CaO	Al₂O₃	C
黄铁矿烧渣 A	46.50	1.69	2.60	110	15.78	2.48	1.91	—
黄铁矿烧渣 B	51.77	1.82	0.43	36	11.90	3.84	2.14	—
粉煤	—	3.01	—	—	6.66	0.83	4.81	82.33
生石灰	0.77	—	—	—	18.19	80	1.88	—

注：* 单位为 g/t。

3. 条件试验结果及讨论

1) 熔炼温度的影响

按 m（锑精矿）：m（煤粉）：m（纯碱）：m（无水芒硝）：m（食盐）= 100：20：10：5：2 的配比配制炉料，烧渣和石灰的加入量为其理论量。先在熔炼温度下反应 120 min，再在 10 min 内升温至 1200℃，保温澄清 30 min。试验结果如表 2-38 及图 2-28、图 2-29 所示。

表 2-38 温度对冶炼过程的影响

温度/℃	800	900	1000	1100	1200
粗锑质量/g	56.65	58.50	59.50	56.75	50.60
粗锑中 Sb 质量分数/%	55.86	54.14	55.56	60.76	60.36
Sb 直收率/%	65.72	65.77	68.66	71.62	64.99

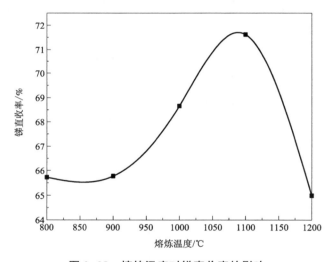

图 2-28 熔炼温度对锑直收率的影响

由表 2-38 及图 2-28、图 2-29 可知，随着熔炼温度的升高，金属锑的直收率开始随之上升。当温度由 800℃升高至 1100℃时，锑的直收率由 65.72%增加到 71.62%。但温度继续升高至 1200℃时，金属锑的直收率反而下降了，这主要是由于温度高于 1100℃时，金属锑的挥发量显著增加。与之相对应，粗锑中 Sb 的质量分数也是随温度的上升由 55.86%增加至 60.76%，这主要是由于较高的熔炼温度有利于铁锍相和粗锑的澄清分离；但当熔炼温度高于 1100℃后，由于金属锑的挥发加剧，粗锑中的 Sb 含量（质量分数 60.36%）略有下降。由此可知，在还原造锍熔炼一步炼锑过程中始终存在这样一对矛盾：一方面，由于熔炼过程是一个

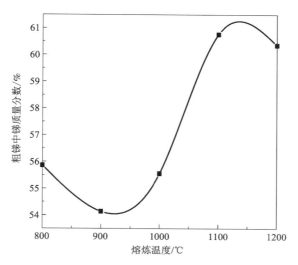

图 2-29 熔炼温度对粗锑质量的影响

还原过程,需要大量的热量,并且较高的熔炼温度有利于 $FeO-SiO_2-CaO$ 三元渣的熔化,降低其黏度和相对密度,保持良好的流动性,从而有利于炉渣与铁锍和粗锑的分层,降低炉渣中含锑量;另一方面,金属锑是一种比较容易挥发的金属,过高的熔炼温度将使粗锑的挥发损失加剧。为妥善解决这一矛盾,可通过渣型的选择尽量降低三元渣的熔点、黏度以及相对密度等;还可采用两段温度机制,即先在 1100℃ 温度下进行熔炼反应,再在 1200℃ 的高温下进行澄清分层和放渣。

2)熔炼时间的影响

按上节的配比配制炉料。熔炼温度 1100℃,保温温度 1200℃。改变反应时间和保温时间,考察它们对金属锑直收率和粗锑品位的影响。试验结果如表 2-39 及图 2-30、图 2-31 所示。

表 2-39 熔炼时间对熔炼过程的影响

保温时间/min	30					
熔炼时间/h	1	1.5	2	2.5	3	4
粗锑质量/g	51.92	52.75	56.55	69.25	74.80	65.25
粗锑中 Sb 的质量分数/%	62.18	61.65	61.19	53.41	50.72	56.81
Sb 直收率/%	67.04	67.54	71.86	76.82	78.79	76.99

续表 2-39

保温时间/min	50					
熔炼时间/h	1	1.5	2	2.5	3	
粗锑质量/g	60.95	63.40	72.65	68.55	68.35	
粗锑中 Sb 的质量分数/%	53.52	53.37	53.02	51.86	51.61	
Sb 直收率/%	67.75	70.27	79.99	73.84	73.26	

由表 2-39 及图 2-30、图 2-31 可知,不同的保温时间下,金属锑直收率随反应时间的变化趋势不同而不同。当保温时间为 30 min 时,随反应时间的延长,金属锑直收率缓慢增加。反应时间由 1 h 增加至 3 h 时,金属锑直收率随之由 67.04% 上升至 78.79%。但此后继续延长反应时间,金属锑直收率反而下降,这主要是金属锑的挥发加剧所致。而当保温时间为 50 min 时,金属锑直收率对反应时间的变化要敏感得多。在 2 h 内,金属锑直收率就迅速增加至 79.99%,此后继续延长反应时间,金属锑直收率随之下降。由此我们可以判断,硫化锑精矿的还原造锍反应是很迅速的,1~1.5 h 即可达到平衡。当保温时间为 30 min 时,之所以反应 3 h 才达到最高金属锑直收率,完全是由于保温时间不够。另外,随着熔炼时间的延长,粗锑中 Sb 含量随之下降;而保温时间为 50 min 时,粗锑品位低于保温 30 min 所产粗锑的品位,这些都是金属锑挥发造成的。为了缩短熔炼时间,提高生产效率,同时达到最高金属锑直收率,可采用如下时间制度:反应时间 2 h,保温 50 min。

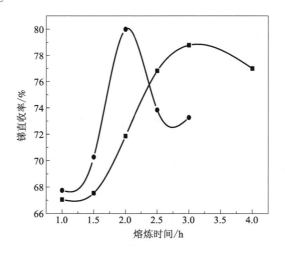

保温时间/min:━■━,30;━●━,50

图 2-30 熔炼时间对金属锑直收率的影响

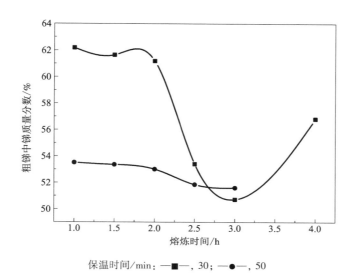

保温时间/min：—■—，30；—●—，50

图 2-31　熔炼时间对粗锑质量的影响

3）烧渣加入量的影响

按上节的配比配制炉料。改变固硫所用的烧渣量，造渣用的烧渣量和石灰加入量均为其理论值。先在 1100℃ 温度下反应 2 h，再将炉温迅速升至 1200℃ 并保温 50 min。试验结果如表 2-40 及图 2-32、图 2-33 所示。

表 2-40　烧渣加入量对熔炼过程的影响

烧渣加入质量/g	94.2	103.3	112.5	121.6	130.7
烧渣加入量占理论量的百分比/%	80	90	100	110	120
粗锑质量/g	48.30	57.50	72.65	81.50	63.25
粗锑中 Sb 质量分数/%	62.05	58.05	53.02	48.92	64.57
Sb 直收率/%	62.24	69.32	79.99	83.78	84.82

由表 2-40 及图 2-32、图 2-33 可知，烧渣的加入量对金属锑直收率的影响很大。随着烧渣加入量的增加，金属锑直收率随之显著上升；但当固硫用的烧渣加入量超过理论量的 110% 后，金属锑直收率的提高就比较缓慢。因此，为了获得较高的金属锑直收率，加入过量的烧渣是很必要的。在试验中，我们还发现，当固硫用的烧渣加入量为其理论量的 120% 时，$FeO\text{-}SiO_2\text{-}CaO$ 三元渣的熔点和黏度明显降低，炉渣的流动性显著改善，这表明此时炉渣的成分发生了变化。由此我

们可知, 在熔炼过程中, 对于一定量的黄铁矿烧渣, 固硫反应和造渣反应两者相互竞争。从上述试验结果来看, 固硫反应在竞争中占优, 烧渣首先参与造锍反应, 然后才与炉料中的 SiO_2、CaO 结合生成炉渣。另外, 随着烧渣加入量的增加, 粗锑中 Sb 质量分数先由 62.05% 降低至 48.92%。这主要是由于烧渣加入的量太多, FeO 被还原生成 Fe, 进而使进入粗锑中的 Fe 量也随之增多; 但当烧渣加入量为其理论量的120% 时, 粗锑中 Sb 质量分数戏剧性地增加至 64.57%, 这可以用渣型的改变加以解释。最终, 我们选定固硫用黄铁矿烧渣加入量为其理论值的 1.2 倍。

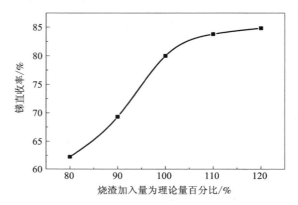

图 2-32 烧渣加入量对金属锑直收率的影响

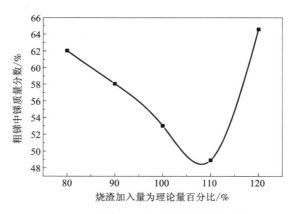

图 2-33 烧渣加入量对粗锑质量的影响

4) 添加剂加入量的影响

按 $m(锑精矿) : m(煤粉) : m(食盐) = 100 : 20 : 2$ 的配比加入煤粉和食盐。烧渣和石灰加入量为其理论量的 120%。熔炼温度为 1100℃, 反应时间为 2 h, 在

1200℃温度下保温 50 min。分别控制总钠量为精矿量的 4%、8%、10%、15%、20% 及 30%，再改变苏打加入量，考察不同添加剂加入量对熔炼过程的影响。试验结果如表 2-41 及图 2-34、图 2-35 所示。

表 2-41　添加剂对熔炼过程的影响

总 Na 量与精矿量的百分比/%	0				4			
苏打质量/g	0				0	5	7	9.22
Na$_2$SO$_4$ 质量/g	0				12.36	5.66	2.98	0
粗锑质量/g	101.6				109.3	111.2	113.4	118.5
粗锑中 Sb 质量分数/%	35.44				36.63	37.25	37.03	35.88
Sb 直收率/%	74.78				83.14	86.03	87.21	88.30
总 Na 量与精矿量的百分比/%	8				10			
苏打质量/g	0	5	10	18.44	0	5	10	20
Na$_2$SO$_4$ 质量/g	24.71	18.01	11.31	0	30.89	24.19	17.49	4.09
粗锑质量/g	65.15	82.6	72.6	104.3	50.95	73.65	75.7	99.6
粗锑中 Sb 质量分数/%	61.11	51.85	57.79	37.96	72.99	59.41	56.04	44.53
Sb 直收率/%	82.69	88.95	87.14	82.23	77.23	90.87	88.11	92.11
总 Na 量与精矿量的百分比/%	15					20			
苏打质量/g	0	5	10	15	34.58	0	10	20	30
Na$_2$SO$_4$ 质量/g	46.34	39.65	32.49	26.24	0	61.78	48.38	34.98	21.58
粗锑质量/g	70.0	74.5	83.1	90.3	106	64.0	69.0	72.0	84.0
粗锑中 Sb 质量分数/%	75.72	72.3	65.5	60.5	51.63	81.79	77.56	75.31	65.03
Sb 直收率/%	95.42	97.02	97.89	98.34	98.52	94.23	96.34	97.61	98.34
总 Na 量与精矿量的百分比/%	30								
苏打质量/g	0	15	30	45	55	69.15			
Na$_2$SO$_4$ 质量/g	92.70	72.59	52.48	32.38	18.97	0			
粗锑质量/g	49.0	61.3	68.0	77.0	89.3	94.8			
粗锑中 Sb 质量分数/%	88.08	85.15	79.21	70.35	61.25	58.53			
Sb 直收率/%	77.70	93.96	96.96	97.50	98.50	99.89			

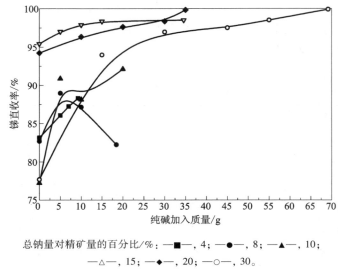

总钠量对精矿量的百分比/%: —■—, 4; —●—, 8; —▲—, 10;
—△—, 15; —◆—, 20; —○—, 30。

图 2-34　纯碱加入质量对金属锑直收率的影响

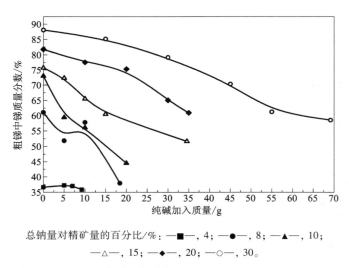

总钠量对精矿量的百分比/%: —■—, 4; —●—, 8; —▲—, 10;
—△—, 15; —◆—, 20; —○—, 30。

图 2-35　苏打加入质量对粗锑质量的影响

　　由表 2-41 及图 2-34、图 2-35 可知，添加剂加入量对熔炼过程的影响很复杂。加入添加剂的主要作用在于降低铁锍相的密度和熔点，因此，当总钠量小于精矿量的 8% 时，产物中并无单独的铁锍相出现，得到的是金属锑和铁锍的混合物。粗锑中 Sb 质量分数小于 40%，平均为 35%~37%。随着总钠量的增加，粗锑中锑的含量也随之增加。当总钠量固定不变时，增加苏打的加入量，除总钠量为精矿量的 8%外，金属锑的直收率基本上随之上升；但粗锑中锑的含量却随着苏打量的增加而下降。由此说明，加入的硫酸钠在熔炼过程中被碳还原成 Na_2S 而进入铁锍相，使得铁锍相中 Na_2S 与 FeS 的相对含量影响铁锍的性质，如密度、熔点以及对金属锑的溶解度等，从而最终影响粗锑的质量及其直收率。要得到质量较好的粗锑，除了要增加总钠量，还必须保证体系中有一定量的硫。根据试验结果，综合考虑金属锑的直收率和产物分离的简便性，我们认为合适的苏打和芒硝的加入量分别为锑精矿量的 15%和 72.6%，此时总钠量为精矿量的 30%。

4. 最佳条件试验结果

根据前面的条件试验结果，确定最优工艺条件如下：在 1100℃熔炼 2 h，升温至 1200℃保温 50 min，烧渣、苏打和无水芒硝的加入量分别为精矿质量的141.6%、15%和 72.6%。此时，总钠量为精矿质量的 30%。称取茶山锑矿 200 g，进行最佳条件综合试验。试验结果如表 2-42 所示，金属平衡见表 2-43。

表 2-42　最佳条件试验产物量及其成分

产物	质量/g	化学成分的质量分数/%							
		Sb	Fe	S	Na	CaO	SiO_2	Au [*]	Ag [*]
粗锑	118.6	85.15	9.55	5.22	0.023	—	—	0.50	65
铁锍	236.9	1.33	46.48	30.79	16.58	—	—	0.40	20
炉渣	185.5	0.68	11.36	2.30	7.72	13.22	45.57	0.41	6

[*] 单位为 g/t。

从表 2-42 和表 2-43 可以看出，金属锑的直收率较高，达到了 90.99%。炉渣中的含锑量较低(质量分数 0.68%)，可以直接弃去。但铁锍及烟尘中的含锑量较高，需要返回熔炼工序，这样金属锑的总回收率可达到 98.87%。粗锑中铁和硫的含量较高，质量分数分别达到 9.55%和 5.22%，需要设置单独的除铁、除硫工序。从元素硫的走向看，炉料中 S 主要被固定于铁锍中，占总 S 质量的86.73%，剩下部分则进入粗锑和炉渣。按产出物计算，总的固硫率为 99.17%，消除了含硫气体对环境的污染。原料中的银主要进入粗锑中，另外一小部分进入铁锍中。银的直收率为 77.65%，总回收率为 99.15%。从理论上讲，金的行为应与银相似，但由于原料中金的含量很低，其在产物中分布得比较分散。

另外，从表 2-42、表 2-43 还可以看出，铁锍中 Na 的含量(质量分数16.58%)很高，占到总钠质量的 63.76%。铁锍中的 Na 主要以 Na_2S 形态存在，极易溶于水，因此，采用自来水浸出—浸出液蒸发结晶的方法可以回收 Na_2S。按钠的回收率为 98%计算，副产的硫化钠吨粗锑产品可产出 1.10 t。

表 2-43 最佳条件试验的金属平衡

元素	加入								产出				
	矿粉	烧渣	苏打	Na_2SO_4	粉煤	盐	石灰	共计	合金	铁锍	炉渣	烟尘	共计
Sb 质量/g	111.1	—	—	—	—	—	—	111.1	101.0	3.15	1.26	5.60	111.1
Sb 质量分数/%	100	—	—	—	—	—	—	100	90.99	2.84	1.13	5.13	100
Fe 质量/g	1.10	146.7	—	—	—	—	0.27	148.1	11.33	110.1	21.07	5.60	148.1
Fe 质量分数/%	0.74	99.07	—	—	—	—	0.19	100	7.65	74.34	14.23	3.78	100
S 质量/g	45.02	5.16	—	32.72	1.20	—	—	84.1	6.20	72.94	4.26	0.70	84.1
S 质量分数/%	53.53	6.14	—	38.90	1.43	—	—	100	7.37	86.73	5.07	0.83	100
Na 质量/g	—	—	13.0	47.02	—	1.57	—	61.59	0.028	39.27	14.32	7.98	61.59
Na 质量分数/%	—	—	20.1	72.63	—	7.26	—	100	0.045	63.76	23.25	12.94	100
Au 质量/10^6 g	90.00	121.8	—	—	—	—	—	211.8	77.25	55.60	78.95	—	211.8
Au 质量分数/%	42.49	57.51	—	—	—	—	—	100	36.47	26.25	37.28	—	100
Ag 质量/10^4 g	27.30	102.0	—	—	—	—	—	129.3	100.4	27.8	1.14	—	129.3
Ag 质量分数/%	21.11	78.89	—	—	—	—	—	100	77.65	21.50	0.85	—	100

注：烟尘的元素含量为其总加入量减去其他产物中该元素含量。

5. 小结

（1）硫化锑精矿的还原造锍熔炼是可行的。在最佳工艺条件下，金属锑的直收率和总回收率可达到 90.99% 和 98.87%，固硫率为 99.17%，基本消除了含硫气体对环境的污染。

（2）熔炼温度、时间、造锍剂加入量以及添加剂加入量等因素对金属锑直收率有着重大的影响。其最佳的工艺条件如下：先在 1100℃ 下熔炼 2 h，再迅速升温至 1200℃ 保温 50 min，烧渣加入量为精矿量的 141.6%，添加剂总钠量为精矿量的 30%，其中碳酸钠和芒硝的加入量分别为精矿量的 15% 和 72.6%。

（3）原料中的银主要进入粗锑，银的直收率和总回收率分别为 77.65% 和 99.15%。从理论上讲，金的行为应与银相似，但由于原料中金的含量很低，其在产物中分布得比较分散。

（4）粗锑质量较好，其化学成分与沉淀熔炼所产出的粗锑类似，含铁量（质量分数）为 9.55%，含硫量（质量分数）为 5.22%，仍需进一步火法精炼，以去除铁和硫。

1.3.5　硫化铋精矿还原造锍熔炼

1. 试验原料和辅助材料

1）试验原料

试验所用原料为湖南省柿竹园有色金属有限公司的硫化铋精矿，用 ICP-AES 法分析检测干精矿的化学成分，结果见表 2-44。硫化铋精矿的 XRD 衍射图谱如图 2-36 所示。

表 2-44　铋精矿的化学成分

元素	Bi	Fe	S	Cu	Mo	Pb	Ca	Si	Mg	Al
质量分数/%	23.080	17.997	19.004	3.049	1.620	2.704	5.096	5.974	1.058	2.081

从表 2-44 可以看出，精矿中的主要成分依次为铋、铁、硫，同时还伴生有一定量的铜、铅、钼等有价元素。从精矿的 XRD 衍射图谱可看出，精矿中主要存在的金属硫化物为 Bi_2S_3，有价金属的硫化物形式和其余元素物相的特征峰不明显。

2）辅助材料

辅助材料包括铁矿石、焦粉和添加剂。铁矿石有高硅铁矿石和低硅铁矿石两种，前者取自柿竹园，后者取自华菱公司，铁矿石成分见表 2-45，其中铁主要以 Fe_2O_3 或 Fe_3O_4 形式存在。焦炭成分（质量分数/%）如下：固定碳 84.14，挥发分 3.63，Fe 0.62，CaO 0.46，SiO_2 5.56，S 0.58，Al_2O_3 3.99。添加剂包括碳酸钠及 CaO，均为分析纯。

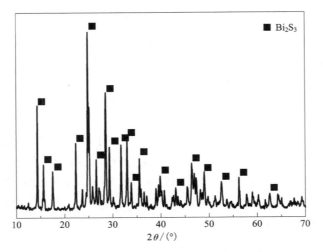

图 2-36 硫化铋精矿的 XRD 衍射图谱

表 2-45　铁矿石各成分的质量分数　　　　　　　　单位：%

矿石类别	Fe	S	SiO_2	CaO	Bi	Cu	MgO	Al_2O_3
高硅	51.862	7.016	16.550	6.550	0.026	0.037	0.452	2.071
低硅	64.811	0.213	4.880	0.300	0.019	0.059	0.780	1.669

2. 试验方法

　　用铁矿石作造锍剂、焦炭(或粉煤)作还原剂进行硫化铋精矿还原造锍熔炼一步炼铋的实验室试验。先用单因素实验方法优化其主要工艺条件，然后进行综合条件实验。每次实验称取硫化铋精矿 150 g。根据原料及辅助原料中的硫全部与 FeO 反应生成 FeS，以及 SiO_2 全部造渣的情况，按渣型 $[m(FeO)/m(SiO_2)]$ 计算出所需的 FeO 量，再换算成铁矿石的理论加入量，按渣型 $[m(CaO)/m(SiO_2)]$ 计算出所需的 CaO 量，再配入相应量的 Na_2CO_3 添加剂。研磨混匀，装入尺寸为 $D \times d \times h = 110$ mm×70 mm×115 mm(D 为上底直径，d 为下底直径，h 为坩埚深度)的石墨坩埚，然后将其置于箱式马弗炉中。按 10℃/min 的升温速率设定好升温程序，将炉温从室温升高到所需的熔炼温度，恒温熔炼一段时间后，升温至 1250℃澄清分离一段时间。熔炼结束后立即取出坩埚于室温下急冷，接着将粗铋、铁锍及炉渣分离，并分别称量、取样和分析检测。用化学滴定和原子吸收光谱法分别分析粗铋和炉渣的铋、铅、钼等元素的含量，用 X 荧光光谱仪分析铁锍中铁、硫、铋、铜等的含量。对综合条件实验的产物做 ICP 分析、XRD 物相表征及化学物相分析。

3. 条件试验结果及讨论

以低硅铁矿石作固硫剂进行条件试验，规模为每 150 g 的硫化铋精矿一次，考察了炉渣理论铁硅比、理论钙硅比、熔剂用量、熔炼时间、熔炼温度及澄清时间等因素对硫化铋精矿还原造锍熔炼的影响，以求得最佳熔炼条件。条件试验结果及讨论介绍如下。

1）铁硅比的影响

考察 $m(FeO)/m(SiO_2)$ 对铋直收率、铁锍固硫率及渣含铋的影响。按 $m($铋精矿$)$：$m($焦粉$)$：$m($苏打$) = 100：7：10$ 配制炉料，固定 $m(CaO)/m(SiO_2) = 0.7$，改变低硅铁矿石和 CaO 的加入量，分别使 $m(FeO)/m(SiO_2) = 0.75$、1.0、1.25、1.5、1.75、2.0。试料在 950℃ 下熔炼 2 h，然后升温澄清分离 1 h。试验结果如图 2-37 所示。

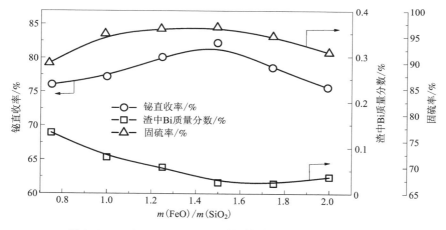

图 2-37　$m(FeO)/m(SiO_2)$ 对铋精矿还原造锍熔炼的影响

由图 2-37 可知，随着铁硅比从 0.75 增加至 1.5，金属铋的直收率和铁锍固硫率逐渐上升至各自的最大值 82.24% 和 96.82%；与此同时，渣含铋（质量分数）从 0.132% 显著地降低至 0.024%。其原因是氧化亚铁的增加有利于酸性硅氧阴离子团的分解，改善熔渣性质，使得主金属铋更容易沉降分离，同时使固硫率和渣含铋均有较明显的改观。当铁硅比从 1.5 继续增加至 2.0 时，铋的直收率明显下降，铁锍固硫率缓慢降低，渣中铋（质量分数）轻微回升至 0.036%。这说明进一步增加 FeO 的含量时，有可能生成 Fe_3O_4 或过还原得到单质铁，增大了渣的密度，亦可能产生促使渣黏度提高的泡沫渣，不利于渣、锍、合金相的分层和主金属的沉降分离。综上可知，熔炼过程中铁硅比的最优值取 1.5。

2）钙硅比的影响

固定 $m(FeO)/m(SiO_2) = 1.5$，其他条件同前，改变 CaO 的加入量，分别使 $m(CaO)/m(SiO_2) = 0.5$、0.7、0.9、1.1、1.3。考察理论 $m(CaO)/m(SiO_2)$ 对铋直收率、铁锍固硫率及渣含铋的影响，结果如图 2-38 所示。

由图 2-38 可知，随着钙硅比从 0.5 增加至 0.9，金属铋的直收率明显提高，从 77.42% 上升到最优值 84.37%，铁锍固硫率则缓慢上升至 97.01%，而渣中铋的质量分数显著地从 0.192% 降低至 0.066%。这表明适量地添加 CaO 具有改善熔渣性质的效果，可促进主金属直收率和铁锍固硫率的提高。但是当 CaO 过量时（如图 2-38 中钙硅比大于 0.9 后），金属铋的直收率会迅速降低，这可能是因为过多的 CaO 提高了炉渣的熔点和黏度，从而恶化了炉渣性质。综上可知，熔炼时钙硅质量比的最佳值取 0.9。

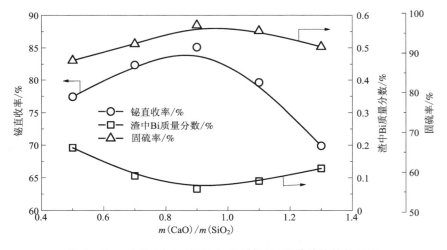

图 2-38 $m(CaO)/m(SiO_2)$ 对铋精矿还原造锍熔炼的影响

3）Na_2CO_3 用量的影响

固定 $m(CaO)/m(SiO_2) = 0.9$，其他条件同前，改变 Na_2CO_3 加入量，分别为硫化铋精矿质量的 5%、7.5%、10%、12.5% 及 15%。考察熔剂碳酸钠用量对铋直收率、铁锍固硫率及渣含铋的影响。试验结果如图 2-39 所示。

由图 2-39 可知，当熔剂 Na_2CO_3 的加入量从精矿质量的 5% 增加到 12.5% 时，铋直收率从 63.56% 上升至 89.69%；继续增加碳酸钠用量，其直收率上升趋势变缓。相应地，随着 Na_2CO_3 加入量的增加，渣中铋的质量分数先显著地从 0.484% 降低至 0.049%，随后轻微地回升。固硫率则随着 Na_2CO_3 加入量的增加

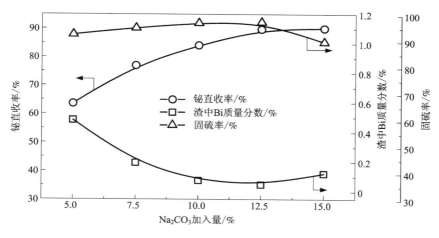

Na_2CO_3 加入量为铋精矿量的百分数。

图 2-39　碳酸钠加入量对铋精矿还原造锍熔炼的影响

先上升至最优值 97.53%，随后急剧降低。这说明适量的碳酸钠能降低炉渣的熔点、黏度，改善熔体的流动性，有利于渣、锍、合金三相的分层，促进主金属的沉降分离。但当碳酸钠过量后，可能产生固硫反应，这不仅增加了熔剂的不必要消耗，甚至可能使得生成的 Na_2S 与 Bi_2S_3 结合成复杂化合物，提高熔炼难度。因此，考虑到熔炼效果、生产成本等因素，Na_2CO_3 最优添加量为精矿量的 12.5%。

4）熔炼时间的影响

固定 Na_2CO_3 加入量为铋精矿质量的 12.5%，其他条件同前，改变熔炼时间（分别为 0.5 h、1.0 h、1.5 h、2.0 h、2.5 h 及 3 h），考察熔炼时间对铋直收率、铁锍固硫率及渣含铋的影响。试验结果如图 2-40 所示。

由图 2-40 可知，随着熔炼时间从 0.5 h 延长至 2.5 h，铋直收率和铁锍固硫率分别从 80.98% 和 86.76% 上升至 89.07% 和 97.96%，继续延长熔炼时间反而会降低直收率和固硫率。相应地，随着熔炼时间从 0.5 h 延长至 2.0 h，渣中铋的质量分数从 0.327% 降低至 0.019%，继续延长熔炼时间至 3.0 h，渣含铋量呈明显上升趋势。这是因为适当延长熔炼时间有利于还原造锍反应的充分进行、金属液滴的沉降及产物各相的分层。但过长的熔炼时间除了可能导致铁锍氧化且使渣含铋量升高，还会增加能耗。因此确定最佳熔炼时间为 2.5 h。

5）熔炼温度的影响

固定熔炼时间 2.5 h，其他条件同前，改变熔炼温度（分别为 750℃、850℃、950℃、1050℃ 及 1150℃），考察熔炼温度对铋直收率、铁锍固硫率及渣含铋的影响。试验结果如图 2-41 所示。

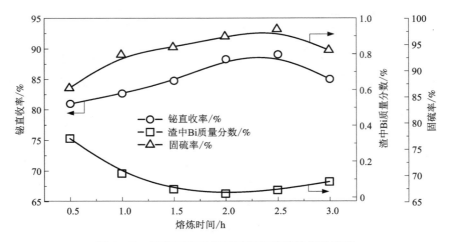

图 2-40 熔炼时间对铋精矿还原造锍熔炼的影响

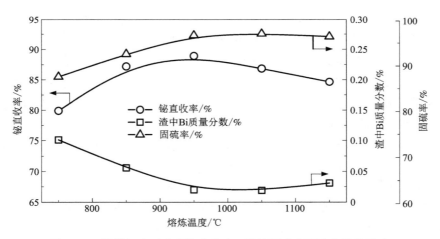

图 2-41 熔炼温度对金属铋直收率、铁锍固硫率及渣含铋的影响

由图 2-41 可知,当温度从 750℃升高到 950℃时,铋直收率从 79.90%急剧升高至最优值 88.92%,同时,渣中铋的质量分数从 0.101%缓慢降低至 0.020%;然而,当熔炼温度大于 950℃后,铋直收率开始较明显地降低,渣中含铋量的降低趋势并不明显。对于铁锍固硫率,则是随着熔炼温度的升高而增加,但在 950℃后其值增加的幅度变缓。上述结果表明,适当地提高熔炼温度,在热力学和动力学方面都非常有利于还原造锍熔炼反应的快速、充分进行,金属直收率、固硫率及渣中含铋量均能得到较好的结果。但当熔炼温度过高时,会提高铁锍含铋量,亦会造成能量的损失。因此，确定最佳熔炼温度为950℃。

6）澄清时间的影响

基于上述优化条件，改变澄清分离时间（分别为 15 min、30 min、45 min、60 min 及 75 min），考察澄清时间对铋直收率、铁锍固硫率及渣含铋量的影响。试验结果如图 2-42 所示。

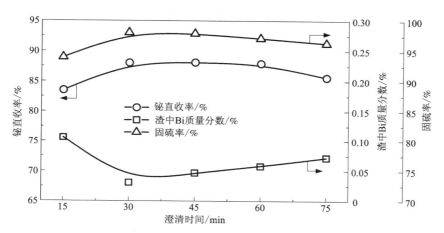

图 2-42　澄清时间对金属铋直收率、铁锍固硫率及渣含铋量的影响

由图 2-42 可知，当澄清时间从 15 min 延长到 30 min 时，铋直收率和铁锍固硫率均有所提高，分别从 83.51% 和 93.92% 上升至 88.03% 和 98.01%，同时渣中铋的质量分数从 0.106% 降低至 0.017%。但澄清时间超过 30 min 以后，铋直收率和固硫率均有轻微降低的趋势，渣含铋量则逐渐升高。因此，确定最佳澄清分离时间为 30 min。

4. 最优条件试验

条件试验确定硫化铋精矿还原造锍熔炼的优化条件见表 2-46。在最佳熔炼条件下，进行 300 g/次规模硫化铋精矿的综合条件试验。试验产物的实物图和 XRD 分析图如图 2-43 所示。

表 2-46　硫化铋精矿还原造锍熔炼的优化条件

$m(FeO)$ /$m(SiO_2)$	$m(CaO)$ /$m(SiO_2)$	苏打用量 /%	熔炼时间 /h	熔炼温度 /℃	澄清时间 /h	澄清温度 /℃
1.5	0.9	12.5	2.5	950	0.5	1250

注：苏打用量为铋精矿质量的 12.5%。

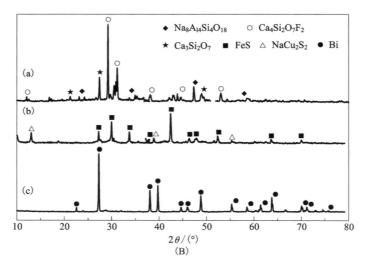

图2-43 熔炼产物的实物图(A)与XRD图谱分析(B)

如图2-43所示,硫化铋精矿还原造锍熔炼的产物由炉渣(a)、铁锍(b)、合金(c)三相组成,分层效果明显。其中,粗铋合金由于密度大分布于产物的底部;铁锍位于中间层,根据XRD图谱分析可知其主要物相是FeS;炉渣浮在产物的上层,其主要物相组成有 $Ca_4Si_2O_7F_2$、$Ca_3Si_2O_7$ 和 $Na_8Al_4Si_4O_{18}$。为弄清最优综合条件试验Fe在渣中的主要存在形式,采用XPS分析渣样,样品的光谱结果如图2-44所示。

图2-44所示的能谱峰值为710.54 eV,查阅相关手册可知炉渣中的铁主要以 Fe_2O_3 和少量 Fe_3O_4 的形式存在,这些铁氧化物在XRD图谱中虽被掩盖,但也是炉渣的重要组成部分之一。综合条件试验熔炼所产的粗铋和铁锍的成分见表2-47,主要元素在熔炼产物中的分配和平衡情况见表2-48和图2-45。

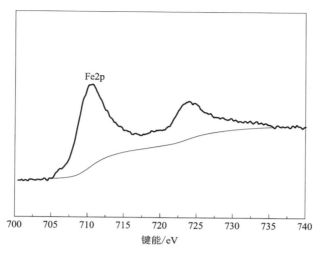

图 2-44　最优条件试验产物渣中铁元素 XPS 分析

表 2-47　粗铋和铁锍中各成分的质量分数　　　　　单位：%

元素	Bi	Pb	Mo	Fe	Cu	S	Na
粗铋	87.01	8.62	1.87	1.96	0.47	0.06	0.01
铁锍	3.99	0.29	1.70	59.08	4.36	27.62	2.96

表 2-48　主要元素的投入与产出平衡各成分的质量　　　　　单位：g

元素		Bi	Pb	Mo	Fe	Cu	S	Na
加入	铋精矿	69.24	6.59	4.86	36.12	9.15	57.01	—
	铁矿	—	—	—	106.42	—	—	—
	焦炭	—	—	—	1.01	—	0.12	—
	苏打	—	—	—	—	—	—	16.27
	共计	69.24	6.59	4.86	143.54	9.15	57.13	16.27
产出	炉渣	0.02	0.05	0.12	21.87	0.05	0.92	10.12
	铁锍	8.05	0.58	3.42	119.21	8.79	55.73	5.98
	粗铋	60.86	6.03	1.31	1.37	0.33	0.04	0.01
	共计	68.93	6.66	4.85	142.45	9.16	56.68	16.12
入出误差	绝对值	−0.31	0.07	−0.01	−1.09	0.01	−0.45	−0.15
	相对值/%	−0.45	1.06	−0.02	−0.76	0.11	−0.79	−0.92

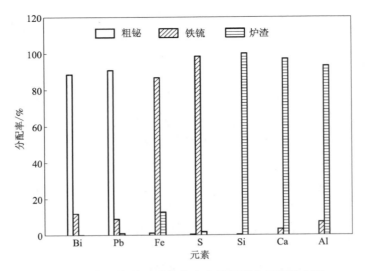

图 2-45   最优条件试验产物中主要元素在三相的分配

从表 2-47 和表 2-48 可知，粗铋中 $w(Bi) > 87\%$，含有较多的铅和钼，ICP 分析结果是粗铋中 Bi 和 Pb 的质量分数分别为 87.01% 和 9%，主要杂质为 Fe。经计算，Bi 和 Pb 的直收率分别为 87.90% 和 91.50%，Bi、Pb 和 Mo 在粗铋及铁锍中的总回收率分别为 99.52%、约 100% 和 97.33%。表 2-48 和图 2-45 表明，熔炼过程中金属和硫的平衡情况良好，平衡率均大于 99%。铋和硫在炉渣中的质量分数分别为 0.02% 和 0.76%，铁锍固硫率可达 97.75%，消除了低浓度 SO_2 带来的污染。另外，Mo 和 Cu 在铁锍中的富集度较高，便于下一步的回收。

5. 两种固硫剂熔炼效果的对比

用高硅铁矿石作固硫剂熔炼的最优条件见表 2-49。

表 2-49   高硅铁矿石作固硫剂熔炼的最优熔炼条件

$m(FeO)$ /$m(SiO_2)$	$m(CaO)$ /$m(SiO_2)$	苏打用量 /%	熔炼时间 /h	熔炼温度 /℃	澄清时间 /h	澄清温度 /℃
1.0	0.9	20.0	2.0	1250	—	1250

注：苏打用量为铋精矿质量的 20.0%。

表 2-49 说明，高硅铁矿石作固硫剂熔炼的条件更苛刻，熔炼温度高，苏打和高硅铁矿石的用量大。对两种铁矿石作固硫剂在最优熔炼条件下熔炼的主要技术经济指标进行比较，结果见表 2-50。

表 2-50 两种铁矿石作固硫剂熔炼的技术经济指标 单位：%

铁矿类别	铋直收率	渣中铋质量分数	固硫率	铅直收率	渣中铅质量分数
高硅	82.18	0.21	94.97	81.06	0.04
低硅	87.90	0.02	97.75	90.54	0.05

从表 2-50 可知，低硅铁矿石作固硫剂的熔炼效果更好，铋直收率、渣含铋、固硫率均得到显著的改善。高硅铁矿石不仅含硅高，而且含硫也高，在熔炼过程中这两种元素起副作用，都消耗铁，因为高硅铁矿石的铁含量较低，这样起固硫和造渣作用的有效铁就更低了。显然，高硅铁矿石作固硫剂的熔炼效果差是必然的，因此，只能用低硅铁矿石作为硫化铋精矿还原造锍熔炼的固硫剂。

6. 小结

（1）硫化铋精矿还原造锍熔炼方法是切实可行的，其优化条件如下：①用低硅铁矿石作固硫剂；②$m(FeO)/m(SiO_2)=1.5$；③$m(CaO)/m(SiO_2)=0.9$；④苏打用量为铋精矿质量的 12.5%；⑤熔炼温度 950℃；⑥熔炼时间 2.5 h；⑦澄清温度 1250℃；⑧澄清时间 0.5 h。

（2）在优化条件下，熔炼产物分离效果良好，试验取得先进的技术经济指标：①Bi 和 Pb 的直收率分别为 87.90% 和 91.50%，Bi、Pb 和 Mo 在粗铋及铁锍中的总回收率分别为 99.52%、约 100% 和 97.33%，炉渣中铋的质量分数为 0.02%；②熔炼过程中金属和硫的平衡情况良好，平衡率均大于 99%；③铁锍固硫率达 97.75%，消除了低浓度 SO_2 带来的污染；④粗铋中 Bi 和 Pb 的质量分数分别为 87.01% 和 9%，主要杂质为 Fe；⑤铁锍中 Mo、Cu 和 Bi 的质量分数分别为 1.70%、4.36% 和 3.99%，Cu 和 Mo 的富集度较高。

（3）建议：①先用电解法精炼粗铋，除去铅、钼和铁，继而回收铅和钼，获得 99% 左右的电解铋后再进行火法精炼；②铁锍纳入铜冶炼处理，从造锍熔炼烟尘及铜转炉烟灰中回收铋和钼。

1.3.6 脆硫锑铅矿精矿还原造锍熔炼

1. 概述

脆硫锑铅矿是我国锑储量超过单一辉锑矿的复杂锑矿，其精矿大都采用沸腾焙烧—烧结盘烧结—鼓风炉还原熔炼流程，产生了大量的低浓度二氧化硫烟气，环境污染严重。前面的理论分析证明，脆硫锑铅矿精矿的还原造锍熔炼在热力学上是可行的，在对铅精矿还原造锍熔炼实验研究的基础上，本节对脆硫锑铅矿精矿的还原造锍熔炼工艺进行了实验室研究，并根据实验室研究结果，吸取铅精矿 1 m² 小反射炉熔炼半工业试验的经验，采用短回转窑作熔炼设备，与广西宜州威远公司合作，进行了脆硫锑铅矿精矿短回转窑还原造锍熔炼半工业试验。下面介绍试验研究结果。

2.基本原理

在熔炼过程中，烧渣中的氧化铁首先被还原成氧化亚铁，然后氧化亚铁再与脆硫锑铅矿发生还原造锍反应：

$$Fe_2O_3+1.5CO \Longrightarrow 2FeO+1.5CO_2 \tag{2-72}$$

$$Pb_4Sb_6FeS_{14}+13FeO+13CO \Longrightarrow 4Pb+6Sb+14FeS+13CO_2 \tag{2-73}$$

精矿及烧渣中的脉石成分与氧化亚铁反应，生成了熔点较高、黏度较大的多元炉渣。此外，碱渣中的碱和锑酸钠发生下列反应，生成了 Na_2S，降低了炉渣及铁锍的熔点和黏度。

$$13Na_2CO_3+Pb_4Sb_6FeS_{14}+13CO \Longrightarrow 4Pb+6Sb+FeS+13Na_2S+26CO_2 \tag{2-74}$$

$$26NaSb(OH)_2+Pb_4Sb_6FeS_{14}+26CO \Longrightarrow 4Pb+32Sb+FeS+13Na_2S+$$
$$26CO_2+13H_2O \tag{2-75}$$

$$Na_2SO_4+4C \Longrightarrow Na_2S+4CO_2 \tag{2-76}$$

在熔炼过程中，一部分砷被氧化挥发进入烟尘，一部分还原成砷后生成黄渣或进入铅锑合金中：

$$26Na_3AsO_4+3Pb_4Sb_6FeS_{14}+104CO \Longrightarrow 12Pb+18Sb+26As+3FeS+$$
$$39Na_2S+104CO_2 \tag{2-77}$$

黄渣的生成与加入的铁量有密切关系，铁加入量稍多，则生成 Sb-As-Fe-Pb 系黄渣；铁加入量少，则砷进入合金。

3.实验室研究

1）试验原料及流程

试验原料锑铅精矿（A）、锑铅精矿（B）、烧渣（A）、烧渣（B）、锑酸钠渣及砷碱渣都来自广西。原辅材料的成分如表 2-51 所示。还原煤为一般烟煤，煤中 S 质量分数为 2% 左右，C 质量分数为 60%~70%，粒度 -100 目。

试验设备、规模和方法与硫化铅精矿还原造锍熔炼试验完全一样。试验原则流程如图 2-46 所示。

表 2-51　试验原料各成分的质量分数　　　　　　　　　单位：%

成　　分	Sb	Pb	S	Fe	SiO$_2$	Ag	As	Na$_2$O
脆硫锑铅矿精矿（A）	24.20	26.88	22.21	8.64	2.69	0.094	—	—
脆硫锑铅矿精矿（B）	26.27	29.68	22.99	8.56	—	—	0.48	—
烧渣（A）	—	—	2.87	52.80	2.28	—	—	—
烧渣（B）	—	—	3.44	52.05	5.08	—	—	—
锑酸钠渣	32.64	—	1.36	2.37	—	—	—	12.01
砷碱渣	22.14	—	—	—	—	—	6.20	22.76

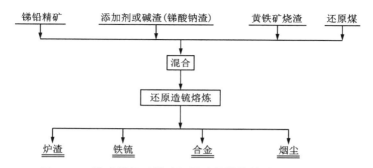

图 2-46　脆硫锑铅矿精矿还原造锍熔炼的试验原则流程

2）熔炼条件试验

在以苏打和无水芒硝作添加剂的情况下，考察了温度、烧渣加入量、添加剂加入量等因素对熔炼过程的影响。

（1）温度对熔炼效果的影响

按 m（精矿）：m（烧渣）：m（还原煤）：m（苏打）：m（无水芒硝）= 100 : 61 : 15 : 7.5 : 5 的比例配料，考察了温度对脆硫锑铅矿精矿还原造锍熔炼的影响。熔炼试验结果如表 2-52 及图 2-47 所示。

表 2-52　温度对脆硫锑铅矿精矿还原造锍熔炼的影响

温度/K	1173	1223	1273	1323	1373	1423	1473
合金质量/g	85.5	81.9	83.3	84.8	82.2	81.1	83.0
合金中铅质量分数/%	41.62	42.94	41.24	40.45	41.08	40.74	39.35
合金中锑质量分数/%	47.00	48.7	47.45	45.85	46.66	46.31	44.62

从图 2-47 可以看出，随着温度的升高，铅和锑的直收率逐渐降低，这主要是因为铅和锑都是易挥发的元素，温度越高，金属挥发就越多。对此，应在尽可能低的温度下进行熔炼，但由于在熔炼过程中产生的少量铁硅钙三元渣熔点较高，在较低温度下，渣的黏度大，金属机械损失大，放渣困难。所以，应先在900℃左右低温下反应，再升高温度到1200℃左右，使高熔点渣完全熔化，再被迅速放出。

（2）烧渣加入量对熔炼效果的影响

按 m（精矿）：m（还原煤）：m（苏打）：m（无水芒硝）= 100 : 15 : 7.5 : 5 的比例配料，在上述温度下，考察了烧渣加入量对脆硫锑铅矿精矿还原造锍熔炼的影响。试验结果见表 2-53 及图 2-48 所示。

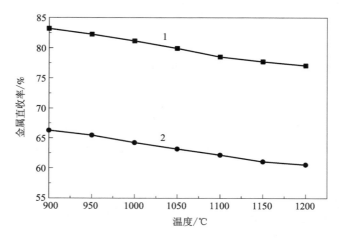

1—锑直收率；2—铅直收率。

图 2-47　温度对金属直收率的影响

表 2-53　烧渣加入量对脆硫锑铅矿精矿还原造锍熔炼的影响

烧渣加入量为理论量的百分数/%	80	85	90	95	100	105	110
锑铅合金质量/g	78.2	80.1	81.4	83.8	82.0	80.7	79.3
合金中铅质量分数/%	34.72	37.11	38.83	39.90	39.80	38.44	37.96
合金中锑质量分数/%	47.34	46.83	46.85	46.09	47.04	47.26	47.79

从试验结果可以看出，锑的直收率较高，在 76% 以上，但铅的直收率较低，只有 60% 左右；烧渣加入量对锑直收率的影响不大，但对铅直收率的影响较大，在烧渣加入量为理论量时，铅的直收率最高。主要原因如下：热力学上，硫化锑的还原造锍熔炼反应比硫化铅的还原造锍反应容易进行得多，氧化亚铁首先与锑铅矿中的硫化锑产生还原造锍反应，在锑完全反应后，氧化亚铁才与锑铅矿精矿中的硫化铅产生还原造锍反应。烧渣加入多，渣量大的情况下，由于铁锍含铅量高（铅的质量分数大于 5%），铅的损失大；而铁锍中锑的含量不高，锑最高质量分数只有 1% 左右，已达废弃水平。

（3）添加剂加入量对熔炼效果的影响

按 $m($ 精矿 $):m($ 还原煤 $):m($ 烧渣 $)=100:15:61$ 的比例配料，在上述温度下，考察了添加剂加入量对脆硫锑铅矿精矿还原造锍熔炼的影响，试验结果见表 2-54 及图 2-49、图 2-50。

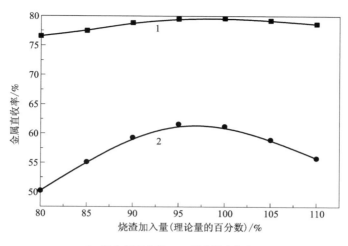

1—锑金属直收率；2—铅金属直收率。

图 2-48　烧渣加入量对金属直收率的影响

表 2-54　添加剂加入量对脆硫锑铅矿精矿还原造锍熔炼的影响

苏打质量/g	0				10			
无水芒硝质量/g	0	13	26	39	0	13	26	39
合金质量/g	71.1	72.4	75.2	77.0	75.3	76.5	77.2	79.2
合金中铅质量分数/%	48.0	49.0	48.3	48.1	47.9	48.8	49.5	48.8
合金中锑质量分数/%	38.1	40.8	40.7	41.3	41.8	41.1	43.3	44.0
苏打质量/g	20				30			
无水芒硝质量/g	0	13	26	39	0	13	26	39
合金质量/g	76.7	79.8	81.4	83.5	78.1	80.3	83.2	82.3
合金中铅质量分数/%	48.8	47.9	47.4	46.7	49.3	48.4	46.9	47.6
合金中锑质量分数/%	40.8	41.2	42.3	42.6	41.4	42.2	42.6	44.5

　　从图 2-49 及图 2-50 可以看出，随着添加剂加入量的增加，铅和锑的直收率逐渐增加。对于锑而言，随着苏打加入量的增加，芒硝对锑直收率的影响逐渐降低，当苏打质量增加到 30 g 时，芒硝的影响已经很小。对于铅而言，添加剂用量越大，直收率越高，这主要是因为铁锍中的铅含量与硫化钠含量有密切关系，添加剂加入量大，则铁锍中的硫化钠含量大，含铅低。考虑到苏打的价格较贵，而芒硝在熔炼过程中发生了强吸热的还原反应，加入量太大，会降低生产能力，因

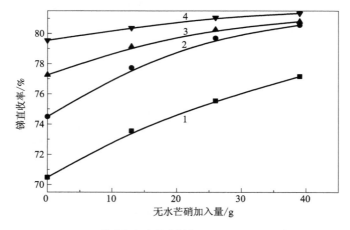

1、2、3、4 的苏打加入量分别为 0 g、10 g、20 g、30 g。

图 2-49 添加剂对锑直收率的影响

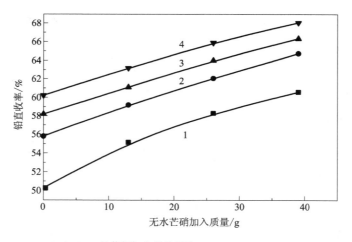

1、2、3、4 的苏打加入量分别为 0 g、10 g、20 g、30 g。

图 2-50 添加剂对铅直收率的影响

此，添加剂最佳加入量是苏打为精矿质量的 10%，无水芒硝为精矿质量的 13%。

3）最佳条件试验

根据前面的试验结果，按照 m(精矿)：m(烧渣)：m(苏打)：m(无水芒硝)：m(还原煤)= 100：61：10：13：15 的配比进行试验，先在 900℃下反应 50 min，再升温至 1200℃并保温 40 min。在上述最佳条件下进行脆硫锑铅矿精矿的还原造锍熔炼试验，结果见表 2-55，金属平衡见表 2-56。

表 2-55 脆硫锑铅矿精矿还原造锍熔炼最佳条件试验产物量及各成分质量分数

产物	质量/g 或体积/mL	Pb	Sb	Fe	S	Ag	SiO$_2$
w(合金)/%	97.6	37.73	42.60	12.74	5.70	0.137	—
w(铁锍)/%	170	4.95	1.03	38.53	24.46	0.031	—
w(炉渣)/%	37	0.87	0.056	12.65	2.74	0.008	29.40
ρ(洗水)/(mg·L^{-1})	1000	—	—	—	5700	—	—

表 2-56 脆硫锑铅矿精矿还原造锍熔炼最佳条件试验金属平衡

元素		加入					产出					
		铅锑精矿	烧渣	芒硝	还原煤	共计	合金	铁锍	炉渣	烟尘	水洗液	共计
Pb	g	53.76	—	—	—	53.76	36.82	8.41	0.32	8.21	—	53.76
	%	100	—	—	—	100	68.49	15.64	0.59	15.27	—	100
Sb	g	49.94	—	—	—	49.94	41.58	1.75	0.021	6.59	—	49.94
	%	100	—	—	—	100	83.26	3.50	0.042	13.19	—	100
Fe	g	17.8	64.42	—	1.70		12.43	65.50	4.68			82.61
	%	21.15	78.85	—		100	15.05	79.29	5.66			100
Ag	g	0.188	—	—		0.188	0.133	0.053	0.003			0.189
	%	100	—	—		100	70.37	28.04	1.59			100
S	g	44.42	3.50	5.86	0.60	54.38	5.53	41.58	1.01	0.56	5.70	54.38
	%	81.68	6.44	10.78	1.10	100	10.17	76.46	1.84	1.03	10.48	100

注：烟尘中的元素含量为总加入量减去其他所有产物的含量。

从表 2-55 可以看出，锑直收率较高，为 83.26%，但铅的直收率较低，只有 68.50%，铁锍中含锑量较低(1%左右)，已达弃去的水平，但含铅量较高，质量分数在 5% 左右，占总铅质量的 15%；金属挥发损失较大，铅为总铅质量的 15.27%，锑为总锑质量的 13.19%；合金中铁和硫的含量较高，分别为合金质量的 12.74% 和 5.70%，需进一步精炼除铁和硫，造成这种现象的原因是石墨坩埚的强还原性。根据产出物计算，固硫率为 98.97%；银在熔炼中的直收率较低，仅为 70%，约有 30% 的银分散在铁锍中。但烟尘可返回熔炼，铁锍回收硫后也可返回，这样，铅、锑、银的总回收率将超过 95%。金属平衡说明，金属在合金相及锍相的分布规律和铅精矿还原造锍熔炼的分布情况大同小异，再次佐证了理论分析结果的正确性。

4）脆硫锑铅矿精矿与锑酸钠渣混合熔炼

砷碱渣为铅锑合金碱性精炼除砷过程中所产的含砷锑废渣，我国各锑铅矿冶炼厂每年所产的碱渣有几千吨。锑酸钠渣是水浸砷碱渣所得的产物，在粗铅、再生铅的碱性精炼中也产生锑酸钠渣，锑酸钠渣含有少量砷及相应含量的与砷、锑结合的钠，由于在脆硫铅锑矿的还原造锍熔炼中需要添加一定量的碱，可用锑酸钠渣来代替添加剂，这样既能顺便回收锑酸钠渣中的锑，又能利用锑酸钠渣中的钠，节省了添加剂，降低了成本。试验所用脆硫锑铅矿精矿（B）及烧渣（B）、锑酸钠渣等原料的成分见表 2-51，主要研究了锑酸钠加入量对冶炼过程的影响，炉料配比为：m(精矿)：m(锑酸钠渣)：m(烧渣)：m(还原煤)= 100：X：60.5：15，熔炼温度及保温时间同前。试验结果如表 2-57 所示。

表 2-57　脆硫锑铅矿精矿与锑酸钠渣混合熔炼的试验结果

No.	锑酸钠渣质量/g	合金质量/g	合金各成分质量分数/%			金属直收率/%	
			Pb	Sb	Fe	Pb	Sb
1	64	116.5	36.64	55.02	6.41	71.90	87.24
2	80	118.2	38.45	58.26	2.42	76.56	87.56
3	100	140.4	33.08	54.86	7.15	78.24	90.43

从表 2-57 可以看出，用锑酸钠渣代替添加剂纯碱和无水硫酸钠与脆硫锑铅矿精矿混合熔炼是可行的，试验取得了良好结果，铅和锑的直收率分别达到了78.24%和90.43%；随着锑酸钠用量的增加，铅和锑的直收率上升，这主要是因为锑酸钠中含有较多的 Na_2O，降低了铁锍中铅和锑的含量。锑酸钠渣代替添加剂与脆硫锑铅矿精矿混合熔炼的成功对于再生铅碱性精炼渣及铅锑合金精炼碱渣的处理具有重要意义。

5）脆硫锑铅矿精矿与碱渣混合熔炼

砷碱渣含有较多的锑，并且含水溶性的砷及碱较高，很难处理，造成了严重的环境污染。因此，我们在脆硫锑铅矿精矿与锑酸钠渣混合熔炼试验取得较好结果的基础上，进行了脆硫锑铅矿精矿与碱渣混合熔炼试验，以期找到这种碱渣的处理方法，既可以顺便回收砷碱渣中的锑，又可以利用渣中的钠，省去添加剂，降低成本。

试验所用脆硫锑铅矿精矿（B）及烧渣（B）、碱渣等原料的成分见表 2-51。主要研究了烧渣加入量对熔炼过程的影响。

试料配比为 m(精矿)：m(烧渣)：m(碱渣)：m(还原煤)= 100：X：40：15，熔炼条件同前。试验结果如表 2-58 所示。

表 2-58　烧渣加入量对锑铅精矿和碱渣混合熔炼的影响

烧渣加入量/g			89.0	94.5	109.6	123.3	137
为理论量百分数/%			65	70	80	90	100
合金	w(成分)/%	Sb	60.23	58.76	61.14	60.17	57.61
		Pb	39.18	38.90	38.20	36.24	40.35
		As	0.45	0.59	0.36	0.28	0.31
	质量/g		80.2	87.2	78.2	67.2	54.1
黄渣	w(成分)/%	Pb	23.11	18.44	26.38	24.27	21.77
		Sb	28.73	29.89	32.71	31.86	33.49
		Fe	33.77	34.28	28.67	31.42	38.53
		As	7.92	6.76	7.13	6.40	5.87
	质量/g		82.3	84.5	91.3	113	134

　　由试验结果可知，铁加入量对于碱渣和脆硫锑铅矿精矿混合熔炼具有非常重要的影响。由于碱渣中含有大量的砷，在熔炼过程中，砷结合了大量的锑、铅和铁，形成了高熔点、高密度的黄渣，从而导致金属直收率大幅度降低。铁加入量越多，生成的黄渣就越多，金属损失也就越大。在铁加入量是理论量的 70% 时，金属直收率最高，但 Sb 直收率也只有 61.42%，Pb 直收率为 52.93%。铁的用量不需要理论量那么多的原因是碱渣中含有大量的游离碱，它也与精矿产生反应。石墨坩埚具有强还原性。因此，生成大量黄渣，铁加入量对碱渣和脆硫锑铅矿混合熔炼的详细影响情况以及如何使砷开路到黄渣中，使损失的铅锑最少等问题，仍需要进行进一步研究。

4.脆硫锑铅矿精矿短回转窑还原造锍熔炼半工业试验

1）试验原料及设备

（1）半工业试验原料

　　试验所用锑铅精矿购自广西南丹，烧渣为柳州鹿寨化工厂所产，碱渣购自铅锑冶炼厂，为粗铅锑合金氧化精炼除砷过程所产，其成分如表 2-59 所示。

表 2-59　试验原料化学成分的质量分数　　　　　　单位：%

成分	As	Sb	Pb	S	Fe	SiO$_2$	Ag	Na$_2$O
铅锑精矿	0.48	25.59	28.39	22.63	8.13	0.53	0.085	
烧渣	—	—	—	2.87	52.80	2.28	—	
锑酸钠渣	—	32.64		1.36	2.37	—		12.01
碱渣	6.20	22.14		—	—	—		22.76

注：还原煤为一般烟煤，S 质量分数为 2% 左右，C 质量分数为 60%~70%，-100 目。

（2）半工业试验设备及方法

试验的主体设备为一台 $\phi1.8\ \mathrm{m}\times2.5\ \mathrm{m}$（内部尺寸为 $\phi1.4\ \mathrm{m}\times2.0\ \mathrm{m}$）的短回转窑（见图2-51），用2 kW电动马达及齿轮传动，其转动速度为0.2 r/min，燃烧室在短窑前端，加料口、出料口及尾气出口在炉子尾端，用燃煤加热，加热室面积为1.5 m^2。第一阶段试验人工加煤加热，第二阶段改机械自动加煤加热。其有配套的烟气冷却和收尘系统，烟气先经水箱冷却，再经"人"字形冷却管冷却，最后进入布袋室收尘。用水泥混捏机混合炉料，混合料用皮带和螺旋加料器从短窑的尾气出口处加入，待炉温升到900℃，短窑开始连续转动，以加快升温和强化反应；待炉温升到1200℃时，保温半小时后出炉。将熔体一起放入渣包内，稍冷后再倒入有水套冷却的铁箱内，冷却后人工将合金、铁锍及黄渣分离，称重取样分析，烟尘两炉以上清理一次。由于炉渣很少，夹在铁锍中，未单独称重取样。

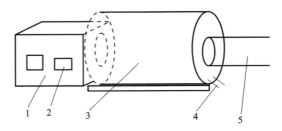

1—燃烧室；2—加煤口；3—短回转窑；4—出料口；
5—尾气出口即加料口（后接烟气冷却及收尘系统）。

图2-51　半工业试验短回转窑设备示意图

2）半工业试验结果及讨论

（1）脆硫锑铅矿精矿与锑酸钠渣混合熔炼

脆硫锑铅矿精矿与锑酸钠渣混合熔炼的试验共进行了5个炉次，炉料配比为 $m(精矿):m(锑酸钠渣):m(烧渣):m(还原煤)=1000:500:600:150(\mathrm{kg})$。由于炉温上升很慢，很难达到1200℃，因此，除了第一炉完全放出熔体，其他几炉放料不完全，没有统计产物质量。第一炉的试验结果及产物成分见表2-60。

表2-60　锑酸钠渣与锑铅矿混合熔炼第一炉试验结果

产物	质量/kg	成分（质量分数）/%					合金直收率/%		回收率/%		
		Pb	Sb	Fe	S	As	Pb	Sb	Pb	Sb	S
合金	610	33.58	62.33	0.40	—	1.07	59.15	88.61	—	—	—
铁锍	800	10.36	2.11	38.75	22.70	—	—	—	83.08	91.92	0.57
烟尘	80	—	—	—	—	—	—	—	—	—	—

由表 2-60 可以看出,锑的直收率较高,为 88.61%;铅的直收率较低,但也接近 60%。合金质量较好[w(Pb+Sb)>96%],试验存在的主要问题:铁锍含锑铅较高,渣粘内壁严重,其原因是人工加煤且煤质差,熔炼温度低,炉温波动大,熔炼时间长,第一炉就熔炼了 25 h。但总的来说,锑酸钠渣与锑铅矿混合熔炼的工艺是成功可行的。

(2)碱渣与脆硫锑铅矿精矿混合熔炼

试验分两个阶段进行,第一阶段 5 个炉次,第二阶段 4 个炉次。第一阶段试验的配料及熔炼条件见表 2-61,试验结果如表 2-62 所示。

表 2-61　第一阶段 5 个炉次的试验条件

炉次	投入物料质量/kg						熔炼时间 /h
	精矿	碱渣	烧渣	还原煤	铁屑	烟尘	
1	1400	700	700	210	—	—	10
2	1400	700	700	210	—	—	10
3	1000	500	400	150	30	100	7
4	1000	500	400	150	30	100	8
5	1000	500	500	200	—	100	12

由试验结果可以看出,烟尘率较高,为 6.5%。在没有返回烟尘时,熔炼的情况较好,以第二炉计算,锑在合金中的直收率达 76.58%,铅为 47.71%,若只考虑黄渣中的金属损失,则铅和锑的总回收率分别为 96.34% 及 97.07%。当开始返回烟尘时,熔炼效果急剧变差,铅和锑的直收率很低。造成这种现象的主要原因是烟尘中含有很高的砷,再加上碱渣中的砷大部分与铅、锑、铁生成熔点高的黄渣,并使熔体的熔点升高,大量渣在炉内放不出来。铅的回收率较低,铅在铁锍中的损失较大,在 20% 以上,这是造成金属回收率不高的最主要原因。以熔炼产物含硫计算,固硫率为 89.60%,估计是铁锍没有完全从炉内放出来的缘故。

第二炉的试验结果较好,其金属平衡见表 2-63。

表 2-63 说明,金属平衡不好,主要原因是熔炼产物滞留炉内的较多。

在试验中,加煤时燃烧室门频繁开关,使大量冷空气涌入炉内,造成炉温在升到 1100℃ 后,很难继续升到 1200℃(炉温从加料到 1100℃ 只需要 5 h 左右),并且烟道的抽风机功率过低,收尘率不高,在熔炼反应最剧烈的时刻炉内呈正压,从而使操作环境恶化。因此,在这 5 个炉次试验后,我们对炉子进行了改造,改人工加煤为自动加煤,提高了风机的功率。经过改造后,进行了第二阶段熔炼试验,共 4 个炉次,试验结果见表 2-64、表 2-65 及表 2-66。

表 2-62　第一阶段试验产物各成分质量分数

单位：%

炉次	1 合金	1 铁锍	1 黄渣	2 合金	2 铁锍	2 黄渣	3 合金	3 铁锍	3 黄渣	4 合金	4 铁锍	4 黄渣	1~2 烟尘	3~5 烟尘
Pb	43.59	6.27	8.20	30.11	8.63	13.61	40.07	7.05	13.91	28.80	14.19	—	12.93	19.41
Sb	54.85	0.53	32.51	62.3	2.91	22.1	51.46	0.91	28.04	58.55	2.68	—	21.14	18.75
As	0.89	0.51	18.53	1.01	0.28	8.89	1.57	0.23	18.80	6.34	0.45	—	3.96	22.38
Fe	2.44	34.77	36.42	2.65	37.25	30.55	2.85	38.46	32.45	2.65	36.85	—	3.65	—
Ag	0.141	0.023	0.038	0.108	0.021	0.065	0.130	0.022	0.031	0.128	0.024	—	0.014	0.015
S	—	22.07	5.39	2.44	21.92	12.65	—	22.16	5.87	—	21.09	—	5.45	5.59
质量/kg	472	1260	159	630	1138	85	434	930	59	258	1023	—	300	479

表 2-63　第 2 炉的金属平衡

元素		加入 精矿	加入 碱渣	加入 浇渣	加入 共计	产出 合金	产出 铁锍	产出 黄渣	产出 烟尘	产出 共计	入出误差
Pb	kg	397.5	—	—	397.5	189.8	100.8	19.84	19.35	329.8	-67.68
	%	100			100	57.55	30.56	6.02	5.87	100	-17.63
Sb	kg	358.2	155.0	—	513.4	392.3	33.05	18.78	31.65	475.8	-37.62
	%	69.80	30.20		100	82.45	6.45	3.95	6.65	100	-7.32
Fe	kg	113.8	—	369.6	483.4	113.8	—	369.6	—	483.4	-12.0
	%	23.54		76.46	100	23.54		76.46		100	-2.48
Ag	kg	1.19	—	—	1.19	0.68	0.239	0.053	0.021	0.993	-0.197
	%	100			100	68.48	24.07	5.34	2.11	100	-16.55
S	kg	316.8	—	20.1	336.9	15.37	249.4	10.75	8.17	283.9	-53.0
	%	94.04		5.96	100	5.41	87.84	3.79	2.88	100	-15.73

续表2-63

元素		加入				产出					
		精矿	碱渣	浇渣	共计	合金	铁锍	黄渣	烟尘	共计	入出误差
As	kg	6.72	43.40	—	50.12	6.49	6.54	12.98	35.85	61.86	11.74
	%	13.41	86.59	—	100	10.49	10.57	20.98	57.96	100	23.42

表2-64 第二阶段配料情况及熔炼时间

炉次	投入物料质量/kg					熔炼时间/h
	精矿	碱渣	烧渣	还原煤	烟尘	
6	1000	500	480	150	—	6.5
7	1400	700	480	150	—	7
8	1000	500	520	150	—	7
9	1000	500	584	184	172	7

表2-65 第二阶段试验产物各成分质量分数

单位：%

炉次	6		7		8		9		烟尘
	合金	铁锍	合金	铁锍	合金	铁锍	合金	铁锍	6~7炉
Pb	28.25	10.82	30.06	10.07	40.24	7.05	34.54	5.60	5.16
Sb	51.69	4.25	53.78	2.29	52.84	0.91	58.55	0.16	23.48
As	7.92	1.98	5.32	0.42	1.57	0.23	1.46	0.71	15.42
Fe	7.22	39.05	9.01	36.46	2.85	35.12	3.07	37.75	7.23
S	—	20.88	—	22.89	—	21.25	—	22.20	3.58
Ag	0.087	0.024	0.086	0.030	0.130	0.017	0.110	0.013	0.007
质量/kg	480	—	600	1000	318	930	200	485	345

表 2-66　第 7 炉的金属平衡

元素	单位	加入				产出				入出误差
		精矿	碱渣	浇渣	共计	合金	铁锍	烟尘	共计	
Pb	kg	283.9	—	—	283.9	180.4	100.7	43.4	329.8	40.50
	%	100	—	—	100	55.59	31.04	13.37	100	14.27
Sb	kg	255.9	110.7	—	366.6	22.7	22.90	40.50	386.1	19.5
	%	69.80	30.20	—	100	83.58	5.93	10.49	100	5.32
Fe	kg	81.30	—	264.0	345.3	54.06	364.6	12.47	431.1	85.8
	%	23.54	—	76.46	100	12.54	84.57	2.89	100	24.85
Ag	kg	0.850	—	—	0.850	0.516	0.30	0.012	0.828	0.022
	%	100	—	—	100	62.32	36.23	1.45	100	2.59
S	kg	226.3	—	14.38	240.5	—	—	228.9	6.17	-5.40
	%	94.04	—	5.96	100	—	97.36	2.64	100	-2.24
As	kg	4.80	26.0	—	30.8	31.92	4.20	26.6	62.72	31.92
	%	13.58	86.42	—	100	50.89	6.70	42.14	100	103.6

在设备改造后，熔炼时间缩短为 6~7 h，并且从生产现场的实际情况看，还可以进一步缩短。从试验结果可以看出，当铁加入量较少时(第 6、7 炉的铁量按理论量加入)，熔炼情况较好；以第 7 炉合金计算，铅直收率为 63.53%，锑直收率为 88.02%，但砷有将近一半进入铅锑合金中；当铁量增加到理论量的 110% 时，熔炼效果变差，金属直收率较低，但铁锍中金属的含量也较低，其主要原因是随着铁量的增加，铅、锑开始大量进入 Pb-Sb-As-Fe 四元系黄渣。若烧渣加入量合适，铁锍及烟尘中的金属返回，铅和锑的总回收率分别可达 98.20% 及 94.92%。

短回转窑在熔炼中、后期转动，大大强化了炉料混合和传热过程，有效缩短了熔炼时间熔炼效率比反射炉高得多。因此，它是一种很有希望用于还原造锍熔炼的设备。

5. 小结

(1)苏打和无水芒硝或锑酸钠渣或砷碱渣均可作为脆硫锑铅矿精矿还原造锍的添加剂。苏打和无水芒硝作添加剂时，最佳工艺条件如下：①先在低温下(900℃)进行熔炼反应，然后升高到 1200℃ 放渣；②熔炼时间 1.5 h；③烧渣加入量为理论质量的 105%~110%；④添加剂最佳加入量中，苏打为精矿质量的 10%，无水芒硝为精矿质量的 13%。在最佳条件下，铅和锑的直收率可分别达 68.50% 和 83.26%，银的直收率为 70%，金属总回收率大于 95%，固硫率不小于 96%。

(2)用锑酸钠渣作添加剂时，其在同样的熔炼条件下结果更好：铅和锑的直收率分别达到 78.24% 和 90.43%。用锑酸钠渣作添加剂，既可以顺便回收锑酸钠渣中的锑，又利用渣中的钠，省去了苏打和无水芒硝添加剂，降低了成本。这也说明了熔炼过程中必须有钠的参与，但与它原来的形态关系不大。这对再生铅碱性精炼渣及锑精炼碱渣的处理具有重要意义。

(3)用砷碱渣作添加剂时，铁加入量的多少对于碱渣和脆硫锑铅矿精矿混合熔炼具有非常重要的影响。由于碱渣中含有大量的砷，在熔炼过程中，砷与锑、铅和铁形成高熔点、高密度的黄渣，造成金属直收率大幅度降低。铁加入量越多，生成的黄渣就越多，金属损失就越大。在铁加入量是理论量的 70% 时，金属直收率达到最高，但锑直收率只有 61.42%，铅直收率为 52.93%。

(4)在 φ1.4 m×2.0 m 的短回转窑内，分别进行了用锑酸钠渣、碱渣作添加剂和脆硫锑铅精矿还原造锍熔炼的半工业试验。试验取得了较好结果，铅和锑的直收率分别 ≥63.50% 及 88.02%，固硫率在 95% 以上；在合适的烧渣加入量和铁锍及烟尘金属返回的情况下，铅和锑的总回收率可达 98.20% 及 94.92%。

(5)半工业试验的经验表明，选用附设有机械自动加煤燃烧室的短回转窑作为熔炼设备，具有可用劣质煤做燃料、熔炼强度大的优点，生产能力为反射炉的 6 倍以上。炉料中砷和铁的含量是影响熔炼过程的最主要因素，砷和铁的含量增加，均会生成大量黄渣，使金属直收率大大降低。烟尘中砷的质量分数超过15%，高的达23.9%，因此烟尘只有在脱砷后才能返回熔炼过程，烟尘脱砷及砷品制取是碱渣代碱进行锑铅精矿固硫还原造锍熔炼的关键。

（6）还原造锍熔炼产物——铅锑合金的质量较好[w(Pb+Sb)>95%]，可采用现有冶炼厂普遍应用的合金处理工艺，生产2号精锑、电铅等铅锑产品。

（7）与硫化铅精矿的还原造锍熔炼一样，脆硫锑铅矿的还原造锍熔炼中，铅和银在铁锍中的分配比例较高，铅约占总铅质量的15%，银为总银质量的30%。因此，如何经济有效地回收铁锍中铅和银是脆硫锑铅矿精矿还原造锍熔炼能否推向工业应用的关键。

1.3.7 还原造锍熔炼处置重金属（铅）废弃物

1. 概述

为防止和减少二氧化硫烟气的污染，人们研究了沉淀熔炼、碱性熔炼等多种固硫熔炼工艺。沉淀熔炼、再生铅的回转窑冶炼和鼓风炉炼铅均采用铁屑固硫。铁屑价格贵，来源有限，因此，这种固硫方法不能广泛采用，而鼓风炉炼铅要求炉料中硫的质量分数小于2%。

与前文不同，ZL001 13284.9号专利用氧化铁废料或含重金属的氧化铁矿作固硫剂，直接由有色金属硫化精矿或含硫物料冶炼粗金属或合金，使烟气中的二氧化硫达标排放。

中国每年产生上千万吨的多种铅物料，如铅烟灰、铅泥、硫酸铅渣、废电瓶熔炼渣及废铅酸蓄电池胶泥等。另外，硫酸厂每年产生上千万吨的黄铁矿烧渣，锌厂甚至每年产生几百万吨的窑渣，铅废料和铁渣都是高危重金属固体废弃物。

由于重金属（铅）固体废弃物都含有较高的硫，所以有人先将含铅较高[w(Pb)≥40%]的铅废料进行烧结焙烧脱硫，然后还原熔炼。该工艺环境污染严重，能耗高，资源利用差，因此这类落后工艺已被取缔。含铅低，特别是w(Pb)<10%的铅废料目前则没有成熟可靠的处置方法，绝大部分就地堆存，成为重金属污染的重大隐患与祸源。

鼓风炉是结构简单、连续作业、熔炼能力较强和热利用率高的冶金炉，ZL001 13284.9号专利技术原型与鼓风炉熔炼相结合，可解决重金属（铅）废料的清洁处置技术难题。

本技术创新性强，采用黄铁矿烧渣、锌厂窑渣磁选氧化铁粉等氧化铁废料和含铅氧化铁矿中的氧化铁组分作固硫剂。首次采用鼓风炉还原造锍熔炼清洁处置高危重金属（铅）固体弃物，对铅废料、含重金属的氧化铁废物进行鼓风炉强还原造锍熔炼，使铅、锌、镉、铜、锑、砷等有毒重金属及绝大部分硫都分别进入粗铅、铁锍和水淬渣，转化为可出售的有用资源，化害为利，变废为宝。

本技术的先进性：①用作固硫剂的氧化铁物料本身就是亟待处置的高危重金属废弃物，来源非常广泛，而且大都含有贵金属和有色金属，本技术以废治废，可大量采用氧化铁物料，炉料含硫量基本不受限制，质量分数超过 8%；②用高铁氧化铅矿作固硫剂，不仅使我国这类资源得到有效利用，而且可大幅降低铅废料的处理品位，从而处置几乎所有的含铅废料；③传统鼓风炉炼铅产的铅冰铜含铜量高，含铁量较低，铜的回收价值大，但其清洁处理至今仍是一个难题；而鼓风炉还原造锍熔炼产的铁锍铁高铜低，密度和熔点与生铁相近，可代替生铁铸造船舶用的压重物件，实现重金属废弃物的资源化利用。

基于以上情况，2009 年 9 月至 2011 年 1 月，我们与郴州国大有色金属冶炼公司合作，进行了 4 m² 鼓风炉还原造锍熔炼清洁处置重金属（铅）固体废弃物一步炼铅工业试验，试验圆满成功，现将工业试验结果介绍如下。

2. 试验原辅材料与方法

1）试验原料

工业试验原料为硫含量较低的铅废料，包括铅烟灰、铅泥（硫酸铅渣）、氧浸渣选硫尾矿和进口电瓶渣，其化学组成分如表 2-67 所示。

表 2-67　铅废料的种类及各化学成分质量分数　　　单位：%

物料	Pb	Zn	Cu	S	Sb	Sn	FeO	SiO₂	CaO
铅烟灰 A	66.71	0.53	—	7.09	—	—	1.21	0.46	0.53
铅烟灰 B	57.16	1.38	—	7.36	—	—	2.41	6.10	0.80
铅泥 A	19.27	10.11	0.10	11.84	—	—	2.41	6.10	4.60
硫酸铅渣 A	13.26	13.40	—	8.61	—	—	7.23	21.16	4.78
硫酸铅渣 B	11.63	—	—	8.29	—	—	9.64	21.33	3.59
氧浸渣选硫尾矿	8.25	6.14	—	25.00	—	—	4.82	24.00	8.16
废电瓶熔炼渣	43.97	—	—	1.27	4.27	0.76	3.02	30.16	1.95

2）辅助材料

辅助材料包括固硫剂、熔剂和还原剂。固硫剂的种类和化学成分列于表 2-68。还原剂为烟煤，烟煤与焦炭的化学组成如表 2-69 所示；石灰石中 CaO 的质量分数为 50%，作为补钙熔剂。

表 2-68　主要辅助材料各化学成分质量分数　　　　单位：%

物料	Pb	Zn	Cu	S	As	FeO	SiO$_2$	CaO	Ag*
氧化铅矿 A	18.58	3.64	—	0.13	0.65	53.65	7.90	0.89	112
氧化铅矿 B	7.07	1.02	—	0.10	0.21	33.75	5.40	7.08	280
氧化铅矿 C	24.26	0.92	—	0.25	—	54.26	12.96	2.00	—
氧化铅矿 D	8.78	0.46	—	0.12	0.06	31.41	25.73	2.60	35
窑渣磁选铁粉 A	—	—	0.051	1.31	—	74.91	9.68	1.02	45.08
窑渣磁选铁粉 B	—	—	—	6.50	—	69.60	15.15	5.20	—
窑渣磁选铁粉 C	—	—	—	7.07	—	57.82	14.27	4.14	1330
黄铁矿烧渣 A	0.10	0.67	2.28	7.94	—	55.28	10.61	1.77	524.33
黄铁矿烧渣 B	1.25	1.20	—	3.34	—	56.66	15.66	6.57	—
渣砣	5.89	—	—	0.19	—	78.76	11.62	1.36	—

注：* 单位为 g/t。

表 2-69　烟煤与焦炭各化学成分质量分数　　　　单位：%

物料	C	S	SiO$_2$	CaO	FeO	Al$_2$O$_3$	H$_2$O
烟煤	82.33	3.01	6.66	0.83	—	4.81	—
焦炭	82.23	1.14	6.5	1.3	3.9	1.3	27.94

3）试验设备

采用鼓风炉作为主体熔炼设备，并对鼓风炉及其辅助设备系统作特殊设计，鼓风炉的风口区面积为 4 m^2，高 4.85 m；炉腹角为 5°；辅助设备由配料及压制团块设备、烟气处理设备以及炉渣和铁锍处理设备组成。

4）试验方法

（1）配料计算

以 100 t/d 炉料为基准，以铅烟灰、铅泥及电瓶渣中的一种或几种为炼铅原料，以氧化铅矿 A 或 B、黄铁矿烧渣 A 或 B 为供铁辅料，石灰石为供钙辅料。按照常规炼铅渣型和固硫规则建立多元联立方程组，求解得各种原辅物料的配入量。全部石灰石和部分供铁辅料不压团，而与干团块和焦炭一起入炉。干团块及炉料成分如表 2-70 所示。

（2）试验步骤与操作

总的思路是采用循序渐进的方式增加炉料的硫含量，先进行硫质量分数为 4% 以下的炉料的熔炼试验，运行正常后，再进行硫质量分数为 6% 及 8% 的炉料的熔炼试验。

表 2-70　干团块及炉料成分质量分数　　　　　单位：%

编号及名称	H₂O	Pb	FeO	S	SiO₂	CaO	Zn	As	Ag*
1 号干团块	9.30	21.046	31.33	2.17	15.76	3.31	—	—	—
1 号炉料	9.30	18.31	30.96	1.89	13.71	5.06	—	—	—
2 号干团块	6.00	23.386	29.81	3.44	18.42	2.42	—	—	—
2 号炉料	6.00	20.10	29.50	2.96	15.83	5.75	—	—	—
3 号干团块	—	21.65	22.24	6.19	12.29	4.46	—	—	—
3 号炉料		18.44	28.22	6.12	13.04	4.87	—	—	—
4 号干团块	12.23	25.43	20.92	8.16	11.61	3.72	3.21	1.18	270
4 号炉料	—	16.57	27.65	6.49	11.12	4.21	2.05	0.75	387

注：* 单位为 g/t。

试验操作流程是：称量配料→混料→压团→团块干燥→干团块、焦炭、石灰石和部分固硫剂入炉→熔炼→出炉（连续放铅、炉渣和铁锍）。

加料方式：每批料加干团块 1200 kg，并同时加入相应量的焦炭、氧化铁物料和石灰石。

（3）计量与检测

原辅材料，包括干团块分批称重和取样。熔炼产物定期称重和取样，每 8 h 取一综合样。每天清理一次烟尘，计量后取综合样。原辅材料和熔炼产物分析的有关元素是 Pb、Zn、Cd、Cu、S、As、FeO、SiO₂、CaO、Ag 和 Au。烟气中的 SO₂、Pb、Cd 等有毒成分由当地环保部门在线检测。

3. 试验结果及讨论

1）数据及结果

（1）$w(S)<4\%$ 炉料试验

2009 年 9 月至 2010 年 11 月，我们进行了 $w(S)<4\%$ 炉料的固硫熔炼试验，投入的炉料和焦炭量分别为 1 号 349.01 t 和 53.37 t，2 号 212.94 t 和 33.26 t。代表性的试验数据见表 2-71。

表 2-71　冶炼产物量及其主成分质量分数　　　　　单位：%

序号	粗铅		烟灰		铁锍		水淬渣				
	产量/t	Pb	产量/t	Pb	产量/t	Pb	产量/t	Pb	SiO₂	FeO	CaO
1	44.415	96.99	20.30	46.70	36.00	3.23	212.38	1.87	29.68	37.20	11.97
2	32.464	97.01	10.847	45.00	22.50	3.00	148.78	2.03	29.03	38.06	11.86

(2)$w(S)$>6%炉料试验

2010 年 12 月及 2011 年 1 月，我们分别以 $w(S)$ 为 6.19% 和 8.16% 的干团块为炼铅原料，进行还原造锍熔炼工业试验。基本数据见表 2-72 及表 2-73。

表 2-72　原辅材料投入质量　　　　　　　　　　　　单位：t

No.	干团块	窑渣磁选氧化铁粉	渣砒	石灰石	焦炭
3	78(S 质量分数为 6.19%)	11.7(B)	—	0.715	12.35
4	18(S 质量分数为 8.16%)	4.5(C)	1.425	0.465	3.9

表 2-73　冶炼产物量及各成分质量分数　　　　　　　　单位：%

No.	产物	产物质量/t	Pb	SiO₂	FeO	CaO	S	Zn	As	Ag*
3	粗铅	12.992	96.77	—	—	—	—	—	—	—
3	铁锍	20.897	11.94	1.0	48.09	0.62	21.28	3.33	0.65	190
3	炉渣	38.527	1.91	30.41	31.22	11.60	2.44	2.87	0.29	30
3	烟尘	4.641	44.00	—	4.08	—	4.08	—	—	—
4	粗铅	3.612	96.55	—	1.00	—	0.35	—	—	1256
4	铁锍	6.291	5.17	1.0	48.96	0.62	19.26	4.32	0.47	191
4	炉渣	9.434	1.76	28.48	32.08	14.94	3.65	3.83	0.34	—
4	烟尘	0.692	43.36	0.35	4.09	1.05	5.38	3.75	10.15	—

注：* 单位为 g/t。

2）主要指标

主要技术经济指标如表 2-74 所示。

表 2-74　主要技术经济指标　　　　　　　　　　　单位：%

No.	床能力 /(t·m⁻²·d⁻¹)	回收率 (计铁锍铅)	直收率	固硫率 (以烟气计)	焦率	烟尘率 (团块计)	吨铅焦炭消耗质量 /t	吨铅石灰石消耗质量 /t
1	25	90.68	74.32	—	15.29	6.69	1.239	0.587
2	25	90.41	78.28	—	15.62	5.95	1.056	0.492
3	15.07	95.64	74.75	—	13.66	5.95	0.982	0.057
4	33.00	95.95	85.02	98.59	15.99	3.84	1.118	0.133

表 2-74 说明，主要冶炼技术指标均较好，含硫量的提高使冶炼回收率稍有降低，但对其他技术指标无多大影响；在炉料铅品位为 16.57%~20% 的情况下，

铅冶炼回收率大于90%，冶炼直收率仍大于74.75%，这是比较理想的。辅助材料消耗比含硫量低的炉料更低，但床能力低，仅为烧结块熔炼的1/4。

（3）"三废"排放和达标情况

经当地环保局环境监测站检测，外排烟气中二氧化硫等污染物的含量见表2-75，外排废水中重金属等污染物的含量见表2-76。

表2-75　鼓风炉烟气监测结果　　　　　单位：mg/m³

监测点位置	监测时间	铅	镉	SO_2	黑度（林格曼级）	风量/($m^3 \cdot h^{-1}$)
鼓风炉烟囱	2009年12月23日	0.031	0.00019	449	—	20150
		0.029	0.00017	458	—	20190
		0.034	0.00021	456	—	20130
	2011年1月19日	0.046	—	598	<1	16764
		0.041	—	667	<1	16248
		0.038	—	632	<1	15020
		0.037	—	623	<1	15872
执行GB 16297—1996二级标准		0.70	0.85	850	<1	—
结果评价		各监测项目排放浓度达到GB 16297—1996二级标准				

表2-76　废水监测结果及成分质量浓度　　　　　单位：mg/L

监测点位置	监测时间	pH	铅	镉	砷
雨水收集池总排出口	2009年12月23日	6.72	0.0189	0.0625	0.0409
冲渣池（循环用水）		6.75	0.0302	0.2891	0.0714
执行GB 8978—1996一级标准		6~9	1.00	0.10	0.50
结果评价		外排废水各监测项目浓度均达到GB 8978—1996一级标准			

表2-75说明，外排烟气中二氧化硫、铅及镉等污染物的含量达到《大气污染物综合排放标准》GB 16297—1996二级标准；表2-76说明，外排废水中铅及镉污染物的含量及pH达到《污水综合排放标准》GB 8978—1996一级标准。

4. 技术经济指标与生产成本

1）基本指标

根据三个阶段的试验数据，确定鼓风炉还原造锍熔炼二次铅原料一步炼铅工艺的基本技术经济指标如下：①床能力：15~33 t/(m² · d)；②渣中铅质量分数为1.76%~2.03%；③铅冶炼回收率为90%~96%(计铁锍铅)；④铅冶炼直收率为74%~85%；⑤银冶炼回收率为95.31%(计铁锍银)；⑥银冶炼直收率为75.24%；⑦焦率为13.66%~16%；⑧烟尘率(团块计)为3.84%~6.69%；⑨固硫率(以烟气排硫计)>98.50%；⑩吨铅焦炭消耗0.98~1.24 t。这是在炉料中铅质量分数为16.51%~20.10%的情况下获得的指标，如果炉料铅质量分数提高至25%~35%，技术经济指标将会明显优化。

2)生产成本概算

以2011年1月的生产数据为依据，进行质量分数为4%以下硫含量炉料铅冶炼的生产成本概算。铅冶炼回收率91.00%，1月份共生产粗铅556.701 t(Pb 540 t)，铁锍418.53 t，水淬渣2606.7 t，铅单位生产成本概算见表2-77。

表2-77 铅废料鼓风炉还原造锍熔炼生产粗铅的单位生产成本概算

No.	名称	规格	单耗/(t · t⁻¹)	单价/(元 · t⁻¹)	金额/元
一	直接材料费				14329
	1. 含铅废料中铅	$w(Pb) \geqslant 5\%$	1.099	11000	12089
	2. 固硫剂	$w(Fe) \geqslant 30\%$	0.414	160	66
	3. 焦炭	冶金级	1.15	1810	2082
	4. 石灰石(卵石)	$w(CaO) \geqslant 50\%$	0.438	33.54	15
	5. 干柴(稻草)	—	0.014	200	3
	6. 谷壳	—	0.0144	280	4
	7. 电		110 kW · h/t	0.6 元/kW · h	66
	8. 水		10	0.4	4
二	工资及劳保费	定员65人	100 元/(天 · 人)		361
三	运杂费				46
四	制造费用				399
	1. 固定资产折旧	固定资产864万元，5年折旧完			320
	2. 修理及配件费	固定资产的3%			49
	3. 其他制造费用				30
五	制造成本				15135
	加工成本				806

由表 2-77 可知，鼓风炉还原造锍熔炼工艺由含铅废料生产粗铅的单位生产成本为每生产 1 t 粗金属铅需 15135 元，与铅精矿冶炼比较，降低原料费 1910 元，具有明显的低成本优势。

5. 环境评价

1）有害元素的去向与分配

作为炉料主要组成部分的铅废料和固硫剂，含有的有毒元素主要是铅、锌、镉、铜、锑、砷和硫。在冶炼过程中，70%~85% 的铅进入粗铅，7%~16.4% 的铅进入烟尘，烟尘返回冶炼，最终有 81.83%~91.44% 的铅进入粗铅，2%~14% 的铅进入铁锍，3.88%~6.88% 的铅进入炉渣；54%~56% 的锌进入炉渣，35.2%~41.3% 的锌进入铁锍，5.4%~9% 的锌进入烟尘；镉的量很少，其行为与锌差不多；74%~79.2% 的硫进入铁锍，17%~21.1% 的硫进入炉渣，2.3%~3.4% 的硫进入烟尘，0.5%~0.8% 的硫进入粗铅，约 1.41% 的硫随烟气外排；47%~62.4% 的砷进入烟尘，18%~20% 的砷进入铁锍，11.9%~21.7% 的砷进入炉渣，7.68%~11.83% 的砷进入粗铅；铜在冶炼过程中几乎全部进入铁锍；锑的冶炼行为与铅类似，绝大部分进入粗铅。

2）冶炼产物的处置与去向

铅废料的鼓风炉还原造锍熔炼产物有粗铅、铁锍、炉渣（水淬渣）和烟尘，当炉料中的含砷量较高时，会产生砷冰铜（黄渣）。粗铅是主产品，出售给铅电解精炼厂。烟尘返回冶炼过程；水淬渣出售给水泥厂用作水泥的原料。由于铁锍的密度与熔点和生铁相近，含铅量较低（质量分数 <5%）的铁锍中的有价元素回收价值不大，可代替生铁铸造压重物件；而含铅量较高（质量分数 ≥5%）的铁锍中的铅、银、硫等具有利用价值，可采用热燃烧法脱硫制酸，回收热能，获得含有铅和银的铁渣；或用湿氧化法使负二价硫转化为硫磺，用浮选法脱硫后也可获得含有铅和银的铁渣。这种铁渣在返回熔炼过程作固硫剂用。如果产生砷冰铜，由于它很稳定，量很少，可长期堆存。

3）"三废"排放

重金属（铅）废料的鼓风炉还原造锍熔炼过程排出的废物只有除尘后的烟气，其吨炉料排出量为 2868~4846 m³，外排烟气的各监测项目排放浓度均达到《大气污染物综合排放标准》GB 16297—1996 二级标准。

一年零五个月的工业试验实践证明，炉料的有毒重金属和 98.59% 以上的硫都分别进入粗铅、铁锍和水淬渣，转化为可以出售的有用资源，对周边环境有影响的只有随烟气达标排放的 42 t 二氧化硫，现场劳动条件较好。炉顶温度低，微负压操作，加料操作条件比一般的炼铅鼓风炉要好得多，无烟气逸出，很少有粉尘。由于采用中温还原造锍熔炼和低风压小风量的操作，虹吸出铅口的操作条件也比一般的炼铅鼓风炉要好得多，温度较低，铅蒸气少。由于采用炉渣与铁锍同时放出后分离的方式，炉渣会覆盖在铁锍上面，从而避免了单独放铁锍产生大量二氧化硫和高温操作的问题。

实践还证明，周边生态环境没受多少"三废"排放的影响。厂区周围青山绿水，植被茂盛，树木花草正常生长，看不出二氧化硫对植被的一点影响。

6.结论

与国内外同类技术比较，本技术具有以下突出优点：

(1)本技术用作固硫剂的氧化铁废料本身就是亟待处置的高危重金属废弃物，来源非常广泛，可大量采用，炉料中的硫基本不受限制，而且氧化铁物料含有贵金属和有色金属，能以废治废，变废为宝。

(2)鼓风炉还原造锍熔炼能连续作业，生产能力大，热利用率高，在外排烟气中二氧化硫达标的情况下实现了铅废料和氧化铁废料的无害化处置和资源化利用，为清洁处置高危重金属废弃物提供了一种具有自主知识产权的核心技术。

(3)本技术可处理铅质量分数小于20%的炉料，流程简短，成本低廉，经济效益十分显著。1台4 m² 的鼓风炉连续开十个月冶炼铅质量分数≤20%的炉料，以2011年的价格计算，可获得2418.5836万元利税和1038.6598万元税后利润。

(4)环境效益和社会效益十分突出。各类铅废料和含重金属的氧化铁废料经过鼓风炉还原造锍熔炼处置后，铅、锌、镉、铜、锑、砷等有毒重金属及绝大部分硫都分别进入粗铅、铁锍和水淬渣，转化为可以出售的有用资源，化害为利。

第 2 章　重金属低温固硫冶金

2.1　概　述

2.1.1　发展史

高温先进炼铅工艺只解决了二氧化硫的污染问题，而无法解决铅尘及铅雾的污染问题。铅冶炼最大的污染危害是低空铅尘、铅雾污染。铅液的饱和蒸汽压在973℃以下，小于 17.3 Pa，但随着温度的升高，铅液的饱和蒸汽压呈几何级数上升，1358℃时达到了 177318 Pa。高温炼铅工艺均有熔炼(氧化熔炼和还原熔炼)、火法除铜精炼及炉渣烟化等高温(1250~1450℃)过程，不可避免地会排放大量的铅尘、铅雾，污染大气和周边土地。根据前苏联学者谢里科会母和斯米尔洛夫的研究，高温炼铅厂的上空及其周边地区空气中的铅含量为本地区的 10 倍以上，因为铅蒸气不能百分之百地冷凝和收集，总有一小部分以铅雾的形式飘散在空气中，最终被雨水冲洗进入土壤。

针对以上情况，苏联学者谢里科会母于 1948 年提出低温碱性熔炼法，后由斯米尔洛夫完成研究。20 世纪 60 至 90 年代，斯米尔洛夫用低温碱性熔炼冶炼原生铅，即在 436~650℃下向 NaOH 熔体中加入硫化铅精矿，并鼓入空气获得粗铅。这种方法不产生 SO_2 和铅蒸气，铅尘也很少，使工作条件和周边环境大为改善，而且铅直收率高达 96%~98%，粗铅品位≥99%。但由于当时铅的价格低，环保要求不严，而碱耗较高，成本较传统炼铅法高，而未能工业应用。

20 世纪 90 年代末，斯米尔洛夫来中国讲学，之后中南工业大学等单位对低温碱性熔炼进行了系统深入的研究，扩大其应用范围。作者学术团队发现它更适合再生铅冶炼，获得 ZL99115369.3 发明专利"再生铅的冶炼方法"，2010 年在低温碱性熔炼的基础上提出低温熔盐冶金新概念，将低温碱性熔炼技术向前推进一大步，用苏打代替大部分或全部烧碱，将熔盐体系由 $NaOH-Na_2SO_4-Na_2S$ 体系发展为 $NaOH-Na_2CO_3-Na_2SO_4-Na_2S$ 体系和 $NaOH-Na_2CO_3-Na_2S$ 体系，特别是采用 ZnO 固硫，将低温碱性熔炼发展为低温熔盐冶金。

显然，低温固硫熔炼包括低温碱性熔炼和低温熔盐冶金两部分。重金属低温熔盐冶金是在 400~900℃ 的熔盐介质中进行的，原料为重金属精矿或二次资源，产出的液态金属聚集于熔盐下面，而固态产物及固态未反应物悬浮于熔盐介质中形成熔炼渣。重金属低温熔盐冶金不仅可大幅度降低成本，而且非常有利于熔盐再生，用以处理硫化锑精矿、硫化铋精矿、硫化铅精矿、再生铅和高铅多金属铜镍钴硫化矿也可取得出乎意外的好结果。这展现了低温熔盐冶金的广泛应用前景，对重金属的低碳清洁冶金具有重大意义。正因为如此，低温熔盐冶金的基础理论和新工艺研究获得了国家自然科学基金重点项目（编号：51234009）和国家"十二五"国家科技支撑计划项目（编号：2012BAC12B02）的资助。

2.1.2 冶炼对象

十种重金属的熔点如表 2-78 所示。

表 2-78 重金属的熔点   单位：℃

元素	Cu	Ni	Co	Pb	Bi	Zn	Cd	Sn	Sb	Hg
熔点	1083	1455	1490	327	271.3	419.4	320	231.96	630.5	-38.87

表 2-78 说明，十种重金属中，除了铜、镍、钴的熔点大于 1000℃，其他七种重金属的熔点均小于 631℃。因此，用于低温熔炼的主体原料是铅、铋、锌、镉、锡、锑和汞的精矿及品位较高的二次资源。

2.1.3 特点与应用前景

与传统火法冶金比较，低温熔盐冶金具有低温、低碳、清洁等特点。二者间的显著区别是低温熔盐冶金过程不产生熔融渣，具有湿法冶金的特性，即有液、固两种相态存在，固相组成既有未反应的固态物，又有熔炼过程中生成的固态产物，两类固态物悬浮于熔盐介质中形成熔炼渣。因此，其熔炼过程属于复杂多相反应过程。与湿法冶金不同，其液态相包括熔盐和液态金属两相。

1. 低温

重金属火法冶金的温度一般为 1200~1350℃，高的超过 1450℃；而低温熔盐冶金的温度均可小于 900℃，依熔盐组成和体系的不同导致熔炼温度不同，比如 $NaOH$ 体系的熔炼温度最低，为 450~700℃；$NaOH-Na_2CO_3$ 体系的熔炼温度中等，为 700~850℃；Na_2CO_3 体系的熔炼温度最高，为 850~900℃。总之，低温熔盐冶金的温度比传统火法冶金的温度降低 300~650℃。

2. 低碳

温度降低，能耗也随之降低，不造熔融渣更是使能耗大幅降低。传统火法冶金造熔融渣的目的主要是解决跟重金属伴生的铁及脉石与重金属分离的问题，而为了造渣，必须加入石英或铁矿石（铁屑）及石灰石等熔剂，大量的造渣物质在高温下造渣熔化；同时为了提高其流动性，液态炉渣必须过热，这样，必然会消耗大量的能源。低温熔盐冶金不造熔融渣，与重金属伴生的铁转化为固态氧化铁，在熔炼温度下，脉石的主成分碳酸钙等在 Na_2CO_3 体系及 $NaOH-Na_2CO_3$ 体系中均是惰性的，不反应，不熔化，以固态的形式存在；不加入石英或铁矿石（铁屑）及石灰石等熔剂，因而渣量将大幅减少。这样，原料中的非目标金属组分量少，不熔化，温度低，能耗必然会大幅降低。另外，可用趁热澄清或热过滤的方法将大部分熔盐与固态物分离，直接返回熔炼过程，从而降低大量能耗。综上所述，低温熔盐冶金是名副其实的低碳冶金。

3. 清洁

重金属传统火法冶金烟气和烟尘量大，均有庞大的收尘系统，而低温熔盐冶金烟气和烟尘量很少。传统火法冶金中，低浓度二氧化硫烟气污染治理在锑、铋等小金属冶炼中一直是个难题，铅冶炼只是解决了部分产能的二氧化硫烟气的治理，而低温熔盐冶金能将硫固定回收，变废为宝。目前，铅冶炼最大的污染危害是低空铅尘、铅雾污染，铅液的饱和蒸汽压在 973℃ 以下，小于 17.3 Pa，但随着温度的升高，铅液的饱和蒸汽压呈几何级数上升，1358℃ 时达到了 177318 Pa；现有的炼铅工艺均有熔炼（氧化熔炼和还原熔炼或烧结与还原熔炼）、火法除铜精炼及炉渣烟化等 3~4 个高温过程，不可避免地会排放大量的铅尘、铅雾，污染大气和周边土地；而低温熔盐炼铅的温度低于 900℃，铜和锌等伴生金属用选矿法回收，因此，不存在高温过程，即不产生铅尘、铅雾污染。另外，易挥发的毒性大的镉在传统火法冶金中会挥发进入烟尘或飘逸于大气中，这种烟尘也是很难处置的高危固体废弃物，从而造成污染；而低温熔盐冶金过程中，镉以硫化物的形式存在，不会造成污染。传统火法冶金会破坏铍矿物，进入炉渣的铍会对周边水源造成污染；而低温熔盐冶金不会破坏稳定的铍矿物，即不存在铍污染的潜在危险。综上所述，低温熔盐冶金是典型的清洁冶金。

4. 综合利用易实现

在传统火法冶金中，伴生金属回收十分困难，例如铅冶金过程中，伴生的铜分散进入铅冰铜和粗铅，从铅冰铜中回收铜和铅，至今仍是一个尚未解决的难题；伴生的锌主要进入炉渣，采用高污染的烟化法回收；而低温熔盐冶金中，由于 CuS 和 ZnS 是惰性的，不产生变化，用选矿方法即可方便回收。

5.适于处理多金属复杂矿

一些多金属复杂矿，如铅锌矿、铅锑矿、铅铜矿、高铅铜镍钴复杂硫化矿、铋钼矿及镍钼矿等用传统火法冶金处理和分离相关金属均很困难；结合型或镶嵌型复杂矿，如高铅铜镍钴复杂硫化矿（澳矿）用传统火法冶金、湿法冶金均不能得到有效处理；而低温熔盐冶金处理这些多金属复杂矿时，只有铅矿、铋矿、钼矿和铁矿发生反应，转化为液体金属铅、铋、钼酸盐和氧化铁，从而破坏了原矿结构，游离出铜、镍和钴硫化矿。因此，可用浮选法回收铜、镍和钴，磁选法回收铁，而钼以硫代钼酸钠或钼酸钠的形式进入水浸液，然后在碱再生过程中可方便回收。

6.粗金属直收率和品位都高

由于低温熔盐冶金的烟尘量很少，熔炼渣中固态物量又比传统火法冶金的炉渣量少得多，因此，低温熔盐冶金的冶炼直收率均很高，如铅和铋的直收率均高于98%；在低温熔盐体系中，重金属的固硫还原选择性大，因此，粗金属品位很高，如粗铅品位≥98%，特别是含铜量很低，粗铅不经火法除铜即可直接进行电解精炼；但传统火法冶金冶炼直收率和品位都较低，粗铅中的含铜量高，电解精炼前必须经过火法除铜，造成铅的损失和环境污染。

综上所述，低温熔盐冶金的应用前景非常广阔。

2.2 铅铋镍的碱性熔炼

2.2.1 基本原理

1.主要化学反应

1）自还原熔炼过程

自还原熔炼过程是在 $NaOH-Na_2SO_4-Na_2S$ 体系中进行的，只有铅和铋的硫化物及氧化物参与自还原反应。自还原熔炼过程可在 $450\sim900℃$ 下进行，自还原就是利用金属硫化物中部分负二价的硫将正价的金属还原成金属单质：

$$4PbS+8NaOH \Longrightarrow 4Pb+3Na_2S+Na_2SO_4+4H_2O \qquad (2-78)$$

$$4Bi_2S_3+24NaOH \Longrightarrow 8Bi+9Na_2S+3Na_2SO_4+12H_2O \qquad (2-79)$$

$$4PbS+4Na_2CO_3 \Longrightarrow 4Pb+3Na_2S+Na_2SO_4+4CO_2 \qquad (2-80)$$

$$4Bi_2S_3+12Na_2CO_3 \Longrightarrow 8Bi+9Na_2S+3Na_2SO_4+12CO_2 \qquad (2-81)$$

再生铅一般与硫化铅精矿一起冶炼时，硫化铅中负二价态的硫在还原硫化铅中的 Pb(Ⅱ)的同时，还要还原再生铅原料中的硫酸铅和氧化铅中的 Pb(Ⅱ)及 Pb(Ⅳ)：

$$PbS+3PbSO_4+8NaOH \Longrightarrow 4Pb+4Na_2SO_4+4H_2O \qquad (2-82)$$

$$PbS+3PbO+2NaOH \Longrightarrow 4Pb+Na_2SO_4+H_2O \qquad (2-83)$$

$$2PbS+3PbO_2+4NaOH \Longrightarrow 5Pb+2Na_2SO_4+2H_2O \qquad (2-84)$$

再生铅原料中的 Bi(Ⅲ)亦被还原:

$$Bi_2O_3+PbS+2NaOH \Longrightarrow Pb+2Bi+Na_2SO_4+H_2O \qquad (2-85)$$

从式(2-78)~式(2-85)可以看出,熔盐中的关键组分氢氧化钠参与了金属硫化物的还原固硫反应,而且自还原熔炼过程中生成 Na_2S 和 Na_2SO_4 两种钠盐,这对熔盐再生很不利。

熔炼过程中,ZnS、FeS、Cu_2S 与 CuS 是惰性的,而 MoS_2、FeS_2、Sb_2S_3、As_2S_3、SnO_2 及脉石成分 SiO_2、Al_2O_3 与熔盐反应,进入碱渣:

$$MoS_2+12NaOH+9O_2 \Longrightarrow 2Na_2MoO_4+4Na_2SO_4+6H_2O \qquad (2-86)$$

$$2MoS_2+6Na_2CO_3+9O_2 \Longrightarrow 2Na_2MoO_4+4Na_2SO_4+6CO_2 \qquad (2-87)$$

$$FeS_2+2NaOH \Longrightarrow FeO+Na_2S+S+H_2O \qquad (2-88)$$

$$Sb_2S_3+3Na_2S \Longrightarrow 2Na_3SbS_3 \qquad (2-89)$$

$$As_2S_3+3Na_2S \Longrightarrow 2Na_3AsS_3 \qquad (2-90)$$

$$SnO_2+2NaOH \Longrightarrow Na_2SnO_3+H_2O \qquad (2-91)$$

$$SiO_2+2NaOH \Longrightarrow Na_2SiO_3+H_2O \qquad (2-92)$$

$$Al_2O_3+2NaOH \Longrightarrow 2NaAlO_2+H_2O \qquad (2-93)$$

2)碳还原熔炼过程

碳还原熔炼过程是在 $NaOH-Na_2CO_3-Na_2S$ 体系中进行的,参与反应的金属化合物除了铅和铋的硫化物及氧化物,锑、锡和镍的硫化物及氧化物与铜、锌、铁的氧化物也参与反应:

$$2MeS+4NaOH+C \Longrightarrow 2Me+2Na_2S+CO_2+2H_2O \qquad (2-94)$$

$$2Me_2S_3+12NaOH+3C \Longrightarrow 4Me+6Na_2S+3CO_2+6H_2O \qquad (2-95)$$

$$2PbSO_4+4NaOH+5C \Longrightarrow 2Pb+2Na_2S+5CO_2+2H_2O \qquad (2-96)$$

$$PbSO_4+2NaOH+4C \Longrightarrow Pb+Na_2S+CO_2+3CO+H_2O \qquad (2-97)$$

$$2PbSO_4+2Na_2CO_3+5C \Longrightarrow 2Pb+2Na_2S+7CO_2 \qquad (2-98)$$

$$PbSO_4+Na_2CO_3+3C \Longrightarrow Pb+Na_2S+3CO_2+CO \qquad (2-99)$$

$$2MeS+2Na_2CO_3+C \Longrightarrow 2Me+2Na_2S+3CO_2 \qquad (2-100)$$

$$4Me_2S_3+12Na_2CO_3+6C \Longrightarrow 8Me+12Na_2S+18CO_2 \qquad (2-101)$$

$$2MeO+C \Longrightarrow 2Me+CO_2 \qquad (2-102)$$

$$MeO+C \Longrightarrow Me+CO \qquad (2-103)$$

$$2Me_2O_3+3C \Longrightarrow 4Me+3CO_2 \qquad (2-104)$$

$$Me_2O_3+3C \Longrightarrow 2Me+3CO \qquad (2-105)$$

$$MeO_2+C \Longrightarrow Me+CO_2 \qquad (2-106)$$

$$MeO_2+2C \Longrightarrow Me+2CO \qquad (2-107)$$

从式(2-78)~式(2-102)可以看出,熔盐中的关键组分氢氧化钠及钠盐参与了金属硫化物的还原固硫反应,而且自还原熔炼过程中生成 Na_2S 和 Na_2SO_4 两种钠盐,这对熔盐再生很不利;而用外加还原煤还原熔炼过程中只生成 Na_2S 一种钠盐,这对熔盐再生很有利。

2. 低温碱性炼铋热力学

1)热力学数据选择与计算

与反应相关的化合物或单质的热力学数据 $\Delta H_T^{\ominus}$、$\Delta S_T^{\ominus}$ 等选自 I. Barin 和 O. Knacke 主编的 *Thermochemical properties of inorganic substances*(1972 年第 1 版),以及叶大伦、胡建华编著的《实用无机物热力学数据手册》(2002 年 9 月第 2 版),同时参考了梁英教、车荫昌主编的《无机物热力学数据手册》(1993 年 8 月第 1 版)。如果三种手册中的有关数据不一致,则以 I. Barin 和 O. Knacke 主编的 *Thermochemical properties of inorganic substances* 为准。各温度下与反应相关的化合物或单质的具体热力学数据列于表 2-79 中。

2)热力学分析

低温碱性炼铋的自还原反应如式(2-108)~式(2-109);碳还原反应如式(2-110)~式(2-111),氧化反应如式(2-112)~式(2-113)。

$$4Bi_2S_3+24NaOH \Longrightarrow 8Bi+9Na_2S+3Na_2SO_4+12H_2O \qquad (2-108)$$

$$4Bi_2S_3+12Na_2CO_3 \Longrightarrow 8Bi+9Na_2S+3Na_2SO_4+12CO_2 \qquad (2-109)$$

$$2Bi_2S_3+12NaOH+3C \Longrightarrow 4Bi+6Na_2S+3CO_2+12H_2O \qquad (2-110)$$

$$2Bi_2S_3+6Na_2CO_3+3C \Longrightarrow 4Bi+6Na_2S+9CO_2 \qquad (2-111)$$

$$2MoS_2+12NaOH+9O_2 \Longrightarrow 2Na_2MoO_4+4Na_2SO_4+6H_2O \qquad (2-112)$$

$$2MoS_2+6Na_2CO_3+9O_2 \Longrightarrow 2Na_2MoO_4+4Na_2SO_4+6CO_2 \qquad (2-113)$$

根据表 2-79 中相关物质的热力学数据,按照公式(2-46)计算出反应式(2-108)~式(2-113)的 $\Delta G_T^{\ominus}$,并由 $\Delta G_T^{\ominus}$ 按式(2-47)计算出各反应的平衡常数,计算结果见表 2-80~表 2-81。依据计算出来的 $\Delta G_T^{\ominus}$,作各反应的 $\Delta G_T^{\ominus}-T$ 图,如图 2-52 所示。

从表 2-80 和图 2-52 可以看出,在自还原碱性熔炼反应条件下,硫化铋精矿与纯碱在 700~1100 K 吉布斯自由能中都为正值,说明在这个条件范围内硫化铋精矿与 Na_2CO_3 的熔炼很难进行;而硫化铋精矿与 NaOH 在 700~1100 K 条件下却能发生自还原碱性反应,生成金属铋。碳还原碱性熔炼的条件下,温度在 1000 K 以上时,硫化铋精矿与 Na_2CO_3 发生碳还原碱性反应,生成金属铋;硫化铋与 NaOH 的碳还原碱性反应的 $\Delta G_T^{\ominus}$ 负值较大。比较硫化铋精矿与 NaOH 的反应,碳还原碱性熔炼反应的 $\Delta G_T^{\ominus}$ 较自还原碱性熔炼反应的 $\Delta G_T^{\ominus}$ 更负,其反应平衡常数更大,说明它的反应是最容易进行而且反应得很彻底的,主要通过直接途径。

表2-79　与反应相关的各化合物热力学数据

温度/K	参数	Bi_2S_3	NaOH	Bi	Bi_2O_3	Na_2S	Na_2CO_3	H_2O	C
700	$H^\ominus$	-103268	-385251	22571	-522372	-339772	-1075679	-227541	5725
	$S^\ominus$	310.691	148.228	101.160	253.315	153.037	257.556	218.803	17.288
800	$H^\ominus$	-89210	-376745	25397	-509510	-330969	-1056228	-223732	7647
	$S^\ominus$	329.457	159.587	104.934	270.484	164.791	279.613	223.888	19.853
900	$H^\ominus$	-74742	-368298	28181	-496314	-322097	-1040249	-219817	9687
	$S^\ominus$	346.493	169.537	108.231	296.023	175.240	298.419	228.498	22.254
1000	$H^\ominus$	-59863	-359930	30938	-425665	-313156	-1022978	-215796	11807
	$S^\ominus$	362.165	178.354	111.119	358.667	184.659	316.604	232.734	24.487
1100	$H^\ominus$	-35384	-351562	33679	-351171	-304147	-1004417	-211668	13972
	$S^\ominus$	452.848	186.330	113.731	427.192	193.245	334.285	236.667	26.550
1200	$H^\ominus$	—	-343194	36404	-335899	-295070	-955706	-207434	16224
	$S^\ominus$	—	193.611	116.102	440.480	201.143	377.257	240.350	28.509
1300	$H^\ominus$	—	-334826	39123	-320628	-259544	-936753	-203093	18517
	$S^\ominus$	—	200.309	118.279	452.704	229.550	392.446	243.824	30.345
1400	$H^\ominus$	—	-326458	41843	-305356	-250340	-917799	-198645	20843
	$S^\ominus$	—	206.510	120.294	464.021	236.371	406.492	247.120	32.068
1500	$H^\ominus$	—	-318090	44562	-290084	-241135	-898846	-194091	23197
	$S^\ominus$	—	212.283	122.170	474.557	242.722	419.569	250.262	33.692

续表 2-79

温度/K	参数	Na$_2$SO$_4$	CO$_2$	O$_2$	Na$_2$MoO$_4$	MoS$_2$	PbS	Pb
700	$H^{\ominus}$	-1524343	-375592	12559	-1399924	-246405	-77690	16317
	$S^{\ominus}$	303.278	251.029	231.509	298.040	123.336	134.822	97.007
800	$H^{\ominus}$	-1293452	-370653	15839	-1361055	-238751	-72326	19334
	$S^{\ominus}$	328.102	257.623	235.888	351.167	133.554	141.984	101.037
900	$H^{\ominus}$	-1274309	-365589	19167	-1338631	-230987	-66870	22321
	$S^{\ominus}$	350.643	263.586	239.807	377.523	142.698	148.409	104.555
1000	$H^{\ominus}$	-1245239	-360411	22542	-1287669	-223123	-61322	25276
	$S^{\ominus}$	371.77	269.040	243.362	431.253	150.983	154.253	107.669
1100	$H^{\ominus}$	-1233747	-355126	25961	-1266372	-215165	-55682	28201
	$S^{\ominus}$	391.297	274.077	246.621	451.551	158.567	159.628	110.457
1200	$H^{\ominus}$	-1190300	-349737	29426	-1245075	-207119	-49950	31095
	$S^{\ominus}$	428.977	278.765	249.635	470.081	165.567	164.615	112.975
1300	$H^{\ominus}$	-1170560	-344248	32934	-1223779	-198988	-44126	33967
	$S^{\ominus}$	444.778	283.158	252.443	487.127	172.075	169.276	115.274
1400	$H^{\ominus}$	-1150820	-338661	36485	-1202482	-190774	-1790	36832
	$S^{\ominus}$	459.407	287.298	255.074	502.910	178.162	199.824	117.397
1500	$H^{\ominus}$	-1131080	-332977	40079	-1181186	-136324	4402	39697
	$S^{\ominus}$	473.026	291.219	257.554	517.603	215.536	204.096	119.374

注：$H^{\ominus}$ 的单位为 J/mol，$S^{\ominus}$ 的单位为 J/mol/K。

表 2-80 有关反应的吉布斯自由能变化值

单位：J

反应式	温度/K								
	700	800	900	1000	1100	1200	1300	1400	1500
(2-108)	-240766	-267157	-284486	-294150	-282279	—	—	—	—
(2-109)	721841	547689	376794	209886	62853	—	—	—	—
(2-110)	-283747	-375081	-462188	-545637	-618362	—	—	—	—
(2-111)	342278	207993	76085	-53079	-171519	—	—	—	—
(2-112)	-3719613	-3624750	-3562204	-3438058	-3349498	-3264605	-3184299	-3103914	-3020868
(2-113)	-3093588	-3041676	-3023931	-2945500	-2902656	-2850722	-2799156	-2747038	-2691768

表 2-81 有关反应的热力学平衡常数

反应式	温度/K								
	700	800	900	1000	1100	1200	1300	1400	1500
(2-108)	7.27×10^{64}	9.43×10^{62}	4.16×10^{59}	2.95×10^{55}	2.47×10^{48}	—	—	—	—
(2-109)	3.45×10^{-195}	7.90×10^{-130}	1.12×10^{-79}	2.63×10^{-40}	1.68×10^{-11}	—	—	—	—
(2-110)	2.75×10^{76}	2.60×10^{88}	6.96×10^{96}	7.85×10^{102}	1.02×10^{106}	—	—	—	—
(2-111)	6.18×10^{-93}	9.36×10^{-50}	1.14×10^{-16}	1.02×10^{11}	2.53×10^{29}	—	—	—	—
(2-112)	1.0×10^{1101}	1.0×10^{854}	1.0×10^{746}	1.0×10^{648}	1.0×10^{574}	1.0×10^{513}	1.0×10^{462}	1.0×10^{417}	1.0×10^{379}
(2-113)	1.0×10^{833}	1.0×10^{716}	1.0×10^{633}	1.0×10^{555}	1.0×10^{497}	1.0×10^{447}	1.0×10^{405}	1.0×10^{369}	1.0×10^{338}

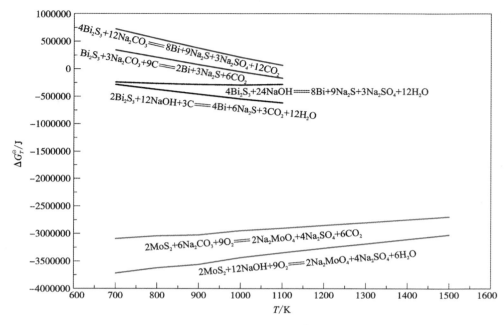

图 2-52 有关反应的 $\Delta G_T^\ominus$-T 图

2.2.2 原生铅低温碱性熔炼

苏联有色金属科学研究院的谢里科会母和斯米尔洛夫发明的低温直接炼铅法在 600~700℃ 的温度下加碱直接熔炼铅精矿，产出的粗铅质量好，而碱浮渣用湿法处理，以使碱再生并综合回收 Zn、Cu，原料适应性广，是一种有发展前途的、污染小的炼铅方法之一。低温碱性炼铅法的原则工艺流程如图 2-53 所示。

根据对 Pb 质量分数为 38%~73% 的铅精矿的熔炼试验结果，确定该法的熔炼工艺条件如下：温度为 650℃，取决于铅精矿品位；炉料中碱与精矿的质量比为 0.7~1.0。还原过程中析出水蒸气并获得液态熔炼产物。1 kg/次规模的实验室试验及 30 kg/次规模的扩大试验证实，铅的直收率为 96%~98%，粗铅质量好，只含贵金属及铋和少量铜（质量分数<0.1%），且其中贵金属、铋、铊的回收率大于98%。即使炉料中含有质量分数高达 20% 的 Cu 和 11% 以上的 Zn，铅的总回收率仍可达 99%，但精矿中的铁质量分数不能超过 10%。绝大部分铜及全部砷、锡和锑进入碱浮渣，同时这些杂质元素特别是铜不进入粗铅，对粗铅精炼十分有利，会明显改善其技术经济指标，提高了铅、金、银、铋在精炼过程中的回收率，确定了钠、硫的化合物的存在形态及它们的黏度和密度。碱浮渣一般含（质量分数）

NaOH 32%~38%、Na_2S 6%~16%、Na_2SO_4 20%~30%、$w(Na_2CO_3)$<5%及水不溶物 20%~30%。在800℃的温度下，加煤还原碱浮渣中的硫酸钠为硫化钠，该过程是在铅熔炼过程结束并将铅排出后的电炉中进行的，耗煤量占铅精矿重的 4%~5%。还原产物在液固比为 10:1 的条件下水淬，并将这种含有 Na_2S、NaOH 和 Na_2CO_3 的混合碱液料浆在液固比为 5:1 和 80~90℃ 的温度下用氧化锌焙砂苛化，然后将浆液浓密和过滤，获得含 400~600 g/L NaOH 的碱液，然后蒸发浓缩结晶成固体碱，最后将固碱返回熔炼过程；而滤饼经过两段洗涤和干燥后送去炼锌。碱浮渣湿法处理过程中，苛性钠的总回收率为 90%~92%，损失的苛性钠通过往炉料中补加相应数量的硫酸钠来满足配料要求。

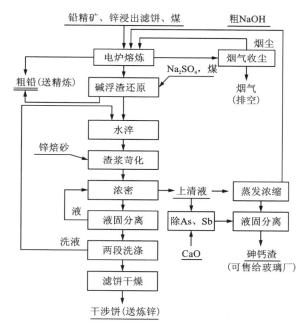

图 2-53 低温碱法炼铅的原则工艺流程

斯米尔诺夫等提出的这种低温直接炼铅工艺省略了烧结和鼓风炉熔炼工序，简化了原料准备与铅精炼过程。其突出的优点是只有一个低温过程，消除铅蒸气、铅雾和铅尘对环境的污染，大幅减少烟气的排放（比常规工艺少 95%），从而大大改善劳动卫生条件，且不消耗冶金焦炭和熔剂，仅消耗价廉易得的硫酸钠。这种低温直接炼铅工艺对熔点低和毒性大的铅的清洁冶炼技术的进步具有重要意义。

2.2.3 再生铅低温碱性熔炼

20 世纪 90 年代末，斯米尔洛夫受邀来原中南工业大学讲学，交流低温碱性炼铅工艺。在此基础上，作者学术团队对低温碱性熔炼进行了系统深入的研究，扩大其应用范围，发现它更适合再生铅冶炼，获得 ZL99115369.3 号发明专利"再生铅的冶炼方法"。该专利的实质性特点是用铅精矿的硫化铅作还原剂，冶炼废蓄电池胶泥等再生铅原料，即在低温碱性冶炼过程中使硫化铅中负二价的硫在还原硫化铅中的 Pb(Ⅱ) 的同时，还要还原再生铅原料中的硫酸铅和氧化铅中的 Pb(Ⅱ) 及 Pb(Ⅳ)。作者学术团队重点研究了硫化铅精矿与废蓄电池胶泥合炼提取再生铅，硫化铅精矿与铜转炉烟灰水浸渣合炼铅铋合金，硫化铅精矿特别是金银含量高的复杂铅精矿与废蓄电池胶泥合炼，以及硫化铅精矿与金、银含量高的铅渣合炼富集、提取贵金属。下面分别对其进行介绍。

试验规模为每次投入 90~100 g 铅金属量，试验步骤与方法如下：①称取相应量的固碱于生铁坩埚中，升温至 500℃ 左右使之熔化；②称取相应量的硫化铅精矿与废蓄电池胶泥，均匀混合；③在手工搅动的同时，均匀加入硫化铅精矿与废蓄电池胶泥的混合料；④在相应温度下保温一定的时间后倒出熔炼产物；⑤分去铅块(粒)后，用相应量的水浸泡碱渣，过滤、洗涤、干燥，最后完成计量与分析。

1. 废蓄电池胶泥与硫化铅精矿合炼

1) 试验原料及流程

试验原料为废蓄电池胶泥，废蓄电池胶泥由同一个废蓄电池的正极胶泥 3.29 kg 和负极胶泥 2.82 kg 混合而成，其物相成分见表 2-82。用作还原剂的硫化铅精矿 A 含质量分数为 50.96% Pb、3.8% H_2O(条件试验用)和硫化铅精矿 B 含质量分数为 65.46% 的 Pb、0.5% 的 H_2O、0.17% Ag、7.52% Zn、18.65% S(综合试验用)。

再生铅低温碱性熔炼的原则工艺流程如图 2-54 所示。

表 2-82　废蓄电池胶泥的物相及各成分质量分数　　　　　单位：%

名称	总 Pb	金属 Pb	PbO 中 Pb	PbO₂ 中 Pb	PbSO₄ 中 Pb	Sb	S
正极胶泥	68.38	0	8.50	28.06	31.82	0.54	4.91
负极胶泥	69.39	18.65	29.29	0	21.45	0.5	3.31
混合胶泥	69.32	8.10	18.10	15.11	28.01	0.52	4.33

该工艺流程的特点：①以 PbS 或其他硫化物为还原剂，在 NaOH 熔体中将废蓄电池胶泥中的 PbO、PbO_2、$PbSO_4$ 熔炼成金属铅，使熔炼温度由现有的 1150~1350℃ 降低到 600~700℃，做到废气毒尘零排放，同时又大大节能；②将碱渣进

行湿法处理,利用 Na_2SO_4 等钠盐与 NaOH 的溶解度的差别,开路 Na_2SO_4 等钠盐,返回利用 NaOH,做到废水零排放。

2)结果及讨论

根据前期研究结果和理论分析可知,PbS 用量是低温碱性熔炼过程中最重要的工艺参数。所以,在碱用量为铅含量的 1.2 倍、加料温度为 550~600℃、加料时剧烈搅拌、质量分数为 20% 的胶泥最后加入、600℃ 的温度下保温 0.5 h 的固定条件下,硫化铅精矿 A 为还原剂,考察了 PbS 用量对废蓄电池胶泥低温碱性熔炼过程的影响,结果见表 2-83。

表 2-83　PbS 用量对废蓄电池胶泥低温碱性熔炼的影响

PbS 量为理论量倍数	1.5	1.8**	1.8***	1.8*	2*
铅直收率/%	93.00	93.07	96.25	91.05	87.00
铅回收率/%	96.72	97.32	97.78	96.14	93.40
碱耗量/$(g \cdot g^{-1})$	0.727	0.852	0.833	0.767	—

注:* 胶泥一次加入,不吹风,** 向熔体内吹风 1.5 h,*** 向熔体内吹风 3 h。

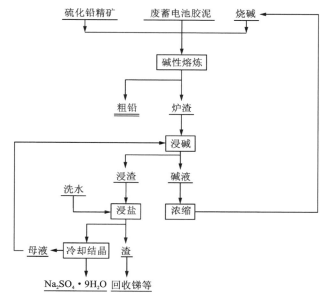

图 2-54　再生铅低温碱性熔炼的原则工艺流程

表 2-83 说明,硫化铅精矿与废蓄电池胶泥合炼是十分有效的。确定的最优条件如下:①PbS 量为 1.8 倍的理论量;②碱用量为铅含量的 1.2 倍;③加料温度为 550~600℃;④加料时剧烈搅拌;⑤质量分数为 20% 的胶泥最后加入;⑥在

600℃的温度下保温并向熔体内吹风 3 h。在上述条件下，铅的直收率与总回收率分别为 96.25% 和 97.78%。

以硫化铅精矿 B 为还原剂，在碱用量为铅含量的 1.1 倍、加料温度为 450~500℃、加料时机械搅拌、质量分数为 20% 的胶泥最后加入及在 600℃的温度下保温 0.5 h 的优化条件下，进行了投入铅量为 300 g 的综合试验；试验结果很好，铅的直收率为 97.43%，水浸渣中铅的质量分数达 7.78%，可得出铅的回收率为 98.80%，吨铅碱耗为 0.542 t。由上可见，铅的直收率及回收率和碱耗与硫化铅精矿的品位关系较大，品位越高，收率越高，碱耗也就越低。

2. 铜转炉烟灰水浸渣与硫化铅精矿合炼

1）试验原料

试验原料为大冶铜转炉烟灰水洗渣，其中各成分的质量分数如下：Pb 45.91%、Bi 7.69%、S 18.79%、As 2.31%、Zn 0.13%、Cd 0.10%、In 0.003%、Fe 1.12%、Sn 1.44%、Ag 0.02%、Ca 0.29%、Al 0.11%；还原剂硫化铅精矿（质量分数）含 52.11% 的 Pb、5.10% 的 H_2。

2）结果及讨论

在碱用量为铅含量的 1.1 倍（铋换算成铅当量），加料温度为 550~600℃，加料时剧烈搅拌，在 600℃的温度下保温 0.5 h 的固定条件下，重点考察了 PbS 用量对铜转炉烟灰水浸渣低温碱性熔炼过程的影响，结果见表 2-84。

由表 2-84 可以看出，试验结果较好，在 PbS 为 2.5 倍理论量的优化条件下，合金直收率为 90.30%，按水浸渣计，铅和铋的回收率分别为 91.19% 和 93.31%，吨水浸渣碱耗 0.627 t，处理 1 t 水浸渣需要 0.478 t 精矿铅，可生产铅铋合金 0.926 t。

表 2-84　铜转炉烟灰水浸渣低温碱性熔炼试验结果

PbS 量为理论量的倍数		2.0	2.25	2.5	2.75	3.0
合金质量/g	理论	96.08	96.26	96.44	96.59	96.73
	实际	86.20	83.20	87.10	85.30	86.80
合金直收率/%			89.72	90.30	86.43	88.31
水浸渣成分	w_{Pb}/%	—	15.03	14.28	14.19	—
	w_{Bi}/%	—	1.49	0.89	—	—
渣计回收率	Pb 回收率/%	—	90.67	91.19	90.50	—
	Bi 回收率/%		89.30	93.31		
碱耗/(g·g^{-1})		0.69	0.69	0.627	0.658	0.671

3.废蓄电池胶泥与高金银含量复杂铅精矿合炼

1)试验原料

试验原料为废蓄电池胶泥,与上述试验相同。河北石家庄银锌铅精矿和广西河池含银锑铅矿作还原剂,前者成分的质量分数如下:w_{Pb} 20.41%、w_{Ag} 1.58%、w_{Zn} 31.28%、w_{Au} 4.5 g/t,后者成分的质量分数如下:w_{Pb} 55.03%、w_{Ag} 0.38%、w_{Sb} 2.00%。

2)结果及讨论

试验条件与结果见表2-85及表2-86。

表2-85 废蓄电池胶泥与银锌铅精矿低温碱性熔炼试验结果

序号	1	2	3
试验条件	①吨铅碱加入量 3 t;②PbS量为1.8倍理论量;③加料温度450℃;④20%胶泥最后加入;⑤在600℃下保温0.5 h	①吨铅碱加入量3.5 t;②保温1.0 h;③其他条件同1	①以软铅代替胶泥,吨矿加软铅量0.3 t;②保温1.0 h;③其他条件同1
贵铅质量/g	84.60	100.4	100.0
贵铅含Ag(质量分数)/%	2.52	3.08	2.89
贵铅直收率/%	84.60	97.60	96.17
银直收率/%	61.09	94.88	91.34
水浸渣含Ag(质量分数)/%	—	0.115	0.23
水浸渣含Zn(质量分数)/%	38.13	45.23	52.57
吨矿碱耗质量/t	0.52	0.65	0.534

表2-86 含银锑铅精矿与废蓄电池胶泥低温碱性熔炼试验结果

序号	1	2	3
试验条件	①吨铅碱加入量1.1 t;②PbS量为1.8倍理论量;③加料温度450~500℃;④20%胶泥最后加入;⑤在600℃下保温0.5 h	①吨铅碱加入量1.5 t;②加料温度450℃;③加完料后在550℃下搅0.5 h;④以软铅代替胶泥	①加入硝石后搅拌10 min出炉;②吨铅硝石加入量0.06 t;③其他条件同2
贵铅质量/g	289.4	176	119.6
贵铅含Ag(质量分数)/%	0.288	0.6685	—
贵铅直收率/%	96.13	88.00	89.70
银直收率/%	94.01	85.19	—
水浸渣含Ag(质量分数)/%	—	0.205	—

由表 2-85 可以看出，废蓄电池胶泥与银锌铅精矿合炼效果良好，在吨铅碱量为 3.5 t，PbS 用量为 1.8 倍的理论量，加料温度为 450℃，20% 的胶泥最后加入，在 600℃ 下保温 1.0 h 的优化条件下，贵铅和银的直收率分别为 97.60% 和94.88%，水浸渣中的锌被富集到 45.23%，基本符合湿法炼锌要求。总之，这种方法不仅实现了再生铅的冶炼，而且实现了铅锌分离和银、锌的富集，为下一步的回收创造了有利条件。另外，可以用金属铅代替胶泥，使锌的富集度更高，达到 52.57%，但贵铅和银的直收率稍低。

表 2-86 说明，废蓄电池胶泥与含银锑铅精矿合炼效果亦良好，在吨铅碱加入量为 1.1 t，PbS 用量为 1.8 倍的理论量，加料温度为 450~500℃，20% 的胶泥最后加入，600℃ 下保温 0.5 h 的优化条件下，贵铅和银的直收率分别为 96.13% 和 94.01%。该方法不仅实现了再生铅的冶炼，而且实现了银的捕集，为下一步的回收创造了有利条件。另外，亦可用软铅代替胶泥，使贵铅中银的质量分数提高到近 0.7%，但贵铅和银的直收率较低。

2.2.4 低温碱性炼贵铅

1. 试验原料

试验主体原料是锡阳极泥经盐酸(必要时加入氧化剂)浸出锡、锑、铋、铜等重金属后的富银(金)渣，这种贵金属渣有三种，其主要成分见表 2-87。另外，作为还原剂用的硫化铅精矿 A 含铅量质量分数为 39.37%；铅精矿 B 含铅量质量分数为 64%；作为贵金属捕集剂的金属铅为工业纯，辅助材料烧碱亦为工业纯。

表 2-87 富银(金)渣的主要成分质量分数 单位：%

No.	Ag	Au	Pb
A	3.176	0.0002411	15.96
B	2.25	0.000218	27.38
C	2.67	0.0001367	21.79

2. 实验室小型试验

我们共进行了 8 次小型试验，其中有代表性的试验的条件与结果见表 2-88。

表 2-88　富银(金)渣与硫化铅精矿及金属铅低温碱性熔炼试验结果

序号	1	2	3	4
试验条件	A# 渣为原料：①碱量为渣质量的 1.5 倍；②铅精矿 A 量为渣质量的 0.5 倍；③纯铅量为渣质量的 0.125 倍；④加料温度 450℃；⑤在 700～750℃ 下保温 0.5 h	C# 渣为原料：①铅精矿 A 量为渣质量的 0.3 倍；②纯铅量为渣质量的 0.19 倍；③在 600～650℃ 下加完炉料，最后在 750℃ 下保温 20 min；④其他条件同 1	A# 渣 为 原料：①碱量为渣质量的 1.41 倍；②铅精矿 A 量为渣质量的 0.3 倍；③纯铅量为渣质量的 0.21 倍；④其他条件同 1	C# 渣为原料：①碱量为渣质量的 1.36 倍；②铅精矿 B 量为渣质量的 0.36 倍；③纯铅量为渣质量的 0.144 倍；④在 600℃ 下保温 0.5 h；⑤其他条件同 1
贵铅质量/g	120.5	111.04	119.04	108.38
贵铅直收率/%	93.82	90.64	98.71	98.49
水浸渣质量/g	119.3	70	—	—
水浸渣含 Ag (质量分数)/%	0.0094	0.0082	—	—
水浸渣含 Au (质量分数)/%	0.000082	0.0000077	—	—
银直收率/%	98.59	97.73	—	—
金直收率/%	97.97	98.03	—	—

由表 2-88 可知，贵金属回收率大于 97%；贵铅直收率也很高，4 号试验在 600℃ 下保温熔炼贵铅直收率仍然大于 98%。

3. 半工业试验

在实验室试验的基础上，我们于 2001 年 5 月在广东省某冶炼厂进行了 100 kg 富银(金)渣/次规模的半工业试验，具体情况简述如下。

1)试验设备

半工业试验主要设备是熔炼槽、浸碱池、漂洗槽等。熔炼槽由普通钢板焊制，尺寸为 φ503 mm×1060 mm，装有搅拌器，搅拌速度为 80～120 r/min，底部开有放出口。熔炼槽悬挂在封闭的火膛中，烧煤加热，2 h 内可将槽内物料升至 600～800℃。浸碱池和漂洗槽亦用钢板焊制，容积均为 2 m³。

2)工艺条件及操作规程

(1)工艺条件

①烧碱用量：每 1 kg 炉料加碱 0.7～0.75 kg；②熔炼温度：600～750℃；③熔炼时间：0.5～2 h；④硫化铅量为理论量的 2.5 倍，当富银(金)渣含铅量为质量分数 30% 时，硫化铅的铅金属量占总铅量的 45%；⑤用 6：1 的水碱比例加入水浸渣中漂洗液浸泡熔炼渣；⑥捞出粉渣后，用浸碱液回收碱或将其处理达标后排

放，水浸渣用体积与浸出液一样的清水漂洗，筛选出铅粒，返回下炉熔炼，漂洗液用于浸泡下炉熔炼渣。

（2）操作规程

①计算富银（金）渣和硫化铅精矿的用量：例如，若一炉炼 120 kg 铅，富银（金）渣和硫化铅精矿的含铅量质量分数分别为 30% 及 50%，则它们的用量分别为 220 kg 及 108 kg；如果富银（金）渣含铅量（质量分数）少于 30%，则少的部分用纯铅弥补；②将富银（金）渣和硫化铅精矿及上炉返回的铅粒均匀混合；③计算烧碱用量，上例的固碱用量为 230 kg，称取固碱加入熔炼槽；④升温熔化固碱，当温度升到 450℃时，开动搅拌，慢慢加入混合炉料，加料时严防冒槽和飞溅，因此每次不能加得太多，更不能一铲料一次将其快速加入槽内；⑤加完料后，继续搅拌、升温，温度升到 600℃时开始计算熔炼时间，若熔体流动性不好，可升温到 750℃或再加入少量烧碱；⑥到熔炼时间后放出贵铅；⑦放出熔炼渣，冷却后将其浸泡在上炉的漂洗液中；⑧熔炼渣泡发后，用带小孔的捞斗将粉渣捞出，移入漂洗槽漂洗、过筛，筛出夹带在熔炼渣中的铅粒；⑨捞出漂洗后的粉渣堆存待用；⑩用酸性废水或硫酸中和浸碱液至中性，将其处理达标后排放。

3）试验结果

半工业试验共进行 58 槽，熔炼富银（金）渣 5631 kg，硫化铅精矿 2092 kg，产出贵铅 2848 kg，基本数据见表 2-89，工艺技术指标见表 2-90。

表 2-89　半工业试验基本数据　　　　　　　　　单位：kg

原料类别	富银（金）渣	硫化铅精矿	纯铅	烧碱	食盐	贵铅
A 渣	2106	976	290	3760	71	968
B 渣	1280	385	220.2	2317	36.3	656
C 渣	2245	731	416.5	3439	79.9	1224
共计	5631	2092	926.7	9516	187.2	2848

表 2-90　贵铅成分及金属直收率　　　　　　　　　单位：%

原料类别	各成分的质量分数			直收率		
	Ag	Au	Pb	Ag	Au	Pb
A 渣	6.32	0.000498	93.66	83.00	94.96	90.21
B 渣	3.75	0.0003844	96.46	92.20	90.39	90.05
C 渣	4.50	0.0003214	95.55	85.19	93.88	97.99
平均	—	—	—	86.80	93.08	92.75

半工业试验共投入铅金属量 2926 kg，其中纯铅量占 31.67%，银 165.046 kg，金 1.094 kg。表 2-89 及表 2-90 说明，试验获得较好结果，贵铅的金、银含量分别较原料富集到 2.07 倍及 1.78 倍，金和铅的直收率均大于 92.50%，除去加入纯铅后的铅直收率为 89.38%。但银的直收率偏低，主要原因是分析误差和部分氯化银的挥发及还原不充分。

2.2.5 低温碱性炼铋

1. NaOH 熔体自还原炼铋

与铅的低温碱性熔炼一样，低温碱性炼铋体系的初始熔体是单一的液态 NaOH，熔炼过程中 Bi_2S_3 与液态 NaOH 反应，生成 Na_2SO_4 和 Na_2S 等含硫钠盐，所以最终成为 $NaOH-Na_2SO_4-Na_2S$ 体系。

以湖南省柿竹园硫化铋精矿（各成分的质量分数如下：Bi 22.98%，Pb 0.79%，Cu 0.49%，Zn 0.19%，Sn 1.24%，Ag 105 g/t，Au 1.68 g/t，Fe 19.12%，As 0.29%，S 30.98%，F 1.30%，WO_3 0.60%，Mo 1.80%，BeO 0.0024%，CaO 5.22%，Al_2O_3 1.87%，SiO_2 8.80%，H_2O 5%）为试验原料进行 $NaOH-Na_2SO_4-Na_2S$ 体系低温炼铋试验，确定了最佳熔炼条件：①碱加入量为矿重的 1.2 倍，其中 17% 的碱配成浓溶液与矿粉拌和；②加料温度 550℃；③硝石加入量为精矿量的 5%；④在 800℃下保温 0.5 h。在最佳条件下，获得较好的技术经济指标，铋的直收率为 94.34%，粗铋品位 97.53%，碱耗量吨铋约 2.67 t。

2. 混碱熔体自还原炼铋

1）基本情况

针对 $NaOH-Na_2SO_4-Na_2S$ 体系中低温熔炼存在烧碱用量大及因严重冒槽而导致加料时间长等问题，我们采用 $NaOH-Na_2CO_3-Na_2SO_4-Na_2S$ 体系进行低温碱性熔炼，即用 $NaOH-Na_2CO_3$ 混碱熔体作为初始熔体，熔炼结束后，最终成为 $NaOH-Na_2CO_3-Na_2SO_4-Na_2S$ 体系。该体系中进行低温碱性熔炼的原则工艺流程如图 2-55 所示。

$NaOH-Na_2CO_3-Na_2SO_4-Na_2S$ 体系中低温碱性炼铋流程的特点是不用还原剂，烧碱用量少，而且在碱再生过程中富集和回收钼。我们进行了实验室试验和扩大试验，现分别介绍如下。

2）实验室小型试验

（1）试验原料

仍以湖南省柿竹园硫化铋精矿为试验原料，其化学成分见表 2-91；试验所用纯碱、烧碱均为工业纯。

单因素条件试验中，选用精矿 A 为原料；而在综合扩大试验中，则以精矿 B 为原料。硫化铋精矿的 XRD 分析结果如图 2-56 所示。

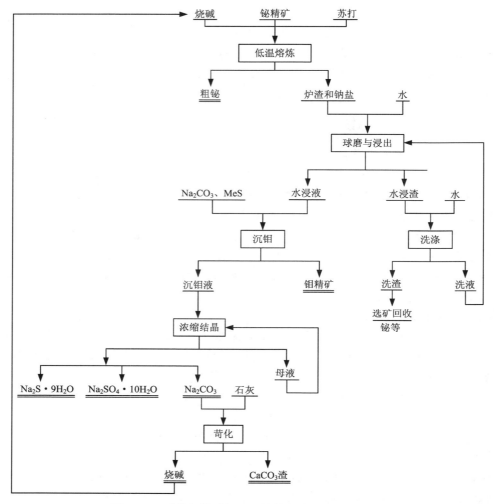

图 2-55 硫化铋精矿低温碱性炼铋的原则工艺流程

表 2-91 硫化铋精矿各成分的质量分数　　　　　　　　单位：%

成分	Bi	Mo	Fe	S	WO$_3$	SiO$_2$	Cu	Zn
精矿 A	25.02	3.17	20.68	26.5	0.43	6.33	—	—
精矿 B	19.98	1.55	19.12	28.80	0.60	8.80	0.49	0.19
成分	As	F	BeO	Au*	Ag*	Al$_2$O$_3$	CaO	Pb
精矿 A	—	—	—	—	—	—	—	—
精矿 B	0.29	1.30	0.0024	1.68	105	1.87	5.22	0.79

注：* 单位为 g/t。

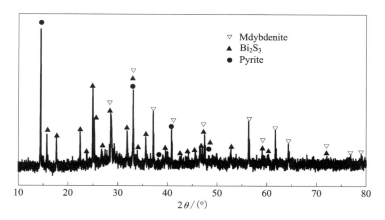

图 2-56　硫化铋精矿 XRD 图

由表 2-91 可知，硫化铋精矿中的主要组成（质量分数）如下：Bi 20%~25%和 Fe 20%左右，Mo 2%~3%。在提取粗铋的同时，应综合回收原料伴生的 Mo。根据 XRD 图谱，原料中的 Bi 基本以 Bi_2S_3 的形态存在，Fe 则以黄铁矿的形态存在，Mo 大多以辉钼矿的形态存在。

（2）试验方法

称取预定量的烧碱配制成液，与 100 g 硫化铋精矿搅拌混匀，装入石墨坩埚中，再称取一定量纯碱覆盖其上，待马弗炉温度恒定后将石墨坩埚放入其中，在预定温度下进行熔炼并开始计时。到达反应时间后，取出石墨坩埚，使其在空气中自然冷却，分离炉渣和粗铋并称重。所得炉渣采用自来水在温度 90℃、液固比 4:1 条件下搅拌浸出 3 h，液固分离后送往空气干燥箱干燥，称重并取样分析，量取浸出液体积并取样分析。试验所用碱量包括两部分，一部分是固硫所用的碱，按照硫与碱全部生成 Na_2S 进行计算；另一部分是与 Mo 反应生成钼酸钠所需碱。铋精矿碱性熔炼过程中碱的理论耗量以纯碱表示，计算公式如下所示：

$$\frac{100 \times a}{32} + \frac{100 \times b}{96} = \frac{x}{106} \tag{2-114}$$

式中：a 为精矿中硫的质量分数，%；b 为精矿中钼的质量分数，%；x 为所需纯碱的理论量，g。

（3）试验结果及讨论

考察了 $m_{NaOH}/m_{Na_2CO_3}$、碱量、熔炼温度和反应时间等因素对粗铋质量和铋直收率的影响。详细情况介绍如下。

①$m_{NaOH}/m_{Na_2CO_3}$ 的影响。在温度 750℃、反应时间 1.5 h、总碱量为理论碱量 1.75 倍的固定条件下，改变 $m_{NaOH}/m_{Na_2CO_3}$ 以考察其对硫化铋精矿碱性熔炼过程的影响，结果如图 2-57 所示。

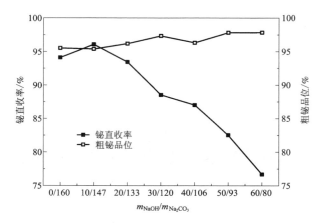

图 2-57 $m_{\text{NaOH}}/m_{\text{Na}_2\text{CO}_3}$ 对铋直收率和粗铋品位的影响

由图 2-57 可知，$m_{\text{NaOH}}/m_{\text{Na}_2\text{CO}_3}$ 对铋的直收率有显著影响。加入适量的 NaOH 可显著改善熔体的流动性，提高铋直收率，但 $m_{\text{NaOH}}/m_{\text{Na}_2\text{CO}_3}>20/133$ 后，铋直收率急剧降低。当 $m_{\text{NaOH}}/m_{\text{Na}_2\text{CO}_3}$ 在 0/160 ~ 60/80 变化时，所得的粗铋品位基本随 $m_{\text{NaOH}}/m_{\text{Na}_2\text{CO}_3}$ 的上升而增加。从铋直收率和粗铋品位两方面综合考虑，确定最佳 $m_{\text{NaOH}}/m_{\text{Na}_2\text{CO}_3}$ 比值为 20/133。

②碱量的影响。在温度 750℃、时间 1.5 h、$m_{\text{NaOH}}/m_{\text{Na}_2\text{CO}_3}$ 为 20/133 的固定条件下，考察总碱加入量*对 Bi_2S_3 精矿碱性熔炼过程的影响，结果如图 2-58 所示。

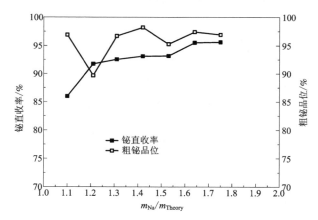

图 2-58 碱量对铋直收率和粗铋品位的影响

---

* 指碱加入量与理论用量之比。

由图 2-58 可知，碱量的增加有助于铋直收率的大幅提高。当碱量由理论量的 1.1 倍增加至 1.64 倍时，铋直收率随之由 85.99% 显著提高至 95.54%；此后继续增加碱量，使铋直收率基本保持恒定。碱性熔炼过程中，粗铋的品位主要取决于熔体的澄清分层状况。熔体黏度低，流动性好，密度差异大，熔体澄清分层速度快，所得粗铋品位高。当碱量为其理论耗量的 1.21 倍时，粗铋的品位仅为 89.67%；此后增加碱量，粗铋的品位基本保持在 96%～97%。综合考虑，最佳碱量确定为理论量的 1.64 倍。

③熔炼温度的影响。在时间 1.5 h、$m_{NaOH}/m_{Na_2CO_3}=20/133$、总碱量为 1.64 倍理论量的固定条件下，考察反应温度对 Bi_2S_3 精矿碱性熔炼过程的影响，结果如图 2-59 所示。

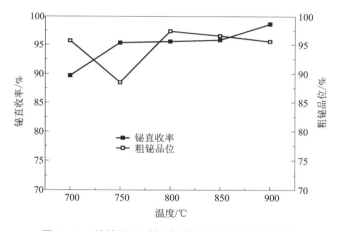

图 2-59　熔炼温度对铋直收率和粗铋品位的影响

由图 2-59 可知，当反应温度由 700℃ 上升至 900℃ 时，铋的直收率随之由 89.69% 增加至 98.71%。在 700～900℃，粗铋品位一般为 96%～97%，但熔炼温度控制在 750℃ 时，粗铋品位仅为 88.5%。从铋直收率、粗铋品位以及能耗等多方面综合考虑，确定最佳熔炼温度为 800℃。

④反应时间的影响。在碱量为理论量的 1.64 倍、$m_{NaOH}/m_{Na_2CO_3}=20/133$、温度 800℃ 的固定条件下，考察反应时间对 Bi_2S_3 精矿碱性熔炼过程的影响。结果如图 2-60 所示。

由图 2-60 可知，铋的直收率和粗铋品位均随反应时间的延长而有所提高。充足的反应时间有利于化学反应和熔体澄清分层的完全进行。当反应时间为 1.5 h 时，铋的直收率和粗铋品位分别为 94.71% 和 92.54%。反应时间长，能耗和铋的挥发损失就有所增大。因此，确定最佳反应时间为 1.5 h。

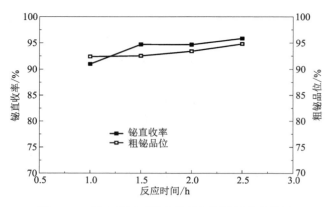

图 2-60 反应时间对铋直收率和粗铋品位的影响

3) 实验室扩大试验

由单因素条件试验结果确定硫化铋精矿低温碱性熔炼的最佳工艺条件如下：熔炼温度为 800℃、反应时间为 1.5 h、总碱量为 1.64 倍的理论量、$m_{NaOH}/m_{Na_2CO_3}$ 为 20/133。在此最佳条件下，以 B 号精矿为原料，进行了四批次综合扩大试验，补充条件与结果见表 2-92，3# 试验产物成分见表 2-93 及表 2-94，主要元素平衡及走向见表 2-95，水浸渣的 XRD 分析如图 2-61 所示。

表 2-92 扩大试验结果

序号	1	2	3	4
精矿质量/g	1000	1000	2500	2000
补充条件		以 135 g 的 NaCl 替代部分碱（总钠量为 2%）	熔炼温度 880℃	熔炼温度 880℃，加入 5% 精矿量的粉煤
粗铋质量/g	196.80	207.95	446.48	401.48
粗铋 $w(Bi)$/%	93.68	92.68	98.00	97.99
铋直收率/%	92.27	96.46	91.21	98.45
水浸渣质量/g	655.00	625.86	1246.94	1252.5
水浸渣 $w(Bi)$/%	2.89	0.293	2.23	0.24
水浸渣 $w(Mo)$/%	0.09	0.14	0.08	—
渣计铋收率/%	90.53	99.08	94.43	99.25
渣计钼收率/%	96.20	94.52	97.42	—

表 2-93 3#试验粗铋和浸出渣化学组成的质量分数 单位：%

元素	Bi	Pb	Cu	Zn	Sn	Fe	As	W
粗铋	98.00	1.16	0.02	0.003	0.006	0.07	0.005	—
水浸渣	2.23	0.77	0.63	0.27	0.10	30.30	0.03	0.17
元素	Mo	Be	S	Ca	Al	Na	Ag	—
粗铋	0.01	—	0.03	0.01	0.011	0.01	0.011	
水浸渣	0.08	0.007	5.44	3.38	1.17	5.12	0.01	

表 2-94 3#试验浸出液的体积及其化学组成的质量浓度 单位：mg/L

体积/L	Pb	Cu	Zn	Sn	Fe	As	W
23.38	2	4	0.26	2.46	0.45	45	166
体积/L	Mo	S	BeO	Al	Na	Ag*	
23.38	1534	28132	13	26	39430	0.23	

注：* 单位为 μg/L。

表 2-95 钼铋精矿碱性熔炼过程中的元素质量平衡 单位：g

元素	加入精矿	产出				入出偏差	
		粗铋	水浸液	水浸渣	共计	绝对	相对/%
Bi	499.50	437.55	0	27.81	465.36	-34.14	-6.83
Mo	38.75	0.05	35.86	0.998	36.90	-1.85	-4.77
Be	0.06	0	0	0.054	0.054	-0.006	-10.00
S	720.00	0.13	657.73	67.83	725.56	+5.56	+0.77
Pb	19.75	5.18	0.05	9.60	14.83	-4.92	-24.91
Cu	12.25	0.09	0.09	7.86	8.04	-4.21	-34.37
Zn	4.25	0.01	0.01	3.37	3.39	-0.86	-20.24
Ag	0.263	0.166	0.005	0.107	0.278	+0.048	+18.25
Fe	478.00	0.31	0	433.31	433.62	-45.38	-9.49
As	7.25	0.02	5.25	0.37	5.64	-1.61	-22.21
W	6.38	0	5.58	0.42	6.00	-0.38	-5.96
Ca	93.27	0.05	0.16	92.10	92.31	-0.96	-1.03
Al	24.75	0.05	0.61	14.59	15.25	-9.5	-38.38

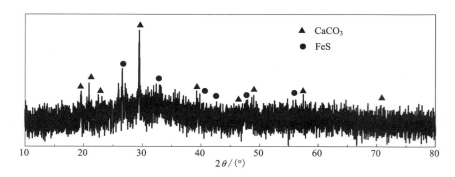

图 2-61 3#水浸出渣 XRD 图谱

从表 2-92~表 2-95 及图 2-61 可以看出，扩大试验重现了小试结果：①在最佳条件下，铋直收率为 92.27%，钼回收率为 96.20%，熔炼温度升至 880℃时钼在水浸液中的直收率为 92.84%，回收率为 97.42%；以氯化钠替代小部分（总钠量 2%）碱时，铋的直收率和回收率分别为 96.46% 和 99.08%，熔炼温度升至 880℃，并加入 5% 精矿量的粉煤时，铋的直收率和回收率分别提高到 98.45% 和 99.25%。②粗铋品位较高，可达 98%。③初步确定了伴生元素在铋精矿碱性熔炼过程中的行为和分布：a.铍在低温碱性熔炼中全部进入炉渣，水浸时接近 100% 并富集于浸出渣，水浸液中 BeO 的质量浓度为 13 μg/L，达到排放标准（20 μg/L），这对铍的回收和环境保护十分有利；b.钼、钨、砷除少部分挥发外，绝大部分生成可溶性含氧酸盐，采用自来水浸出后进入水浸液，这为下一步的回收创造了良好条件；c.黄铁矿分解的 FeS，硫化铜和硫化锌以及 $CaCO_3$ 等脉石成分在碱性熔炼中不发生反应，继而进入水浸渣；d.铅和银在碱性熔炼中是分散的，小部分进入粗铋，大部分进入碱渣；e.大部分硫生成可溶性 Na_2S、Na_2SO_4，经水浸进入浸出液。从图 2-61 可知，水浸渣中存在较多的 FeS、$CaCO_3$ 及少量的 SiO_2，看不出 Bi_2S_3 及 MoS_2 的谱线，铋和钼在碱性熔炼中反应较为彻底。

另外，还进行了相同规模的传统工艺与 4# 试验的对比试验，传统炼铋工艺的熔炼温度为 1200℃时，渣的黏度还是较大，流动性不好，因此粗铋直收率仅为 87.80%，粗铋品位为 93.55%，渣中铋的质量分数为 0.52%。显然，低温碱性熔炼的工艺技术指标明显优于传统工艺。从冶炼成本方面比较，传统炼铋工艺的辅料成本仅比低温碱性熔炼每吨精矿低 246.4 元，而低温碱性熔炼的熔炼温度比传统工艺低 300℃甚至更多，铋的直收率高 10% 以上，并回收钼。

3.混碱熔体碳还原碱性炼铋工业试验

作为"十一五"国家重大支撑项目子课题（2006BAB02B05-04-01/02）"碱性熔炼法处理钼铋精矿工艺技术研究"，实验室研究取得重要进展，确定采用

$NaOH-Na_2CO_3$ 混碱熔体碳还原方案进行低温碱性炼铋的工业试验。据此，柿竹园国家"十一五"科技支撑计划课题领导小组决定，利用柿竹园有色金属公司冶炼厂现有的 $10\ m^2$ 反射炉进行工业试验，其目的是验证实验室研究结果，求得各项技术经济指标及有关数据，为工业生产厂建设提供依据，开发低温碱性炼铋新工艺。

项目组于 2009 年 12 月底至 2010 年 1 月初完成 7 个炉次的工业试验，共处理铋精矿 20 t，取得了预期的好效果；以炉渣计算，铋的冶炼回收率平均高达 99.49%，获取了大量数据，确定了最佳冶炼制度。

1）试料、辅助材料和设备

采用两批硫化铋精矿作为试验原料，其成分见表 2-96。

表 2-96　硫化铋精矿化学组成的质量分数　　　　　　单位：%

No.	Bi	Mo	Fe	S	WO_3	SiO_2	Cu	H_2O
7-20	34.62	3.40	5.80	14.20	—	16.12	—	7.85
6-13	30.44	2.60	15.80	23.00	—	12.20	—	4.59

试验用辅助材料是工业级纯碱和烧碱，粉煤 $[w(灰分)\leqslant15\%]$ 作还原煤，大同煤作燃煤。

试验设备是已运行了 150 多炉次等待维修的 1# 反射炉，面积为 $10\ m^2$，外观如图 2-62 所示。

2）试验方法

（1）试验条件与操作

试验操作流程：称量配料→混料→加料→升温熔化→保温熔炼→出炉（放铋和炉渣）。一般情况下，先将片碱与精矿、还原煤粉和部分纯碱混合均匀后加入反射炉内，随即覆盖纯碱；各炉的具体配料及操作情况分述如后。第一炉投料前，先进行洗炉，即现有工艺

图 2-62　硫化铋精矿低温碱性熔炼
工业试验用 1# 炉外观

炼最后一炉出炉后，趁热分批加入 1 t 纯碱在大于 900℃ 的温度下进行洗炉。原材料及熔炼产物的计量与取样随时完成，熔炼产物的分析检测工作由中南大学进行。但温度测定及炉前分析随机进行，值得指出的是，炉内空间温度要比熔池温

度高 100℃ 以上。

（2）第一炉试验

用 7-20 批精矿作原料，按照 m（铋精矿）∶m（烧碱）∶m（粉煤）= 400 kg∶64 kg∶40 kg 的配比配制十批炉料，分批加入反射炉，随即覆盖第一批纯碱，然后升温熔炼，视炉料熔化情况再分批覆盖纯碱。共计加入铋精矿 4000 kg、烧碱 640 kg、纯碱 4000 kg、粉煤 400 kg。炉内空间温度 920~1230℃，熔炼总时间 12 h，其中升温保温 10 h。

（3）第二炉试验

用 7-20 批精矿作原料，按照 m（铋精矿）∶m（烧碱）∶m（纯碱）∶m（粉煤）= 500 kg∶75 kg∶400 kg∶50 kg 的配比配制六批炉料，随配随加，加完料后再在炉料表面覆盖 100 kg 纯碱，然后升温熔炼。共计加入铋精矿 3000 kg、烧碱 450 kg、纯碱 3000 kg、粉煤 300 kg。炉内空间温度 930~1100℃，总熔炼时间 13 h，其中升温保温 11 h。

（4）第三炉试验

用 7-20 批精矿作原料，纯碱加入方式变动，只用 30% 的纯碱量配料，剩余 70% 的纯碱量首先加入炉内升温熔化，并过热至 1000~1100℃。按照 m（铋精矿）∶m（烧碱）∶m（纯碱）∶m（粉煤）= 500 kg∶75 kg∶100 kg∶50 kg 的配比配制六批炉料，炉料由反射炉顶前后两个加料口分三批加入，每批各加一斗炉料，升温至 1000℃ 保温，待炉料全部熔化后再加第二批炉料，进而升温熔化，最后加入第三批炉料。共计加入铋精矿 3000 kg、烧碱 450 kg、纯碱 3000 kg、粉煤 300 kg。炉内空间温度 830~1080℃，总熔炼时间 16 h，其中升温保温 13 h。

（5）第四炉试验

用 6-13 批精矿作原料，50% 的纯碱量配料，剩余 50% 的纯碱量首先加入炉内升温熔化，并过热至 1000℃。按照 m（精矿）∶m（烧碱）∶m（纯碱）∶m（粉煤）= 500 kg∶50 kg∶150 kg∶47.5 kg 的配比配制六斗炉料，先向反射炉内加入 1500 kg 纯碱并升温至 1000℃ 保温，待纯碱熔化后一次性将六斗炉料从反射炉顶前后两个加料口均匀加入，再在料面覆盖纯碱，然后升温熔炼。共计加入铋精矿 3000 kg、烧碱 300 kg、纯碱 3000 kg、粉煤 285 kg。炉内空间温度 930~1070℃，总熔炼时间 12 h，其中升温保温 11 h。

（6）第五炉试验

用 6-13 批精矿作原料，采用第二炉熔炼模式，即精矿、烧碱、纯碱和粉煤全混合，分十批按照 m（精矿）∶m（烧碱）∶m（纯碱）∶m（粉煤）= 300 kg∶45 kg∶300 kg∶28 kg 的配比配制炉料，一次性加入反射炉，然后升温熔炼。共计加入铋精矿 3000 kg、烧碱 450 kg、纯碱 3000 kg、粉煤 280 kg。炉内空间温度 900~1050℃，总熔炼时间 10 h，其中升温保温 9.5 h。

（7）第六炉试验

用 6-13 批精矿作原料，与前五炉不同的是烧碱以浓溶液配料，按照 m（精矿）：m（烧碱）：m（纯碱）：m（粉煤）= 250 kg：37.5 kg（45 L）：250 kg：23 kg 的配比配制八斗炉料，一次性加入反射炉，然后升温熔炼。共计加入铋精矿 2000 kg、烧碱 270 kg（324 L 溶液）、纯碱 2000 kg、粉煤 184 kg。炉内空间温度 940～1070℃，总熔炼时间 9 h，其中升温保温 8.5 h。

（8）第七炉试验

用 6-13 批精矿作原料，与前五炉不同的是不加烧碱，总碱量不变，全部以纯碱加入，按照 m（精矿）：m（纯碱）：m（粉煤）= 100 kg：120 kg：9 kg 的配比配制八斗炉料，一次性加入反射炉，然后升温熔炼。共计加入铋精矿 2000 kg、纯碱 2400 kg、粉煤 180 kg。炉内空间温度 930～1050℃，总熔炼时间 11 h，其中升温保温 9 h。

3）试验结果及讨论

（1）试验数据及现象

表 2-97 为各炉次熔炼的硫化铋精矿量和辅助材料消耗量，所产炉渣量及其含铋量和铋回收率（进入粗铋和烟尘）见表 2-98。粗铋的成分见表 2-99，炉渣在温度 90℃、液固比 10：1 的条件下，用自来水浸出 3 h，其水浸渣和水浸液的成分见表 2-100～表 2-102。

试验过程中曾发生一些突发情况，如第一炉试验由于大部分纯碱没有与精矿混合，精矿湿度又大，炉料加入速度与纯碱加入速度均很慢；第三炉试验是先加入 70% 的纯碱，熔化后的流动性与渗透性均很好，以致出现跑炉事故；第六炉试验发生了炉墙穿孔，以致停止加热处理事故，从而造成大幅降温和熔炼时间延长。值得注意的是，各炉放渣过程中都发现了固态物沉底的现象，难以放出，扒不干净，以致炉渣量偏少。

表 2-97　各炉次熔炼的硫化铋精矿量和辅助材料消耗量　　　单位：kg

炉次	1	2	3	4	5	6	7	共计
精矿批次	7-20	7-20	7-20	6-13	6-13	6-13	6-13	—
湿重	4000	3000	3000	3000	3000	2000	2000	20000
含铋量	1276.09	957.07	957.07	871.38	871.38	580.92	580.92	6094.824
烧碱重	640	450	450	300	450	270	0	2560
纯碱重	4000	3000	3000	3000	3000	2000	2400	20400
粉煤重	400	300	300	285	300	184	184	1953

表 2-98 炉渣量及渣含铋质量分数　　　　　　　　　　单位：%

炉次	1*	2*	3	4*	5	6
炉渣重/kg	5082	3811	3799	3786	3855	2541
粗铋重/kg	1032	1064	—	—	—	—
样 1	0.030	0.150	0.110	0.560	1.940	5.63
样 2	0.074	0.075	0.340	—	—	1.420
样 3	0.110	0.075	0.220	—	—	1.08
样 4	0.110	0.150	0.220	—	—	0.710
样 5	0.074	—	—	—	—	—
平均	0.037	0.110	0.220	0.560	1.940	2.21
铋直收率	99.71	99.56	99.13	97.57	91.42	90.33

注：* 炉渣重为估计值；因炉底温度低，从第三炉开始，放不出铋液，故以后没有粗铋重的数据。

表 2-99 工业试验所产粗铋化学组成的质量分数　　　　　　单位：%

No.	Bi	Pb	Sn	Sb	Cu	As	Fe
G-Bi-1	94.43	4.97	0.09	0.17	0.02	0.12	0.01
G-Bi-2		3.80	0.08	0.16	0.02	0.06	0.004
G-Bi-3		4.26	0.08	0.13	0.02	0.06	0.003
G-Bi-4		5.89	0.09	0.07	0.02	0.03	0.006

No.	Zn	Mo	Ag	In	S	Na	Ca
G-Bi-1	0.03	0.02	0.03	0.01	0.01	0.01	0.05
G-Bi-2	0.004	0.02	0.03	0.01	0.01	0.006	0.04
G-Bi-3	0.004	0.02	0.03	0.01	0.01	0.008	0.04
G-Bi-4	0.004	0.02	0.05	0.01	0.02	0.01	0.04

表 2-100 渣率及水浸渣化学组成的质量分数　　　　　　单位：%

炉次	渣率/%	Bi	Mo	Sn	Sb	Pb	Cu	Zn	Ag	W
1	36.03	0.72	0.08	0.05	0.03	0.37	0.57	0.22	0.006	0.02
2	43.83	0.44	0.04	0.04	0.02	0.32	0.48	0.20	0.005	0.01
3	37.83	0.77	0.14	0.05	0.03	0.47	0.62	0.27	0.005	0.03
6	35.47	3.54	0.05	0.07	0.03	0.57	4.44	0.46	0.03	0.03
7	52.51	1.02	0.08	0.05	0.02	0.41	3.54	0.37	0.01	0.03

续表2-100

炉次	渣率/%	As	Be	Fe	Na	Ca	Mg	Al	S	
1	36.03	0.02	0.01	11.78	6.71	6.80	0.56	3.86	2.72	
2	43.83	0.02	0.01	9.86	8.71	5.65	0.46	2.94	4.32	
3	37.83	0.03	0.01	16.91	6.22	7.04	0.48	2.76	3.14	
6	35.47	0.03	0.009	21.91	5.15	3.10	0.26	1.74	5.21	
7	52.51	0.02	0.007	17.02	9.19	2.78	0.21	1.41	9.64	

表2-101　水浸液的体积及其主要化学组成的质量浓度　　　　单位：g/L

炉次	体积/mL	Na_T	S_T	Mo	$Na_2S_2O_3$	Na_2SO_3	Na_2S	Na_2CO_3
1	10.76	24.22	8.66	2.231	14.86	0.76	5.93	32.33
2	10.83	25.13	7.25	2.477	7.59	0.25	9.99	29.46
3	10.37	24.11	8.82	2.537	15.97	0.76	5.23	20.03
6	11.36	21.57	7.57	1.053	14.86	微	3.75	33.70
7	10.43	23.44	4.81	1.279	3.95	0.13	7.73	29.46

表2-102　水浸液中主要杂质的质量浓度　　　　单位：mg/L

炉次	Sn	Sb	As	Au	Ag	W	Zn	Pb
1	6.05	18.93	45.52	0.60	1.34	290.3	0.03	14.79
2	9.39	26.29	50.26	0.65	1.49	324.2	0.14	16.73
3	4.28	20.54	40.54	0.72	1.57	343.8	0.02	16.81
6	6.40	21.01	26.08	0.16	0.45	218.1	0.28	8.14
7	14.96	22.74	29.12	0.29	0.64	253.7	trace	10.32

炉次	Cu	In	Fe	Si	Ca	Al	K
1	1.73	4.12	4.00	584.34	4.67	109.8	207.0
2	1.93	4.61	4.93	473.4	8.47	222.0	236.5
3	1.99	4.85	4.48	596.5	6.37	105.2	219.6
6	0.71	1.25	2.10	221.6	3.42	87.62	171.4
7	0.91	2.01	2.42	729.9	5.24	138.6	187.9

（2）数据处理与问题讨论

根据炉渣水浸过程的渣率和水浸渣中铋和钼的含量推算出铋和钼的回收率（表2-103）；根据水浸渣和水浸液量及其中有关成分的含量做出硫、钠平衡（表2-104），求得钼在水浸液中的回收率和碱的实际消耗（表2-105）。

表 2-103　按水浸渣中铋和钼含量推算的金属回收率

炉次	1	2	3	6	7
水浸渣重/kg	1839	1671	1434	937	2287
铋回收率/%	98.96	99.26	98.85	94.29	95.98
钼水浸率/%	98.83	99.31	97.86	99.06	96.31

表 2-104　1~3炉的硫、钠质量平衡　　　　　　　　　　单位：kg

元素	炉次	加入				产出			入出偏差
		精矿	纯碱	烧碱	小计	水浸液	水浸渣	小计	
硫	1	523.412	—	—	523.412	473.546	49.803	523.349	-0.063
	2	392.559	—	—	392.559	299.234	72.187	371.421	-21.138
	3	392.559	—	—	392.559	346.722	45.028	391.750	-0.809
	共计	1308.53	—	—	1308.53	1119.502	167.018	1286.52	-22.01
	%	100.00	—	—	100.00	87.02	12.98	100.00	-1.68
钠	1	—	1736	368	2104	1324.4	122.861	1447.261	-656.739
	2	—	1302	258.75	1561	1037.204	145.538	1182.742	-378.258
	3	—	1302	258.75	1561	947.815	89.195	1037.01	-523.99
	共计	—	4340	885.5	5225.5	3309.419	357.594	3667.013	-1558.487
	%	—	83.05	16.95	100.00	90.25	9.75	100.00	-29.82

表 2-105　钼的水浸率和碱消耗量

炉次	1	2	3	6	7	平均
钼水浸率/%	97.34	108.77	106.11	63.67	76.86	90.55
游离纯碱量/kg	1768	1216	787	1027	867	—
可再生纯碱量/kg	1567	1509	1603	576	1035	—
纯碱消耗量/kg	1513	871	1206	755	498	—

　　表2-98和表2-103说明，按炉渣与按水浸渣计算的铋回收率(进入粗铋和烟尘)的变化趋势是相同的；表2-103和表2-105说明，钼的水浸率按水浸液计算与按水浸渣计算的差别比较大，但按水浸渣计算的应该更准确。表2-104说明，1~3炉的硫平衡较好，但钠平衡不好，其原因主要是跑炉事故，流出的碱熔体没有计量。熔炼方式很重要，全混合、一次性加料、再升温熔炼是最佳配料、加料及熔炼方式。大部分纯碱先入炉熔化升温、分批多次加料以及浓烧碱液先混等配料、加料方式是不可取的。精矿品位及硫含量对熔炼过程的影响较大，6-13批精矿明显比7-20批精矿难冶炼，铋回收率相对较低，而且消耗相对较高。

　　4)技术经济指标

　　(1)金属回收率及固硫率

　　①铋回收率。1~3炉用7-20批精矿作原料，由表2-97和表2-98得出以炉渣计的铋回收率为99.49%，表2-95按水浸渣计，铋的平均回收率为98.67%，取两者的平均值为99.08%；4~7炉用6-13批精矿作原料，其中4~6炉以炉渣计的铋回收率为93.45%，6~7炉按水浸渣计的铋回收率为95.14%，取两者的平均值为94.30%。

　　②钼的水浸率。表2-105说明，按水浸液计算的钼的水浸率波动大，因此，按水浸渣计算的应该更准确。由表2-103得出，按水浸渣计的平均钼水浸率为98.27%。

　　③固硫率。由表2-104得出，7-20批精矿熔炼过程的固硫率为98.32%。

　　(2)粗铋质量

　　表2-99说明，粗铋中除了铅含量较高，其他杂质元素的含量均较低。例如：铜和硫的质量分数不大于0.02%、$w(\text{Sb}) \leqslant 0.2\%$、$w(\text{As}) \leqslant 0.12\%$，粗铋品位不小于95%。

　　(3)辅助材料消耗

　　纯碱、烧碱及还原煤等辅助材料的消耗情况见表2-106。

表 2-106　吨粗铋辅助材料消耗量

单位：t

精矿批次	直接消耗			碱再生返回后的总碱(以纯碱计)消耗量
	纯碱	烧碱	还原煤	
7-20	3.164	0.487	0.316	1.136
6-13	3.797	0.372	0.348	1.134

　　表2-106说明，碱再生返回后的总碱(以纯碱计)消耗是较低的。

　　5)结论与建议

　　(1)结论

通过本次工业试验，得出以下结论：

①在炉内空间温度为 950~1050℃下（熔体温度≤950℃），进行混碱低温炼铋是可行的，反应完全，炉渣的流动性很好，铋-渣分离彻底，炉渣中 w_{Bi}<0.1%，铋回收率为 94.30%~99.08%，钼水浸率为 98.27%，固硫率为 98.32%。

②进行单一的纯碱低温炼铋也是可行的，水浸渣 w_{Bi} 为 1.02%，铋回收率为 95.98%，钼水浸率为 96.31%。

③确定了熔炼方式：全混合，一次性加料，再升温熔炼是最佳配料、加料及熔炼方式。大部分纯碱先入炉熔化升温，分批多次加料及浓烧碱液先混等配料、加料方式是不可取的。

④考察了碱性熔体对炉体耐火材料的腐蚀问题：将碱性熔体放入已运行了150 多炉次待维修的 1# 反射炉中又熔炼了七炉，却没有出现大的腐蚀问题，这说明碱性熔体对炉体耐火材料的腐蚀没有预想的那么严重。

⑤纯碱、烧碱及还原煤等辅助材料的直接消耗（约每吨粗铋 6500 元）与现行工艺相差不大，碱再生返回后的总碱（以纯碱计）消耗将更低。

⑥静态熔炼设备如反射炉不适合低温碱性熔炼。

（2）问题及建议

虽然本次工业试验基本上达到了预期目的，但仍然存在以下问题待研究及解决：①熔炼速度慢，平均熔炼一炉的时间大于 12 h；②反射炉不仅熔炼能力小，而且固态渣沉底会导致出炉困难。

针对以上问题，特提出如下建议：①广泛开展低温碱性熔炼的基础理论研究；②重点开展碱再生与循环利用的工艺研究；③重点开展适合低温碱性熔炼的动态熔炼设备的开发研究。

2.2.6 镍钼矿碱性熔炼

镍钼矿是我国特有的一种以镍和钼为主的多金属复杂矿，储量大，镍、钼品位较高。镍和钼是国家的战略金属，广泛应用于国防、航天和机械电子等工业领域。随着传统镍、钼资源被大量开采，其品位越来越低，而镍、钼的需求量还在急剧增大。因此，对难处理的非传统镍、钼资源的冶炼方法和技术的研究具有重要意义。

镍钼矿中的有机碳含量较高，难以通过选矿富集，目前没有成熟的冶金工艺，工业上以火法—湿法联合工艺进行小规模生产。该工艺产生的低浓度二氧化碳烟气制酸困难，且还有砷等有毒物质挥发，严重污染环境。一些乡镇企业通过直接还原熔炼制造镍钼铁合金，同样面临着低浓度二氧化硫烟气污染环境的问题，且会造成钼的挥发损失。镍钼铁合金产品由于杂质含量高，价值较低，还原熔炼工艺也开始被淘汰。全湿法工艺一直是研究热点，但由于其氧化剂消耗量大，成本高，有价金属浓度低，杂质含量较高，生产过程中会产生大量废水等问题，暂时没有工业化应用。

　　在此基础上，作者学术团队在铅、铋碱性熔炼研究成果的基础上，提出了镍钼矿碱性还原熔炼—水浸—苛化—萃取分离提取镍和钼的新工艺。该工艺具有流程短、工艺简单、有价金属回收率高、不污染环境等优点，应用前景广阔。本节详细介绍了镍钼矿碱性还原熔炼实验室试验成果，其结果和数据可作为扩大试验的依据。

1. 试验原辅材料及流程

1）试验原料

　　贵州遵义产镍钼矿，其主要化学成分见表 2-107，物相分析结果见表 2-108，XRD 图谱如图 2-63 所示。由表 2-107 可看出，原料中镍、钼含量较低，碳、硫含量较高。由图 2-63 可以看出，镍钼矿原料中镍、铁主要以硫化物的形式存在，无 Mo 的特征峰；结合表 2-108 可知，Mo 以无晶形的硫化钼为主，这与文献相符。

表 2-107　镍钼矿的化学组成（质量分数）　　　　单位：%

Mo	Ni	S	O	Fe	Zn	Si	Ca	Al	P	As	C
5.46	3.78	21.7	29.0	18.3	3.17	10.23	3.18	1.53	1.20	0.89	6.46

表 2-108　镍钼矿的物相组成（质量分数）　　　　单位：%

镍物相		钼物相	
NiS 中 Ni	$NiSO_4$ 中 Ni	MoS_2 中 Mo	MoO_3 中 Mo
3.38	0.40	4.74	0.72

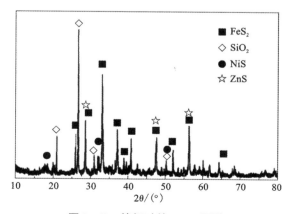

图 2-63　镍钼矿的 XRD 图谱

2）辅助材料

辅助材料包括焦粉和碳酸钠，焦粉的化学成分见表2-109；碳酸钠为分析纯。

表2-109　焦粉化学成分（质量分数）　　　　　　　　　单位：%

C	挥发物	Fe_T	CaO	SiO_2	S	Al_2O_3
84. 14	3. 63	0. 62	0. 46	5. 56	0. 58	3. 99

3）工艺流程

试验流程如图2-64所示。

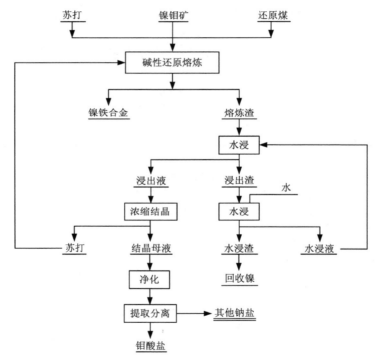

图2-64　镍钼矿碱性还原熔炼试验流程

2. 试验方法及步骤

1）碱性还原熔炼

①按预定的比例分别称取-200目的镍钼矿粉和相应量的焦炭和无水
Na_2CO_3，研磨混合均匀后装入刚玉坩埚。②将已装填试料的坩埚置于电阻炉中，
打开开关，设定程序加热升温，恒温一定时间后关闭电源，立即将坩埚从电阻炉中

取出,空冷至室温。③将冷却的坩埚与物料称重后,砸开坩埚,分离熔炼渣与合金。合金称重,并取 0.5 g 样品,用王水溶样,稀释后送 ICP 检测。熔炼渣用球磨机磨细,分析其化学组成后密封保存,用于下一步的浸出试验。

2)熔炼渣浸出

称取 200 g 熔炼渣加入锥形瓶中,然后加入 400 mL 蒸馏水。将锥形瓶放到恒温磁力搅拌器上,开启磁力搅拌器,控制搅拌速度,在 60℃下浸出 2 h。浸出料浆真空抽滤,完成液固分离;一次浸出渣进行第二次浸出和固液分离,一、二次浸出液计体积后检测分析其成分,二次浸出渣真空干燥后称重,检测分析其组分。

3. 试验结果及讨论

1)条件试验

以碳酸钠为溶剂和固硫剂,在镍钼矿 200 g/次的规模下探究镍钼矿碱性还原熔炼的可行性和最佳工艺条件。用单因素条件实验法分别考察了还原剂(焦炭)用量、碳酸钠用量、熔炼温度和熔炼时间对镍回收率和合金品位的影响,考察了整个工艺条件下熔炼产物的聚集、沉降和分层情况,以选取最佳工艺条件。

(1)还原剂用量的影响

固定 1.5 倍理论量的碳酸钠用量,改变还原剂用量,在 1200℃下熔炼 1.5 h,考察还原剂用量对镍钼矿碱性还原熔炼的影响,结果如图 2-65 所示。

由图 2-65 可知,随着还原剂加入量的增加,镍直收率上升,粗镍品位却逐渐下降,钼的挥发性不大,稳定在 10% 左右,钼浸出率大于 97%。当还原剂用量超过 2% 时,Mo 开始被还原,粗镍品位继续下降;当还原剂用量达 5% 时,镍直收率上升到 94.2%,之后不再明显上升,但合金中镍的品位由 75.1% 下降到 60.2%;当还原剂用量增加到 10% 时,Mo 的还原率提高到 50%,Ni 的品位也下降到 20%,原因是过量的还原剂还原出了更多的钼和铁。综合考虑,确定还原剂的最佳用量为 5%。

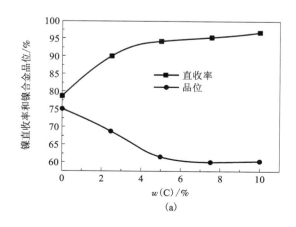

(a)

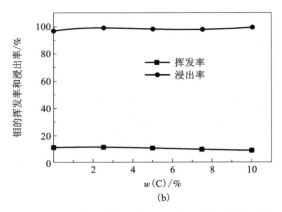

图 2-65　还原剂用量对镍钼矿碱性还原熔炼的影响

（2）温度的影响

固定还原剂用量 w_C 为 5%，其他条件同上，改变还原温度，考察温度对镍钼矿碱性还原熔炼的影响，结果如图 2-66 所示。

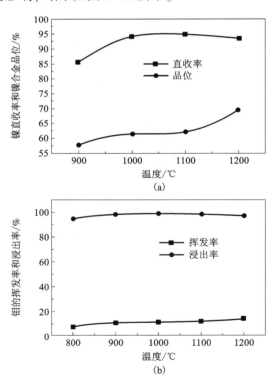

图 2-66　温度对镍钼矿碱性还原熔炼的影响

　　从图2-66可知，随着温度的升高，镍直收率上升，粗镍品位和钼的挥发率略有上升；钼浸出率逐渐上升，900℃后稳定在98%左右。温度低于900℃时无金属产出，与热力学计算相符。当温度升至1000℃时，镍直收率最高，达86%，粗镍品位约为60%，继续升高温度对试验结果的影响不大，反而会增加钼的挥发。综合考虑，确定最佳熔炼温度为1000℃。

　　（3）碳酸钠用量的影响

　　固定熔炼温度为1000℃，其他条件同上，改变碳酸钠用量，考察碳酸钠用量对镍钼矿碱性还原熔炼的影响，结果如图2-67所示。

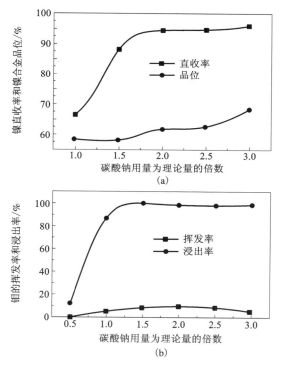

图 2-67　碳酸钠用量对镍钼矿碱性还原熔炼的影响

　　从图2-67可知，随着碳酸钠用量的增加，镍直收率不断升高，镍的品位也略有上升。当加入苏打量为理论量的2倍时，镍直收率可达94.2%，继续增加碱量，镍直收率反而无明显提高。当苏打量低于理论量的1.5倍时，钼的浸出率快速上升，而后稳定在99%以上，与此同时，钼的挥发率先上升后下降。增加碳酸钠用量可降低混合物料的熔点，改善熔体的流动性，利于金属的澄清分离，并保证 MoS_2 的氧化反应顺利进行。但碱量过多，会增大碱耗，渣量也较大。综合考虑,确定最佳用碱量为理论量的 2 倍。

(4)熔炼时间的影响

固定苏打量为理论量的 2 倍,其他条件同上,改变熔炼时间,考察熔炼时间对镍钼矿碱性还原熔炼的影响,结果如图 2-68 所示。

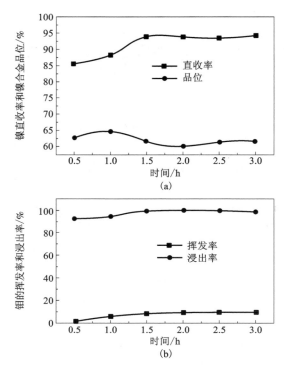

图 2-68 熔炼时间对镍还原率及品位的影响

由图 2-68 可知,随着熔炼时间增加至 1.5 h,镍直收率由 85.6% 升至 94.2%,镍铁合金中的镍品位为 60%~65%;钼的挥发率由 2% 升至 10%,钼的浸出率由 92% 升至 99.1%。熔炼时间过短,物料反应不完全,也不利于合金澄清分离。当反应时间达 1.5 h 后,延长时间对试验结果的影响不大,而且会导致钼的挥发量增加。综合考虑,确定还原熔炼时间为 1.5 h。

2)综合条件试验

在碳酸钠用量为理论量的 2 倍,焦粉为原矿质量的 5%,熔炼温度 1000℃,熔炼时间 2 h 的优化条件下,进行了规模为镍钼矿 2 kg/次的碱性还原熔炼的综合条件试验,产出镍铁合金 116.5 g,熔炼渣 4.84 kg,水浸渣为熔炼渣质量的 36.4%。主要元素平衡见表 2-110,合金成分见表 2-111,熔炼渣 XRD 图谱如图 2-69 所示,浸出渣及浸出液成分分别见表 2-112 和表 2-113。

表 2-110　综合条件试验的主要元素平衡

质量 /g	加入			产出				入出偏差	
	镍钼矿	苏打	共计	合金	浸出渣	浸出液	共计	绝对	相对/%
Ni	75.6	—	75.6	71.8	4.1	0.1	76.0	0.6	0.56
Mo	109.2	—	109.2	0.02	0.10	98.9	99.0	−10.2	−9.36
S	580.0	—	580.0	0.50	290.0	317.5	607.5	27.5	4.74
Fe	366.0	—	366.0	28.7	334.6	0.3	363.6	−2.4	−0.66
Na	1.1	1735.8	1736.9	—	132.7	1460.2	1592.9	−144.0	−8.29
As	17.8	—	17.8	15.3	0.5	1.5	17.3	−0.5	−2.92
Si	204.6	—	204.6	—	88.8	111.7	200.5	−4.1	−1.98
Ca	63.6	—	63.6	—	64.0	0.2	64.2	0.6	0.91

表 2-111　合金化学成分质量分数　　　　　单位：%

Ni	Fe	As	P	S	Mo	Co
61.59	24.61	13.10	0.004	0.41	0.025	0.26

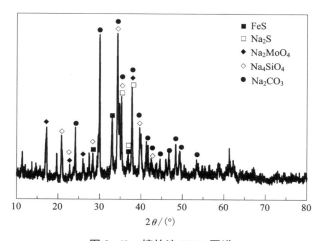

图 2-69　熔炼渣 XRD 图谱

表 2-112　浸出渣的化学组成质量分数　　　　　单位：%

Mo	Ni	Fe	S	Na	Si	Ca	As	Zn	Al
0.004	0.234	19.1	16.46	7.53	5.04	3.63	0.03	2.82	0.46

表 2-113　浸出液的化学组成质量浓度　　　　　　　单位：g/L

Mo	S	Si	Na	Ni	K	As	Fe	Ca
4.54	15.56	5.26	71.83	0.007	0.41	0.07	0.01	0.01

从表 2-110~表 2-113 和图 2-69 可知，综合条件试验取得了较好效果，镍钼得以彻底分离、富集和回收，镍在合金中的直收率为 94.97%，钼在水浸液中的直收率为 90.57%，总回收率为 99.89%。另外，还查清了伴生元素的熔炼行为：大部分 FeS_2 被分解成 FeS 留在熔炼渣中，少部分被还原成金属铁进入合金；大部分硫转化为硫化钠；二氧化硅与苏打反应生成水溶性的硅酸钠。值得指出的是，86% 的砷被还原进入合金；氧化铝和碳酸钙无变化。

4. 小结

（1）以碳酸钠为溶剂和固硫剂，采用碱性还原熔炼工艺分离和回收镍钼矿中的镍与钼是可行的。最佳工艺条件如下：碳酸钠用量为理论量的 2 倍，焦粉为镍钼矿量的 5%，熔炼温度 1000℃，熔炼时间 2 h。

（2）基于上述优化条件进行综合试验，取得了较好效果：镍的直收率为 94.97%，合金的镍品位为 61.59%，浸出渣 w_{Ni} 为 0.234%。钼的直收率为 90.57%，挥发率为 9.36%，总回收率为 99.89%。

（3）查清了伴生元素的熔炼行为：FeS_2 被分解成 FeS 留在熔炼渣中，过量的碳使少量铁还原进入合金；大部分硫转化为硫化钠；二氧化硅生成水溶性的硅酸钠；大部分砷被还原成单质进入合金；氧化铝和碳酸钙不变化。

（4）建议：①用碱性氧化精炼法处理镍铁合金，使之符合生产不锈钢的原料标准；②用萃取法回收钼，并用苛化-碳酸化方法再生苏打。

2.3　铅的低温熔盐冶金

2.3.1　概　述

低温熔盐炼铅系由低温碱性炼铅发展而来，两者都是在低温碱性熔体中进行的，但有本质区别：低温碱性炼铅的主体反应是自还原反应，碱或钠盐作固硫剂；而低温熔盐炼铅的主体反应是碳还原反应，某种比铅更亲硫的金属氧化物作固硫剂。本节详细介绍了作者学术团队在低温熔盐冶炼原生铅和再生铅的工艺及基础理论方面的阶段性研究成果。

2.3.2　基础理论

1. 过程热力学

低温熔盐炼铅过程中的熔炼温度一般控制在 700~900℃，很多在高温条件下容易发生的化学反应，在低温熔盐炼铅过程中可能难以进行。由于熔炼温度差别大，两种炼铅工艺存在以下差异：①原料中的各种成分在熔炼过程中的反应行为不同；②低温熔盐炼铅过程中，原料中的脉石成分不参与造渣反应；③作为反应介质的钠熔盐可能会参与反应。

基于以上问题，有必要对低温熔盐炼铅过程的热力学进行分析。本节分别对原生铅（原料中铅的存在形态为 PbS）和再生铅（原料中铅的存在形态为 $PbSO_4$、PbO 及 PbO_2）的低温熔盐冶炼过程的热力学进行分析的研究，以便奠定低温熔盐炼铅的热力学基础。

1）吉布斯自由能变化计算方法及热力学数据选择

（1）吉布斯自由能变化计算方法

在高温下，吉布斯自由能变化由式（2-46）计算。当反应达到平衡时，反应物与产物彼此间处于平衡状态，则吉布斯自由能变化值为 0，故反应的热力学平衡常数由式（2-47）计算。

（2）化合物热力学数据的选择

与反应相关的化合物或单质的热力学数据 $\Delta H_T^{\ominus}$、$\Delta S_T^{\ominus}$ 等选自 I. Barin 和 O. Knacke 主编的 *Thermochemical properties of inorganic substances*（1973 年第 1 版），以及叶大伦、胡建华编著的《实用无机物热力学数据手册》（2002 年 9 月第 2 版），同时参考了梁英教、牛荫昌主编的《无机物热力学数据手册》（1993 年 8 月第 1 版）。在三种手册中，如果一些化合物的热力学数据不一致，则以 I. Barin 和 O. Knacke 主编的 *Thermochemical properties of inorganic substances* 为准。

2）再生铅低温熔盐冶金热力学

（1）主要反应

85%以上的再生铅原料是废铅酸蓄电池，其中胶泥占了 40%以上，而铅在胶泥中的物相以 $PbSO_4$、PbO 和 PbO_2 为主，且胶泥中杂质含量较低。在温度 700～1300 K 且以 Na_2CO_3 为主体的熔盐体系中，含铅物料、还原剂焦粉及固硫剂 ZnO 等反应物之间可能发生如下三类化学反应：

①热离解反应

$$PbSO_4 \Longrightarrow PbO + SO_3(g) \qquad (2-115)$$

②碳热还原反应

$$PbSO_4 + 2C \Longrightarrow PbS + 2CO_2(g) \qquad (2-116)$$

$$2PbSO_4 + C \Longrightarrow 2Pb + 2SO_3(g) + CO_2(g) \qquad (2-117)$$

$$PbO + C \Longrightarrow Pb + CO(g) \qquad (2-118)$$

$$PbO_2 + C \Longrightarrow Pb + CO_2(g) \qquad (2-119)$$

③碱性反应

$$PbSO_4 + Na_2CO_3 \Longrightarrow PbO + Na_2SO_4 + CO_2(g) \qquad (2-120)$$

反应物与生成物及生成物相互之间还可能发生如下交互反应：

$$PbSO_4+PbS \Longrightarrow 2Pb+2SO_2(g) \tag{2-121}$$

$$PbS+2PbO \Longrightarrow 3Pb+SO_2(g) \tag{2-122}$$

$$PbS+ZnO \Longrightarrow PbO+ZnS \tag{2-123}$$

$$Na_2SO_4+2C \Longrightarrow Na_2S+2CO_2(g) \tag{2-124}$$

$$Na_2S+ZnO \Longrightarrow Na_2O+ZnS \tag{2-125}$$

$$Na_2S+PbO \Longrightarrow Na_2O+PbS \tag{2-126}$$

$$Na_2O+CO_2(g) \Longrightarrow Na_2CO_3 \tag{2-127}$$

由此可知，在该反应体系中，可能形成的新物相有 Pb、ZnS、PbS、Na_2SO_4、Na_2O、Na_2S、CO(g)、CO_2(g)、SO_2(g)、SO_3(g)等。

此外，上述各个独立反应可组合成以下复合反应：

$$PbSO_4+ZnO+2.5C \Longrightarrow Pb+ZnS+2.5CO_2(g) \tag{2-128}$$

$$PbSO_4+Na_2CO_3+3C \Longrightarrow Pb+Na_2S+3CO_2(g)+CO(g) \tag{2-129}$$

$$2PbS+2ZnO+C \Longrightarrow 2Pb+2ZnS+CO_2(g) \tag{2-130}$$

$$2PbS+2Na_2CO_3+C \Longrightarrow 2Pb+2Na_2S+3CO_2(g) \tag{2-131}$$

$$Na_2SO_4+ZnO+2C \Longrightarrow Na_2CO_3+ZnS+CO_2(g) \tag{2-132}$$

$$Na_2S+ZnO+CO_2(g) \Longrightarrow Na_2CO_3+ZnS \tag{2-133}$$

在上述各反应中，能直接产出金属铅的过程有独立反应式(2-117)、式(2-118)、式(2-119)、式(2-121)及式(2-122)和复合反应式(2-129)~式(2-132)。

（2）热力学分析

①还原成金属铅过程。根据式(2-46)，可以计算金属铅还原反应过程各个反应在不同温度下的吉布斯自由能变化值，结果见表2-114，并依此绘制出相关反应的 $\Delta G_T^\ominus - T$ 图，如图2-70所示。

由图2-70可知，反应式(2-117)、式(2-121)、式(2-122)及式(2-131)在温度低于1200 K时的吉布斯自由能值均为正值，说明在低温熔盐冶炼再生铅过程中，这些直接炼铅的反应难以发生，因此还原产出铅的过程不会产生二氧化硫或三氧化硫等有害气体；而温度高于1200 K时，这些反应的吉布斯自由能均为负值，反应能够自发进行，说明高温炼铅的过程容易产生二氧化硫或三氧化硫等有害气体，对环保不利。反应式(2-118)、式(2-129)、式(2-128)、式(2-129)和式(2-130)在整个温度范围内的吉布斯自由能变化值均为负值，说明在低温熔盐冶炼再生铅过程中可以发生这些反应，也没有产生二氧化硫或三氧化硫气体；由于反应式(2-128)、式(2-129)和式(2-119)的反应趋势均很大，可能是铅还原过程的主要反应。

②硫化物及钠盐的转化过程。除了直接还原生成金属铅的反应，硫化物和钠熔盐在低温熔盐冶炼再生铅过程中也发生了各种化学反应及物相转变，这些反应在不同温度下的吉布斯自由能变化值及相关反应的 $\Delta G_T^\ominus - T$ 图，分别见表2-115和图2-71。

表 2-114　不同温度下还原产出金属铅相关反应的 $\Delta G^{\ominus}$

单位：kJ/mol

T/K	式(2-117)	式(2-118)	式(2-119)	式(2-121)	式(2-122)	式(2-128)	式(2-129)	式(2-130)	式(2-131)
700	275.674	-24.261	-258.567	160.606	90.668	-229.181	-89.349	-29.615	201.75
800	220.990	-43.367	-278.397	122.272	68.694	-274.108	-157.287	-48.926	154.185
900	167.112	-62.311	-298.026	84.425	46.972	-318.523	-224.436	-68.1	107.22
1000	114.188	-81.089	-317.469	47.137	25.511	-362.358	-290.707	-87.137	60.892
1100	62.348	-99.7	-336.739	10.474	4.318	-405.555	-356.012	-106.031	15.267
1200	13.518	-117.237	-355.852	-24.598	-14.784	-447.156	-417.448	-124.773	-25.753
1300	-33.002	-133.276	-374.822	-58.424	-30.938	-487.517	-477.236	-143.353	-65.885

表 2-115　不同温度下硫化物及钠盐转化过程相关反应的 $\Delta G^{\ominus}$

单位：kJ/mol

T/K	式(2-115)	式(2-116)	式(2-120)	式(2-123)	式(2-124)	式(2-125)	式(2-126)	式(2-127)	式(2-132)	式(2-133)
700	186.25	-214.37	-50.55	33.60	-14.54	100.63	67.03	-216.31	-130.22	-115.68
800	169.13	-249.65	-66.41	34.17	-47.51	101.44	67.27	-202.99	-149.07	-101.56
900	152.29	-284.47	-82.08	34.69	-80.04	102.19	67.50	-189.85	-167.70	-87.66
1000	135.82	-318.80	-97.49	35.16	-112.12	102.91	67.75	-176.92	-186.14	-74.01
1100	119.77	-352.54	-112.55	35.58	-143.76	103.51	67.93	-164.16	-204.41	-60.65
1200	104.19	-384.77	-126.05	35.05	-174.160	104.23	69.176	-153.74	-223.67	-49.51
1300	88.32	-415.84	-140.37	33.15	-203.59	104.93	71.79	-143.67	-242.33	-38.73

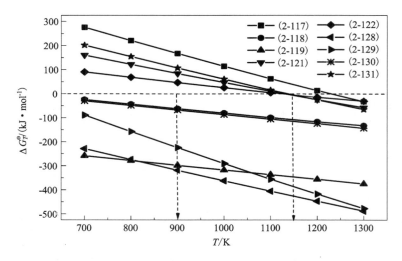

图 2-70　产出金属铅的各相关反应的 $\Delta G_T^{\ominus}-T$ 图

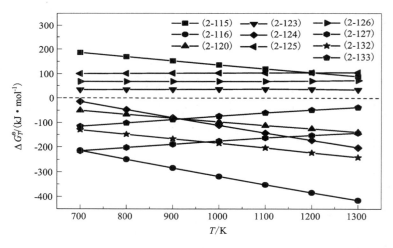

图 2-71　硫化物及钠盐转化过程相关反应的 $\Delta G_T^{\ominus}-T$ 图

由图 2-71 可知，反应式(2-115)、式(2-123)、式(2-125)和式(2-126)的吉布斯自由能变化值均为正值，说明这些反应在低温熔盐冶炼再生铅过程中均难以发生，硫主要以硫化物的形态存在，不会产生三氧化硫或二氧化硫等气体。反应式(2-116)、式(2-120)、式(2-124)、式(2-127)、式(2-132)和式(2-133)的吉布斯自由能变化值均为负值，可以发生反应，说明在还原气氛条件下，ZnO 能够发生固硫反应并生成 ZnS，而钠盐主要以碳酸钠的形态存在。

（3）HSC 热力学软件模拟

采用奥托昆普公司开发的 HSC Chemistry 软件，对 Na_2CO_3-$PbSO_4$-ZnO-C 体系在不同温度下发生的还原固硫反应进行了平衡成分模拟。设定各反应物的初始浓度为 $n(PbSO_4)=1$ mol、$n(Na_2CO_3)=1$ mol、$n(ZnO)=0.5$ mol、$n(C)=3$ mol，即按照化学方程式的计量系数配比，考察反应物和生成物摩尔分数随温度变化发生的变化，其结果如图 2-72 所示。

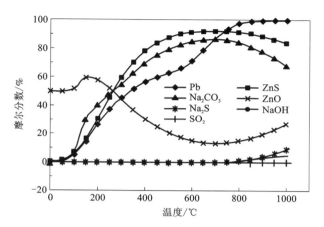

图 2-72　$PbSO_4$-ZnO-Na_2CO_3 体系还原熔炼过程的模拟

由图 2-72 可以看出，在 0~1000℃时，没有 SO_2 气体产生，元素 S 主要以 ZnS 的形态被固定。在 850℃时，铅的产出率为 98%以上，且随温度升高而增大。温度大于 700℃时，ZnS 的量随着温度的升高而下降，这主要是因为反应式（2-133）的反应趋势随着温度升高而减小，导致了体系中 ZnO 和 Na_2S 含量的增加，所以温度过高不利于 ZnO 的固硫反应。

3）原生铅低温熔盐冶金热力学

（1）主要反应

原生铅冶炼原料主要为硫化铅精矿和铅锌混合硫化精矿，其中铅的物相均是以硫化铅为主，且两种精矿中主要杂质的物相和脉石成分均相似。在温度为 700~1300K 且以 Na_2CO_3 为主体的熔盐体系中，可能发生如下一些化学反应：

①PbS 可能参与的化学反应

$$PbS+ZnO+C \Longrightarrow Pb+ZnS+CO(g) \tag{2-134}$$

$$PbS+ZnO+CO(g) \Longrightarrow Pb+ZnS+CO_2(g) \tag{2-135}$$

$$2PbS+2ZnO+C \Longrightarrow 2Pb+2ZnS+CO_2(g) \tag{2-136}$$

$$PbS+Na_2CO_3+2C \Longrightarrow Pb+Na_2S+3CO(g) \tag{2-137}$$

$$PbS+Na_2CO_3+CO(g)=\!=\!=Pb+Na_2S+2CO_2(g) \qquad (2-138)$$

$$2PbS+2Na_2CO_3+C=\!=\!=2Pb+2Na_2S+3CO_2(g) \qquad (2-139)$$

$$Na_2S+ZnO+CO_2(g)=\!=\!=Na_2CO_3+ZnS \qquad (2-140)$$

②主要金属杂质的硫化物可能参与的化学反应

$$2FeS_2+4Na_2CO_3+C=\!=\!=4Na_2S+2FeO+5CO_2(g) \qquad (2-141)$$

$$2FeS_2+4ZnO+C=\!=\!=2FeO+4ZnS+CO_2(g) \qquad (2-142)$$

$$2Sb_2S_3+6ZnO+3C=\!=\!=4Sb+6ZnS+3CO_2(g) \qquad (2-143)$$

$$2Sb_2S_3+6Na_2CO_3+3C=\!=\!=4Sb+6Na_2S+9CO_2(g) \qquad (2-144)$$

$$2CuS+2Na_2CO_3+C=\!=\!=2Cu+2Na_2S+3CO_2(g) \qquad (2-145)$$

$$2CuS+2ZnO+C=\!=\!=2Cu+2ZnS+CO_2(g) \qquad (2-146)$$

③脉石成分可能参与的反应。Na_2CO_3 熔盐具有较强的碱性和化学活性，而脉石在原矿中的主要成分大多为酸性氧化物，因此在低温熔盐炼铅的反应体系中，脉石中的二氧化硅、碳酸钙、氧化铝及碳酸镁等化合物可能与熔盐产生如下反应：

$$SiO_2+Na_2CO_3=\!=\!=Na_2SiO_3+CO_2(g) \qquad (2-147)$$

$$CaCO_3=\!=\!=CaO+CO_2(g) \qquad (2-148)$$

$$MgCO_3=\!=\!=MgO+CO_2(g) \qquad (2-149)$$

$$Al_2O_3+Na_2CO_3=\!=\!=2NaAlO_2+CO_2(g) \qquad (2-150)$$

$$Al_2O_3+Na_2CO_3=\!=\!=Na_2Al_2O_4+CO_2(g) \qquad (2-151)$$

（2）热力学分析

①铅还原与固硫热力学。精矿中硫化铅组分参与的反应在不同温度下的吉布斯自由能变化值见表 2-116，相关反应的 $\Delta G_T^\ominus - T$ 图如图 2-73 所示。

表 2-116　铅还原与固硫反应的 $\Delta G^\ominus$　　　　单位：kJ/mol

T/K	式(2-134)	式(2-135)	式(2-136)	式(2-137)	式(2-138)	式(2-139)	式(2-140)
700	9.342	−29.615	173.325	201.75	−115.683	−38.957	76.725
800	−9.197	−48.926	122.889	154.185	−101.555	−39.728	61.827
900	−27.623	−68.1	72.892	107.22	−87.66	−40.477	47.183
1000	−45.932	−87.137	23.357	60.892	−74.014	−41.205	32.809
1100	−64.121	−106.031	−25.684	15.267	−60.649	−41.909	18.739
1200	−82.188	−124.773	−72.282	−25.753	−49.51	−42.584	6.925
1300	−100.129	−143.353	−118.3	−65.885	−38.734	−43.224	−4.49

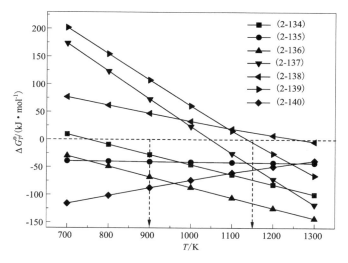

图 2-73　铅还原与固硫反应的 $\Delta G_T^{\ominus}$ 和温度关系图

由图 2-73 可知, 反应式(2-134)和式(2-135)在温度大于 700 K 时的 $\Delta G_T^{\ominus}$ 值均小于 0, 说明在有 C 或 CO 存在的还原气氛条件下, PbS 和 ZnO 可发生还原固硫反应, 产出液体铅和固态硫化锌。在温度大于 1080 K 时, 反应式(2-137)的 $\Delta G_T^{\ominus}$ 值也小于 0, 说明在还原气氛条件下, PbS 也可与 Na_2CO_3 发生还原固硫反应, 产出液体铅和硫化钠。由于反应式(2-140)在整个温度区间的 $\Delta G_T^{\ominus}$ 值均小于 0, 因此硫化钠又会和 ZnO 及 CO_2 发生反应生成碳酸钠和硫化锌。总之, 在一定温度下, 铅锌混合硫化精矿在碳酸钠熔盐中可发生还原固硫反应并产出液体铅和固态 ZnS, 熔盐的主成分 Na_2CO_3 在反应前后保持不变。

②精矿中杂质金属硫化物的热力学行为。精矿中杂质组分硫化物参与反应的吉布斯自由能变化值见表 2-117, 相关反应的 $\Delta G_T^{\ominus}$-T 图如图 2-74 所示。

表 2-117　精矿中杂质硫化物组分参与反应的 $\Delta G^{\ominus}$　　　　单位: kJ/mol

T/K	式(2-141)	式(2-142)	式(2-143)	式(2-144)	式(2-145)	式(2-146)
700	267.389	-195.341	-126.345	220.703	127.887	-103.478
800	182.197	-224.024	-150.949	153.716	84.078	-119.032
900	97.933	-252.707	-170.556	92.424	41.082	-134.238
1000	14.673	-281.385	-192.488	29.556	-1.076	-149.105
1100	-67.462	-310.057	-214.096	-32.149	-42.345	-163.643
1200	-140.679	-338.718	-235.256	-86.727	-78.84	-177.86
1300	-212.433	-367.368	-256.011	-139.809	-114.303	-191.77

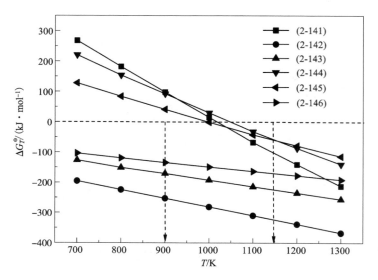

图 2-74　杂质组分硫化物参与反应的 $\Delta G_T^{\ominus}$ 与温度关系图

由图 2-74 可知，在还原气氛条件下，锑、铜、铁的硫化物在反应温度大于 1000 K 时均可与 ZnO 发生还原固硫反应，硫以 ZnS 的形态固定，锑和铜被还原成单质进入粗铅，而 FeS_2 中的铁被转化为 FeO。

③精矿中脉石成分的热力学行为。精矿中脉石组分参与反应的吉布斯自由能变化值见表 2-118，相关反应的 $\Delta G_T^{\ominus}$-T 图如图 2-75 所示。

表 2-118　精矿中脉石组分参与反应的 $\Delta G^{\ominus}$　　　　单位：kJ/mol

T/K	式(2-147)	式(2-148)	式(2-149)	式(2-150)	式(2-151)
700	−14.043	67.697	−20.851	38.163	23.311
800	−26.888	52.608	−37.58	26.613	9.012
900	−39.457	37.716	−54.041	16.042	−4.924
1000	−51.796	23.017	−70.215	6.462	−18.432
1100	−63.853	8.508	−86.082	−2.088	−35.141
1200	−73.448	−5.813	−101.625	−7.564	−50.14
1300	−82.211	−19.945	−115.103	−11.476	−65.36

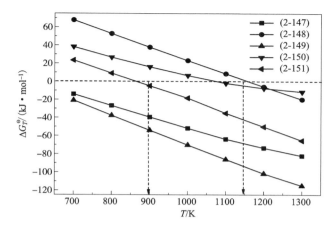

图 2-75　脉石组分参与反应的 $\Delta G_T^{\ominus}$ 与温度关系图

由图 2-75 可以看出,反应式(2-147)和反应式(2-150)的吉布斯自由能变化值在温度为 700~1150 K 时都是负值,说明 SiO_2 和 Na_2CO_3 反应生成 Na_2SiO_3 的可能性较大,$MgCO_3$ 在反应体系中很不稳定,容易被热分解为 MgO;反应式(2-148)的吉布斯自由能变化值在温度约为 1150 K 时变为负值,此温度即为 $CaCO_3$ 发生热分解反应生成 CaO 的初始温度,说明在反应温度低于 1150 K 时,$CaCO_3$ 在体系中能稳定存在;Al_2O_3 也会参与反应,产物可能是 $NaAlO_2$ 和 $Na_2Al_2O_4$,从热力学反应趋势看,其生成 $Na_2Al_2O_4$ 的可能性更大,初始生成温度约为 900 K,而 $NaAlO_2$ 则要在温度大于 1100 K 左右时才开始生成。

2. 反应机理

前一节对在以碳酸钠为熔盐介质、ZnO 为固硫剂和焦粉为还原剂的熔炼体系中,铅精矿及含铅物料低温还原固硫熔炼过程的相关化学反应进行了热力学计算和分析,讨论了熔炼体系中最终可能形成的物相及目标反应进行的热力学条件。化学热力学分析仅局限于对反应体系始、终态间宏观反应可逆过程的研究,并不能解释熔炼过程的微观反应机理,因而无法确定反应过程的具体途径及历程。

本节以纯 $PbSO_4$ 和 PbS 为研究对象,详细考察了在不同反应体系中其产物的物相变化规律,确定了从 $PbSO_4$ 和 PbS 到金属铅的反应历程,同时系统分析了脉石成分的行为,结合热力学分析的结果全面揭示低温熔盐炼铅过程的反应机理。

1)硫酸铅还原固硫的反应机理

(1)$PbSO_4$-C 体系

作为反应介质的碳酸钠的熔点在 1123 K 左右,因此本研究重点考察了反应体系在该温度条件下可能发生的各种反应。由热力学分析可知,$PbSO_4$ 和 C 可能发生如下一些反应,这些反应在 1123 K 时的吉布斯自由能变化值见表 2-119。

$$PbSO_4 \Longrightarrow PbO + SO_3(g) \qquad (2\text{-}152)$$

$$PbSO_4 + 2C = PbS + 2CO_2(g) \qquad (2-153)$$

$$2PbSO_4 + C = 2Pb + 2SO_3(g) + CO_2(g) \qquad (2-154)$$

$$PbSO_4 + PbS = 2Pb + 2SO_2(g) \qquad (2-155)$$

表 2-119　1123 K 下 PbSO$_4$ 和 C 可能发生的各种反应的 $\Delta G^{\ominus}$　　单位: kJ/mol

反应式	(2-152)	(2-153)	(2-154)	(2-155)
$\Delta G^{\ominus}/(\text{kJ} \cdot \text{mol}^{-1})$	116.118	-360.267	50.514	2.082

由表 2-119 可知, 反应式(2-153)的 $\Delta G^{\ominus}$ 在 1123 K 时为最大的负值, 因此, 式(2-153)是 PbSO$_4$ 和 C 最有可能发生的反应; 而反应式(2-152) $\Delta G^{\ominus}$ 为最大的正值, 因此, 可以认为 PbSO$_4$ 在 850℃时应不会被分解。图 2-76 是按照式(2-153)的化学计量系数比例进行配制的 PbSO$_4$ 和 C 的混合物在高纯氩气保护下, 于 1123 K 在管式炉中反应不同时间后所得产物的 XRD 图谱(见图 2-76)。

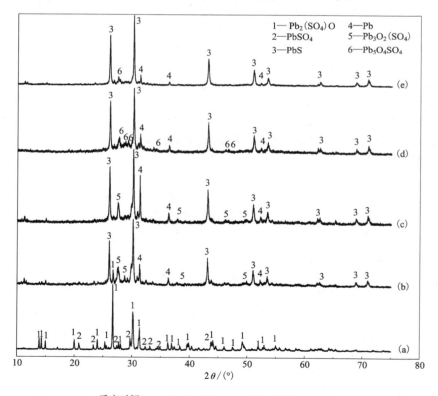

反应时间/min: (a)5; (b)10; (c)15; (d)30; (e)60。

图 2-76　PbSO$_4$-C 体系不同反应时间下所得产物的 XRD 图谱(1123 K)

由图 2-76 可以看出，反应 5 min 后，$PbSO_4$ 几乎全部转变成了不稳定的中间化合物 $Pb_2(SO_4)O$；反应 10 min 后，$Pb_2(SO_4)O$ 的衍射峰基本上消失了，此时会生成大量 PbS，说明体系中主要进行的是反应式（2-153）。值得注意的是，反应 10 min 后，体系中也会产生少量的金属 Pb，这说明体系中可能会发生式（2-154）或式（2-155）反应，该条件下反应式（2-155）的 $\Delta G^{\ominus}$ 接近于 0 且远小于反应式（2-154）的 $\Delta G^{\ominus}$ 值，因此可能是产出铅的主要反应。

图 2-77 是按照式（2-153）的化学计量系数比例进行配制的，$PbSO_4$ 和 C 的混合物在高纯氩气保护的管式炉中于不同温度下反应 1 h 后所得产物的 XRD 图谱。

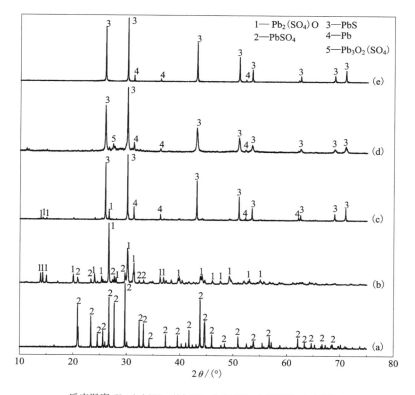

反应温度/K：（a）873；（b）973；（c）1023；（d）1123；（e）1223。

图 2-77　$PbSO_4$-C 体系在不同温度下所得产物的 XRD 图谱

由图 2-77 可以看出，温度在 873 K 以下时，$PbSO_4$ 非常稳定；在 973 K 左右时，$PbSO_4$ 开始被分解为不稳定的中间化合物 $Pb_2(SO_4)O$；到了 1023 K 左右时，体系中开始生成大量 PbS，因此，此温度即为反应式（2-153）开始进行的转变温度，但与此同时也会发生式（2-155）反应，产出少量的金属 Pb；1123 K 以上时，体系中的稳定产物主要为 PbS 和少量金属 Pb。综合以上分析可知，$PbSO_4$–C 体系在 973~1273 K 的温度区间内的主要产物为 PbS，同时也产出少量金属 Pb，并且释放出 SO_2 气体。

（2）$PbSO_4$–Na_2CO_3–C 体系

由热力学分析可知，在 $PbSO_4$–C 体系中加入 Na_2CO_3 后可能会增加如下一些反应：

$$PbSO_4+Na_2CO_3+3C \Longrightarrow Pb+Na_2S+3CO_2(g)+CO(g) \qquad (2\text{-}154)$$

$$PbSO_4+Na_2CO_3 \Longrightarrow PbO+Na_2SO_4+CO_2(g) \qquad (2\text{-}155)$$

$$2PbO+C \Longrightarrow 2Pb+CO_2(g) \qquad (2\text{-}156)$$

$$Na_2SO_4+C+PbO \Longrightarrow PbS+Na_2CO_3+CO_2(g) \qquad (2\text{-}157)$$

表 2-120 列出了上述反应在 1123 K 时的吉布斯自由能变化值，从表中可以看出这些反应 $\Delta G^\ominus$ 的负值都很大，说明其在热力学上进行的趋势都较大。根据上述分析可知，该体系中这些反应发生的途径应该是首先进行式（2-155）反应生成 PbO 和 Na_2SO_4，而后进行式（2-153）或式（2-156）反应生成 PbS 和金属 Pb，最后进行式（2-157）反应生成 PbS 和 Na_2CO_3，并且最终体系中稳定存在的物相为 PbS、Na_2CO_3 和金属 Pb。

表 2-120　1123 K 时 $PbSO_4$–Na_2CO_3–C 体系可能发生的反应的 $\Delta G^\ominus$

反应式	（2-154）	（2-155）	（2-156）	（2-157）
$\Delta G^\ominus/(\text{kJ}\cdot\text{mol}^{-1})$	-370.987	-115.985	-181.723	-244.281

图 2-78 是按照式（2-154）的化学计量系数比例进行配制的，$PbSO_4$、Na_2CO_3 和 C 混合物在高纯氩气保护的管式炉中于 1123 K 下反应不同时间后所得产物的 XRD 图谱。

由图 2-78 可以看出，反应 5 min 后体系中生成的新物相主要有 $Pb_2(SO_4)O$、PbO 和 Na_2SO_4，而反应物 Na_2CO_3 的物相衍射峰几乎消失，说明此时体系主要发生了式（2-155）反应；反应 10 min 后体系中新增物相有 PbS 和 Pb，说明此时体系可能进行的反应有式（2-153）和式（2-156）；反应 15 min 后体系中 $PbSO_4$ 的衍射峰已经基本上消失，说明 $PbSO_4$ 已经反应完全了，而此时体系中出现了较强的复合物 $Na_4CO_3SO_4$ 物相的衍射峰，说明发生了式（2-157）反应，重新生成了 Na_2CO_3，且随着反应时间的增加，体系中 $Na_4CO_3SO_4$ 物相的衍射峰越来越强，Na_2SO_4 的衍射峰则逐渐减弱；反应 60 min 后体系中稳定存在的物相仅有 Na_2CO_3 和 PbS（生成金属 Pb 已经从体系中分离，因而看不到其衍射峰了），说明此时式（2-157）已经达到平衡。

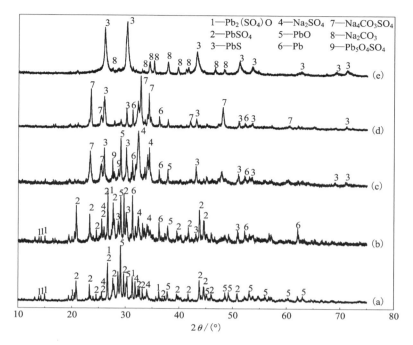

反应时间/min：(a)5；(b)10；(c)15；(d)30；(e)60。

图 2-78　PbSO₄-Na₂CO₃-C 体系在不同反应时间下所得产物的 XRD 图谱(1123 K)

图 2-79 是按照式(2-154)的化学计量系数比例进行配制的，$PbSO_4$、Na_2CO_3 和 C 混合物在高纯氩气保护的管式炉中于不同温度下反应 1 h 后所得产物的 XRD 图谱。

由图 2-79 可以看出，温度低于 873 K 时 $PbSO_4$-Na_2CO_3-C 体系较为稳定；当温度为 973 K 时，开始发生式(2-155)反应生成 PbO 和 Na_2SO_4，同时生成的部分 PbO 会被还原成金属 Pb；当温度为 1073 K 时，将发生式(2-157)反应生成 PbS 和不稳定中间化合物 $Na_4CO_3SO_4$，并且当温度达到 1173 K 以上时，式(2-157)反应进行完全。

(3)$PbSO_4$-Na_2CO_3-C-ZnO 体系

按照式(2-154)的化学计量系数比例配制 $PbSO_4$、Na_2CO_3 和 C，并加入与体系中硫相同摩尔数量的 ZnO，考察了该体系在高纯氩气保护的管式炉中于 1123 K 下反应不同时间以及在不同温度下反应 1 h 后所得产物的物相变化情况，结果分别如图 2-80 和图 2-81 所示。

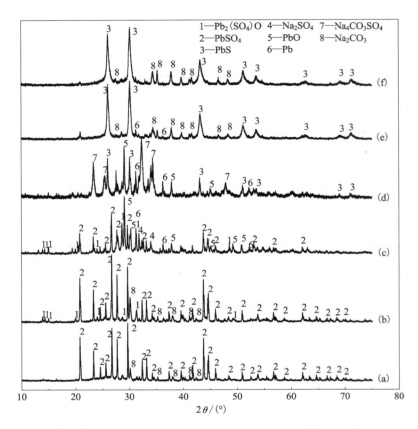

反应温度/K：(a)623；(b)873；(c)973；(d)1073；(e)1123；(f)1223。

图 2-79 PbSO₄-Na₂CO₃-C 体系在不同温度下所得产物的 XRD 图谱

由图 2-80 可以看出，反应 5 min 时体系中新生成的物相为 PbO 和 Na₂SO₄，说明最先进行的是式(2-155)；反应 10 min 后体系中新生成的物相有金属 Pb 和 ZnS，且 Na₂SO₄ 的衍射峰消失，说明此时进行的是式(2-156)反应和式(2-158)反应；反应 15 min 后 PbO 的衍射峰消失，说明式(2-156)反应进行完全，而 30 min 后 ZnO 的衍射峰也消失，说明式(2-158)反应也进行完全，此时体系中能稳定存在的物相只有 ZnS、Na₂CO₃ 和金属 Pb。与 PbSO₄-Na₂CO₃-C 反应体系不同的是，体系加入 ZnO 后未有 PbS 生成，说明式(2-157)反应受到了 ZnO 的抑制，PbO 主要参与还原反应生成金属 Pb，ZnO 则参与式(2-158)反应生成 Na₂CO₃ 和 ZnS：

$$Na_2SO_4 + C + ZnO \Longrightarrow ZnS + Na_2CO_3 + CO_2(g) \tag{2-158}$$

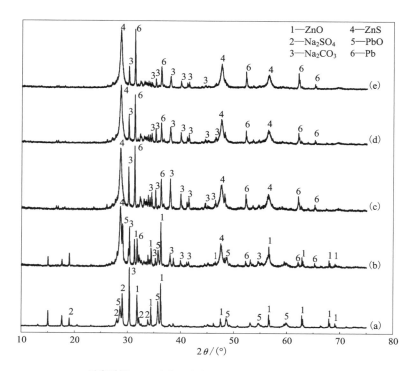

反应时间/min：（a）5；（b）10；（c）15；（d）30；（e）60。

图 2-80 PbSO₄-Na₂CO₃-C-ZnO 体系不同反应时间下所得产物的 XRD 图谱（1123 K）

由图 2-81 可以看出，在 623 K 时体系较为稳定，无新物相生成，当温度达到 623 K 时，体系中主要发生了式（2-155）反应并生成了 PbO 和 Na₂SO₄；在温度为 973~1073 K 时，体系中开始有金属 Pb 产出，且 PbSO₄ 的衍射峰逐渐消失，PbO 的衍射峰逐渐增强，说明这个温度区间主要发生的反应为式（2-155）和式（2-156）；当温度达到 1123 K 时，体系中新生成的物相有 ZnS 和 Na₂CO₃，而 ZnO 和 Na₂SO₄ 的衍射峰几乎完全消失，说明此时体系中主要进行的是式（2-158），即 ZnO 的固硫反应温度必须达到 1123 K 左右；此后继续升高温度，体系中的物相基本保持不变，但随着温度升高，Na₂CO₃ 的衍射峰逐渐减弱，这主要是熔盐的挥发导致的，因此低温熔盐炼铅的温度控制在 1123 K 左右较为合理，不宜过高。

综合上述分析可知，PbSO₄ 在 Na₂CO₃ 熔盐中的还原固硫反应历程和反应机理可用图 2-82 表示。

由图 2-82 可以看出，PbO 的还原反应是直接产出金属 Pb 的主要反应，而在还原气氛下，ZnO 与 Na₂SO₄ 作用生成 ZnS 和 Na₂CO₃ 的反应是 ZnO 固硫的主要反应。

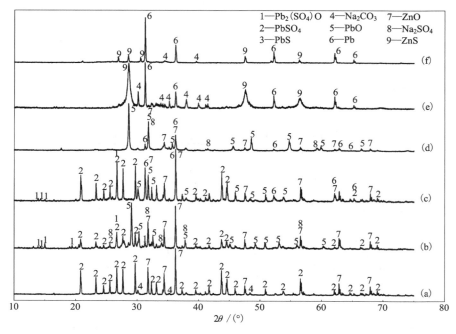

反应温度/K：(a)623；(b)873；(c)973；(d)1073；(e)1123；(f)1223。

图 2-81　PbSO$_4$-Na$_2$CO$_3$-C-ZnO 体系在不同温度下所得产物的 XRD 图谱

由此可知，Na$_2$CO$_3$ 在 PbSO$_4$ 的固硫还原熔炼体系中不仅充当了熔盐介质，改善了反应体系的传热、传质和动量传递效果，同时也是主要反应物之一；而 ZnO 在反应体系中不仅起到了固硫剂的作用，同时也是 Na$_2$CO$_3$ 熔盐的再生剂。

　　2）硫化铅还原固硫的反应机理

　　（1）PbS-Na$_2$CO$_3$-C 体系

　　由热力学分析可知，PbS-Na$_2$CO$_3$-C 体系中，三者之间可能发生如下一些反应：

$$2PbS+2Na_2CO_3+C =\!=\!= 2Pb+2Na_2S+3CO_2(g) \tag{2-159}$$

$$4PbS+4Na_2CO_3 =\!=\!= 4Pb+3Na_2S+Na_2SO_4+4CO_2(g) \tag{2-160}$$

　　按照式（2-159）的化学计量系数比例配制 PbS、Na$_2$CO$_3$ 和 C 的混合物，在高纯氩气保护的管式炉中考察了该体系在不同温度下反应 1 h 后所得产物的物相变化情况，结果如图 2-83 所示。

　　由图 2-83 可以看出，在温度 773 K 时体系中的主要产物为 Pb$_2$(SO$_4$)O；温度高于 973 K 后的主要产物为 Na$_6$(SO$_4$)$_2$CO$_3$，说明体系中有 Na$_2$SO$_4$ 生成，这可能是部分 PbS 发生了自氧化还原反应[式（2-160）]所致；当温度超过 1123 K 后，体系中生

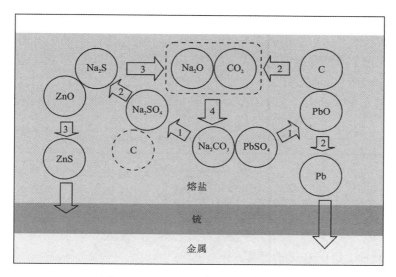

图 2-82 PbSO$_4$ 固硫还原反应示意图

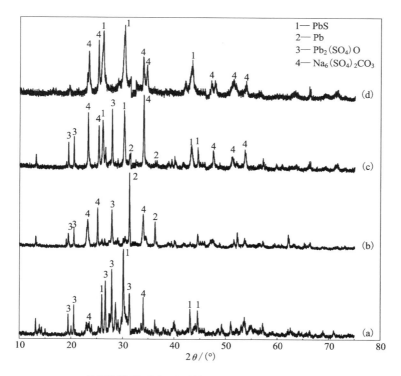

反应温度/K：（a）773；（b）973；（c）1123；（d）1223。

图 2-83 PbS-Na$_2$CO$_3$-C 体系在不同温度下所得产物的 XRD 图谱

成了大量铅,说明此时体系中主要发生了还原固硫反应[式(2-159)],由于此时产出的均是滴状的并从熔盐中分离出来的金属Pb,XRD图谱中没有出现其衍射峰。表2-121列出了不同温度下反应式(2-159)和式(2-160)的$\Delta G^{\ominus}$值,从表中可以看出反应式(2-159)在温度1123 K左右时才可以自发地进行。因此只有当温度高于850℃时,体系中才可能有大量的金属Pb被析出,这也与试验结果基本相符。

表2-121　不同温度下式(2-159)和式(2-160)反应的$\Delta G^{\ominus}$　　　单位:kJ/mol

温度/K	673	773	873K	973	1073	1173	1273
反应式(2-165)	212.42	164.56	117.44	70.94	25.12	-17.40	-57.36
反应式(2-166)	430.45	367.83	306.24	245.43	185.55	131.52	80.93

(2)PbS-Na₂CO₃-C-ZnO体系

按照式(2-159)的化学计量系数比例配制PbS、Na₂CO₃和C,并加入与体系中硫相同摩尔量的ZnO,考察了该体系在不同温度下反应1 h后所得产物的物相变化情况,结果如图2-84所示。

由图2-84可以看出,在温度低于873 K时仍然会生成Pb₂(SO₄)O的不稳定复合物,而当温度达到973 K时,体系中开始产出金属Pb和复合物Na₆(SO₄)₂CO₃,这和体系中没有加入ZnO时的情况是基本相同的,说明此时主要进行的是式(2-159)反应,而ZnO没有参与反应;当温度为1073 K时,体系中Na₆(SO₄)₂CO₃的衍射峰基本上消失了,而Na₂CO₃的衍射峰明显增强且同时产出了ZnS,说明开始发生了式(2-161)反应。

$$Na_2S+ZnO+CO_2(g)\!=\!=\!=ZnS+Na_2CO_3 \qquad (2-161)$$

表2-122列出了不同温度下反应式(2-161)的$\Delta G^{\ominus}$值,从表中可以看出在反应温度区间内,反应式(2-161)的吉布斯自由能变化值的负值均较大,说明该反应进行的热力学趋势很大。反应式(2-159)产出的Na₂S不断地和ZnO继续发生反应[式(2-161)]并产出ZnS和Na₂CO₃,因此反应式(2-159)进行的速度在温度超过1073 K后会明显地增加,体系中开始大量地产出金属Pb;当温度大于1123 K后,式(2-159)反应和式(2-161)反应均进行完全,体系中稳定存在的物相只有ZnS、金属Pb、Na₂CO₃和未反应完全的ZnO。

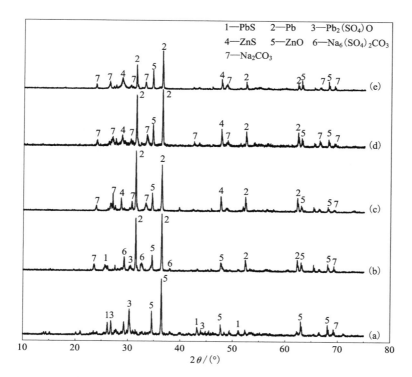

反应温度/K：（a）773；（b）973；（c）1073；（d）1123；（e）1223。

图 2-84 PbS-Na₂CO₃-C-ZnO 体系在不同温度下所得产物的 XRD 图谱

表 2-122 不同温度下反应式（2-161）的 $\Delta G^{\ominus}$ 值 单位：kJ/mol

温度/K	673	773	873	973	1073	1173	1273
$\Delta G^{\ominus}$	-119.578	-105.322	-91.368	-77.652	-64.209	-52.343	-41.675

综合上述分析可知，PbS 和 ZnO 在 Na₂CO₃ 熔盐中的还原固硫反应历程和机理可用图 2-85 表示。由图 2-85 可以看出，PbS 与 Na₂CO₃ 在还原气氛下进行的自氧化还原反应是产出金属 Pb 的主要反应，而 ZnO 与 Na₂S 在 CO₂ 气氛中生成 ZnS 和 Na₂CO₃ 的反应是 ZnO 固硫的主要反应。由此可知，Na₂CO₃ 在 PbS 的固硫还原熔炼体系中同样既是熔盐反应介质，也是主要反应物之一；而 ZnO 在反应体系中的作用既是固硫剂，也是 Na₂CO₃ 熔盐的再生剂。

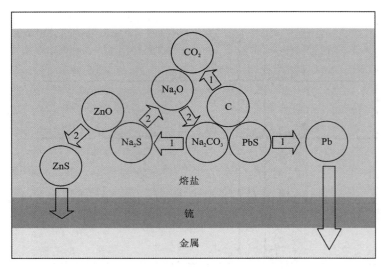

图 2-85　PbS 固硫还原熔炼示意图

4）脉石成分的熔炼行为

由热力学分析可知，原生矿中脉石成分在低温熔盐炼铅的反应体系中也可能参与反应，虽然前人对传统高温火法炼铅过程中脉石反应行为的研究较多，但对其在低温熔盐炼铅过程中反应行为的研究甚少，尤其是对其在低温熔盐中反应机理的认识还很模糊。本章在热力学分析的基础上，研究了原生铅矿中常见的脉石 SiO_2、$CaCO_3$、Al_2O_3 和 $MgCO_3$ 等在 Na_2CO_3 熔盐体系中的反应行为，通过对反应产物物相的 XRD 表征，确定了低温熔盐炼铅过程中脉石成分参与反应的途径和机理。

（1）SiO_2 的行为

将 Na_2CO_3 与 SiO_2 按摩尔比 1：1 进行配制，混合均匀后，在通有氩气保护的管式电阻炉中将样品煅烧 2 h，反应完成后对所得产物进行 XRD 检测，考察在不同反应温度下所得产物的变化情况，结果如图 2-86 所示。

由图 2-86 可看出，在温度低于 1123 K 时，体系中混合物的物相基本上没有发生变化，全是 SiO_2 和 Na_2CO_3 的衍射峰，说明 SiO_2 没有与 Na_2CO_3 发生反应，能稳定存在；当温度达到 1173 K 时，SiO_2 和 Na_2CO_3 的衍射峰均完全消失，体系中几乎都是 Na_2SiO_3 的衍射峰，说明在该条件下，SiO_2 会和 Na_2CO_3 发生式（2-162）反应，生成 Na_2SiO_3，因此低温熔盐炼铅的温度宜控制在 1173 K 以下，以降低 SiO_2 对熔盐的消耗。

$$SiO_2 + Na_2CO_3 \Longrightarrow Na_2SiO_3 + CO_2(g) \tag{2-162}$$

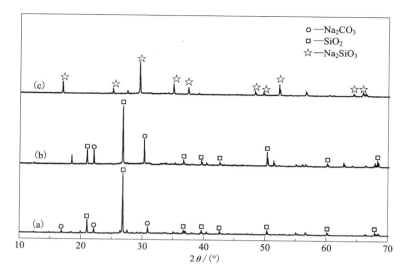

温度/K：（a）1023；（b）1123；（c）1223。

图 2-86　SiO_2 与 Na_2CO_3 在不同温度下所得产物的 XRD 衍射图谱

（2）$CaCO_3$ 的行为

将 Na_2CO_3 与 $CaCO_3$ 按摩尔比 1∶1 进行配制，混合均匀后，在通有氩气保护的管式电阻炉中将样品煅烧 2 h，反应完成后对所得产物进行 XRD 检测，考察在不同反应温度下所得产物的变化情况，结果如图 2-87 所示。

由图 2-87 可以看出，在温度为 773 K 时，体系中只有 $CaCO_3$ 和 Na_2CO_3 的衍射峰，说明二者没有发生反应；当温度为 923 K 时，体系中开始出现了 $CaCO_3$ 与 Na_2CO_3 的复合物 $Na_2Ca(CO_3)_2$ 的衍射峰，但 $CaCO_3$ 仍未发生热分解反应及生成 CaO；当温度为 1123 K 时，体系中存在的主要物相仍然是 $CaCO_3$、Na_2CO_3 和 $Na_2Ca(CO_3)_2$，但复合物 $Na_2Ca(CO_3)_2$ 的衍射峰明显减弱，说明其在高温下并不稳定，因此在低温熔盐炼铅过程中可以通过适当升高温度来抑制 $Na_2Ca(CO_3)_2$ 的生成，以降低熔盐的消耗。

（3）$MgCO_3$ 的行为

将 Na_2CO_3 与 $MgCO_3$ 按摩尔比 1∶1 进行配制，混合均匀后，在通有氩气保护的管式电阻炉中将样品煅烧 2 h，反应完成后对所得产物进行 XRD 检测，考察在不同反应温度下所得产物的变化情况，结果如图 2-88 所示。

由图 2-88 可以看出，在温度分别为 873 K 和 1123 K 时，体系中稳定存在的物相是 MgO 和 Na_2CO_3，说明 $MgCO_3$ 在较低的温度下就会发生热分解反应并生成 MgO，而 MgO 不会和 Na_2CO_3 发生反应，能稳定存在于体系中。

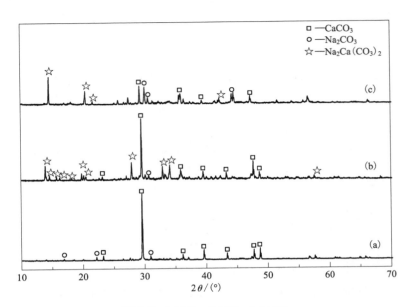

温度/K：（a）773；（b）923；（c）1123。

图 2-87　CaCO₃ 与 Na₂CO₃ 在不同温度下所得产物的 XRD 衍射图谱

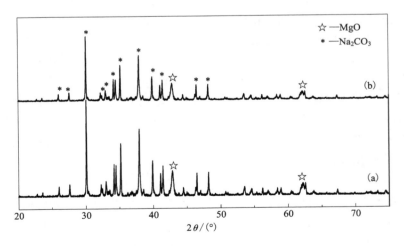

温度/K：（a）873；（b）1123。

图 2-88　MgCO₃ 与 Na₂CO₃ 在不同温度下所得产物的 XRD 衍射图谱

（4）Al_2O_3 与 Na_2CO_3 的反应行为

将 Na_2CO_3 与 Al_2O_3 按摩尔比 1∶1 进行配制，混合均匀后，在通有氩气保护的管式电阻炉中将样品煅烧 2 h，反应完成后对所得产物进行 XRD 检测，考察在不同反应温度下所得产物的变化情况，结果如图 2-89 所示。

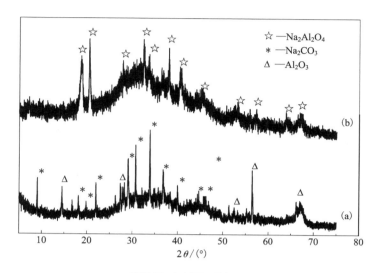

温度/K：（a）873；（b）973。

图 2-89　Al_2O_3 与 Na_2CO_3 在不同温度下所得产物的 XRD 衍射图谱

由图 2-89 可看出，在温度为 873 K 时，体系中稳定存在的物相只有 Al_2O_3 与 Na_2CO_3，二者没有发生反应；当温度为 973 K 时，体系中只出现了 $Na_2Al_2O_4$ 的衍射峰，说明在该温度下 Al_2O_3 与 Na_2CO_3 发生了反应[式（2-163）]，且反应后所得产物呈现为玻璃态，结晶性变差，试验结果与 2.3 节的热力学分析结果一致。

$$Al_2O_3 + Na_2CO_3 === Na_2Al_2O_4 + CO_2(g) \qquad (2-163)$$

2.3.3　原生铅冶炼

1. 概述

目前，火法是原生铅冶炼的唯一工艺，其中单一硫化铅精矿冶炼方法有烧结焙烧-鼓风炉还原熔炼和富氧熔池氧化—还原熔炼两种工艺，而处理铅锌混合硫化精矿的方法则是采用烧结焙烧—密闭鼓风炉还原炼铅工艺（ISP）。无论是上述哪种炼铅工艺，均要求熔炼温度控制在 1200℃ 以上，不仅能耗高，而且不可避免地存在铅和铊等金属蒸气和粉尘大量外逸的情况，危害大气环境和人体健康。虽然近些年对于湿法炼铅的研究越来越被重视，但受到原料、设备及生产成本等因素的限制，目前还难以实现工业化。

作者学术团队研究发现 Na_2CO_3 和 Na_2CO_3-NaCl 等一元或二元低温熔盐体系具有良好的热稳定性和化学相容性，并在此研究基础上提出了在碳酸钠熔盐中低温固硫还原熔炼原生铅精矿一步炼制粗铅的新方法，其原则工艺流程如图 2-90 所示。

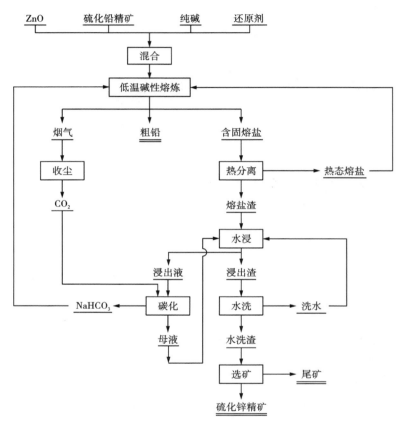

图 2-90　硫化铅精矿低温固硫还原熔炼的原则工艺流程

该工艺在 800~900℃ 温度及还原气氛下，以高氟氯次氧化锌为固硫剂，将硫化铅精矿中的 PbS 及次氧化锌中的 PbO 还原成金属 Pb。PbS 中的负二价硫被次氧化锌中的 ZnO 固定生成 ZnS，与精矿中的 ZnS 加合在一起，从而获得较高品位的硫化锌精矿。作为熔盐主成分的 Na_2CO_3 在反应前后物相基本保持不变，大部分熔盐以热态返回，循环利用，少部分被固态物黏附形成固态渣。这种固态渣经湿法处理再生可得 Na_2HCO_3，并获得以 ZnS 为主要组分的水浸渣。

由图 2-90 可以看出,该工艺流程闭路循环,具有低温、低碳和清洁生产等优点,且可以实现高氟氯次氧化锌烟灰中铅、锌的回收和增值。

本节重点研究了原生铅精矿的还原固硫熔炼过程,由于试验规模较小,没有进行熔盐与固态物的热态分离试验,只是将冷却后的熔盐与固态物的混合物(熔盐渣,以下同)进行水浸处理。首先通过单因素条件试验考察了熔炼温度、反应时间、盐固比(碳酸钠用量)和次氧化锌烟灰用量等因素对熔炼过程中铅直收率和固硫率的影响,优化工艺条件。在此,引入盐固比,即熔盐质量与固态物质量之比,固态物为熔炼温度下的固态未反应物及固态生成物,以下同。再通过综合扩大试验考察低温熔盐还原固硫熔炼工艺处理单一硫化铅精矿和硫化铅锌混合精矿的可行性,主要技术指标以及 Pb、Zn、S、Fe 等主要元素在熔炼过程中的行为和走向,并在主要技术经济指标方面将其与传统的原生铅冶炼工艺相比较。

2. 单一硫化铅精矿低温熔盐还原固硫熔炼

1)试验原料

试验所用的硫化铅精矿和次氧化锌烟灰均为株洲冶炼集团提供,精矿化学成分和 X 射线衍射结果见表 2-123 和图 2-91,次氧化锌的化学成分见表 2-124。

表 2-123 硫化铅精矿各化学成分的质量分数 单位:%

Pb	Zn	Fe	Cu	S	SiO$_2$	Al$_2$O$_3$	CaO	MgO	Sb	Au	Ag	As
52.08	3.04	6.06	0.51	16.94	5.45	1.64	1.89	1.14	0.24	2.8×10^{-4}	4.8×10^{-2}	0.28

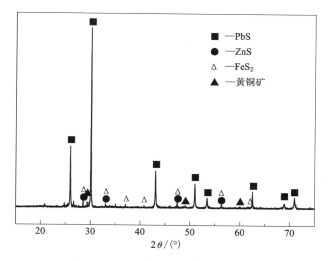

图 2-91 硫化铅精矿的 XRD 图谱

由表 2-123 和图 2-91 可知，该硫化铅精矿中 w_{Pb} 约为 52%，属于四级品精矿，铅的主要物相为 PbS。精矿中 Zn、Cu、S、Sb、As 及 Au、Ag 等元素含量较高，均有回收价值，其中 Fe、Zn 和 Cu 分别以黄铁矿（FeS_2）、闪锌矿（ZnS）和黄铜矿（$CuFeS_2$）形式存在。脉石成分主要为 SiO_2、Al_2O_3、CaO 和 MgO。

表 2-124　次氧化锌烟灰主要化学组成的质量分数　　　　单位: %

Zn	Pb	Fe	As	Cu	In*
64.06	8.14	0.076	0.84	0.011	800

注: * 单位为 g/t。

由表 2-124 可知，次氧化锌烟灰中的主要有价金属包括 Zn、Pb 和 In 等。

工艺试验研究中单因素条件试验每次称取 100 g 精矿，按比例配入不同量的苏打、次氧化锌烟灰和焦粉，综合扩大试验每次称取 400 g 精矿，并按条件试验所获得的最优条件要求配入苏打、次氧化锌烟灰和焦粉等辅料，具体的试验方法和操作步骤如前文所述。

2）条件试验

分别进行了次氧化锌烟灰及苏打用量、熔炼温度及时间等因素的条件试验，因采用石墨坩埚作反应器，还原焦粉用量可能考察不准确，因此不做具体试验，其他因素试验中均将焦粉用量固定为 2 倍理论量。

（1）次氧化锌烟灰用量的影响

取 3 倍固态物量的 Na_2CO_3，在温度 860℃时熔炼 60 min，改变反应体系中次氧化锌烟灰的添加量，试验结果如图 2-92 所示。

由 2.3.2 节中 PbS 低温熔盐固硫还原熔炼反应机理的研究可知，ZnO 固硫的实质是发生了式（2-164）反应所致的。从热力学平衡的角度分析，在反应未达到平衡前，增加体系中的 ZnO 量可以促使固硫反应式（2-164）的正向进行，因此适当增加 ZnO 的用量对固硫是有利的。

从图 2-92 中也可以看出，次氧化锌烟灰添加量对固硫率的影响非常显著，固硫率随着次氧化锌烟灰添加量的增加而快速增大。当次氧化锌烟灰添加量从 0.8 倍理论用量增加到 1.0 倍理论用量时，固硫率从 88.24% 快速增大到 94.66%；之后继续增加次氧化锌烟灰用量，但固硫率增加得较为缓慢，说明此时固硫反应已经基本上达到平衡。与之相反的是，铅的直收率随着次氧化锌烟灰添加量的增加而降低，当次氧化锌烟灰添加量从 0.8 倍理论用量增加到 1.2 倍理论用量时，铅直收率从 95.58% 逐渐下降至 94.06%。这主要是因为次氧化锌烟灰的熔点较高，熔体的黏度会随着次氧化锌烟灰添加量的增加而增大，过多加入次氧化锌烟

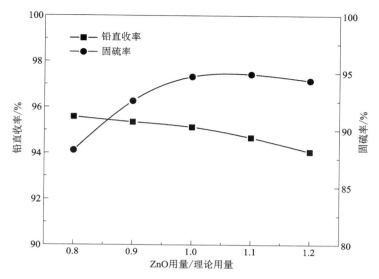

图 2-92 次 ZnO 烟灰加入量对铅直收率和固硫率的影响

灰,粗铅和熔盐渣的澄清及分离将变得困难。综合考虑,本实验确定最适宜的次氧化锌烟灰用量为根据式(2-164)及式(2-165)反应计算的理论量。

$$Na_2S + ZnO + CO_2(g) == ZnS + Na_2CO_3 \qquad (2-164)$$
$$2PbS + 2Na_2CO_3 + C == 2Pb + 2Na_2S + 3CO_2(g) \qquad (2-165)$$

(2)Na_2CO_3 用量的影响

取 1.0 倍理论用量的次氧化锌烟灰,在温度 860℃时熔炼 60 min,改变反应体系中 Na_2CO_3 的加入量,试验结果如图 2-93 所示。

由 2.3.2 节分析可知,Na_2CO_3 在低温熔盐炼铅过程中既是反应介质,同时也参与固硫还原反应[式(2-165)],且该反应还是产出铅的主要反应,因此增加 Na_2CO_3 的用量必将促使反应[式(2-165)]正向进行,提高金属 Pb 的产出率。此外,Na_2CO_3 量与固态物量之比,实际上相当于湿法冶金过程中的液固比,对冶金过程的影响非常明显。增加熔盐量就是增大液固比,有利于降低熔体的黏度,提高其流动性,从而改善熔炼过程的传质、传热和产物的分离效果,降低金属 Pb 在渣中的机械夹杂。

从图 2-93 可看出,当 Na_2CO_3 用量从 2.0 倍增加到 3.0 倍固态物量时,铅直收率和固硫率分别从 90.17% 和 86.63% 快速增大到了 95.13% 和 94.66%;之后继续增加 Na_2CO_3 用量,铅直收率和固硫率的增加速度均较缓慢,说明此时反应[式(2-165)]已基本达到平衡,Na_2CO_3 用量已经足够充分,如果继续加入熔盐只会稀释反应物的浓度,降低生产效率。综合考虑,本实验确定最适宜的熔盐用量为

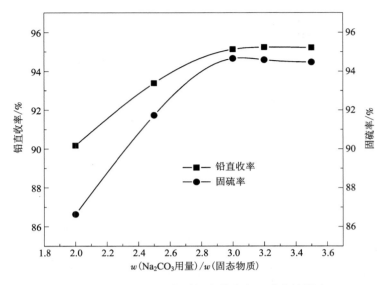

图 2-93 Na$_2$CO$_3$ 用量对铅直收率和固硫率的影响

3.0 倍固态物量。

(3) 熔炼温度的影响

取 1.0 倍理论用量的次氧化锌烟灰、3.0 倍固态物量的 Na$_2$CO$_3$，时间 60 min，改变反应体系的熔炼温度，试验结果如图 2-94 所示。

提高熔炼温度不仅可以加快反应速度，而且可以降低熔盐黏度、增强熔体的流动性，改善熔炼过程的传质、传热和产物澄清，分离效果好。由 2.3.2 节 PbS-Na$_2$CO$_3$-C-ZnO 体系的反应机理研究可知，式(2-134)和式(2-135)反应分别是固硫和还原铅的主要反应，且只有当温度大于 850℃后，这两个反应才能进行完全，因此低温熔盐炼铅的温度控制在 850℃ 左右较为适宜。

从图 2-94 可看出，熔炼温度越高，铅的产出和 ZnO 的固硫效果越好。当熔炼温度从 800℃升至 880℃时，铅直收率和固硫率分别从 67.53% 和 62.66% 急剧增加至 98.33% 和 97.04%；之后继续升高温度，铅的产出和 ZnO 的固硫效果变化不大，说明式(2-134)和式(2-135)反应已经进行完全，这与 2.3.2 节的分析结果一致。因此从节能和降低熔盐挥发率角度综合考虑，本实验确定最适宜的熔炼温度为 880℃。

(4) 熔炼时间的影响

取 1.0 倍理论用量的次氧化锌烟灰、3.0 倍固态物量的 Na$_2$CO$_3$，在温度 880℃ 时分别熔炼 30 min、45 min、60 min、80 min 和 100 min，试验结果如图 2-95 所示。

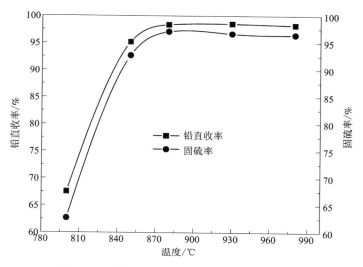

图 2-94　熔炼温度对铅产出率和固硫率的影响

延长熔炼时间可使还原固硫反应进行得更加充分，接近其平衡状态，也可使生成的金属铅有足够时间在熔盐中汇聚和分层，减少铅在渣中的损失。

由图 2-95 可知，当熔炼时间达到 60 min 时，铅直收率和固硫率分别达到 98.33% 和 97.04%；继续延长熔炼时间，铅的产出和 ZnO 的固硫效果无明显变化。考虑到熔炼时间越长，能耗越大，生产效率越低，本实验最适宜的熔炼时间为 60 min。

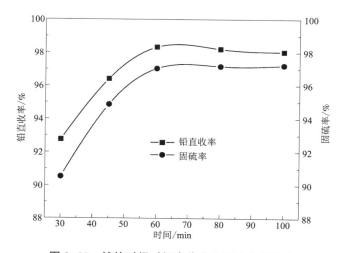

图 2-95　熔炼时间对铅直收率和固硫率的影响

3）综合扩大试验

（1）试验产物

根据条件试验结果，确定最优条件：1.0 倍理论用量的次氧化锌烟灰，3.0 倍固态物量的碳酸钠，熔炼温度为 880℃，熔炼时间为 60 min。在最优条件下进行规模为硫化铅精矿 400 g/次的综合扩大试验，冶炼产物中粗铅、熔盐渣及水浸渣的质量及化学组成列于表 2-125 中。

表 2-125　最优条件下主要产物的产出量及其化学成分的质量分数　　　单位：%

产物	质量/g	Pb	Zn	Fe	Cu	Sb	As	S	Na	Au	Ag
粗铅	224.85	98.38	0.011	0.012	0.66	0.39	0.38	—	—	0.0005	0.085
熔盐渣	905.64	0.26	14.55	2.82	0.06	0.002	0.185	7.84	56.89	—	—
水浸渣	470.69	0.46	27.84	4.56	0.09	0.002	0.052	13.95	1.17	—	—

由表 2-125 可以看出，粗铅品位大于 98.00%，杂质较少，计算得金属铅的直收率为 98.88%，总回收率（按渣含铅计算）为 99.03%。水浸渣中 w_{Zn} 为 33.25%，经浮选后可获得标准的锌精矿。熔盐渣中的金、银等未测出，说明它们均富集于粗铅中。

（2）金属平衡

综合扩大试验中主要元素的平衡情况见表 2-126，反应后各元素在粗铅、水浸渣和水浸液中的分配情况如图 2-96 所示。

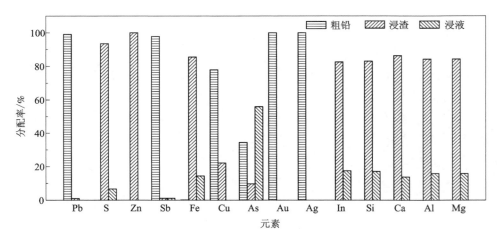

图 2-96　主要元素在冶炼产物中的分配情况

表 2-126　熔炼过程中主要元素的平衡情况

单位：g

元素	加入			产出				偏差	
	精矿	锌烟灰	共计	粗铅	水浸渣	水浸液	共计	绝对/%	相对/%
Pb	208.32	15.38	223.70	221.21	2.17	—	223.38	-0.33	-0.15
Zn	12.16	121.07	133.23	0.02	131.04	—	131.06	-2.17	-1.63
Fe	24.24	0.14	24.38	0.03	21.46	3.62	25.11	0.73	2.98
Cu	2.04	0.02	2.06	1.48	0.42	—	1.90	-0.16	-7.61
Sb	0.96	—	0.96	0.88	0.01	0.01	0.90	-0.06	-6.31
As	1.12	1.59	2.71	0.85	0.24	1.38	2.47	-0.24	-8.78
S	67.76	0.0017	67.76	—	65.66	4.63	70.29	2.53	3.73
Au	0.001	—	0.001	0.0011	—	—	0.0011	0.0001	12.43
Ag	0.192	—	0.192	0.191	—	—	0.1911	-0.0009	-0.46
In	—	0.15	0.15	—	0.090	0.018	0.12	-0.03	-22.00

由表 2-126 可知，熔炼过程中主金属和硫的平衡情况良好：精矿和次氧化锌烟灰中的铅几乎全部进入粗铅；Zn、S、Fe 和 In 主要进入浸出渣；Sb 和 Cu 大部分进入粗铅，这与前面的理论分析结果相符合；Au、Ag 等贵金属几乎 100% 被粗铅捕集。

（3）熔炼渣物相分析

将熔盐渣和浸出后的固态渣的粒径研磨到 0.074 mm 以下，分别取样进行了 XRD 衍射图谱分析，结果如图 2-97 和图 2-98 所示。

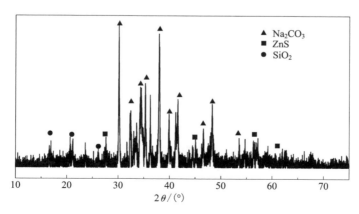

图 2-97　熔盐渣的 XRD 衍射图谱

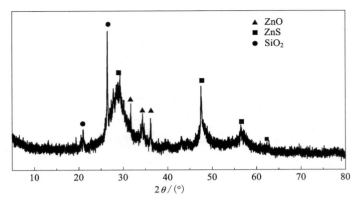

图 2-98 浸出渣的 XRD 衍射图谱

由图 2-97 可知，熔盐渣的主要成分仍是 Na_2CO_3，说明反应前后熔盐的化学形态未发生改变，可大部分热态返回再用，少部分用湿法再生，从而实现循环使用。由图 2-98 可知，硫绝大部分以 ZnS 的形式被固定在固态渣中，计算得出 ZnO 的固硫率为 96.87%。

3. 硫化铅锌混合精矿低温熔盐还原固硫熔炼

密闭鼓风炉还原熔炼(ISP)是工业上处理硫化铅锌混合精矿，分离铅、锌的主要冶炼方法。该方法反应速度快，能够从混合精矿中同时提取金属铅、锌，但由于熔炼温度过高(>1200℃)，该法存在着能耗大、铅蒸气和粉尘大量外溢、环境污染严重等缺点。

作者学术团队在基础理论研究及单一硫化铅精矿低温熔盐炼铅工艺研究的基础上，深入研究了硫化铅锌混合精矿的低温熔盐还原固硫熔炼炼铅新工艺。该工艺是在 800~900℃ 的温度下，将硫化铅及其他价态铅化合物还原成粗铅，硫则以 ZnS 的形式被固定在固态渣中，同时实现铅冶炼和铅锌分离。不用浮选作业，固态渣只需水浸处理，即可获得 w_{Zn}>50% 的锌精矿。新工艺的详细研究情况如下。

1)试验原料

试验用的硫化铅锌混合精矿为株洲冶炼集团提供，其化学成分见表 2-127，所用次氧化锌烟灰与单一硫化铅精矿低温还原固硫熔炼相同。

表 2-127　硫化铅锌混合精矿主要化学组成的质量分数　　　单位：%

Pb	Zn	Fe	Cu	S	SiO$_2$	Al$_2$O$_3$	CaO	MgO	Sb	Au*	Ag*	In*
25.02	26.82	8.14	0.054	24.50	2.78	1.23	1.44	0.18	0.012	2.5	330	100

注：* 单位为 g/t。

由表2-127可知，精矿中的主要有价金属为Pb和Zn，其物相主要为硫化物，如图2-99所示。此外，精矿中Au、Ag、In等贵金属的含量也较高，有较高的综合回收和利用价值。

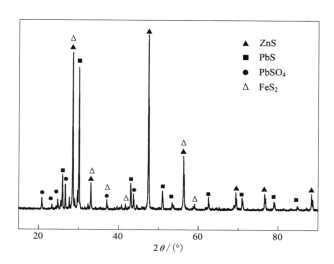

图2-99 硫化铅锌混合精矿的XRD衍射图谱

2）条件试验

分别进行了次氧化锌烟灰及苏打用量、熔炼温度及时间等因素的条件试验，因采用石墨坩埚作反应器，还原焦粉用量不做具体试验，其他因素试验均将焦粉用量固定为2倍理论量。

（1）次氧化锌烟灰用量的影响

取3倍固态物量的Na_2CO_3，在温度为860℃时熔炼60 min，改变反应体系中次氧化锌烟灰的加入量，试验结果如图2-100所示。

由图2-100可以看出，次氧化锌烟灰的加入量对固硫率的影响要明显大于对铅直收率的影响，但当氧化锌烟灰加入量达到理论量时，继续增加氧化锌烟灰的用量，固硫率和铅直收率均没有发生明显的变化，说明反应体系已经基本上达到平衡状态，此时铅直收率和固硫率分别为95.16%和94.73%。考虑到次氧化锌烟灰的熔点较高，熔体的黏度会随着次氧化锌烟灰加入量的增加而增大，因此本实验确定次氧化锌烟灰用量为理论用量。

（2）Na_2CO_3用量的影响

取1.0倍理论量的次氧化锌烟灰，在温度为860℃时熔炼60 min，改变反应体系中Na_2CO_3的加入量，试验结果如图2-101所示。

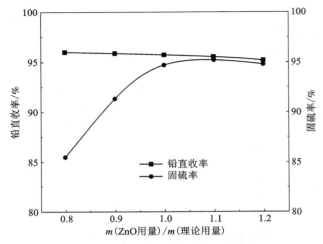

图 2-100　次氧化锌烟灰加入量对铅直收率和固硫率的影响

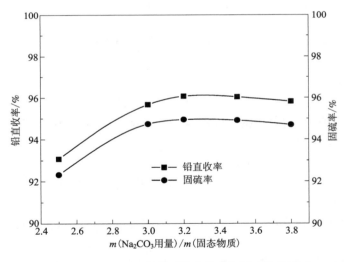

图 2-101　Na$_2$CO$_3$ 用量对铅直收率和固硫率的影响

　　由前面的分析可知，熔盐量越多，反应体系的黏度越小，流动性越好，有利于反应过程的传质、传热及产物在熔盐中的澄清分离。由图 2-101 可以看出，当 Na$_2$CO$_3$ 用量增加至 3.2 倍固态物量时，铅直收率和固硫率均达到最大值，分别为 96.08% 和 94.95%，因此本实验确定最适宜的熔盐用量为 3.2 倍固态物量。

（3）熔炼温度的影响

取 1.0 倍理论量的次氧化锌烟灰、3.2 倍固态物量的 Na_2CO_3，时间为 60 min，改变反应体系的熔炼温度，试验结果如图 2-102 所示。

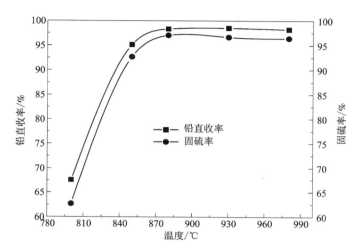

图 2-102 熔炼温度对铅产出率和固硫率的影响

根据前面的分析可知，适当地提高熔炼温度对于提高铅直收率和固硫率均是有利的，但温度过高则会造成熔盐的挥发损失加剧和能耗的增加。由图 2-102 可以看出，熔炼温度在 880℃ 时，铅直收率和固硫率的指标均良好，分别达到了 97.26% 和 96.27%，因此本实验确定的最佳熔炼温度为 880℃。

（4）熔炼时间的影响

取 1.0 倍理论量的次氧化锌烟灰、3.2 倍固态物量的 Na_2CO_3，在温度为 880℃ 时分别熔炼 30 min、45 min、60 min、80 min 和 100 min，试验结果如图 2-103 所示。

由图 2-103 可知，当熔炼时间达到 60 min 时，铅直收率和固硫率分别达到 97.26% 和 96.27%；继续延长熔炼时间，无明显变化，因此本实验确定最佳的熔炼时间为 60 min。

3）综合扩大试验

（1）试验产物量及成分

根据条件试验结果，确定最优条件：1.0 倍理论量的次氧化锌烟灰、3.2 倍固态物量的 Na_2CO_3，熔炼温度为 880℃ 和熔炼时间为 60 min。在最优条件下进行规模为 400 g 硫化铅锌混合精矿/次的综合扩大试验，冶炼产物中粗铅、熔盐渣及水浸渣的质量及化学组成列于表 2-128 中。

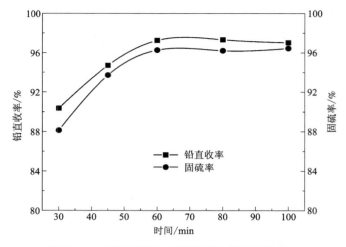

图 2-103　熔炼时间对铅直收率和固硫率的影响

表 2-128　最优条件下主要产物的产出量及其化学成分的质量分数　　单位：%

产物	质量/g	Pb	Zn	Fe	Cu	Sb	As	S	Na	Au	Ag
粗铅	111.06	98.52	0.015	0.014	0.19	0.038	0.11	—	—	0.0012	0.132
熔盐渣	880.32	0.301	22.67	3.820	0.004	0.002	0.015	10.99	46.32		
水浸渣	355.45	0.74	55.89	7.38	0.009	0.002	0.006	26.31	1.47	—	—

由表 2-128 可以看出，粗铅品位大于 98.50%，杂质较少，计算得金属铅的直收率为 97.15%，总回收率(按渣含铅计算)为 97.64%。水浸渣中 w_{Zn} 为 55.8%，符合锌精矿的标准，可直接出售。同时，熔盐渣中金、银等贵金属的含量难以检测出，说明它们均富集于粗铅中。

(2)金属平衡

综合扩大试验中主要元素的平衡情况见表 2-129，反应后各元素在粗铅、水浸渣和水浸液中的分配情况如图 2-104 所示。

由表 2-129 和图 2-104 可知，与单一硫化铅精矿的低温熔盐固硫还原熔炼一样，熔炼过程中精矿和次氧化锌烟灰中的铅几乎全部进入粗铅；Zn、S、Fe 和 In 主要进入水浸渣；Sb 和 Cu 大部分进入粗铅；Au、Ag 等贵金属几乎 100% 被粗铅捕集。因此，可考虑将高银锌铅精矿与铅精矿合炼，这对回收贵金属十分有利。

(3)熔炼渣物相分析

将熔盐渣和浸出后的固态渣的粒径研磨到 0.074 mm 以下，分别取样进行 XRD 衍射图谱分析，结果如图 2-105 和图 2-106 所示。

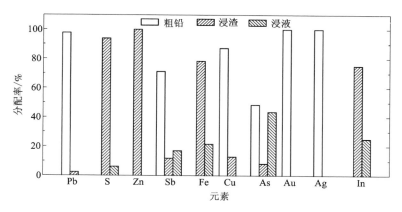

图 2-104 反应后主要元素在产物中的分配情况

表 2-129 熔炼过程中主要元素的质量平衡 单位：g

元素	加入			产出				偏差	
	精矿	锌烟灰	共计	粗铅	水浸渣	水浸液	共计	绝对/%	相对/%
Pb	100.08	11.67	111.75	108.57	2.64	—	111.21	-0.54	-0.48
Zn	107.28	91.87	199.15	0.017	198.653	—	198.67	-0.48	-0.24
Fe	32.56	0.11	32.67	0.015	26.232	7.242	33.49	0.82	2.51
Cu	0.216	0.016	0.232	0.21	0.031	—	0.241	0.09	38.79
Sb	0.048	—	0.048	0.042	0.007	0.01	0.059	0.011	22.92
As	0.024	0.23	0.254	0.12	0.02	0.108	0.248	0.06	23.62
S	98	—	98	—	93.51	6.16	99.67	1.67	1.70
Au	0.001	—	0.001	0.0013	—	—	0.0013	0.0003	30
Ag	0.132	—	0.132	0.145	—	—	0.145	0.013	9.85
In	0.04	0.115	0.155	—	0.111	0.037	0.148	0.007	-4.5

　　由图 2-105 可知，熔盐渣的主要成分仍是 Na_2CO_3，说明反应前后熔盐的化学形态未发生改变，可大部分热态返回再用。由图 2-106 可知，硫绝大部分以 ZnS 的形式被固定在固态渣中，计算可得 ZnO 固硫率为 95.42%。

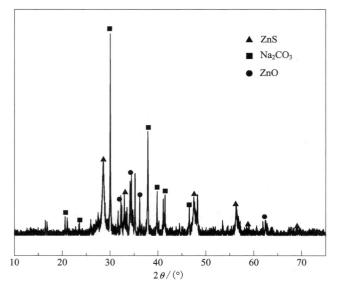

图 2-105　熔盐渣的 XRD 衍射图谱

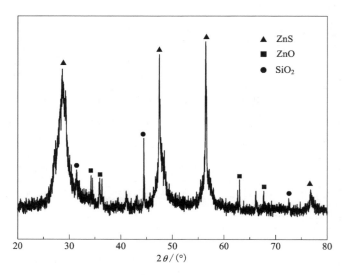

图 2-106　水浸渣的 XRD 衍射图谱

4. 小结

(1)本节分别研究了单一硫化铅精矿和硫化铅锌混合精矿的低温熔盐还原固硫炼铅新工艺。在最优条件下，熔炼两种硫化铅精矿均取得了良好的技术指标，其中粗铅品位分别为 98.39% 和 98.52%，渣含铅量 $w(Pb)$ 分别为 0.46% 和 0.74%，铅直收率分别为 98.87% 和 97.15%，渣含锌量 $w(Zn)$ 分别为 27.84% 和 55.89%，固硫率分别为 96.87% 和 95.42%。

（2）新工艺和目前主流工艺——基夫赛特法（Kivcet process）及密闭鼓风炉还原熔炼（ISP）工艺综合技术指标的比较见表 2-130。

表 2-130　新工艺与当前主要火法炼铅工艺的技术指标对比

工艺方法	温度/℃	粗铅品位/%	渣含铅，$w(Pb)$/%	铅回收率/%	硫产物形态
低温熔盐炼铅	<900	>98	<1.0	>97	ZnS
基夫赛特法	>1200	<98	<3.0	<95	SO_2
密闭鼓风炉炼铅锌	>1200	<98	<3.0	<95	SO_2

由表 2-130 可见，新工艺在降低熔炼温度、节能降耗、提高金属回收率和保护环境等方面具有较大的优势。

2.3.4　再生铅冶炼

1. 概述

废铅酸蓄电池是生产再生铅的主要原料，约占再生铅原料的 90%。目前工业上从废铅酸蓄电池中回收铅的主要方法和途径一般可分为三类，具体情况如表 2-131 所示。

表 2-131　目前工业上生产再生铅的主要方法和途径

方法和途径	基本原理	主要缺点
反射炉铁屑沉淀熔炼法	$PbSO_4 \Longrightarrow PbO+SO_3$ $PbO+Fe \Longrightarrow Pb+FeO$ $2PbO+C \Longrightarrow 2Pb+CO_2$	熔炼温度高（>1200℃），能耗大，铅蒸气和 SO_2 排放超标，污染严重，金属回收率低，生产率低
碳酸铵转化-短回转窑或反射炉还原熔炼	$PbSO_4+(NH_4)_2CO_3 \Longrightarrow$ 　　　$PbCO_3+(NH_4)_2SO_4$ $PbCO_3+C \Longrightarrow Pb+CO_2+CO$	熔炼温度高（>1200℃），流程较长，硫酸铵废水难以处理，成本高
硫化铅精矿富氧底吹氧化熔炼过程中搭配冶炼	$PbSO_4 \Longrightarrow PbO+SO_3$ $4PbO+3C \Longrightarrow 4Pb+CO_2+2CO$ 或 $PbO+CO \Longrightarrow Pb+CO_2$	实质为原生铅的氧化冶炼过程，$PbSO_4$ 分解需要大量热量，造成炉内热量难以平衡，炉况容易波动，因此搭配比例受限制

由表 2-131 可知，不管是采用上述哪种方法，当前工业上生产再生铅的过程均存在熔炼温度高（>1200℃）、能耗大和铅蒸气挥发及 SO_2 烟气排放污染环境等问题，因此亟待开发一种清洁、低温和环保的再生铅冶炼新技术。

全湿法冶金工艺虽然可以解决再生铅冶炼过程中铅蒸气挥发和 SO_2 烟气排放等问题，但由于其存在着流程过于复杂、反应速度慢、产生的废液难以处理和生产成本较高等问题，离实现产业化还有较长的距离。低温熔盐冶金兼有火法冶金和湿法冶金两方面的特点，一方面，该冶金过程是在远高于传统湿法冶金的温度下进行的，因此具有较快的反应速度和较好的传热、传质效果，这点和火法冶金很类似；另一方面，该冶金过程的反应温度一般要高于作为反应介质的熔盐的熔点，但又远低于传统的 $CaO-SiO_2-FeO$ 体系的造渣温度，因此冶金过程不会发生造渣反应，而是进行类似于湿法冶金过程中的液-固-气反应或在液态反应介质中的固-固-气反应，具备了湿法冶金的特点。

作者学术团队在原生铅低温熔盐冶金的基础上，提出了再生铅的低温熔盐清洁冶金新工艺，即以碳酸钠作熔盐介质，在 800~900℃温度下还原固硫熔炼废铅酸蓄电池胶泥生产粗铅，硫被固定为 ZnS，通过选矿方法以硫化锌精矿回收，冶炼过程中无 SO_2 烟气排放，熔盐介剂可以循环利用。

本节重点介绍再生铅的还原固硫熔炼过程，首先通过单因素条件试验考察了熔炼温度、反应时间、碳酸钠用量和次氧化锌烟灰用量等因素对熔炼过程中铅直收率和固硫率的影响，优化工艺技术条件；再通过综合扩大试验考察主要技术指标及 Pb、Zn、S、Sb 等主要元素在熔炼过程中的行为和走向。

2. 试料与工艺流程

以河南豫光金铅集团破碎分选后的废铅酸蓄电池胶泥作为试验原料，其化学成分和物相组成见表 2-132 及表 2-133，X 射线衍射结果如图 2-107 所示。

表 2-132　废铅酸蓄电池胶泥化学成分的质量分数　　　　　单位：%

Pb	S	Sb	Fe	Al
69.86	5.60	0.71	0.69	<0.03

表 2-133　废铅酸蓄电池胶泥各物相组成的质量分数　　　　　单位：%

总 Pb	$PbSO_4$ 中 Pb	PbO 中 Pb	PbO_2 中 Pb	金属 Pb
69.86	32.89	12.17	23.26	1.54

由表 2-132 及表 2-133 可知，胶泥中 $w(Pb)$ 约 70%，其物相组成以硫酸铅为主，其次是铅的氧化物，杂质含量较低，主要为 Sb 和 Fe，这与文献报道的基本一

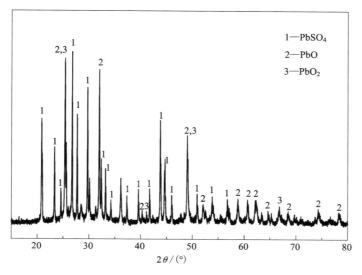

图 2-107　废铅酸蓄电池胶泥的 XRD 图谱

致。表 2-133 和图 2-107 说明，废铅酸蓄电池胶泥主要成分为 $PbSO_4$、PbO 和 PbO_2，因此再生铅冶炼的实质是如何将 $PbSO_4$ 等冶炼成单质铅。

低温熔盐冶炼再生铅的原则工艺流程如图 2-108 所示。具体的实验方法和操作步骤如前所述。

由图 2-108 可以看出，该工艺流程闭路循环，具有低温、低碳和清洁生产等优点，且可以实现高氟氯次氧化锌烟灰中铅、锌的回收和增值。

3. 条件试验研究

分别进行了次氧化锌烟灰及苏打用量、熔炼时间及温度等因素的条件试验，因采用石墨坩埚作反应器，还原剂焦粉用量可能考察不准确，因此不做具体试验，其他因素试验中均将焦粉用量固定为 2 倍理论量。

1）次氧化锌烟灰用量的影响

取 2.8 倍固态物量的 Na_2CO_3，在温度为 880℃时熔炼 60 min，改变反应体系中次氧化锌烟灰的加入量，试验结果如图 2-109 所示。

由 2.3.2 节中 $PbSO_4$ 低温熔盐固硫反应的机理研究可知，ZnO 固硫的实质是由于发生了式（2-166）反应。从热力学平衡的角度分析，增加反应体系中的 ZnO 量可以促使固硫反应向正向进行，因此适当增加 ZnO 的用量对固硫是有利的。但正如上述分析可知，过多地加入 ZnO 又会造成反应体系黏度的提高，影响反应的传质、传热和产物的澄清分离。从图 2-109 可以看出，当次氧化锌烟灰加入量增加至 1.0 倍理论用量时，固硫率基本保持稳定，变化很小，说明 ZnO 的固硫反应 [式（2-166）] 已经基本上达到了平衡：

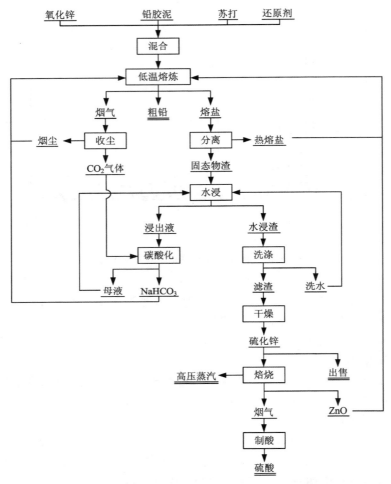

图 2-108 再生铅硫化精矿低温还原固硫熔炼的原则工艺流程

$$Na_2SO_4+C+ZnO \xlongequal{\quad} ZnS+Na_2CO_3+CO_2(g) \qquad (2-166)$$

继续加入 ZnO 烟灰用量只会恶化熔体的物化性质, 造成铅直收率的下降, 因此本实验确定的次氧化锌烟灰用量为其理论用量。

2) 熔炼时间的影响

取 1.0 倍理论用量的次氧化锌烟灰、2.8 倍固态物量的 Na_2CO_3, 在温度为 880℃时分别熔炼 30 min、45 min、60 min、80 min 和 100 min, 试验结果如图 2-110 所示。

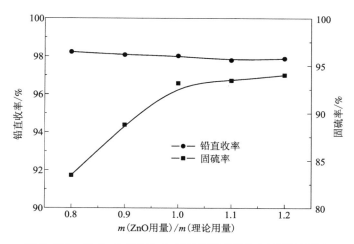

图 2-109　次 ZnO 烟灰加入量对铅直收率和固硫率的影响

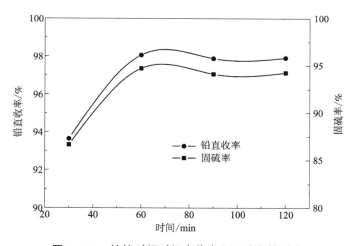

图 2-110　熔炼时间对铅直收率和固硫率的影响

由图 2-110 可知，当熔炼时间未达到 60 min 时，铅直收率和固硫率均随着反应时间的延长而迅速提高。当熔炼时间从 30 min 延长到 60 min 时，铅直收率和固硫率分别从 93.64% 和 86.65% 提高到 98.06% 和 94.7%；继续延长熔炼时间，铅的产出率和 ZnO 的固硫效果无明显变化。熔炼时间越长，还原固硫反应进行得更加充分，越接近其平衡状态，就可使反应产物在熔盐中的分层更加彻底，有利于减少金属在渣中的机械损失。然而熔炼时间越长，能耗越大，生产效率越低，因此本实验最适宜的熔炼时间为 60 min。

3）熔炼温度的影响

取 1.0 倍理论用量的次氧化锌烟灰、2.8 倍固态物量的 Na_2CO_3，时间为 60 min，改变反应体系的熔炼温度，试验结果如图 2-111 所示。

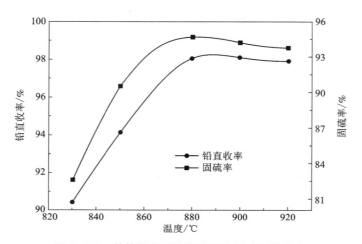

图 2-111　熔炼温度对铅直收率和固硫率的影响

提高温度可以加快反应速度，降低熔体黏度，改善熔炼过程的传质、传热和产物澄清、分离效果。由 2.3.2 节中对 $PbSO_4$-Na_2CO_3-C-ZnO 体系反应机理的研究可知，ZnO 固硫反应[式(2-166)]的温度必须达到 850℃左右才能够进行完全，因此硫酸铅的低温熔盐炼铅过程的温度也必须控制在 850℃以上才适宜。从图 2-111 可以看出，当熔炼温度低于 880℃时，随着温度的升高，铅直收率和固硫率急剧提高，而当温度高于 880℃后，铅直收率和固硫率变化不大，说明固硫反应[式(2-166)]在 880℃时已基本达到平衡，这与前面的研究结果一致，此时继续升高温度对改善熔炼效果没有太大意义。因此从节能和降低熔盐挥发率的角度综合考虑，本实验确定最适宜的熔炼温度为 880℃。

4）Na_2CO_3 用量的影响

取 1.0 倍理论用量的次 ZnO 烟灰，在温度为 880℃时熔炼 60 min，改变反应体系中 Na_2CO_3 的加入量，试验结果如图 2-112 所示。

由 2.3.2 的研究结果可知，Na_2CO_3 在 $PbSO_4$ 的低温熔盐炼铅过程中既是反应介质，也直接参与式(2-173)反应生成 PbO 和 Na_2SO_4，其中 PbO 被碳还原生成金属 Pb 的反应是该体系产出铅的主要反应。因此增加 Na_2CO_3 用量不仅可以降低熔体的黏度，改善反应体系"三传"效果，同时也可以促进铅的产出和 ZnO 固硫

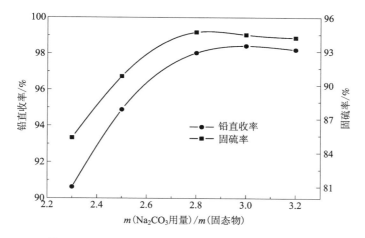

图 2-112　Na_2CO_3 用量对铅直收率和固硫率的影响

反应向正向进行，提高铅直收率和固硫率。从图 2-112 可以看出，Na_2CO_3 用量从 2.3 倍增加到 2.8 倍固态物量时，铅直收率和固硫率分别从 90.62% 和 85.33% 快速提高到 98.04% 和 94.7%；之后继续增加 Na_2CO_3 用量，铅直收率和固硫率的变化均不大，说明此时还原固硫反应已经达到平衡：

$$PbSO_4+Na_2CO_3 \stackrel{}{=\!=\!=} PbO+Na_2SO_4+CO_2(g) \qquad (2-167)$$

Na_2CO_3 用量已经足够充分，因此本实验确定最适宜的熔盐用量为 2.8 倍固态物量。

3. 综合扩大试验

1）试验产物量及成分

根据条件试验结果，确定最优条件：$m(ZnO)/m(理论量)=1$、$m(Na_2CO_3)/m(固态物)=2.8:1$、熔炼温度 880℃和熔炼时间 60 min。在最优条件下进行规模为 400 g 废铅酸蓄电池胶泥/次的综合扩大试验，冶炼产物中粗铅、熔盐渣及水浸渣的重量及化学组成列于表 2-134 中。

表 2-134　最优条件下主要产物的产出量及其化学成分的质量分数　　单位：%

产物	重量/g	Pb	Zn	Fe	Cu	Sb	As	S	Na	In
粗铅	284.07	98.96	0.054	—	0.002	0.55	0.009	—	—	—
熔盐渣	673.31	0.35	6.83	0.41	0.0003	0.059	0.087	3.41	35.24	0.009
水浸渣	121.54	1.73	37.55	2.26	0.001	0.24	0.268	18.33	12.42	0.032

由表 2-134 可以看出，粗铅品位高达 98.96%，杂质较少，计算得金属铅的直收率为 98.50%，总回收率（按渣含铅量计算）为 99.26%。水浸渣中 w_{Zn} 为 37.55%，经浮选后可获得标准的锌精矿。

2）金属平衡

综合扩大试验中主要元素的平衡情况见表 2-135，反应后各元素在粗铅、水浸渣和水浸液中的分配情况如图 2-113 所示。

由表 2-135 和图 2-113 可知，再生铅低温熔炼过程中主金属和硫的平衡情况良好：废铅酸蓄电池胶泥和次氧化锌烟灰中的铅几乎全部进入粗铅；Zn、S、Fe 和 In 主要进入水浸渣；Sb 和 Cu 大部分进入粗铅，这与前面的理论分析结果相符合，也与原生铅冶炼过程相同。

表 2-135　熔炼过程中主要元素的质量平衡　　　　　单位：g

元素	加入			产出				偏差	
	废铅胶泥	锌烟灰	共计	粗铅	水浸渣	水浸液	共计	绝对/%	相对/%
Pb	279.44	5.95	285.39	281.12	2.37	0	283.49	-1.90	-0.67
Zn	0	46.82	46.82	0.15	45.80	0	45.96	-0.86	-.185
Fe	2.76	0.06	2.82	0.000	2.20	0.29	2.49	-0.33	-11.87
Cu	0	0.008	0.008	0.006	0.0017	0	0.007	-0.001	-7.15
Sb	2.04	0	2.04	1.56	0.2994	0.02	1.88	-0.16	-7.76
As	0	0.61	0.61	0.026	0.1696	0.35	0.55	-0.06	-10.62
S	22.4	0.0007	22.40	0	21.78	1.83	23.61	1.21	5.39
In	0	0.059	0.059	0	0.052	0.002	0.05	0.00	-7.82

3）熔盐渣物相分析

将熔盐渣和浸出后的固态渣的粒径研磨到 0.074 mm 以下，分别取样进行 XRD 衍射图谱分析，结果如图 2-114 和图 2-115 所示。

由图 2-114 可知，熔盐渣的主要成分仍是 Na_2CO_3，说明反应前后熔盐的化学形态未发生改变，可大部分热态返回再用，少部分用湿法再生，从而实现循环使用。

由图 2-115 可知，硫绝大部分以 ZnS 的形式被固定在固态渣中，通过计算可知固硫率为 94.52%。

4）主要技术经济指标

表 2-136 列出了冶炼再生铅的新工艺和传统的铁屑还原熔炼工艺的主要技术指标。

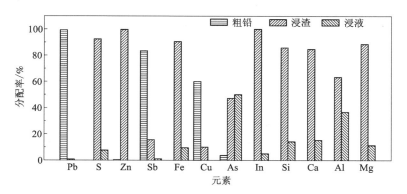

图 2-113　再生铅低温熔炼冶金过程中主要元素在产物中的分配

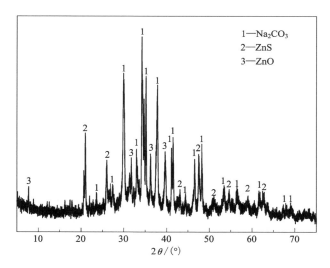

图 2-114　熔盐渣的 XRD 衍射图谱

由表 2-136 可以看出，和传统工艺相比，再生铅低温还原固硫熔炼无论是经济指标还是环境效益都远胜于传统工艺。

表 2-136　本工艺与传统铁屑还原熔炼工艺主要技术指标的对比

冶炼方法	粗铅品位/%	铅回收率/%	渣含铅，w_{Pb}/%	熔炼温度/℃	硫产物形态
低温熔盐冶炼	>98.50	>98	<2.0	<900	ZnS
铁屑还原熔炼	<97	<85	>3.0	>1200	低浓度 SO₂

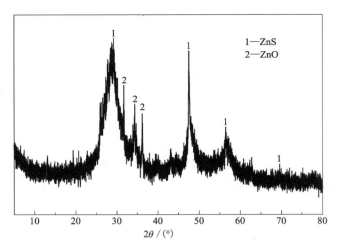

图 2-115　浸出渣的 XRD 衍射图谱

4. 小结

（1）以废铅酸蓄电池胶泥为原料，深入研究了再生铅的低温熔盐还原固硫熔炼新工艺，在优化条件下获得的粗铅品位为 98.96%、铅直收率为 98.50%、ZnO 固硫率为 94.52%、水浸渣中的 w_{Pb} 为 0.95%。

（2）与传统再生铅生产工艺相比，低温熔盐还原固硫熔炼可以大幅度降低熔炼温度，消除了铅蒸气和低浓度二氧化硫烟气造成的低空污染，提高了金属回收率，而且在实现再生铅低温冶炼的同时，还可以实现另一种难处理的二次资源次氧化锌烟灰中铅锌的高效分离和 In 的回收，具有低温、低碳和清洁生产的优点。

2.4　锑的低温熔盐冶金

2.4.1　概　述

锑是一种小金属，其产量和消费量都较铅、锌、铜等大金属少得多，但在现代工业生产中却是不可或缺的；我国是主要锑资源国和生产国，每年的产量在 100 kt 以上。由于性质特殊（易氧化挥发、与砷和金伴生），锑不宜采用富氧强化熔炼，主要生产方法仍为沿用了几十年的鼓风炉挥发熔炼，低浓度 SO_2 直接被排放高空，产生的酸雨、酸雾带来严重的环境危害。

进入 20 世纪后，随着人们环保意识的增强和对生态环境的关注，对工业企业的生产排放标准和能耗都提出了更高的要求，最新的大气 SO_2 排放标准为

400×10^{-6}（出自《GB 16297—1996》），而锑冶炼烟气中 SO_2 的 φ_{SO_2} 多高于 1%，因此锑冶炼厂都面临着低浓度 SO_2 的治理难题，目前是用石灰或石灰石中和处理，达标排放。

基于改变冶炼工艺，从源头上将硫固定回收，治理和遏制锑冶炼造成环境污染的思路，作者学术团队提出了硫化锑精矿低温熔盐炼锑新方法，其原则工艺流程如图 2-116 所示。

在系统研究基础理论的基础上，以单一硫化锑精矿和金锑精矿为研究对象，分别在碳酸钠熔盐、Na_2CO_3-NaCl 熔盐和 Na_2CO_3-KCl 熔盐中进行还原固硫熔炼新工艺研究，均取得了较好的结果。与传统工艺比较，新工艺大幅度降低了炼锑温度，一步产出粗锑，彻底消除了低浓度 SO_2 烟气的污染，无疑对锑冶炼技术的进步具有重要意义。本大节将详细介绍硫化锑精矿低温熔盐炼锑的基础理论和新工艺的研究成果。

2.4.2　基础理论

1. 过程热力学

硫化锑精矿的低温熔炼是在 600~1000℃进行的，精矿的主要成分为硫化锑，同时还含有少量氧化锑，在冶炼过程中硫化锑也可能生成中间产物——氧化锑，因此需要先考察低温还原熔炼的热力学可行性。低温冶炼过程的热力学趋势与高温过程不同，高温下较易进行的反应在低温下可能较难进行，而精矿中脉石和杂质的成分既可能相互反应，也可能与熔盐发生反应。

日本学者渡边元雄和苏联学者分别进行了固态氧化锑和液态氧化锑的低温还原反应 [$Sb_2O_3(s)+3CO \Longrightarrow 2Sb(s)+3CO_2(g)$ 和 $Sb_2O_3(l)+3CO \Longrightarrow 2Sb(l)+3CO_2(g)$] 的热力学计算，同时测定了反应所需 CO 的浓度。结果表明，在 500℃时，只需 φ_{CO} 为 0.1% 的 CO 已足够还原 Sb_2O_3，随着温度的升高，所需 CO 浓度增大。但是在熔盐炼锑过程中由于大量熔盐的加入，使 Sb_2O_3 浓度稀释较多，活度 $a<1$，因此也需要考察在低活度下 Sb_2O_3 的还原。

1）Sb-S-O 系平衡

Sb_2S_3 的还原固硫熔炼是直接熔炼过程，加入固硫剂可以降低硫分压，而还原剂的加入可以改变氧分压，最终反应产物与还原过程的温度、氧分压和硫分压相关。因此，我们采用 Factsage 热力学软件计算了在总压为 1×10^5 Pa 及不同温度和分压下的优势区图，以确定直接低温炼锑的可行性和反应产物的存在形态。在400~1100℃时，Sb-S-O 系的热力学平衡图如图 2-117 所示。

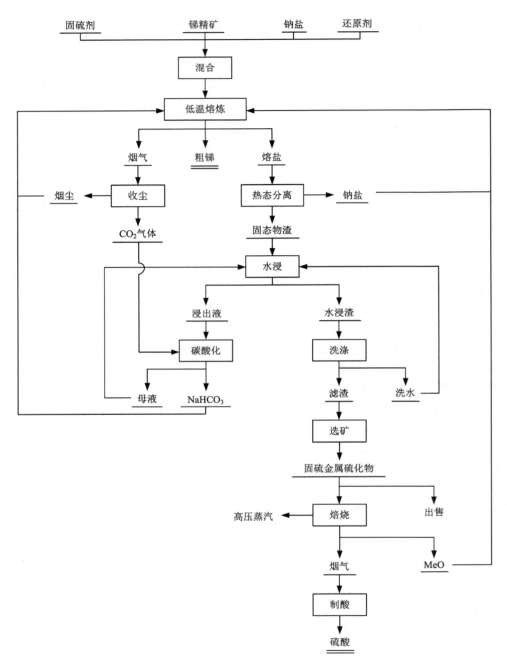

图 2-116　硫化锑精矿低温熔盐炼锑的原则工艺流程

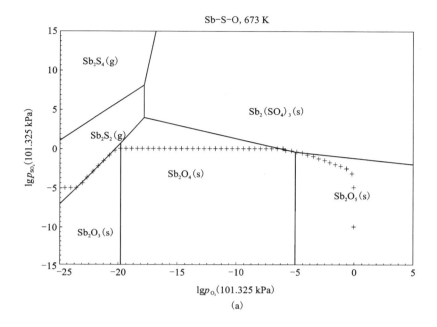

(a)

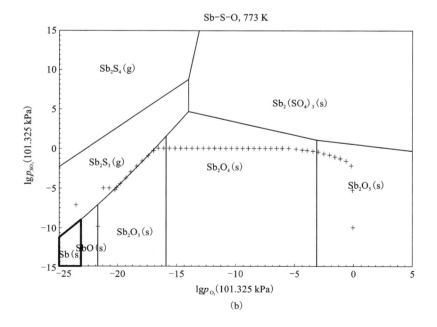

(b)

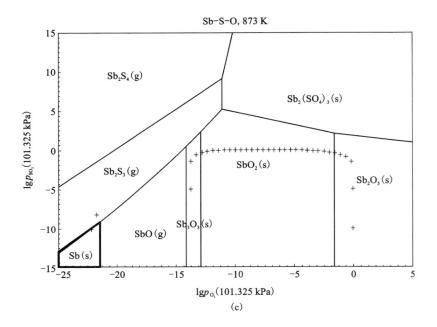

(c)

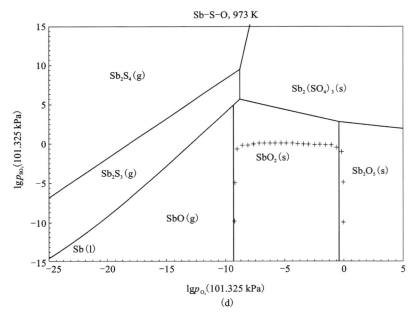

(d)

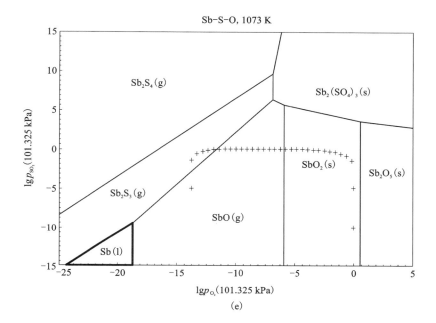

(e)

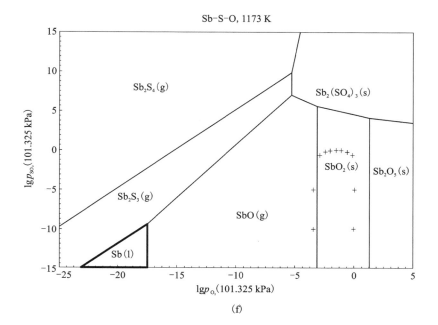

(f)

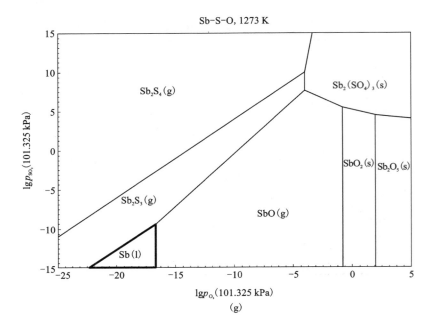

(g)

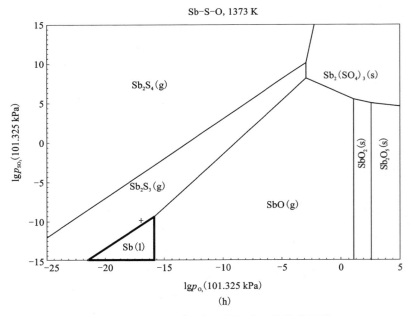

(h)

图 2-117 Sb-S-O 系在不同温度下的优势区图

从图 2-117 中可以看出，在 673 K(400℃)时，没有锑的稳定区存在，说明在此温度下进行直接冶炼无法产出金属锑；而当温度上升到 773 K(500℃)时，已出现一个较大的锑稳定区，说明合适的操作条件在此温度下可以直接冶炼出金属锑。然后，进一步升高温度，锑的稳定区缓慢增大并向右移，此时需尽量减小硫分压，而氧分压可适当增大，说明温度对锑的存在状态有较大影响。按图 2-117 中的比例和尺寸计算了金属锑的相对稳定区(面积)大小，如图 2-118 所示。

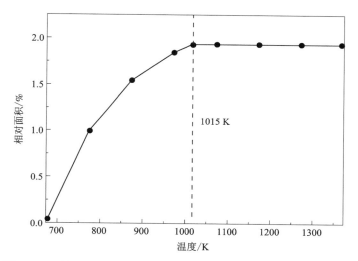

图 2-118　锑在 Sb-S-O 系图上稳定区相对面积大小与温度的关系

从图 2-118 中可以看出，随着温度的升高，锑的稳定区相对面积在逐渐增大，但增大的速度缓慢，超过 1015 K(742℃)后已不再增大，说明进一步提高温度对扩大锑的优势区并无意义，所以在较低温度(600~1000℃)内进行直接冶炼的条件是可控的。综上分析，低温直接炼锑是可行的。

2)反应 $\Delta G^{\ominus}-T$ 计算

在熔炼过程中的反应主要有三大类，一是硫化锑冶炼的主反应，包括与 ZnO 和 Na_2CO_3 的还原固硫反应、Na_2S 再生反应；二是伴生硫化物的反应(PbS、Bi_2S_3、FeS_2、CuS、ZnS、$FeAsS$ 等)，由于金属的性质相近性，这些硫化物的反应与硫化锑类似；三为脉石成分(SiO_2、Al_2O_3、$MgCO_3$、$CaCO_3$ 等)，由于没有高温下的造渣反应，脉石可能会悬浮或溶于熔盐中，达到反应温度后酸性脉石也可能与碱发生反应。氯化钠性质较为稳定，不易与硫化物和脉石发生氯化反应，因此在计算时没有考虑 NaCl 的反应行为。表 2-137 为该体系中所有可能发生的反应。

表 2-137　熔炼体系中可能发生的反应

种类	反　　应	序号
熔炼主反应	$Sb_2S_3+3ZnO+3C = 2Sb+3ZnS+3CO(g)$	(2-168)
	$Sb_2S_3+3ZnO+1.5C = 2Sb+3ZnS+1.5CO_2(g)$	(2-169)
	$Sb_2S_3+3Na_2CO_3+6C = 2Sb+3Na_2S+9CO(g)$	(2-170)
	$Sb_2S_3+3Na_2CO_3+1.5C = 2Sb+3Na_2S+4.5CO_2(g)$	(2-171)
	$Na_2S+ZnO+CO_2 = Na_2CO_3+ZnS$	(2-172)
	$Na_2CO_3+C = Na_2O+2CO(g)$	(2-173)
	$Na_2O+C = 2Na+CO(g)$	(2-174)
	$Sb_2S_3+mNa_2S = Sb_2S_3 \cdot mNa_2S$	(2-175)
伴生硫化物	$2FeS_2 = 2FeS+S_2(g)$	(2-176)
	$FeS_2+2ZnO+C = Fe+2ZnS+CO_2(g)$	(2-177)
	$2PbS+2ZnO+C = 2Pb+2ZnS+CO_2(g)$	(2-178)
	$2Cu_2S+2ZnO+C = 4Cu+2ZnS+CO_2(g)$	(2-179)
	$2Bi_2S_3+6ZnO+3C = 4Bi+6ZnS+3CO_2(g)$	(2-180)
	$2FeAsS+5O_2(g) = As_2O_3+Fe_2O_3+2SO_2(g)$	(2-181)
	$As_2O_3+1.5C = 2As+1.5CO_2(g)$	(2-182)
	$2ZnS+2Na_2CO_3+C = 2Zn+2Na_2S+3CO_2(g)$	(2-183)
	$2PbS+2Na_2CO_3+C = 2Pb+2Na_2S+3CO_2(g)$	(2-184)
	$2FeS+2Na_2CO_3+C = 2Na_2S+2Fe+3CO_2(g)$	(2-185)
	$2Cu_2S+2Na_2CO_3+C = 4Cu+2Na_2S+3CO_2(g)$	(2-186)
	$Bi_2S_3+3Na_2CO_3+1.5C = 2Bi+3Na_2S+4.5CO_2(g)$	(2-187)
伴生脉石	$Al_2O_3+Na_2CO_3 = 2NaAlO_2+CO_2(g)$	(2-188)
	$SiO_2+Na_2CO_3 = Na_2SiO_3+CO_2$	(2-189)
	$CaCO_3 = CaO+CO_2$	(2-190)
	$MgCO_3 = MgO+CO_2$	(2-191)

根据文献提供的热力学数据，由式（2-46）计算出上述反应在温度为 500～1000℃时的标准吉布斯自由能变化（$\Delta G_T^\ominus$）值。硫化锑熔炼反应的 $\Delta G_T^\ominus$-T 关系如图 2-119 所示。

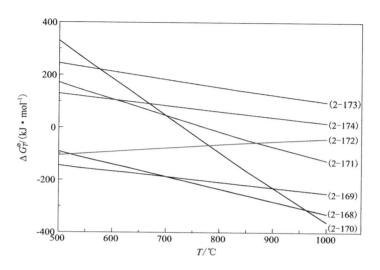

图 2-119　硫化锑熔炼反应的 $\Delta G_T^{\ominus}$-T 图

从图 2-119 中可以看出，Sb_2S_3 和 ZnO 在温度为 500～1000℃时按照式（2-168）、式（2-169）发生还原固硫反应生成金属锑和 ZnS，该反应的 $\Delta G_T^{\ominus}$-T 很负，并随着温度的升高而减小，说明热力学趋势很大。另外，Sb_2S_3 还会与 Na_2CO_3 熔盐按式（2-170）、式（2-171）发生反应，这两个反应在温度高于 700℃以后可以进行，但反应的吉布斯自由能变化值一直小于 ZnO 固硫反应，说明 ZnO 比 Na_2CO_3 固硫的趋势更大。同时生成的 Na_2S 也可以与 ZnO 和 CO_2 按照式（2-172）反应，使碳酸钠得以再生，即 Na_2CO_3 在熔炼过程中保持化学形态不变。值得注意的是，通过式（2-172）反应还可避免 Na_2S 与 Sb_2S_3 按照式（2-175）反应生成锑锍，从而降低金属锑的直收率。最后，碳酸钠的碳热分解反应的 $\Delta G_T^{\ominus}$ 在温度为 500～1000℃时都为正，说明反应发生较为困难，这也是 Na_2CO_3 稳定存在的必需条件。

伴生硫化物与 ZnO 还原固硫及自身反应如图 2-120 所示，在温度高于 750℃时，FeS_2 首先发生分解反应，而 PbS、Bi_2S_3、FeS_2 与 ZnO 的还原固硫反应趋势均很大，特别是硫化铅和硫化铋。毒砂的分解很容易进行，会生成氧化铁和氧化砷，As_2O_3 的还原反应也容易进行，使元素砷最终与锑一起进入粗金属中，故熔炼过程的主要产物 Pb、Bi、As 进入粗金属中，还有固硫产物 ZnS。

伴生硫化物与 Na_2CO_3 发生固硫反应的 $\Delta G_T^{\ominus}$-T 关系如图 2-121 所示。从图 2-121 中可以看出，ZnS 与 Na_2CO_3 反应的吉布斯自由能变化值在温度为 500～1000℃时均为正值，不与 Na_2CO_3 反应，所以产物 ZnS 可以稳定地在熔炼体系中存在。同时 FeS 和 PbS 与 Na_2CO_3 的反应在 850℃以下的温度时 $\Delta G_T^{\ominus}$ 都为正，也

不与 Na_2CO_3 反应，只有 Bi_2S_3 与 Na_2CO_3 反应的 $\Delta G_T^{\ominus}$ 较负，在熔炼过程中可能会发生反应。但这些硫化物与 ZnO 发生固硫反应的 $\Delta G_T^{\ominus}$ 更负，说明这些硫化物被 ZnO 固硫的趋势更大。

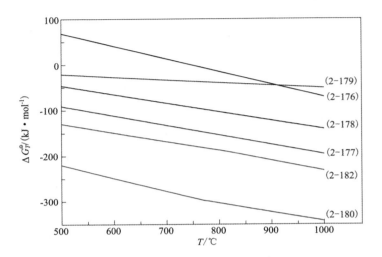

图 2-120　伴生硫化物 ZnO 固硫反应的 $\Delta G_T^{\ominus}$-T 图

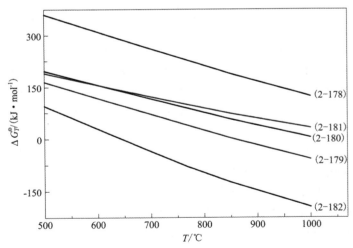

图 2-121　伴生硫化物与 Na_2CO_3 固硫反应的 ΔG_T-T 图

脉石与熔盐的反应与晶型有关，实践证明，石英及刚玉对 Na_2CO_3 熔体是惰性的，在不考虑晶体形态的情况下，二氧化硅生成硅酸钠的反应的 $\Delta G_T^{\ominus}$ 在温度为

500~1000℃时一直为负（见图2-122），说明反应很容易进行。氧化铝生成铝酸钠的热力学趋势较大，开始生成的温度约为675℃，而生成偏铝酸钠的温度则要达到800℃。碳酸钙的分解反应的$\Delta G^{\ominus}$在温度为900℃时等于0，说明在熔炼温度范围内有可能发生反应，视熔炼温度而定。

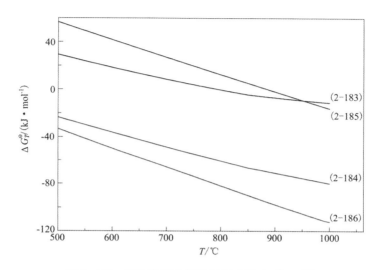

图2-122　伴生脉石在熔炼时反应的$\Delta G_T^{\ominus}$-T图

3）还原反应热力学平衡

（1）Sb_2O_3还原平衡

由于原料中有氧化态的锑，同时硫化锑矿的熔炼是在熔融盐中的碳还原过程，其中一个重要的过程是Sb_2O_3的还原，相对于传统的锑氧粉在反射炉中的还原过程，本工艺中的还原温度较低，Sb_2O_3浓度也由于大量熔盐的加入而稀释，计算不同浓度的Sb_2O_3在熔炼温度范围内的还原平衡就显得十分必要。

对于著名的布多尔反应$C+CO_2(g)\Longrightarrow 2CO(g)$，其反应平衡气相的浓度情况如图2-123所示。

氧化锑的还原反应：

$$Sb_2O_3+3CO \Longrightarrow 2Sb+3CO_2 \tag{2-192}$$

该反应的$\Delta G_T^{\ominus}$与温度的关系如图2-124所示，由图中数据可拟合$\Delta G_T^{\ominus}$与T的关系式：

$$\Delta G_T^{\ominus}=-161.7122+1.68\times10^{-3}T+2.3722\times10^{-5}T^2 \qquad (R^2=1) \tag{2-193}$$

图2-124中的虚线为A.A.罗兹洛夫斯基推导的方程曲线，可以看出，两条曲线的趋势一样，但在数据上有一个差距，可能因为数据库采用的来源不同。

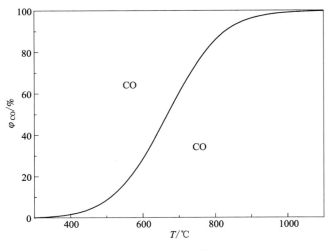

图 2-123　碳气化反应的平衡图

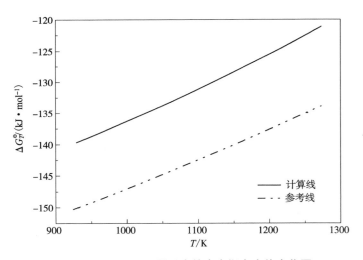

图 2-124　Sb_2O_3 还原反应的吉布斯自由能变化图

设 φ_{CO+CO_2} = 100%，计算了在 $x(Sb_2O_3)$ = 1、0.01 和 0.0001 时反应平衡的 φ_{CO}，并与 CO_2 汽化反应的平衡过程一起作图，结果如图 2-125 所示。

从图 2-125 中可以看出，在温度超过 400℃时，氧化锑还原的平衡线就在碳气化反应的平衡线以下，说明此时的 φ_{CO} 足够氧化锑还原，而且锑都能稳定存在，即使熔体中 $x(Sb_2O_3)$ = 0.0001，在温度为 800℃时所需的 φ_{CO} 也仅为 13%。此时

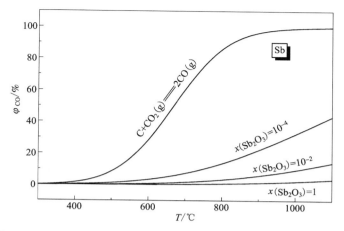

图 2-125　Na_2CO_3-NaCl 熔盐中不同浓度 Sb_2O_3 还原的热力学平衡

碳气化反应的 φ_{CO} 为 83%，足够还原所需平衡气氛，因而在熔盐中氧化锑的低温还原在热力学上是可行的。

（2）ZnO 还原平衡

作为固硫剂而加入的 ZnO 是反应体系中的主要氧化物，其还原行为也需要得到关注，过多的还原会影响固硫反应和碳酸钠再生反应的效果。该反应的 $\Delta G_T^{\ominus}$ 与温度的关系如图 2-126 所示。

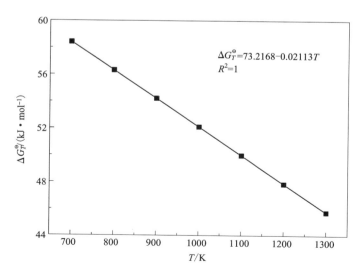

图 2-126　ZnO 还原反应的吉布斯自由能变化图

对于反应 ZnO+CO══Zn+CO₂，设 $\varphi_{CO}+\varphi_{CO_2}=100\%$，计算了在 $x_{ZnO}=1$、0.01 和 0.0001 时反应平衡的 φ_{CO}，并与 CO₂ 汽化反应的平衡过程一起作图，结果如图 2-127 所示。

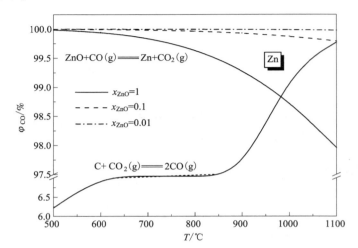

图 2-127　Na₂CO₃-NaCl 熔盐中不同浓度 ZnO 还原的热力学平衡

由图 2-127 可见，在 100% ZnO 浓度的情况下，在 950℃ 以下 CO 平衡浓度也不足以满足 ZnO 还原所需，因而是不能被还原的，但作为固硫剂是可行的。

（3）固硫还原平衡

熔炼的主体反应为硫化锑的还原固硫反应[式(2-194)]，低于 1000℃ 进行时，受 CO 和 CO₂ 平衡浓度的影响。

$$Sb_2S_3+3ZnO+3CO(g)══2Sb+3ZnS+3CO_2(g) \tag{2-194}$$

该反应的 $\Delta G_T^{\ominus}$ 与温度的关系如式(2-195)及图 2-128 所示。

$$\Delta G_T^{\ominus}=-214.4987+0.01363T+1.5473\times10^{-5}T^2 \quad (R^2=1) \tag{2-195}$$

将 Sb 和 ZnS 看作凝聚相，设 $\varphi_{CO}+\varphi_{CO_2}=100\%$，计算了在 $x(Sb_2S_3)$ 和 $x(ZnO)$ =1、0.01 和 0.0001 时的还原固硫反应平衡的 φ_{CO}，并与 CO₂ 汽化反应的平衡过程一起作图，结果如图 2-129 所示。

从图 2-129 中可以看出，温度超过 400℃，硫化锑固硫还原反应的平衡线就在碳气化反应的平衡线以下，说明此时的 φ_{CO} 足够硫化锑的固硫还原。随着反应的进行，熔体中 Sb₂S₃ 和 ZnO 的浓度都在降低，但即使在熔体中 $x(Sb_2S_3)$ 和 $x(ZnO)$ 都降至 0.0001 时，在 900℃ 时固硫还原所需平衡 φ_{CO} 也仅为 52%，而此时碳气化反应的 φ_{CO} 为 83%，足够还原所需的平衡气氛。因此，硫化锑的固硫还原反应在热力学上是可行的。

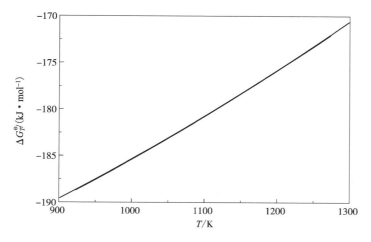

图 2-128 Sb$_2$S$_3$ 还原固硫反应的吉布斯自由能变化图

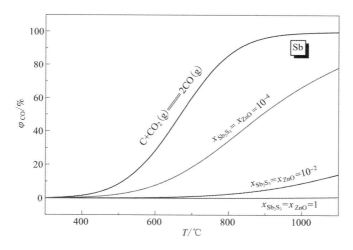

图 2-129 Na$_2$CO$_3$-NaCl 熔盐中不同浓度 Sb$_2$S$_3$ 还原固硫的热力学平衡

2. 过程动力学

硫化锑的碱性熔炼已有所研究，但对从硫化锑中析出金属锑的机理研究尚没有系统进行，有假设认为熔炼过程中生成了金属钠，它对碱性熔炼过程起到了催化作用，这有待证明。Sb$_2$S$_3$ 与 ZnO 的还原固硫反应机理和动力学更不清楚。与碱性熔炼相比，Na$_2$CO$_3$-NaCl 低温熔盐还原固硫熔炼可能有不同的反应历程，因此研究从硫化锑到金属锑的反应机理和历程，查清动力学步骤就显得十分必要。

本节介绍以纯硫化锑为研究对象的结果，详细研究在 Sb_2S_3-ZnO、Sb_2S_3-ZnO-C 等无钠盐体系和 Sb_2S_3-Na_2CO_3、Sb_2S_3-Na_2CO_3-C 等熔盐体系中从 Sb_2S_3 到金属锑的反应历程，并进行动力学计算，确定反应活化能和反应级数，最后分析其中主要伴生硫化物和脉石在熔炼过程中的行为，以全面揭示熔炼过程的反应机理。具体研究方案如图 2-130 所示，主要借助 TG-DTA/DSC 考察混合物热行为、XRD 检测产物物相，同时综合热力学计算分析反应行为。

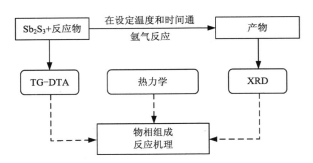

图 2-130　低温熔盐炼锑过程及实验研究方案略图

1）反应机理

（1）Sb_2S_3-ZnO 体系

图 2-131 是按式（2-196）的化学计量系数比例所配制的 Sb_2S_3 和 ZnO 混合物在 850℃时反应不同时间后产物的 XRD 图谱，所有实验都在高纯氩气保护下于管式炉中进行。

从图 2-131 中可以看出，反应在进行 5 min 以后就有 ZnS 和 Sb_2O_3 的峰出现，随着时间的延长，两者的峰都有所增强，说明相对含量也在增加；45 min 后峰的强度几乎不再增加，说明此时的反应已较为充分。为保证低温反应时也有足够的反应时间，在后面的实验中选取反应时间为 60 min，因为 Sb_2S_3 和 ZnO 的交互反应很容易进行。

$$Sb_2S_3+3ZnO \stackrel{}{=\!=\!=} Sb_2O_3+3ZnS \qquad (2-196)$$

为考察温度对两者反应的影响，把摩尔比为 1∶3 的 Sb_2S_3 和 ZnO 混合物分别在不同温度下保温 60 min，待惰性气体完全冷却后取样做 XRD 分析，结果如图 2-132 所示。

从图 2-132 中可以看出，在温度为 450℃之前，混合物基本上都没有发生反应，仍然为 Sb_2S_3 和 ZnO，但随着温度的升高，Sb_2S_3 的峰开始减弱。当继续升温到 500℃时，开始有 Sb_2O_3 和 ZnS 的峰出现，说明此时已经开始发生反应，因此两者的实际开始反应温度介于 475 至 500℃之间。但物相转化温度要高于此温度，

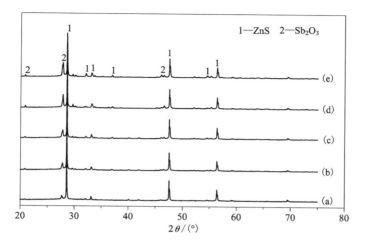

反应时间/min：（a）5；（b）15；（c）30；（d）45；（e）60。

图 2-131　Sb₂S₃-ZnO 体系在 850℃时不同时间反应产物的 XRD 图谱

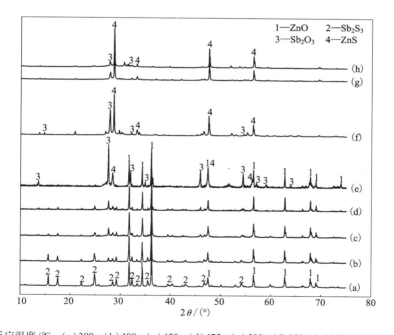

反应温度/℃：（a）300；（b）400；（c）450；（d）475；（e）500；（f）650；（g）850；（h）1000。

图 2-132　Sb₂S₃-ZnO 体系在不同温度下反应产物的 XRD 图谱

因为在此温度下转化 60 min 后反应仍进行得不充分，有较多未反应的 ZnO，说明其在动力学上较慢。随着反应温度进一步升高到 650℃，ZnO 的峰消失，只有 ZnS 和 Sb_2O_3 的峰。在此温度下反应 60 min 后，物料已充分反应，因此固硫反应可在此温度下进行。此后温度进一步升高到 850℃和 1000℃时，产物物相没有发生变化，只是 Sb_2O_3 的峰强相对减弱而 ZnS 没有发生变化，这是由于氧化锑挥发加剧，使得相对含量下降，氧化锑在熔融盐中的挥发会减缓，但转化温度也不宜超过 850℃。

（2）Sb_2S_3-ZnO-C 体系

在 Sb_2S_3 和 ZnO 的混合物中加入碳，以便固硫还原反应一步产出金属锑。为此，考察了这三种混合试料的反应行为，按式（2-197）的化学计量系数关系配制一定量的试样，首先把混合物在 850℃下反应不同时间，以考察产物的形态，结果如图 2-133 所示。

$$Sb_2S_3+2ZnO+3C \Longrightarrow 2Sb+3ZnS+3CO(g) \tag{2-197}$$

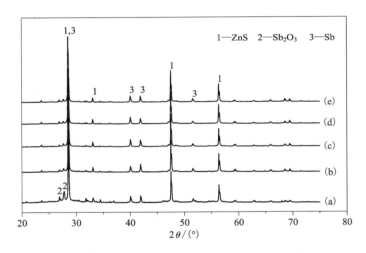

反应时间/min：(a)5；(b)15；(c)30；(d)45；(e)60。

图 2-133　Sb_2S_3-ZnO-C 体系在 850℃时不同时间反应产物的 XRD 图谱

从图 2-133 中可以看出，在反应进行 5 min 以后即有 Sb_2O_3、Sb 和 ZnS 生成，这与不加碳时一样，反应进行得很快，说明在此温度下不仅固硫还原进行得很快，氧化锑还原反应也同样进行得很快。随着时间的延长，Sb_2O_3 的峰则消失了，一方面随着反应的进行被还原成金属，另一方面 Sb_2O_3 挥发也会加剧。反应 60 min 后的最终产物只有 Sb 和 ZnS，因此在此温度下 60 min 内可完成 Sb_2S_3 的还原固硫反应。

　　同样考察了相同比例 Sb_2S_3-ZnO-C 混合物在不同温度下的反应情况，时间固定在 60 min，在高纯氩气保护下进行反应，结果如图 2-134 所示。

　　从图 2-134 中可以看出，温度在 450℃之前，三者基本上没有发生反应，仍为原混合物；当温度上升到 500℃时开始发生反应，主要生成 Sb_2O_3 和 ZnS，但反应仍没有彻底进行，反应物组分依然存在；当温度继续升高到 650℃时，反应物已全部消失，只有 Sb_2O_3 和 ZnS，但此时基本上没有生成金属锑，因为较多的 ZnS 存在于生成物中，使反应物在此温度下基本以固体粉料的形式存在，反应物相互接触不充分，固相直接碳还原较难进行；当温度超过 850℃后，出现了金属锑，说明还原反应可以进行，产物全部为 ZnS 和 Sb，还原固硫反应得以完全进行。当加入低温熔盐作为反应介质后，氧化锑的碳还原反应则会更容易进行，但温度不宜低于 500℃。

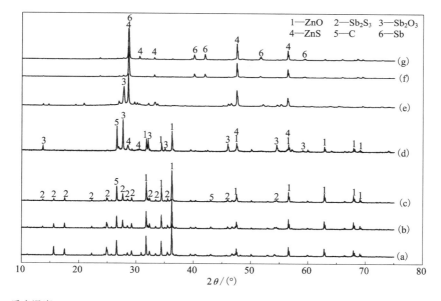

反应温度：(a) 300℃；(b) 400℃；(c) 450℃；(d) 500℃；(e) 650℃；(f) 850℃；(g) 1000℃。

图 2-134　Sb_2S_3-ZnO-C 体系在不同温度下反应产物的 XRD 图谱

（3）Sb_2S_3-Na_2CO_3 体系

　　因为本熔炼介质的主要成分为 Na_2CO_3 和 NaCl，根据碱性熔炼的实践，在有还原剂时硫化锑是可以直接与 Na_2CO_3 发生反应生成金属锑的，只是所需熔炼温度较高（900~1200℃），这将消耗 Na_2CO_3，从而改变熔盐的成分。对此，需要考察 Na_2CO_3 与 Sb_2S_3 的反应机理，按 $n(Sb_2S_3):n(Na_2CO_3)=1:3$ 配制混合物，在不同温度下反应 1 h 后取样进行 XRD 分析，结果如图 2-135 所示。

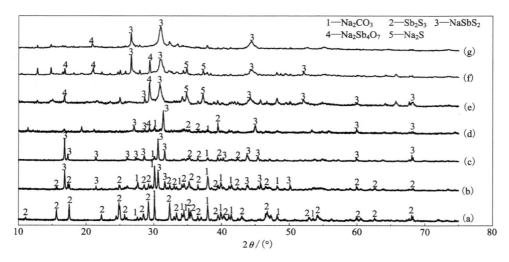

反应温度/℃：(a)300；(b)400；(c)500；(d)600；(e)700；(f)850；(g)1000。

图 2-135　Sb₂S₃-Na₂CO₃ 体系在不同温度下反应产物的 XRD 图谱

从图 2-135 可以看出，混合物在 300℃时仍没有反应，升到 400℃开始反应，有 NaSbS₂ 即锑锍生成，反应如式（2-198）所示。其中 Na₂S 可能通过式（2-199）反应生成，但该反应的 $\Delta G_T^{\ominus}$ 即使在 1000℃时也只有 74.09 kJ/mol，较难发生。Na₂S 易与 Sb₂S₃ 结合成 NaSbS₂，根据 Emlia 等的研究，新生成的 Na₂S 与 Sb₂S₃ 结合在常温下即可进行，从而能促进式（2-198）反应的进行。

$$Sb_2S_3+Na_2S \Longrightarrow 2NaSbS_2 \tag{2-198}$$

$$Sb_2S_3+3Na_2CO_3 \Longrightarrow 3Na_2S+Sb_2O_3+3CO_2(g) \tag{2-199}$$

$$\Delta G_T^{\ominus}=585.90-0.41T$$

随着温度的升高，Sb₂S₃ 和 Na₂CO₃ 的量开始减少，而 NaSbS₂ 的量开始增加，到 700℃时还生成了少量复合锑酸钠，可能是因为生成的氧化锑与 Na₂CO₃ 发生反应，反应如式（2-200）所示：

$$2Sb_2O_3+Na_2CO_3 \Longrightarrow Na_2Sb_4O_7+CO_2(g) \tag{2-200}$$

温度在 1000℃时的主要成分是 NaSbS₂，可见该化合物在此温度下也较稳定，所以在熔炼过程中要提高锑的回收率，尽量避免 Na₂S 的生成，使 S 尽可能多地被 ZnO 固定。

（4）Sb₂S₃-Na₂CO₃-C 体系

图 2-136 为加入碳还原剂后 Sb₂S₃ 和 Na₂CO₃ 及炭粉在不同温度下的反应产物的 XRD 图谱，混合物配比按反应式（2-201）各反应物前的系数比例计算，反应时间为 1 h，考察温度范围为 300~1000℃。

$$Sb_2S_3 + 3Na_2CO_3 + 6C = 2Sb + 3Na_2S + 9CO_2(g) \qquad (2-201)$$

与不加碳时相似，混合物在 300℃ 时也没有发生反应，升温至 400℃ 时开始反应，产物主要有 $NaSbS_2$，同时反应物的含量减少，到 650℃ 时已基本反应完成。随着反应温度的升高，有 $Na_2Sb_4O_7$ 和金属锑生成，这与 ZnO 还原固硫反应和 Na_2CO_3 的固硫反应相同；所不同的是在 850℃ 时还有 Na_2SO_4 生成，可能通过式 (2-202) 反应生成。该反应在 $T = 850℃$ 时，$\Delta G_T^{\ominus} = 39.153(kJ/mol)$；当 $T = 910℃$ 时，$\Delta G_T^{\ominus} = -0.317(kJ/mol)$，因此这一反应开始温度与 XRD 图谱的分析结果也较相近。总之，$Sb_2S_3 - Na_2CO_3 - C$ 体系 1000℃ 时的最终产物有 $NaSbS_2$、Na_2SO_4、$Na_2Sb_4O_7$ 和 Sb。

$$Sb_2S_3 + 3Na_2CO_3 + 2C = 2Sb + 2Na_2S + Na_2SO_4 + 5CO(g) \qquad (2-202)$$
$$\Delta G_T^{\ominus} = 901.7912 - 0.7674T \ (kJ/mol)$$

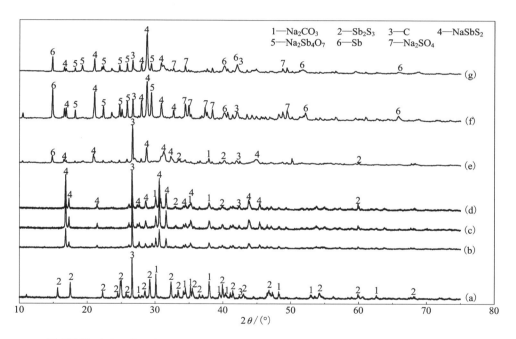

反应温度：(a)300℃；(b)400℃；(c)450℃；(d)500℃；(e)650℃；(f)850℃；(g)1000℃。

图 2-136　$Sb_2S_3 - Na_2CO_3 - C$ 体系在不同温度下反应产物的 XRD 图谱

从以上的研究可知，硫化锑在 $Na_2CO_3 - NaCl$ 熔盐中的还原固硫反应过程如图 2-137 所示，$Na_2CO_3 - NaCl$ 熔盐基本上只起惰性反应介质的作用，Sb_2S_3 首先与 ZnO 发生固硫反应并生成 Sb_2O_3 和 ZnS，Sb_2O_3 再被碳还原成金属锑。

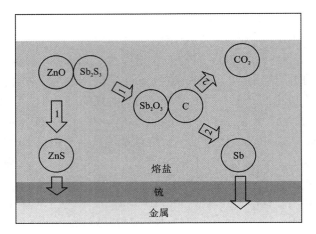

图 2-137　Sb₂S₃ 固硫还原熔炼示意图

2）Sb₂S₃-ZnO 反应动力学

用 Freeman-Carroll 法计算动力学方程具有测试简单、不需要考虑反应过程的优点。该方法的原理是基于差热（DTA）曲线与基线之间距离的变化反映了试样和参比物之间的温差的变化，而这种温差是化学反应的热效应所引起的，即产生热效应的大小与差热曲线和基线之间的峰面积 S 成正比关系。

$$\Delta H = KS \tag{2-203}$$

式中：ΔH 为反应热；S 为峰的面积。

一个典型的 DTA 吸热峰如图 2-138 所示。

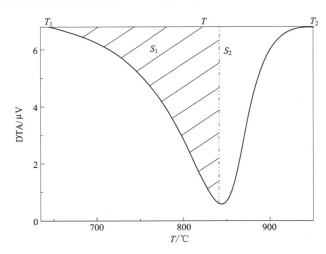

图 2-138　Freeman-Carroll 法计算反应动力学示意图

设峰的起始温度分别是 T_1 和 T_2，整个 DTA 峰与基线的总面积为 S，温度 $T_1 \rightarrow T$ 的曲线面积为 S_1，$T \rightarrow T_2$ 的曲线面积为 S_2，所以 $S = S_1 + S_2$。

Sb$_2$S$_3$ 与 ZnO 按式(2-196)的化学计算系数配制混合物，进行 TG-DTA 测试，条件如下：升温速度 10°/min、氮气流量 100 mL/min、升温区间 25~1000℃，结果如图 2-139 所示。

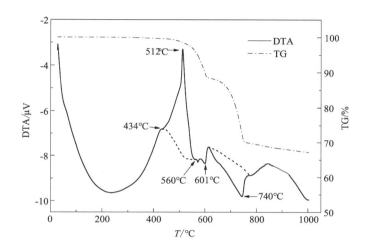

图 2-139　ZnO-Sb$_2$S$_3$ 混合物的 TG-DTA 图谱

从图 2-139 中可以看出，前 200℃ 有吸热峰，为混合物吸附水的脱除，第一个放热峰的出现从 434℃ 开始到 560℃ 结束，峰值温度为 512℃，根据以上研究可知，ZnO 和 Sb$_2$S$_3$ 的反应在 475 至 500℃ 之间，同时由热力学计算确定该反应为放热反应，因此这一放热峰为 ZnO 和 Sb$_2$S$_3$ 的放热反应峰。第二个和第三个弱吸热峰分别在 601℃ 和 740℃ 处，根据 Padilia 等对辉锑矿挥发的研究结果，这两个峰为硫化锑熔化吸热峰和挥发吸热峰。

利用 Freeman-Carroll 法对图 2-139 中 DTA 曲线上的第一个放热峰进行分析计算，结果如图 2-140 所示，拟合的方程为 $Y = 0.2454 - 11323.24 \times (R^2 = 0.998)$，计算得反应级数 $n = 0.2454$，斜率为 $-11323.24 = -E/2.303R$，还可计算反应活化能 $E = 216.81$ kJ/mol。

3) 伴生金属及脉石反应行为

由上文可知，硫化锑精矿除 Sb$_2$S$_3$ 外，还伴生有其他硫化物和脉石成分，它们在熔炼过程中的行为是必须关注的。它们的可能去向有三种：被还原后进入粗金属，与熔盐反应，不与熔盐反应并形成悬浮渣。根据热力学计算可知，金属硫化物如 PbS、Bi$_2$S$_3$ 等可能与 Sb$_2$S$_3$ 一起被还原后进入粗金属中，脉石中的 SiO$_2$、

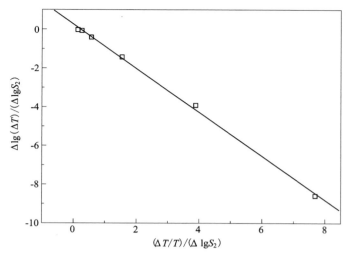

图 2-140　ZnO-Sb$_2$S$_3$ 反应的 Freeman-Carroll 动力学曲线

Al$_2$O$_3$ 等则可能与熔盐反应，还有一些成分如 CaCO$_3$、FeS 等不与熔盐反应和还原，最终会因密度差别和体系黏度影响而分散或沉降于熔盐中。结合原矿的成分及物相分析，选取 PbS、Bi$_2$S$_3$、Cu$_2$S、FeS$_2$ 等硫化物和脉石成分 Al$_2$O$_3$、SiO$_2$、CaCO$_3$ 等为研究对象，均以纯化学试剂做试验研究，考察它们在熔炼过程中的行为和最终形态。

具体研究方法为以 TG-DSC 的测试结果作指导，在峰的左右选取温度考察反应产物的物相，因为过程中物化反应都对应着热效应，呈现为吸热或放热峰，所以将峰值温度作为参考，从而推测反应及物相变化。

（1）PbS-熔盐-C 体系中 PbS 的行为

图 2-141 是 PbS 与 Na$_2$CO$_3$-NaCl 共晶熔盐及炭粉混合物的 TG-DSC 图谱，试验物料按摩尔比 n(PbS)∶n(Na$_2$CO$_3$)∶n(C)＝1∶1∶2 配制，其中 Na$_2$CO$_3$ 来自共晶熔盐（后文相同），测试条件如下：升温速度 10℃/min、氮气流量 100 mL/min、升温区间为室温~1000℃。

从图 2-141 可以看出，在 640℃时有一个强吸热峰，尖锐的峰形说明有一个物化反应，同时有明显的质量损失，通过前文分析可知，这一温度接近 Na$_2$CO$_3$-NaCl 共晶熔盐的熔点，之后反应变成液固反应。在 800~900℃分别有一个放热峰和吸热峰，峰强度都较小，但质量损失进一步加快，是由物质挥发和反应加快所引起的。

根据图 2-141 中的热效应，选取四个不同温度考察 PbS 与 Na$_2$CO$_3$-NaCl 共晶熔盐及炭粉混合物在不同温度下反应产物的物相，结果如图 2-142 所示。同时在实验中观察到从 700℃ 开始出现铅珠滴，在 850℃ 和 950℃ 时分别出现了液态金属铅与熔盐分离，因而在 XRD 图谱中没有铅的峰。金属铅在 700℃、850℃ 和 950℃ 时的生成量分别为 3.0183 g、8.3446 g 和 9.1508 g，换算成铅的生成率分别为 31.85%、88.04% 和 96.55%。

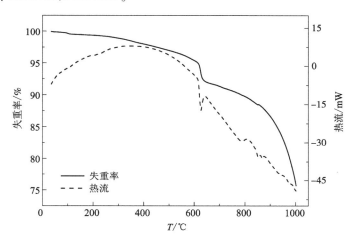

图 2-141　PbS 与 Na₂CO₃-NaCl 共晶熔盐及炭粉混合物的 TG-DSC 图谱

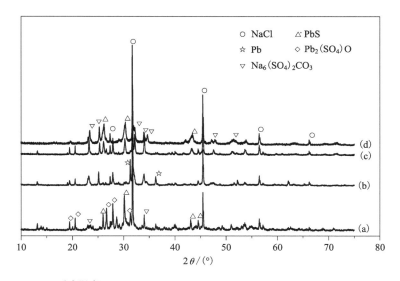

反应温度：(a)-500℃；(b)-700℃；(c)-850℃；(d)-950℃。

图 2-142　PbS 与 Na₂CO₃-NaCl 共晶熔盐及炭粉在不同温度下反应产物的 XRD 图谱

从图2-142中可看出,500℃时产物中主要为$Pb_2(SO_4)O$,此复合物可能通过反应式(2-204)~式(2-206)生成。同时从图2-143中可以看出,虽然PbO[反应式(2-204)]和$PbSO_4$[反应式(2-205)]较难生成,但式(2-206)反应极易发生,说明PbO和$PbSO_4$很容易结合在一起形成$Pb_2(SO_4)O$,因而可以促进以上两个反应的进行。超过700℃时则主要生成了$Na_6(SO_4)_2CO_3$,说明有Na_2SO_4生成,源于部分PbS发生了自氧化还原反应[式(2-207)]。在高于850℃的熔炼温度下,大量的铅生成是因为发生了还原固硫反应或PbO与PbS(或$PbSO_4$)的交互反应,所以PbS会生成金属铅进入粗金属铅中。相关反应如下:

$$PbS+Na_2CO_3 \rule[0.5ex]{1.5em}{0.4pt} PbO+Na_2S+CO_2(g) \tag{2-204}$$

$$PbS+Na_2SO_4 \rule[0.5ex]{1.5em}{0.4pt} PbSO_4+Na_2S \tag{2-205}$$

$$PbSO_4+PbO \rule[0.5ex]{1.5em}{0.4pt} Pb_2(SO_4)O \tag{2-206}$$

$$4PbS+4Na_2CO_3 \rule[0.5ex]{1.5em}{0.4pt} 4Pb+3Na_2S+Na_2SO_4+4CO_2(g) \tag{2-207}$$

$$2PbS+2Na_2CO_3+C \rule[0.5ex]{1.5em}{0.4pt} 2Pb+2Na_2S+3CO_2(g) \tag{2-208}$$

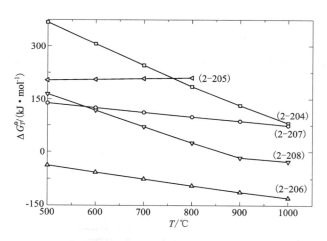

图2-143 反应式(2-204)~式(2-208)的$\Delta G_T^\ominus$-T图

(2)PbS-熔盐-ZnO-C体系中PbS的行为

因熔炼反应是在有固硫剂ZnO存在条件下进行的,而固硫剂的参与可能改变硫化物的反应行为,所以,按$n(PbS):n(Na_2CO_3):n(ZnO):n(C)=1:1:1:2$的试料配比,进行一定温度下反应产物的XRD检测,考察PbS-熔盐-ZnO-C体系中PbS的反应行为,结果如图2-144所示。

从图2-144中可以看出,在添加ZnO后,低温下(600℃之前)生成了$Pb_2(SO_4)O$的复合物,但反应不完全,仍存在PbS,此时ZnO没有参与固硫反应。由

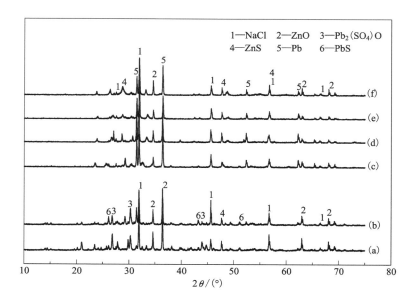

反应温度/℃：(a)500；(b)600；(c)700；(d)800；(e)900；(f)1000

图 2-144　PbS-熔盐-ZnO-C 体系在不同温度下反应 60 min 产物的 XRD 图谱

2.4.2 节的热力学计算可知，PbS 与 ZnO 还原固硫反应的 $\Delta G_T^{\ominus}$ 在 600℃ 时刚变为负数，反应趋势较小，与试验结果符合。温度升高到 700℃ 以上时，反应则进行得较为充分，产物主要为 ZnS 和 Pb，S 以 ZnS 的形式存在；而在不加 ZnO 且温度升高到 700℃ 以上时则为 $Na_6(SO_4)_2CO_3$，硫被钠盐固定，说明加入 ZnO 后 PbS 的固硫反应趋势更大，硫被 ZnO 固定，ZnO 的固硫效果明显。

（3）Bi_2S_3-熔盐-C 体系中 Bi_2S_3 的行为

Bi_2S_3 与 Na_2CO_3-NaCl 共晶熔盐及炭粉混合物的 TG-DSC 图谱如图 2-145 所示，试验物料按摩尔比 $n(Bi_2S_3):n(Na_2CO_3):n(C)=1:3:6$ 配制，测试条件同上。

从图 2-145 中可看出，在 600℃ 至 1000℃ 之间有三个吸热峰。第一个在 630℃ 的吸热峰为 Na_2CO_3-NaCl 共晶熔盐的熔点，另外两个吸热峰分别出现在 850℃ 和 920℃。同时从热重曲线上可以看出，从 500℃ 到 700℃ 是质量损失的第一阶段，损失了约 5%，这是因为 Bi_2S_3 的挥发和分解，待熔盐熔化后，相当于一定程度上的固化，所以挥发减小，而超过 850℃ 以后熔盐本身和 Bi_2S_3 的挥发都较大。

综合考虑质量损失和热效应，选取了五个不同的温度进行 Bi_2S_3 的熔炼实验，以考察反应产物的形态，熔炼产物的 XRD 图谱如图 2-146 所示。在实验过程中，只有在 950℃ 时得到了液态金属铋，生成率为 82.36%。

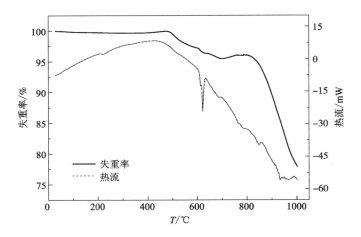

图 2-145　Bi$_2$S$_3$ 与 Na$_2$CO$_3$-NaCl 共晶熔盐及炭粉混合物的 TG-DSC 图谱

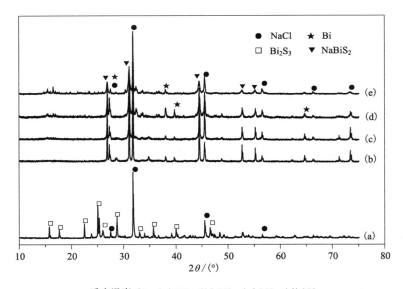

反应温度/℃：(a)450；(b)650；(c)750；(d)850

图 2-146　Bi$_2$S$_3$ 与 Na$_2$CO$_3$-NaCl 共晶熔盐及炭粉混合物在不同温度下反应产物的 XRD 图谱

　　从图 2-146 中可以看出，混合物直到 450℃时仍没有发生反应，主要还是 Bi$_2$S$_3$ 和熔盐成分；从 650℃开始，Bi 和 NaBiS$_2$ 开始生成，NaBiS$_2$ 是 Na$_2$S 和 Bi$_2$S$_3$ 形成的复合物。Bi$_2$S$_3$ 的分解生成铋的反应在 1000℃之前较难发生，因此金属铋只能由 Bi$_2$S$_3$ 与 Na$_2$CO$_3$ 反应得到，即反应式(2-209)或式(2-210)。

$$4Bi_2S_3+12Na_2CO_3 \Longrightarrow 8Bi+9Na_2S+3Na_2SO_4+12CO_2(g) \qquad (2-209)$$
$$Bi_2S_3+3Na_2CO_3+3C \Longrightarrow 2Bi+3Na_2S+9CO(g) \qquad (2-210)$$

经计算，反应式(2-209)的 $\Delta G_T^{\ominus}$ 在 800℃ 和 900℃ 的 $\Delta G_T^{\ominus}$ 分别 -12.299 kJ/mol 和 -55.428 kJ/mol；而由热力学计算可知反应式(2-210)在 800℃ 和 900℃ 的 $\Delta G_T^{\ominus}$ 分别为 -189.442 kJ/mol 和 -323.404 kJ/mol，说明 Bi_2S_3 发生还原固硫的趋势比自氧化还原的趋势要大，因此金属铋主要通过还原固硫反应生成。但是无论发生哪种反应，都会生成 Na_2S，其很容易与 Bi_2S_3 结合形成 $NaBiS_2$。

（4）Bi_2S_3-熔盐-ZnO-C 体系中 Bi_2S_3 的行为

按摩尔比 $n(Bi_2S_3):n(Na_2CO_3):n(ZnO):n(C)=1:3:3:6$ 配制混合试料，在高纯氩气保护下于不同温度反应 60 min，产物的 XRD 图谱如图 2-147 所示。

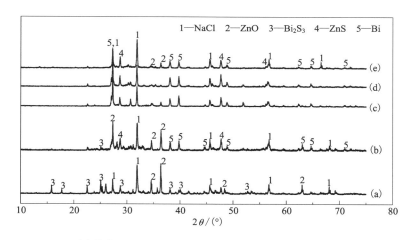

反应温度/℃：(a)500；(b)600；(c)700；(d)800；(e)900

图 2-147　Bi_2S_3-熔盐-ZnO-C 体系在不同温度下反应 60 min 产物的 XRD 图谱

从图 2-147 中可以看出，混合物在 500℃ 之前没有反应，600℃ 开始有金属铋生成，至 700℃ 以后产物相已不再发生变化，主要为 NaCl、ZnS、Bi，且金属铋大量出现，固硫反应进行得较为完全，少量 ZnO 存在因为熔盐加入较少而没有形成很好流动的介质，所以物料接触不好。对比没有加 ZnO 的结果可以看出，加入 ZnO 后，原来的 $NaBiS_2$ 物相消失了，S 转而以 ZnS 的形式存在，因而 ZnO 对 Bi_2S_3 中的硫有很好的固定作用，Bi_2S_3 被还原固硫生成金属铋而进入粗金属中。

（5）Cu_2S-熔盐-C 体系中 Cu_2S 的行为

图 2-148 是 Cu_2S 与熔盐共晶及炭粉混合物的 TG-DSC 曲线，试验物料按摩尔比例 $n(Cu_2S):n(Na_2CO_3):n(C)=1:1:2$ 配制，测试条件同上。从图 2-

148 中可以看出，在 630℃ 之前物料质量基本没有发生变化，此后熔盐吸热熔化；在 800℃ 后总质量的损失加快，直到 1000℃ 时质量共损失了 40%，刚好接近于加入的 Na_2CO_3-NaCl 熔盐的质量。第二个微小的吸热峰出现在 920℃，说明有吸热反应进行。

图 2-149 是 Cu_2S 与混合熔盐在 500℃、700℃ 和 850℃ 下反应产物的 XRD 图谱。作为冰铜主要成分的 Cu_2S 在高温下稳定，几乎不与熔盐发生反应，反应产物全部是 Cu_2S、NaCl 和 Na_2CO_3。但当温度升高到 950℃ 时，产物中可以观察到微量的具有金属光泽的颗粒，同时在 XRD 图谱中也可以看出有 Cu 的峰，说明此时会缓慢生成铜，可能的反应途径为反应式（2-211）和反应式（2-212）。

$$4Cu_2S+4Na_2CO_3 =\!=\!=8Cu+3Na_2S+Na_2SO_4+4CO_2(g) \quad (2-211)$$
$$Cu_2S+Na_2CO_3+2C =\!=\!=2Cu+Na_2S+3CO(g) \quad (2-212)$$

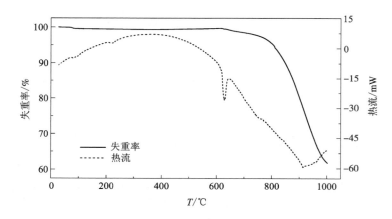

图 2-148　Cu_2S 与 Na_2CO_3-NaCl 共晶熔盐及炭粉混合物的 TG-DSC 图谱

反应式（2-212）的 $\Delta G_T^\ominus$-T 关系已在前面计算过，在 900℃ 时其 $\Delta G_T^\ominus=-22.722$ kJ/mol，说明该反应在热力学上是可以自发进行的，这与 DCS 曲线上在 920℃ 时的吸热峰相近；而经计算发现，反应式（2-211）的 $\Delta G_T^\ominus$ 在 400~1000℃ 都为正，说明其不会发生。因此微量的铜最可能通过还原固硫反应生成，但生成的铜是微量的，绝大部分 Cu_2S 没有与 Na_2CO_3 发生反应，最终会因密度较大而沉于熔盐底部。

（6）Cu_2S-熔盐-ZnO-C 体系中 Cu_2S 的行为

按摩尔比 $n(Cu_2S):n(Na_2CO_3):n(ZnO):n(C)=1:1:1:2$ 配制混合试料，在高纯氩气保护下于不同温度反应 60 min，产物的 XRD 图谱如图 2-150 所示。

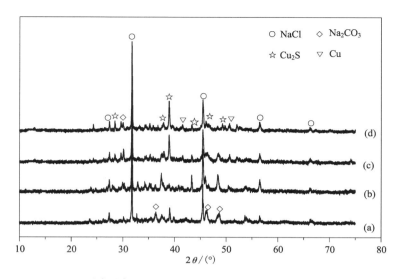

反应温度/℃：（a）500；（b）700；（c）850；（d）950

图 2-149　Cu₂S 与 Na₂CO₃-NaCl 共晶熔盐及炭粉在不同温度下反应产物的 XRD 图谱

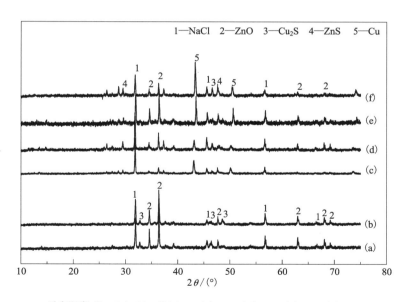

反应温度/℃：（a）500；（b）600；（c）700；（d）800；（e）900；（f）1000

图 2-150　Cu₂S-熔盐-ZnO-C 体系在不同温度下反应 60 min 产物的 XRD 图谱

从图 2-150 中可以看出,试料在 600℃之前基本上没有发生反应,从 700℃开始生成金属铜和 ZnS,此时 Cu_2S 峰减弱,出现大量铜的峰。这一点与没有添加 ZnO 时生成少量 Cu 和大量 Cu_2S 不同,说明加入 ZnO 使 Cu_2S 容易发生还原固硫反应并生成金属铜,同时固硫。根据前面的热力学计算结果,反应 $2Cu_2S+2ZnO+C \stackrel{}{=\!=\!=} 4Cu+2ZnS+CO_2(g)$ 的 $\Delta G_T^{\ominus}$ 在 500 至 1000℃之间为负,在 700℃ 和 900℃ 时分别为 -33.51 kJ/mol 和 -45.401 kJ/mol,所以温度越高,Cu 越容易生成。

(7)FeS_2-熔盐-C 体系中 FeS_2 的行为

FeS_2 与共晶熔盐及炭粉混合物的 TG-DSC 曲线如图 2-151 所示,试验物料按摩尔比例 $n(FeS_2):n(Na_2CO_3):n(C)=1:2:4$ 配制,测试条件同上。可以将质量损失曲线分为三个部分,在 500℃之前损失了约 1.5%,500℃ 至 550℃ 为第二个损失过程,最后约有 30% 在 630℃ 和 1000℃ 之间损失,同时有三个吸热峰出现。

考虑质量损失和热效应,选取 400℃、600℃、700℃、850℃、900℃ 和 970℃ 六个不同的温度进行熔炼实验,反应产物的 XRD 图谱如图 2-152 所示。

从图 2-152 中可以看出,在 400℃ 时没有发生化学反应,物料仍然为 FeS_2 和熔盐。因为 FeS_2 从 600℃ 即开始缓慢分解,生成 FeS 和 S_2,如反应(2-213)所示。Na_2S 和 FeS 则容易结合在一起形成 $NaFeS_2$,因此在反应产物的 XRD 图谱中有大量的 $NaFeS_2$ 出现;直至 970℃,产物一直都是 $NaFeS_2$ 和 NaCl,而 FeS 不会再与熔盐反应,能稳定存在于体系中,并形成渣。

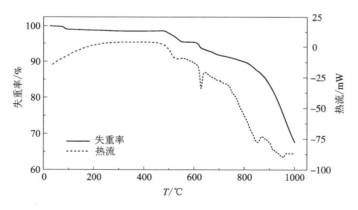

图 2-151　FeS_2 与 Na_2CO_3-NaCl 共晶熔盐及炭粉混合物的 TG-DSC 图谱

$$2FeS_2 \stackrel{}{=\!=\!=} 2FeS+S_2(g) \qquad (2-213)$$
$$\Delta G_T^{\ominus} = 280.07069 - 0.2746T$$

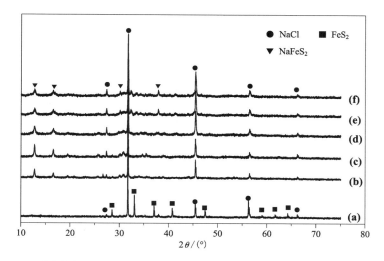

反应温度/℃：(a)400；(b)600；(c)700；(d)850；(e)900；(f)970

图 2-152 FeS₂ 与 Na₂CO₃-NaCl 共晶熔盐及炭粉在不同温度下反应产物的 XRD 图谱

（8）FeS₂-熔盐-ZnO-C 体系中 FeS₂ 的行为

按摩尔比 $n(\mathrm{FeS_2}):n(\mathrm{Na_2CO_3}):n(\mathrm{ZnO}):n(\mathrm{C})=1:2:2:4$ 配制混合试料，在高纯氩气保护下于不同温度反应 60 min，产物的 XRD 图谱如图 2-153 所示。

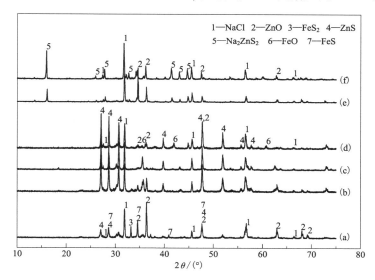

反应温度/℃：(a)500；(b)600；(c)700；(d)800；(e)900；(f)1000

图 2-153 FeS₂-熔盐-ZnO-C 体系在不同温度下反应 60 min 产物的 XRD 图谱

从图 2-153 中可以看出,试料在 500℃时的反应较少,但 FeS$_2$ 开始分解,产物中出现 FeS 的峰。在 600℃时大量生成 ZnS,同时 FeS$_2$ 完全分解,这与不加 ZnO 时一样,说明固硫反应得较为充分,少量 FeO 为 FeS 与 Na$_2$CO$_3$ 反应的产物。当温度进一步升高到 900℃时,产物中除 NaCl 和少量 ZnO 外,基本上为 Na$_2$ZnS$_2$,ZnS 峰反而减弱,这是因为温度高,FeS$_2$ 分解速度快,产出的 S$_2$ 来不及被 ZnO 固定,一部分被 Na$_2$CO$_3$ 固定生成 Na$_2$S,从而与 ZnS 结合成复合物 Na$_2$ZnS$_2$。这也解释了为什么 900℃以后反而有 ZnO 的峰出现,而在 700~800℃时则基本上为 ZnS 的峰。

(9)NaCl-Na$_2$CO$_3$ 熔盐体系中 Al$_2$O$_3$ 的行为

图 2-154 为 Al$_2$O$_3$ 在 NaCl-Na$_2$CO$_3$ 熔盐体系中的 TG-DSC 图谱,试验物料按摩尔比 $n(\text{Al}_2\text{O}_3):n(\text{Na}_2\text{CO}_3)=1:1$ 配制,测试条件同上。

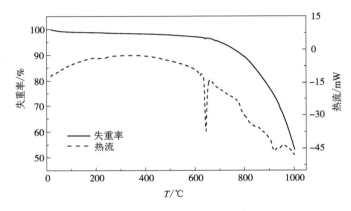

图 2-154 Al$_2$O$_3$ 与 Na$_2$CO$_3$-NaCl 共晶熔盐混合物的 TG-DSC 图谱

从图 2-154 中可以看出,曲线上一共出现了两个吸热峰,第一吸热峰在 640℃左右,为熔盐熔化吸热,此后体系质量开始快速减小,由于熔盐熔化后生成铝酸钠的反应变成液固反应,反应速度加快,生成二氧化碳导致质量减小。第二吸热峰在 900℃左右,峰型小而平缓,这可能是吸热分解反应,质量损失的速度进一步加快。

在热重图中第一个强吸热峰的左右分别选取 500℃和 700℃考察试验物料中有关组分之间的反应,图 2-155 是不同温度下反应产物的 XRD 图谱。从图 2-155 中可以看出,在 500℃时混合物基本没有发生变化,还是 Na$_2$CO$_3$、NaCl 和 Al$_2$O$_3$;但到 700℃时全部生成了铝酸钠,结晶性变差,试验结果与热力学计算结果相同。因此在温度超过 700℃,共晶熔盐完全熔化后,Al$_2$O$_3$ 会全部与熔盐反应,生成物溶于熔盐中。

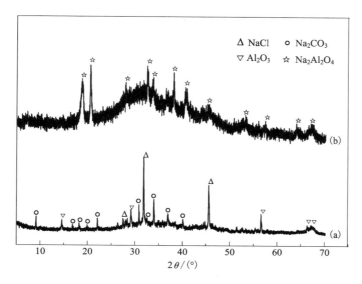

温度反应/℃：（a）500；（b）700

图 2-155　Al₂O₃ 与 Na₂CO₃-NaCl 共晶熔盐不同温度下反应 60 min 反应产物的 XRD 图谱

（10）NaCl-Na₂CO₃ 熔盐体系中 SiO₂ 的行为

图 2-156 为 SiO₂ 在 NaCl-Na₂CO₃ 熔盐体系中的 TG-DSC 图谱，试验物料按摩尔比 $n(SiO_2)$ ：$n(Na_2CO_3)$ = 1 ：1 配制。

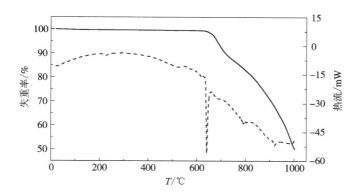

图 2-156　SiO₂ 与 Na₂CO₃-NaCl 共晶熔盐混合物的 TG-DSC 图

图 2-156 中有三个吸热峰，第一个吸热峰依然为熔盐的熔化吸热；第二个吸热峰在 800℃ 左右出现，峰强度低，可能是混合物中发生了化学反应，同时体系质

量损失的速度加快；第三个弱吸热峰在900℃左右出现。

分别在500℃、700℃和950℃时考察试料中各组分之间的反应，图 2-157 是不同温度下的反应产物的 XRD 图谱。

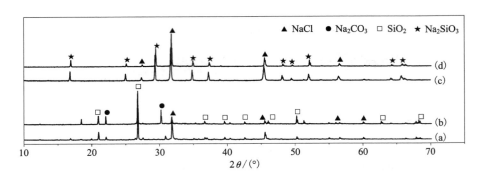

反应温度/℃：(a)500；(b)700；(c)850；(d)950

图 2-157　SiO_2 与 Na_2CO_3-NaCl 共晶熔盐在不同温度下反应产物的 XRD 图谱

从图 2-157 中可以看出，在500℃时混合物基本没有发生变化，还是 Na_2CO_3、SiO_2 和 NaCl，700℃时的情况与500℃相同；到850℃和950℃时，产物中 Na_2CO_3 和 SiO_2 的峰消失，出现 Na_2SiO_3 的峰，说明在此条件下，SiO_2 和 Na_2CO_3 发生反应，完全转变成了 Na_2SiO_3，对应于 DSC 曲线上800℃左右的吸热峰，也是该反应开始发生的温度。

(11) NaCl-Na_2CO_3 熔盐体系中 $CaCO_3$ 的反应行为

图 2-158 为 $CaCO_3$ 在 NaCl-Na_2CO_3 熔盐体系中的 TG-DSC 图谱，试验物料按摩尔比 $n(CaCO_3) : n(Na_2CO_3) = 1 : 1$ 配制。

图 2-158 中主要有两个吸热过程，第一个尖锐的吸热峰为熔盐的熔化吸热反应；第二个吸热峰出现在700℃左右，比第一个吸热峰平缓一些，此过程的反应相对来说较为缓慢，但是此后体系质量损失的速度加快。

考察温度为500℃、675℃和800℃时的反应情况，反应产物的 XRD 图谱如图 2-159 所示。

当反应温度为500℃时，反应物中没有出现新的物质，为三者的混合物；675℃时主要出现了 Na_2CO_3 和 $CaCO_3$ 的结合物 $Na_2Ca(CO_3)_2$ 的峰，$CaCO_3$ 没有发生分解反应；800℃时体系中主要是 NaCl、Na_2CO_3、$CaCO_3$、$Na_2Ca(CO_3)_2$ 几种物质的混合物，但 $Na_2Ca(CO_3)_2$ 的相对含量减少，说明该物质在高温下不稳定，同时 Na_2CO_3 和 $CaCO_3$ 的峰增多，说明 $CaCO_3$ 在此温度下较稳定，既不分解也不易与 Na_2CO_3 结合成复合物。

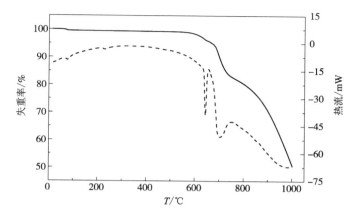

图 2-158　CaCO₃ 与 Na₂CO₃-NaCl 共晶熔盐混合物的 TG-DSC 图谱

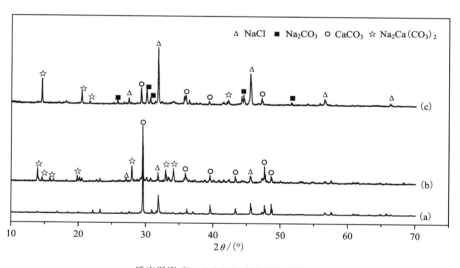

反应温度/℃：(a)500；(b)675；(c)800

图 2-159　CaCO₃ 与 Na₂CO₃-NaCl 共晶熔盐在不同温度下反应产物的 XRD 图谱

2.4.3　碳酸钠熔盐体系炼锑

1.试验原料

硫化锑精矿的化学成分见表 2-138，物相组成见表 2-139。

表 2-138　硫化锑精矿化学成分的质量分数　　　　　　　　单位：%

元素	Sb	S	Fe	Cu	Pb	Zn	As	Au*	Ag*	SiO₂	CaO	Al₂O₃
含量	48.15	21.82	2.46	0.0058	0.085	0.018	0.02	0.31	2.2	16.94	0.69	2.16

* 单位为 g/t。

表 2-139　硫化锑精矿物相成分的质量分数　　　　　　　　单位：%

物相	Sb₂S₃ 中 Sb	Sb₂O₃ 中 Sb	Sb₂O₅ 中 Sb	锑盐中 Sb	Sb$_T$
含量	44.50	2.30	—	1.35	48.15

　　低温熔盐炼锑试验所用的辅助原料包括氧化锌、焦粉和碳酸钠。氧化锌用作固硫剂，碳酸钠为熔盐主体。氧化锌（品位 98.5%）、碳酸钠均为工业级。

2. 条件优化试验

　　采用单因素条件试验法分别考察 ZnO 用量、Na₂CO₃ 加入量、焦粉用量、熔炼温度、反应时间等对硫化锑精矿一步低温熔盐炼锑过程的影响，确定其最佳工艺条件。

　　1）ZnO 用量的影响

　　在 $m(Na_2CO_3)/m(固体物)=4:1$、焦粉用量为其理论量的 2 倍、熔炼温度 900℃、反应时间 3 h 的固定条件下，改变 ZnO 用量以考察其对硫化锑精矿低温熔炼过程的影响，结果如图 2-160 及图 2-161 所示。

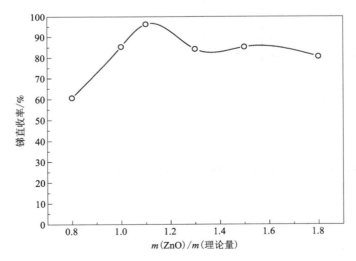

图 2-160　ZnO 用量对锑直收率的影响

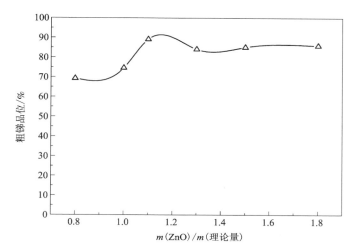

图 2-161　ZnO 用量对粗锑品位的影响

结果表明，ZnO 用量对锑直收率和粗锑品位均存在显著影响。当 $m(\text{ZnO})/m(\text{理论量})$ 由 0.8 提高至 1.1 时，锑直收率和粗锑品位随之分别由 60.71% 和 69.27% 快速增加至 96.26% 和 89.18%；此后继续增大 ZnO 用量，锑直收率和粗锑品位则随之降低。从锑直收率和粗锑品位两方面综合考虑，确定 ZnO 的最佳用量为其理论量的 1.1 倍。

2）Na_2CO_3 用量的影响

在 $m(\text{ZnO})/m(\text{ZnO 理论量})=1.1$、焦粉用量为其理论量的 2 倍、熔炼温度 900℃、反应时间 3 h 的固定条件下，改变 Na_2CO_3 用量以考察其对硫化锑精矿低温熔炼过程的影响，结果如图 2-162 及图 2-163 所示。

结果表明，$m(\text{Na}_2\text{CO}_3)/m(\text{固体物})=2:1$ 时，整个熔盐体系的黏度较大，流动性差，不利于粗锑的澄清、汇聚和分层，只有当 $m(\text{Na}_2\text{CO}_3)/m(\text{固体物}) \geqslant 3:1$ 后，才可使熔炼过程顺利进行，减少金属锑在熔盐中的夹杂损失。当 $m(\text{Na}_2\text{CO}_3)/m(\text{固体物})$ 由 3:1 提高至 5:1 时，锑直收率随之由 78.99% 增加至 87.60%；此后继续增加 Na_2CO_3 用量，锑直收率反而降低。Na_2CO_3 用量也对粗锑品位有所影响。随着 Na_2CO_3 用量的增加，粗锑品位在 85%~90% 时呈先减小再升高的趋势。从锑直收率、粗锑品位和生产成本等方面综合考虑，确定 $m(\text{Na}_2\text{CO}_3)/m(\text{固体物})$ 的最佳比值为 4:1。

3）焦粉用量的影响

在 $m(\text{ZnO})/m(\text{ZnO 理论量})=1.1$、$m(\text{Na}_2\text{CO}_3)/m(\text{固体物})=4:1$、熔炼温度 900℃、反应时间 3 h 的固定条件下，改变焦粉用量以考察其对硫化锑精矿低温

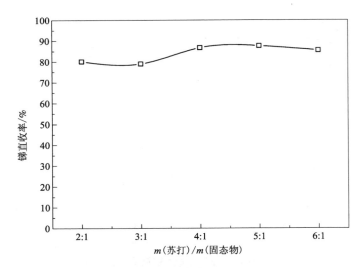

图 2-162　Na_2CO_3 用量对锑直收率的影响

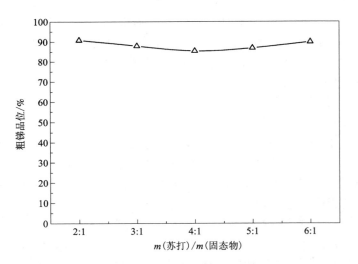

图 2-163　Na_2CO_3 用量对粗锑品位的影响

熔炼过程的影响，结果如图 2-164 及图 2-165 所示。

由图 2-164 可知，当焦粉用量由理论量的 1 倍提高至 3 倍时，锑直收率基本维持在 80%~82%；此后继续增加焦炭用量，锑直收率则随之上升至 87%~88%，强还原性气氛有利于金属锑的回收。如图 2-165 所示，焦粉用量过大、还原性气

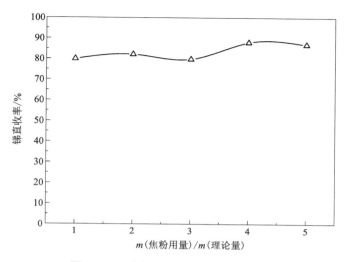

图 2-164 焦粉用量对锑直收率的影响

氛过强时,会增加粗锑中 Zn 含量,降低粗锑品位。从锑直收率、粗锑品位以及焦粉耗量等方面综合考虑,确定焦粉用量为其理论量的 4 倍。

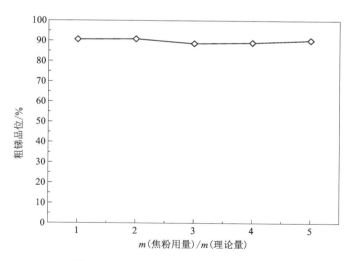

图 2-165 焦粉用量对粗锑质量的影响

4)熔炼温度的影响

在 $m(ZnO)/m(ZnO$ 理论量$)=1.1$、$m(Na_2CO_3)/m($固体物$)=4:1$、$m($焦粉$)/m($理论量$)=4$、反应时间 3 h 的固定条件下,改变熔炼温度以考察其对硫化锑精矿低温熔炼过程的影响,结果如图 2-166 及图 2-167 所示。

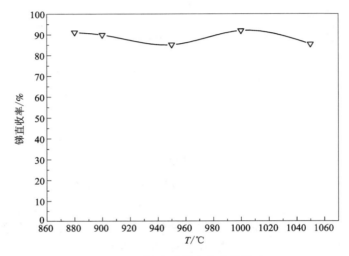

图 2-166 温度对锑直收率的影响

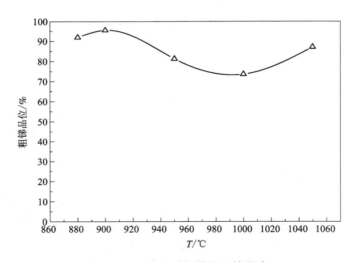

图 2-167 温度对粗锑品位的影响

结果表明,熔炼温度对硫化锑精矿的熔炼过程影响显著。当熔炼温度低于

880℃时，炉料难以熔化形成黏度小、流动性好的熔盐；而当温度高于1000℃后，Na_2CO_3挥发则明显加剧，熔炼结束后，熔盐量非常少。由图2-166及图2-167可知，随着熔炼温度的升高，锑直收率基本呈下降趋势；当熔炼温度超过900℃以后，粗锑品位均低于85%。实验中还发现，当熔炼温度高于1000℃后，熔盐渣的水浸液由之前的白色变为酱黄色，其中S含量显著增加，浸出渣也由土黄色变为黑色，这都预示着硫化锑精矿熔炼机制可能发生了改变。上述实验现象也与前文的热力学分析结果相一致。熔炼温度过高时，原料中的Sb_2S_3、PbS可与Na_2CO_3发生碱性熔炼反应并生成金属锑和Na_2S，不但增加了Na_2CO_3消耗，也加大了碱再生回收的难度和复杂性。从粗锑品位、锑直收率以及能耗等方面综合考虑，确定最佳熔炼温度为900℃。

5）熔炼时间的影响

在$m(ZnO)/m(ZnO$理论量$)=1.1$、$m(Na_2CO_3)/m($固体物$)=4:1$、$m($焦粉$)/m($理论量$)=4$、熔炼温度900℃的固定条件下，考察熔炼时间对硫化锑精矿低温熔炼过程的影响，结果如图2-168及图2-169所示。

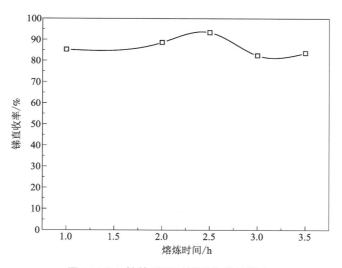

图2-168　熔炼时间对锑直收率的影响

熔炼时间的延长可使反应进行得更加充分，接近平衡状态，也可使生成的金属锑珠有足够的时间在熔盐中汇聚和分层，减少金属锑在熔盐中的夹杂损失。但金属锑易于挥发，熔炼时间过长也会导致粗锑挥发损失加大。正如图2-168所示，当熔炼时间由1 h延长至2.5 h，锑直收率随之由85.29%上升至93.37%；此后继续延长熔炼时间，粗锑挥发损失加剧，锑直收率降低至83%左右。熔炼时间

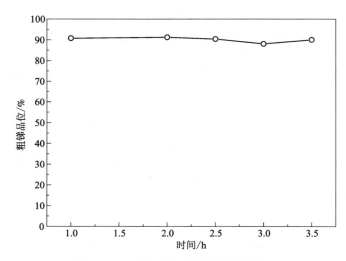

图 2-169　熔炼时间对粗锑质量的影响

对粗锑品位的影响不大，基本保持在 89%~91%。从降低能耗、提高锑直收率和生产效率等角度考虑，确定最佳熔炼时间为 2~2.5 h。

3. 综合扩大试验

依据单因素条件试验结果，确定硫化锑精矿一步低温熔盐炼锑的最佳工艺条件如下：①$m(ZnO)/m(ZnO$ 理论量$)=1.1$；②$m(Na_2CO_3)/m($固体物$)=4:1$；③$m($焦粉$)/m($焦粉理论量$)=4$；④熔炼温度 900℃；⑤熔炼时间 2 h。在此优化条件下进行综合扩大试验，规模为硫化锑精矿 100 g/次，所得粗锑的化学组成见表 2-140。熔炼渣用 3 L 自来水在 85℃下浸出 3 h，浸出液的体积及其化学组成见表 2-141，浸出渣的质量分别为 94.5 g(ZH-1)、92.4 g(ZH-2)、93.15 g(ZH-3)，其中 w_{Sb} 分别为 9.49%、4.81% 和 9.19%。依据表 2-140 及表 2-141 和浸出渣组成计算综合扩大试验的技术经济指标(见表 2-142)，水浸渣中的锑物相和锌物相分析见表 2-144，X 射线衍射分析如图 2-170 所示。

表 2-140　综合扩大试验所产粗锑化学组成的质量分数　　　　单位：%

No.	质量/g	Sb	Zn	Pb	Fe	S	Cu	As	Na	Ca	Mg
ZH-1	52.15	89.23	4.34	1.93	0.85	0.024	0.60	0.050	0.57	0.023	0.002
ZH-2	55.05	89.67	2.75	1.86	0.96	0.006	0.54	0.079	0.34	0.001	0.001
ZH-3	52.50	88.58	3.53	1.79	1.19	0.009	0.57	0.065	0.46	0.005	0.001
平均	53.23	89.16	3.54	1.86	1.00	0.013	0.57	0.065	0.46	0.01	0.0013

表 2-141　综合扩大试验浸出液化学组成的质量浓度　　　　单位：mg/L

No.	体积/L	Na₂S	Na₂CO₃	S$_T$	As	Sb	Si	Al
ZH-1	3.18	8194	81294	3555	6	55	252	49
ZH-2	3.26	5931	85640	3335	4	85	242	37
ZH-3	2.95	7414	83626	3683	1	2	265	65

表 2-142　综合扩大试验的技术经济指标　　　　单位：%

No.	Sb 直收率	粗锑品位	渣含 Sb, w_{Sb}	锌固硫率	苏打反应率
ZH-1	83.57	89.65	16.11	54.62	10.44
ZH-2	88.65	89.67	7.98	56.35	10.04
ZH-3	83.52	88.58	15.37	56.38	10.03
平均	85.25	89.30	13.13	55.78	10.17

表 2-143　综合扩大试验浸出渣中锑、锌物相组成的质量分数　　　　单位：%

金属	物相	ZH-1		ZH-2		ZH-3	
		含量	比例	含量	比例	含量	比例
锑	氧化锑	2.57	25.65	0.59	14.39	2.51	27.52
	金属锑	6.59	65.77	2.63	64.15	5.79	63.49
	硫化锑	0.78	7.78	0.83	20.24	0.75	8.22
	锑酸盐	0.08	0.80	0.05	1.22	0.07	0.77
	Sb$_T$	10.02	100	4.10	100	9.12	100
锌	硫酸锌	0.026	0.06	0.010	0.01	0.020	0.04
	硫化锌	29.85	63.39	26.34	52.12	31.45	64.14
	氧化锌	17.16	36.44	24.04	47.57	17.51	35.72
	铁酸锌	0.054	0.11	0.15	0.30	0.050	0.10
	Zn$_T$	47.09	100	50.54	100	49.03	100

由表 2-140~表 2-142 可知，在最佳条件下进行硫化锑精矿一步低温熔盐炼锑，锑的平均直收率为 85.25%，粗锑平均品位为 89.30%，杂质主要为 Zn[w(Zn) 为 3.54%]、Pb[w(Pb) 为 1.86%]及 Cu[w(Cu) 为 0.57%]。熔炼渣用 3 L 自来水在 85℃下浸出 3 h 后，浸出液中主要组分为 Na₂CO₃ 和 Na₂S，Na₂CO₃ 的直收率为 72.87%。消耗的 Na₂CO₃ 大部分挥发进入烟气，通过收尘作业即可回收；

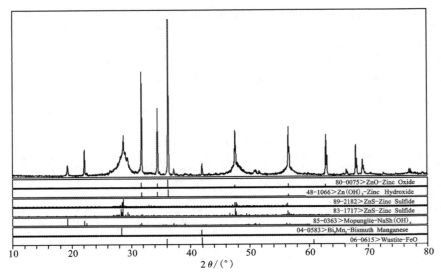

图 2-170   水浸渣的 X 射线衍射分析

10.17%的 Na_2CO_3、Sb_2S_3 与 PbS 发生碱性熔炼反应生成 Na_2S，其可采用"苛化-碳酸化"流程再生 $NaHCO_3$ 返回熔炼工序。但由表 2-141 可知，浸出液中有 20%~50%的硫氧生成多硫化物，加大了碱再生的难度，因此熔盐渣必须及时处理以防止 Na_2S 的氧化。熔盐水浸渣中 Sb 的平均含量 w_{Sb} 为 7.83%，占总 Sb 量的 13.13%。表 2-143 说明，水浸渣中锑的存在形态以金属锑和硫化锑为主，可用选矿方法回收，以提高锑的总回收率。从表 2-143 和图 2-170 可以看出，水浸渣中的锌主要以硫化锌的形态存在，但也有相当多的氧化锌，因此，适当延长熔炼时间或采用动态熔炼方式，以保证加入的氧化锌绝大部分都转化为硫化锌是非常必要的。

4. 小结

(1)试验结果表明，低温熔盐炼锑在工艺上是可行的。该工艺流程简单，冶炼温度低。工艺中用氧化锌固硫，很好地实现了低温冶炼和固硫的结合。

(2)在优化条件下，锑的平均直收率为 85.25%，粗锑品位为 89.30%，Na_2CO_3 熔盐反应率为 10.17%，直接回收率为 72.87%，尚有约 17%的 Na_2CO_3 挥发或生成水不溶钠盐。

(3)熔盐水浸渣中 Sb 的平均含量 w_{Sb} 为 7.83%，占总 Sb 量的 13.13%，水浸渣中锑的存在形态以金属锑和硫化锑为主，可用选矿方法回收。水浸渣中锌的存在形态以 ZnS 为主，但仍有较多的 ZnO，采取措施使加入的 ZnO 绝大部分转化为 ZnS 是非常必要的。

（4）杂质金属的冶炼行为值得关注，发现绝大部分铅进入粗锑，约 70% 的铜和大于 56% 的铁进入粗锑，进入粗锑的砷较少，只有总量的 35%。出人意料的是，虽然锌的氧化还原电位比锑负得多，但由于与锑形成合金，仍然有约 3% 的氧化锌被还原进入粗锑。

2.4.4　碳酸钠–氯化钠熔盐体系炼锑

1.熔盐体系组成与性质

1）熔盐相图

图 2-171 为 Factsage 软件绘制的 Na_2CO_3-NaCl 二元系相图。

从图 2-171 中可以看出，纯 Na_2CO_3 和 NaCl 的熔点分别为 858℃ 和 801℃，共晶点在 $n_{Na_2CO_3} / [n_{Na_2CO_3} + n_{NaCl}] = 0.423$ 处，共晶温度为 635℃，这是一张具有简单低共熔混合物的相图。

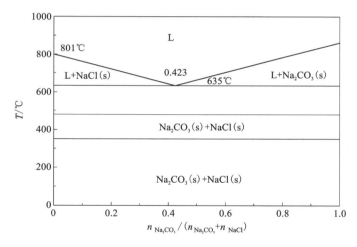

图 2-171　Na_2CO_3-NaCl 二元系相图

2）熔盐熔点

熔点是物质从晶相到液体的转变温度，常用 DTA 或 DSC 法测定，图 2-172 是 Na_2CO_3 与 NaCl 在摩尔比 $n_{Na_2CO_3} / n_{NaCl} = 0.423 : 0.577$ 时混合物的 DTA 吸热峰，较大的温度跨度为熔体的导热性所引起的。

从图 2-172 中可以看出，共晶混合物的外推熔化温度为 636℃（909 K），在 930K 结束时，峰值温度在 916 K（644.51℃），外推温度与相图中的温度基本一致，同时测量软件计算了混合物熔化焓为 101.12 J/g。相关文献报道的 Na_2CO_3-NaCl 共晶熔盐的共晶温度为 632～645℃，共晶成分中 $x_{Na_2CO_3}$ 为 0.41～0.47，与实

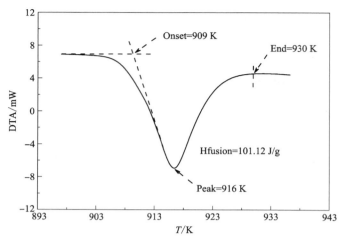

图 2-172　共晶成分的差热曲线

测温度较为符合。

3)熔盐密度

用阿基米德法测量 Na_2CO_3-NaCl 共晶熔盐的密度与温度的关系,如图 2-173 所示。

图 2-173 中的直线为按加和性计算的密度值,实线为混合熔盐在高于 860℃ 时计算的密度,而虚线为其反向延长线。从中可以看出实测值要高于理论计算值,这是因为熔化后离子间相互填充,使离子间隙减小,密度增大。同时密度与温度有着近似的线性关系,式(2-214)为从 700℃ 到 900℃ 的拟合直线关系,相关系数 R^2 值大于 0.98。

$$\rho = 2.1680 - 4.7929 \times 10^{-4}T \qquad (700 \sim 900℃) \qquad (2\text{-}214)$$

所有重金属的密度都大于 5 g/cm³,而 Na_2CO_3-NaCl 共晶在 700℃ 的密度只有 1.83 g/cm³。因此,在熔炼过程中,金属和熔盐将彻底分离。

4)熔盐黏度

根据阿仑尼乌斯(Arrhenius)黏度公式,用旋转柱法测量熔盐黏度,实验测得的共晶熔盐的黏度值如图 2-174 所示。

从图 2-174 中可以看出,黏度随着温度的升高而降低,从 973 K 的 17.02 mPa·s 降至 1173 K 的 1.22 mPa·s,该数值接近于水的黏度;用测定数据对黏度方程式的系数进行拟合,得到该熔盐的黏度表达式:

$$\eta = 2.6841 \times 10^{-5} \exp\left(\frac{108153}{RT}\right) \qquad (700 \sim 900℃) \qquad (2\text{-}215)$$

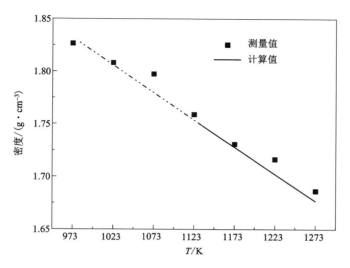

图 2-173　Na_2CO_3-NaCl 共晶熔盐在不同温度下的密度

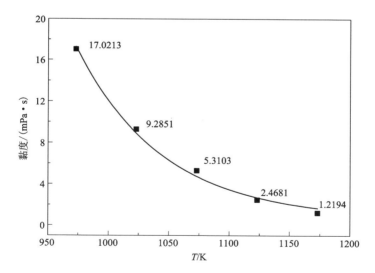

图 2-174　Na_2CO_3-NaCl 共晶熔盐的实验黏度值

5）熔盐蒸汽压

基于道尔顿分压定律的等温表达式，用气流携带法测量高温熔盐蒸汽压：

$$p = \frac{WRT}{MV} \qquad (2-216)$$

式中：M 为熔盐的摩尔质量，g/mol；W 为质量损失，g；V 为载气流量，L/min；R 为气体常数；T 为绝对温度，K。

图 2-175 拟合了在五个不同温度下表观蒸汽压随气流大小的变化，从中可以看出，每条曲线都有一个平台，它代表蒸发平衡，平衡蒸汽压在 700℃ 时为 13.335 Pa，在 800℃ 时为 50.51 Pa，在 900℃ 时为 151 Pa。$\lg p$ 与 $1/T$ 呈线性关系：

$$\lg p = \frac{-A}{T+B} \qquad (2\text{-}217)$$

将以上数据对式（2-217）进行拟合获得该熔盐蒸汽压的温度表达式：

$$\lg p = \frac{7.0585 - 5757.04}{T} \qquad (2\text{-}218)$$

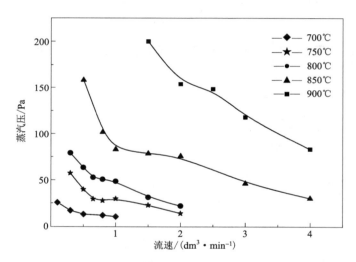

图 2-175　Na$_2$CO$_3$-NaCl 共晶熔盐的表观蒸汽压和载气流速的关系

$\lg p$ 与 $1/T$ 的关系曲线如图 2-176 所示，直线的斜率再乘以 $2.303R$ 得到标准蒸发焓的值（$\Delta H_{\text{vap}}^{\ominus}$）为 110.23 kJ/mol。

6）熔盐表面张力

表面张力的测定方法主要有拉脱法和气泡最大压力法。采用拉筒法测定了 Na$_2$CO$_3$-NaCl 共晶熔盐的表面张力与温度的关系，如图 2-177 所示，并与文献中记录的液态锑的表面张力与温度的关系作了对比。从图 2-177 中可以看出，熔盐表面张力随着温度的升高，近似线性递减。因为温度升高，分子运动加剧，分子间间隙加大，分子的相互吸引力减小，所以表面张力减小。同时可以看出随着温度的升

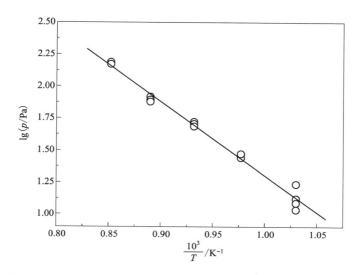

图 2-176　Na_2CO_3-NaCl 共晶熔盐的平衡蒸汽压和温度的拟合图

高, 两种熔融液表面张力的差值在增大, 即公式(2-219)中的 σ_{12} 在增大, 这有利于两种熔体的分离。拟合 Na_2CO_3-NaCl 共晶熔盐的表面张力与温度的关系, 如式(2-219)所示:

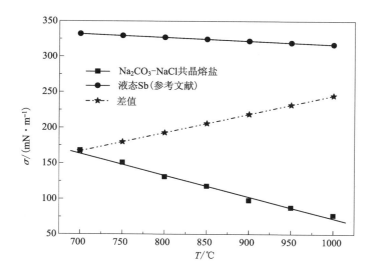

图 2-177　Na_2CO_3-NaCl 共晶熔盐和液态锑的表面张力与温度的关系图

$$\sigma = 0.4650 - 3.0857 \times 10^{-4} T \qquad (2-219)$$

7）熔盐的挥发损失

图 2-178 为纯 Na_2CO_3、纯 NaCl 以及共晶成分的热重曲线。

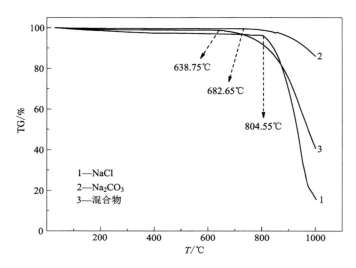

图 2-178　Na_2CO_3、NaCl 以及共晶成分的热重曲线

从图 2-178 中可以看出，三者在 700℃ 以前的挥发都很少，能稳定地存在。因为氯化钠的蒸汽压较高，在 800℃ 已达 66.69 Pa；当温度升到 804℃ 以后，质量损失变得十分明显，挥发加剧；温度上升到 1000℃ 时，质量几乎损失了 90%。对于纯 Na_2CO_3，因其熔点较 NaCl 高，同时蒸汽压又比 NaCl 低，所以质量损失并不明显，质量减小的速度也较氯化钠慢得多，当温度上升到 1000℃ 时也只减少了 15%。共晶成分的熔盐的质量减少量和速度都介于二者之间，但开始挥发温度提前，在 638℃ 以后就有显著挥发，这也接近于混合物的熔点，即熔盐在熔化后开始加剧挥发。随着温度的升高，挥发速率加快，到 1000℃ 时质量已经损失了 60%。

为宏观定量反映持续时间和温度对挥发量的影响，进行了不同温度下熔盐质量随持续时间延长而发生变化的实验，该实验在敞开的实验炉中进行，其结果如图 2-179 所示。

从图 2-179 中可看出，温度较低时，挥发量很小，在 700℃ 时 50 h 只挥发了 3.62%；但随着温度的升高，挥发速度明显加快，800℃ 是一个较为明显的转变点，超过此温度后，挥发速度急剧加快，因为超过此温度，分子运动的动能已大于逸出能，再升高温度，蒸汽压会呈指数增加；在 850℃ 和 900℃ 时 50 h 的挥发量分别达到了 27.94% 和 37.46%，且挥发量与时间基本呈线性关系。

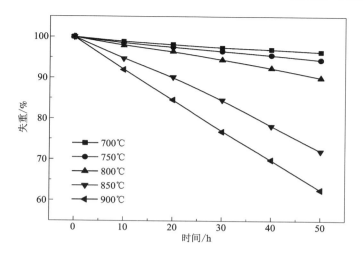

图 2-179　在不同时间和温度下 Na₂CO₃-NaCl 共晶熔盐的质量损失

8）熔盐成分的变化

采用滴定法测定了混合盐中的 CO_3^{2-} 含量，进而推导 Na_2CO_3 和 NaCl 的相对含量。图 2-180 是在 850℃时混合物中 Na_2CO_3 和 NaCl 含量随保温时间变化而变化的关系图。

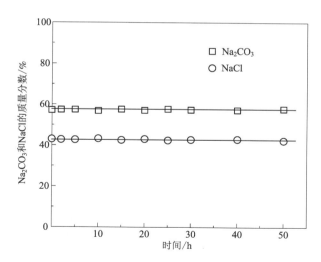

图 2-180　850℃时 Na₂CO₃-NaCl 共晶熔盐组成随保温时间变化而变化的关系图

从图 2-180 中可以看出，Na_2CO_3 和 NaCl 的含量随保温时间延长的变化不大，考虑分析误差的影响可认为其含量近似不变。这是因为所选熔盐组成为相图上的共晶点，混合物为恒沸物，其上方蒸气的组成与液相组成相同，同步挥发，同时温度低于850℃时碳酸钠的稳定性较好，几乎不分解，所以熔融盐中 Na_2CO_3 和 NaCl 的相对含量也会保持不变。

2. 试验原材料

实验室试验以辰州矿业股份有限公司所产的含金硫化锑精矿为研究对象，其化学成分见表 2-144，XRD 图谱如图 2-181 所示。

表 2-144 含金硫化锑精矿化学成分的质量分数   单位: %

Sb	Fe	S	Cu	Pb	Bi	As	Au*	SiO₂	Al₂O₃	CaO
37.21	13.27	30.60	0.085	0.18	0.026	0.034	56	7.14	2.26	0.079

注: * 单位为 g/t。

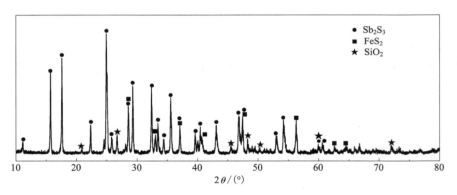

图 2-181 硫化锑精矿的 XRD 图谱

从图 2-181 中可以看出，主要物相为 Sb_2S_3、FeS_2 和 SiO_2，其中 Sb_2S_3 和 FeS_2 的峰有重叠。锑和铁的主要物相含量见表 2-145。

表 2-145 锑和铁主要物相的原子百分含量

名称	物相	原子百分含量/%
三硫化锑	Sb₂S₃	6.93
三氧化二锑	Sb₂O₃	4.89
五氧化三锑	Sb₂O₅	0.68
硫化亚铁	FeS₂	2.79

从表 2-145 中可以看出，锑的主要物相为三硫化锑，铁的物相主要为黄铁矿。脉石主要是二氧化硅、氧化铝和碳酸钙。

半工业试验以辰州矿业股份有限公司提供的所属中南黄金公司生产的含金硫化锑精矿为试验原料，其化学成分见表 2-146，XRD 图谱如图 2-182 所示。

表 2-146　中南黄金硫化锑精矿化学成分的质量分数　　　单位：%

Sb	S	Fe	Pb	Cu	As	Bi	Au*	SiO$_2$	CaO
48.08	25.13	5.14	0.28	0.039	0.50	0.0037	101.05	12.14	0.90

注：* 单位为 g/t。

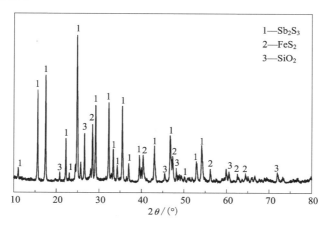

图 2-182　中南黄金硫化锑精矿的 XRD 图谱

从图 2-182 中可以看出，其中主要物相为 Sb$_2$S$_3$、FeS$_2$ 和 SiO$_2$。辅助材料包括还原剂粉煤和焦粒，固硫剂氧化锌以及配制熔盐的原料纯碱和食盐。氧化锌、纯碱和氯化钠均为工业纯。粉煤为实验室研究的还原剂，其主要成分见表 2-147；焦粒为半工业试验的还原剂，其主要成分见表 2-148。

表 2-147　粉煤化学组分的质量分数　　　单位：%

C	S	SiO$_2$	CaO	Al$_2$O$_3$	MgO
82.33	3.01	6.66	0.83	4.81	0.23

表 2-148 焦粒主要组成的质量分数   单位：%

C	挥发物	灰分	其他
70	12	10	8

3. 实验室研究

以含金硫化锑精矿为试料、氧化锌为固硫剂、煤粉为还原剂，进行低温熔盐炼锑的工艺条件优化试验，考察熔盐组成、熔炼温度、ZnO 用量、熔炼时间、总碱及还原剂用量对熔炼过程的影响。

1）熔盐组成的影响

取锑精矿 100 g、1.0 倍理论量的 ZnO、10% 精矿量的煤粉、4 倍固态物量的熔盐，改变氯化钠的加入量，在 800℃下熔炼 2 h，试验结果如图 2-183 所示。

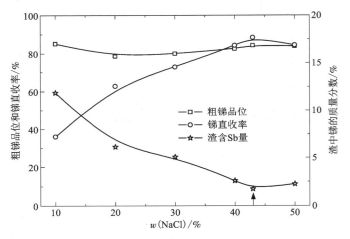

图 2-183 熔盐组成对熔炼结果的影响

从图 2-183 中可以看出，NaCl 的加入量对锑的直收率和品位都有很大的影响，当 NaCl 的量不断增加时，锑的直收率和品位总体呈提高的趋势，其中直收率从 36.02% 达到了最高 88.33%，渣中 $w(Sb)$ 从 11.87% 降低到了 1.74%。因为在到达共晶成分之前，NaCl 量增加，会降低熔盐的熔点，使熔体流动性变好，有利于反应的进行和金属液滴的沉降。但 NaCl 的质量分数超过共晶熔盐成分 43% 以后，熔盐的熔点又升高，体系黏度变大，所以直收率又下降。当 NaCl 所占熔盐质量分数为 43%，即共晶成分时锑直收率和粗锑品位都较高，所以确定熔盐的组成为共晶成分，即质量分数为 NaCl43% 和 Na₂CO₃57%。

2）熔炼温度的影响

按上述配比配制试料，NaCl 的加入量为熔盐质量的 43%，考察熔炼温度对熔炼结果的影响，结果如图 2-184 所示。

从图 2-184 中可以看出，锑的直收率和品位都随反应温度的升高而增加，分别从 700℃时的 11.15% 和 80.10% 增加到了 850℃时的 88.33% 和 84.20%。温度较低时，炉料难以形成黏度小、流动性好的熔盐，在动力学上不利于反应的快速进行，因而直收率和品位都很低。但温度太高时，熔盐和 Sb 挥发明显加剧、能量消耗增加。同时根据前文的计算结果，超过 950℃时氧化锌的还原量会增大，另外原料中的 Bi_2S_3、PbS 可与 Na_2CO_3 发生反应，生成金属进入粗锑和产生 Na_2S，不但增加了 Na_2CO_3 的消耗，也加大了碱再生回收的难度和复杂性，综合考虑，选取熔炼温度为 850℃。

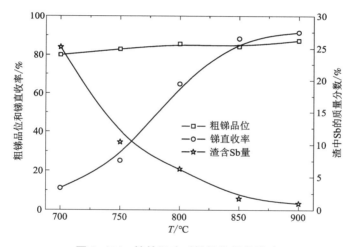

图 2-184　熔炼温度对熔炼结果的影响

3）熔炼时间的影响

按上述配比配制试料，熔炼温度为 850℃，改变熔炼时间，结果如图 2-185 所示。

从图 2-185 中可以看出，在考察时间范围内锑直收率和品位分别在 75% 和 80% 左右波动，反应 60 min 即达到了很好的效果，直收率和渣含锑都几乎不再变化，因为火法冶金在动力学上基本不受限制；而熔炼时间过长，锑的直收率会有所下降，这是由于熔盐和金属锑的挥发加大，熔盐挥发使体系黏度增大、粗锑挥发使锑直收率降低，同时也降低了生产率，因此选定熔炼时间为 60 min。

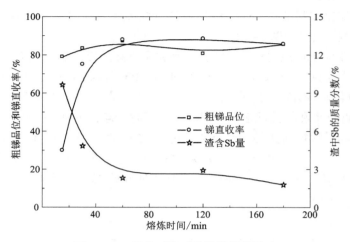

图 2-185　熔炼时间对熔炼结果的影响

4）ZnO 用量的影响

按上述条件，改变 ZnO 的加入量，考察其影响，结果如图 2-186 所示。

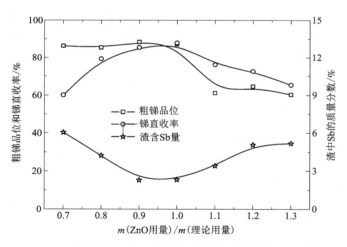

图 2-186　ZnO 用量对熔炼结果的影响

从图 2-186 中可以看出，ZnO 的加入量对熔炼结果有较大的影响，当 ZnO 加入得较少时，没有被锌固定的硫与碳酸钠反应并生成 Na_2S，而 Na_2S 易于与 Sb_2S_3 结合成锑锍，降低锑的直收率：

$$Sb_2S_3 + mNa_2S \Longrightarrow Sb_2S_3 \cdot mNa_2S \qquad (m=1,2,3) \qquad (2-220)$$

当 ZnO 加入量增加时,会促进熔炼反应向右进行,锑直收率和粗锑品位都会有所提高,固硫效果也会较好,降低渣含锑。超过理论所需的 ZnO 量时,继续增大 ZnO 用量,由于 ZnO 和 ZnS 的熔点都很高,稍微过量都会劣化熔体性质,使熔盐流动性变差,不利于分层,增加熔盐渣量,从而影响锑直收率和粗锑品位。从图 2-186 中可以看出,锑直收率由 ZnO 加入量为理论量的 1.0 倍时的 87.87% 下降到 1.3 倍时的 65.20%。综合考虑,选定 ZnO 的加入量为理论量的 1.0 倍。

5)熔盐用量的影响

改变配入的熔盐用量,保持其他配料条件不变,850℃下反应 1 h,试验结果如图 2-187 所示。

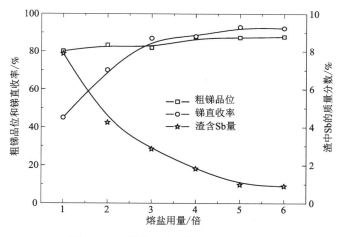

图 2-187　熔盐用量对熔炼结果的影响

从图 2-187 中可以看出,熔盐用量对锑直收率和粗锑品位都有一定的影响。碱量较少时,熔盐体系黏度较大,流动性差,不利于粗锑的澄清、汇聚和分层,金属锑在熔盐中会有夹杂损失。碱量增加到固态物量的 5 倍时,锑直收率和粗锑品位都上升到 80% 以上,此时熔盐体系的流动性好,为反应顺利进行创造了条件,同时也有利于金属和渣的分层,提高锑直收率;但熔盐太多,相当于稀释了,从而降低了生产率。综合考虑,熔盐用量为固态物量的 5 倍,此时锑直收率为 92.93%。

6)还原煤用量的影响

改变还原煤加入量,其他条件如上文所述,考察还原煤用量对熔炼结果的影响,结果如图 2-188 所示。

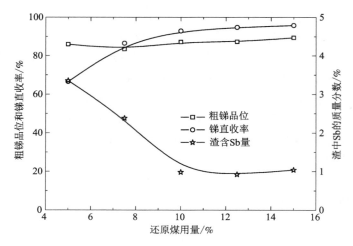

图 2-188　还原煤用量对熔炼结果的影响

从图 2-188 中可以看出，还原煤加入量对熔炼结果有较显著的影响。在加入量小于精矿量的 10% 时，锑直收率和渣含 Sb 量分别随着还原煤用量的增加而增加和降低。根据反应式计算还原煤的理论量（生成 CO）为精矿量的 6.67%，所以加入 10% 精矿量的还原煤已足够锑还原反应所需。当加入量进一步提高至 14% 时，锑直收率从 10% 时的 92.93% 提高到 95.80%，渣中锑的质量分数从 0.98% 提高到 1.04%，考虑分析误差，可近似认为此时基本不变，因此选定 10% 精矿量的还原煤量为最佳条件。

7）最优条件综合试验

根据上面的单因素实验得出了熔炼的最佳条件为：熔炼温度 850℃，熔炼时间 60 min，ZnO 用量为 1.0 倍理论量，还原煤量为精矿量的 10%，熔盐用量为固态物量的 5 倍，熔盐中 NaCl 含量为 $w(NaCl) = 43\%$。在此条件下共进行了三次综合验证试验，规模为精矿 200 g/次，结果显示锑的平均直收率可达 92.88%，选取其中一次试验结果的样品进行了全分析，结果见表 2-149。

表 2-149　最佳条件的实验产物量及其成分　　　　　　单位：%

产物	质量/g	Sb	Fe	S	Zn	As	Au*	Na	Si	Ca	Al
粗锑	73.93	92.58	3.08	0.05	0.95	0.08	144	—	—	—	—
水浸渣	228.57	1.56	10.13	23.44	36.01	—	—	6.17	4.86	0.14	2.17
水浸液**/mL	7340	32	—	1338		2.50	—	>3000	613	—	21.39

注：* g/t，** mg/L。

由表 2-149 可知，锑的直收率和回收率分别为 91.97% 及 96.76%，金在粗锑中的直收率为 95.03%；与金锑精矿相比，金的含量在粗锑中富集了 2.57 倍。熔盐渣水浸前后的 XRD 图谱如图 2-189 所示，结果显示水浸之前的熔炼渣的主要成分为 $NaCl$、Na_2CO_3、ZnS/FeS 和 Na_2ZnSiO_4，其中 ZnS 和 FeS 的峰重叠，因为它们的晶体结构相同，同为立方结构。可见熔盐的主要成分并没有发生改变，主要为 $NaCl$ 和 Na_2CO_3，ZnS 和 FeS 分别是 ZnO 固硫和 FeS_2 分解的产物，而 Na_2ZnSiO_4 的生成可能是因为发生了以下两个反应：

$$Na_2CO_3+SiO_2 = Na_2SiO_3+CO_2(g) \qquad (2-221)$$
$$ZnO+Na_2SiO_3 = Na_2ZnSiO_4 \qquad (2-222)$$

水浸渣基本上只含有不溶的 ZnS、FeS 和 Al_2O_3，其中 Al_2O_3 是 $Al(OH)_3$ 在烘干过程中脱水的产物，可见该水浸渣较为纯净，经选矿或焙烧后可作为炼锌原料或返回作为固硫剂。

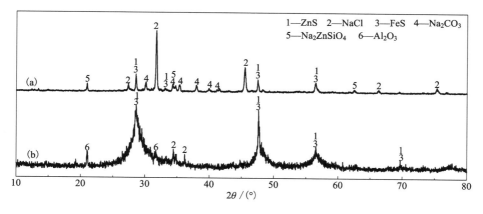

（a）水浸前；（b）水浸后

图 2-189　熔盐渣水浸前后的 XRD 图谱

根据加入物料量和产物量及表 2-149 的分析结果，计算了各元素在粗锑、水浸渣和水浸液中的分配量，结果如图 2-190 所示。

根据计算结果，元素 Sb、Au、As 主要富集于粗锑中，其富集量分别占总加入量的 91.97%、95.03% 和 86.98%，即锑直收率为 91.97%。由于锑捕集金能力较强，绝大部分金都富集到了粗锑中，这便于在后续的精炼过程中回收，还有少部分金在水浸渣中；而砷因为与锑性质相近，所以大部分砷被还原进入粗锑。

对于铁和锌的分配与实验设计基本相符合，主要富集于浸出渣中，分别为原加入量的 87.24% 和 88.31%。另外，还有 8.58% 的铁和 0.75% 的锌进入粗锑，较多的铁被还原，可能是因为 FeS 与 Na_2CO_3 或 ZnO 生成了铁的氧化物，这样，氧

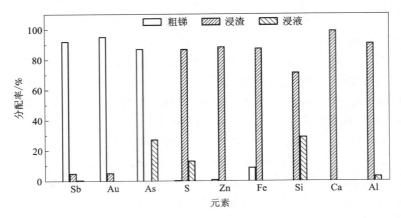

图 2-190　最佳条件实验的产物中的元素分布

化铁较易还原与锑形成合金；热力学分析说明，熔炼过程中 ZnO 较难被还原成金属锌，但锌与锑会形成合金，活度降低，促进还原反应向右进行。这两者的分配行为也解释了元素硫的分配，硫主要以 ZnS 和 FeS 的形式被固定在渣中，这一比例占 86.69%，其余部分则生成了可溶性的硫化钠、硫代硫酸钠或硫酸钠进入溶液。

钙、铝和硅的行为与前面的分析结果符合，98.76% 的钙不溶并进入水浸渣中，71.15% 的硅和 90.48% 的铝也同样进入水浸渣中。

4. 半工业试验

目前，辰州矿业股份有限公司锑冶炼采用传统的"鼓风炉挥发熔炼-反射炉还原/挥发熔炼"流程。较之于铜、铅、锌等重有色金属的冶炼，锑冶炼整体技术水平低、装备落后、资源消耗大、低浓度 SO₂ 污染严重，同时金的富集回收流程长、回收率低。

在此背景下，在实验室研究的基础上，作者学术团队与辰州矿业公司合作，进行了锑的低温熔盐清洁冶金的半工业试验研究。

1）试验方法与设备

金锑精矿低温熔盐炼锑的半工业试验在短回转窑内进行，如图 2-191 和图 2-192 所示，短回转窑的外部尺寸为 ϕ1620 mm×1910 mm，采用柴油烧嘴供热。按照预定配比称取一定质量的硫化锑精矿、氧化锌、纯碱、食盐和焦粒，人工混合均匀，采用加料斗从短窑左端的加料口进料，再称取一定质量的纯碱和焦粉覆盖在炉料表面。打开引风机，启动柴油烧嘴将炉温升至 850~900℃，待炉料完全熔化后维持炉温恒定至预定时间，转动窑体，使高温熔体从放料口通过溜槽放入铸铁包中自然冷却。分离熔盐和粗锑，熔盐采用球磨机粉碎后取样分析并作水浸试验，粗锑称重后取样分析 Sb、Au、Zn 等元素含量。

熔炼产生的高温烟气依次经过"冷却塔—旋风收尘器—碱液洗涤塔"冷却、收尘和净化后，由引风机排空。

图 2-191　用于低温熔盐炼锑
半工业试验的短回转窑

图 2-192　烟气冷却收尘及净化系统

2）半工业试验结果

试验过程中开炉数十次，现对其中比较有代表性的三炉次的试验数据与结果进行分析和介绍。

（1）第一炉次试验

因为是首次开炉，所以炉子内衬可能存在物料渗透现象，可以理解为吃料，需先称取 100 kg 纯碱加入短窑内打底铺平。第一炉次的炉料质量及工艺条件见表 2-150。炉料熔化后在 950℃炉温下反应 5 h，熔体表面较黏稠，出料冷却后称量，分别得到熔体 231.80 kg、粗锑 2.86 kg，粗锑的化学组成列于表 2-151 中。

表 2-150　第一炉次的炉料质量及工艺条件　　　　　　单位：kg

精矿	苏打	氯化钠	氧化锌	焦粒	苏打覆盖剂	温度/℃	时间/h
50	100	2.50	26.21	7.50	50	950	5

表 2-151　第一炉次所产粗锑化学成分的质量分数　　　　单位：%

Sb	Pb	As	$\rho(Au)/(g \cdot t^{-1})$
86.00	3.42	0.28	327.67

可以看出，锑的品位不高，金得到一定程度的富集。在渣包中均匀取样后，用自来水浸泡，至所有样品都溶解后过滤、烘干，分别分析水浸渣和水浸液的成分，见表 2-152、表 2-153。

表 2-152　第一炉次水浸渣化学成分的质量分数　　　　单位：%

元素	Sb	Cu	Zn	Pb	Fe	W	Mo
含量	30.71	0.027	13.92	0.044	2.07	0.098	0.073
元素	S	Na	K	Mg	Ca	Si	Al
含量	5.93	8.16	0.038	0.038	3.87	1.53	0.96

表 2-153　第一炉次熔盐水浸液成分的质量浓度　　　　单位：mg/L

元素	Na	S	Sb	Fe	Zn	As
含量	32850	5924	396	0.29	0.65	66
元素	Ca	Al	Mg	K	Si	P
含量	4.42	102	0.01	69	418	6.20

水浸液中硫的质量浓度高达 5.92 g/L，说明熔炼过程中因局部温度过高，有部分碳酸钠与硫化物反应生成 Na_2S，在水浸时全部进入溶液。熔盐水浸渣中锑的质量分数高达 30.71%，为考察其中锑的形态，对锑和锌的物相作了化学分析，结果见表 2-154。

表 2-154　第一炉次熔盐水浸渣中 Sb 和 Zn 物相的质量分数　　　　单位：%

物相	Zn_2SiO_4	ZnS	$ZnFe_2O_4$	ZnO	$ZnSO_4$	T_{Zn}
$w(Zn)$	7.08	4.22	0.15	0.48	0.01	12.74
物相	Sb_2O_3	Sb	Sb_2S_3	硅酸盐		T_{Sb}
$w(Sb)$	19.89	7.35	0.93	0.12		28.29

从表 2-154 中可以看出，Sb 的主要物相为 Sb_2O_3 和金属锑，分别占渣中锑总量的 70.31% 和 25.98%，硫化锑仅占 3.29%，硫化锌为总锌量的 33.21%，而 ZnO 仅占 3.07%，说明在熔炼过程中 Sb_2S_3 与 ZnO 发生固硫反应，生成 Sb_2O_3 和 ZnS，同时 ZnO 也易和 SiO_2 发生反应并生成 Zn_2SiO_4。根据以上记录和分析数据，可以概括出第一炉次的主要技术经济指标见表 2-155，其中总固硫率为 ZnO 固硫率与

Na_2CO_3 熔盐固硫率之和。

表 2-155　第一炉次的技术经济指标　　　　　单位：%

锑直收率	粗锑品位	水浸渣中 w_{Sb}	ZnO 固硫率	总固硫率
10.23	86	30.71	41.27	78.03

（2）第二炉次试验

第二炉次的炉料质量及工艺条件见表 2-156。启动柴油烧嘴升温熔化炉料，短时间内炉口温度上升至 700℃，烟道温度也有 340℃，烧火 4 h 后炉温和烟道温度分别维持在 900℃和 650℃左右。总熔炼时间为 25 h 后从溜槽放出炉料，冷却后分别得到熔体 127.02 kg、粗锑 12 kg，粗锑的化学组成列于表 2-157 中。

表 2-156　第二炉次的炉料质量及工艺条件　　　　　单位：kg

精矿	苏打	氯化钠	氧化锌	焦粒	苏打覆盖剂	焦粒覆盖剂	温度/℃	时间/h
50	120	10	26.21	37	30	5	900	25

表 2-157　第二炉次所产粗锑化学成分的质量分数　　　　　单位：%

元素	Sb	Pb	Fe	Ni	S	Zn	As	Au
含量	95.77	0.53	2.94	0.27	0.018	0.057	0.088	0.019

可以看出，此炉的粗锑品位较高，杂质含量少，金富集的浓度较第一炉次更高。冷却后的渣包及熔体产物的分层情况如图 2-193 所示，可以看出金属沉积于物料底部，上部为熔盐渣，分层良好。在渣包中均匀取样后，用自来水浸泡，至所有块样都溶解后过滤、烘干，分析干渣的成分，见表 2-158。

渣含锑量依然较高，说明反应还是不够充分。根据以上记录和数据分析，可以概括出第二炉次的主要技术经济指标，见表 2-159。技术经济指标较第一炉次大幅提高，锑直收率为 47.89%，而渣含锑量降低，其中锑的质量分数到了8.16%，同时金的捕集率为 56.41%，因为此炉的熔盐量较第一炉次多。同时盐中的 NaCl 组分含量增加，从而易于形成较低熔点的熔盐成分，使熔体的流动性得到改善。焦粒的加入量也较第一炉次高得多，使熔炼过程中的还原性气氛得到保证。

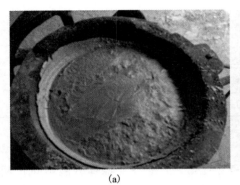

(a)　　　　　　　　　　　　　(b)

图 2-193　熔炼产物的分层情况

表 2-158　第二炉次水浸渣化学成分的质量分数　　　　单位：%

元素	Sb	Cu	Zn	Pb	Fe	Mn	Cl
含量	8.16	0.039	22.36	0.067	8.26	0.042	0.45
元素	S	Na	K	Mg	Ca	Si	Al
含量	9.75	8.17	0.048	0.85	2.21	8.31	4.70

表 2-159　第二炉次的技术经济指标　　　　单位：%

锑直收率	粗锑品位	水浸渣中 w_{Sb}	ZnO 固硫率	总固硫率
47.89	95.77	8.16	42.72	84.63

（3）第三炉次试验

第三炉次的炉料质量及工艺条件见表 2-160。启动柴油烧嘴升温熔化炉料，短时间内使炉口温度上升至 730℃，烟道温度 226℃，最终炉温和烟道温度分别维持在 880℃和 730℃左右。熔炼总时间为 12 h，从溜槽放出炉料，冷却后分别得到熔体 155 kg、粗锑 14.24 kg，粗锑的化学组成见表 2-161。

熔炼温度稍降低，使金属的纯度提高较多，Pb 和 Zn 等杂质被还原得少。干渣的成分见表 2-162，其中主要成分为 Zn、S、Na 和 Sb，渣含锑量较第一、第二炉次都有进一步降低。

表 2-160　第三炉次的炉料质量及工艺条件　　　　单位：kg

精矿	苏打	氯化钠	氧化锌	焦粒	覆盖剂			温度/℃	时间/h
					苏打	氯化钠	焦粒		
50	100	30	26.21	37	25	5	5	880	12

表 2-161　第三炉次所产粗锑化学成分的质量分数　　　　　　单位：%

元素	Sb	Pb	Fe	Ni	S	Zn	As	Au
含量	98.261	0.57	0.66	0.16	0.010	0.052	0.02	

表 2-162　第三炉次水浸渣化学成分的质量分数　　　　　　单位：%

元素	Sb	Cu	Zn	Pb	Fe	Mn	Cl
含量	4.98	0.053	21.52	0.053	5.97	0.050	1.27
元素	S	Na	K	Mg	Ca	Si	Al
含量	13.81	11.26	0.079	0.57	1.52	7.61	4.82

根据以上记录和数据分析，可以概括出第三炉次的主要技术经济指标，见表 2-163。本炉次的效果较第二炉次稍有提高，锑直收率 58.20%，渣中锑的 w_{Sb} 为 4.98%，同时金的捕集率也达到 65.87%，因为此炉次的熔盐量较第一炉次多；盐中的 NaCl 组分含量也进一步增加，使熔体的流动性得到改善。

表 2-163　第三炉次的技术经济指标　　　　　　单位：%

锑直收率	粗锑品位	水浸渣中 w_{Sb}	ZnO 固硫率	总固硫率
58.20	98.26	4.98	72.31	94.99

总之，在短窑中进行半工业试验验证了低温熔盐炼锑的可行性，可以实现一步炼锑，粗锑品位高达 98%，远优于实验室试验结果，同时不排放 SO_2。但是，因短回转窑本身结构和加热机构的问题，单一柴油喷嘴使整个熔炼过程中的热量来源不够，炉料熔化慢，熔炼强度不够，锑直收率和氧化锌固硫率与实验室试验结果相差较大。实验室电炉为四面加热，温度场均匀，能实现炉料快速熔化和熔炼。若试验设计失误，熔盐加入量较实验室试验比例小，会造成熔体流动性差；加之在熔炼过程中炉子很少转动，传热效果不好，使物料接触不良，致使 ZnO 固硫率不高，还原不充分，从而使渣含锑量过高。因此，后续试验研究必须按照小试配比与工艺技术条件进行，熔炼过程中要保持炉子转动，以强化转热传质的效果，转速由试验优化决定。

2.4.5　碳酸钠-氯化钾熔盐体系炼锑

KCl 很稳定，熔炼过程中很难发生反应，是一种惰性熔剂。KCl 的熔点低，降低了碳酸钠-氯化钾熔盐的熔点，研究该体系低温炼锑的目的是将其与碳酸钠-氯化钠熔盐体系低温炼锑进行比较，以确定低温炼锑的最佳熔盐体系。

1. 试验原材料及方法

1）原材料

试验所用原料为湖南某冶炼厂的硫化锑精矿，其化学组成和锑物相见表 2-164 和表 2-165。还原剂煤粉的化学成分见表 2-166。

表 2-164　硫化锑精矿化学成分的质量分数　　　　　单位：%

成分	Sb	Fe	S	Cu	Pb	Cd
质量分数	61.85	0.94	26.11	0.43	0.84	0.0038
成分	As	SiO_2	Al_2O_3	Fe_2O_3	CaO	MgO
质量分数	0.13	5.28	2.38	0.23	1.2	1.95

表 2-165　硫化锑矿物相及其质量分数　　　　　单位：%

硫化锑中 Sb	三氧化二锑中 Sb	锑酸盐中 Sb
57.23	1.72	2.9

表 2-166　还原剂煤粉化学组分的质量分数　　　　　单位：%

元素	C	S	SiO_2	CaO	Al_2O_3	MgO	挥发分
质量分数	45.55	0.34	32.79	0.2	9.16	0.31	6.73

2）理论量计算

以 100 g 锑精矿为计算基准，进行还原剂煤粉理论量氧化锌理论用量以及固态物总量的计算，具体情况分析如下。

（1）还原剂煤粉理论量计算：假设碳全部充分反应生成 CO_2，由还原熔炼反应式（2-169）计算出还原剂煤粉理论消耗量为 10.04 g。

（2）氧化锌理论用量计算：由还原熔炼反应式（2-169）计算出氧化锌理论用量为 66.1 g。

（3）固态物总量计算：固态物包括试料中的脉石成分、生成的硫化锌及过量的氧化锌，以 ZnO 过量 1.2 倍理论量为计算基准时，固态物总量为 98 g。

2）试验方法

称取预定量的辉锑精矿、氧化锌、煤粉、碳酸钠及氯化钾，一起搅拌混匀后装入石墨坩埚中，再称取一定量的纯碱覆盖其上，放入电炉中，待温度恒定后开始计时；到达反应时间后，取出石墨坩埚并趁热将物料全部倒入预先准备好的不锈钢盘中。待冷却后，分离粗锑和炉渣并称重，所得炉渣中含有熔剂和固态物渣，炉渣用自来水在85℃左右搅拌浸出3 h，使固液分离，滤液量体积并取样分析，滤渣干燥称重并取样分析。

2. 条件试验

采用单因素法分别考察了盐配比[$m(Na_2CO_3)/m(KCl)$]、熔炼温度、盐固比（碳酸钠和氯化钠总质量与固态物渣总质量之比）、熔炼时间、氧化锌过量系数及煤粉过量系数等因素对低温固硫熔炼一步炼锑过程的影响，由此确定最佳工艺技术条件。

1）盐配比的影响

称取硫化锑精矿100 g，在盐固比为6、ZnO用量为1.1倍理论量、煤粉用量为3倍理论量、于800℃温度下熔炼4.0 h、固定熔盐量的条件下，考察KCl加入量*对熔炼过程的影响，同时测定了对应KCl比例下熔盐的熔点。结果如图2-194、图2-195及图2-196所示。

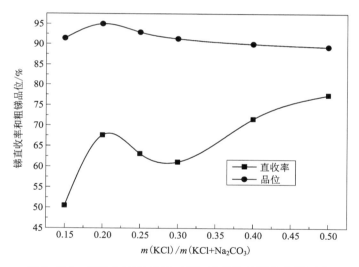

图2-194　熔盐中KCl含量对锑直收率和粗锑品位的影响

由图2-194、图2-195及图2-196可知，随着KCl加入量的不断增加，锑直收率呈先增后减，再上升的趋势；粗锑品位有先升后降的微弱趋势，最高可达95%；渣中$w(Sb)$逐渐降低，最低达3.1%。原因是随着KCl加入量的不断增加，熔盐的熔点不断降低，熔盐的流动性得到改善，有利于金属Sb的沉积；同时提高

---

* 指$m(KCl)$与$m(KCl+Na_2CO_3)$的比值。

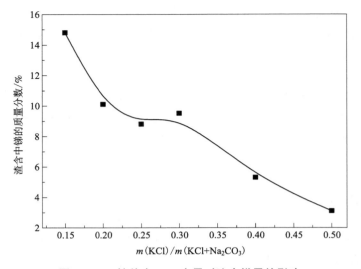

图 2-195　熔盐中 KCl 含量对渣含锑量的影响

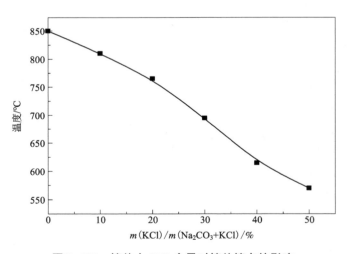

图 2-196　熔盐中 KCl 含量对熔盐熔点的影响

了熔盐的表面张力,不利于 Sb 的沉积。在两者综合作用下,锑的直收率会呈现先升后降再上升的趋势。熔盐中 KCl 质量分数选择 40%~50% 时,金属锑的直收率最高,但熔盐 KCl 质量分数为 20% 时是第一个上升最高点。由图 2-195 可知,随着熔盐中 KCl 量的逐渐增加,渣中锑的质量分数由 15% 下降到 3%。同样可以说明 KCl 比例合适时有利于锑的还原沉积。综合考虑,熔盐中 KCl 比例为 20% 比较合理。

2）熔炼温度的影响

熔盐中 KCl 质量分数为 20%，在其他条件如 1）的熔炼条件下，考察熔炼温度对熔炼过程的影响，结果如图 2-197 和图 2-198 所示。

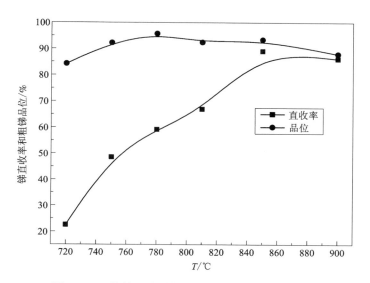

图 2-197　熔炼温度对锑直收率和粗锑品位的影响

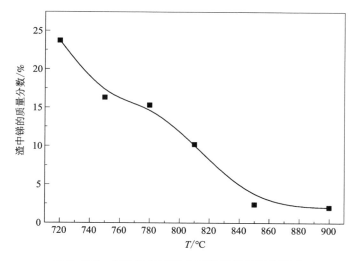

图 2-198　熔炼温度对渣中锑的质量分数的影响

由图 2-197 可知，当熔炼温度低于 850℃时，随着温度的升高，锑直收率不断升高，最高可达到89%；粗锑品位波动范围较小；当温度高于850℃时，锑直收率和粗锑品位都有所降低。原因是温度过高时，还原性气氛太强，导致Zn和Fe被还原的量增加，进入粗锑降低其品位。同时，温度高，锑挥发损失也会增加。

由图2-198可知，随着温度的不断上升，渣中锑含量不断降低，验证了温度对硫化锑还原率的影响，温度越高，还原反应越容易进行。当温度达到850℃时，渣中锑的质量分数可以降到2.5%以下。

由此可见，温度是影响熔炼结果的显著因素，综合考虑，最佳熔炼温度为850℃左右。

3）盐固比的影响

在熔炼温度为850℃及其他条件如2）的熔炼条件下，考察盐固比对熔炼过程的影响，结果如图2-199和图2-200所示。

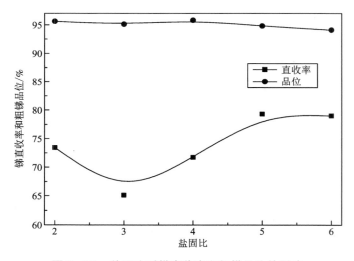

图2-199　盐固比对锑直收率和粗锑品位的影响

由图2-199和图2-200可知，随着盐固比的增大，锑直收率先降低，然后逐渐上升，最高大于80%；粗锑品位波动很小，其品位均可大于94%。渣中锑的含量与锑直收率变化一致，先升高，再下降，锑质量分数最低小于2.5%。另外，盐固比为2时，熔炼产物成半固态，却能得到一整块锑，沉积效果较好；在盐固比为3时，锑反而不能完全聚积，还有不少锑珠分散在熔盐和渣中，分离比较困难，从而导致锑直收率偏低；盐固比取4~6时，熔炼产物的流动性明显得到改善，锑的沉积效果变好，直收率逐渐提高。但是盐固比越大，不但熔盐的消耗量大，而且单位体积生产能力低。综合考虑，盐固比选取5左右最佳。

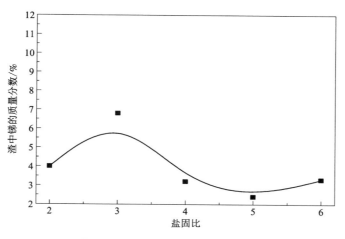

图 2-200　盐固比对渣含锑的影响

4）熔炼时间的影响

在盐固比为 5 及其他条件如 3）的熔炼条件下，考察熔炼时间对熔炼过程的影响，结果如图 2-201 和图 2-202 所示。

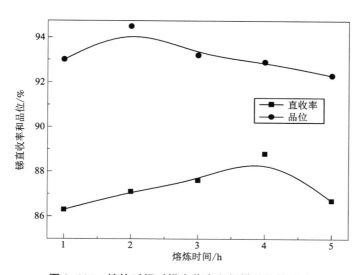

图 2-201　熔炼时间对锑直收率和粗锑品位的影响

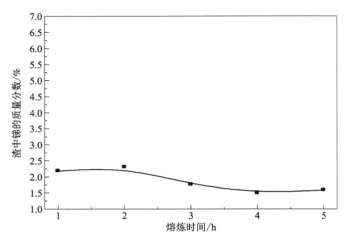

图 2-202　熔炼时间对渣中锑含量的影响

由图 2-201 可知，随着熔炼时间的延长，锑直收率先升高后降低，但变化幅度不大，熔炼 4.0 h 时直收率最高，达到 89%；粗锑品位也先升高后降低，最高可达 95%。但继续延长时间超过 4.0 h 以后，锑直收率反而下降，这说明延长熔炼时间会使锑的挥发损失增加，熔盐挥发量也增大；还会使更多的铁、锌等被还原进入粗锑，从而降低粗锑品位。由图 2-202 可知，随着熔炼时间的延长，渣中锑含量逐渐降低，说明熔炼时间越长熔炼反应越彻底，锑的聚积也越好，这也解释了熔炼 5.0 h 锑直收率反而下降是锑的挥发造成的。综合考虑，最佳熔炼时间选择 1.0~2.0 h 比较合理。

5）氧化锌用量的影响

在熔炼 1.0 h 及其他条件如 4）的熔炼条件下，考察了 ZnO 用量对熔炼过程的影响，结果如图 2-203 和图 2-204 所示。

由图 2-203 可知，锑直收率和粗锑品位都随 ZnO 用量的增加而先升高后降低。但是 ZnO 加入量的继续增加，使过量的 ZnO 以固态物的形态存在于熔盐中，会影响熔盐的黏度等性质，不利于锑聚积，而且过量的 ZnO 会被还原成金属 Zn 进入粗锑中，从而降低粗锑品位。由图 2-204 可看出，渣中锑含量随 ZnO 用量的增加而逐渐下降。对比两图中的直收率和渣中锑含量可以发现，当 ZnO 过量系数选择 1.2 倍以下时，锑直收率不高，但渣中锑含量相对较高；当 ZnO 过量系数选择 1.2 倍以上时，锑直收率逐渐下降，对应的渣中锑含量也在逐渐下降。综合考虑，ZnO 用量为 1.2 倍理论量时最佳。

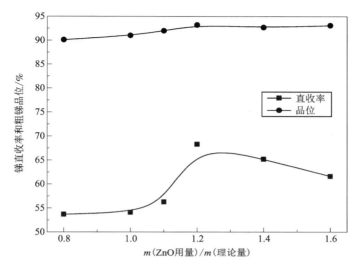

图 2-203 ZnO 过量系数对锑直收率和粗锑品位的影响

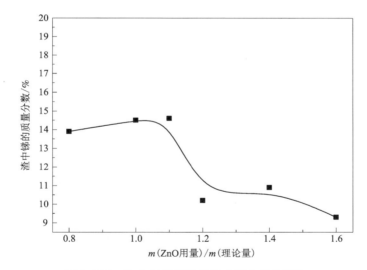

图 2-204 ZnO 过量系数对渣中锑含量的影响

6）煤粉用量的影响

在 ZnO 用量为 1.2 倍理论量及其他条件如 5）的熔炼条件下，考察了煤粉用量对熔炼过程的影响，结果如图 2-205 和图 2-206 所示。

由图 2-205 可知，当煤粉用量为理论量时，锑收率非常低，主要原因是熔炼过程中一部分反应生成了易挥发的 CO 且不能进一步用于还原，而碳的理论用量是依据全部碳氧化成 CO_2 计算的。所以，还原剂用量不够，还原熔炼反应进行不

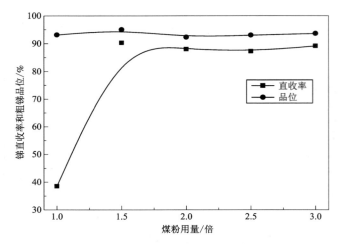

图 2-205 煤粉用量对锑直收率和粗锑品位的影响

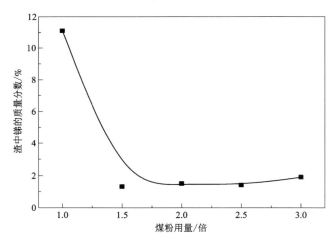

图 2-206 煤粉用量对渣中锑含量的影响

完全, 导致锑直收率低; 当煤粉加入量超过 1.5 倍理论量后, 锑直收率都较高, 平均大于 88%, 且变化较小。但是还原剂过量太多, 还原性气氛过强, 会加剧锌和铁的还原, 降低粗锑品位。由图 2-206 可看出, 渣中锑含量和锑直收率对应关系很明显。当煤粉用量为 1.5 倍以上理论量时, 渣中锑的质量分数降低到了 2%以下, 最低达 1%。综合考虑, 煤粉用量为 1.5~2.0 倍理论量时最佳。

3. 综合试验

根据单因素条件试验结果, 各参数选择最优参数进行优化试验, 即称取硫化锑精矿 200 g，在盐固比为 5、$m(KCl)/m(Na_2CO_3)=1/4$、纯碱 650 g、氯化钾 165 g、氧化锌用量为 1.2 倍理论量、煤粉用量为 2 倍理论量、在熔炼温度为 850℃时熔炼 2.0 h 的优化条件下进行低温固硫熔炼综合试验。获得了较好结果，共产出粗块锑 119.2 g、熔盐水浸渣 223.9 g、水浸液 3.78 L。图 2-207 为熔炼产物趁热倒出冷却凝固的金属相和渣相照片。综合试验结果见表 2-167～表 2-169。

图 2-207　综合试验熔炼产物的金属相和渣相

由图 2-207 可见，粗锑聚集成大块金属，沉积于熔盐底部，渣相为固态物渣和熔盐的混合物，没有明显的分层，说明熔炼过程中固态物渣均悬浮于熔盐中。图 2-208 为水浸渣的 XRD 图谱。由图 2-208 可知，熔炼后固态渣的主成分为 ZnS 和 ZnO，说明此工艺直接从硫化锑矿中炼出金属锑，且将原料中的硫固定在固态渣中。

表 2-167　粗锑和渣的质量及主要成分质量分数　　　　　单位：%

名称	质量/g	Sb	Pb	Zn	Cu	Fe	As	K
粗锑	122.3	92.4	1.26	2.74	0.951	0.843	0.092	0.018
水浸渣	223.9	2.36	0.023	58.7	0.071	0.499	—	0.09

名称	Na	Mg	Ca	Al	Si	S	Cl	Na
粗锑	0.051	0.004	0.001	0.001	0.058	0.044	0.069	0.051
水浸渣	0.12	0.78	0.81	1.23	0.758	17.24	0.533	0.12

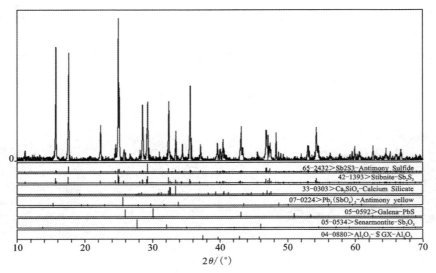

图 2-208　综合试验水浸渣的 XRD 图谱

表 2-168　水浸液中主要元素的质量浓度　　　　　单位：mg/L

Sb	Pb	Zn	Cu	Fe	As
102	4	0.26	0.04	2	0.28
K	Na	Mg	Ca	Al	S
20135	65241	5	7	56	2930

表 2-169　元素质量平衡　　　　　单位：g

元素	投入			产出				偏差	
	精矿(ZnO)	煤粉	共计	粗锑	水浸渣	水浸液	共计	绝对	相对/%
Sb	123.7	—	123.7	113.0	5.28	0.40	118.68	−5.02	−4.06
Zn	(128.40)	—	128.40	3.27	131.43	—	134.70	+6.30	+4.9
S	52.22	0.14	52.36	—	38.60	11.34	49.94	−2.42	−4.6
Fe	1.88	—	1.88	1.00	1.09	0.01	2.10	+0.22	+11.7
Cu	0.86	—	0.86	1.13	0.16	—	1.29	+0.43	+50
Pb	1.68	—	1.68	1.50	0.05	0.02	1.57	−0.11	−6.5
As	0.26	—	0.26	0.11	—	0.001	0.111	−0.15	−57
Mg	2.34	0.08	2.42	0.005	1.74	1.1	1.765	−0.66	−27
Al	2.52	1.94	4.46	0.001	2.75	0.22	2.971	−1.49	−33
Ca	1.72	0.34	2.06	0.001	1.81	0.016	1.827	−0.233	−11

由表 2-167 和表 2-169 中的数据计算得出锑的直收率为 91.3%，回收率为 95.2%。粗锑品位为 92.4%，Cu、Pb、Zn、Fe 等杂质元素在粗锑中的含量较高是降低粗锑品位的主要原因。渣中 $w(Sb)$ 为 1.85%，经物相分析，渣中约有 80% 的锑以金属的形态存在，说明熔炼过程中锑的还原很彻底，金属锑的聚集效果是影响直收率的主要因素。渣中金属锑可以通过选矿方法回收。

表 2-168 中的数据说明，74.0% 的硫以 ZnS 的形态被固定，而熔盐固硫率为 21.7%，图 2-208 也说明了 ZnS 固硫这一点。可以通过选矿方法回收固态渣中的 ZnS，产出的 ZnS 精矿可出售或焙烧再生 ZnO 回用，烟气制酸。因此，可以推断水溶性 S 是以 Na_2S 形态固定的，说明熔炼过程中消耗了一定量的碳酸钠，在熔盐中生成了 Na_2S，这将增加熔盐回用的困难。

表 2-169 中的数据还详细列出了各元素的投入与产出的平衡情况，锑的入出相对误差约为 -4.0%，在允许试验误差范围内。约 89% 的 Pb、42% 的 As、2.5% 的 Zn 及几乎所有的 Cu 进入粗锑；Ca、Mg、Al 基本都进入固态物渣；绝大部分 Zn 以 ZnS 和 ZnO 的形态进入固态物渣。

4. 小结

（1）试验验证了碳酸钠-氯化钾熔盐体系中硫化锑精矿低温固硫一步炼锑是可行的。

（2）优化了熔盐配比、熔炼温度、熔炼时间、盐固比、ZnO 用量及煤粉用量等工艺技术参数，确定了最佳工艺条件：碳酸钠和氯化钾质量比为 4:1、熔炼温度为 850℃ 左右、熔炼时间为 1.0~2.0 h、盐固比为 4~5、ZnO 用量为 1.2 倍理论量、煤粉用量为 1.5~2.0 倍理论量。

（3）在优化条件下进行的综合试验获得了较好结果：渣中 $w(Sb)$ 为 2.36%，锑的直收率和回收率分别为 91.3% 和 95.73%；粗锑品位为 92.4%，Cu、Pb、Zn、Fe 等部分还原进入粗锑是降低粗锑品位的主要原因；约 74% 的 S 以 ZnS 的形态固定，20% 左右的 S 进入熔盐。

2.5 熔盐回用与再生

2.5.1 概　述

自还原低温碱性熔炼产生的熔盐渣成分复杂，再生固态 NaOH 返回利用十分困难，而且再生碱的成本很高，因此阻碍了自还原低温碱性熔炼的产业化应用。本大节讨论的主题是碳还原混碱体系（NaOH 质量分数小于 5%）低温碱性熔炼和低温熔盐冶金产生的熔盐渣的回用和再生问题，将从液态热熔盐中固态物的沉降分离和熔盐湿法再生两个方面对熔盐的回收和再生利用进行研究。在熔盐湿法再生方面，是向两种熔炼渣的水浸液或其苛化液中通入二氧化碳进行碳酸化沉淀小苏打而实现的，这对固态物黏附碱的再生和返回利用十分重要，因为以浓缩结晶的方式回收固态烧碱的溶液蒸发量为碳酸化沉淀等当量小苏打的 12.8 倍。低温熔盐炼铅过程产出的熔盐渣的主要成分见表 2-170。

表 2-170　低温熔盐炼铅过程产出的熔盐渣主要成分的质量分数　　　　　单位：%

试验原料	Pb	Zn	Fe	S	Na	Si	Ca	Al	Mg
硫化铅精矿	0.26	14.55	2.82	7.84	28.2	1.32	0.57	0.42	0.29
硫化铅锌精矿	0.30	22.67	3.82	10.99	23.58	0.75	0.47	0.38	0.08
铅酸蓄电池胶泥	0.35	6.83	0.41	3.41	35.91	0.82	0.08	0.24	0.05

由表 2-170 可知，低温熔盐炼铅过程产出的熔盐渣的主要化学成分为 Na、S 和 Zn，结合前文对熔盐渣的物相分析结果可知，熔盐渣的主要物相成分为 Na_2CO_3、ZnS 和 ZnO。

如何经济有效地回收和再生熔盐是降低低温熔盐炼铅、锑、铋工艺生产成本和该工艺能否实现工业化生产的关键，而究其本质就是如何将熔盐渣中的 Na_2CO_3 与 ZnS、ZnO 等固态物进行有效分离。熔盐的再生和返回利用的主要研究思路如下：①探索 ZnS、ZnO 和 Pb 在液态热熔盐中的重力沉降规律，优化沉降分离条件，提高热熔盐返回利用的比例；②对被固态物黏附难以分离的熔盐进行湿法再生处理，再生后的熔盐返回流程循环利用。

2.5.2　固态物与熔盐沉降分离

1. 重力沉降原理

重力沉降是固液分离方法之一，是指在重力的作用下，利用悬浮液中固液相密度的差异，将悬浮液分离为固相含量较高的底流和澄清的溢流的过程。固态颗粒在介质中的运动速度与阻力大小、流体黏度、液固密度差和固态颗粒大小等有关，且受悬浮液的浓度、温度、沉降时间及沉降装置几何形状等因素的影响。

低温熔盐炼铅的液态熔盐中的主要夹杂物为 ZnS、ZnO 和金属 Pb，在重力作用下，这三种夹杂物均会向下沉降。由于密度存在差异，三者的沉降速度也会有所不同，根据式(2-223)可以计算出各种夹杂物在熔盐中的沉降速度。

$$v = \frac{2gr^2}{9\eta_S}(\rho_M - \rho_S) \tag{2-223}$$

式中：v 为夹杂物的平均沉降速度，m/s；r 为夹杂物的颗粒半径，m；η_S 为熔盐的黏度，Pa·s；ρ_M 和 ρ_S 分别为固态物和熔盐的密度，kg/m^3；g 为重力加速度。

由式(2-223)可知，夹杂物在熔盐中的沉降速度主要和夹杂物的颗粒大小、熔盐的黏度及夹杂和熔盐的密度大小等因素有关。作者学术团队对夹杂在 Na_2CO_3-NaCl 熔盐中的 ZnS、ZnO 和 Sb 等颗粒进行了 SEM 扫描分析，发现所有夹杂物的颗粒直径可近似地视作 10 μm。Na_2CO_3 熔盐在不同温度下的黏度和密度可分别按照公式(2-224)和式(2-225)进行计算，液态铅在不同温度下的密度可按公式(2-226)计算，其结果分别见表 2-171 和表 2-172。

$$\eta_S = 3.832 \times 10^{-5} \exp\left(\frac{26260}{RT}\right) \tag{2-224}$$

式中：η_S 为熔盐的黏度，Pa·s；T 为绝对温度，K；R 为理想气体常数。

$$\rho_S = 2.4797 - 0.4487 \times 10^{-3} T \tag{2-225}$$

式中：ρ_S 为熔盐的密度，kg/m^3；T 为绝对温度，K。

$$\rho_{Pb} = 10.678 - 1.3174(T-600) \times 10^{-3} \tag{2-226}$$

表 2-171　Na_2CO_3 熔盐在不同温度下的黏度和密度

温度/℃	700	800	900	1000
黏度/(Pa·s)	0.984	0.728	0.566	0.458
密度/(g·cm^{-3})	2.04	2.0	1.95	1.91

表 2-172　熔盐中主要夹杂物在不同温度下的密度　　单位：g/cm³

温度/℃	700	800	900	1000
ZnS	5.61	5.61	5.61	5.61
ZnO	3.98	3.98	3.98	3.98
Pb	10.19	10.05	9.92	9.79

根据上述结果，可以计算出在不同温度下，三种夹杂物在 Na_2CO_3 熔盐中的沉降速度，其结果见表 2-173 和图 2-209 所示。

表 2-173　熔盐中主要夹杂物在不同温度下的沉降速度　　单位：m/s

温度/℃	700	800	900	1000
ZnS	0.196	0.27	0.35	0.44
ZnO	0.11	0.15	0.19	0.24
Pb	0.45	0.60	0.76	0.93

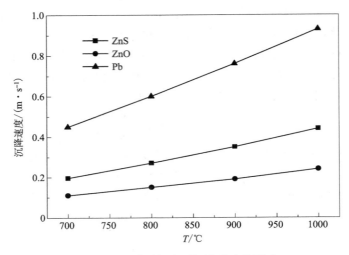

图 2-209 绝对温度对沉降速度的影响

由图 2-209 可以看出，金属 Pb、ZnS 和 ZnO 等夹杂物是能够在 Na_2CO_3 熔盐中实现沉降分离的，且金属 Pb 在熔盐中的沉降速度要明显高于 ZnS 和 ZnO。这说明在低温熔盐炼铅过程中，生成的液态金属铅能快速沉积到熔体底部，在熔盐渣中的机械夹杂较少，比较容易从熔炼体系中分离出来。ZnS 的沉降速度要高于ZnO，说明在熔炼过程中生成物比反应物沉降到熔体底部的速度更快，反应物在熔池中停留和接触的时间更长，这有利于 ZnO 固硫反应进行得更充分。温度升高，三种夹杂物在熔盐中的沉降速度均显著加快，说明升高温度有利于液态铅和固态物在液态熔盐中的沉降分离。

2 液态熔盐中夹杂物沉降条件试验

1）试验方法与装置

采用再生铅低温熔炼工艺试验产出的熔盐渣作为试验原料，在如图 2-210 所示的装置中进行固态物在熔盐介质中的重力沉降分离试验。

具体试验步骤如下：①将一定量的固态熔盐渣在研钵中磨细、混匀后注入重力沉降分离器中，用搅拌棒充分搅拌后，再往反方向缓慢搅拌 5 圈，以保证固态颗粒物在分离器中的分布较为均匀，条件试验的规模为熔盐渣 400 g/次；②待电炉的炉温达到预定温度后，将分离器迅速放入电炉的温度核心区；待炉温稳定在预定温度后，开始计时；③到时间后，从电炉中取出分离器并在空气中自然冷却；④拆卸分离器，取出熔盐渣，并按不同高度的平面进行横向分段取样。

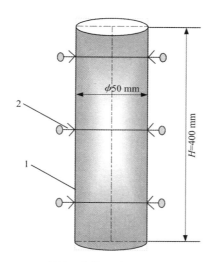

1—可拆卸不锈钢反应器；2—固定夹。

图 2-210　熔盐渣重力沉降分离试验装置

熔盐渣重力沉降分离条件试验中分别考察了温度和保温时间对重力沉降效果的影响。

2）温度对重力沉降效果的影响

保持熔盐渣的盐固比为 2.8，保温 4 h，考察了反应器中不同位置区间切片处 Pb、Zn 和 S 三种元素质量百分比随不同温度变化的情况，结果分别如图 2-211~图 2-213 所示。

由图 2-211 和图 2-212 可知，在 900℃之前，随着温度的升高，反应器底部元素 Zn 和 S 的浓度也逐渐上升，说明温度升高有利于 ZnS 的沉降，且温度 900℃时，在距离反应器底部 10 cm 以下的位置区间的熔盐中，元素 Zn 和 S 的质量百分比约为 85%和 80%，说明此时熔盐中大部分的固态物是可以通过重力沉降的方式实现和熔盐的分离。当温度达到 1000℃时，完全沉积在反应器最底部的元素 Zn 的质量百分比达到了约 75%，元素 S 的质量百分比反而略有下降。根据叶龙刚的研究，当温度小于 900℃时，ZnS 和 ZnO 几乎不会在 Na_2CO_3 熔盐中发生溶解；而当温度超过 900℃之后，ZnS 和 Na_2CO_3 会发生化学反应并生成 ZnO 和 Na_2S，所以 ZnS 在 Na_2CO_3 熔盐中的溶解度会随之上升，并造成 ZnO 固硫率的下降。总之，熔盐渣的沉降分离温度控制在 900℃较为合适，不宜过高。

由图 2-213 可知，元素 Pb 的沉降效果随温度升高而变得越好，当温度达到 900℃时，完全沉积在反应器底部的金属 Pb 的质量百分比达到了 92%，在离分离器底部 20~30 cm 的表层熔盐中 Pb 的质量分数不到总铅量的 2%。在实际生产过

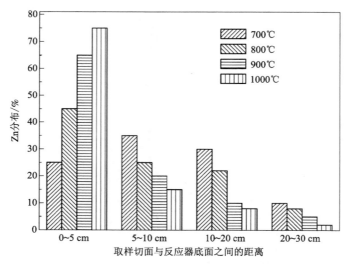

图 2-211　元素 Zn 在反应器中不同位置区间质量百分比随温度变化的情况

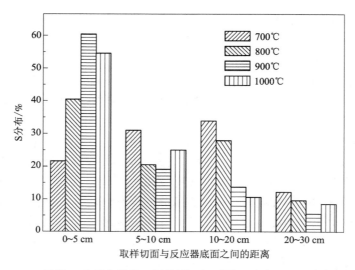

图 2-212　元素 S 在反应器中不同位置区间质量百分比随温度变化的情况

程中，为了进一步降低熔盐渣中机械夹杂的 Pb，提高 Pb 的回收率，可以考虑在产出金属 Pb 后，将反应器内的熔盐渣继续保温或升温沉降一段时间，以便让夹杂在熔盐渣中的 Pb 更多地沉积到反应器的底部，从而与熔盐渣彻底分离。

3）保温时间对重力沉降效果的影响

保持熔盐渣的盐固比为2.8，温度900℃，考察了反应器中不同位置区间切片处 Pb、Zn 和 S 三种元素质量百分比随不同保温时间变化的情况，结果分别如图 2-214～图 2-216 所示。

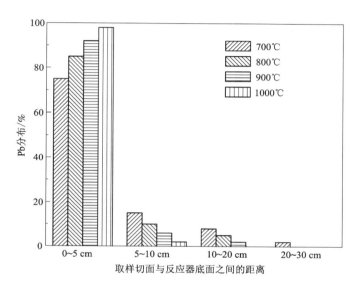

图 2-213　元素 **Pb** 在反应器中不同位置区间质量百分比随温度变化的情况

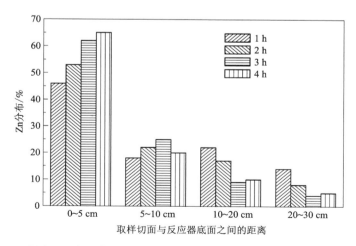

图 2-214　元素 **Zn** 在反应器中不同位置区间质量百分比随保温时间变化的情况

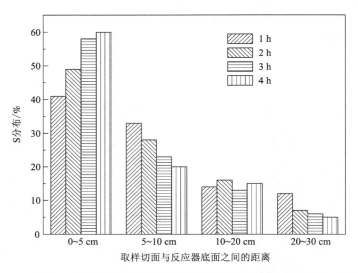

图 2-215　元素 S 在反应器中不同位置区间质量百分比随保温时间变化的情况

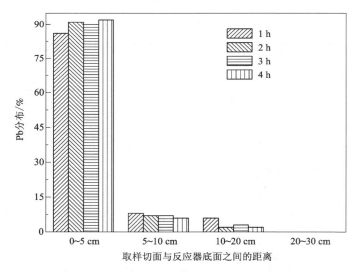

图 2-216　元素 Pb 在反应器中不同切片位置质量百分比随保温时间变化的情况

　　由图 2-214 和图 2-215 可知，延长保温时间有利于熔盐渣中 ZnS 和 ZnO 等固态物的沉降分离，当保温时间达 3 h 时，在距离反应器底部 10 cm 以下位置区间的熔盐中，元素 Zn 和 S 的质量百分比均超过了 80%，而在反应器底部以上

20~30 cm 的熔盐表层固态物含量(质量分数)约为4%,将表层熔盐泵送回,则固态物分离率不小于96%。显然,该固态物沉降分离的效果良好。然而过多地延长保温时间对于工业生产有不利之处,因此可考虑采取旋涡及离心沉降等方法强化固态物的沉降过程,以缩短保温沉降的时间。由图2-216可知,延长保温时间对金属Pb的沉降分离影响不大,大部分Pb在较短的时间内都能沉积到反应器的底部,说明在熔盐渣中通过重力沉降的方式分离金属Pb是非常有效的手段。

2.5.3 湿法再生碳酸氢钠和氢氧化钠

1. 试验原料及流程

1)试验原料

试验原料为自还原碱性熔炼渣和碳还原碱性熔炼渣两种,自还原熔炼渣为硫化铋精矿低温碱性熔炼4#扩大试验炉渣,由于置于空气中的时间较久,炉渣风化潮解,大部分硫化钠已氧化为硫代硫酸钠。自还原熔炼渣的ICP-AES分析结果见表2-174,其中钠盐含量见表2-175。碳还原熔炼渣系在低温碱性熔炼过程中加入10%铋精矿量的焦粉作还原剂,并快速分离熔体所得的。碳还原熔炼渣的ICP-AES分析结果见表2-176,其中钠盐含量见表2-177。

表 2-174 自还原熔炼渣成分的质量分数 单位:%

Na	S	Mo	Bi	Fe	Cu	Pb	Ca
26.16	15.85	0.96	2.1	9.75	0.31	0.43	1.1

表 2-175 自还原熔炼渣中各钠盐的质量分数 单位:%

$Na_2S_2O_3$	Na_2CO_3	Na_2SO_4	Na_2S	Na_2SO_3
27.21	20.87	3.77	1.03	0.66

表 2-176 碳还原熔炼渣成分的质量分数 单位:%

S	Na	Mo	Fe	Bi	Pb	Cu	Zn	Ca
18.5	26.05	1.32	8.81	4.42	0.37	1.96	0.45	2.23

表 2-177 碳还原熔炼渣中各钠盐的质量分数 单位:%

Na_2CO_3	Na_2S	$Na_2S_2O_3$	Na_2SO_4	Na_2SO_3
27	12.03	3.05	0.001	0.002

由表 2-175 中的数据可以看出，自还原熔炼渣的主要钠盐成分为碳酸钠和硫代硫酸钠。表 2-177 说明，碳还原熔炼渣的主要钠盐成分为碳酸钠和硫化钠。

2) 工艺流程

自还原熔炼渣处理工艺原则流程如图 2-217 所示，其特点是利用硫代硫酸钠和碳酸钠在不同温度下的溶解度差异，先常温浸出硫代硫酸钠，再高温浸出碳酸钠和钼酸钠，使之分离回收。

碳还原熔炼渣处理工艺原则流程如图 2-218 所示，该流程的特点是先用氧化锌苛化水浸液，然后碳酸化沉淀小苏打，之后调 pH 萃取钼，从而实现碱的再生和钼的回收，较回收钼的常规工艺的钼回收率大幅提高，而且调 pH 用的硫酸大幅减少。

熔盐回收利用及伴生金属综合回收是低温熔盐冶金原则流程的重要组成部分。熔盐回收利用可用熔盐热澄清或热过滤和湿法处理两种方法实现，而伴生金属综合回收则需先水浸熔炼渣，然后用选矿方法综合回收铜、镍、钴、铅、锌、锡、锑、铋等。

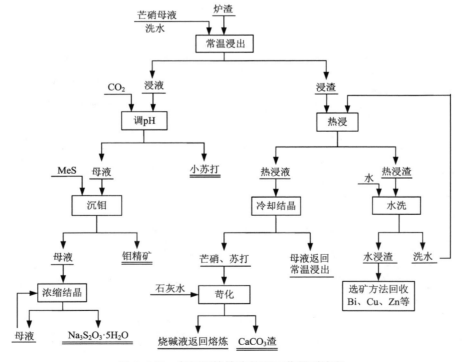

图 2-217　自还原熔炼渣处理工艺原则流程

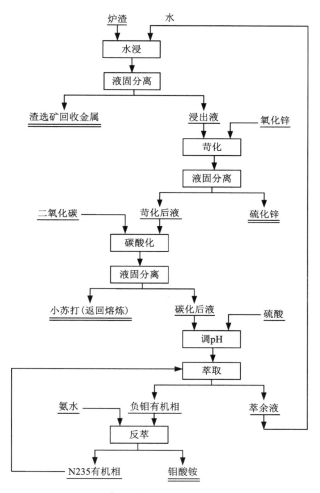

图 2-218 碳还原熔炼渣处理工艺原则流程

2. 基本原理

1) 主要化学反应

用 CuO、ZnO、FeO 进行苛化再生烧碱：

$$Na_2S+MeO+H_2O \Longrightarrow 2NaOH+MeS \tag{2-227}$$

$$Na_2S+MeO+CO_2 \Longrightarrow Na_2CO_3+MeS \tag{2-228}$$

向苛化液中通入 CO_2 进行碳酸化沉淀小苏打：

$$2NaOH+CO_2 =\!=\!= Na_2CO_3+H_2O \qquad\qquad (2-229)$$

$$NaOH+CO_2 =\!=\!= NaHCO_3 \qquad\qquad (2-230)$$

$$Na_2CO_3+CO_2+H_2O =\!=\!= 2NaHCO_3 \qquad\qquad (2-231)$$

式(2-229)~式(2-231)对碱的再生和返回利用十分重要,因为以浓缩结晶方式回收固碱的溶液蒸发量为碳酸化沉淀等当量小苏打的 12.8 倍。二次苛化的目的主要是开路砷,其次是再生熔炼所需的烧碱。

$$Na_2CO_3+Ca(OH)_2 =\!=\!= 2NaOH+CaCO_3 \qquad\qquad (2-232)$$

$$2Na_3AsO_4+3Ca(OH)_2 =\!=\!= Ca_3(AsO_4)_2+6NaOH \qquad (2-233)$$

2)碱再生过程热力学

(1)钠盐溶解度和平衡相图

相关钠盐在不同温度下的溶解度质量分数见表 2-178 和图 2-219 所示。

表 2-178　相关钠盐的溶解度质量分数　　　　　　单位:%

温度/℃	Na_2CO_3	$NaHCO_3$	Na_2MoO_4	Na_2SO_4	NaOH	Na_2S	$Na_2S_2O_3$
0	6.54	6.54	30.60	4.67	29.58	8.76	33.55
10	11.11	7.49	39.28	8.34	49.49	10.79	37.89
20	17.76	8.76	39.50	16.32	52.15	13.57	41.18
30	28.42	9.99	40.08	28.98	54.34	17.01	45.86
40	32.89	11.27	40.69	32.80	56.33	21.01	50.74
60	31.51	13.79	41.79	31.18	—	28.11	65.64
80	30.51	—	—	30.41	—	35.48	—
90	30.51	—	—	29.92	—	39.72	—

由表 2-178 和图 2-219 可以看出,NaOH、Na_2MoO_4 和 $Na_2S_2O_3$ 的溶解度很大,Na_2CO_3、$NaHCO_3$ 及 Na_2SO_4 在低温下的溶解度较小,与 NaOH、Na_2MoO_4 和 $Na_2S_2O_3$ 的差别较大。另外,Na_2CO_3 与 Na_2SO_4 的溶解度接近,当蒸发结晶时,容易同时析晶。

Na_2SO_4-Na_2CO_3-H_2O 体系在 35℃温度下的三元体系相图和变温三元体系相图如图 2-220 和图 2-221 所示。

由图 2-220 和图 2-221 可知,硫酸钠和碳酸钠在一定条件下会形成复盐芒硝碱($2Na_2SO_4 \cdot Na_2CO_3$)。如图 2-220 中的 B 点,OB_{ur} 线将图 2-220 分为 2 个子三元系,每个子系均有其共饱和点。蒸发时,视原液的组成不同,可能析出硫酸钠,也可能析出复盐,还可能析出碳酸钠。

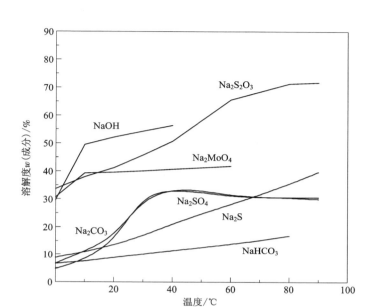

图 2-219　温度对相关钠盐溶解度的影响

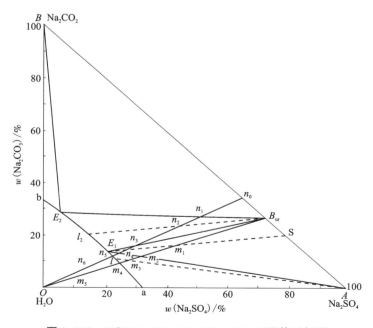

图 2-220　35℃ Na_2SO_4-Na_2CO_3-H_2O 三元体系相图

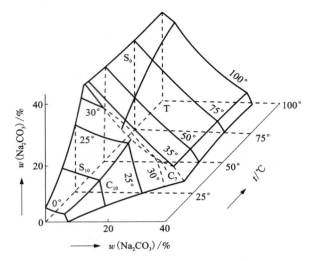

S_{10}—$Na_2SO_4 \cdot 10H_2O$；S_0—Na_2SO_4；C_7—$Na_2CO_3 \cdot 7H_2O$；
C_{10}—$Na_2CO_3 \cdot 10H_2O$；T—$2Na_2SO_4 \cdot Na_2CO_3$。

图 2-221　Na_2SO_4-Na_2CO_3-H_2O 变温三元体系相图

$Na_2S_2O_3$-Na_2SO_3-Na_2SO_4-H_2O 四元体系相图如图 2-222 所示。

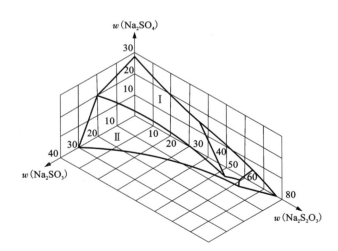

Ⅰ—Na_2SO_4；　Ⅱ—$Na_2SO_3 \cdot 7H_2O$；
Ⅲ—$Na_2SO_4 \cdot 10H_2O + Na_2S_2O_3 \cdot 5H_2O$(混晶)；　Ⅳ—$Na_2S_2O_3 \cdot 5H_2O$。

图 2-222　$Na_2S_2O_3$-Na_2SO_3-Na_2SO_4-H_2O 四元体系相图

从图 2-222 中可以看出，随 $Na_2S_2O_3$ 浓度的升高，溶液中 Na_2SO_3 和 Na_2SO_4 的浓度急剧下降，同理，Na_2CO_3 的浓度也随 $Na_2S_2O_3$ 浓度的升高而急剧下降，这是因为溶液中存在大量钠离子而产生的同离子效应，导致 Na_2SO_3、Na_2SO_4 和 Na_2CO_3 的溶解度迅速下降。因此可以用分步结晶的方法，使之彼此初步分离；也可以利用溶液中存在的这种强烈的同离子效应，选择合适的条件直接在浸出过程中使 Na_2SO_3、Na_2SO_4 和 Na_2CO_3 与 $Na_2S_2O_3$ 得到初步分离。

Na_2CO_3-$NaHCO_3$-H_2O 三元体系相图如图 2-223 所示。

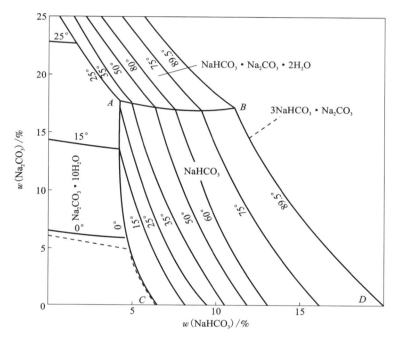

图 2-223 Na_2CO_3-$NaHCO_3$-H_2O 三元体系相图

由图 2-223 可知，在温度 0~90℃，溶液中的 $w(Na_2CO_3)$ 在 0%~25%，$w(NaHCO_3)$ 在 0%~20%的条件下存在着多种复盐。盐类结晶区划分如下：ABCD 为 $NaHCO_3$ 结晶区，AB 线以上为 $NaHCO_3 \cdot Na_2CO_3 \cdot 2H_2O$ 结晶区，AC 线左侧为水的结冰区和 $Na_2CO_3 \cdot 10H_2O$ 结晶区。$NaHCO_3$ 结晶区较大，说明 $NaHCO_3$ 易结晶析出；同时，析晶过程必须在 $NaHCO_3$ 的析晶区 ABDC 中进行。

（2）碳酸化过程热力学

碳酸钠溶液吸收二氧化碳生成 $NaHCO_3$ 的反应，取决于温度、溶液浓度、二氧化碳气体分压。反应方程式表示如下：

$$Na_2CO_3(aq) + H_2CO_3(aq) \Longrightarrow 2NaHCO_3(aq) \tag{2-234}$$

反应平衡常数 K

$$K = \frac{[NaHCO_3]^2}{[Na_2CO_3][H_2CO_3]} \tag{2-235}$$

设 c 为溶液中的总 Na^+ 离子浓度 (mol/L), x 为转变成 $NaHCO_3$ 形式的 Na^+ 的分数, 则:

$$[NaHCO_3] = cx \tag{2-236}$$

$$[Na_2CO_3] = \frac{c(1-x)}{2} \tag{2-237}$$

$$K = \frac{2cx^2}{(1-x)[H_2CO_3]} \tag{2-238}$$

通常, 溶液中 H_2CO_3 的浓度服从亨利定律:

$$[H_2CO_3] = Hp \tag{2-239}$$

因此

$$\frac{x^2}{1-x} = \frac{KHp}{2c} \tag{2-240}$$

式 (2-239) 和式 (2-240) 中, p 为溶液上空 CO_2 分压, H 为亨利常数。Harte 等研究了 Na_2CO_3-$NaHCO_3$-H_2O 体系的平衡常数, 导出了与式 (2-240) 相似的结果:

$$\frac{x^2}{1-x} = \frac{sp(185-t)}{1.013 \times 10^4 \times c^{1.29}} \tag{2-241}$$

式中: s 为溶解度, $t℃$, CO_2 分压为 1.013×10^5 Pa 时, CO_2 在水中的溶解度, mol/L; t 为溶液温度; p 为溶液上空 CO_2 平衡分压, Pa。

s 在不同温度下的数值及相应的理论 x 值, 即碳酸化分数, 见表 2-179 和图 2-224 所示。

表 2-179　不同温度下 CO_2 的 s

$t/℃$	20	25	30	40	50	60	80	100
$s/(mol \cdot L^{-1})$	0.0392	0.0338	0.0297	0.0240	0.0195	0.0163	0.0105	0.0065
x	0.9869	0.9844	0.9818	0.9762	0.9690	0.9606	0.9314	0.8781

由图 2-224 可知, 理论碳酸化率随温度升高而降低, 即 $NaHCO_3$ 分解率随温度升高而增大。温度升高时, CO_2 在水中的溶解度减小, 溶液中的总钠浓度增高, CO_2 分压降低, 这些都导致了 x 值的降低, 即分解率增大。

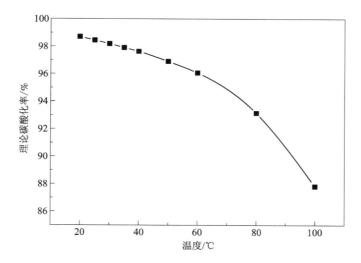

图 2-224　CO_2 分压为 $1.013 \times 10^5 Pa$ 时相应温度下的理论碳酸化率

3. 自还原熔炼渣处理

1) 常温浸出试验

由于原料颗粒比较细，常温浸出试验只考虑液固比和时间两个因素的影响，并在优化条件下进行了两段逆流浸出试验。

（1）液固比的影响

在 20℃ 及浸出 3 h 的条件下，考察了液固比对常温浸出过程的影响，结果如图 2-225 和图 2-226 所示。

图 2-225 说明液固比对 Mo、$Na_2S_2O_3$ 和 Na_2CO_3 的浸出率的影响很大，液固比减小将降低它们的浸出率。当液固比小于 0.75 时，Na_2CO_3 的浸出率降低较快，这是因为液固比越小，浸出液中 $Na_2S_2O_3$ 的浓度越大，也就抑制了 Na_2CO_3 的浸出。

由图 2-226 可知，Na_2CO_3 的浓度在液固比为 0.75 时最大，这是因为此时浸出液中的 Na_2CO_3 已经饱和，盐效应使 Na_2CO_3 的浓度降低；液固比大于 0.75 时，浸出液中的 Na_2CO_3 尚未饱和，其浓度随液固比增大而减小。从分离的角度看，液固比越小，$Na_2S_2O_3$ 和 Na_2CO_3 的分离效果越好；但液固比小于 0.75 时，液固分离困难，因此液固比以 0.75 为最优。

（2）时间的影响

在 20℃ 及液固比为 0.75 的条件下，考察了时间对常温浸出过程的影响，结果如图 2-227 所示。

由图 2-227 可见，时间对 Mo、Na_2CO_3 及 $Na_2S_2O_3$ 的浸出率的影响不大，因此最优浸出时间不应多于 1 h。

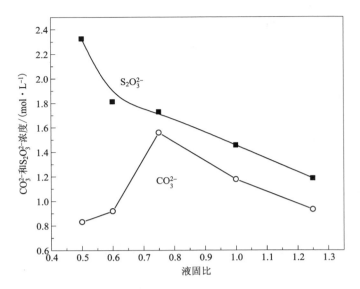

图 2-225　液固体积质量比对 $Na_2S_2O_3$ 和 Na_2CO_3 的浓度的影响

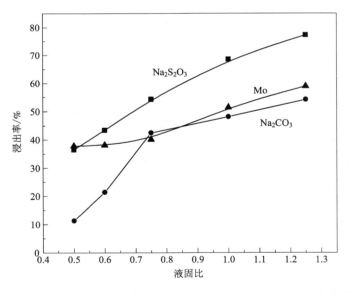

图 2-226　液固体积质量比对 Mo、$Na_2S_2O_3$ 和 Na_2CO_3 的浸出率的影响

（3）两段逆流浸出试验

由单段浸出条件试验结果可知，浓度和浸出率是矛盾的，为了解决这个矛

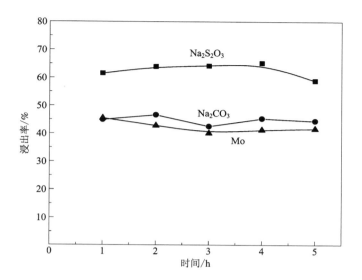

图 2-227　时间对 Mo、$Na_2S_2O_3$ 和 Na_2CO_3 浸出率的影响

盾,在温度为 27℃、液固比为 0.75、时间为 1 h 的条件下,进行了两段逆流循环浸出试验,结果见表 2-180。

表 2-180　常温两段逆流循环浸出试验结果

周期	一段开路浸出液,$c/(\text{mol} \cdot \text{L}^{-1})$					第二段浸渣,$w(\text{成分})/\%$				浸出率/%			
	V/mL	$S_2O_3^{2-}$	CO_3^{2-}	S^{2-}	SO_4^{2-}	Mo^*	干重/g	S	Na	Mo	$S_2O_3^{2-}$	CO_3^{2-}	Mo^{**}	Na^{**}
1	52	2.328	1.229	0.189	0.05	10.4	—	—	—	—	70.37	32.46	—	—
2	50	2.383	1.209	0.156	0.06	11.8	—	—	—	—	69.26	30.7	—	—
3	58	2.253	1.269	0.191	0.07	9.80	—	—	—	—	76	37.38	—	—
4	48	2.715	1.000	0.147	0.06	14.2	53.95	4.68	18.48	0.34	75.77	24.38	80.89	61.89
5	63	2.306	1.326	0.138	0.00	10.2	50.35	4.13	17.21	0.31	84.46	42.43	83.74	66.88
6	54	2.368	1.244	0.154	0.00	12.5	65.65	3.7	21.30	0.26	74.33	31.42	82.22	46.55
平均	54.17	2.392	1.213	0.163	0.04	11.5	56.65	4.17	19.00	0.30	75.03	33.13	82.28	58.44

注:** Mo 和 Na 由渣计;* Mo 的单位为 g/L。

从表 2-180 可知,常温两段逆流循环浸出大幅提高了 $Na_2S_2O_3$ 浓度及 Mo 的质量浓度,分别达到 2.392 mol/L 及 11.5 g/L;而 Na_2CO_3 的平均浓度却降至 1.213 mol/L,这是浸出液中存在较强的共同离子效应的缘故。与原料中的

$[S_2O_3^{2-}]/[CO_3^{2-}] = 0.87$ 相比，浸出液中 $[S_2O_3^{2-}]/[CO_3^{2-}]$ 的平均值达到了 1.97，实现了 $Na_2S_2O_3$ 和 Na_2CO_3 的初步分离。Mo 和 $Na_2S_2O_3$ 的浸出率分别为 82.28% 和 75.03%，而 Na_2CO_3 的浸出率仅为 33.13%。

2）热浸试验

热水浸出是为了尽可能提取常温浸渣中的碳酸钠和钼，热浸试验的试料为常温两段逆流循环浸出渣，其成分见表 2-180。每次用 40 g 渣进行试验，主要考察液固比、时间和温度对钠浸出率的影响。

（1）液固比的影响

在 90℃、时间为 2 h 条件下，考察了液固比对热浸过程的影响，结果如图 2-228 所示。由图 2-228 可知，当液固比大于 1 后，钠浸出率的变化不大。

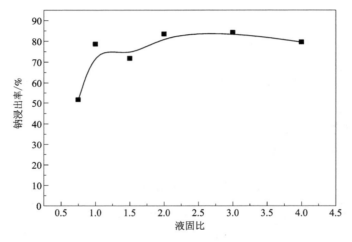

图 2-228　液固比对钠浸出率的影响

（2）时间的影响

在 90℃、液固比为 1 的条件下，考察了时间对热浸过程的影响，结果如图 2-229 所示。由图 2-229 可知，钠浸出率随时间的延长而缓慢升高。

（3）温度的影响

在液固比为 1、时间为 1 h 的条件下，考察了温度对热浸过程的影响，结果如图 2-230 所示。

由图 2-230 可知，温度高于 30℃后钠浸出率的变化很小，考虑到 Na_2CO_3 和 Na_2SO_4 在 40℃附近时的溶解度最大，热浸温度取 40℃比较合适。

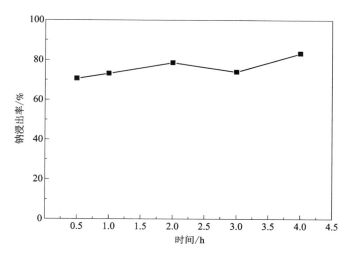

图 2-229　时间对钠浸出率的影响

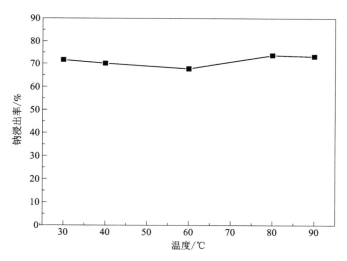

图 2-230　温度对钠浸出率的影响

（4）热浸综合条件试验

用 100 g 常温浸渣与 100 mL 水 40℃下浸出 1 h，其结果见表 2-181。

表 2-181   热浸综合条件试验结果

浸液各成分浓度/(mol·L⁻¹)					热浸渣中 w(成分)/%			浸出率/%			
V/mL	$S_2O_3^{2-}$	CO_3^{2-}	S^{2-}	SO_4^{2-}	m/g	Na	Mo	Mo*	Na*	$S_2O_3^{2-}$	CO_3^{2-}
129	0.555	1.70	0.08	0.156	72.3	6.11	0.13	69.0	76.7	94.3	94.0

注：*以渣计。

由表 2-181 可知，热浸液中的成分主要是 Na_2CO_3。$[CO_3^{2-}]/[S_2O_3^{2-}] = 3.06$ 与原料中 $[CO_3^{2-}]/[S_2O_3^{2-}] = 1.15$ 比较后可以看出，常温浸出实现了 Na_2CO_3 和 $Na_2S_2O_3$ 的初步分离。Na_2CO_3 和 $Na_2S_2O_3$ 的浸出率均超过了 94%，热浸渣中 Na 和 Mo 的质量分数分别降到了 6.11% 和 0.13%。

4. 碳还原熔炼渣的处理

1) 浸出试验

碳还原熔炼渣在空气中极易潮解氧化，且在水中极易吸水粉化成为极细的颗粒，因此，水浸试验未考虑粒度，只考虑温度、液固比和时间三个因素的影响，采用单因素法进行了水浸条件试验。水浸条件试验规模为每次 30 g 新鲜渣。

(1) 温度的影响

恒定液固比为 2，浸出时间 2 h，改变不同的温度进行水浸试验，考察了温度对浸出过程的影响，结果如图 2-231 所示。

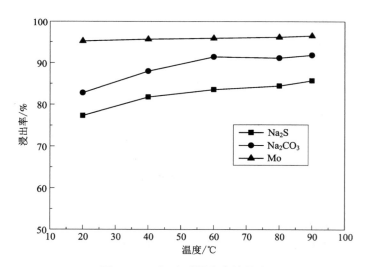

图 2-231   温度对浸出率的影响

由图 2-231 可知，温度对 Mo、Na$_2$S 和 Na$_2$CO$_3$ 的浸出影响不大，总趋势是浸出率随温度升高而提高。当温度大于 60℃后，三者的浸出率均提高得不明显，因此，浸出温度取 60℃较适宜。

（2）液固比的影响

恒定温度 60℃，浸出时间 2 h，改变不同的液固比进行水浸试验，考察了液固比对浸出过程的影响，结果如图 2-232 所示。

由图 2-232 可知，液固比对 Mo、Na$_2$S 和 Na$_2$CO$_3$ 的浸出影响较大，液固比增大时，浸出率提高。当液固比大于 2 后，三者的浸出率均明显不升高；但当液固比增大时，物质的浓度将降低，其中 Na$_2$S 和 Na$_2$CO$_3$ 的浓度太小将不利于后面的碱再生。因此，浸出液固比取 2 较适宜。

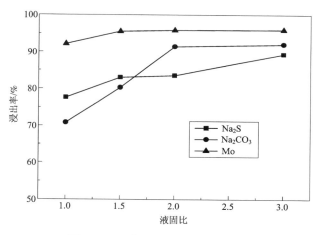

图 2-232　液固比对浸出率的影响

（3）时间的影响

恒定温度 60℃，液固比为 2，改变不同的浸出时间进行水浸试验，结果如图 2-233 所示。

由图 2-233 可知，起初时间对 Mo、Na$_2$S 和 Na$_2$CO$_3$ 的浸出影响较大，因为开始时渣粒尚未完全粉化，Mo、Na$_2$S 和 Na$_2$CO$_3$ 被包裹于渣粒中，未能完全溶解于水。当时间大于 2 h 后，浸出率的变化趋于稳定。当液固比大于 2 后，三者的浸出率均明显不升高；但液固比增大时，物质的浓度将降低，其中 Na$_2$S 和 Na$_2$CO$_3$ 的浓度太低将不利于后面的碱再生。因此，浸出液固比取 2 较适宜。

（4）综合试验

称取新鲜碳还原渣 839.6 g，在液固体积质量比为 2∶1，60℃及时间 2 h 的优化条件下进行综合试验，得浸液 1800 mL，干渣 582.5 g。浸液、浸渣的成分如表 2-182、表 2-183 所示。

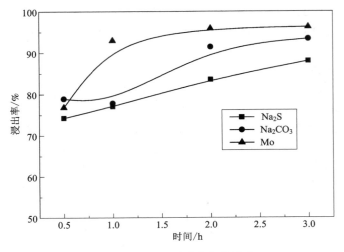

图 2-233　时间对浸出率的影响

表 2-182　综合试验浸液成分的质量浓度　　　单位：g/L

S	Na	Mo	Fe	Si	W	Zn	Si	Na₂S*	NaOH*	Na₂CO₃*
27.12	83.37	5.637	0.057	0.076	2.00	0.013	0.076	0.585	0.001	1.08

注：* mol/L。

表 2-183　综合试验浸渣各成分的质量分数　　　单位：%

S	Na	Mo	Fe	Bi	Pb	Cu	Zn	Ca	Al
17.31	11.63	0.067	12.51	6.26	0.52	2.78	0.115	3.05	1.56

由表 2-182、表 2-183 可知，Na_2S、Na_2CO_3 和 Mo 的浸出率分别为 81.34%、90.9% 和 91.55%。

2）浸出液的苛化

用分析纯氧化锌对浸出液中的硫化钠进行苛化条件试验，用单因素法分别考察了温度、氧化锌用量和苛化时间对苛化率的影响。试验用浸出液来自浸出综合试验。苛化条件试验每次规模为 50 mL 浸出液。

（1）温度的影响

在氧化锌用量为理论用量的 1.1 倍、时间 2 h 条件下，考察了温度对苛化过程的影响，结果如图 2-234 所示。

由图 2-234 可知，温度对苛化反应非常显著，温度升高，苛化率提高；试验温度范围内，温度越高，增幅越大。尽管此苛化反应为放热反应，但温度越高，

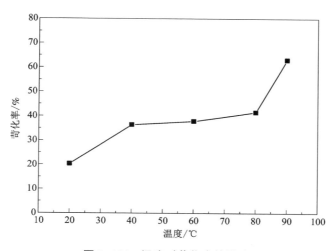

图 2-234 温度对苛化率的影响

动力学反应速度越快。

（2）氧化锌用量的影响

在反应温度 90℃、时间 2 h 条件下，考察了氧化锌用量对苛化过程的影响，结果如图 2-235 所示。

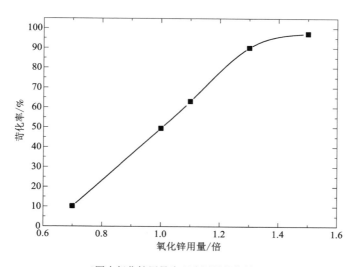

（图中氧化锌用量为理论用量的倍数）。

图 2-235 氧化锌用量对苛化率的影响

由图 2-235 可知，氧化锌用量对苛化反应的影响极大，当氧化锌用量为理论量时，苛化率只有 49.55%，这是因为反应产物 ZnS 会被包裹在反应物氧化锌的表面，阻止硫化钠与氧化锌反应。总之，要想达到较高的苛化率，氧化锌过量是非常必要的。

（3）时间的影响

在反应温度 90℃、氧化锌用量为理论量 1.5 倍的条件下，考察了苛化时间对苛化过程的影响，结果如图 2-236 所示。由图 2-236 可知，苛化时间达到 2 h 后，苛化反应基本结束。

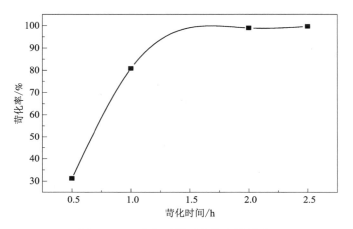

图 2-236　苛化时间对苛化率的影响

（4）苛化综合试验

量取综合试验浸出液 950 mL，在氧化锌用量为理论量的 1.3 倍、90℃ 及苛化时间 2 h 的优化条件下进行苛化综合试验，得苛化液 928 mL。苛化液成分见表 2-184。

表 2-184　综合试验苛化液各成分的浓度　　　　　单位：mol/L

Na_2S	Na_2CO_3	NaOH	苛化率/%
0.055	1.032	1.042	90.82

表 2-184 说明，苛化综合试验效果较好，硫化钠的苛化率达到了 90.82%

3）苛化液碳酸化

用单因素法进行了碳酸化沉淀小苏打的条件试验，分别考察了 CO_2 流量、温度和碳酸化时间对碳酸化率的影响。实验用苛化液来自苛化综合试验。试验规模为每次 50 mL 苛化液。

（1）CO_2 流量的影响

在温度 60℃ 、碳酸化 1.5 h 条件下，考察了 CO_2 流量（L/h）对碳酸化过程的影响，结果如图 2-237 所示。

由图 2-237 可知，CO_2 流量增大时，碳酸化率升高。CO_2 流量大于 40 L/h 后，碳酸化率均高于 90%，且碳酸化率随 CO_2 流量增大而升高的程度不大，因此 CO_2 流量取 20~40 L/h 比较合适。

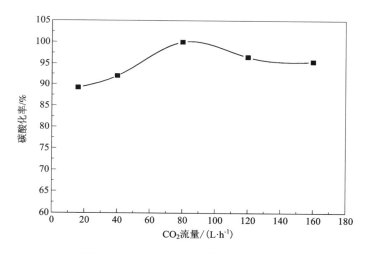

图 2-237　CO_2 流量对碳酸化率的影响

（2）温度的影响

在 CO_2 流量 40 L/h、碳酸化 1.5 h 的条件下，考察了温度对碳酸化过程的影响，结果如图 2-238 所示。

由图 2-238 可知，温度对碳酸化过程的影响显著，40℃时，碳酸化率有极大值。因为温度低于 40℃ 时，反应动力学速度不够快，温度升高将促进碳酸化反应；当温度高于 40℃，CO_2 在溶液中的溶解度随温度升高而变慢，这将导致碳酸化率降低，尤其是高于 60℃ 后，碳酸化率降低得更快。因此，碳酸化温度取 40℃ 较好。

（3）碳酸化时间的影响

在 CO_2 流量 40 L/h、碳酸化温度 40℃ 的条件下，考察了碳酸化时间对碳酸化过程的影响，结果如图 2-239 所示。由图 2-239 可知，时间大于 1.5 h 后，碳酸化反应基本完成。

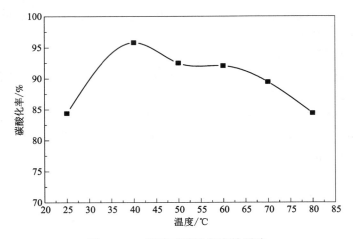

图 2-238　温度对碳酸化率的影响

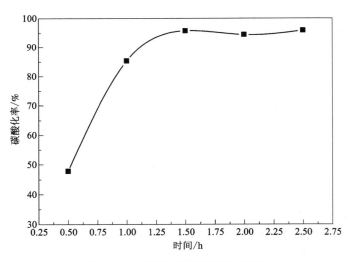

图 2-239　时间对碳酸化率的影响

（4）碳酸化综合试验

量取苛化综合试验浸出液 250 mL，加入三口烧瓶中，在温度 40℃、CO_2 流量为 40 L/h、碳酸化时间 1.5 h 优化条件下进行碳酸化综合试验，得碳酸化液 248 mL；其中烘干后的结晶产物 35.5 g，其 XRD 分析图谱如图 2-240 所示。

由图 2-240 可知，结晶物为小苏打。碳酸化后溶液各成分的浓度如下：$NaHCO_3$ 为 0.974 mol/L，Na_2CO_3 为 0.07 mol/L。碳酸化率为 95.21%。碱的一次回收率（以碳酸钠计）Y：

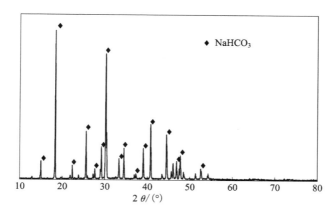

图 2-240 碳酸化结晶物的 XRD 分析图谱

$$Y=\frac{m}{2\times M(\mathrm{NaHCO_3})\times c(\mathrm{Na_2CO_3})\times V}\times100\%=\frac{35.5}{2\times84\times1.553\times0.25}\times100\%=54.4\%$$

式中：m 为 $\mathrm{NaHCO_3}$ 结晶物质量，g；$M(\mathrm{NaHCO_3})$ 为 $\mathrm{NaHCO_3}$ 摩尔质量，g/mol；$c(\mathrm{Na_2CO_3})$ 为苛化液中总碱浓度（以 $\mathrm{Na_2CO_3}$ 计），mol/L；V 为苛化液体积，L。

参考文献

[1] 赵天从.重金属冶金学[M].北京：冶金工业出版社，1981.

[2]《有色金属提取冶金手册》编委会.有色金属提取冶金手册锌镉铅铋[M].北京：冶金工业出版社，1992.

[3] 彭容秋.重金属冶金学[M].长沙：中南工业大学出版社，1991.

[4] 赵天从.锑[M].北京：冶金工业出版社，1987.

[5] 赵天从.无污染有色冶金[M].北京：科学出版社，1992.

[6] 唐谟堂，李洪桂.无污染冶金——纪念赵天从教授诞辰 100 周年文集[M].长沙：中南大学出版社，2006.

[7] Zhang Chuafu, Asakura, Ogawa, et al. Direct reduction of zinc Sulfide concentrate with coal and calcium carbonate[J]. Journal of the Mining and Metallurgical Institute of Japan, 1988, 104 (1209)：837-841.

[8] 张传福，李作刚.硫化锌精矿直接还原蒸馏的热力学分析[J].中国有色金属学报，1993，3(4)：16-19.

[9] 李作刚，张传福，曾德文，等.硫化锌精矿无污染冶金新工艺研究——热压制团及其成型机理[J].中南工业大学学报，1996，6(6)：680-684.

[10] 唐朝波.铅、锑还原造锍熔炼新方法研究[D].长沙：中南大学，2003.

[11] 姚维义，唐朝波，唐谟堂，等.硫化铅精矿无 $\mathrm{SO_2}$ 排放反射炉一步炼铅半工业试验[J].中国有色金属学报，2001，11(6)：1127-1130.

［12］Tang Caobo, Tang Motang, Yao Weiyi, et al. Mini-scale experimentation study on one-step smelting of lead sulfide concentrate［C］.Proceedings of ICHNM, Kuming, 2002.

［13］Tang Caobo, Tang Motang, Yao Weiyi, et al. The laboratory research on reducing-matting smelting of jamesonite concentrate［C］.Proceedings TMS'67nd, USA, 2003.

［14］唐朝波, 唐谟堂, 姚维义, 等.脆硫铅锑矿精矿的还原造锍熔炼［J］.中南大学学报(自然科学版), 2003, 34(5): 502-505.

［15］唐朝波, 唐谟堂, 姚维义, 等.脆硫铅锑矿精矿短回转窑还原造锍熔炼半工业试验［J］.矿冶工程, 2004, 24(1): 51-53.

［16］唐朝波, 姚维义, 唐谟堂, 等.硫化铅精矿无 SO_2 排放一步炼铅小型试验研究［C］.第八届全国铅锌冶金生产技术及产品应用学术年会论文集, 韶关: 2001.

［17］唐朝波, 姚维义, 唐谟堂, 等.硫化铅精矿无 SO_2 一步炼铅［C］.第八届全国铅锌冶金生产技术及产品应用学术年会论文集, 韶关: 2001.

［18］唐谟堂, 唐朝波, 陈永明, 等.鼓风炉还原造锍熔炼清洁处置重金属(铅)废料工业试验报告［R］.长沙: 中南大学冶金科学及工程学院, 2011.

［19］陈永明.硫化锑矿还原造锍熔炼一步炼锑清洁冶金新工艺和理论研究［D］.长沙: 中南大学, 2005.

［20］陈永明, 黄潮, 唐谟堂, 等.硫化锑精矿还原造锍熔炼一步炼锑［J］.中国有色金属学报, 2005, 15(8): 1311-1316.

［21］黄潮.硫化锑精矿固硫熔炼清洁冶金新工艺和理论研究［D］.长沙: 中南大学, 2012.

［22］Chao Huang, Caobo Tang, Yongming Chen, et al. Thermodynamic analysis on reducing-matting smelting of sulfide ore of lead, antimony and bismoth which using ferric oxide as sulfur fixed agent［C］.Proceedings of SOHN International Symposium on Advanced Processing of Metals and Materials: Principls, Technologies and Industrail Practice, Sponsored by TMS. California, USA, 2006.

［23］黄潮, 叶龙刚, 唐朝波, 等.脉石在硫化锑精矿低温熔炼过程中的行为［J］.中南大学学报(自然科学版), 2012(11): 4177-4182.

［24］黄潮, 唐朝波, 唐谟堂, 等.废铅酸蓄电池胶泥的低温熔盐还原固硫熔炼工艺研究［J］.矿冶工程, 2012(2): 84-87.

［25］刘永.硫化铋精矿还原造锍熔炼一步炼铋［D］.长沙: 中南大学, 2017.

［26］刘永, 唐朝波, 陈永明, 等.硫化铋精矿还原造锍熔炼一步炼铋［J］.中国有色金属学报, 2017, 27(2): 363-370.

［27］Смирнов м. п. цветные металлы, 1990, (5): 34-36.

［28］唐谟堂, 彭长宏, 杨声海, 等.再生铅的冶炼方法.ZL99115369.3［P］.1999.

［29］徐盛明, 吴延军.碱性直接炼铅法的应用［J］.矿产保护与利用, 1997(6): 31-33.

［30］Margulis, Efim V. Low temperature smelting of lead metallic scrap［J］.Erzmetall, 2000, 53 (2): 85-89.

［31］徐盛明, 肖克剑, 汤志军, 等.银精矿碱法熔炼工艺的扩大试验［J］.中国有色金属学报, 1998(2): 303-308.

[32] 徐盛明，肖克剑，吴延军.从碱浮渣中回收碱和银的初步试验[J].矿产保护与利用，1999（1）：41-43.

[33] 李仕庆，何静，唐谟堂.火法-湿法联合工艺处理铅铋银硫化矿综合回收有价金属[J].有色金属，2003，55(3)：39-40.

[34] 肖剑飞.硫化铋精矿低温碱性熔炼新工艺研究[D].长沙：中南大学，2009.

[35] 唐朝波，唐谟堂，肖剑飞，等.一种低温碱性熔炼铋精矿提取铋的方法.ZL200810031487.4[P].2008.

[36] 唐朝波，肖剑飞，唐谟堂.硫化铋精矿低温碱性熔炼新工艺研究[J].矿冶工程，2009(5)：82-85.

[37] 唐谟堂，唐朝波，陈永明，等.硫化铋精矿低温碱性熔炼小型实验报告[R].长沙：中南大学冶金科学及工程学院，2009.

[38] 唐谟堂，唐朝波，陈永明，等.硫化铋精矿10 m² 反射炉低温碱性熔炼工业试验报告[R].长沙：中南大学冶金科学及工程学院，2010.

[39] 陈龙.镍钼矿碱性还原熔炼—水浸分离与提取镍钼工艺研究[D].长沙：中南大学，2018.

[40] 陈龙，唐朝波，陈永明，等.高碳镍钼矿碱性还原熔炼—水浸分离与提取镍钼[J].过程工程学报，2018，18(5)：981-988.

[41] 唐谟堂，唐朝波，陈永明，等.一种很有前途的低碳清洁冶金方法——重金属低温熔盐冶金[J].中国有色冶金，2010(4)：49-53.

[42] 唐朝波，唐谟堂，陈永明，等.一种低温混碱炼铅方法.CN2009103 12440x[P].2009.

[43] 唐谟堂，唐朝波，陈永明，等.一种铅的低温熔盐清洁冶金方法[P].中国发明专利：ZL201010210964.0，2010.

[44] 唐谟堂，陈永明，唐朝波，等.一种锑的低温熔盐清洁冶金方法[P].中国发明专利：ZL201010269042.7，2010.

[45] 唐谟堂，杨建广，唐朝波，等.一种铋的低温熔盐清洁冶金方法[P].中国发明专利：ZL201010211090.0，2010.

[46] 胡宇杰.低温熔盐炼铅清洁冶金新工艺及其基础理论研究[D].长沙：中南大学，2016.

[47] 胡宇杰，唐朝波，唐谟堂，等.一种再生铅低温清洁冶金的绿色工艺 [J].有色金属(冶炼部分)，2013(8)：1-4.

[48] 胡宇杰，唐朝波，唐谟堂，等.废铅酸蓄电池胶泥低温钠熔盐还原熔炼新工艺[J].中国有色冶金，2014，43(1)：75-79.

[49] 胡宇杰，唐朝波，唐谟堂，等.再生铅低温碱性固硫熔炼的实验研究[J].工程科学学报，2015，37(5)：588-594.

[50] 胡宇杰，唐朝波，陈永明，等.铅锌混合硫化精矿的低温熔盐还原固硫熔炼[J].中国有色金属学报，2015，25(12)：3488-3496.

[51] Hu Yujie, Tang Chaobo, Tang Motang, et al. Reductive smelting of spent lead-acid battery colloid sludge in a molten Na_2CO_3 salt[J]. International Journal of Minerals, Metallurgy, and Materials, 2015, 22(8)：798-803.

[52] HU Yujie, TANG Chaobo, TANG Motang, et al. Sulfur-fixing reduction smelting spent lead-acid

battery colloid sludge in fused sodium salt at low temperature [C]. Proceedings of the 12 th international symposium on east asian resources recycling technology. Zhangjiajie，2013：114-117.

［53］叶龙刚，唐朝波，唐谟堂，等.硫化锑精矿低温熔炼新工艺[J].中南大学学报（自然科学版），2012，43（9）：3338-3343.

［54］叶龙刚.低温熔盐炼锑基础理论和新工艺研究[D].长沙：中南大学，2015.

［55］Longgang Ye，Chaobo Tang，Yongming Chen，et al. One-step extraction of antimony from low-grade stibnite in Na$_2$CO$_3$-NaCl binary molten salt [J]. Journal of Cleaner Production，2015，93：134-139.

［56］Longgang Ye，Chaobo Tang，Yongming Chen，et al. The thermal physical properties and stability of the eutectic composition in a Na$_2$CO$_3$-NaCl binary system [J]. Thermochimica Acta，2014，596：14-20.

［57］Longgang Ye，Chaobo Tang，Shenghai Yang，et al. Removal of lead from crude antimony by using Na$_2$PO$_3$ as lead elimination reagent [J]. Journal of Mining and Metallurgy Section B：Metallurgy，2015，51（B）：97-103.

［58］Longgang Ye，Ye Jiang，Chaobo Tang，et al. Preparation of bismuth subcarbonate by liquid ball-milling transformation method from bismuth oxide [J]. Transactions of Nonferrous Metals Society of China，2014，24：3001-3007.

［59］Yongming Chen，Longgang Ye，Chaobo Tang，et al. Solubility of Sb in binary Na$_2$CO$_3$-NaCl molten salt [J]. Transactions of Nonferrous Metals Society of China，2015，25（9）：3146-3151.

［60］Longgang Ye，Chaobo Tang，Yongming Chen，et al. Reaction behavior of sulfides associated with stibnite in low temperature molten salt smelting process without reductant [C]. Proceedings of TMS Annual Meeting，5th International symposium on high-temperature metallurgical process，Sandiego：2014：99-106.

［61］叶龙刚，唐朝波，陈永明，等.Na$_2$CO$_3$-NaCl 二元共晶熔盐的热稳定性[J].中南大学学报（自学科学版），2016，47（8）：2563-2568.

［62］叶龙刚，唐朝波，陈永明，等.无还原剂时脉石在 Na$_2$CO$_3$-NaCl 低温熔盐体系中的反应行为研究[J].矿冶工程，2014，34（2）：73-76.

［63］刘小文.辉锑矿 Na$_2$CO$_3$-KCl 熔盐体系低温固硫清洁一步炼锑新工艺研究[D].长沙：中南大学，2012.

［64］刘小文，杨建广，伍永田，等.由辉锑矿低温固硫熔炼制取粗锑 [J].中国有色金属学报，2012（10）：2896-2901.

［65］高亮，杨建广，陈胜龙，等.硫化锑精矿湿法清洁冶金新工艺[J].中南大学学报（自然科学版），2012，43（1）：28-37.

［66］卢阶主.碱性炼铋渣提钼及碱再生工艺研究[D].长沙：中南大学，2010.

［67］唐谟堂，卢阶主，唐朝波，等.从碱性炼铋渣中选择性浸出钠盐和钼[J].中南大学学报（自然科学版），2011，42（7）：1847-1851.

第三篇　湿法清洁冶金

绪　言

重金属矿物原料绝大部分为硫化矿,冶炼方法大都为火法,其中又分为粗炼和精炼两个阶段。但传统冶炼方法存在 SO_2 浓度低、污染大、氧化反应热没有得到利用、能耗高及自动化程度低等突出问题。因此,近二十多年来传统熔炼方法逐渐被高效、节能、低污染的富氧强化熔炼方法所取代。富氧强化熔炼方法的共同特点是采用富氧熔炼技术来强化熔炼过程,从而大大提高了生产效率;充分利用硫化矿氧化过程的反应热,实现自热或近自热熔炼,从而大幅降低了能源消耗;产出高浓度 SO_2 烟气,实现了硫的高效回收,消除了 SO_2 对环境的污染。对于铜、镍(钴)和锡,基本上实现清洁生产;对于铅,虽然解决了 SO_2 对环境的污染问题,但没有解决铅尘和铅雾的污染问题。大部分锌采用湿法生产,存在能耗高和废渣污染严重等问题;锑和铋等小金属仍然采用传统冶炼工艺,大量低浓度 SO_2 烟气直接排空,污染大气,而且能耗很高,温室气体排放量大。

因此,人们试图寻求湿法清洁冶金新工艺来解决上述问题。20 世纪 80 年代以来,作者学术团队深入开展了重金属和贵金属的配合物清洁冶金和无铁渣湿法炼锌提铟的基础理论和新工艺的研究。配合物清洁冶金包括锌和镉的氨法冶金与锡、锑、铋、银和铅的湿氯化冶金,其共同特点是浸出剂再生循环、长期使用、理论上实现无废水排放。无铁渣湿法炼锌提铟新工艺的突出特点是在湿法炼锌提铟的同时,将高铟铁闪锌矿精矿中的铁直接制成软磁铁氧体粉料或软磁用铁锌氧化物二元粉,从而实现无铁渣排放。

本篇将详细介绍作者学术团队在重金属和贵金属的配合物清洁冶金与无铁渣湿法炼锌提铟及铁资源利用方面的学术成就和研究成果。

第1章　氨法清洁冶金

1.1　概　述

我国的锌资源大部分为难处理的氧化矿资源，具有碱性脉石含量高、矿物组成复杂及多金属共生的特点。已探明的锌金属总储量在 4000 万 t 以上。另外，次氧化锌也是一种重要的锌二次资源，数量大，可利用价值高，主要来自钢铁厂烟灰、炼铅厂烟灰、二次锌烟灰以及用挥发法处理氧化矿后获得的次氧化锌。

由于其复杂性，绝大部分氧化锌矿和次氧化锌均不能用硫酸法制取电锌，目前只是利用其中很小的一部分作为制取锌化工产品的原料。氨法清洁冶金的宗旨在于有效地利用氧化锌矿和次氧化锌资源，制取金属锌、镉和锌化工产品，缓解我国锌资源供需矛盾。

秉着上述宗旨，作者学术团队从 20 世纪 90 年代初开始系统研究氨法炼锌（镉）的基础理论和新工艺，取得了多项技术突破和阶段成果，尤其是在理论上有了重要发现，建立了氨配合物冶金的理论体系，这些在《配合物冶金理论与技术》专著中已有详细介绍，不重述，但本篇要重点介绍该专著来不及叙述的 MACA 体系中兰坪低品位氧化锌矿循环浸出制取电锌的扩大试验以及与氨法清洁冶金密切相关的一些内容。

锌氨配合物冶金体系包括 $Zn(II)-NH_3-(NH_4)_2CO_3-H_2O$（简称碳酸铵体系）、$Zn(II)-NH_3-(NH_4)_2SO_4-H_2O$（简称硫酸铵体系）及 $Zn(II)-NH_3-NH_4Cl-H_2O$（简称氯化铵体系）三个体系，碳酸铵体系适于制取氧化锌，特别是活性氧化锌，已产业化应用；硫酸铵体系适于制取高品质氧化锌和锌粉；氯化铵体系适于制取高纯锌和电锌。

与其他炼锌工艺相比，氨法清洁冶金具有如下优点：

（1）原料适应性强，可以处理含 Fe 高和 F、Cl、As、Sb 高的氧化锌物料，浸出液含 Fe 低，不需要单独的 F、Cl 脱除过程，而且可以补偿流程中 NH_3 的损失。

（2）浸出剂可再生循环，长期使用，理论上无废水排放，环境友好。

（3）净化负担轻，过程简单，设备防腐要求低，投资少。

（4）槽电压比传统工艺降低 0.3~0.5 V，节电 20%，过程均在常温下进行，能耗低。

1.2　氨法冶金原理

以锌和镉的氨法冶金为例阐述氨法冶金的基本原理,包括 Me(Ⅱ)-氨配合平衡热力学和基本反应。

1.2.1　热力学

1.锌(Ⅱ)-氨-氯化铵-水体系配合平衡热力学

采用双平衡法计算了 Zn(Ⅱ)-NH_3-NH_4Cl-H_2O 体系配合平衡热力学,全面揭示了锌的溶解度规律,绘制了相应的热力学关系图(见图3-1及图3-2)。

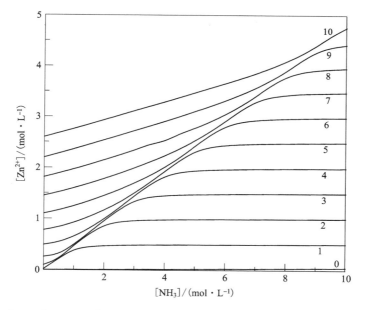

[NH_4Cl]/(mol·L^{-1}):0—0.0,1—1.0,2—2.0,3—3.0,4—4.0,5—5.0,
6—6.0,7—7.0,8—8.0,9—9.0,10—10.0。

图 3-1　不同[NH_4Cl]浓度下氨对锌平衡浓度的影响

2.锌(Ⅱ)-氨-硫酸铵-水体系配合平衡热力学

Zn(Ⅱ)-NH_3-$(NH_4)_2SO_4$-H_2O 体系中相应的热力学关系图如图3-3及图3-4所示。图中的数字都表示特定的浓度(mol/L),图 3-3 中为 1/2[$(NH_4)_2SO_4$],图3-4 中为[NH_3];图中数字与相对应的浓度(mol/L)如下:1,0;2,0.5;3,1.0;4,2.0;5,3.0;6,4.0;7,5.0;8,6.0;9,7.0;10,8.0;11,9.0;

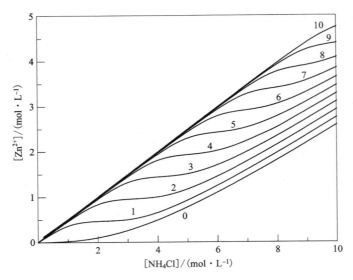

$[NH_3]/(mol \cdot L^{-1})$：0—0.0，1—1.0，2—2.0，3—3.0，4—4.0，5—5.0，
6—6.0，7—7.0，8—8.0，9—9.0，10—10.0。

图 3-2　不同氨浓度下[NH_4Cl]对锌平衡浓度的影响

12，10.0。

　　通过图 3-1~图 3-4 的分析可知：①这些图都展示了锌的高溶解度区域，例如，氨和氨的浓度都为 4~6 mol/L 时，锌的平衡浓度高达 1.7~2.7 mol/L，因此可以利用这些平衡图来设计锌的浸出体系；②利用总氨浓度变化或在总氨浓度一定的情况下，氨、铵浓度变化引起锌平衡浓度急剧变化的特点，可用蒸氨法或酸中和法从锌溶液中沉淀锌。

3. 镉(Ⅱ)-氨-氯化铵-水体系配合平衡热力学

　　Cd(Ⅱ)-NH_3-NH_4Cl-H_2O 体系是一个十分复杂的体系，体系中存在的物种有 22 种之多，用双平衡法计算该体系配合平衡热力学，相应的热力学关系图如图 3-5 所示。

　　由图 3-5 可以看出，当总氨浓度一定时，总镉浓度随着 NH_4Cl 浓度的增加而直线增长；当 NH_4Cl 浓度一定时，总镉浓度随总氨浓度的增加而略有增大，但增大十分有限；当 NH_4Cl 浓度为 0 时，即单纯采用氨水作为浸出剂，Cd^{2+} 浓度几乎为 0，若单独采用浓度为 0~5 mol/L 的氯化铵作为浸出剂，Cd^{2+} 浓度随 NH_4Cl 浓度的增加而直线增长，最大接近 2.5 mol/L。

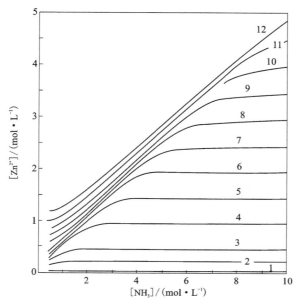

图 3-3　氨浓度对锌平衡浓度的影响

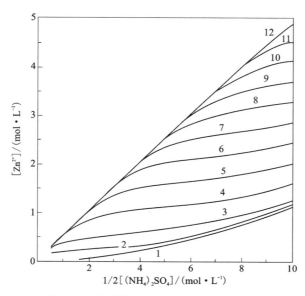

图 3-4　硫酸铵浓度对锌平衡浓度的影响

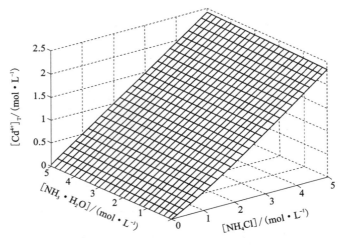

图 3-5 $[Cd^{4+}]_T$ 与 $[NH_3 \cdot H_2O]$ 和 $[NH_4Cl]$ 的曲面关系

1.2.2 基本反应

1. 浸出过程

在浸出过程中，锌氧化物或碳酸盐因形成 $Zn(II)-NH_3$ 配离子而被溶解，铜、镉、钴、镍等均进入溶液，少量的 Sb、As、Pb 也与 Cl^- 形成配合物后进入浸出液，绝大部分如铁、锰、铅等元素不溶解并留在渣中。

氨配合反应：

$$ZnO+iNH_3+H_2O \Longrightarrow [Zn(NH_3)_i]^{2+}+2OH^- \tag{3-1}$$

$$ZnCO_3+iNH_3 \Longrightarrow [Zn(NH_3)_i]^{2+}+CO_3^{2-} \tag{3-2}$$

$$Zn(OH)_2+2NH_4^++(i-2)NH_3 \Longrightarrow Zn(NH_3)_i^{2+}+2H_2O \tag{3-3}$$

$$ZnSO_4+iNH_3 \Longrightarrow [Zn(NH_3)_i]^{2+}+SO_4^{2-} \tag{3-4}$$

$$MeO+2NH_4^++(j-2)NH_3 \Longrightarrow Me(NH_3)_j^{2+}+H_2O \tag{3-5}$$

式中：Me 为 Cu、Cd、Ni、Co 等元素；i、j 为配位数，以下同。

羟基配合反应：

$$ZnO+H_2O+(i-2)OH^- \Longrightarrow Zn(OH)_i^{2-i} \tag{3-6}$$

$$Zn(OH)_2+(i-2)OH^- \Longrightarrow Zn(OH)_i^{2-i} \tag{3-7}$$

$$ZnCO_3+iOH^- \Longrightarrow Zn(OH)_i^{2-i}+CO_3^{2-} \tag{3-8}$$

$$ZnSO_4+iOH^- \Longrightarrow Zn(OH)_i^{2-i}+SO_4^{2-} \tag{3-9}$$

在氯化铵体系中，还有氯配合反应：

$$ZnO+H_2O+iCl^- \Longrightarrow ZnCl_i^{2-i}+2OH^- \tag{3-10}$$

$$Zn(OH)_2 + iCl^- \Longrightarrow ZnCl_i^{2-i} + 2OH^- \tag{3-11}$$

$$ZnCO_3 + iCl^- \Longrightarrow ZnCl_i^{2-i} + CO_3^{2-} \tag{3-12}$$

$$ZnSO_4 + iCl^- \Longrightarrow ZnCl_i^{2-i} + SO_4^{2-} \tag{3-13}$$

$$MeO + H_2O + jCl^- \Longrightarrow MeCl_j^{2-j} + 2OH^- \tag{3-14}$$

$$Me_2O_3 + 3H_2O + 2kCl^- \Longrightarrow 2MeCl_k^{3-k} + 6OH^- \tag{3-15}$$

复盐浸锌反应:

$$ZnSO_4 \cdot (NH_4)_2SO_4 \cdot 6H_2O + iNH_3 \cdot H_2O \Longrightarrow Zn(NH_3)_iSO_4 + (NH_4)_2SO_4 +$$
$$(i+6)H_2O \tag{3-16}$$

若要电解沉积金属锌,则在浸出过程中,用 $BaCl_2$ 和 $CaCl_2$ 除去 CO_3^{2-} 和 SO_4^{2-}:

$$Ca^{2+} + CO_3^{2-} \Longrightarrow CaCO_3 \downarrow \tag{3-17}$$

$$Ca^{2+} + SO_4^{2-} \Longrightarrow CaSO_4 \downarrow \tag{3-18}$$

$$Ba^{2+} + CO_3^{2-} \Longrightarrow BaCO_3 \downarrow \tag{3-19}$$

$$Ba^{2+} + SO_4^{2-} \Longrightarrow BaSO_4 \downarrow \tag{3-20}$$

2. 净化过程

在净化过程中,杂质元素如铜、钴、镍、镉、铅等因形成硫化物或被锌粉置换而除去:

$$Me(NH_3)_j^{2+} + Zn \Longrightarrow Zn(NH_3)_i^{2+} + Me + (j-i)NH_3 \tag{3-21}$$

$$Me(NH_3)_j^{2+} + Na_2S \Longrightarrow MeS \downarrow + 2Na^+ + jNH_3 \tag{3-22}$$

$$MeCl_k^{2-k} + Zn \Longrightarrow Zn^{2+} + Me \downarrow + kCl^- \tag{3-23}$$

$$MeCl_k^{2-k} + Na_2S \Longrightarrow MeS \downarrow + 2Na^+ + kCl^- \tag{3-24}$$

$$2MeCl_k^{3-k} + 3Zn \Longrightarrow 3Zn^{2+} + 2Me \downarrow + 2kCl^- \tag{3-25}$$

$$2MeCl_k^{3-k} + 3Na_2S \Longrightarrow Me_2S_3 \downarrow + 6Na^+ + 2kCl^- \tag{3-26}$$

式中:Me 为铜、镉、钴、镍、锑、砷、铅等金属元素;i、j、k 为配位数。

在氨-硫酸铵-水体系(以下简称 MASA 体系)中,铜镉渣或镉烟尘浸出液中的镉与锌的浓度比较高,将浸出液放置一段时间后,其中 Pb 的浓度会降到很低的水平。

3. 电解过程

氯化铵体系电积过程中阳极产生的气体为氮气,阳极反应表示如下:

$$8NH_3 - 6e^- \Longrightarrow N_2 \uparrow + 6NH_4^+ \tag{3-27}$$

主要阴极反应:

$$Zn(NH_3)_4^{2+} + 2e^- \Longrightarrow Zn + 4NH_3 \tag{3-28}$$

同时还存在影响电流效率的副反应:

$$2H_2O + 2e^- \Longrightarrow H_2 \uparrow + 2OH^- \tag{3-29}$$

总电极反应:

$$3Zn(NH_3)_i^{2+} =\!=\!= 3Zn + N_2 \uparrow + 6NH_4^+ + (3i-8)NH_3 \qquad (3-30)$$

在 MASA 体系中，阴极反应与上同，阳极反应表示如下：

$$2OH^- - 2e^- =\!=\!= H_2O + 1/2O_2 \uparrow \qquad (3-31)$$

总电极反应：

$$[Zn(NH_3)_i]^{2+} + 2OH^- =\!=\!= Zn_{(粉)} + iNH_{3(aq)} + H_2O + 1/2O_2 \uparrow \qquad (3-32)$$

1.2.3　电解添加剂

　　MACA 体系中电积锌的添加剂是关键，主要有骨胶、TEPA 和 TBAB 三种添加剂，其作用机理在有关文献中已有详细叙述。骨胶对阴极锌的取向具有很强的诱导作用，当骨胶浓度为 75 mg/L 时，阴极锌以{110}面为择优取向，形成片状结构。添加剂 TEPA 在锌电沉积过程中起细化晶粒的作用，TBAB 是辅助添加剂，弱化骨胶的取向生长，同时强化添加剂 TEPA 的选择性吸附。三种添加剂配合使用，即骨胶和 TBAB 质量浓度为 100 mg/L、TEPA 体积分数为 1.0 mL/L 时，可获得致密光洁的锌板。骨胶还能有效降低槽电压，提高电流效率，降低能耗。溴离子的加入可明显减少沉积层表面的孔洞、瘤子和缝隙，使锌板的电结晶程度更高，晶体更致密。

1.2.4　电积电位

　　在 MASA 体系中电积镉时，就是使电解液中锌的含量很高，也不沉积，从而实现锌与镉的分离，其基本原理如下。

　　根据各金属离子同时电积的条件（即析出电位等于有关金属离子的电极电位值），可以得出有关杂质金属离子与 Cd^{2+} 同时电积的浓度关系：

$$a = 10^{0.02908} \times a_{Cd} \qquad (3-33)$$

于是可以得出 Zn、Pb、Cu 与 Cd 同时电积的条件：

$$a_{Zn} = 10^{12.387} a_{Cd} \qquad (3-34)$$

$$a_{Pb} = 10^{-9.51} a_{Cd} \qquad (3-35)$$

$$a_{Cu} = 10^{-25.66} a_{Cd} \qquad (3-36)$$

　　可见，只有当溶液中 Zn 的活度是 Cd 的活度的 $10^{12.387}$ 倍时，Zn 才会与 Cd 同时电积，而 Pb、Cu 却比 Cd 要先从溶液中析出，因此必须严格控制溶液中 Pb 和 Cu 的浓度。

1.3 氨法炼锌

1.3.1 概　述

本大节的内容主要包括氨–氯化铵体系中（MACA法）低品位氧化锌矿制取电锌的基本理论和工艺，系统介绍MACA体系中循环浸出兰坪低品位氧化锌矿制取电锌的150 kg/次扩大试验，以及氨–硫酸铵体系中（MASA法）铜镉渣制取锌粉的基本理论和工艺。

1.3.2 氨–氯化铵体系中制电锌

作为国家"973"项目课题四（2007CB613604），开发成功在MACA体系中"氨配合循环浸出—净化—电积"处理低品位氧化锌矿制取电锌的技术原型。根据任务书的安排和中南大学与江西新干县金山化工厂签订的"关于合作进行100 kg/次以上规模扩大试验的协议"，2011年4月初至6月初双方人员完成现场准备，6月13日中南大学试验人员开赴现场，双方试验研究人员不畏酷暑，日夜奋战，于7月25日出色完成MACA法处理兰坪低品位氧化锌矿制取电锌的150 kg/次扩大试验任务。该试验共处理低品位氧化锌矿粉1275 kg，浮选精矿200 kg，制取电锌65.50 kg，实现预期目标，形成了"碱性配合物体系中低品位氧化锌矿循环浸出—净化—电积"制取电锌的技术原型。

1. 试验

1）原料及试剂

试验原料为−100目的兰坪低品位氧化锌矿粉，其中各成分（$w/\%$）为Zn 8.41、Pb 1.66、S 2.90、Cd 0.10、Cu 0.028、Fe 3.39、CaO 19.57、SiO_2 44.15、Sb 0.39；锌物相分析结果（$w/\%$）如下：氧化锌中Zn 6.65，硫化锌中Zn 1.60，锌铁尖晶石等中Zn 0.28，硫酸锌中Zn痕量；该氧化锌矿的浮选精矿w_{Zn}为17.22%。辅助材料有工业级氯化铵、浓氨水、液氨、消石灰、锌粉、四水氯化亚铁、双氧水（30%）及电解用添加剂等。

2）原则工艺流程

试验流程如图3-6所示。该流程的重要特点是用循环浸出方法提高了浸出液中的锌浓度，使之符合电解要求，从而达到了低品位氧化锌矿直接制取电锌的目的。

3）试验设备

试验用设备清单见表3-1，现场照片如图3-7所示。

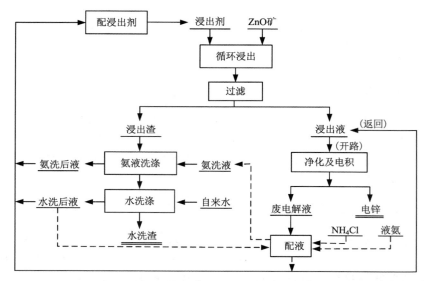

图 3-6 MACA 法循环浸出低品位氧化锌矿制取电锌的原则工艺流程

表 3-1 试验用设备清单

No.	名称	规格	材质	数量	备注
1	浸出槽	1.5 m³	搪瓷	1	现有
2	净化槽 A	2.5 m³	搪瓷	1	现有
3	净化槽 B	2.5 m³	搪瓷	1	现有
4	浸出抽虑槽			1	现有
5	净化槽 A 抽虑槽		塑料	1	新置
6	净化槽 B 抽虑槽		塑料	1	新置
7	新浸出剂储槽	10 m³	玻璃钢	1	现有
8	电解槽	200 L(1.2 m×1 m×0.2 m)	塑料	1	新置
9	循环槽	1500 L	塑料	1	新置
10	电解废液储槽	3 m³		1	现有
11	未平衡浸液储槽	10 m³	玻璃钢	1	现有
12	输液泵	小型	塑料	7	部分新置
13	计量高位槽	1000 L	塑料	1	新置
14	计量高位槽	500 L	塑料	1	新置
15	阳极	1.0 m×0.72 m×0.002 m	涂钌钛板	3	新置
16	阴极	1.0 m×0.74 m×0.002 m	钛板	2	新置
17	硅整流器	2000 A×24 V		1	现有

图 3-7　现场主要设备照片

4）试验条件

（1）循环浸出过程

①浸出剂成分为 NH_4Cl 3.5 mol/L、$NH_3 \cdot H_2O$ 3.5 mol/L；②浸出液开路分数为 46.7%；③液固比为 4：1；④浸出温度为自然温度；⑤ 搅拌速度为 300 r/min；⑥浸出时间为 3 h；⑦到浸出终点前 0.5 h 加入 7.5%矿粉量的消石灰；⑧浸出渣洗涤为氨洗（先用成分与浸出剂基本相同，体积为开路浸出液95%（165 L）的氨-铵溶液洗滤干后的浸出渣 3~5 次，再用 15 L 不含锌的新浸出剂洗 1~2 次）和水洗（滤干后的氨洗渣用 60%矿量的自来水洗 3~5 次）。

（2）净化过程

除锑条件：①氯化亚铁用量为 2 g/L 浸出液；②双氧水（30%）用量为 1.2 mL/L 浸出液；③常温；④搅拌 40 min；⑤铁渣用废电解液或前段水洗液洗涤 3~5 次，其量为浸出液的 2.5%。

置换除杂条件：①用两段锌粉逆流置换；②锌粉用量为 2 g/L 浸出液；③常温；④搅拌 60 min；⑤一次置换渣用纯水洗涤 2 次，纯水用量与锌粉用量相同。

（3）电解过程

①异极距 3 cm；②电流密度 400 A/m^2；③温度 40℃；④废电解液锌质量浓度 ≥12 g/L；⑤添加剂用量：骨胶、T-B 质量浓度均为 100 mg/L，T-C 体积分数 ≥2 mL/L；⑥电解前液成分 ρ_{Zn} ≥40 g/L，杂质元素（mg/L）：$\rho(Sb) \leqslant 2$，$\rho(As) \leqslant 2$，$\rho(Cu) \leqslant 0.5$，$\rho(Cd) \leqslant 0.5$，$\rho(Co) \leqslant 0.5$，$\rho(Ni) \leqslant 0.5$，$\rho(Fe) \leqslant 0.5$，$\rho(Pb) \leqslant 5.0$；⑦电解液循环速度为 400 L/min。

5）试验方法

（1）循环浸出

对于循环浸出，可按下式求出与平衡状态的偏差为 De 时所需的循环浸出次数：

$$De = 1 - (1-\gamma)(1+\gamma+\gamma^2+\cdots+\gamma^{n-1}) \tag{3-37}$$

式中：γ 为浸出液开路分数；n 为所需的循环浸出次数。

例如，在 $\gamma = 0.467$ 的条件下：$n=5$ 时 $De=0.0222$；$n=6$ 时 $De=0.01044$；$n=8$ 时 $De=0.00226$。因此，只要循环浸出 5 次，循环浸出过程即达到平衡。

这次扩大试验的规模如下：低品位氧化锌矿为 150 kg/槽，浸出 8 槽；浮选精矿为 200 kg/槽，浸出 1 槽。低品位氧化锌矿循环浸出中，从第 6 槽至第 9 槽的开路浸出液和第 10 槽的全部浸出液都作为净化、电积试验的料液。

先在小（1500 L）搪瓷反应釜中用 262.5 kg 氯化铵、490 L 浓氨水及自来水配制 1400 L 新鲜浸出剂，其中氯化铵和氨的浓度均为 3.5 mol/L，放入储液槽；再按以上方法和数据配制 1400 L 新鲜浸出剂，亦放入储液槽；最后用 112.5 kg 氯化铵、210 L 浓氨水及自来水配制浸出剂 600 L，留于反应釜内，作为第一次浸出的浸剂。

循环浸出试验在小搪瓷反应釜中进行，以后各槽也先在反应釜中配制 600 L 浸出剂，再缓慢加入 150 kg 矿粉，加完矿粉后盖上加料口，常温下搅拌 3 h，到浸出终点前 0.5 h 加入 11.25 kg 消石灰。真空过滤矿浆，按 46.7% 的开路分数开路 280 L 浸出液并取样及分析锌、氨和氯的含量。滤渣先用成分与浸出剂基本相同、体积为开路浸出液 95%（265 L）的氨-铵溶液洗滤干后的浸出渣 3~5 次，再用 15 L 不含锌的新浸出剂洗 1~2 次；氨洗渣先用上次后阶段的 40 L 水洗液洗涤 2~3 次，其水洗液与氨洗液合并返回配浸出剂，再用 40 L 自来水洗 2~3 次，其水洗液作为下次洗水的一部分，水洗渣称湿重，取样测水分及锌、氨和氯含量，如此循环浸出八次。

（2）净化过程

①除砷锑，净化槽 A 是除砷锑槽，也是平衡开路浸出液储槽。分三批净化，第 6~8 槽的开路浸出液 840 L 为第一批，第 8 槽的开路浸出液及第 9 槽的全部浸出液约 880 L 为第二批，浮选精矿浸出液约 1000 L 为第三批。②两段逆流置换，净化槽 B 是两段逆流置换槽，与除砷锑过程相配合，亦分三批净化，第一批约 840 L 除砷锑液，第二批约 880 L，第三批约 1000 L。

（3）电解过程

与净化过程相配合，电解分三批进行，第一批约 840 L 二净液，第二批约 880 L，第三批约 1000 L。用 240 L（0.2 m×1 m×1.2 m）的电解槽电解，放置尺寸为 1.00 m×0.74 m×0.002 m 的钛阴极 2 片及尺寸为 1.00 m×0.72 m×0.002 m 的涂钌钛阳极 3 片，阴极总面积为 2.871 m²，电锌产能为 1.4 kg/h；若废电解液中锌质量浓度为 12 g/L，则锌质量浓度为 49 g/L 的 1000 L 二净液需电解 26 h 26 min，产电锌约 37 kg。

2. 试验结果及讨论

1）循环浸出过程

对低品位氧化锌矿粉进行了 8 次循环浸出，其中第 1 槽~第 7 槽的规模为

150 kg/次，第 8 槽的规模为 225 kg/次，共处理低品位氧化锌矿 1275 kg。将第 1 批和第 2 批净化液电积锌后获得的废电解液配制第 9 槽浸出剂，第 9 槽浸出浮选精矿的规模为 200 kg/次。循环浸出试验的基本数据见表 3-2～表 3-5。

表 3-2　浸出剂配制体积　　　　　　　　　　　　单位：L

槽次	返回浸出液	铵洗液	前段水洗液	氯化铵质量/kg	液氨质量/kg
1	—	—	—	680	202.419
2	560	40	—	—	—
3	275	278	40.4	4.00	11.00
4	280	265	59.1	—	—
5	285	270	39.3	3.90	5.00
6	290	280	37.9	—	—
7	285	272	42.6	—	10.00
8	280	270	47.2	—	2.00
共计	2255	1675	236.5	687.9	230.419

表 3-3　循环浸出产物量及其主成分

No.	浸出液，n(成分)/(mol·L^{-1})				浸出渣，w(元素)/%			
	体积/L	$\rho_{(Zn)}$/(g·L^{-1})	氨	铵	湿重/kg	Zn	Cl	Cd
1	560	14.79	3.26	3.49	171	2.25	0.89	0.03
2	555	28.03	3.34	3.49	157.3	3.07	0.70	0.04
3	560	32.45	3.75	3.61	187.58	2.23	1.11	0.05
4	565	36.05	3.31	3.46	175.4	2.61	2.13	—
5	570	39.45	3.66	3.54	172.4	2.57	0.70	0.06
6	570	38.93	3.41	3.50	177.56	2.54	0.59	—
7	560	39.29	3.99	3.50	174.06	2.56	2.37	—
8	830	38.67	3.49	3.57	265	3.18	0.70	—
9	1420	30.58	2.73	3.19	182	4.63	2.78	—

续表 3-3

No.	铵洗液，n(成分)/(mol·L^{-1})				前段水洗液，n(成分)/(mol·L^{-1})			
	体积/L	ρ_{Zn}/(g·L^{-1})	氨	铵	体积/L	ρ_{Zn}/(g·L^{-1})	氨	铵
1	275	3.08	2.61	3.61	37.9	0.52	1.20	1.73
2	278	11.55	2.40	3.52	40.4	2.56	1.70	2.87
3	265	17.03	3.15	3.72	59.1	13.32	2.07	2.94
4	270	18.03	3.02	3.56	39.3	11.23	2.08	2.86
5	280	19.54	3.31	3.61	37.9	12.28	2.03	2.86
6	272	20.06	3.03	3.62	42.6	11.44	2.08	2.98
7	270	17.24	3.22	3.52	47.2	10.03	2.01	3.06
8	380	18.60	3.28	3.57	54.3	9.25	1.79	2.84
9	85	13.95	1.42	1.58	15	10.87	0.91	1.16

由表中数据可以看出，结果十分理想，规模放大 1000 倍后，仍然重现了小型试验数据：综合渣样 w_{Zn} 为 2.55%，按浸出渣计算，锌的平均浸出率为 70.48%，浸出液中的锌质量浓度被富集到 39 g/L 左右，完全符合电解要求；所采用的先氨洗再两次逆流水洗的洗涤浸出渣的制度是非常合理的，综合渣样 w(Cl) 为 1.16%，w(NH$_4$Cl) 为 1.74%，由此推算出每吨锌浸出渣的氯化铵损耗为 0.286 t，而且，氨洗液与二次水洗液全部返回下次浸出过程，实现了溶液的自然平衡，不存在溶液膨胀问题。另外，在循环浸出过程中，游离氨的挥发情况并不严重。所进行的精矿浸出试验结果说明，锌浸出率为 79.75%，选矿回收率约为 80%，锌的选冶回收率小于 64%。

MACA 法不仅直接回收了 70% 左右的锌，而且矿粉中有 1.60% 的硫化锌形态的锌(占总锌量的 19.02%)容易用浮选法回收，这样，锌的总回收率有望接近 90%。因此，先用 MACA 法处理原矿粉，再浮选硫化锌(铅)的选-冶联合流程是最佳的兰坪低品位氧化锌矿的处理方案。

2)净化过程

将第 5 槽~第 7 槽的开路浸出液合并，先进行净化除锑，再进行锌粉两段逆流置换深度净化，而第 8 槽和第 9 槽的浸出液(全部)不进行净化除锑，分别进行锌粉两段逆流置换深度净化，净化试验的基本数据见表 3-6~表 3-12。由表中数据可以看出，杂质元素 Cu、Cd 及 Pb 的净化效果较好，其脱除率多数大于 95%，但由于锌粉量不够及返溶等，它们在二次置换液中的绝对含量还是较高，以致影响电锌质量。Co 和 Ni 的净化效果其次，其质量浓度均小于 0.7 mg/L。结果表明，浸出液不经过除锑过程，直接进行两段锌粉逆流净化亦可保证净化液的质量。

表 3-4　循环浸出投入物料量及其主成分

No.	矿粉 质量/kg	矿粉 w_{Zn}/%	浸出剂浓度/(mol·L⁻¹) 体积/L	浸出剂浓度/(mol·L⁻¹) ρ_{Zn}/(g·L⁻¹)	浸出剂浓度/(mol·L⁻¹) NH_3	浸出剂浓度/(mol·L⁻¹) NH_4Cl	氨-铵洗剂浓度/(mol·L⁻¹) 体积/L	氨-铵洗剂浓度/(mol·L⁻¹) ρ_{Zn}/(g·L⁻¹)	氨-铵洗剂浓度/(mol·L⁻¹) NH_3	氨-铵洗剂浓度/(mol·L⁻¹) NH_4Cl	消石灰重 /kg
1	150.02	8.41	600	0.00	3.49	3.62	285	0.00	3.45	3.67	11.54
2	150.38	8.41	600	14.94	3.33	3.50	265	9.14	2.51	3.60	11.52
3	150.08	8.41	600	18.97	3.59	3.68	250	11.50	3.62	3.52	11.48
4	150.12	8.41	605	23.97	3.24	3.54	265	13.27	3.43	3.48	11.54
5	150.22	8.41	600	25.97	3.74	3.48	265	14.06	3.52	3.52	11.52
6	150.24	8.41	605	28.79	3.45	3.45	265	15.52	3.19	3.52	11.50
7	149.92	8.41	600	28.01	4.12	3.46	265	12.80	3.45	3.53	11.50
8	225.05	8.41	900	29.73	3.45	3.39	400	13.32	3.27	3.52	17.00
9	200.15	17.22	1450	12.02	2.49	3.39	100	0.00	0.98	0.00	0.00

表 3-5　按浸出渣计算的低品位氧化锌矿的锌浸出率　　单位：%

槽次	1	2	3	4	5	6	7	8	综合
渣率	93.18	91.68	104.56	92.6	96.81	102.95	92.09	101.92	97.35
浸出率	74.90	66.53	72.27	71.26	70.42	68.91	71.97	61.46	70.48

表 3-6　净化用浸出液体积及各成分质量浓度　　单位：mg/L

槽次	体积/L	ρ_{Zn}/(g·L⁻¹)	Sb	As	Cu	Cd	Co	Ni	Fe	Pb	[$NH_3 \cdot H_2O$] /(mol·L⁻¹)	[NH_4Cl] /(mol·L⁻¹)
1	800	39.58	4.2	2.4	163.9	451.03	1.8	3.46	0.28	29.71	3.65	3.59
2	800	38.67	—	—	—	—	—	—	—	—	3.45	3.49
3	1420	30.58	5.0	0.53	16.68	153.6	0.86	0.56	1.21	59.43	2.73	3.19

表3-7 一次净化产物量及成分

槽次	体积/L	ρ_{Zn}/(g·L⁻¹)	ρ_{Sb}/(mg·L⁻¹)	ρ_{As}/(mg·L⁻¹)	一净液浓度/(mol·L⁻¹)		铁渣质量分数/%		
					$NH_3·H_2O$	NH_4Cl	湿重/kg	H_2O	Zn
1	795	39.58	3.3	—	3.24	3.56	5.26	69.63	6.94

表3-8 一次置换液体积及成分质量浓度

单位：mg/L

No.	体积/L	ρ_{Zn}/(g·L⁻¹)	Sb	As	Cu	Cd	Co	Ni	Fe	Pb	[$NH_3·H_2O$]/(mol·L⁻¹)	[NH_4Cl]/(mol·L⁻¹)
1	790	40.18	3.3	0.23	11.41	179.6	0.98	1.48	1.79	9.71	3.23	3.56
2	795	41.02	3.3	2.29	22.16	241.7	1.44	2.08	0.49	12.0	3.43	3.61
3	1415	31.87	3.3	0.69	0.44	2.03	0.27	0.84	0.46	3.43	2.70	3.17

表3-9 二次置换液体积及成分质量浓度

单位：mg/L

No.	体积/L	ρ_{Zn}/(g·L⁻¹)	Sb	As	Cu	Cd	Co	Ni	Fe	Pb	[$NH_3·H_2O$]/(mol·L⁻¹)	[NH_4Cl]/(mol·L⁻¹)
1	790	41.38	3.3	0.34	1.66	20.61	0.51	0.54	0.52	1.14	3.63	3.40
2	795	41.59	3.3	2.13	4.10	46.62	0.37	0.64	0.56	9.14	3.42	3.88
3	1410	32.66	3.3	0.80	0.59	3.44	0.27	0.50	0.46	4.00	2.75	3.25

表 3-10　一次置换渣量及成分质量分数　单位：%

No.	质量/kg	Zn	Sb	As	Cu	Cd	Co	Ni	Fe	Pb	NH₃	NH₄Cl	H₂O
1	1.3	9.50	0.12	0.017	14.85	13.80	0.12	0.26	1.78	3.66	0.20	3.51	34.00
2	1.62	33.84	0.16	0.019	1.91	11.53	0.08	0.18	1.95	4.14	—	6.24	37.92
3	2.12	84.60	0.56	0.006	0.12	0.33	0.015	0.089	1.09	2.28	0.57	3.42	1580

表 3-11　二次置换渣量及成分质量分数　单位：%

No.	质量/kg	Zn	Sb	As	Cu	Cd	Co	Ni	Fe	Pb	NH₃	NH₄Cl	H₂O
1	0.30	9.06	0.11	0.014	11.94	13.47	0.08	0.20	1.64	1.64	—	6.14	32.58
2	0.72	16.75	0.11	0.015	3.60	15.70	0.15	0.49	1.51	1.51	—	7.73	30.76
3	0.21	44.41	0.12	0.11	1.90	8.70	0.06	0.06	3.00	3.00	—	5.73	14.50

表 3-12　杂质元素脱除率　单位：%

槽次	Zn*	Sb	As	Cu	Cd	Co	Ni	Fe	Pb
1	99.81	22.41	86.01	99.00	95.49	72.02	84.59	-83.39	96.21
2	99.76	—	—	—	—	—	—	—	—
3	99.84	34.23	50.41	96.48	97.77	68.72	11.03	62.12	93.29

注：* 为回收率。

3)电解过程

将三批净化液分槽电积,电解试验的基本数据见表 3-13~表 3-14。由表中数据可以看出,电解试验达到预期效果,共获得致密的 65.50 kg 电锌片,最好品质为 99.98%,净化过程优化后,可稳定地生产零级($w_{Zn} \geqslant 99.99\%$)电锌;根据基础数据,计算出 1~3 槽的电流效率分别为 77.88%、89.41% 及 97.02%,可见,电解设备及操作条件优化后,MACA 体系电积锌在能耗上具有明显优势。

电解过程中,按第 2 槽和第 3 槽计算,废电解液体积比电解前平均减少12.63%,第 1 槽减少得更多,达到 26.58%,这一现象对产业化是非常有利的,使氨原料更灵活,既可用液氨又可用浓氨水,更主要的是可灵活地调节全流程的溶液平衡,杜绝溶液膨胀问题。电解过程中吨锌氨耗为 0.243 t,其中挥发损失占28.98%;氯化铵全部返回浸出过程。

表 3-13 电解试验溶液体积及其主要成分

槽次	二次置换液浓度/(mol·L⁻¹)				废电解液浓度/(mol·L⁻¹)			
	体积/L	ρ_{Zn} /(g·L⁻¹)	NH₃·H₂O	NH₄Cl	体积/L	ρ_{Zn} /(g·L⁻¹)	NH₃·H₂O	NH₄Cl
1	760	41.38	3.63	3.40	580	13.95	4.44	4.55
2	750	41.59	3.61	3.88	670	12.91	3.82	4.90
3	1410	32.66	2.75	3.25	1280	14.84	2.73	3.60

表 3-14 电锌质量及成分质量分数 单位:10^{-4}%

No.	锌重/kg	w_{Zn}/%	Pb	Fe	Cd	Ni	Co	Cu	Sb	Mn
1	17.66	99.80	130	54	1400	6.9	14	370	2.3	1.5
2	22.46	99.93	62	16	530	8.8	7.5	44	0.14	0.29
3	24.88	99.98	79	7.2	130	4.4	0.8	21	0.17	0.55

3. 物质平衡及技术经济指标

1)金属平衡

根据长沙矿冶研究院物相分析室的分析数据,可得出锌平衡,具体见表 3-15~表 3-18。

表 3-15 浸出过程锌质量平衡 单位：kg

No.	加入				产出					入出误差
	矿粉	浸剂	氨洗剂	小计	浸出渣	浸出液	氨洗液	水洗液	小计	
1	12.733	0.00	0.00	12.733	3.155	8.282	0.847	0.021	12.304	-0.429
2	12.770	8.964	2.422	24.156	4.213	15.541	3.211	0.103	23.068	-1.088
3	12.752	11.382	2.875	27.009	3.486	18.172	4.513	0.787	26.958	-0.051
4	12.757	14.478	3.517	30.752	3.614	20.368	4.868	0.441	29.291	-1.461
5	12.764	15.582	3.726	32.072	3.723	22.487	5.471	0.465	32.146	0.074
6	12.144	17.418	4.113	33.675	3.916	22.190	5.456	0.487	32.047	-1.626
7	10.552	16.806	3.392	30.750	3.523	22.002	4.655	0.473	30.653	-0.097
8	18.917	26.757	5.328	51.002	7.273	32.046	7.068	0.502	46.889	-4.113
9	34.328	17.429	0.00	51.757	6.979	43.424	1.186	0.028	51.617	-0.14
共计	139.718	128.816	25.373	293.907	39.882	204.512	37.275	3.307	284.97	-8.931

表 3-16 一次净化过程锌质量平衡

项目	加入	产出			入出误差
	浸出液	一净液	铁渣	小计	
质量/kg	33.792	33.334	0.117	33.451	-0.341
比例/%	100	99.65	0.35	100	-1.00

表 3-17 二次净化过程锌质量平衡 单位：kg

No.	加入			产出			入出误差
	一净液/浸出液	锌粉	小计	二净液	二净渣	小计	
1	33.334	2.60	35.934	32.872	0.068	32.940	-2.99
2	33.544	1.60	35.144	32.993	0.084	33.077	-2.067
3	43.977	5.00	48.977	47.322	0.080	47.402	-1.565
共计	110.855	9.20	120.055	113.187	0.232	113.419	-6.622

表 3-18 电解过程锌质量平衡   单位：kg

No.	加入	产出			入出误差
	二净液	电锌	废电解液	小计	
1	31.449	17.625	10.417	28.042	−3.407
2	31.193	22.645	8.650	31.295	0.102
3	46.051	24.874	18.995	43.869	−2.182
共计	108.693	65.144	38.062	103.206	−5.487

表中数据说明，锌平衡情况良好，除了二次净化第 1 槽锌平衡率较低 （91.67%），二次净化第 2 槽、第 3 槽及其他各过程的锌平衡率均大于 95%。

2）氨平衡

根据江西新干县金山化工厂的分析数据，可得出浸出和电解过程的氨平衡，见表 3-19 及表 3-20。

表 3-19 浸出过程氨质量平衡   单位：kg

No.	加入			产出					入出误差
	浸出剂	氨洗剂	小计	浸出液	氨洗液	水洗液	浸出渣	小计	
1	35.598	16.715	52.313	31.035	12.202	0.645	0.314	44.196	−8.117
2	33.966	11.308	45.274	31.513	11.342	1.168	0.290	44.313	−0.961
3	36.618	15.385	52.003	35.700	14.191	2.080	0.550	52.521	0.518
4	33.323	15.452	48.775	31.793	13.862	1.390	0.653	47.698	−1.077
5	38.148	15.858	54.006	35.465	15.756	1.308	0.475	53.004	−1.002
6	35.483	14.371	49.854	33.043	14.011	1.506	0.414	48.974	−0.88
7	42.024	15.542	57.566	37.985	14.780	1.613	0.622	55.000	−2.566
8	52.785	22.236	75.021	49.244	21.189	1.652	0.552	72.637	−2.384
9	61.379	1.666	63.045	65.902	2.052	0.232	0.242	68.428	5.383
共计	307.945	126.867	434.812	285.778	117.323	11.362	3.870	418.343	−15.469

表 3-20　电解过程氨质量平衡

No.	项目	加入	产出				吨金属锌氨耗量/t
		二净液	废电解液	阳极分解	挥发	小计	
1	质量/kg	48.755	44.863	3.062	0.830	48.755	0.220
	比例/%	100	92.02	6.28	1.70	100	
2	质量/kg	48.789	43.510	3.929	1.350	48.789	0.233
	比例/%	100	89.18	8.05	2.77	100	
3	质量/kg	66.151	59.405	4.314	2.432	66.151	0.271
	比例/%	100	89.80	6.52	3.68	100	
共计	质量/kg	163.695	147.778	11.305	4.612	163.695	0.241
	比例/%	100	90.27	6.91	2.82	100	

表中数据说明，低品位氧化锌矿循环浸出过程的氨平衡情况良好，除了第 1 槽因时间长而氨平衡情况较差，其他各槽的氨平衡率均大于 95%，平均为 96.44%。电解过程的氨平衡亦较好，氨的挥发损失小于 3%。

3）氯化铵平衡

根据金山化工厂的分析数据，得出氯化铵平衡，见表 3-21 及表 3-22。

表 3-21　浸出过程的氯化铵质量平衡　　　　　　单位：kg

No.	加入			产出					入出误差
	浸出剂	氨洗剂	小计	浸出液	氨洗液	水洗液	浸出渣	小计	
1	116.10	55.909	172.009	104.469	53.065	3.505	1.881	162.920	-9.089
2	112.251	50.994	163.245	103.536	52.307	6.198	1.448	163.489	0.244
3	115.138	47.039	162.177	108.061	52.694	9.288	1.735	171.778	9.601
4	104.779	49.294	154.073	104.495	51.379	6.008	4.447	166.329	12.256
5	111.610	49.861	161.471	107.857	54.030	5.794	1.529	169.212	7.739
6	111.570	49.861	161.431	106.639	52.632	6.786	1.371	167.428	5.997
7	111.61	50.003	161.613	104.768	50.802	7.720	4.918	168.208	6.595
8	163.085	75.262	238.347	158.387	72.514	8.243	2.414	241.558	3.211
9	262.748	0.00	262.748	242.131	7.179	0.930	6.318	256.558	-6.190
共计	946.143	428.223	1374.366	898.212	439.423	53.542	19.743	1410.92	36.554

表 3-22　电解过程的氯化铵质量平衡　　　　　　　　　单位：kg

槽次	加入二净液	产出废电解液	入出误差
1	143.575	141.062	−2.513
2	164.881	175.486	10.605
3	245.817	242.890	−2.924
共计	554.274	559.438	5.164

表中数据说明，氯化铵平衡情况良好，浸出过程的氯化铵平衡率为 97.64%，电解过程的氯化铵平衡率为 100.93%。

4）溶液平衡

浸出过程及电解过程的溶液平衡，见表 3-23 及表 3-24。

表 3-23　浸出过程的溶液体积平衡　　　　　　　　　单位：L

No.	加入				产出					入出误差
	浸剂	氨洗剂	自来水	小计	浸出液	氨洗液	水洗液	浸渣吸水	小计	
1	600	285	40	925	560	275	37.9	30.8	903.7	−21.3
2	600	265	40	905	555	278	40.4	20.1	893.5	−11.5
3	600	250	40	890	560	265	59.1	31.3	915.4	25.4
4	605	265	40	910	565	270	39.3	36.9	911.2	1.2
5	600	265	40	905	570	280	37.9	27.5	915.4	10.4
6	605	265	40	910	570	272	42.6	23.4	908	−2.0
7	600	265	40	905	560	270	47.2	36.4	913.6	8.6
8	900	400	60	1360	830	380	54.3	36.3	1300.6	−59.4
9	1450	100	20	1570	1420	85	15	31.3	1551.3	−18.7
共计	6560	2360	360	9280	6190	2375	373.7	274	9212.7	−67.3

表 3-24　电解过溶液体积平衡　　　　　　　　　单位：L

槽次	加入二净液	产出废电解液	入出误差
1	760	580	−180
2	750	670	−80
3	1410	1280	−130
共计	2920	2530	−390

表中数据说明，浸出过程的溶液平衡情况良好，其平衡率为 98.81%，浸出过程不产生溶液膨胀问题；电解过程中溶液蒸发损失较多，其体积平均减少 13.36%，平衡率为 86.64%。

5）技术经济指标

（1）金属回收率。①对低品位氧化锌矿，锌浸出率为 70.48%；②对浮选精矿，锌浸出率为 79.75%；③净化过程中锌的回收率为 99.80%。

（2）电锌质量。电锌品位为 99.98%，达到 1 级标准。

（3）能耗。全流程常温操作，不需要锅炉，只需动力电及电解用直流电，能耗低。电解过程的电流效率为 97.02%，直流电耗小于 3000 kW·h。

（4）辅助材料消耗。吨锌氨的消耗为 0.243 t，氯化铵消耗为 0.266 t。

4. "三废"治理和环境保护

MACA 法处理低品位氧化锌矿制取电锌的工艺流程的最大特点是全流程闭路循环，电解废液返回浸出过程配制浸出剂和用作氨洗剂，无废水排放。生产过程逸出的少量氨气可集中于淋洗塔用水吸收回用。浸出渣中 $w(NH_4Cl)$ 为 1.74%，同时含有以硫化物的形态存在的锌，$w(Zn)$ 为 1.64% 和铅以及 $SiO_2[w(SiO_2)$ 为 45.35%]，需通过浮选回收这些锌和铅。氯化铵中的绝大部分进入浮选矿浆水中，继而进入浮选废水，浮选废水中的绝大部分被循环利用，少部分经开路处理达标排放。浮选尾矿含硅高，是制水泥的好原料。所以本工艺是名副其实的清洁冶金工艺。

5. 本节小结与建议

1）小结

（1）扩大试验证明，MACA 法是一种有应用前景的处理高碱性脉石型低品位氧化锌矿制取电锌的好方法。

（2）在低品位氧化锌矿为 150 kg/次的规模下基本重现了小型试验的技术经济指标，扩大试验证明：循环浸出法是富集浸出液中锌浓度的有效方法，本次扩大试验浸出液中锌质量浓度被富集到 39 g/L 左右，完全符合电解要求。

（3）先氨洗，再两次逆流水洗浸出渣的洗涤制度是非常合理的，浸出渣洗涤后，$w(NH_4Cl)$ 被降低到 1.74%；而且，氨洗液与二次水洗液全部返回下次浸出过程，实现了循环浸出过程中溶液的自然平衡。

（4）净化、电解试验达到预期效果，共获得致密的 65.50 kg 一级电锌，电流效率达 97.02%，可见，MACA 体系电积锌在能耗上具有明显优势。

（5）全流程不存在溶液膨胀问题，电解过程中废电解液体积比电解前平均减少 12.63%，这一现象对工业生产十分有利，一方面氨源供应多样，另一方面可灵活调节全流程的溶液平衡。

（6）先用 MACA 法处理原矿粉，再浮选硫化锌（铅）的选-冶结合流程应该是最佳的兰坪低品位氧化锌矿的处理流程。

2）建议

（1）尽快建立示范生产厂，进行工业性试验，以便快速推广和应用该研究成果。

（2）对浸出渣开展浮选回收锌和铅的工艺研究。

（3）开展浮选尾矿制水泥和选矿废水处理回用的理论和工艺研究。

1.3.3 氨-硫酸铵体系制锌粉

1. 铜镉渣制锌粉

1）原料和流程

原料采用某锌厂含钴量较高的铜镉渣，其成分见表 3-25。这种渣成分组成复杂，杂质元素多，用酸法处理难度大，可采用氨-硫酸铵法（简称 MASA 法）处理，以制取活性锌粉和回收钴和铜，其原则工艺流程如图 3-8 所示。

表 3-25　高钴铜镉渣成分的质量分数　　　　　　　　　　　　单位：%

成分	Zn	Cu	Cd	Co	Ni	Fe	Pb	As	Sb
质量分数	49.42	0.76	8.65	0.45	0.33	0.43	3.52	0.04	0.32

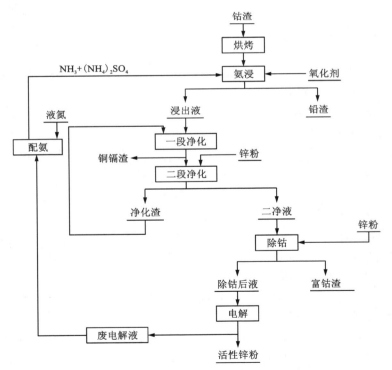

图 3-8　氨-硫酸铵法处理净化钴渣的原则工艺流程

新鲜铜镉渣需先在100℃左右的空气中烘烤一段时间,以便其金属态的成分都得到氧化。

2)氨配合浸出

经过条件试验,确定浸出过程的最佳条件如下:①浸剂成分为$c(NH_3) = 10$ mol/L,$c(SO_4^{2-}) = 2.5$ mol/L;②温度为常温;③浸出时间为2 h;④液固比为10∶1;⑤以过硫酸铵为氧化剂,其加入量为浸液质量的5%;⑥在结束时加碱性絮凝剂。在上述优化条件下进行浸出过程的综合条件试验,结果见表3-26及表3-27。

表 3-26 浸出综合条件试验的浸液体积和成分的质量浓度   单位:g/L

序号	V/mL	Zn	Cu	Cd	Co
1	3620	43.68	0.71	8.26	0.40
2	3572	43.28	0.73	8.37	0.40
平均	3596	43.48	0.72	8.32	0.40

表 3-27 浸出综合条件试验的金属浸出率   单位:%

序号	Zn	Cu	Cd	Co
1	91.44	97.46	99.59	89.94
2	90.92	96.50	99.16	88.75
平均	91.18	96.98	99.38	89.35

从表3-26及表3-27可以看出,浸出综合条件试验结果较好,锌、钴、铜、镉的浸出率分别为91.18%、89.35%、96.98%和99.38%。原料中铅含量较高,铅的包裹阻碍作用限制了锌和钴的浸出,因此,锌和钴的浸出率比铜、镉的低。可见,通过浸出综合条件试验,可以使绝大部分的铅、砷、锑、铁等杂质元素随渣被除去,而锌、钴、铜、镉等元素均进入溶液,以便随后工序的回收。

3)浸出液的净化

(1)两段逆流锌粉置换除铜镉的优化条件如下:①锌粉量为其理论量的0.9倍;②第一段时间为18 min;第二段时间为35 min。

(2)除钴的优化条件如下:①锌粉量为其理论量的4倍;②有微量锑盐和硫酸铜添加剂;③时间为60 min。

基于以上最佳条件,进行净化综合试验,试验结果见表3-28~表3-32。

表 3-28   两段逆流置换综合试验中二净液及铜-镉渣的成分

序号	$\rho_{二净液}/(g \cdot L^{-1})$				$w_{铜镉渣}/\%$				渣率/%
	Zn	Co	Cd	Cu	Zn	Cu	Cd	Co	
1	43.94	0.35	3.38	0.00010	1.46	37.05	44.72	0.090	9.50
2	44.82	0.37	4.19	0.00030	1.37	44.34	41.43	0.064	9.00
3	45.32	0.36	4.25	0.00005	2.91	34.03	40.21	0.079	8.75
平均	44.69	0.36	3.94	0.00015	1.91	38.47	42.12	0.078	9.08

表 3-29   两段逆流置换综合试验中铜、镉的脱除率及锌、钴的回收率   单位：%

序号	Cu	Cd	Zn	Co
1	99.99	59.38	98.22	90.06
2	99.98	49.64	98.40	95.78
3	99.98	48.92	99.24	93.19
平均	99.98	52.65	98.62	93.19

表 3-30   除钴后液及富钴渣的成分

序号	$\rho_{除钴后液}/(g \cdot L^{-1})$				$w_{富钴渣}/\%$			渣率/%
	Zn	Cu	Cd	Co	Zn	Co	Cd	
1	54.49	0.00008	0.00031	0.00080	11.21	3.66	43.50	7.50
2	56.27	0.00010	0.00017	0.00001	7.48	3.99	48.72	8.50
3	55.83	0.00009	0.00024	0.00030	7.48	3.73	46.40	8.63
平均	55.53	0.00009	0.00024	0.00040	9.31	3.79	46.20	8.21

表 3-31   除钴综合试验中锌、钴的回收率及镉脱除率和镉在钴渣中的分配   单位：%

序号	Zn	Co	Cd	分配 Cd
1	99.79	99.88	99.99	40.62
2	99.99	99.99	99.99	50.36
3	99.21	99.92	99.99	51.08
平均	99.66	99.93	99.99	47.35

表 3-32 铜、镉和钴的总脱除率及锌、钴的总回收率 单位：%

序号	总脱除率			总回收率	
	Cu	Cd	Co	Zn	Co
1	99.99	99.99	99.99	98.01	89.95
2	99.98	99.99	99.92	98.39	95.786
3	99.99	99.99	99.80	98.42	93.18
平均	99.98	99.99	99.91	98.27	92.97

由表 3-28~表 3-32 可以看出，净化综合试验获得了良好结果，具体体现在以下方面：①除杂率高，铜、镉和钴的平均脱除率分别为 99.98%、99.99% 及 99.91%；②金属回收率高，锌和钴的回收率分别为 98.27%、92.97%；③产物质量高，锌净化液符合电解要求，富钴渣中的钴含量是原料中的 8.4 倍，品位高达 3.79%；④铜镉渣中 $w(Cu)$ 为 38.47%；⑤锌粉消耗少。

4）电积锌粉

用除钴后液作电解试液，其成分见表 3-33。试液量为 2000 mL/次。

表 3-33 电解前液的各成分的质量浓度 单位：g/L

Zn	Cu	Cd	Co	Fe	Pb	As	Sb
20	0.0016	<0.003	<0.0008	<0.008	<0.18	<0.0001	<0.0001

经条件优化试验，确定最佳的电解条件如下：①温度为常温；②锌起始质量浓度为 20 g/L；③电解液体积为 2000 mL；④电流密度为 800 A/m²。基于上述最佳条件进行电解综合试验，结果见表 3-34 及表 3-35。

表 3-34 电解综合试验的各项指标

$\rho(Zn^{2+})$ /(g·L⁻¹)	电解后液体积/L	电解时间/h	电流效率/%	槽电压/V	电能消耗/(kW·h·t⁻¹)	锌回收率/%
14.66	1.995	1.2	88.19	3.5	3254.37	97.97

表 3-35　电解锌粉质量及国家标准(质量分数)　　　　　单位:%

成分	Zn	Pb	Fe	Cd	Cu	Co	酸不溶物
锌粉	98.78	0.16	0.007	0.002	0.0014	0.0001	无
GB 6890—1986 一级标准	98.00	<0.20	<0.200	<0.200	<0.2000	<0.2000	<0.2

从表 3-34 和表 3-35 可以看出,在硫酸铵体系中电解制取锌粉的电流效率较高,达 88.19%,每吨产品的能耗为 3254.37 kW·h。锌粉的结构呈树枝状或片状,$w(Zn)$ 达 98.78%,杂质含量低,其化学成分已达到或超过 GB 6890—1986 一级标准中的 1# 锌粉标准,亦达到 ISO 34591976 国际标准;与以金属锌为原料的蒸馏法、雾化法相比,其成本大幅度降低,具有广阔的应用前景。

2. 复盐转化氨浸液制锌粉

1)试液及流程

以复盐转化氨浸液为试液,其成分[$\rho_{成分}/(g \cdot L^{-1})$]为 Fe 0.75、Mn 0.41、Zn 31.86、[$NH_3 \cdot H_2O$]4.12 mol/L。从复盐转化氨浸液中电沉积锌粉的原则流程如图 3-9 所示。

2)试验条件

复盐转化氨浸液静置 7 d 后,上清液变为无色,过滤分离。根据已有的氨体系中锌粉置换净化研究结果,选取常温常压置换,规模为溶液 0.5 L/次,改变锌粉用量,取最优条件进行溶液 5 L 的综合条件试验。锌粉置换净化综合试验混合液用于电解制备锌粉。

电解在 10.2 cm×13.0 cm×20.0 cm 的电解槽中进行,每次装载体积 2.2 L;阴极为钛板,面积为 9.3 cm× 8.2 cm = 76.26 cm^2;阳极为 Pb-Sb 合金,面积为 8.0 cm×8.5 cm=68 cm^2。进行电沉积锌粉的条件试验后,在优化条件下电沉积锌粉。先用氨-碳酸铵溶液洗涤锌粉 2 次,然后用蒸馏水多次洗涤,再用丙酮洗涤 2 次,最后在 80℃下真空干燥 2 h。

3)试验结果

(1)静置澄清。复盐转化氨浸液开始为黄色溶液,随着澄清时间的延长,悬浮其中的 $FeCO_3$ 和 $MnCO_3$ 细小颗粒絮凝沉淀,Fe^{2+} 在碱性环境中很快氧化生成 Fe_2O_3 并沉淀。过滤分离,溶液成分见表 3-36。

表 3-36　复盐转化为氨浸混合液各成分的质量浓度　　　　　单位:g/L

元素	Fe	Mn	Zn	Cu	Cd	Co	Ni	Pb	Sb
质量分数	痕	0.0022	31.86	0.0056	0.0065	0.013	0.16	0.010	0.045

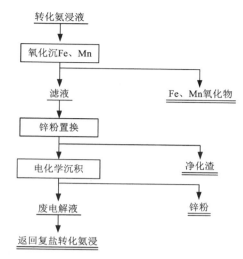

图 3-9　从复盐转化氨浸液中电沉积锌粉的原则流程

从表 3-36 可以看出，经过静置澄清和空气氧化，Fe、Mn 被完全除去，杂质总含量 $\rho_{杂}$ 为 0.22 g/L。

（2）锌粉置换净化。锌粉用量对净化效果的影响见表 3-37。锌粉用量为 1.2 g/L 即达到最佳净化效果，在此条件下，进行 2 次溶液 5 L/次的综合条件试验可知，混合溶液杂质元素的含量很低。

表 3-37　锌粉净化液各成分的质量浓度　　　　　　　　　　单位：g/L

No.	锌粉	Cu	Cd	Co	Ni	Pb	Sb
1	0.4	0.0009	0.0046	0.0024	0.155	0.0033	0.025
2	0.8	未测出	0.0021	0.0017	0.0062	0.0018	0.013
3	1.2	未测出	0.0012	0.0017	0.0038	0.0017	0.0065
4	1.6	未测出	0.0013	0.0017	0.0031	0.0017	0.0054
综合样	1.2	未测出	0.0010	0.0017	0.0031	0.0017	0.0054

（3）电沉积锌粉。研究了溶液锌浓度、电流密度、阴阳极极距、温度对槽电压与电流效率的影响，得出电沉积锌粉的优化条件如下：①Zn^{2+} 质量浓度 15 g/L；②电流密度 400 A/m²；③温度 30~40℃；④极距 5.0 cm。基于上述优化条件下进行综合试验，获得了预期效果：综合试验的槽电压为 3.3 V，电流效率 85.8%，吨

锌电能消耗 3157.7 kW·h，真空干燥后的干锌粉质量见表 3-38。

表 3-38 电解锌粉质量及国家标准(质量分数) 单位：%

元素	Zn	Pb	Fe	Cd	Cu	Co	酸不溶物	备注
电解锌粉	98.55	0.0084	0.0008	0.0046	0.0007	0.0096	—	优于 1 级
GB 6890—1986	98	<0.2	<0.2	<0.2	<0.2	<0.2	<0.2	1 级

从表 3-38 可以看出，在综合条件下，电解锌粉优于 GB 6890—1986 中 1 级产品的要求，杂质元素的含量很低。

1.4 氨–硫酸铵体系中由镉烟尘制取电镉

作者学术团队对硫酸铵–氨–水体系中的镉烟尘和铜镉渣制取电镉工艺进行了系统研究。

1.4.1 原料及流程

原料为南方某冶炼厂的铅锌精矿烧结电烟尘，其成分见表 3-39，原则工艺流程如图 3-10 所示。

表 3-39 电烟尘化学成分的质量分数 单位：%

No.	Cd	Zn	Pb	Fe
1#	2.48	0.94	59.81	0.05
2#	6.44	1.23	59.98	0.22

1.4.2 氨配合浸出

1.非循环浸出

先用硫酸铵、氨水和纯水配制成[NH$_3$·H$_2$O] 3 mol/L 及[NH$_4^+$] 5 mol/L 的浸出剂，然后在液固比为 2.5、温度为 35℃ 及机械搅拌 1.5 h 的条件下浸出 1# 电尘，滤渣用 pH 为 10 的氨水洗涤，结果见表 3-40。

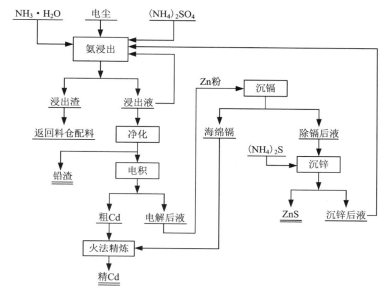

图 3-10　氨法电尘提镉的原则工艺流程

表 3-40　1#电尘浸出试验结果

No.	浸出渣各成分的质量分数/%			浸出率/%	
	渣率/%	Cd	Zn	Cd	Zn
1	87.50	0.233	0.111	91.77	89.67
2	88.70	0.289	0.099	89.65	90.66
3	87.91	0.238	0.092	91.56	86.97
平均	87.87	0.254	0.101	90.99	89.10

表 3-40 中的数据表明，在选定的浸出条件下，镉和锌的平均浸出率分别为 90.99% 和 89.1%。

2. 循环浸出

由于浸出液中的镉浓度较低，达不到电解要求，需采用多次循环浸出以提高浸出液中的镉浓度。循环浸出的条件与非循环浸出的一样，但将前一次的浸出液配制成浸剂，并以 2#电尘为循环浸出试验的原料，结果见表 3-41 及表 3-42。

表 3-41　浸出率与循环次数的关系

循环次数	2#电尘质量/g	浸出液各成分质量浓度/(g·L⁻¹)			浸出渣各成分质量分数/%			浸出率/%	
		V/mL	Cd	Zn	质量/g	Cd	Zn	Cd	Zn
1	400	970	7.885	3.182	414.70	0.548	0.162	77.09	82.13
2	440	1100	13.828	6.183	447.70	0.748	0.094	69.31	89.83
3	456	1040	22.194	10.253	482.00	0.713	0.088	69.61	90.10
4	456	1050	28.789	13.736	464.65	0.896	0.113	63.19	87.75
5	452	1100	34.359	19.587	452.05	0.806	0.094	67.50	90.00

表 3-42　硫酸根浓度与循环次数的关系

循环次数	1	2	3	4	5
$[SO_4^{2-}]/(mol·L^{-1})$	0.3098	0.2835	0.2655	0.2547	0.2361

由表 3-41 可以看出，经 5 次循环浸出，镉质量浓度由非循环浸出的 7.885 g/L 提高到 34.359 g/L；但镉浸出率下降 20%，主要原因是 1#电尘的含镉量为 2#电尘的 2.6 倍，而且没有相应地扩大液固比。从表 3-41 也可以看出，随着浸出次数的增加，锌的浸出率没有降低，而镉的浸出率有微小的降低。

3. 循环浸出除铅

按上述条件进行 5 次循环浸出，考察 Pb 浓度与 Cd、Zn 浓度的关系，其结果见表 3-43。

表 3-43　Pb 浓度与其他金属离子质量浓度的关系　　　　单位：g/L

循环次数	1	2	3	4	5
Pb	0.645	0.587	0.31	0.135	0.085
Cd	9.380	16.170	22.00	33.33	39.78
Zn	2.550	6.180	9.25	7.00	9.73

由表 3-43 可以看出，随着循环浸出次数的增加，溶液中 Pb 的浓度显著下降，而 Cd 与 Zn 的浓度升高，主要是由于 Cd 与 Zn 进入溶液后与 $NH_3·H_2O$ 形成了稳定的配合离子，使得 Pb 的溶解度降低。

1.4.3　浸出液的净化

1.浸出液静置除铅

以 3 次循环浸出液为试液，调整氨浓度为 1.9 mol/L 后将其密封静置，Pb^{2+} 质量浓度随陈化时间变化的情况见表 3-44。

表 3-44　陈化时间与浸出液 Pb^{2+} 质量浓度的关系　　　　单位：g/L

时间/h	0	1	2	3	4	6	7	17
Pb	0.31	0.224	0.19	0.134	0.141	0.128	0.085	0.0047
Cd	—	24.66	25.96	—	26.26	28.38	–	33.5
Zn	—	5.98	6.43	—	5.9	6.47	–	5.25

由表 3-44 可以看出，随着陈化时间的延长，生成的 PbO·PbSO₄ 沉淀增多，从而导致 Pb 浓度逐渐降低，其结果与 S. GUY 等报道的相吻合。G. C. BRATT 等认为，氨挥发和 Pb 浓度降低的原因可能是发生了以下反应：

$$NH_4[Pb(OH)SO_4]_{(L)}+(NH_4)_2SO_4 \Longrightarrow PbSO_4 \cdot (NH_4)_2SO_4 \downarrow +NH_3 \uparrow +H_2O$$

$$(3-38)$$

同时由表 3-44 还可以看出，溶液中 Cd 与 Zn 的浓度基本恒定。

2.除铅综合试验

至少循环浸出 4 次才能获得 Cd 浓度合格的浸出液，因此，确定循环浸出次数为 5 次，陈化时间为 17 h。按上述条件进行循环浸出和浸出液陈化除铅综合试验，结果表明，浸出液的铅质量浓度由 0.087 g/L 降至 0.0047 g/L，除 Pb 率为 94.6%，溶液中的 Pb 含量达到电积要求。

1.4.4　镉电积

本工艺最大的优势在于用选择性电积代替了锌粉置换，选择性电积是既要尽可能提取镉，又要尽可能使锌保留在电解液中，从而达到锌镉分离的目的。为此，作者学术团队进行了镉电积条件优化试验。根据条件优化试验的结果，确定电积过程的优化条件如下：①电解液中镉质量浓度≥15 g/L；②电流密度为 750 A/m²。用成分见表 3-46 的循环浸出净化液作为电解前液，电积时间分别为 90 min 与 80 min，结果见表 3-45 及表 3-46。

表 3-45　电解前液各成分质量浓度　　　　　　单位：g/L

Cd	Zn	Pb	Cu
41.4	11.7	0.013	0.062

表 3-46　电镉各成分质量分数　　　　　　单位：%

No.	电积时间/min	质量/g	Cd	Zn	Pb	Cu
D_1	90	14.1	91.05	0.115	0.58	0.20
D_2	80	12.4	90.89	0.13	0.63	0.23

　　由于电镉具有较高的化学活性，部分金属镉在空气中会被氧化成 CdO，从而降低了电镉品位，表 3-47 为扣除氧含量后的电镉成分的质量分数及电流效率。

表 3-47　扣除氧含量后的电镉成分的质量分数及电流效率　　　　　　单位：%

No.	Cd	Zn	Pb	Cu	η_e
D_1	99.03	0.125	0.631	0.218	87.00
D_2	98.92	0.136	0.687	0.237	87.34

　　表 3-47 说明，电镉品位很高，其中杂质 Zn 与 Cu 还可以进一步通过火法精炼除去，从而制得精镉；电流效率较高，平均值大于 87%。

第2章　无铁渣湿法炼锌和铁资源利用

2.1　概　述

　　锌湿法冶炼的主要原料是硫化锌精矿，即闪锌矿精矿。一般矿石 $w(Fe)$ ≤5%，但是铁闪锌矿精矿 $w(Fe)$ 高达 8%~20%，这种锌原料约占我国锌资源的一半以上。高铟铁闪锌矿精矿产于我国广西，锌、铟储量分别为 4000 kt 及 8000 t。未开发的铁闪锌矿精矿仅云南的锌储量就达 7000 kt，但含铟量较低，铟的储量与广西不相上下。

　　2016 年我国锌产量已达到 6273 kt，其中 80% 以上为传统的湿法炼锌工艺生产，常规湿法炼锌方法分为两类：一类是经典方法，即用火法处理低酸浸出渣，回收锌铅和部分稀散金属，但会产生大量以铁为主要成分的窑渣；另一类是全湿法流程，即高温高酸下浸出低酸浸出渣，然后进行锌-铁分离。除铁方法有黄钾铁矾法、针铁矿法和赤铁矿法，在我国几乎所有的全湿法炼锌流程都采用了铁矾法除铁，年产铁矾渣 140 多万吨。

　　铁矾渣是一种不稳定的废渣，长期堆存会析出大量的重金属，污染环境。多年来，国外致力于铁矾渣的直接利用或将其转化为有销路的产品，但是各种努力都失败了，后来把研究的重点转移到铁矾渣稳定化方法上，以期低成本地长期堆存和减少环境污染。我国的铁矾渣除了含铟矾渣为提取铟另行处理，一般矾渣都堆存在渣场，严重污染环境。含铟铁矾渣在处理回收铟的过程中不仅会产生大量低浓度 SO_2 烟气，污染环境，而且也会产生对环境有害的二次铁渣。

　　因此，唯有突破传统湿法炼锌工艺物质流的运作模式，探索在湿法炼锌提铟过程中实现铁资源的利用的方法，才能达到湿法炼锌清洁生产的目的。

　　针对锰锌软磁铁氧体材料传统制备方法的不足，作者学术团队发明了 ZL95110609 专利，提出直接法制备软磁铁氧体新工艺，采用全新构思，突破传统概念，把湿法冶金、无机化工和磁性材料制备三者有机结合起来，通过矿物原料或各种含铁量较高的废渣直接制取锰锌软磁铁氧体材料，即在原料处理过程中，考虑磁性材料主体成分，通过配矿、同时浸出、除杂净化、配液和铁氧体工艺等制得产品。锰锌软磁铁氧体中 $w(Fe)$ 约为 50%，随着工厂规模的进一步扩大，作为铁源的废铁屑的长期供应将面临严重问题。

另外，铁闪锌矿精矿中的铁资源不可忽视，按其平均 $w(Zn)$ 为 45%、$w(Fe)$ 15%计算，仅云南和广西两省区可供利用的铁闪锌矿中的铁资源高达 3670 kt。可以说，仅用来制备锰锌软磁铁氧体材料，锌精矿中的铁是用之不尽的。

综上所述，如何将湿法炼锌技术与"直接-共沉淀法"生产锰锌软磁铁氧体技术有机结合，充分利用锌精矿特别是铁闪锌矿精矿中的铁资源直接制取锰锌软磁铁氧体材料，实现铁渣与 SO_2 的零排放是一个非常重大的研究课题，具有非常重要的现实意义和学术价值。

该课题的第一研究方案在保留传统湿法炼锌原有中性浸出液常规净化和电锌制备等主体过程的前提下，利用铁闪锌矿精矿的铁和部分 Zn 以及锰矿的 Mn，直接制备锰锌软磁铁氧体、电锌和铟产品，取消除铁过程，缩短流程，从而大幅度提高铟、锌回收率，确保湿法炼锌提铟过程中铁渣和 SO_2 的零排放，解决"直接-共沉淀法"铁源的长期供应问题。

针对第一研究方案存在的铟萃取要求大量还原除铜液快速冷却和复盐产量大以及硫酸铵用量、产量都大等问题，在第一方案研究结果的基础上，第二研究方案将萃取提铟改为中和沉铟，将制备铁、锰、锌三元共沉粉改为制备软磁用铁、锌氧化物二元粉。为此，采用水热法沉铁，实现了铁-锌分离和锌的返回以及硫酸的再生利用。第二研究方案除具有第一研究方案的优点外，其突出特点是易与来宾冶炼厂的既有流程实现对接，在技术、经济上更具优势，更符合该厂的原料特点和现有生产实际，而且锌绝大部分 $[w(Zn) \geqslant 98\%]$ 以电锌的形式产出，不用硫酸铵，硫酸用量大幅减少。本章重点介绍基础理论和由高铟铁闪锌矿精矿直接制取软磁铁氧体粉料、软磁用铁锌氧化物二元粉和清洁湿法炼锌提铟工艺。

2.2 原料和工艺流程

2.2.1 原　料

第一研究方案的试料为中性浸出渣，由锌焙砂(含烟尘)按工厂现行工艺技术条件经中浸制得，其成分和物相分别见表 3-48 和表 3-49。

表 3-48　中浸渣化学成分的质量分数　　　　　　　　　单位：%

Zn	Fe	In	Cd	Cu	Sn	SiO$_2$	Al$_2$O$_3$	CaO	MgO	S	Ag*
25.55	34.29	0.22	0.31	1.1	0.98	5.09	1.62	0.4	0.15	2.88	216.7

注：* 单位为 g/t。

表 3-49　中浸渣中 Zn、Fe 的物相分析及其质量分数　　　　单位：%

锌物相	Zn	铁物相	Fe
硫酸锌中 Zn	2.76	硫酸铁中 Fe	0.17
硫化锌中 Zn	2.85	硫化铁中 Fe	0.36
氧化锌中 Zn	6.89	磁性铁中 Fe	3.37
硅酸锌中 Zn	0.99	铁酸锌中 Fe	29.80
铁酸锌中 Zn	12.06	硅酸铁中 Fe	0.59
锌总量	25.55	铁总量	34.29

还原剂用硫化锌精矿的化学成分见表 3-50；锰源及氧化剂用软锰矿，$w(Mn)$ 为 38.65%。

表 3-50　硫化锌精矿主要化学成分的质量分数　　　　单位：%

来源	Zn	Fe	S	H_2O	In
大厂	48.735	12.27	30.57	—	0.1093
株冶	56.023	5.23	32.8	8.45	0.00415

第二研究方案的试料为现有炼锌工艺产出的高酸浸出渣，其主要化学组成见表 3-51 所示。

表 3-51　高浸渣各化学成分的质量分数　　　　单位：%

Zn	Fe	In	Cu	Pb	Mn	As	Ag	Sn	Sb	SiO_2
7.04	17.00	0.090	0.19	1.52	1.32	0.34	0.027	0.45	0.38	8.40

由表 3-51 可知，该高浸渣 $w(Zn)$ 为 7.04%、$w(Fe)$ 为 17.00%、$w(In)$ 为 0.090%，有较大的提取利用价值。

2.2.2　工艺流程

第一研究方案的试验流程如图 3-11 所示。新工艺以中性浸出渣为原料，提取铟和锌及制取铁锰锌共沉粉，包括高温高酸还原浸出和氧化浸出、深度还原、提铟、初步净化、复盐深度净化、复盐转化及软磁粉制备、锌回收和硫酸铵回收等步骤。

第二研究方案的试验流程如图 3-12 所示，本章介绍内容为图 3-12 中的虚线框部分。

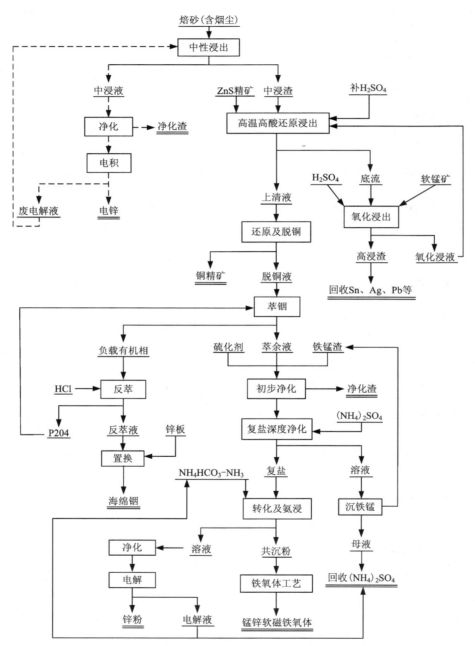

图 3-11　无铁渣湿法炼锌提铟及锰锌软磁铁氧体制备的原则工艺流程

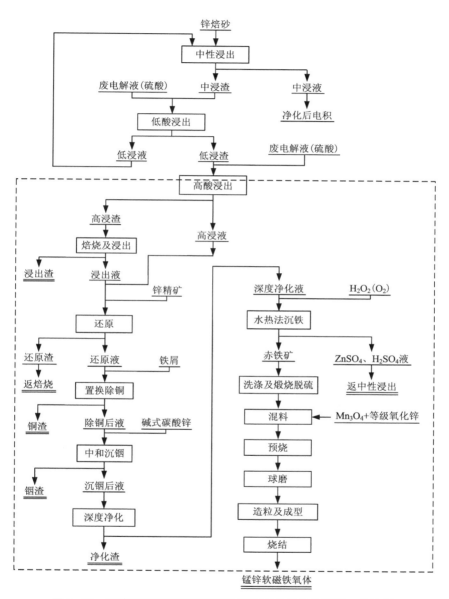

图3-12　无铁渣湿法炼锌提铟及铁资源高效利用的原则工艺流程

2.3　基本原理

2.3.1　浸出过程

以硫化锌精矿作还原剂的中性浸出渣还原浸出过程中的基本反应如下：

$$ZnS+2Fe_2(SO_4)_3 =\!=\!= ZnSO_4+S^0+2FeSO_4 \tag{3-39}$$

$$ZnO \cdot Fe_2O_3+8H^+ =\!=\!= Zn^{2+}+2Fe^{3+}+4H_2O \tag{3-40}$$

前一反应的活化能为 73.99 kJ/mol，反应速率常数的温度系数比为 $k_{373}/k_{298}=$ 1.932；后一反应的活化能为 58.52 kJ/mol，反应速率常数的温度系数比为 $k_{373}/k_{298}=1.68$，即铁酸锌的热酸分解速率比 Fe^{3+} 的还原速率还要大。

可以求出 MnO_2 作氧化剂的 ZnS 的氧化浸出反应：

$$ZnS+MnO_2+2H_2SO_4 =\!=\!= ZnSO_4+MnSO_4+2H_2O+S^0 \tag{3-41}$$

其标准吉布斯自由能变化 $\Delta G^\ominus_{373\,K}=-17$ kJ/mol，即反应的平衡常数 $K_{373\,K}=$ 9.89×10^{23}，说明反应（3-41）的热力学推动力很大。但要使该反应在动力学上得以进行，必须有促进剂即载氧体存在，溶液中的铁则起着促进剂的作用。在硫化锌和软锰矿同时浸出时，由 ZnS 粒和 MnO_2 粒组成的两个微电池反应得以实现：

$$ZnS+2Fe^{3+} =\!=\!= Zn^{2+}+S+2Fe^{2+} \tag{3-42}$$

$$MnO_2+2Fe^{2+}+4H^+ =\!=\!= Mn^{2+}+2H_2O+2Fe^{3+} \tag{3-43}$$

Zn^{2+} 和 Mn^{2+} 是通过 Fe^{3+} 和 Fe^{2+} 之间的不断还原、氧化而不断进入溶液的。

高浸渣中锌的物相分析表明，锌主要以铁酸锌的形式存在。由于铁酸锌直接酸浸有困难，先用低温硫酸化焙烧预处理，使铁酸锌转变成易溶的硫酸盐，然后在常温下被水浸出：

$$ZnO \cdot Fe_2O_3+4H_2SO_4 =\!=\!= ZnSO_4+Fe_2(SO_4)_3+4H_2O \tag{3-44}$$

$$FeO \cdot Fe_2O_3+4H_2SO_4 =\!=\!= Fe_2(SO_4)_3+FeSO_4+4H_2O \tag{3-45}$$

$$2FeO \cdot Fe_2O_3+10H_2SO_4 =\!=\!= 3Fe_2(SO_4)_3+SO_2\uparrow+10H_2O \tag{3-46}$$

$$MeO+H_2SO_4 =\!=\!= MeSO_4+H_2O \tag{3-47}$$

2.3.2　还原和除杂

从热力学上讲，可以用金属铁将溶液中的铜等比铁电位高的金属离子置换出来，并深度还原溶液中残留的 Fe^{3+}：

$$Fe_2(SO_4)_3+Fe =\!=\!= 3FeSO_4 \tag{3-48}$$

$$CuSO_4+Fe =\!=\!= FeSO_4+Cu\downarrow \tag{3-49}$$

置换的次序决定了在水溶液中金属的电位次序，而且置换趋势的大小决定了它们的电位差。热力学计算说明，用铁粉置换 Cu^{2+}、Ni^{2+}、Co^{2+}，均可净化得很彻底，并深度还原三价铁离子，可使 Fe^{3+}、Cu^{2+}、Co^{2+}、Ni^{2+}、In^{3+} 等离子的活度分别为 Fe^{2+} 的活度的 10^{-41}、$10^{-26.34}$、10^{-6}、10^{-7} 与 10^{-4} 倍，利用这种差别，通过控制铁的加入量，可以将 In 保留在溶液中。

2.3.3 铟提取

1. 萃取提铟

1）萃取原理

以应用十分广泛的二乙基己基磷（D_2EHPA）作铟的萃取剂，在低酸度硫酸体系中萃取金属的反应为阳离子交换反应：

$$In_{(A)}^{3+} + 3(HA)_{2(O)} \rightleftharpoons 3H^+ + In(HA_2)_{3(O)} \qquad (3-50)$$

有机相为 D_2EHPA 和磺化煤油的混合物，总的萃取反应如下：

$$Me_{(A)}^{n+} + nHR_{(O)} \rightleftharpoons MeR_{n(O)} + nH_{(A)}^+ \qquad (3-51)$$

离子分配在水相和有机相之中的平衡常数为 K_E

$$K_E = \frac{(MeR_n)_{(O)}}{[Me^{n+}]_{(A)}} \cdot \frac{[H^{n+}]_{(A)}^n}{(HR)_{(O)}^n} \qquad (3-52)$$

而分配系数如下：

$$D = \frac{(Me_n)_{(O)}}{[Me^{n+}]_{(A)}} \qquad (3-53)$$

设有机相中萃取剂 HR 的浓度为常数，则等温时 $K_E \cdot (HR)^n = K_e$，可得：

$$D = K_e / [H^+]^n \longrightarrow \lg D = \lg K_e + npH \qquad (3-54)$$

综上可知，分配系数与 K_E、pH 和离子价数有关。

为了衡量金属离子萃取分离常数 D 与 pH 的关系，这里引入 $pH_{0.5}$ 的概念，$pH_{0.5}$ 是当萃取率为 50% 时的平衡 pH。当 $D=1$ 时，$\lg D=0$，$\lg K_e = npH_{0.5}$，代入式（3-54）可以得到：

$$\lg D = -npH_{0.5} + npH \qquad (3-55)$$

式中：$pH_{0.5}$ 为金属离子的萃取率为 50% 时的 pH。

有关金属离子被 D_2EHPA 萃取时的分配系数 D 与 pH 和离子价数之间的关系如下：

$$In^{3+}: \lg D = -0.828 + 3pH$$

$$Fe^{2+}: \lg D = -4.6 + 2pH$$

$$Zn^{2+}: \lg D = -2.8 + 2pH$$

$$Mn^{2+}: \lg D = -5.2 + 2pH$$

硫酸体系中 D_2EHPA 萃铟反应如下：

$$6(HR)_2 + In_2(SO_4)_3 \rightleftharpoons 2In(HR_2)_3 + 3H_2SO_4 \qquad (3-56)$$

水相中的铟离子进入有机相, 把 D_2EHPA 中的氢离子交换下来, 氢离子进入水相, 萃取过程不断释放出氢离子, 结果溶液中的酸性越来越强。因此, 控制萃铟过程的酸度是必要的。

2) 反萃与置换铟原理

用盐酸进行反应, 使铟转入盐酸溶液中, 其反应式如下:

$$In(HR_2)_3 + 4HCl = 3(HR)_2 + HInCl_4 \tag{3-57}$$

然后用草酸洗去 Fe^{3+}:

$$2Fe(HR_2)_3 + H_2C_2O_4 + 4H^+ = 6(HR)_2 + 2Fe^{2+} + 2CO_2\uparrow \tag{3-58}$$

净化后的铟溶液用锌板或(铝板)置换, 即得到海绵铟沉淀:

$$2InCl_3 + 3Zn = 3ZnCl_2 + 2In\downarrow \tag{3-59}$$

2. 中和沉铟

可利用铟和铁、锌水解 pH 的差异, 通过控制溶液 pH 使铟以 $In(OH)_3$ 的形式沉淀, 达到提取铟的目的。根据常温下难溶化合物的溶度积, 计算出溶液中金属离子在相应浓度下常温水解的 pH, 结果见表 3-52。

由表 3-52 可知, $Fe(OH)_3$ 和 $Fe(OH)_2$ 沉淀平衡 pH 的巨大差异, 在沉铟前将 Fe^{3+} 还原成 Fe^{2+}, 便可使 Fe 留在溶液中, 实现铟铁分离。

表 3-52　溶液中金属离子在相应浓度下常温水解 pH 与水解产物

金属离子	In^{3+}	Fe^{3+}	Fe^{2+}	Zn^{2+}
$c(Me^{n+})/(mol \cdot L^{-1})$	1.097×10^{-3}	0.0179	0.358	1.224
水解产物	$In(OH)_3$	$Fe(OH)_3$	$Fe(OH)_2$	$Zn(OH)_2$
水解 pH	3.36	2.12	6.67	5.61

以氧化锌或碱式碳酸锌作中和剂的中和沉铟过程中的主要反应如下:

$$In^{3+} + 3H_2O = In(OH)_3 + 3H^+ \tag{3-60}$$

$$Fe^{3+} + 3H_2O = Fe(OH)_3 + 3H^+ \tag{3-61}$$

$$4H^+ + Fe^{2+} + O_2 \longrightarrow 4Fe^{3+} + 2H_2O \tag{3-62}$$

$$ZnO + 2H^+ = Zn^{2+} + H_2O \tag{3-63}$$

$$2ZnCO_3 \cdot 3Zn(OH)_2 + 10H^+ = 5Zn^{2+} + 8H_2O + 2CO_2\uparrow \tag{3-64}$$

总水解反应:

$$2In^{3+} + 3ZnO + 3H_2O = 2In(OH)_3 + 3Zn^{2+} \tag{3-65}$$

或

$$10In^{3+} + 3[2ZnCO_3 \cdot 3Zn(OH)_2] + 6H_2O = 10In(OH)_3 + 15Zn^{2+} + 6CO_2\uparrow \tag{3-66}$$

可见, 在中和沉淀过程中, 控制到一定的 pH, In^{3+} 被全部水解, 以氢氧化铟的形式从溶液中沉淀而得以富集。

在溶液中和沉淀过程中, 部分二价铁被空气氧化成三价铁而水解沉淀进入铟渣, 降低铟含量。所以为了控制溶液中的二价铁被氧化的情况, 应严格控制好中和剂的加入量和中和时间。

2.3.4 脱铟液的净化

1. 初步净化

在酸性水溶液中, Al(Ⅲ) 以 $Al(H_2O)^{3+}$ 的形式存在, 随着溶液的 pH 升高, 水合铝配合离子将发生配位水分子的离解, 生成多种羟基铝离子。水解逐级进行, 从单核单羟基水合物水解成单核三羟基水合物, 最终生成 $Al(OH)_3$ 沉淀:

$$Al(H_2O)_6^{3+} \longrightarrow [Al(OH)(H_2O)_5]^{2+} + H^+ \tag{3-67}$$

$$[Al(OH)(H_2O)_5]^{2+} \longrightarrow [Al(OH)_2(H_2O)_4]^+ + H^+ \tag{3-68}$$

$$[Al(OH)_2(H_2O)_4]^+ \longrightarrow [Al(OH)_3(H_2O)_3] + H^+ \tag{3-69}$$

当 pH>4 时, 各羟基离子之间又可发生架桥连接, 产生多核羟基配合物, 即高分子的缩聚反应:

$$2[Al(OH)(H_2O)_5]^{2+} \longrightarrow \left[(H_2O)_4Al \underset{OH}{\overset{OH}{\diamond}} Al(H_2O_4) \right] + 2H_2O \tag{3-70}$$

同时, 多核聚合物也会继续水解, 所以水解与缩聚两种反应交替进行, 最终结果为产生聚合度极大的中性氢氧化铝。但由于其数量少, 浓度低, 难以很快析出氢氧化铝并沉淀, 通过絮凝剂的作用可将大部分的氢氧化铝沉淀析出。

在酸性水溶液中, Si(Ⅳ) 以硅酸及硅酸离子的形式存在:

$$H_3SiO_4^- \xrightarrow{+H^+} H_4SiO_4 \xrightarrow{+H^+} H_5SiO_4^+ \tag{3-71}$$

硅酸的自聚反应是溶液中硅酸的基本特性, 在酸性尤其是有盐存在的情况下, 硅酸首先自聚成链状, 继而变成三维网状结构的凝胶。

$$H_4SiO_4 + H_5SiO_4^+ + 2H_2O \longrightarrow \left[\begin{array}{c} OH\ OH\ OH\ OH\ OH \\ Si \qquad\qquad Si \\ OH_2\ OH\ OH\ OH_2\ OH \end{array} \right]^+ \tag{3-72}$$

研究已经证明, 二氧化硅在酸性溶液中的凝结特性取决于溶液的性质和组成, 包括溶液的酸度、硅酸浓度及是否有其他盐的存在等。在酸度不高的情况下, 硅酸阴离子同时也会与 Me^{2+} 阳离子发生反应和聚合, 如:

$$Me^{2+}+2H_3SiO_4^- \longrightarrow Me(H_3SiO_4)_2 \tag{3-73}$$

$$Me^{2+}+H_2SiO_4^{2-} \longrightarrow MeH_2SiO_4 \tag{3-74}$$

$$Me(H_3SiO_4)_2+H_3SiO_4^- \longrightarrow (H_3SiO_4)Me-O-\overset{\overset{\displaystyle OH}{|}}{\underset{\underset{\displaystyle OH}{|}}{Si}}-O-\overset{\overset{\displaystyle OH}{|}}{\underset{\underset{\displaystyle OH}{|}}{Si}}-HO + OH^- \tag{3-75}$$

经过上述反应形成的凝胶,粒子颗粒细小,加上颗粒的电荷相互排斥,颗粒不易靠近,难以用普通过滤的方法将其分离,而加入合适的絮凝剂可使细小的凝聚体桥链成大体积的絮凝物,用过滤方法将絮凝物除去。

硫化物除重金属的原理是根据不同元素硫化物的沉淀 K_{sp} 均很小,因而优先沉淀。Pb、Cu、Cd 等重金属离子因产生硫化物沉淀而被除去:

$$Me^{2+}+S^{2-} =\!=\!= MeS \downarrow \tag{3-76}$$

氟化除钙、镁的原理是 Ca^{2+}、Mg^{2+} 与 F^- 形成难溶的 CaF_2、MgF_2 沉淀而被除去,但要在较高的温度下形成的氟化物沉淀才较易过滤:

$$Me^{2+}+2F^- =\!=\!= MeF_2 \downarrow \tag{3-77}$$

2. 深度净化

复盐沉淀深度净化目的是以 $(NH_4)_2SO_4$ 为复盐沉淀剂,离子半径相近的 Zn^{2+}、Fe^{2+} 和 Mn^{2+} 可因形成单一或复合的复盐形式而沉淀下来,从而实现主体成分与其他杂质成分的彻底分离。其沉淀反应如下:

$$Me^{2+}+2NH_4^++2SO_4^{2-}+6H_2O =\!=\!= Me(NH_4)_2(SO_4)_2 \cdot 6H_2O \tag{3-78}$$

$$xMe^{2+}+yNH_4^++zSO_4^{2-}+mH_2O =\!=\!= Me_x(NH_4)_y(SO_4)_z \cdot mH_2O \tag{3-79}$$

式中:Me 代表 Fe、Mn、Zn 中的一种或两种或三种。

单一离子形成单一复盐形式已有文献报道,但在 Zn^{2+}、Fe^{2+} 和 Mn^{2+} 等成分的混合溶液中,上述复盐沉淀反应机理有待于深入研究 $Me^{2+}-NH_4^+-SO_4^{2-}-H_2O$ 体系的相平衡关系,以最终确定复盐沉淀的形式。

2.3.5 水热法沉铁

水热法沉铁过程中,Fe^{2+} 首先被氧化成 Fe^{3+},再在高温高压下水解生成 Fe_2O_3。该方法具有铁渣量最小、锌夹杂损失低的优点,其主要反应如下:

$$2FeSO_4+H_2O_2+H_2SO_4 =\!=\!= Fe_2(SO_4)_3+2H_2O \tag{3-80}$$

$$Fe_2(SO_4)_3+3H_2O =\!=\!= Fe_2O_3+3H_2SO_4 \tag{3-81}$$

总反应式如下:

$$2FeSO_4+H_2O_2+H_2O =\!=\!= Fe_2O_3+2H_2SO_4 \tag{3-82}$$

赤铁矿(Fe_2O_3)有 $\gamma\text{-}Fe_2O_3$ 和 $\alpha\text{-}Fe_2O_3$ 两种结晶形态。在 100℃ 和 200℃ 温

度下 $Fe_2O_3-SO_3-H_2O$ 系的平衡相图分别如图3-13和图3-14所示。100℃时从高浓度硫酸高铁溶液中析出的是 $Fe_2O_3 \cdot 2SO_3 \cdot H_2O$，欲从溶液中直接结晶析出 Fe_2O_3，必须将 Fe^{3+} 浓度降低或还原。当温度升至200℃时，即使溶液酸度较高，Fe_2O_3 也能大部分都被沉淀析出。该体系的 φ-pH 图（图3-15）更能说明这一点。

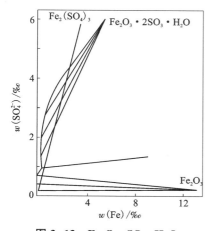

图3-13　$Fe_2O_3-SO_3-H_2O$
系相平衡图（100℃）

图3-14　$Fe_2O_3-SO_3-H_2O$ 系相平衡图（200℃）

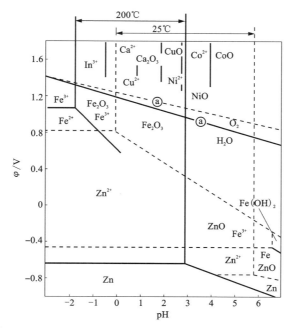

图3-15　水热法沉铁 φ-pH 图

由图 3-15 可知，水热法之所以能在强酸性介质中沉淀析出 Fe_2O_3，是因为在 200℃以上的温度下 Fe_2O_3 酸溶液的平衡 pH 很小，即 pH 为 0.421，相当于硫酸质量浓度 150 g/L，这时 Zn^{2+} 和 Ni^{2+} 的水解不能进行。这表明在酸度很高的介质中也能使铁以 Fe_2O_3 的形式被沉淀析出，而 Zn^{2+}、Ni^{2+} 和 Cu^{2+} 等离子仍保留于溶液，从而在不加中和剂的条件下实现铁与镍、锌、钴的有效分离和硫酸的再生。

2.4 过程工艺研究

2.4.1 概述

两个研究方案中的相同过程如浸出、置换等归纳合并介绍，不同过程分开叙述介绍：第一个研究方案中有萃取提铟、深度净化、复盐转化等过程，而锌粉制备已统一在第 1 章中介绍；第二个研究方案中有中和沉铟、沉铟后液除杂、水热法沉铁等过程。为精简篇幅，所有的过程工艺研究原则不介绍条件优化试验细节，只介绍各过程的优化条件及其在优化条件下的综合试验结果，下文将分别叙述。

2.4.2 浸出

1. 软锰矿氧化浸出

用硫化锌精矿作还原剂的中浸渣还原浸出条件试验得出最佳条件：温度为 368 K，时间为 5 h，洗水液为 200 mL，17.95 mol/L 的工业硫酸 77.44 mL 加自来水 500 mL 配成浸出剂，加入硫化锌精矿 50 g，分作 4 次加入，前 3 次每过 1 h 加入 13 g，反应 4 h 后加入最后的 11 g。在以上条件下先进行还原浸出，再进行氧化浸出试验，考察时间、始酸酸度对浸出过程的影响。氧化浸出固定条件如下：还原浸出渣水洗 2 次后作为氧化浸出试料，软锰矿为 26 g，温度为 368 K。氧化浸出试验结果如图 3-16 及图 3-17 所示。

图 3-16 显示，当用软锰矿对残余的硫化锌精矿氧化浸出 5 h，锌铟的浸出率最高，而渣率最低。

由图 3-17 可以看出，随着始酸浓度的增加，铟锌的浸出率都上升，而渣率下降，始酸酸度为 250 g/L 时获得了最好结果。

总之，锌、铁、锰的浸出率都提高到 97% 以上，Fe^{3+} 的还原率也得以提高。

2. 循环浸出

由条件试验得出还原浸出的优化条件如下：硫化锌精矿为理论量的 1.03 倍，温度为 368 K，时间为 5 h，硫化锌精矿分四批加入，始酸质量浓度为 225 g/L，体积 800 mL，规模 100 g 中浸渣/次。氧化浸出的优化条件如下：时间为 5 h，软锰矿 25 g, 始酸质量浓度≥250 g/L。在上述条件下按图 3-11 所示的流程进行三轮循环试验:第一轮循环 6 次,每次投料 100 g,结果数据见表 3-53。第二轮循环 6 次,每次投料 500 g,因为第一轮循环 Fe^{3+} 还原率没达到要求,所以将硫化锌精矿加入量增加至理论量的 1.256 倍(250 g),软锰矿为 140 g,并在反应最后 45 min 时加入 10 g(-380 μm)铸铁粉,其他技术条件同第一轮循环,结果见表 3-54。根据第一、第二轮循环试验的结果,第三轮循环试验的条件调整如下:硫化锌精矿为理论量的 1.03 倍,还原反应到最后 1 h 时加 Fe 粉,其量为投入中浸渣料量的 2%~3%,软锰矿为中浸渣量的 25%。第三次循环试验结果见表 3-55~表 3-57。

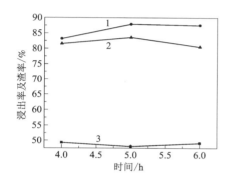

1—浸锌率;2—浸铟率;3—渣率;始酸酸度为 280 g/L。

图 3-16 时间对氧化浸出的影响

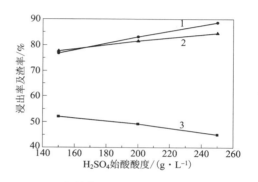

1—浸锌率;2—浸铟率;3—渣率。

图 3-17 始酸酸度对氧化浸出过程的影响

表 3-53 第一轮循环试验技术指标 单位:%

No.	Fe^{3+}还原率	浸锌率	浸铁率	浸铟率	浸锰率	渣率
1	83.34	98.93	88.81	98.77	99.55	22.09
2	84.04	99.23	88.82	97.68	99.63	21.30
3	78.44	98.32	88.37	97.56	99.87	21.49
4	75.52	97.86	89.10	98.54	99.78	21.07
5	78.63	98.37	87.55	97.58	—	21.54
6	79.46	94.22	88.33	97.58	—	19.89
平均	79.91	97.82	88.50	97.95	99.71	21.23

表 3-54　第二轮循环试验技术指标　　　　　单位：%

No.	Fe^{3+}还原率	浸锌率	浸铟率	浸铁率	渣率
1	81.76	92.79	97.23	85.67	26.21
2	94.37	92.77	95.81	86.25	25.03
3	91.58	91.58	95.58	86.91	25.59
4	87.65	92.73	96.98	85.35	24.65
5	97.10	92.40	96.96	86.72	24.93
6	95.58	91.86	96.75	86.66	25.73
平均	93.26	92.36	96.55	86.26	25.36

注：1 号试验没加 Fe 粉，不计入平均值。

表 3-55　第三轮循环试验浸出液各成分质量浓度　　　　　单位：g/L

No.	V/mL	H$_2$SO$_4$	Fe^{3+}	Fe^{2+}	In	Zn
1	2860	25.74	1.7	42.1	0.312	54.22
2	3050	35.92	3.71	49.75	0.349	55.01
3	4370	24.57	4.0	35.4	0.388	50.49

表 3-56　第三轮循环试验浸出渣各成分质量分数　　　　　单位：%

No.	渣重/g	Zn	Pb	Ag	Sn	Fe	S	In
1	220.0	8.22	0.746	0.0493	2.23	12.31	41.28	0.0247
2	220.45	3.45	0.745	0.0491	2.22	12.44	41.20	0.0155
3	150.1	1.75	1.094	0.0722	3.26	14.8	60.51	0.023

表 3-57　第三轮循环试验浸出技术指标　　　　　单位：%

No.	渣率	Fe^{3+}还原率	浸锌率	浸铟率	浸铁率
1	24.86	96.42	93.06	96.04	86.88
2	23.96	91.67	97.08	97.51	86.37
3	22.20	83.91	98.62	96.74	86.51
平均	23.67	94.05	96.25	96.76	86.59

由表 3-55~表 3-57 可以看出，第三轮循环试验的效果较好，锌、铁、锰的浸出率分别不小于 96%、86% 及 99%，铟的浸出率大于 96%，Fe^{3+} 的还原率大于94%。高浸渣中 $w(S)$ 大于 40%，锡、铅、银均富集在其中，是综合利用的好原料。

3. 高浸渣硫酸化焙烧及水浸

硫酸化焙烧的优化条件如下：焙烧温度 270℃，焙烧时间 2 h，硫酸用量为1.5 倍的理论量；水浸出的优化条件如下：液固比为 4∶1、浸出时间 1 h、室温。在此最优条件下进行扩大试验，规模为高浸渣 400 g/次，其试验结果见表 3-58和 3-59。

表 3-58　硫酸化焙烧及水浸扩大试验浸出液成分及液计浸出率

No.	V/mL	浸出液成分的质量浓度/$(g \cdot L^{-1})$				浸出率/%		
		Zn	Fe	In	H_2SO_4	Zn	Fe	In
BJ-K-1	2260	12.12	28.70	0.149	113.38	97.26	95.37	93.61
BJ-K-2	2345	11.58	27.50	0.143	100.08	96.45	94.88	93.33
BJ-K-3	2370	11.33	26.90	0.148	106.75	95.33	93.64	97.43
平均	2425	11.68	27.70	0.147	106.74	96.35	94.63	94.79

表 3-59　硫酸化焙烧及水浸扩大试验浸出渣成分及渣计浸出率

No.	渣重/g	渣率/%	浸出渣成分的质量分数/%						富集倍数			浸出率/%		
			Zn	Fe	In	Ag	Sn	Pb	Ag	Sn	Pb	Zn	Fe	In
BJ-K-1	72.68	18.17	0.385	0.907	0.0072	0.095	0.93	6.71	3.52	2.07	4.41	99.31	96.94	98.55
BJ-K-2	81.32	20.33	0.342	0.800	0.0063	0.087	0.88	6.54	3.22	1.96	4.30	98.66	95.71	98.58
BJ-K-3	88.36	22.09	0.310	0.743	0.0048	0.074	0.89	5.97	2.74	1.97	3.92	97.25	96.58	98.82
平均	80.79	20.20	0.346	0.817	0.0061	0.085	0.90	6.41	3.16	2.00	4.22	98.41	96.41	98.65

由表 3-58 和 3-59 可知，硫酸化焙烧及水浸综合扩大试验的结果非常好，有价金属基本被完全浸出，Zn、Fe、In 的渣计浸出率分别为 98.41%、96.41%和 98.65%。

2.4.3　置换除杂和还原

除铜用的高浸液成分如表 3-60 所示。Fe 粉作为置换剂，加入量为还原 Fe^{3+}

及置换 Cu、Cd 所需理论量的 2.1 倍。每次取试液 4 L，反应 45 min，温度 323~333 K。共进行六次置换除杂试验，结果如表 3-61~表 3-63 所示。

表 3-60　高温高酸循环浸出混合溶液各成分的质量浓度　　　单位：g/L

H$_2$SO$_4$	Fe^{3+}	Fe^{2+}	Zn	Mn	In	Cu	Cd
21.06	3.80	39.6	65.7	13.07	0.333	1.614	0.611

表 3-61　置换后液各成分的质量浓度　　　单位：g/L

No.	V/mL	Cu	Cd	In	Fe^{3+}
1	3975	0.055	—	0.343	0
2	3970	0.075	0.55	0.331	0
3	4020	0.061	0.57	0.338	0
4	4000	0.038	0.60	0.313	0
5	4010	0.202	0.61	0.321	0
6	4010	0.040	0.61	0.322	0
平均	—	0.079	0.58	0.328	0

表 3-62　置换渣各成分的质量分数　　　单位：%

No.	渣质量/g	Cu	Cd	In
1	8.1	76.4	0.0051	0.106
2	8	75.12	0.0023	0.0645
3	8.1	72.38	0.0037	0.0642
4	8	77.35	0.0053	0.1077
5	7.7	68.61	0.0039	0.102
6	8.15	75.33	0.0043	0.097
平均	—	74.20	0.0041	0.0903

表 3-63　置换除铜过程技术指标　　　　　　单位：%

No.	除铜率	除镉率	铟损失率
1	95.86	0.014	0.64
2	93.09	0.0075	0.39
3	90.81	0.012	0.39
4	98.20	0.017	0.65
5	81.83	0.012	0.59
6	95.10	0.014	0.59
平均	94.61	0.014	0.53

由表 3-61~表 3-63 可知，平均除铜率为 94.61%，但除镉效果很差；铜渣中 $w(Cu)$ 高达 74.20%，便于铜的回收；铟损失很少，其回收率高达 99.47%。

2.4.4　铟提取

1. 萃取提铟

试液成分及用途如表 3-64 所示。

表 3-64　萃铟试验用试液各成分的质量浓度　　　　　　单位：g/L

用途	批次	In^{3+}	Zn^{2+}	H_2SO_4	Mn^{2+}	Cu^{2+}	Cd^{2+}	Fe^{2+}
条件试验试液	1. 模拟溶液	0.30	49.1	9.58	12.34	—	—	52.2
	2. 真实溶液	0.27	47.2	10.0	14.23	—	—	61.0
综合试验试液	1. 模拟溶液	0.328	53.24	21.86		0.061	0.57	49.4
	2. 真实溶液	0.306	—	25.74		—	—	37.6

D_2EHPA 萃取铟是很成熟的工艺，因此，按文献选取萃取与反萃条件。采用间断模拟进行逆流萃取，萃取条件为 O/A = 3/1；萃取剂组成为 30% D_2EHPA+煤油溶液，室温，混合、澄清时间均为 5 min，第一批试液的综合条件试验结果如表 3-65 所示。

表 3-65 萃取综合条件试验数据

No.	入液体积/L	出液体积/L	出液 In 质量浓度/$(g \cdot L^{-1})$
1	8.4	8.06	0.0035
2	8.4	8.34	0.0040
3	8.4	8.41	0.0036
4	12.465	12.44	
合计/平均	37.665	37.25	0.0039

注：第一次萃取有机相为新配成 D_2EHPA 和煤油(没磺化)溶液，其他均为再生有机相进行萃取。

从表 3-65 可以看出，铟的萃取率高达 98.92%。第二批试液试验结果如下：进液 11.23 L，出液 11.02 L，出液含 In 0.0024 g/L，铟萃取率为 99.23%。因此，铟的平均萃取率为 99.08%。

铟的反萃包括酸洗和反萃两个过程。酸洗是为了防止锌、铁、铜、镉等的污染，需用 150 g/L 的硫酸洗涤富铟有机相。条件为 O/A = 4∶1，一级洗涤，室温，混合 5 min，洗涤后酸洗液返浸出用。

反萃铟条件如下：O/A = 15∶1，6 mol/L HCl 溶液为反萃剂，三级反萃，室温，混合、澄清时间均为 5 min。第一批和第二批反萃液体积分别为 805 mL 和 305 mL，含 In 质量浓度分别为 13.958 g/L 和 10.97 g/L，铟的反萃率大于 99%。

当有机相中 Fe^{3+} 增加到一定量时，铟的萃取率下降，为了避免有机相中 Fe^{3+} 的积累，采用质量分数为 7% 的草酸再生有机相，草酸液循环使用，不足时应补充。有机相再生条件为 O/A = 4∶1，三级，室温，混合，澄清时间均为 5 min。

在常温下用锌板置换反萃液中的铟，即得到含 In 质量分数为 96%~98% 的海绵铟，铟置换率≥99%。

2. 中和沉铟

以混合沉铜液和低酸浸出液的还原液为试液，成分如表 3-66 所示。

表 3-66 沉铜后液和还原液各成分的质量浓度   单位：g/L

名称	In	Zn	Cu	Fe	Pb	Cd	Ca	Mg	Al	As*	Si	Mn
沉铜液	0.125	69.4	0.002	21.4	0.008	0.485	0.190	0.210	0.167	2.95	0.029	0.340
还原液	0.126	71.80	0.817	19.75	0.053	0.491	0.192	0.212	0.17	—	0.03	0.347

注：* 单位为 mg/L。

沉铟综合条件试验规模为 3 L 沉铜液或还原液/次，条件如下：①以乳状碱式的碳酸锌为中和剂；②温度 50℃；③溶液 pH 为 4.5~5；④反应时间 30 min；⑤用少量蒸馏水洗涤 3 次。

分别以沉铜液和还原液为试液，进行了 4 次和 3 次沉铟综合条件试验，结果如表 3-67~表 3-69 所示。

表 3-67　中和沉铟后液各成分的质量浓度　　　　单位：g/L

试液	No.	In	Zn	Fe	Pb	Cu	Si	Al*	As*
沉铜液	1	0.0075	89.04	18.6	0.007	—	—	8.2	2.61
沉铜液	2	0.005	88.1	17.8	0.007	—	—	7.8	2.63
沉铜液	3	0.005	83.8	17.7	0.006	—	—	6.4	2.51
沉铜液	4	0.005	89.12	18.6	0.007	—	—	7.6	2.72
还原液	1	微	76.53	14.40	0.012	0.161	0.061	13	1.7
还原液	2	微	73.40	13.60	0.007	0.128	0.069	5.5	2.08
还原液	3	微	86.06	14.80	0.005	0.116	0.031	14.0	4.2

注：* 单位为 mg/L。

表 3-68　沉铜液为试液的铟渣各成分的质量分数　　　　单位：%

No.	湿重/g	干重/g	In	Zn	Fe	Al
1	49.0	10.7	3.32	25.12	21.26	4.21
2	57.4	14.7	2.35	19.06	16.03	3.16
3	49.55	8.25	4.24	31.7	25.8	5.31
4	51.5	12.0	3.12	23.08	19.25	3.83

表 3-69　中和沉铟过程中主金属平均沉淀率　　　　单位：%

试液	液计						渣计			
	In	Zn	Fe	Cu	Pb	Al	In	Zn	Fe	Al
沉铜液	94.96	1.29	4.63	—	—	94.96	94.99	0.91	3.53	90.67
还原液	100	—	18.0	81.3	82.9	—	—	—	—	—

由表 3-67~表 3-69 可知，绝大部分铟进入了渣中。沉铜液为试液时沉铟率约 95%，铟渣中平均铟含量为 $w(\text{In})>3\%$，有利于下一步的铟回收；在此过程中，铝的脱除率达到 92.82%，有效地净化了溶液；少量铁和锌进入铟渣，铁和锌的平

均回收率分别为95.92%和98.90%。还原液为试液时，In完全进入了铟渣中，Cu和Pb的沉淀率也比较高，都在80%以上；但Fe沉淀较多，这是由于中和调pH时间较长，导致部分二价铁被氧化、沉淀。

2.4.5 共沉粉制备

1. 初步净化

以质量浓度(g/L)为Fe 47.60、Zn 66.68、Mn 6.39的混合铟萃余液为试液。初步净化采用有关文献的工艺技术条件：①萃余液用量4 L/次；②常温下搅拌；③用铁锰渣及石灰(用少量水调成石灰乳)中和至pH=2.5；④缓慢加入19 mL(NH_4)$_2$S溶液，沉淀30 min；⑤加石灰(用少量水调成石灰乳)中和至pH=5.0~5.2，沉淀20 min；⑥过滤前加5 g/L的PAM(助滤剂)20 mL，再搅拌3~5 min后过滤，滤渣用料液量10%的自来水洗涤，洗液与滤液合并(加微量硫酸)，pH≈2。按图3-11所示的原则工艺流程进行初步净化循环试验，第一次试验用碳酸锰代替铁锰渣作补锰剂和大部分中和剂，从第二次试验开始，上一次的铁锰渣返回下一次初步净化过程，以确保共沉粉$m(Fe)/m(Mn)$的稳定。共循环5次，试验规模为铟萃余液5 L/次，目的是制备共沉粉400 g/次，试验结果如表3-70所示。

表3-70 初步净化循环试验结果

No.	产出										渣计金属损失率/%		
	净化液，ρ(成分)/(g·L^{-1})			净化渣，w(成分)/%									
	V/L	Fe	Mn	Zn	m/g	Fe	Mn	Zn	H_2O	$m_{\Sigma Me}$/g	Fe	Mn	Zn
P-1	6.15	37.70	5.84	38.87	351.0	5.90	0.604	6.530	—	45.75	8.70	6.63	6.56
P-2	5.63	43.15	6.87	41.55	136.6	11.88	0.905	14.28	—	36.97	6.87	3.85	5.85
P-3	5.66	43.30	6.82	38.36	262.3	4.64	0.424	7.24	51.05	32.27	5.10	3.48	5.70
P-4	6.14	41.00	6.66	47.17	109.5	11.69	0.665	16.12	—	31.18	5.38	2.28	5.29
P-5	5.64	46.50	7.06	46.97	213.0	5.13	0.484	7.70	—	28.37	5.59	3.23	5.92
共计*/平均	23.07	43.49	6.85	43.51	721.4	8.34	0.569	10.06	—	128.79	5.73	3.21	5.69

注：*不包括P-1的值。

由表3-70可以看出，初步净化循环试验取得了较好结果，随着循环次数的增加，渣中铁、锰、锌的总量减少，铁、锰、锌的回收率分别为94.27%、96.79%和94.31%。另外，石灰加入量多则净化渣量大，渣含铁锰锌量低；石灰加入量少则净化渣量小，渣含铁锰锌量高；净化渣锌的质量分数平均为10.06%，是一种可供利用的锌原料。

2. 深度净化

以循环试验初步净化液为试液,进行沉复盐及深度净化循环试验。深度净化条件如下:溶液 pH = 1.5~2.5、游离硫酸铵浓度为 2.0~2.5 mol/L、沉淀时间 1.0~1.5 h、沉淀温度为室温。另外,沉铁锰条件及步骤如下:①按复盐母液量和金属含量计算碳酸铵的理论用量,碳酸铵用量为理论用量的 1.25 倍;②在 50℃及不断搅拌的情况下,慢慢加入碳酸铵,至 pH = 6.5,稳定 30 min;③过滤,用自来水淋洗铁锰渣 3~5 次。铁锰渣返回下一槽次作中和剂。沉复盐及深度净化循环试验结果如表 3-71 所示。

表 3-71　沉复盐及深度净化循环试验结果

No.	产出								液计沉淀率/%		
	复盐母液 ρ(成分)/$(g \cdot L^{-1})$				复盐,w(成分)/%						
	体积/L	Fe	Mn	Zn	湿重/g	Fe	Mn	Zn	Fe	Mn	Zn
C-L-1	6.035	8.20	2.66	0.570	3652.30	4.915	0.536	6.052	78.48	54.94	98.55
C-L-2	4.700	7.92	3.06	0.445	4597.40	4.428	0.521	4.998	84.54	62.46	99.10
C-L-3	5.220	7.52	2.84	0.445	3833.20	5.230	0.599	5.483	83.64	60.76	98.91
C-L-4	5.760	6.40	2.68	0.283	4321.95	4.934	0.582	6.620	85.26	61.98	99.43
C-L-5	5.160	7.28	2.99	0.263	4144.40	5.370	0.580	6.320	85.55	60.85	99.48
共计/平均	26.875	7.46	2.85	0.401	20549.25	4.975	0.564	5.895	83.49	60.208	99.09

由表 3-71 中数据可以看出,随着循环次数增加,沉淀率趋于稳定;复盐中各金属的平均质量分数(%)分别为 Fe 4.975、Mn 0.564、Zn 5.895;铁、锰及锌的平均复盐沉淀率为 83.49%、60.20% 和 99.09%,与试验设计数据 w(元素)值(Zn 100%、Fe 85% 和 Mn 64%)接近。

3. 复盐转化

以表 3-71 所列 5 批复盐为试验原料,分别进行复盐转化及氨浸锌循环试验。具体条件和步骤如下:①按 $m(Fe)/m(Mn) = 4.23$,补充硫酸锰;②按 w(元素)值 Zn 50%、Fe 100%、Mn 100% 的复盐转化率计算碳酸铵的理论用量,碳酸铵用量为理论用量的 1.5 倍;③按游离氨浓度为 2.5 mol/L 计算浓氨水用量;④按 1.5:1 的液固(转化氨浸剂/复盐)比,将碳酸铵、浓氨水、共沉粉洗液和蒸馏水配好浸剂;⑤在常温下(30℃左右)不断搅拌,将复盐和硫酸锰溶液均匀加入转化氨浸剂中,加完复盐后稳定搅拌 60 min;⑥陈化 12 h 以上;⑦过滤,滤渣用 60℃左右的蒸馏水多次洗涤,直到用 $BaCl_2$ 溶液检不出 SO_4^{2-} 为止;前 2 次洗水与滤液合并计量。复盐转化及氨浸试验结果如表 3-72~表 3-74 所示。

表 3-72　物料量及氨浸转化液各成分的质量浓度　　　　　单位：mol/L

No.	复盐质量/g	碳酸铵质量/g	MnSO$_4$·H$_2$O 质量/g	浓氨体积/L	氨浸转化液					
					体积/L	Zn	Fe	Mn	NH$_3$	(NH$_4$)$_2$SO$_4$
CP-1	3652.3	1260.1	57.50	2.088	7.44	0.494	0.015	0.044	3.62	2.36
CP-2	4597.4	1453.7	52.10	2.465	9.70	0.489	0.037	0.026	3.91	2.08
CP-3	3833.2	1438.1	67.75	2.134	8.54	0.559	0.038	0.042	4.16	2.87
CP-4	4321.9	1642.2	62.10	2.420	9.29	0.527	0.023	0.037	3.81	2.60
CP-5	4144.4	1638.3	71.60	2.372	9.02	0.482	0.039	0.047	4.30	2.63
共计/平均	20549.25	7432.4	311.05	11.479	43.99	0.510	0.030	0.039	3.96	2.51

表 3-73　共沉粉湿重及各成分的质量分数　　　　　单位：%

No.	湿重/g	H$_2$O	Fe	Mn	Zn	Cu	Cd	Ca	Mg	Pb	Sb	SO$_4^{2-}$	Si
CP-S-1	967.90	51.02	36.540	7.955	9.55	0.0027	0.065	0.0072	0.041	0.0087	0.048	0.37	—
CP-S-2	1011.15	56.56	41.830	8.593	7.285	0.0023	0.101	0.0028	0.058	0.0122	0.054	0.41	0.05
CP-S-3	920.3	51.05	40.465	9.429	5.663	0.0040	0.076	0.0124	0.222	0.0053	0.050	—	—
CP-S-4	1083.85	57.80	44.072	9.601	7.444	0.0043	0.044	0.0048	0.218	0.0058	0.028	<0.1	—
CP-S-5	977.45	49.85	41.400	9.660	4.513	0.0029	0.042	0.0106	0.214	0.0059	0.047	<0.1	—
共计/平均	4960.65	53.26	40.861	9.048	6.891	0.0032	0.065	0.075	0.151	0.0076	0.045	—	—

表 3-74　共沉粉主成分比例及金属浸出率　　　　　单位：%

No.	主成分比例		浸出率		
	$m(Fe)/m(Zn)$	$m(Fe)/m(Mn)$	Mn	Zn	Fe
CP-1	3.826	4.593	1.45	79.52	3.50
CP-2	5.742	4.868	7.67	86.08	9.75
CP-3	7.146	4.292	5.57	87.86	9.08
CP-4	5.920	4.590	3.15	88.10	5.47
CP-5	9.173	4.286	约 0	91.56	8.81
共计/平均			3.57	86.62	7.32

由表 3-72~表 3-74 中的数据可以看出，经过 5 次循环，共处理 1 次净化液 25 L，产出共沉粉 2311.34 g，氨浸转化液 43.99 L，平均含 Zn 33.34 g/L，Fe 和 Mn 检测不出。

第一批及第二批共沉粉的预烧料由南京大学现代分析中心采用瑞士 ARL9800XP 型 X 射线荧光光谱仪分析的化学成分如表 3-75 所示，共沉粉（预烧料）中主金属的配比情况如表 3-76 所示。

表 3-75　第一批及第二批共沉粉的预烧料各化学成分的质量分数　　单位：%

元素或组分	S-1	S-2	备注
SiO_2	0.0040	0.0030	
Ca	0.0480	0.0700	
Mg	0.3250	0.3020	
K	0.0040	0.0080	
Cr	<0.0005	<0.0005	
Cl	0.0200	0.0210	
SO_4^{2-}	0.0560	0.0280	
P	0.0005	0.0010	
Al	0.0320	0.0530	
Cu	0.0008	0.0012	
Ni	0.0045	0.0040	
Ti	<0.0005	0.0005	
Cd	0.0290	0.086	
Pb	0.0030	0.0085	
As	0.0013	0.0014	
Mo	<0.0001	<0.0001	
V	0.0030	0.0015	
Fe_2O_3	69.9800	74.3800	
MnO	13.3300	13.8700	
ZnO	15.2900	10.3500	
二次烧失量	0.53	0.5900	980℃下烧 2 h

表 3-76 共沉粉及预烧料中主金属的配比情况 单位：%

项目		$w(\text{Fe}) : w(\text{Mn}) : w(\text{Zn})$	分析单位
共沉粉	CP-S-1	67.610 : 14.72 : 17.67	中南大学重金属冶金及材料研究所
	CP-S-2	72.486 : 14.89 : 12.624	
	CP-S-3	72.835 : 16.972 : 10.193	
	CP-S-4	72.111 : 15.709 : 12.18	
	CP-S-5	74.497 : 17.382 : 8.121	
	平均	71.908 : 15.934 : 12.168	
预烧料	S-1	68.414 : 14.423 : 17.163	南京大学现代分析中心
	S-2	73.195 : 15.112 : 11.693	
	平均	70.800 : 14.770 : 14.430	
理论配比		66.870 : 15.810 : 17.320	

由表 3-75 及表 3-76 可以看出，共沉粉质量较好，其预烧料经国家权威单位南京大学现代分析中心检测，主金属配比接近理论配比，$m(\text{Fe})/m(\text{Zn})$ 符合高磁导率磁粉的配比要求；杂质元素除镁的含量超标外，其他杂质元素的含量均较低，特别是硅的含量（质量分数）小于 0.002%。

2.4.6 软磁用铁锌氧化物制备

1. 沉铟后液除杂

以混合沉铟后液为硫化除杂和中和深度除杂扩大试验的试液，其成分如表 3-77 所示。

表 3-77 沉铟后液各成分的质量浓度 单位：g/L

No.	In	Zn	Fe	Pb	Al	Si	Ca	Mg	Cu	As	Mn	Cd
CY-K-1	0.005	54.36	32.40	0.048	0.061	0.092	0.067	0.157	0.0003	0.044	4.885	0.248
CY-K-2	0.005	55.05	33.60	0.048	0.055	0.081	0.067	0.146	0.0004	0.039	4.267	0.273
CY-K-3	0.005	54.29	32.80	0.051	0.054	0.078	0.044	0.161	0.0003	0.042	4.525	0.204
平均	0.005	54.57	32.93	0.049	0.057	0.084	0.059	0.155	0.00033	0.042	4.559	0.242

硫化除杂试验条件如下：①$(\text{NH}_4)_2\text{S}$ 溶液的用量满足游离 $\rho(\text{S}^{2-}) = 120 \text{ mg/L}$；②pH = 2.5~3.5；③温度为常温；④时间 30 min。中和除杂条件如下：①以石灰乳作为中和剂；②$\rho(\text{Fe}^{3+}) = 2 \text{ g/L}$；③终点 pH 为 5~5.5；④温度 80℃；⑤过滤前

2 min 加入试液重 0.5% 的 PAM(0.1 g/L)；时间 30 min。

　　硫化和中和深度除杂扩大试验共进行 5 次，考察了絮凝剂用量对各元素沉淀率的影响，其结果如表 3-78 及表 3-79 所示。

表 3-78　深度净化后液各化学组成的质量浓度　　　单位：g/L

絮凝剂用量 /(g·L⁻¹)	Zn	Fe	Al	As	Si	Pb	Ca	Mg	V/mL
0.10	49.20	29.20	0.043	0.035	0.028	0.039	0.539	0.181	332
0.15	48.47	29.30	0.046	0.029	0.022	0.032	0.521	0.159	336
0.20	48.28	28.90	0.035	0.029	0.017	0.035	0.546	0.175	340
0.30	49.22	29.40	0.024	0.026	0.010	0.033	0.520	0.156	330
0.40	49.76	28.60	0.013	0.026	0.008	0.027	0.511	0.179	328

表 3-79　硫化与中和除杂过程中各元素的沉淀率　　　单位：%

絮凝剂用量 /(g·L⁻¹)	Si	Zn	Fe	Al	As	Pb
0.10	61.27	1.11	3.82	20.69	11.97	10.08
0.15	69.20	1.38	2.33	45.87	26.18	25.33
0.20	75.92	0.69	2.52	33.89	25.30	17.36
0.30	86.25	1.65	3.75	67.00	35.00	24.38
0.40	89.07	1.17	6.94	76.31	35.39	38.50

　　由表 3-78 及表 3-79 可以看出，当絮凝剂用量从 0.10 g/L 提高至 0.40 g/L 时，Si 沉淀率由 61.27% 增加至 89.07%，净化液中的硅质量浓度由 0.028 g/L 降至 0.008 g/L；但絮凝剂用量对 Zn、Fe 沉淀率影响不大。因此，确定最佳絮凝剂用量为 0.40 g/L。

2. 水热法沉铁

　　以深度净化液作水热法分离锌-铁试验的试液，其化学成分如表 3-80 所示。

表 3-80　沉铟后液深度净化液各化学成分的质量浓度　　　单位：g/L

Zn	Fe$_T$	Fe^{2+}	Fe^{3+}	As	Ni	Mg	Cu	Sb
60.90	39.90	39.80	0.10	0.029	0.022	0.183	0.00075	0.131
In	Si	Pb	Co	Al	Cd	Mn	Ca	H$_2$SO$_4$
0.084	0.011	0.036	0.012	0.015	0.256	4.028	0.563	2.107

　　试验规模为 1~1.5 L 净化液/次，为了试验方便，以 H$_2$O$_2$ 代替氧气或空气作氧化剂。单因素条件试验确定水热法沉铁的最佳条件如下：温度 210℃，时间 2 h，H$_2$O$_2$ 用量为理论用量的 1.8 倍，搅拌速度 800 r/min，不添加晶种。在此最优条件下进行水热法沉铁综合扩大试验，结果如表 3-81、表 3-82 和表 3-83 所示。

表 3-81　综合扩大试验所得沉铁后液和铁渣的化学组成

No.	试液体积/L	沉铁后液各元素质量浓度/(g·L^{-1})			铁渣中各元素质量分数/%			
		ρ_{Fe}	ρ_{Zn}	V/mL	$w(Fe)$	$w(Zn)$	$w(Mn)$	m/g
K-S-3	1	2.46	47.84	1236	55.82	0.47	0.31	60.95
K-S-4	1.2	4.20	61.81	1162	59.52	0.22	0.18	67.25
K-S-5	1.3	3.26	53.34	1450	55.61	0.39	0.31	81.75
K-S-6	1.4	4.02	51.87	1630	61.05	0.35	0.13	76.95
K-S-7	1.4	3.16	50.99	1660	61.34	0.32	0.11	75.65
K-S-8	1.4	2.48	49.24	1720	62.45	0.44	0.13	77.50
平均值	—	3.26	52.52	—	59.30	0.365	0.195	—

表 3-82　综合扩大试验中各元素的沉淀率　　　单位：%

No.	Fe		Zn		Mn
	液计	渣计	液计	渣计	渣计
K-S-3	92.38	85.27	2.90	0.47	4.69
K-S-4	89.81	83.60	1.72	0.20	2.50
K-S-5	90.89	87.64	2.31	0.40	4.84
K-S-6	88.27	84.10	0.84	0.32	1.77
K-S-7	90.61	83.07	0.73	0.28	1.48
K-S-8	92.36	86.64	0.66	0.40	1.79
平均	90.73	85.05	1.53	0.35	2.85

由表 3-82 可知，在最优工艺条件下，水热法沉铁效果较好，渣计平均沉铁率为 85.05%，液计则为 90.73%。沉铁过程中，Zn、Mn 基本被保留在溶液中，两者的渣计沉淀率分别为 0.35% 和 2.85%。

按照沉 Fe 率可推算出沉铁后液中 H_2SO_4 质量浓度由深度净化液的 2.107 g/L 增加到 64.38 g/L，因此水热法沉铁过程也是硫酸的再生过程。这种成分的沉铁后液可返回中性浸出工序。

表 3-83　沉铁后液各化学组成的质量浓度　　　　单位：g/L

Zn	Fe_T	Fe^{2+}	Fe^{3+}	Mn	As	Ni	Mg	Cu
54.87	3.23	0.50	2.73	3.10	0.009	0.018	0.167	0.00017

In	Si	Pb	Co	Al	Cd	Sb	Ca	$H_2SO_4^*$
0.018	0.010	0.017	0.007	0.009	0.228	0.085	0.392	64.38

注：* 按照沉铁率推算。

混匀后的赤铁矿粉和北京矿冶研究总院未净化的沉铟后液用直接水热法沉铁所得铁渣的化学组成均列于表 3-84 中，软磁铁氧体用氧化铁的电子行业标准如表 3-85 所示。

表 3-84　赤铁矿粉各化学成分的质量分数　　　　单位：%

No.	Fe	MnO	Zn	SiO_2	S	Ni	MgO	Cu
IV-0-1	61.77	0.0677	0.5217	0.0324	1.83	0.0012	0.0020	0.00047
IV-0-2	58.31	0.132	1.55	0.0205	2.48	0.0016	0.0082	0.00048
BKD*	61.73	0.142	0.92	0.450	1.81	0.011	0.083	0.005

No.	In	As	Pb	Co	Al_2O_3	Cd	Sb	CaO
IV-0-1	0.00035	0.00157	0.00345	0.00082	0.0123	0.00469	0.00128	0.02663
IV-0-2	0.0004	0.00135	0.00603	0.00111	0.00308	0.01035	0.00143	0.02429
BKD*	—	0.029	0.11	0.005	0.246	0.012	0.01	0.434

注：* 未净化的沉铟后液直接水热法沉铁所得赤铁矿。

表 3-85 软磁铁氧体用氧化铁的电子行业标准(SJ/T 10383—1993)

质量分数/%	YHT1	YHT2	YHT3
Fe_2O_3	≥99.2	≥99.0	≥98.5
SiO_2	≤0.01	≤0.02	≤0.04
CaO	≤0.014	≤0.02	≤0.05
Al_2O_3	≤0.01	≤0.02	≤0.06
Cl^-	≤0.10	≤0.10	≤0.20
SO_4^{2-}	≤0.10	≤0.10	≤0.20
MnO	≤0.30	≤0.30	≤0.50
TiO_2	≤0.01	≤0.01	≤0.02
MgO	≤0.015	≤0.03	≤0.10
Na_2O+K_2O	≤0.02	≤0.04	≤0.10

由表 3-84 可知, 如果沉铟后液未经深度净化而直接沉铁, 则铁渣中有害杂质元素, 如 Si、Ca、Al、Mg、Cu、Ni、Co、Pb、Cd、As 和 Sb 等的含量都较深度净化后沉铁渣高一个数量级。由此可见, 深度净化除杂效果显著。对照表 3-84 和表 3-85 可知, 所得赤铁矿粉中 SiO_2 和 CaO 含量可达到 YHT3 级氧化铁粉的标准, MgO、Al_2O_3 和 MnO 则满足 YHT1 级氧化铁粉的要求, 但 S 的质量分数达 1.8%~2.5%, Fe_2O_3 的质量分数为 83%~89%, 这主要是由于赤铁矿粉中 S、Zn、H_2O 等含量过高。经过水洗, 再在 900℃下煅烧 2 h 后的赤铁矿粉化学组成如表 3-86 所示。

表 3-86 高温煅烧后的赤铁矿粉各化学成分的质量分数   单位: %

No.	Fe	Zn	MnO	SiO_2	S	Ni	MgO	Cu
IV-2-1	69.02	0.49	0.0568	0.02377	0.0352	0.00178	0.00161	0.00074
IV-2-2	69.80	0.38	0.0349	0.02304	0.06264	0.00181	0.00184	0.00055
YHT1	≥69.38	—	≤0.30	≤0.01	≤0.0333	—	≤0.015	—
YHT3	≥68.89	—	≤0.50	≤0.04	≤0.0667	—	≤0.10	—
No.	In	As	Pb	Co	Al_2O_3	Cd	Sb	CaO
IV-2-1	0.0004	0.00141	0.00299	0.00162	0.0138	0.00409	0.00141	0.01977
IV-2-2	0.00028	0.00065	0.00345	0.0014	0.0003	0.00335	0.00035	0.0176
YHT1	—	—	—	—	≤0.01	—	—	≤0.014
YHT3	—	—	—	—	≤0.06	—	—	≤0.05

表 3-86 中的数据说明,高温煅烧后赤铁矿粉的 S 质量分数可降低至 0.0352%,脱 S 率达 97.85%,满足软磁铁氧体用 YHT2 级别氧化铁对 SO_4^{2-} 含量的要求,Fe_2O_3 的质量分数为 99.80%,达到 YHT1 级别氧化铁的标准。与最高级软磁铁氧体用铁红标准(YHT1)相比较,没有达标的有害杂质元素是 SiO_2 和 S;但与软磁铁氧体用 YHT3 级铁红标准相比较,所有杂质元素含量全部达标,这说明所得赤铁矿粉经处理后用于制备低功耗锰锌软磁铁氧体是没有问题的。

2.5　主要技术经济指标

2.5.1　第一方案指标

1. 金属回收率

在中性浸出锌浸出率为 80.23%、电积锌回收率为 99% 的情况下,全流程的锌总回收率为 97.02%,其中电锌 79.43%、锌粉 15.24(16.41)%、共沉粉 2.35(1.18)%、铟 93.74%、铁 78.22%、锰 94.14%、铜 91.71%、锡 100.00%。说明:括号内外数据分别为制备低功耗和高磁导率软磁粉的数据,以下同。

2. 产品质量

提取和回收 1 t 金属量的锌,其中电锌 0.8187 t、锌粉 0.1334 t 或 0.1573 t,高磁导率共沉粉中锌 0.0479 t 或低功耗共沉粉中锌 0.024 t;可副产金属铟 1.626 kg,高磁导率 $\sum Me_xO_y$ 0.437 t 或低功耗 $\sum Me_xO_y$ 0.429 t,硫酸铵 4.572 t,除去自用的 3.323 t,尚有 1.249 t 可出售,铜渣 0.0067 t,高浸渣锡 0.0064 t。

3. 原辅材料消耗

提取和回收 1 t 金属锌的主要原辅材料消耗如下:锌精矿 2.115 t[w(Zn) 48.735%,w(In) 0.082%],软锰矿 0.153 t 或 0.204 t[w(Mn) 38.65%],铁屑 0.0195 t,硫酸 1.396 t,碳酸铵 1.848 t,氨水 0.175 t,硫酸铵 3.323 t,石灰 0.074 t,硫化铵 0.032 t[w(S) 8%]。

2.5.2　第二方案指标

1. 金属回收率

在锌的中性浸出率为 80.23% 和低酸浸出率为 50.64% 以及净化电沉积过程中和软磁制备过程中锌的回收率均为 99% 的情况下,全流程锌的总回收率为 98.94%,其中电锌 98.61%,软磁用铁锌氧化物二元粉中锌 0.033%;在铟渣冶炼精铟回收率为 99% 的情况下,全流程铟的总回收率为 92.05%;在软磁制备过程中铁回收率为 99% 的情况下,全流程铁的总回收率为 86.24%,铜回收率为 91.71%,锡回收率为 100.00%。

2. 产品质量

提取和回收 1 t 金属量的锌，其中电锌 0.9963 t，软磁用铁锌氧化物二元粉中锌 0.0037 t；可副产金属铟 1.566 kg，铁锌氧化物二元粉 0.318 t；铜渣 0.0137 t，高浸渣锡 0.0063 t。另外，还有再生硫酸 0.431 t。

3. 原辅材料消耗

提取和回收 1 t 金属量的锌的主要原辅材料消耗如下：锌精矿 2.074 t[$w(Zn)$ 48.735%，$w(In)$ 0.082%，$w(Fe)$ 12.27%]，铁粉 0.0275 t，硫酸 0.067 t，石灰 0.074 t，硫化铵 0.032 t[$w(S)$ 8%]。

第 3 章　湿法氯化清洁冶金

3.1　概　述

　　氯离子具有较强的配合能力，因此它具有比硫酸根离子更强的活性，盐酸可以溶解硫酸难溶的金属化合物，如锑（Ⅲ）、铋（Ⅲ）及铅（Ⅱ）的氧化物、氢氧化物等。正因为如此，这些金属的湿法清洁冶金往往是在盐酸体系中进行，被称为湿法氯化清洁冶金。锑的湿法氯化清洁冶金常称为酸性湿法炼锑，过程中以硫磺渣的形式回收硫化锑精矿中的硫，消除火法的"硫烟"危害，"三废"污染少，金属回收率高，综合利用效果好。但是，20 世纪 70—80 年代对环境保护和"三废"污染的要求较低，所以，在研究开发"氯化—水解法"和"新氯化—水解法"时，只重点考虑了二氧化硫的排放和污染问题，较少考虑废水的排放和污染，酸性湿法炼锑存在的废水排放量大和必须使用氯气的两大缺点阻碍了它的推广应用。根据目前的环境保护和"三废"污染的要求，杨建广教授将"氯化—水解法""新氯化—水解法"和"三氯化铁浸出—萃取—隔膜电解法"相结合，提出和成功开发了"氯化浸出—隔膜电解法"新工艺，实现了锑、锡、铋的湿法氯化清洁冶金。本章重点介绍这方面的内容，另外还系统介绍作者学术团队研发成功的已工业化生产多年的用湿法氯化法从银锰矿中提取银的工艺和实践以及清洁处理锡阳极泥的实验室研究成果。以上湿法氯化清洁冶金的共同特点是氯化浸出剂循环再生，长期使用，或最终以氯盐的形式回收氯离子，无废水排放，污染很小。

3.2　隔膜电解冶炼锑、锡、铋

　　"氯化浸出—隔膜电解法"新工艺首先用一种氧化性较强的高价金属离子或次氯酸根的盐酸溶液浸出锑、锡、铋等金属的精矿或二次物料，使这些金属或它们的硫化物转化为低价金属氯化物并进入浸出液，而硫以硫元素的形式留在浸出渣中。然后将一部分浸出液净化除杂得到的纯低价金属氯化物溶液作为阴极液，另一部分浸出液与返回的废阴极液混合后作为阳极液，通直流电电解，阴极析出金属和氯离子，氯离子穿过离子隔膜进入阳极室，与阳极反应产生的高价金属离子结合再生高价金属氯化物或被氧化为次氯酸根。再生的高价金属氯化物或次氯酸根溶液返回浸出过程，从而形成流程闭路循环。"氯化浸出—隔膜电解法"新工艺原则流程如图 3-18 所示。

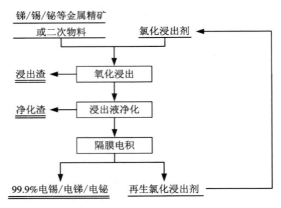

图 3-18　"氯化浸出—隔膜电解法"新工艺原则流程

　　"氯化浸出—隔膜电解法"的最大优点是清洁，没有低浓度二氧化硫烟气排放，也没有废水的排放；第二是不用氯气；第三是能耗低，直流电耗仅为碱性湿法炼锑的1/2。另外，硫磺渣是一种能源，其燃烧热在后面处理中可得到充分利用；综合利用效果好，硫磺渣可作为再生铅冶炼的燃料，氧化熔炼时产生二氧化硫并制取硫酸，金、银及铜等有价金属均可富集于粗铅中回收利用。该工艺适合中小规模的锑、锡、铋冶炼厂，就原料而言，最适合金锑矿、锑汞矿等复杂锑矿及铋精矿和二次锡、锑物料的处理。

　　"氯化浸出—隔膜电解法"新工艺实现广泛应用是完全可能的，因为"氯化—水解法"和"新氯化—水解法"已应用30多年，在生产工艺过程控制和设备防腐维护及运行等方面具有丰富的经验，可为该工艺的产业运行所借鉴和采用。另外，氯化钠溶液隔膜电解生产烧碱和氯气更是传统经典工艺，对离子膜选择和电解设备维护亦具有借鉴作用。建议对该工艺进行系统、深入的研究，首先建立以含金硫化锑精矿为原料的100~500 t/a 规模的示范生产线，连续运行1~3年，考察各项技术经济指标和关键设备及材质，然后全面推广。

3.2.1　基本原理

1. 浸出过程
使高价金属离子或次氯酸根氧化锑、锡、铋等金属或它们的硫化物以低价氯化物进入浸出液：

$$Sb_2S_3+3SbCl_5 \Longrightarrow 5SbCl_3+3S^0 \tag{3-83}$$

$$2Sb+3SbCl_5 = 5SbCl_3 \quad (3-84)$$

$$SnS+SnCl_4 = 2SnCl_2+S^0 \quad (3-85)$$

$$Sn+SnCl_4 = 2SnCl_2 \quad (3-86)$$

$$Bi_2S_3+3NaClO+6HCl = 2BiCl_3+3S^0+3H_2O+3NaCl \quad (3-87)$$

$$2Bi+3NaClO+6HCl = 2BiCl_3+3H_2O+3NaCl \quad (3-88)$$

2. 电解过程

将一部分净化除杂后的浸出液作为阴极液，另一部分浸出液与返回的废阴极液混合后作为阳极液，通直流电电解，阴极析出金属和氯离子：

$$SbCl_3+3e^- = Sb+3Cl^- \quad (3-89)$$

$$BiCl_3+3e^- = Bi+3Cl^- \quad (3-90)$$

$$SnCl_2+2e^- = Sn+2Cl^- \quad (3-91)$$

氯离子穿过离子隔膜进入阳极室，与阳极反应产生的高价金属离子结合成高价金属氯化物：

$$SbCl_3+2Cl^--2e^- = SbCl_5 \quad (3-92)$$

$$SnCl_2+2Cl^--2e^- = SnCl_4 \quad (3-93)$$

或在一定的 pH 下，氯化钠在阳极氧化为次氯酸钠，为没有高价氯化物的金属提供氧化剂：

$$NaCl+H_2O^--2e^- = NaClO+2H^+ \quad (3-94)$$

3.2.2 隔膜电解炼锡

目前，国内外针对废弃线路板等含锡的电子废弃物资源中有价金属回收方面的研究主要集中在采用机械物理、湿法冶金、火法冶金、热解法等实现有机/无机组分的分离、富集、有机及玻璃质组分的转化、利用及污染物控制等方面；回收的金属元素则侧重在铜、铅、铁、铝及贵金属金、银等。迄今为止，专门针对电子废弃物中锡的清洁、高效分离回收研究还较少。目前，我国电子废弃物中主要金属的回收通常采用"剪切—破碎—分选"处理后得到 $w(Cu)$ 40%~85%、$w(Sn)$ 1%~8%等的铜锡多金属粉，再将其作为炼铜原料出售给铜冶炼厂，加入铜阳极炉、氧化还原熔炼再浇铸阳极板，经电解精炼生产阴极铜。其处理工艺如图3-19所示。

然而，元素赋存特征与原生矿资源存在较大差异等原因，用现行原生铜矿冶炼技术处理铜锡多金属粉，对该类资源的全量、高值利用及污染物控制构成重大挑战。尤其是其中的锡不仅未能实现清洁、高效回收，而且还对主金属铜的回收造成严重干扰。现行电解精炼生产阴极铜时，为避免锡对铜电解精炼的危害，一般要求铜阳极板中 $w(Sn)<0.2\%$，以满足电解精炼的需求，而反射炉精炼除锡又比较困难。因此，铜冶炼厂处理铜锡多金属粉时需先经转炉吹炼，使锡在1200~

1350℃的温度下挥发进入烟尘。铜吹炼后变成黑铜，经过反射炉精炼浇铸成阳极板，再电解精炼才能产出阴极铜。铜的价态在此过程中经历了 $Cu \rightarrow Cu^+/Cu^{2+} \rightarrow Cu$ 的转变，能源及原料空耗巨大；锡也在此冗长的工序中分散流失，回收率低，通常不高于40%。

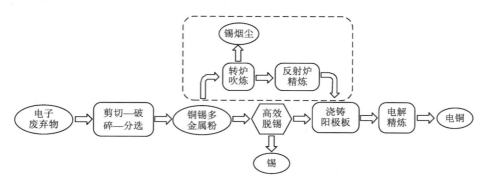

图3-19　电子废弃物铜锡多金属粉处理工艺示意图

　　解决此问题的关键，在于对铜锡多金属粉入炉前进行高效脱锡预处理，即研发出一种高效脱锡技术。如此不仅可使锡得到充分回收，而且脱锡铜粉可直接嵌入现行铜精炼工段，简化铜回收流程，有利于实现电子废弃物中铜、锡全量回收及资源再生过程的节能减排。

　　采用氯盐体系隔膜电解技术处理含锡电子废弃物可以实现含锡物料的清洁、高效脱锡。该技术的实质是利用 $SnCl_4$ 溶液对含锡物料进行退锡处理，退锡液采用隔膜电积提取锡。隔膜电积时，阳极室中的 Sn^{2+} 在电流作用下失去电子转化成 Sn^{4+}，阴极室中的 Sn^{2+} 则得到电子转化成锡单质。反应结束后，阴极直接得到高纯度电锡产品，阳极再生的 $SnCl_4$ 则作为退锡剂返回退锡工序。与现有技术相比，新工艺具有脱锡选择性强、效率高、能耗低、流程简单等突出优点。$SnCl_4$ 能选择性地浸出含锡物料中的锡，且电积过程后可循环再生，有效利用了电能，整个工艺实现了"脱锡—电积—脱锡剂再生"的闭路循环，尤其是在隔膜电积过程中自主研发合成的一种非离子表面活性剂，解决了氯盐体系中难以电沉积锡的难题。

1. 原料与流程

1）试验原料

本试验所采用的原料来自印刷电路板边角料，经破碎、分离、研磨得到多金属粉。其主要成分采用 ICP-AES 分析，结果如表3-87所示；金属含量中，$w(Cu)$ 达64.98%，$w(Sn)$ 达7.9%。

表 3-87 电路板多金属粉主要化学成分的质量分数 单位：%

Cu	Sn	Pb	Zn	Fe	Al	Ti	Ni	Ba	Ca	Ag	Mn	S	Cr
64.98	7.90	5.76	1.72	0.80	0.57	0.34	0.15	0.63	0.11	0.08	0.08	0.41	0.01

2）工艺流程

本试验的工艺流程如图 3-20 所示。试验先以 $SnCl_4$ 的盐酸溶液浸出铜锡多金属粉，浸出液经过锡粉还原和硫化除杂两段净化后得到 $SnCl_2$ 溶液，分别作为后续隔膜电积过程的阴阳极液，阴极发生 Sn^{2+} 还原并生成高纯度电锡，阳极室发生氧化再生成 $SnCl_4$ 溶液，因此整个溶液体系形成了闭路循环。流程中所产生的浸出渣和净化渣可继续当作有价金属物料进行回收处理。

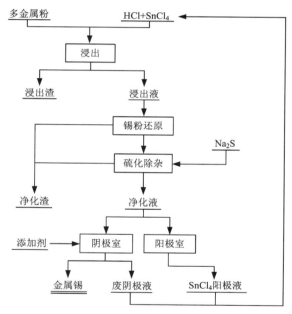

图 3-20 氯盐体系隔膜电积技术工艺流程图

2. 结果与讨论

1）四氯化锡浸出试验

以铜锡多金属粉为原料，试验规模为 50 g/次。采用 $SnCl_4$+HCl 溶液为浸出剂，分别考察温度、[H^+]、Sn^{4+} 过量系数、液固比、浸出时间五个因素对铜锡多金属粉中 Sn、Pb 和 Cu 浸出率的影响。

（1）温度的影响

在[H$^+$]4 mol/L、液固比为 4∶1、Sn^{4+}过量系数为 1.2、浸出时间为 2 h 条件下，考察温度对浸出率的影响，试验结果如图 3-21 所示。

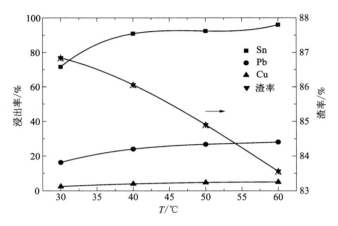

图 3-21　温度对浸出率的影响

由图 3-21 可知，随着温度的升高，Sn、Pb、Cu 的浸出率均有所提高，渣率则持续降低，故温度越高越有利于浸出反应的进行。其中 Sn 的浸出率提高明显，从 30℃时的 71.58%升高至 60℃时的 96.06%。考虑到生产实际中，反应槽难以被完全密封，温度升高将导致 HCl 挥发加快，造成生产环境恶劣，同时为避免引入大量的金属杂质，不宜选取较高的温度。试验结果中，40℃时已有 90.86%的 Sn 浸出率，因此取最佳温度为 40℃。

（2）[H$^+$]的影响

在温度 40℃，其他条件如前时，考察[H$^+$]对浸出率的影响，试验结果如图 3-22 所示。

由图 3-22 可知，随着[H$^+$]的升高，Sn、Pb、Cu 的浸出率均有所提高，同时渣率降低。其中对 Pb 的浸出过程影响最大，尤其是[H$^+$]>4 mol/L 之后，Pb 的浸出率直线上升，[H$^+$]为 6 mol/L 时竟达到 60.61%，说明大量的 Pb 被浸出。此外，浸出液的[H$^+$]分别为 1.89 mol/L、2.81 mol/L、3.74 mol/L、4.66 mol/L 和 5.50 mol/L，且初始[H$^+$]越高，终酸酸度下降的幅度越大，说明低酸浸出过程中的主要反应是 Sn^{4+}的氧化反应，而在较高酸度下则会发生大量的酸溶反应。因此为不引入大量的杂质，综合考虑最佳[H$^+$]为 4 mol/L。

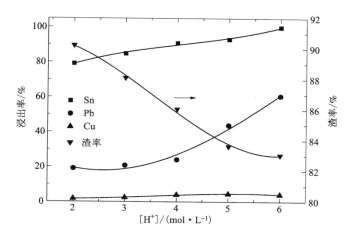

图 3-22　[H$^+$]对浸出率的影响

（3）Sn^{4+}过量系数的影响

在[H$^+$]为 4 mol/L，其他条件如（2）时，考察 Sn^{4+}过量系数对浸出率的影响，试验结果如图 3-23 所示。

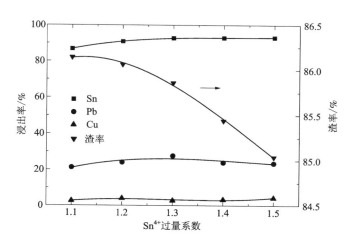

图 3-23　Sn^{4+}过量系数对浸出率的影响

由图 3-23 可知，随着 Sn^{4+}过量系数的增加，Sn 的浸出率有所提高，而 Pb、Cu 的浸出率变化并不大，渣率则持续下降，故 Sn^{4+}过量系数越大越有利于浸出反应的进行。在 Sn^{4+}过量系数小于 1.3 时，Sn 的浸出率升高较快，Sn^{4+}过量系数为

1.3 时达到 92.75%，之后继续增加 Sn⁴⁺过量系数，Sn 的浸出率基本持平。因此最佳 Sn⁴⁺过量系数取 1.3。

（4）液固比的影响

在 Sn⁴⁺过量系数为 1.3，其他条件如（3）时，考察液固比对浸出率的影响，试验结果如图 3-24 所示。

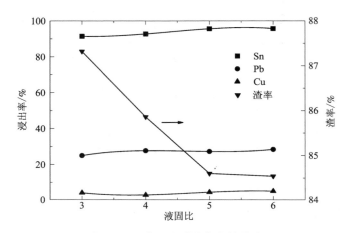

图 3-24　液固比对浸出率的影响

由图 3-24 可知，随着液固比的增加，Sn、Pb、Cu 的浸出率均有微微升高的趋势，渣率下降。在液固比增至 5:1 前，渣率明显下降，极大地促进了浸出过程，此时 Sn 的浸出率为 95.61%，继续增加液固比时 Sn 的浸出率上升不大，且渣率几乎不再下降。此外，液固比越高浸出液体积就越大，会降低浸出液中金属离子的浓度，同时对浸出槽体积的要求更高。综合考虑，最佳液固比取 5:1。

（5）浸出时间的影响

在液固比为 5:1，其他条件如（4）时，考察浸出时间对浸出率的影响，试验结果如图 3-25 所示。

由图 3-25 可知，随着浸出时间的增加，Sn、Pb 的浸出率持续升高，Cu 浸出率的升高趋势则很小，渣率逐渐降低，但在 2 h 处出现了一个转折平台。浸出液的[H⁺]分别为 3.93 mol/L、3.86 mol/L、3.79 mol/L、3.46 mol/L 及 3.20 mol/L，结合浸出液的成分可知，浸出 2 h 后，浸出液中的 Sn⁴⁺已经几乎消耗殆尽，随后 Sn 的浸出率则几乎不再升高，而 Pb 的浸出率继续升高，此时主要发生耗酸反应。故最佳反应时间为 2 h。

2）净化试验

在进行锡隔膜电积前，有必要降低浸出液中杂质的含量，以减轻杂质金属离

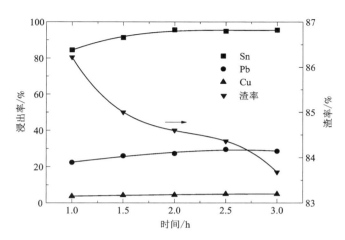

图 3-25　浸出时间对浸出率的影响

子对锡电积过程的影响，尤其是 Cu^{2+}、Pb^{2+} 等离子的还原电位高于或与 Sn^{2+} 相当，电积时将放电析出，从而降低电锡品质，并影响电锡形貌，严重时甚至会导致无法电积。将前面多次浸出试验所得的混合浸出液用于净化试验，其主要成分如表 3-88 所示。

表 3-88　混合浸出液各主要化学成分的质量浓度　　　　　　单位：g/L

成分	Sn^{4+}	Sn^{2+}	Pb^{2+}	Cu^{2+}	Fe^{2+}	Al^{3+}	Zn^{2+}	Ti^{3+}
质量分数	3.19	68.58	1.73	2.76	2.11	0.04	3.36	0.47

（1）锡片还原

为不引入其他杂质，用锡片还原浸出液中的 Sn^{4+}。将电积所得的锡片剪成约 1 cm×1 cm 的小块，根据 Sn^{4+} 的含量决定锡块的用量。考虑到试验过程中锡块在还原 Sn^{4+} 的同时，浸出液中的 Pb^{2+}、Cu^{2+} 也将被置换，因此需增加锡块用量。以浸出液中 Sn^{4+} 的全部还原为主要目的，最终确定锡块用量为理论用量的 1.3 倍、温度 60℃、反应 60 min，还原后液 Sn^{2+} 质量浓度提高至 74.11 g/L。此外，由于铅与锡的标准电极电位十分接近，试验提出用铅粉还原替代锡粉，在相同条件下对比了两种还原措施的净化效果，结果如表 3-89 所示。

表 3-89　锡粉与铅粉还原净化效果的对比

试验	还原后液 Sn^{4+} 质量浓度/$(g \cdot L^{-1})$	除铜率/%	除铅率/%	锡损失率/%
锡粉还原	—	48.22	7.22	2.38
铅粉还原	0.39	38.85	—	7.48

从表 3-89 可知，锡粉还原除杂效果明显优于铅粉，但考虑到经济因素，铅粉价格成本不到锡粉的 1/10，且 $PbCl_2$ 的溶解度很小，因此铅粉还原后所得的溶液中铅浓度并未显著升高。

（2）硫化除杂

用硫化钠作硫化除杂剂，以溶液中 Cu^{2+}、Pb^{2+} 的完全沉淀计算硫化钠的理论用量。为避免产生有毒 H_2S 气体，均采取缓慢滴加、强化搅拌等方式进行试验。试验主要研究硫化钠用量（理论量倍数）、反应温度、反应时间对除铜、除铅效果的影响，同时还考察了硫化除杂时锡的损失情况。

①硫化钠用量的影响。在反应温度 30℃，时间 60 min 的条件下，考察不同硫化钠用量倍数对除铜、除铅效果的影响，试验结果如表 3-90 所示。

表 3-90　硫化钠用量对铜、铅的去除率及锡损失率的影响

Na_2S 用量/倍数	Cu 去除率/%	Pb 去除率/%	Sn 损失率/%
0.85	66.94	78.85	1.95
1.1	81.56	87.97	2.24
1.3	98.04	87.72	3.99
1.5	98.17	88.22	8.13

由表 3-90 可知，随着 Na_2S 用量的增多，溶液中铜的沉淀率逐渐升高，当 Na_2S 用量为理论量的 1.3 倍时，Cu^{2+} 的沉淀率已达 98.04%，继续增加 Na_2S 的用量，Cu^{2+}、Pb^{2+} 的沉淀率升高不大，反而锡的沉淀损失率由 3.99% 升高到 8.13%，不利于锡的回收。综合考虑，确定 Na_2S 用量为理论量的 1.3 倍。

②反应温度的影响。在 Na_2S 用量为理论量的 1.3 倍，反应时间为 60 min 的条件下，考察不同反应温度对除铜、除铅效果的影响，试验结果如表 3-91 所示。

表 3-91 反应温度对铜、铅的沉淀率以及锡损失率的影响

反应温度/℃	Cu 去除率/%	Pb 去除率/%	Sn 损失率/%
30	98.04	87.72	3.99
50	91.17	78.21	3.74
70	3.16	4.99	3.57

由表 3-91 可知，硫化沉淀除铜、铅有较好的去除效果，但随着反应温度的升高，除铜、除铅率逐渐降低，锡损失也逐渐减少。一般情况下，反应温度为 298 K 时硫化氢在溶液中的溶解度约为 0.1 mol/L。反应温度过高，硫化氢溶解度急剧降低，而硫化氢气体大量逸出溶液，反应容器密闭性不好使得硫化钠损耗严重，除铜、除铅率急剧降低到 5% 以下，故硫化除杂温度不宜过高，最佳温度为 30℃。

③反应时间的影响。在 Na_2S 用量为理论量的 1.3 倍，反应温度为 30℃ 的条件下，考察不同反应时间对除铜、除铅效果的影响，试验结果如表 3-92 所示。

表 3-92 反应时间对铜、铅的沉淀率以及锡损失率的影响

反应时间/min	Cu 去除率/%	Pb 去除率/%	Sn 损失率/%
15	97.81	80.00	1.39
30	98.08	85.35	2.29
45	98.77	85.50	2.89
60	98.04	87.72	3.99

由表 3-92 可知，反应时间对铜和铅的沉淀率影响不大，且在 30 min 内除杂率达到了较高水平，说明硫化物与铜离子和铅离子的反应速率快；而随着反应时间的延长，除杂率没有明显提高，锡的损失率则升高，因为锡与硫化物的亲和力较强，随着反应时间的延长，过量的硫化物与锡结合，增加了锡的损失。因此，硫化除杂的反应时间不宜过长，确定为 30 min。

(3)净化综合试验

基于上述试验得到的优化条件进行 3 次扩大综合试验，试验规模为每次 1 L 试液。试验结果如表 3-93、表 3-94 所示。

表 3-93　浸出液净化的综合扩大试验结果　　　　单位：%

序号	Cu 去除率	Pb 去除率	Sn 损失率
1	98.77	88.16	2.33
2	98.94	88.69	3.55
3	98.27	87.10	2.69
平均值	98.66	87.98	2.86

表 3-94　净化液主要化学成分的质量浓度　　　　单位：g/L

成分	Sn^{4+}	Sn^{2+}	Pb^{2+}	Cu^{2+}	Fe^{2+}	Al^{3+}	Zn^{2+}	Ti^{3+}
质量浓度	—	71.89	0.03	0.01	2.09	0.04	3.24	0.36

由试验结果可以看出，在优化试验条件下，净化液中 Cu^{2+} 及 Pb^{2+} 的质量浓度均小于 0.05 g/L，铜和铅去除率达到 98.66% 和 87.98%，锡的损失率在 3% 以下。其他杂质元素（如 Fe、Al、Zn、Ti 等）在电积过程中并不会在阴极被还原析出，故未考虑作深度处理，但这些金属离子在溶液循环体系中会累积，需定期将溶液开路出去并作相应的处理。

4）净化液隔膜电解条件试验

隔膜电积单因素试验所采用的电解液均由分析纯试剂配制，其中阳极液成分均为 $[H^+]$ 3.5 mol/L、Sn^{2+} 质量浓度 100 g/L，分别考察温度、阴极液 $[H^+]$、阴极液 Sn^{2+} 浓度、电流密度等条件对阴极电锡形貌和电积过程技术指标的影响。

（1）温度的影响

在阴极液 $[Sn^{2+}]$ 浓度为 80 g/L、阴极液 $[H^+]$ 浓度为 3 mol/L、电流密度为 200 A/m² 、电积时间为 8 h 的条件下，考察温度对阴极电流效率及直流电耗的影响，试验结果如图 3-26 所示，所得的阴极电锡板形貌如图 3-27 所示。

由图 3-26 可知，当温度从 25℃ 升至 55℃ 时，阴极电流效率先增后减，直流电耗则先减后增。同时，较低温度下［见图 3-27（a）］，阴极沉积物表面较粗糙，且易长晶须；随着温度的升高，晶须和瘤状物逐渐减少，温度为 35~45℃ 时阴极产物表面平整、光滑［见图 3-27（b）（c）］；但温度过高时，所得的电锡板表面质量变差［见图 3-27（d）］。因为低温下锡的电化学沉积速率慢且结晶性能差，倾向于长枝晶；温度提高则能够促进电化学反应的进行和溶液离子传质；而过高的温度会导致溶液 HCl 挥发严重，使得阴极锡质量变差。故确定最佳电积温度为 35~45℃。

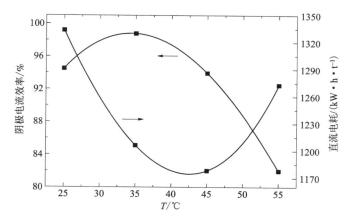

图 3-26　温度对锡隔膜电积阴极电流效率及直流电耗的影响

（a）25℃；（b）35℃；（c）45℃；（d）55℃

图 3-27　不同温度下电沉积锡板的表观形貌图

（2）阴极液[H⁺]浓度的影响

在电积温度 35℃，其他条件如（1）时，考察阴极液[H⁺]浓度对阴极电流效率及直流电耗的影响，试验结果如图 3-28 所示，阴极板表观形貌如图 3-29 所示。

由图 3-28 可知，当阴极液[H⁺]浓度从 1 mol/L 增至 6 mol/L 时，阴极电流效率先增后减，直流电耗则一直持续下降。同时，当阴极液酸度较低（1 mol/L）时，阴极锡沉积状况非常差，表面瘤状物较多，颗粒粗大[见图 3-29（a）]；随着酸度的增大（3~4 mol/L），阴极锡表面晶须较少，多为平整光亮[见图 3-29（c）（d）]；酸度过高（6 mol/L）时，阴极表面开始有气泡析出，且所得电锡板表面粗糙[见图

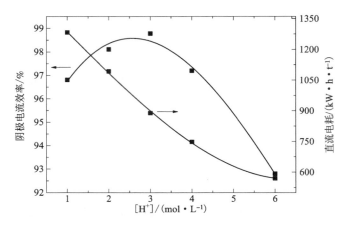

图 3-28 阴极液酸度对锡隔膜电积阴极电流效率及直流电耗的影响

（a）1 mol/L；（b）2 mol/L；（c）3 mol/L；（d）4 mol/L；（e）6 mol/L。

图 3-29 不同阴极液酸度下电沉积锡板的表观形貌图

3-29(e)]。因为在酸性条件下，盐酸不仅起到防止锡离子水解、稳定溶液的作用，还能起到提供氯离子参与配位反应和传递电荷的作用，降低槽电压，而过多的酸导致析氢副反应较为严重，影响阴极锡的表面质量。综合考虑确定阴极电解液[H$^+$]浓度为 3 mol/L 时较为适宜。

（3）阴极液 Sn^{2+} 浓度的影响

在阴极液[H$^+$]浓度为 3 mol/L，其他条件如（2）时，考察阴极液 ρ(Sn^{2+}) 对阴极电流效率及直流电耗的影响，试验结果如图 3-30 所示，阴极板表观形貌如图 3-31 所示。

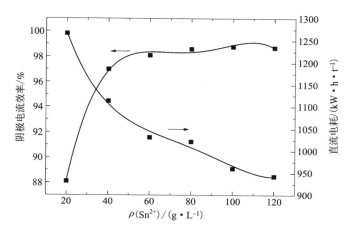

图 3-30　阴极液 ρ(Sn^{2+}) 对锡隔膜电积阴极电流效率及直流电耗的影响

由图 3-30 可知，随着阴极液 Sn^{2+} 浓度的增加，阴极电流效率逐渐升高，直流电耗逐渐降低。阴极液中锡质量浓度太低（20~40 g/L）时，阴极沉积产物为鳞状、针状晶须，成板效果不佳[见图 3-31(a)(b)]，因为阴极液 Sn^{2+} 浓度较低将导致析氢反应严重，进而降低阴极电流效率，影响阴极锡产物的表观形貌；而随着阴极液中 Sn^{2+} 质量浓度的增加（60~120 g/L），阴极锡产物成板形貌变好，多为平整光亮，晶须得到很好的抑制，且阴极液 Sn^{2+} 质量浓度越高，得到的阴极沉积锡颗粒越细小，此外电流效率和直流电耗均变化不大。考虑到电积过程中 Sn^{2+} 浓度会逐渐降低，故进行隔膜电积锡时，阴极液 Sn^{2+} 质量浓度一般取 80 g/L。

（4）电流密度的影响

在阴极液 Sn^{2+} 质量浓度为 80 g/L，其他条件如（3）时，考察电流密度对阴极电流效率及直流电耗的影响，试验结果如图 3-32 所示，阴极板表观形貌如图 3-33 所示。

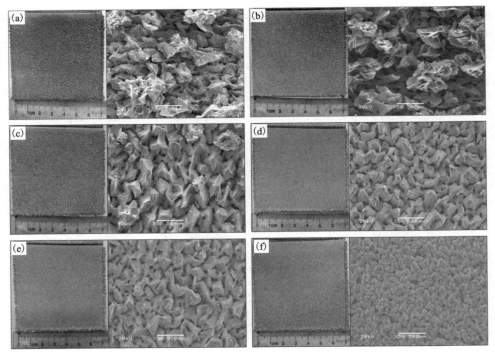

$\rho(\mathrm{Sn}^{2+})$：（a）20 g/L；（b）40 g/L；（c）60 g/L；（d）80 g/L；（e）100 g/L；（f）120 g/L。

图 3-31　不同阴极液 Sn²⁺ 质量浓度下电沉积锡板的表观形貌图

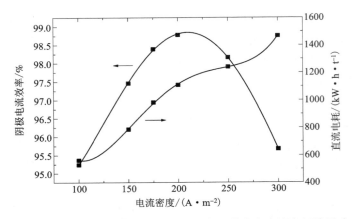

图 3-32　电流密度对锡隔膜电积阴极电流效率和直流电耗的影响

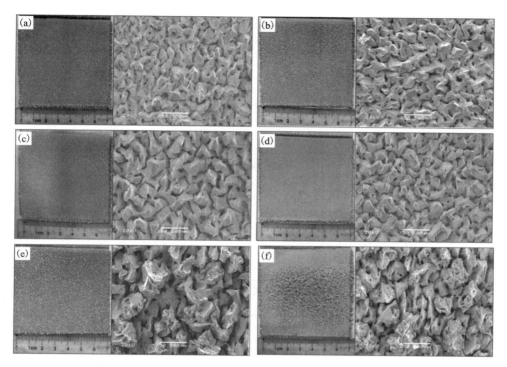

(a)100 A/m²;(b)150 A/m²;(c)175 A/m²;(d)200 A/m²;(e)250 A/m²;(f)300 A/m²。

图3-33 不同电流密度下电沉积锡板的表观形貌图

由图3-32可知,随着电流密度的增加,阴极电流效率先增后减,而直流电耗则持续升高。电流密度较小(100 A/m²)时,电流效率较低,直流电耗较小,阴极锡沉积状况较好,晶须得到了很好的抑制[见图3-33(a)];随着电流密度的增加,电流效率提高,直流电耗也随之增加;当电流密度超过200 A/m²时,阴极沉积锡表面变粗糙,边缘易长粗大的晶须[见图3-33(e)(f)]。因为锡属于电化学反应超电势很小且电极还原速率高的金属,在较大的电流下电解时更容易得到粗糙、呈树枝状或针状的沉积物,与此同时高电流密度将促进析氢反应的进行,降低电流效率,所以电解的电流密度不宜过大。综合考虑,选取电流密度为200 A/m²。

5)净化液隔膜电解综合条件试验

(1)长周期电积试验

通过上述单因素试验,得到隔膜电积锡的最佳条件。但该试验结果是在电积时间为8 h的条件下得出的,而电积锡工业生产周期远不止8 h,因此有必要在优化条件下进行长周期电积试验,模拟生产过程,探究电积过程中各技术参数的变化及效果。

长周期电积试验条件如下：温度 35℃、电流密度 200 A/m²、电积时间 24 h、取样周期 4 h，阴阳极液均由分析纯试剂配制。其中阳极液成分为 [H⁺] 3.5 mol/L、Sn²⁺ 质量浓度 100 g/L，总体积 2.5 L；阴极液成分为 [H⁺] 3.5 mol/L、Sn²⁺ 质量浓度为 80 g/L，总体积为 3 L。电积过程中，阴极液一直在进行循环，阳极液通过搅拌减少浓差极化。试验结果如表 3-95 所示，所得到的阴极沉积锡板的表观形貌及截面形貌如图 3-34 所示。

表 3-95　电积 24 h 条件下的各技术参数

取样时间/h	阳极液中离子质量浓度/(g·L⁻¹)			阴极液中离子质量浓度/(g·L⁻¹)		槽电压/V	阳极电流效率/%	阴极电流效率/%
	Sn²⁺	Sn⁴⁺	H⁺	Sn²⁺	H⁺			
0	100.04	—	3.51	80.00	3.49	1.52	—	
4	92.31	7.59	3.46	73.66	3.45	1.98	98.19	
8	84.40	15.05	3.43	67.20	3.39	2.34	94.31	
12	76.49	22.50	3.36	61.33	3.35	2.45	94.18	96.66
16	68.14	29.99	3.39	54.88	3.39	2.49	89.70	
20	60.23	37.47	3.34	49.05	3.27	2.52	94.56	
24	52.36	44.95	3.30	42.97	3.25	2.56	95.04	

由表 3-95 可知，电积过程中阳极主要发生 Sn²⁺ 被氧化为 Sn⁴⁺，故阳极液 Sn²⁺ 质量浓度从 100.04 g/L 逐渐降低至 52.36 g/L，Sn⁴⁺ 质量浓度则逐渐升高至 44.95 g/L；而阴极主要发生 Sn²⁺ 被还原成 Sn 金属单质，故阴极液 Sn²⁺ 质量浓度从 80.00 g/L 持续降低至 42.97 g/L。两极室中 [H⁺] 浓度均稍有所下降，说明存在 HCl 挥发损失或是发生少量的析氢反应。槽电压在整个电积过程中的前 8 h 增长较快，随后增长幅度减缓并趋于稳定，最高槽电压不会超过 3 V。平均阳极电流效率为 94.33%，阴极电流效率为 96.66%。

从图 3-34(a) 可以看出，阴极锡板的表观形貌整体比较平整，但表面颗粒较大，平均直径大约为 0.5 mm；此外，阴极锡板边缘存在少量的瘤状物，因此有必要做好阴极锡板边缘的绝缘包覆。同时图 3-34(b) 显示所得的锡板厚约 1.5 mm，且明显能够观察到分层现象，说明锡的沉积过程前期生成了一层非常平整的致密层，厚度达到 0.5 mm 后锡开始呈颗粒状生长，并且粒度逐渐增大，其中缘由尚待进一步深入研究。

(2) 实际电解液电积试验

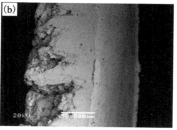

图 3-34　大规模电积 24 h 条件下阴极锡板的(a)表观形貌及(b)截面形貌

　　结合以上试验结果,分别以实际净化后液和实际浸出液作为电解液,进行了两组电积试验,试验条件为温度 35℃、电流密度 200 A/m^2。电积技术参数如表 3-96 所示,两组试验所得阴极电锡的主要化学成分如表 3-97 所示。同时各试验所得阴极锡板的表观形貌如图 3-35 所示,其 XRD 图谱对比如图 3-36 所示。

表 3-96　实际锡溶液电积的技术参数

电解液类型	净化液	浸出液
电积时间/h	8	5
阴极电流效率/%	96.25	94.68
平均槽压/V	2.14	2.35

表 3-97　实际锡溶液电积所得电锡主要化学成分的质量分数　　　　单位:%

电解液类型	Sn	Pb	Cu	Fe	Al	Zn
净化液	99.9	0.005	0.028	0.012	0.002	0.003
浸出液	99.2	0.026	0.57	0.015	0.002	0.00

　　由表 3-96 和表 3-97 可知,净化液电积 8 h 后,阴极电流效率能够达到96.25%,所得阴极电锡的纯度高达 99.9%;而浸出液电积 5 h 后,阴极电流效率降至 94.68%,因为浸出液所含的 Sn^{4+} 质量浓度也将发生还原,同时其中的 Cu^{2+} 离子、Pb^{2+} 离子还原电位高于或与 Sn^{2+} 质量浓度相当,使所得电锡的纯度降至 99.2%,其中 $w(Cu)$ 为 0.57%、$w(Pb)$ 为 0.026%。然而,由图 3-35 可知,与净化液电积相比,浸出液直接电积所得阴极锡板的表观形貌明显更加平整致密,原因在于少量 Pb^{2+} 能够有效地抑制锡晶须的生成,明显增强(200)晶面的生长(见图 3-36)。因此,若对

阴极锡板的纯度要求不高，可不进行净化，直接电积出锡合金。

（a）净化液电积；（b）浸出液电积。

图 3-35　实际锡溶液电积试验所得阴极锡板的表观形貌图

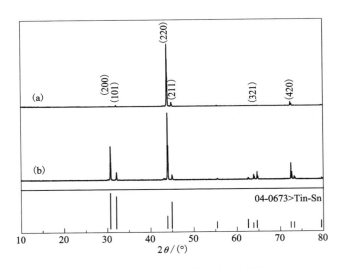

（a）净化液作电解液；（b）浸出液作电解液。

图 3-36　实际锡溶液电积试验所得阴极锡板的 XRD 图谱

4. 小结

（1）锡浸出的最佳条件如下：温度 40℃、[H^+]浓度为 4 mol/L、Sn^{4+}过量系数 1.3、液固比为 5:1、浸出时间 2 h。在该条件下，锡的浸出率大于 95%；锡粉还原最佳条件如下：锡粉用量为理论量的 1.3 倍、温度 60℃、反应时间 60 min；硫化除杂的最佳条件如下：Na_2S 用量为理论量的 1.3 倍、温度 30℃、反应时间 30 min。在上述条件下，净化液中几乎不含 Sn^{4+} 质量浓度，Cu^{2+} 和 Pb^{2+} 的去除率分别为 98.66% 和 87.98%，锡的损失率小于 3%；电积最佳条件如下：温度 35~45℃、阴极液[H^+] 浓度为 3 mol/L、Sn^{2+} 质量浓度 80 g/L、电流密度 200 A/m²、槽电压约 1.55 V。在上述条件下,阴极电流效率大于98.5%,吨锡直流电耗小于1000 kW·h/t。

(2)在优化的电积条件下进行长周期电积试验,24 h后平均阳极电流效率为94.33%,阴极电流效率为96.66%。所得的阴极锡板的表观形貌整体比较平整,但表面颗粒较大,平均直径大约为0.5 mm,厚度约为1.5 mm,且能够明显观察到有分层现象。实际净化液电积时,阴极电流效率为96.25%,所得阴极锡板的纯度为99.9%;而浸出液直接电积时,阴极电流效率降至94.68%,所得电锡的纯度降至99.2%。

3.2.3 隔膜电解炼锑

针对酸性湿法炼锑存在的废水排放量大和必须使用氯气的两大缺点,作者学术团队在"氯化—水解法""新氯化—水解法"和"三氯化铁浸出—萃取—隔膜电解法"研究成果的基础上,提出和成功开发了"氯化浸出—隔膜电解法"炼锑新工艺,该工艺可用来处理锑物料,已完成1 t/d规模的工业试验,生产合格电锑6.5 t。试验证明,该工艺可避免爆锑形成,技术经济指标先进。处理单一硫化锑精矿[$w(Sb)$为61.85%]时锑浸出率≥99.00%,总回收率≥97.00%,阴极电流效率≥99%,阳极电流效率≥95%,吨锑直流电耗1200 kW·h/t。本节将详细介绍"氯化浸出—隔膜电解法"炼锑新工艺的研发成果和应用。

1.原料与流程

1)试验原料

试验所用锑精矿来自湖南某冶炼厂,主要化学成分如表3-98所示。1#锑精矿为试验全流程用试料,其中57.23%的Sb以硫化锑的形态赋存,1.72%以三氧化二锑的形态赋存,2.90%以锑酸盐的形态赋存。成分相对复杂的2#锑矿为验证试验用试料。

表3-98 锑精矿各化学成分的质量分数 单位:%

成分	Sb	Fe	S	Cu	Pb	Cd	As	SiO$_2$	Al$_2$O$_3$	CaO	WO$_3$	Au*
1#锑精矿	61.85	0.94	26.11	0.43	0.84	0.0038	0.13	5.28	2.38	1.20	—	—
2#锑精矿	37.21	13.27	30.60	0.09	0.18	0.002	0.03	7.14	2.26	0.08	0.10	56.6

注:* 单位为g/t。

2)工艺流程

试验工艺流程如图3-37所示。SbCl$_5$价格昂贵,直接使用SbCl$_5$浸出会增加成本,而以SbCl$_3$氧化制取浸出剂SbCl$_5$,则会增强实验复杂性,另外残留的氧化剂也不利于辉锑矿的选择性浸出。因此，试验先以配制的 $SbCl_3$ 水溶液电积，在阳极室富集得到较高浓度的 $SbCl_5$ 溶液，再以这种 $SbCl_5$ 溶液作为浸出剂进行浸出试验，浸出液经过净化除杂后返回电积过程，试验进入浸出—电积的闭路循环。

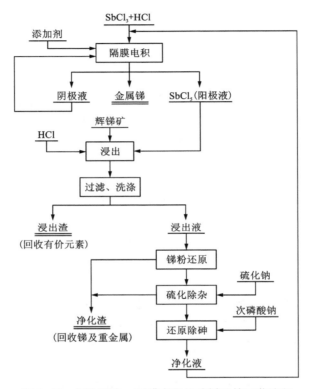

图 3-37　氯盐浸出—隔膜电积闭路循环的工艺流程

2. 结果与讨论

1）五氯化锑浸出条件试验

用隔膜电积过程中阳极室生成的 $SbCl_5$ 溶液作浸出剂，在酸性条件下分别考察温度、酸度、液固比、$SbCl_5$ 过量系数和浸出时间对精矿中 Sb（Ⅲ）浸出率的影响。在浸出试验之前，对电积阳极液进行了表征分析，确定了其成分为 $SbCl_5$，试验方法是采用硫酸铈还原滴定分析溶液中的 $[Sb]_T$ 与 $[Sb^{3+}]$，两者差值即为溶液中 Sb^{5+} 的含量。

（1）温度的影响

研究表明，硫化锑矿的氯化浸出受化学反应控制，反应温度在 60℃ 以下时，温度的变化对浸出率无明显影响，只有在更高的温度下才有利于浸出反应的进行。在[H$^+$] 4 mol/L、液固比 8∶1、SbCl$_5$ 过量系数为 1.1 及浸出时间 1.5 h 的条件下，考察温度对浸出率的影响，结果如表 3-99 所示。

表 3-99　温度对浸出过程的影响

温度 /℃	浸出液体积 /mL	浸出液 Sb^{3+} 质量浓度 /(g·L^{-1})	液计浸出率 /%	渣率 /%
75	338	138.41	93.71	39.50
85	345	144.85	99.68	33.50
95	330	148.22	98.83	31.83

表 3-99 说明，最佳浸出温度为 85℃，此时的液计浸出率达到 99.68%。提高浸出温度对浸出率是有利的，从 75℃ 上升到 85℃ 浸出率增加了约 6%，这说明浸出过程受化学反应控制；而在 95℃ 时，浸出率反而有所降低，主要原因是此时溶液挥发较快，实验装置不能保证完全密封，造成主成分挥发和在器壁上的滞留损失。对比渣率及原矿中的成分[w(Sb) 为 61.85%]还可发现，在该体系中浸出时，脉石成分大多存留于渣中，硫则主要以单质硫的形态入渣。另外，随着浸出温度升高，渣率依次降低，其原因是硫氧化为高价态的比例提高及其他成分的溶解度随温度升高而增加。

（2）[H$^+$]的影响

三氯化锑水解体系的热力学研究表明，在硫化锑矿的氯化浸出中，浸出剂具有足够高的总氯浓度，是保证浸出体系不产生水解的先决条件，同时也要保证有足够高的酸度。根据其拟合的线性回归方程，在五氯化锑作浸出剂的实验中，氯离子浓度的影响不大，只需考虑酸度的影响。在温度 85℃，其他条件如（1）时，考察[H$^+$]对浸出率的影响，结果如表 3-100 和图 3-38 所示。

表 3-100　[H$^+$]对浸出过程的影响

[H$^+$]/(mol·L^{-1})	浸出液体积/mL	浸出液 ρ(Sb^{3+})/(g·L^{-1})	液计浸出率/%	渣率/%
2	315	111.35	71.35	56.17
3	355	139.52	99.48	33.83
4	345	144.85	99.68	33.50
5	348	141.74	99.65	32.83

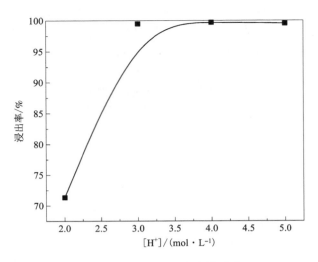

图 3-38　[H⁺]对浸出率的影响

由表 3-100 及图 3-38 可以看出,当[H⁺]低于 3 mol/L 时,浸出率明显受到很大影响;而[H⁺]达到 3 mol/L 以后,浸出率受酸度的影响不再明显,此时浸出率都为 99.5%以上。试验中发现,当[H⁺] = 2 mol/L 时,浸出浆液为灰绿色,而不是正常情况下的墨绿色,过滤后滤液较为混浊且难于澄清,究其原因可能是此时溶液中的锑浓度过高,浸出又消耗了一定量盐酸,导致 $SbCl_3$ 水解;在[H⁺] = 5 mol/L 时,加入矿料即产生难闻的臭味(为 H_2S 气体),使操作环境恶化。综合考虑,可选择[H⁺] = 3.5 mol/L 为最佳酸度。

(3)液固比的影响

由于试验选用 $SbCl_5$ 为浸出剂且硫化锑精矿的品位较高,当液固比小于 5:1 时,通过计算发现试验已不能再加入盐酸和水,故选择液固比为 6:1、7:1、8:1、10:1,并在[H⁺] = 3.5 mol/L,其他条件如(2)时考察液固比对浸出率的影响,结果如表 3-101 和图 3-39 所示。

表 3-101　液固比对浸出过程的影响

液固比	浸出液体积/mL	浸出液 $\rho(Sb^{3+})$/(g·L⁻¹)	液计浸出率/%	渣率/%
6:1	265	183.22	96.79	—
7:1	302	163.70	98.75	34.50
8:1	328	152.61	99.73	29.00
9:1	380	131.98	99.42	32.00

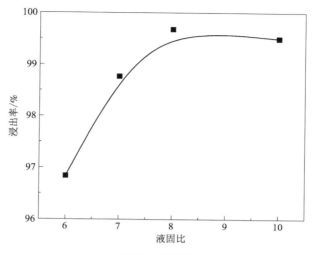

图 3-39　液固比对浸出率的影响

　　表 3-101 和图 3-39 说明, 随液固比的增大, 浸出率逐渐升高并趋于平缓, 确定最佳液固比为 8:1, 此时 Sb^{3+} 浸出率达到了 99.73%。试验中发现, 在液固比为 6:1 时浆液黏稠度较大, 不利于浸出反应的进行。同时低的液固比使得反应比表面积降低, 不利于由化学反应控制的浸出过程; 液固比过高, 一方面会增加酸耗, 另一方面会降低浸出剂浓度, 同样不利于浸出反应。

　　(4)$SbCl_5$ 过量系数的影响

　　$SbCl_5$ 用量的多少, 直接影响到氧化还原反应的快慢和进行的程度。在液固比为 8:1, 其他条件如(3)时考察 $SbCl_5$ 过量系数对浸出率的影响, 结果如表 3-102 和图 3-40 所示。

表 3-102　$SbCl_5$ 理论用量倍数对浸出过程的影响

$SbCl_5$ 理论用量倍数	浸出液体积/mL	浸出液 $\rho(Sb^{3+})/(g \cdot L^{-1})$	液计浸出率/%	渣率/%
0.9	330	123.77	94.53	35.00
1.0	335	137.48	98.76	33.67
1.1	328	152.61	99.73	29.00
1.2	342	151.27	99.81	—

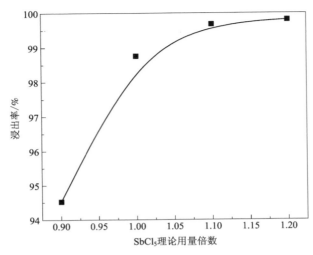

图 3-40　SbCl₅ 理论用量倍数对浸出率的影响

　　从表 3-102 和图 3-40 可以看出，Sb³⁺ 浸出率随 SbCl₅ 用量的增大而升高，用量达到 1.1 倍理论用量以后，浸出率都达到了 99.5%，继续增加 SbCl₅ 用量对浸出率影响不大，反而增加了后续还原工序负担。SbCl₅ 用量过少，则会使浸出速率减慢，副反应 $Sb_2S_3 + 6HCl \Longrightarrow 2SbCl_3 + 3H_2S \uparrow$ 加剧，导致酸耗增加，污染严重。综合考虑，SbCl₅ 用量选择 1.1 倍理论用量为宜。

　　(5)浸出时间的影响

　　鉴于氯盐体系浸出硫化锑矿较为容易，短时间内就能达到较高的浸出率，因而选择浸出时间(h)分别为 0.5、1.0、1.5、2.0，在 SbCl₅ 用量为 1.1 倍理论用量，其他条件如(4)时考察浸出时间对浸出率的影响，试验结果如表 3-103 和图 3-41 所示。

表 3-103　浸出时间对浸出过程的影响

浸出时间/h	浸出液体积/mL	浸出液 $\rho(Sb^{3+})/(g \cdot L^{-1})$	液计浸出率/%	渣率/%
0.5	335	117.02	78.43	49.83
1.0	352	139.52	98.38	34.17
1.5	328	152.61	99..73	29.00
2.0	340	146.58	99.84	30.50

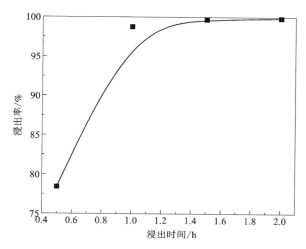

图 3-41　浸出时间对浸出率的影响

表 3-103 和图 3-41 说明，开始浸出的前 0.5 h，反应十分剧烈，浸出速度很快，0.5 h 内浸出率已经达到了 78.43%，1 h 后浸出率达到 98%，往后则浸出过程趋于平稳，浸出率在 1.5 h 以后大于 99.5%，再往后浸出率变化不大。因此，选择最佳浸出时间为 1.5 h。

2）浸出综合条件试验

单因素条件试验得到的优化结果如下：浸出温度 85℃、[H$^+$] = 3.5 mol/L、液固比 8:1、SbCl$_5$ 用量为理论量的 1.1 倍、浸出时间 1.5 h。在此条件下，1$^#$硫化锑矿的浸出率达到了 99.5%。该结果是在小剂量试料条件下得出的，为验证其使用适应性和广泛性，有必要进行综合扩大试验。综合扩大试验局限于实验室条件，采取了单因素条件试验 10 倍的规模：矿料 300 g/次，在 5000 mL 烧杯中进行，采用恒温水浴槽加热，用塑胶纸板密封，机械搅拌，滤渣用 1 mol/L 稀盐酸约 150 mL 洗 3~4 次。

（1）1$^#$锑精矿优化条件试验

两次试验共产出浸出液 4913 mL，浸出渣 199.05 g，产物成分及金属平衡如表 3-104 所示。结果表明，在试验规模扩大 10 倍以后，锑浸出率仍然大于 99%，浸出率受到的影响不大，与条件试验相比略有降低，原因可能是所采用的浸出装置密封性能不如条件试验，造成溶液有一定的挥发损失。

表 3-104　1#锑精矿综合扩大试验结果

元素	浸出液成分质量浓度 /(mg·L⁻¹)	浸出渣成分质量分数/%	金属平衡		
			入液率/%	入渣率/%	平衡率/%
Sb*	200. 25	2. 25	99. 15	0. 45	99. 60
As	12. 02	0. 125	7. 57	31. 90	39. 47
S	1936. 4	72. 70	6. 12	92. 28	99. 0
Cu	296. 90	0. 60	56. 54	46. 26	102. 8
Cd	2. 64	0. 00485	56. 90	42. 37	99. 27
Pb	956. 7	0. 058	93. 27	2. 29	95. 56

注：*单位为 g/L，采用硫酸铈滴定法分析测定；其他数据为中南大学分析检测中心 ICP-AES 测定结果。

从表 3-104 可以看出，所考察的杂质离子除砷以外，其他元素的平衡情况较好，相差不超过±5%。砷的平衡率只有 40%左右，其可能存在以下三个方面原因：一是浸出过程中 AsCl₃ 会伴随 HCl 的挥发而损失，这部分砷未能计入砷平衡；二是低浓度砷分析普遍存在较大误差，导致砷平衡较差；三是一次滤液静置过程中会产生少量黄色絮凝状沉淀物，在二次过滤时该沉淀物由于量少附着于滤纸上而不能归入渣中进行分析，这种黄色絮凝状沉淀物可能就是 As₂S₃。此外，92%左右的硫都进入渣中，仅有少量进入溶液，验证了理论分析中关于绝大多数硫被氧化成单质硫入渣的结论。可见该浸出体系有效避免了硫化矿处理过程中硫对环境的污染问题，入渣的固态硫也便于回收利用。分析浸出液成分可知，As、Cd 的含量很低(10⁻⁶级)，主要杂质成分是 Cu 和 Pb，其原因是 Cu(Ⅰ)和 Pb(Ⅱ)都能与 Cl⁻形成配合物，Cl⁻浓度较高时有较高的溶解度。

(2)2#锑精矿优化条件试验

1#锑精矿品位很高，脉石少，氯化浸出比较容易，对此本节试验采用品位相对较低的或难处理的 2#锑精矿为试料，以验证优化条件的适应性，试验结果如表 3-105 所示。

表 3-105　2#锑精矿综合扩大试验结果

试验	精矿质量/g	浸出液体积/mL	浸出液 ρ(Sb³⁺)/(g·L⁻¹)	液计浸出率/%	渣率/%
1	30	342	78. 06	91. 16	65. 83
2	30	348	78. 44	93. 23	61. 50
3*	30	350	81. 78	97. 72	57. 17
平均	30	345	78. 25	92. 20	63. 67

注：*实验 3 的 H⁺浓度为 4.0 mol/L。

　　由表 3-105 可以看出，当采用成分稍复杂的 2# 锑精矿为试料后，在相同的条件下浸出率从 >99.5% 降低到 92.0% 左右，渣量约增加 1 倍。在 H^+ 浓度提高到 4 mol/L 而其他条件不变的情况下，2# 锑精矿浸出率提高了 5.72%，达到 97.72%，但渣率降低得并不多。由此可见，2# 锑精矿的浸出率可以通过提高 H^+ 浓度或延长浸出时间来获得理想结果，对此本文没能进一步深入研究，但可以说明的是本文得到的优化条件对处理各类简单或复杂的锑精矿都有较强的适应性，所不同的是浸出时间需要根据情况对优化条件作适当调整。

　　3）浸出液还原及净化试验

　　浸出液送电积之前，必须经过还原净化，除去溶液中能参与电极反应的杂质离子，或降低到一个允许的范围值，否则会增加额外的电能消耗，降低电流效率，影响沉积锑的质量和形貌，甚至使电积过程难以进行下去。溶液中最主要的杂质离子是高价锑离子以及 Cu^{2+}、As^{3+}、Pb^{2+} 等重金属离子。把多次条件实验所得到的浸出液混合，用作还原净化试验的试液，表 3-106 为混合浸出液的主要成分。

表 3-106　混合浸出液各化学成分的质量浓度　　单位：g/L

Sb^{5+}	Sb^{3+}	Fe^{3+}	Fe^{2+}	Pb^{2+}	Cu^{2+}	Cd^{2+}	As^{3+}
2.44	122.88	0.0927	0.3709	0.4172	0.1061	0.0018	0.0116

　　（1）锑粉还原试验

　　把电积得到的锑块碾磨成粉，根据浸出液中 Sb^{5+} 的量决定锑粉用量。试液中 Sb^{5+} 含量较低，为了还原完全，同时要考虑 As^{5+}、Fe^{3+} 等杂质离子的还原，只能加大锑粉用量，因此最终确定锑粉用量为理论量的 5.0 倍，反应温度的 60℃，搅拌 30 min。还原液中 Sb^{3+} 离子浓度从还原前的 122.88 g/L 增加到 127.52 g/L，采用硫酸铈滴定分析 Sb^{5+} 和重铬酸钾滴定分析 Fe^{3+} 时，均检测不出高价离子，说明还原得较为完全。

　　（2）硫化除重金属离子试验

　　用 Na_2S 作为除杂剂，根据溶液中 Cu^{2+}、Cd^{2+}、Pb^{2+} 和 As^{3+} 的含量，确定 Na_2S 用量为理论量的 2.0 倍，$[H^+] > 3$ mol/L、反应温度为 60℃，反应 30 min，冷却过滤。硫化除杂前后，Cu^{2+}、Cd^{2+} 和 Pb^{2+} 的成分变化如表 3-107 所示。

　　从表 3-107 中可以看出，Cd^{2+} 去除率不高，但硫化除杂后液 Cd^{2+} 质量浓度只剩 0.3 mg/L，原因是浸出液中 Cd^{2+} 质量浓度已经很低；Pb^{2+} 一方面因其在溶液中会形成 $PbCl_i^{2-i}$ 而配合离子，另一方面高酸溶液中 PbS 的 K_{sp} 相对较大，因而 Pb^{2+} 去除率只有 88.57%，剩余的 Pb^{2+} 浓度为 47.7 mg/L；净化后 Cu^{2+} 质量浓度为 3.9 mg/L，去除率达到了 96.32%，这主要是因为即便在酸性溶液中 CuS 的 K_{sp} 值也较小。

表 3-107　净化除杂试验结果　　　　　　　　　　　　　单位：g/L

项目	Sb^{3+}	Fe	Pb^{2+}	Cu^{2+}	Cd^{2+}
混合还原液	127.52	0.4636	0.4172	0.1061	0.0018
净化液	122.94	—	0.0477	0.0039	0.0003
除杂率/%	3.60	—	88.57	96.32	83.33

(3)次磷酸钠还原除砷试验

确定试验条件如下：Na_3PO_2 用量为理论量的 1.5 倍，[H^+]约 4 mol/L，温度 60℃，时间 90 min，冷却后过滤。由分析结果可知，净化后溶液中的 As^{3+} 质量浓度由净化前的 0.0116 g/L 降低到 0.0020 g/L，砷的去除率达到 81.51%，可见在足够长时间内，Na_3PO_2 除砷能够取得较好的效果。

4)三氯化锑溶液隔膜电积锑

电沉积试验所用的电解液由净化液稀释制取，净化液主要成分如表 3-107 所示。当阴极液中 Sb^{3+} 质量浓度为 30 g/L，温度 40℃时，不考虑电化学极化，求得 $\varphi_{Sb^{3+}/Sb} = 0.227$ V，根据同时放电原理，此时只要溶液中 $\rho(Cu^{2+}) < 0.0145$ g/L、$\rho(As)^{3+} < 0.0251$ g/L，Cu^{2+} 和 As^{3+} 就不会与 Sb^{3+} 在阴极同时析出。据此，可以推断净化液基本能达到电积要求。在探索实验中发现，阴极液酸度的升高会使得电耗略有增大，但若是酸度太低，电积过程中将会出现 Sb^{3+} 水解沉淀的现象，故阴极液酸度始终维持在 3.5~4 mol/L。

(1)温度的影响

在 $\rho(Sb^{3+})$ 70 g/L、[H^+] 4 mol/L、[Cl^-]$_T$ 5.8 mol/L、$\rho(NaCl)$ 40 g/L，添加剂 A 30 mg/L，异极距 40 mm，电流密度 200 A/m² 及电积 8 h 的条件下，考察温度对阴极产物质量的影响，结果如图 3-42 所示。

结果表明，当温度为 30℃时，沉积物光亮致密，但沉积物表面有明显的宏观爆裂，可以确定形成的是爆锑；当温度升高到 35℃时，沉积过程不易控制，沉积稳定的情况下形成表面粗糙的正常锑，而沉积条件波动幅度稍大则会形成爆锑；当温度为 40℃以上时，没有形成爆锑的现象，沉积物表面粗糙并呈暗灰色，且随温度升高沉积物表面瘤状颗粒数量减少、粒度变小，沉积物明显比低温度下平整。图 3-43 为温度对阴阳极电流效率和电耗的影响，从图中可以看出，阴阳极电流效率随温度升高而升高，在 40℃后达到平衡，阴极电流效率为 99%以上，阳极效率也达到了 88.23%。阳极效率难以再提高的原因是，一方面随阳极反应的进行，阳极区 Sb^{3+} 减少，从而导致氧化接触面减少；另一方面游离的 Cl^- 因挥发和消耗导致 $SbCl_5$ 的生成速度减慢。此外，吨锑电耗随温度升高而大幅下降，最后趋于平缓，原因是溶液比电阻随温度升高而下降，离子传质速度加快，使槽电压

(a)爆锑　　　　　　　　　　(b)正常锑

图 3-42　爆锑与正常锑的宏观形貌照片

降低。综上所述，选择电沉积温度在 40~45℃时为宜，因为温度再升高对沉积物形貌、电效和电耗的影响已不明显，反而容易加剧溶液的挥发。

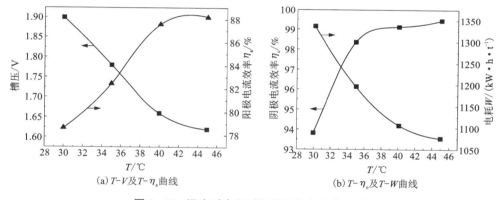

(a) T-V 及 T-η_a 曲线　　　　　　(b) T-η_c 及 T-W 曲线

图 3-43　温度对电积过程参数和指标的影响

（2）添加剂种类及浓度的影响

在温度为（42±2）℃，其他条件同温度影响试验一样时，分别考察表面活性物质 A~F 的单一或复合添加对沉积物质量的影响，结果如图 3-44 所示。

添加剂 A~F 是脱附电位比 Sb^{3+} 析出电位更负的脂肪醇、胺或季铵盐和动物胶等。试验表明，当一起使用添加剂 A+D 时，能得到致密平整的正常锑，沉积物质量较好，呈银灰色，如图 3-44(c)所示；其他单一或复合添加剂都不能得到沉积形貌较好的锑板，可见添加剂 A+D 对改善氯盐体系锑电积过程的作用明显。

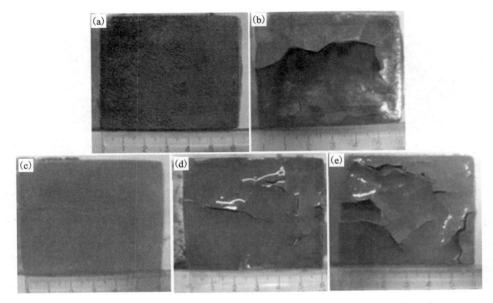

(a)添加剂 A;(b)添加剂 A+B+C;(c)添加剂 A+D;(d)添加剂 B+D+E;(e)添加剂 A+F。

图 3-44   不同添加剂下得到的阴极沉积物宏观形貌照片

此外,不同添加剂浓度对沉积物质量也有一定影响,添加剂用量过少就不能起到应有效果,反之则会大量吸附在电极表面,导致阴极极化电位显著上升,同时溶液电阻增加,结果槽压大幅上升,使得到的沉积物质量较差。因此,还必须研究添加剂 A 和 D 的用量。表 3-108 为不同浓度添加剂 A 和 D 对电沉积过程的影响。从表中可以看出,添加剂过少或过多都不能达到较好的效果,且随添加剂用量的增加,平均槽电压有增加的趋势。除添加剂浓度过高的情况外,添加剂的用量对阴阳两极的电流效率的影响都不是很大,试验结果表明,选择添加剂 A 30 mg/L 和添加剂 D 20 mg/L 都能得到形貌最好的锑,且电积过程参数较好。

表 3-108   不同浓度添加剂 A 和 D 对电沉积过程的影响

添加剂质量浓度(A+D)/(mg·L^{-1})	平均槽压/V	阳极效率/%	阴极效率/%	电耗/(W·h·t^{-1})	沉积物质量
10+10	1.59	88.91	99.86	1051.67	正常锑、致密、表面有小颗粒
20+20	1.63	87.35	99.37	1083.44	正常锑,表面光滑、致密平整
30+10	1.61	87.72	99.23	1071.66	正常锑,表面光滑、致密平整

续表3-108

添加剂质量浓度(A+D)/(mg·L⁻¹)	平均槽压/V	阳极效率/%	阴极效率/%	电耗/(W·h·t⁻¹)	沉积物质量
30+20	1.61	88.23	99.48	1068.97	正常锑，表面光滑、致密平整
40+30	1.74	86.33	97.11	1183.48	沉积物表面有线条状生长现象

（3）阴极液 Sb^{3+} 质量浓度的影响

加入添加剂 A 和 D，其用量分别为 30 mg/L 和 20 mg/L，氯化钠加入量随 Sb^{3+} 质量浓度而变，以保证总氯浓度达到 5.8 mol/L 左右，其他条件同上，分别考察 Sb^{3+} 质量浓度为 30 g/L、50 g/L、70 g/L、90 g/L、110 g/L 时的阴极产物质量。

结果表明，Sb^{3+} 质量浓度为 30 g/L 时，只能在阴极表面得到一薄层鳞状爆锑，随后得到的是粉锑，粉锑沉积速度较快，并发生落槽现象；当 Sb^{3+} 质量浓度为 110 g/L 时，得到的沉积物局部爆裂，表面无明显光泽；其他质量浓度下得到的产物均为正常锑，沉积物致密平整，呈银灰色。

图 3-45 是不同起始 Sb^{3+} 质量浓度下得到的阴极产物 SEM 图，其中起始 Sb^{3+} 质量浓度为 30 g/L 和 110 g/L 时样取自产物裂口的附近。从图中可以看到，在 Sb^{3+} 质

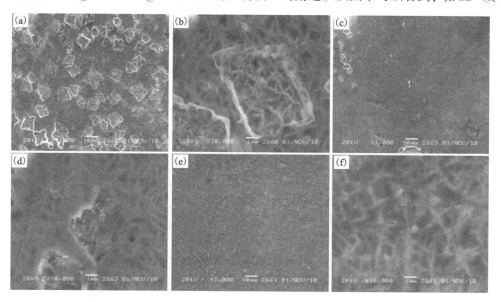

Sb^{3+} 质量浓度/(g·L⁻¹)：(a)和(b)为30；(c)和(d)为110；(e)和(f)为70。

图 3-45　不同起始 Sb^{3+} 质量浓度下阴极沉积物的 SEM 图

量浓度为 30 g/L 时,有大量粒度为 5~10 μm 的方形晶粒;在 Sb³⁺ 质量浓度为 110 g/L 时,也有少量粒宽约 5 μm 的晶粒,而在远离裂口的部分没有发现;在 Sb³⁺ 质量浓度为 70 g/L 时,没有类似的大颗粒。由于这种大晶粒的存在,晶间应力发生了变化,颗粒越多越大,晶间应力也越大,发生爆裂并最终形成爆锑。从晶相来看,沉积物呈现清晰的凤尾草晶形,并且爆锑的晶枝细而短[见图 3-45(b) 和图 3-45(d)],约长 1 μm,正常锑的晶枝则相对粗且稍长,因此正常锑表面不如爆锑光滑、略显粗糙。

图 3-46 为槽压、电耗和阴阳极电流效率与 Sb³⁺ 质量浓度的关系,从图中可以看出,除阳极效率随 Sb³⁺ 质量浓度的增高而降低外,槽压、电耗都有一个最低点,阴极效率也有一个最高点,这一点对应的 Sb³⁺ 质量浓度大概是 70 g/L,出现这种现象的原因是当溶液中 Sb³⁺ 质量浓度过低时,电极表面会发生浓差极化现象;Sb³⁺ 质量浓度过高时,溶液比电导下降,离子发生缔合。所以,保持溶液中 Sb³⁺ 质量浓度在 70 g/L 为宜。

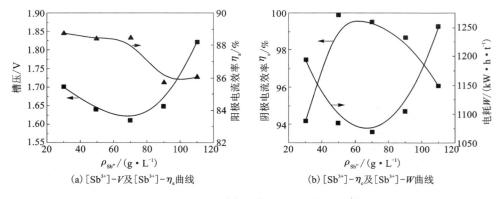

(a) [Sb³⁺]-V 及 [Sb³⁺]-η_a 曲线   (b) [Sb³⁺]-η_c 及 [Sb³⁺]-W 曲线

图 3-46 [Sb³⁺] 对电积过程参数和指标的影响

(4)电流密度的影响

在添加剂 A 为 30 mg/L 和添加剂 D 为 20 mg/L,其他条件同(3)时,考察电流密度对阴极产物质量的影响,结果如图 3-47 所示。

图 3-47 表明,在电流密度较小时,阴极沉积物的质量较好。电流密度为 200 A/m² 和 250 A/m² 时,得到的阴极锑表面光滑致密,产物为正常锑;电流密度为 300 A/m² 时,得到的沉积物平整致密,表面有少量细小颗粒,整块沉积物未见爆锑;当电流密度增大到 400 A/m² 时,沉积物表面有明显的爆裂现象,有部分爆锑,且随电流密度的增大,沉积物表面的颜色逐渐由暗变亮。因为电流密度越大沉积速度越快,中间转换步骤放电迟缓也越明显,所以阴极锑质量反而不好。

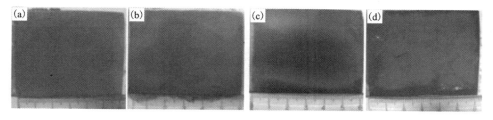

电流密度/(A·m⁻²)：(a)200；(b)250；(c)300；(d)400。

图 3-47　不同电流密度下阴极沉积物的宏观形貌照片

图 3-48 为槽压、电耗和阴阳极电流效率与电流密度的关系，从图中可以看出，槽压和电耗随着电流密度的增大而增大，阴阳极电流效率随电流密度的增大而降低。综合考虑，选择电流密度为 $200\sim250$ A/m² 时最佳。

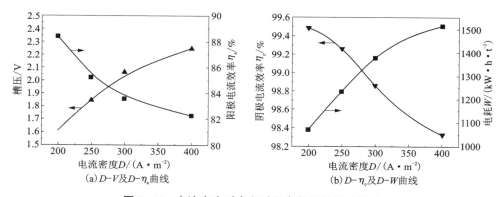

(a)D-V及D-η_a曲线　　　(b)D-η_c及D-W曲线

图 3-48　电流密度对电积过程参数和指标的影响

（5）长周期电积试验

优化条件是在电沉积时间不超过 8 h 的条件下得到的，而工业生产中阴极周期较短的锌电解，电解时间也长达 24 h，因此研究电解过程中各技术参数随时间延长而变化的规律具有重要意义。

在优化条件下进行了两次长时间电积试验研究，第一次试验的电积时间为 20 h，电流密度 200 A/m²，取样周期 4 h，取样后适当补加阴阳极液。由于阴阳极板与液面的实际情况不同，每次取样后都必须补充阴极液，而阳极液视液面情况补充。其中阴极液 A 补液的成分如下：Sb^{3+}（质量浓度）202.47 g/L，$[H^+]$ 4.63 mol/L，NaCl 质量浓度 40 g/L，添加剂 A 30 mg/L，添加剂 D 20 mg/L；阳极液及补液成分如下：Sb^{3+}（质量浓度）158.77 g/L，$[H^+]$ 2.04 mol/L，NaCl 质量浓度 40 g/L。试验结果如表 3-109 所示。

表 3-109　阴极周期为 20 h 条件下的电积参数

取样时间/h	$\rho(Sb^{3+})$ /(g·L^{-1})		[Cl$^-$] /(mol·L^{-1})		[H$^+$] /(mol·L^{-1})		$\rho_{Sb^{5+}}$ /(g·L^{-1})	槽压/V	$\eta_阳$ /%	$\eta_阴$ /%
	阴极液	阳极液	阴极液	阳极液	阴极液	阳极液	阳极液			
0	70.61	158.77	6.53	6.06	4.25	1.73	0	1.60	—	
4	64.77	149.66	6.46	6.06	4.09	1.91	9.51	1.61	87.11	
8	65.14	140.61	6.40	6.13	4.11	1.85	19.33	1.63	90.05	
12	66.34	133.47	6.37	6.21	3.94	1.90	28.26	1.62	81.88	99.68
16	65.58	124.53	6.39	6.18	4.06	1.73	39.06	1.64	99.03	
20	64.42	117.26	6.27	6.13	4.00	1.91	48.47	1.63	86.29	

表 3-109 说明，试验过程中阴极 Sb^{3+} 质量浓度保持在 65 g/L 左右，在 20 h 内阳极生成 Sb^{5+} 约 25 g。阴极 Cl$^-$ 浓度随反应进行在逐渐变小，而阳极 Cl$^-$ 浓度则相应增加，两极 H$^+$ 浓度都在逐渐减小，说明有 HCl 的挥发损失，同时 Cl$^-$ 通过阴离子膜在向阳极室转移，但由于浓度差不大，变化不太明显。平均阳极电流效率为 88.72%，阴极电流效率为 99.68%。槽压在整个过程中较稳定，约为 1.62 V，说明电沉积过程中干扰较少且稳定。

第二次试验与第一次试验的具体操作相似，不同的是延长电沉积时间到 54 h，取样周期 5 h。试验结果如表 3-110 和图 3-49 所示。

表 3-110　阴极周期为 54 h 条件下的电积参数

取样时间/h	$\rho(Sb^{3+})$ /(g·L^{-1})		[Cl$^-$] /(mol·L^{-1})		[H$^+$] /(mol·L^{-1})		$\rho(Sb^{5+})$ /(g·L^{-1})	槽压/V	$\eta_阳$ /%	$\eta_阴$ /%
	阴极液	阳极液	阴极液	阳极液	阴极液	阳极液	阳极液			
0	74.35	155.74	6.68	5.96	4.12	2.11	0	1.63	—	
5	—	—	—	—	—	—	—	1.62	—	
20	68.48	120.03	6.39	6.13	3.87	1.79	49.63	1.58	91.02	
30	70.29	102.37	6.22	6.16	3.94	1.81	72.78	1.54	88.98	
35	—	—	—	—	—	—	—	1.62	—	104.33
40	71.13	88.78	6.08	6.13	3.79	1.70	90.15	1.68	82.66	
45	—	—	—	—	—	—	—	1.74	—	
50	71.85	61.55	5.99	6.08	3.73	1.73	111.57	1.74	81.84	
54	72.55	55.23	5.87	6.05	3.85	1.87	120.48	1.78	81.83	

图 3-49　电积 54 h 后阴极产物的宏观形貌照片

试验中发现，随电积时间的延长，阳极液的颜色越来越深，逐渐变为橘红色，阴极液则基本保持清亮。除此之外，还发现电积 40 h 后隔膜上有一层透明的牢固附着物，在阴极室槽体底部更多，石墨板表面及阴极板与液面接触的点也较多，疑为氯化钠结晶及少量有机物添加剂。

从表 3-66 中发现，电积时间 40 h 时，阳极效率只有 82.66%，槽压也迅速增加，这与氯化钠结晶析出附着于隔膜及 HCl 的挥发有关。试验终点时的阴极电流效率超过 100%，主要原因是在沉积锑板边缘有较多包裹 NaCl 的瘤状结晶，如图 3-49 所示。锑板下部则出现了粗壮条纹，可能是有机物添加剂用量过高所致。据此推断，在电积过程中阴阳极补液都无须加入 NaCl 和有机添加剂，以免其在溶液中因累积浓度过高而影响电积过程。

（6）直接电积试验

沉积锑板剥离时易碎，要形成商品锑板就必须重新熔铸，故提出浸出液不经过净化而直接电积，再火法精炼除杂的思路，以简化工艺流程。在电积优化条件下，进行了 5 h 直接电积试验。结果表明，阴极产物仍能成板，表面致密平整，不产生爆锑，产物的颜色较黑，如图 3-50 所示。直接电积的阴极电流效率为 98.36%，槽压随电积时间的延长而上升较快，平均槽压 1.70 V。

图 3-50　直接电积阴极产物的宏观形貌照片

（7）阴极产物的表征

对电积产物进行了表面形貌分析、XRD 结构分析、SEM - EDX 分析和 ICP-AES 成分分析等表征研究。

①宏观形貌分析。综合试验阴极产物的表面形貌如图 3-49 所示，产物厚 2~

3 mm，呈银灰色，正常沉积物的表面平整致密，整块不爆裂，容易剥落。但由于锑性脆易碎，剥板过程中常常导致锑板断裂成碎块。

②XRD 结构分析。为表征电积产品晶相结构，并对比爆锑产物，对前期得到的正常锑及爆锑部分产物进行了 XRD 分析，结果如图 3-51 所示。从图中可以看到，正常锑的各特征峰与锑的标准图谱一致，晶体结构完整，属六方晶系。而爆锑产物仅表现出两个峰，晶格存在明显缺陷。

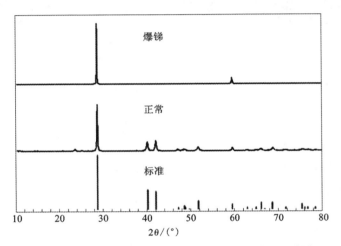

图 3-51　电积产物的 XRD 图谱与锑的标准 XRD 图谱对照

③SEM-EDX 分析。对电积 54 h 的产物及爆锑产物进行微观形貌分析，结果如图 3-52 所示。

从图中可以看出，电积 54 h 后得到的产物在放大 1000 倍的情况下，表面仍然平整致密，有一个直径约为 10 μm 的大颗粒较为明显；当放大 10000 倍时，可以看到细小的枝晶，约长 1.0 μm，照片清晰时枝晶呈现凤尾草晶型（见图 3-42）；图 3-52(c) 和图 3-52(a) 以大颗粒为中心放大所得，可以看到有不少粒度为 0.5~1.0 μm 的颗粒，这些小颗粒组合一起即为图 3-52(a) 中的大颗粒。观察发现，爆锑产物的表面凹凸不平，有明显的爆裂痕迹，其结晶毫无规律，在放大 10000 倍的情况下呈现颗粒堆积的现象。

图 3-52(a) 图中的大颗粒在产物 SEM 照片中或多或少都有存在，对其作 EDX 微区分析，结果如图 3-53 所示。

从图 3-53 中可以看出，颗粒上颜色较深的部分含有较多的 Na 和 Cl，二者质量分数之和达到了 32.81%；颜色较浅的部分基本正常，$w(Sb)$ 超过了 95%，Na 和 Cl 的含量较少。在颗粒以外的部分，Sb 含量显得更高，杂质较少。微区分析

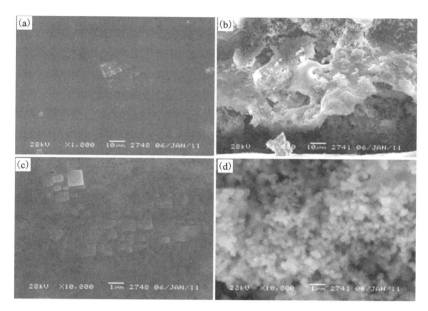

（a）和（c）：正常锑；（b）和（d）：爆锑。

图 3-52　电积产物在不同放大倍数下的 SEM 图

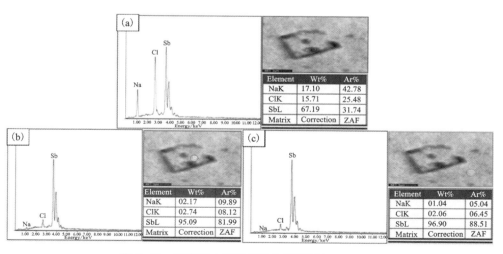

图 3-53　正常锑中微区元素分析图（SEM-EDX）

中没有发现 Cu、Pb、As 等杂质元素，说明其含量很低，难以达到检测灵敏度。综上所述，可以假定 SEM 照片中的大颗粒是机械夹带的异相形成结晶核心所致，但不一定是 NaCl，微区中较多的 Na 和 Cl 也可能是附着于沉积物表面的钠盐和残留氯。同理，对爆锑作微区分析，结果如图 3-54 所示。

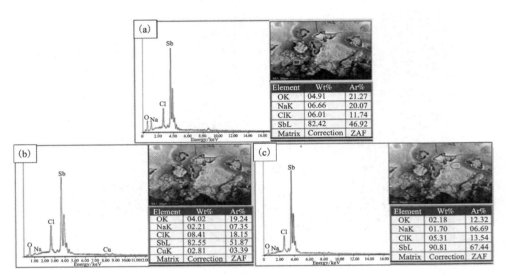

图 3-54　爆锑中微区元素分析图（SEM-EDX）

由图 3-54 发现，爆锑部分中除了 Sb、Na、Cl，还有较多的 O 及少量的 Cu，原因是沉积锑爆炸时，释放了大量的瞬时热，使不活泼的 Sb 也发生了氧化，同时大量的瞬时热使爆炸点铜板活化，更易受到 Cl^- 腐蚀，形成局部 Cu^{2+} 离子浓度过高而析出的现象。总体上来看，爆锑中 Sb 所占的质量分数较低，而通过称量沉积物计算的电流效率往往超过 100%，这是因为沉积物中除按法拉第电流定律析出的 Sb 外，还有较多机械夹杂的杂质元素。

　　④ICP-AES 成分分析。将综合试验中得到的两组锑板取出部分，用蒸馏水清洗两遍后碾磨成粉，送中南大学现代分析检测中心利用 ICP-AES 测定阴极锑成分，结果如表 3-111 所示。

　　表 3-111 说明，与国标精锑锭成分对比可以发现，除杂质 Cu 外，两组产品的主要杂质含量都达到或接近最好的 GB/T Sb 99.90 牌号标准。产品中 Cu 含量较高主要原因是所用阴极材质为紫铜合金，而氯盐体系中 Cl^- 对铜有强烈的腐蚀作用，导致最终产品 Cu 含量超标。另外，国标精锑锭中主成分的锑含量是以 100% 减去杂质含量之和所得，而试验产品则是直接测定锑含量，因其浓度高而稀释倍数较大，存在一定的分析误差。

表3-111　综合试验产物成分及其与国标精锑锭成分对比　　　单位：%

产品	成分（质量分数）									
	Sb	Cu	Pb	As	S	Fe	Bi	Cd	Zn	Na
1#	99.25	0.370	0.017	0.027	0.0069	0.019	—	1.0 μg/g	0.077	0.0086
2#	98.78	0.8532	0.019	0.015	0.009	0.016			0.074	0.015
GB/T Sb 99.90	99.90	0.01	0.03	0.02	0.008	0.015	0.003	—	—	—
GB/T Sb 99.50	99.50	0.08	—	0.15	0.08	0.05	—	—	—	—

注：产品1#为电积20 h产物，2#为电积54 h产物。

4. 小结

（1）用$SbCl_5$溶液浸出辉锑矿的最优条件如下：浸出温度85℃、$[H^+]$ 3.5 mol/L、液固比8∶1、$SbCl_5$用量为理论量的1.1倍、浸出时间1.5 h。在此条件下，1#硫化锑矿的浸出率大于99.5%，渣率约30%。在此基础上进行综合扩大试验和金属平衡计算，1#硫化锑精矿的浸出率大于99.1%，除了As难以平衡，其他金属平衡率都在（100±5）%范围内。用2#硫化锑精矿进行验证试验，条件稍作调整，锑浸出率仍达到97.72%。

（2）浸出液采用锑粉还原Sb^{5+}和Fe^{3+}取得较好的结果，锑粉用量为理论量的5.0倍，温度60℃，时间30 min，即可还原完全。硫化除杂条件如下：Na_2S用量为理论量的2.0倍，$[H^+]>3$ mol/L、温度60℃、时间30 min。在此条件下，Cu^{2+}、Cd^{2+}和Pb^{2+}的去除率分别为96.32%、83.33%及88.57%；在Na_3PO_2用量为理论量的1.5倍、$[H^+]$约4 mol/L、温度60℃、时间90 min的条件下除砷，砷的去除率为81.51%。

（3）电沉积过程中，温度、阴极液Sb^{3+}浓度及添加剂种类对沉积物形貌和结构的影响最大，在低温、高$[Sb^{3+}]$和无添加剂的条件下，极易形成爆锑；电流密度和酸度对阴极电流效率的影响不大，但对槽压和电积电耗的影响较大。试验得到的优化条件如下：电积温度为（42±2）℃，电流密度200~250 A/m^2，阴极液Sb^{3+}质量浓度70 g/L，$[H^+]$ 4 mol/L，NaCl质量浓度40 g/L，总氯浓度保持在6.0 mol/L左右，添加剂A为30 mg/L，添加剂D为20 mg/L，阳极液Sb^{3+}浓度根据Sb^{5+}生成速度及电积时间作出调整，阳极液HCl浓度较阴极液低，以保持适当的Cl^-浓度差，异极距40 mm，阴阳极液面差约10 mm。在此条件下，电流密度250 A/m^2时，阴极效率大于99%，阳极效率大于88%，槽压约1.85 V，吨锑电耗约1200 kW·h。

（4）在优化条件下，电流密度 200 A/m²，进行了延长电积时间的综合条件试验。结果表明，电积时间 50 h 以上得到的沉积物仍然平整致密，平均阳极电流效率为 85.27%，阴极电流效率接近 100%，平均槽压 1.69 V。产物通过 ICP-AES 分析，除杂质的铜含量偏高外，其他杂质含量都很低，产品基本达到了 GB/T Sb99.50 牌号锑锭的标准。

（5）$SbCl_5$-HCl 体系浸出锑精矿具有浸出速度快、浸出率高、精矿中硫以元素硫的形式回收利用等优点；而 $SbCl_3$ 水溶液隔膜电积工艺在一定的区间条件内可避免爆锑的形成，且该工艺具有电效高、能耗低、无氯气污染以及在阳极再生 $SbCl_5$ 作为浸出剂、形成闭路循环等优点。简而言之，湿法氯化清洁锑冶金工艺对于处理锑汞矿、锑金矿等复杂锑矿原料和再生锑资源具有重要意义。

3.2.4　隔膜电解炼铋

有色金属工业面对当前资源、能源和环保上的重重压力，急需在关键工艺、节能减排以及高端产品研发、生产和应用等方面取得突破。在重有色金属生产方面，硫化矿冶炼过程产生的低浓度 SO_2 烟气，是我国空气污染的重要来源之一。目前，铋的冶炼由于其规模很小，在新技术和新设备的研究及开发上相对滞后，还有很多冶炼厂仍然采用传统的反射炉熔炼。近二十多年来，为促进铋冶炼的技术进步，研究人员积极开发研究新技术，如矿浆电解技术，但在工业试运行中发现尚存在不完善之处和较多的工程技术问题，推广难度较大。作者学术团队研究开发的"铋精矿氯盐浸出—隔膜电解"湿法清洁冶金新工艺不仅具有原料消耗少、流程短、回收率高等特点，而且无 SO_2 排放，硫以单质硫的形式残留在浸出渣中，便于回收利用；同时，氧化剂在隔膜电解过程中再生，可循环利用。本节将详细介绍硫化铋精矿氯盐浸出—隔膜电解清洁冶金新工艺的研发情况。

1. 原料与流程

1）试验原料

试验所用原料硫化铋精矿来自湖南省柿竹园有色金属有限责任公司，采用 ICP-AES 分析方法检测干精矿的化学成分，分析结果如表 3-112 所示。

表 3-112　硫化铋矿精矿各化学成分的质量分数　　　　　单位：%

元素	Bi	Fe	S	Ca	Cu	Mo	Pb	Si
质量分数	25.18	15.89	33.56	3.33	2.74	2.26	2.05	3.065

从表 3-112 可以看出，精矿的主要成分为铋、铁、硫，同时还伴生有一定量

的铜、钼、铅等有价元素，但它们的品位较低，不利于直接提取，只能富集后处理，以回收副产品。铋精矿的 XRD 图谱如图 3-55 所示。

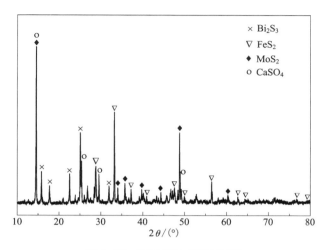

图 3-55　铋精矿的 XRD 图谱

从 XRD 图谱中可以看出，铋精矿中金属主要以硫化物的形式存在，如辉铋矿、黄铁矿、辉钼矿等主要物相，其余元素物相的特征峰不明显。

电解用的电解液来自上述铋精矿浸出液。离子交换膜为阳离子交换膜，试验过程中使用的其他试剂均为分析纯。

2）原则工艺流程

硫化铋精矿氯盐浸出—隔膜电解的原则工艺流程如图 3-56 所示。本工艺以 HCl-NaClO$_3$ 体系浸出铋精矿，再对浸出液进行隔膜电解。在阴极析出金属铋，在阳极室则得到 NaClO$_3$ 溶液并作为氧化剂返回浸出。

2. 结果与讨论

1）氯酸钠氧化浸出

浸出试验以氯酸钠为氧化剂，分别研究了温度、初始酸度、液固比、氯酸钠用量、浸出时间和氧化剂加入速度等因素对铋精矿浸出过程的影响。

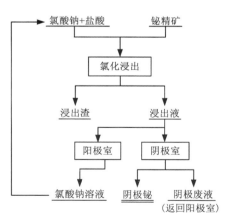

图 3-56　硫化铋精矿氯盐浸出—隔膜电解的原则工艺流程

（1）温度的影响

在酸度 3 mol/L、时间 1.5 h、氧化剂用量为 1.1 倍理论量、液固比 3∶1 mL/g 和氧化剂加入速度为 0.12 g/min 的固定条件下，考察温度对铋精矿浸出过程的影响，结果如图 3-57 所示。

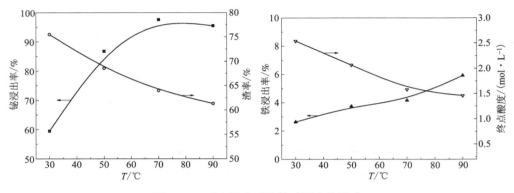

图 3-57　反应温度对铋精矿浸出的影响

从图 3-57 中可以明显看出，温度对铋精矿浸出过程的影响很大。在 70℃ 下，铋浸出率最高为 97.61%。当浸出温度从 30℃ 提高到 50℃ 后，铋浸出率提高了 17%，这一点从侧面印证了低温下的硫化铋浸出过程受化学反应过程的控制。在温度达到 90℃ 后，铋浸出率却略有下降，因为在高温下反应体系的盐酸挥发较快，降低了溶液的酸度，最终影响了硫化铋的浸出反应，这一点从测得的终点酸度可以看出来。溶液酸度随着温度的升高而降低，原因是浸出反应消耗酸，温度升高也挥发酸。随反应温度逐步升高，渣率依次降低。同时，精矿中的铁浸出率随着温度的升高而逐渐提高，这对后续过程不利，应该适当控制铁的浸出。综合考虑，确定最佳浸出温度为 70℃。

（2）初始酸度的影响

在盐酸作浸出剂的浸出反应中，氯离子和氢离子是成比例消耗的。在温度 70℃、其他条件同（1）时，考察初始酸度对铋精矿浸出过程的影响，结果如图 3-58 所示。

从图 3-58 中可以明显看出，铋浸出率随着浸出酸度的增加而提高，在酸度为 3 mol/L 时，铋浸出率达到最大值。低酸度下的浸出率较低，在酸度达到一定值后，酸度对浸出率的影响变小。因为过多的酸对铋的浸出作用不大，而且精矿与盐酸作用易产生 H_2S 等有害气体。酸度对铁的浸出影响不明显。综合考虑，确定浸出过程的最佳初始酸度为 3.0 mol/L。

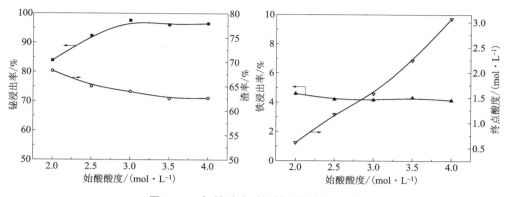

图 3-58　初始酸度对铋精矿浸出的影响

（3）液固比的影响

在初始酸度为 3 mol/L，其他条件同（2）时，考察液固比对硫化铋精矿浸出过程的影响，试验结果如图 3-59 所示。

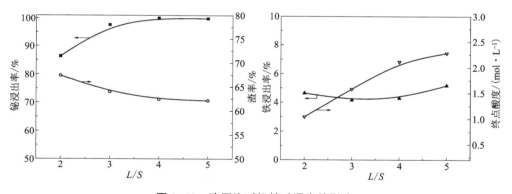

图 3-59　液固比对铋精矿浸出的影响

从图 3-59 可以明显看出，铋浸出率随着液固比的增加而逐渐提高，在液固比为 4:1（mL/g）时达到最大值，此时铋基本上全进入溶液。液固比过小，不仅铋浸出率低，而且不利于实际生产，增加搅拌能耗；液固比过大，既浪费过多的酸，也会稀释浸出液中的铋浓度，同样不利于铋的下一步提取。综合考虑，确定浸出过程的液固比为 4:1。

（4）氧化剂用量的影响

氧化剂氯酸钠的用量是硫化矿氧化浸出过程的关键因素，直接关系到浸出反应能否持续进行。在液固比为 3:1,其他条件同(3)时,考察氧化剂用量的理论倍数对硫化铋精矿浸出过程的影响,试验结果如图 3-60 所示。

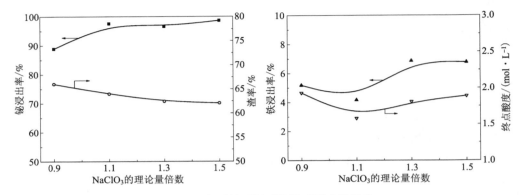

图 3-60 氯酸钠用量对铋精矿浸出的影响

试验结果表明,铋浸出率随氯酸钠用量的增大而提高,在氯酸钠不足时,浸出率不高。氯酸钠用量是理论量的 1.1 倍时,铋的浸出率大于 97%,用过多的氯酸钠对提高铋浸出率的效果不明显,而且使得更多的杂质元素进入溶液,特别是会提高铁浸出率。综合考虑,确定氯酸钠用量为理论量的 1.1 倍。

(5)浸出时间的影响

在氯酸钠用量为理论量的 1.1 倍,其加入速度为 0.12 g/min,其他条件同(4)时,考察浸出时间对铋精矿浸出过程的影响,试验结果如图 3-61 所示。

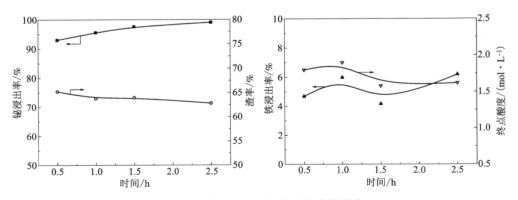

图 3-61 浸出时间对铋精矿浸出的影响

从图 3-61 可看出,铋的浸出反应速度很快,在 0.5 h 内铋浸出率就达到了

93%。铋浸出率随着时间的延长而不断提高，在 2.5 h 以后，铋浸出率大于 99%。时间对铁的浸出影响不是很明显，只是缓慢增加。综合考虑，确定最佳浸出时间为 1.5 h。

（6）氧化剂加入速度的影响

在酸性条件下，氯酸钠会析出 ClO_2 和活性 Cl_2 等强氧化性物质，若加入速度过快，反应不及时，在密闭不严的情况下使得氧化性物质挥发，易造成试剂损失。故在浸出时间为 1.5 h，其他条件同（5）时，考察氧化剂加入速度对铋浸出过程的影响，试验结果如图 3-62 所示。

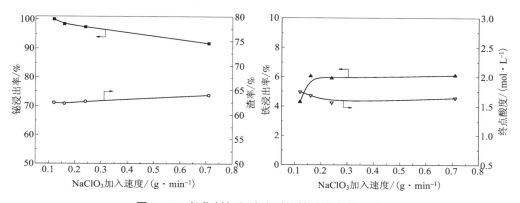

图 3-62　氧化剂加入速度对铋精矿浸出的影响

试验结果表明，慢速加入氯酸钠有利于其充分反应完全，浸出率比较高，而且硫化铋是较容易氧化分解的组分，这样可同时与其他难分解的杂质分离；而快速加入氧化剂，容易造成氯酸钠的损失，不利于提高浸出率，同时也使其他杂质元素进入溶液。综合考虑，确定浸出过程的氧化剂加入速度为 0.24 g/min。

（7）综合条件试验

在条件试验获得的优化条件下，进行了两次综合条件试验，试验规模为精矿 100 g/次，产出的浸出液各 489 mL，浸出渣分别为 62.25 g 及 62.05 g，试验结果如表 3-113 和图 3-63 所示。

试验结果表明，铋的平均浸出率仍然达到 98.36%，平均渣率为 62.15%。这说明试验重复性比较可靠。金属平衡分析表明，铋的平衡率达到 99.68%，92.94% 的铁入渣，平衡率超过 100%，钼和铜的入渣率分别为 94.60% 和 80.03%，实现了铋与其他金属的有效分离。铅和硫等由于分析或试验上的原因平衡率不高，但从可信的数据上看，硫以元素态入渣，大部分铅进入溶液后结晶析出，没有被计算在内。

表 3-113 验证试验结果和金属平衡

项目	浸出液中 ρ(元素)/(mg·L^{-1})		浸出渣中 w(元素)/%		金属平衡		
	1$^{\#}$	2$^{\#}$	1$^{\#}$	2$^{\#}$	入液率/%	入渣率/%	平衡率/%
Bi	48498	48901	0.64	0.39	98.36	1.32	99.68
Fe	2623	2510	23.7	23.82	7.95	92.94	100.89
S	1342	1102	31.62	29.75	1.80	56.83	58.63
Cu	857	972	3.64	3.46	16.43	80.03	96.46
Pb	1068	1060	0.16	0.13	25.54	4.40	29.94
Mo	28	20	3.43	3.45	0.53	94.60	95.13

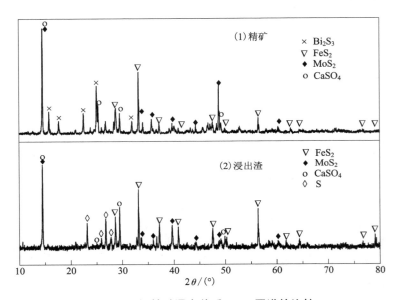

图 3-63 铋精矿浸出前后 XRD 图谱的比较

对比渣及原矿的 XRD 图谱还可发现,在该体系下浸出时,除辉铋矿物相外,其他物相如黄铁矿、辉钼矿和石膏等大多存留于渣中。渣中存在硫单质,验证了硫以单质的形态入渣。为了提高试验结果的可靠性和广泛性,很有必要扩大试验规模进行重复试验验证。

(8)扩大试验

在优化条件下进行了一次扩大试验,其规模为精矿 400 g/次,产出浸出液 1706 mL,浸出渣 248.4 g。试验结果如表 3-114 所示。可以看出,数据结果与上述结果具有很好的一致性,各元素的浸出规律重复性较高。

表 3-114 规模为 400 g/次的扩大试验结果

元素	浸出液 $\rho($元素$)/($mg·L$^{-1})$	浸出渣 $w($元素$)/\%$	金属平衡		
			入液率/%	入渣率/%	平衡率/%
Bi	57380	0.40	99.46	0.99	100.45
Fe	2630	23.76	7.06	93.08	100.14
S	1190	30.18	1.51	55.98	57.49
Cu	999	3.47	15.55	78.83	94.38
Pb	1077	0.14	22.41	4.25	26.66
Mo	23	3.47	0.43	95.58	96.01

2）氯化铋溶液隔膜电解

（1）阳极溶液缓冲体系的选择

根据电极反应理论，在电解过程中阳极溶液的 pH 会降低，不利于体系 pH 的稳定，甚至在 pH 很低时也会释出氯气。所以必须加入一定量的缓冲剂来维持体系 pH，保证电极反应顺利进行。虽然碱性试剂很多，但为了加入后不引入其他不必要的杂质，选择了 $NaHCO_3$、Na_2CO_3、NaOH 三种缓冲剂。作者学术团队针对不同的阳极缓冲体系，研究了不同体系下对阳极过程的影响。

在阳极溶液 NaCl 质量浓度为 300 g/L 的条件下，用石墨作阳极板，分别探索了直接加 $NaHCO_3$、Na_2CO_3、NaOH 和滴加 NaOH 四种方式控制溶液的 pH，研究了不同方式对阳极产物的影响。直接加入的三种缓冲剂均按每小时的理论量加入和补加。试验结果如表 3-115 和图 3-64 所示。

表 3-115 不同缓冲体系下阳极产物的种类及其比例，各产物质量分数 单位：%

阳极液体系	$NaClO_3$	Cl_2	NaClO	共计
$NaHCO_3$	48.96	3.39	12.49	64.84
Na_2CO_3	42.64	4.61	11.07	58.32
NaOH（直接加）	3.39	5.35	5.27	14.01

从表 3-115 可以看出，在不同体系下阳极产物的变化较大，即体系对阳极反应有很大影响。在直接加入 $NaHCO_3$、Na_2CO_3 和 NaOH 调节酸碱度时，这三种试剂碱性强弱的不同对阳极过程产生了较大的影响。其碱性由弱到强为 $NaHCO_3$、Na_2CO_3、NaOH，而试验结果由好到差为 $NaHCO_3$、Na_2CO_3、NaOH，由此可见，pH

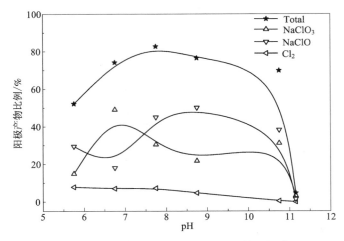

图 3-64 滴加 NaOH 控制不同 pH 下的阳极产物

是隔膜电解氯化钠合成氯酸钠的重要条件。同时碱性强弱的不同，对阳极溶液中 OH⁻ 或 H_2O 的氧化副反应也有很大影响，碱性较弱的 $NaHCO_3$ 缓冲体系的总效率明显高于其他体系。

用 NaOH 滴加控制 pH 的研究中，考察了不同 pH 下阳极反应的变化情况。试验结果再次验证了 pH 是隔膜电解合成氯酸钠的重要条件，不同的 pH 下阳极生成的最终产物有很大不同。电解生成 ClO⁻ 的量开始随 pH 的增加而逐渐增大，在 pH＝9 左右时达到最大，然后又逐渐减小，电解体系酸度或碱度太大都不利于次氯酸根的生成；而氯酸根 ClO³⁻ 在 pH＝7 左右时更能高效生成，此时阳极反应的副反应最少，总电流效率为 80% 以上。

除此之外，采用 $NaHCO_3$ 虽然能较好地控制体系酸碱度，但电解过程中会释放很多 CO_2 气体，难免会带出溶液中的游离氯，降低阳极效率，同时阳极中的大量 CO_2 气体对阳极石墨板的侵蚀作用也会加剧。综合考虑，选择采用 NaOH 溶液滴加方式控制体系的酸碱度。

（2）阳极液氯化钠浓度的影响

在用石墨作阳极，滴加 NaOH 控制 pH 为 6.6~6.9 的条件下，考察阳极溶液中 NaCl 浓度对阳极反应的影响，试验结果如图 3-65 所示。

试验结果表明，随着 NaCl 浓度的升高，阳极反应的电流效率不断升高，副反应逐渐降低。析氯的过电位随着 NaCl 浓度的升高而降低，有利于氯离子氧化，抑制氧的析出；同时增加 NaCl 浓度有利于降低槽电压，通常在相同温度下，NaCl 浓度越高，其电导率越大，溶液电阻小，电解过程中电压损失小则电耗会较低。氯

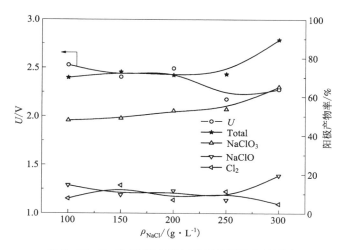

图 3-65　NaCl 浓度对槽电压和阳极反应的影响

酸钠的含量会不断升高，而 NaCl 的含量则不断降低；溶液导电性变差会使得槽电压升高，电耗上升。为取得较高的电流效率，应保持电解液中较高的氯化钠浓度。综合考虑，选择 NaCl 浓度在 250～300 g/L 较为适宜。

（3）阳极板材质的选择

选择适当的电解极板材料是十分重要的工作。对于氯盐体系，电极材料要求有一定的耐反应物腐蚀的性能，能促使氯离子在阳极上放电，即氯在阳极上的超电势要低。石墨是氯酸盐工业传统的阳极材料，同时也是电解电镀等工业上重要的阳极材料。石墨价格低，氯的过电位较低、导电性好，但同时石墨阳极损耗大、易脱落等问题也是值得重视的。近几十年出现了许多新的阳极材料，如在钛板或石墨、陶瓷等基体上涂覆或镀上一层 PbO_2、MnO_2、RuO_2、IrO_2 等材料。这种阳极不仅损耗低，而且氯的过电位低，使用寿命长，已经广泛应用于电解行业。

本研究选用了石墨板和涂钌钛网两种电极材料，进行对比试验。在向 NaCl 浓度为 300 g/L 的阳极液中滴加 NaOH 溶液控制 pH 为 6.6～6.9 的条件下，研究涂钌钛网和石墨两种阳极极板对阳极反应的影响。试验结果如表 3-116 所示。

表 3-116　阳极板材质对阳极反应的影响，质量分数　　　　　　单位：%

阳极材质	$NaClO_3$	Cl_2	NaClO	共计
涂钌钛网	39.06	4.67	7.14	50.87
石墨	49.03	7.01	18.06	74.10

结果表明，石墨明显优于涂钌钛网，同时副反应也少得多。虽然在氯酸盐工业上涂钌钛网实际应用的效果比石墨要好得多，但本研究与实际氯酸盐电解技术有很大差别，如温度较低、电流密度较小等以及试验体系有所不同，导致涂钌钛网的电解效率低于石墨。

（4）阴极液 Bi^{3+} 浓度的影响

根据以上研究，确定电沉积铋的条件如下：阴极溶液中[HCl] 2 mol/L，钛板为阴极，石墨为阳极，阳极溶液中 NaCl 质量浓度 300 g/L，滴加 NaOH 溶液控制 pH 为 6.6~6.9，温度 40℃ 和电流密度 200 A/m²。基于上述固定条件，考察了阴极溶液中铋离子浓度对电积铋过程的影响。试验结果如图 3-66 所示，阴极宏观形貌如图 3-67 所示，阴极铋的 XRD 图谱如图 3-68 所示。

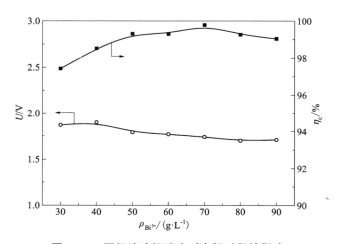

图 3-66　阴极溶液铋浓度对电解过程的影响

从阴极铋的宏观形貌上可以看出，Bi^{3+} 质量浓度小于 30 g/L 时，只能在阴极表面得到一层粉末状的铋；在 Bi^{3+} 质量浓度为 40~60 g/L 时，阴极可以得到较平整致密的铋板，但表面伴随着一些瘤状颗粒沉积物，这些瘤状物随着铋质量浓度的升高而逐渐减少。到 Bi^{3+} 质量浓度为 70 g/L 以上时，阴极铋板都比较平整光滑，没有其他异常沉积物，呈银白色（表面因氧化而呈灰色）。随着铋质量浓度的升高，槽电压逐渐减小，而电流效率由于处于较高的值，只略微增加。综合考虑，阴极溶液中最佳铋质量浓度为 70~80 g/L。

从不同铋浓度条件下获得的阴极铋的 XRD 图谱可以看出，低铋浓度下得到的粉末铋以晶面（012）为主要衍射峰，而且其他衍射峰值的相对强度较大（与标准卡片的数据基本一致）。较高铋浓度下获得的致密的铋表现出一定的取向优势，生长以（110）面、（202）面为主。

铋质量浓度/(g·L⁻¹)：(a)30；(b)40；(c)50；(d)60；(e)70；(f)80；(g)90。

图 3-67　不同铋浓度条件下阴极铋的宏观形貌

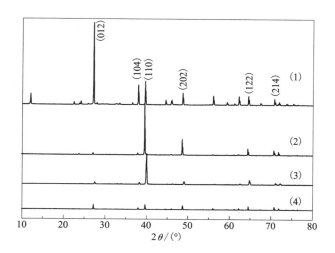

铋质量浓度/(g·L⁻¹)：(1)30；(2)50；(3)70；(4)90。

图 3-68　不同铋浓度条件下阴极铋的 XRD 图谱

(5)阴极液[H⁺]的影响

在阴极溶液中 Bi^{3+} 质量浓度为 80 g/L，其他条件同(4)时，考察了阴极溶液中酸度对电解过程的影响。试验结果如图 3-69、图 3-70 及图 3-71 所示。

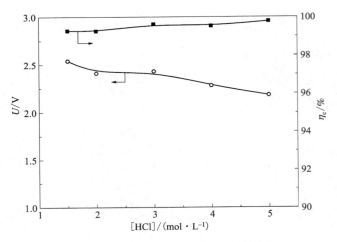

图 3-69   阴极液酸度对电解过程的影响

酸度/(mol·L^{-1})：(a)1.5；(b)2；(c)3；(d)4；(e)5。

图 3-70   不同酸度条件下阴极铋的宏观形貌

从阴极铋的宏观形貌上可以看出，阴极液酸度对阴极沉积的影响较小，均能得到平整致密的铋板，只在酸度为 1.5 mol/L 时阴极表面会有少量颗粒沉积物。

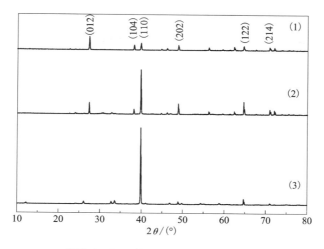

酸度/(mol·L⁻¹)：(1)1.5；(2)3；(3)5。

图3-71 不同酸度条件下阴极铋的XRD图谱

随着阴极液酸度的增加，槽电压会逐渐减小，而电流效率变化不大。为避免溶液因酸度高而产生酸雾，综合考虑，阴极液的最佳酸度为2~3 mol/L。

从阴极铋的XRD图谱可以看出，低酸度条件下得到的不光滑铋的衍射峰强度较弱，以(012)面为主要衍射峰，而且其他衍射峰值的相对强度与之相差不大。较高酸度条件下获得的致密铋，特别是5 mol/L酸度下的电积铋表现出很强的取向优势，生长以(110)面为主，其他衍射峰被极大地抑制了。

(6)阴极板材质的选择

在阴极溶液中Bi^{3+}质量浓度为80 g/L，其他条件同(5)时，考察了阴极极板分别为304不锈钢、铜和钛板时对铋电积过程的影响。试验结果如表3-117、图3-72和图3-73所示。

表3-117 阴极极板材质对铋电积过程的影响

阴极材质	η_c/%	U/V	备注
304不锈钢	183.1	2.26	0.4 h，溶液变绿，大量海绵状产物
铜	98.94	2.10	剥离困难
钛	99.26	2.01	正常且易剥离的阴极沉积物

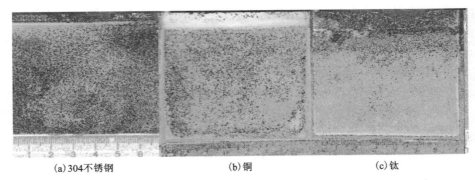

(a)304不锈钢　　　　　　　(b)铜　　　　　　　(c)钛

图 3-72　不同阴极极板材质条件下阴极铋的宏观形貌

　　从阴极铋的宏观形貌上可以看出，304 不锈钢作为阴极极板是不行的，因为 304 不锈钢在氯化铋溶液中会发生置换反应，得到海绵铋，且腐蚀极板材质会进入溶液。铜板作为极板，可以得到较平整致密的铋板，而铋与铜板之间连接紧密，剥离困难；同时在体系中铜板有一定的耐腐蚀性，但仍可能有铜进入溶液或阴极沉积物。钛由于其耐腐蚀的特性，通常情况下不可能参与体系反应或溶解，且阴极铋沉积与钛板的分界明显，剥离较容易。

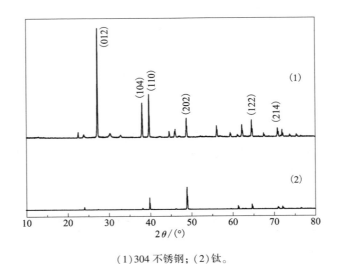

(1)304 不锈钢；(2)钛。

图 3-73　不同阴极极板材质阴极铋的 XRD 图谱

　　从不同阴极极板材质获得的阴极铋的 XRD 图谱可以看出，304 不锈钢极板由于以置换反应为主，生成的海绵铋的衍射峰数目较多、强度相对较高，以(012)面为主要衍射峰。钛阴极上沉积的铋的衍射峰数目很少，以(202)面为主要衍射峰，其他衍射峰被强烈抑制了。

（7）温度的影响

在条件同（6）时，考察了温度对铋电积过程的影响，试验结果如图 3-74、图 3-75 及图 3-76 所示。

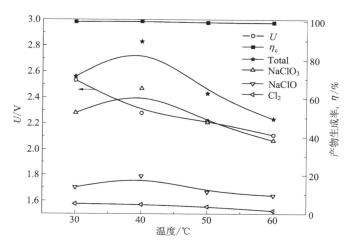

图 3-74　电解温度对阳极过程的影响

温度/℃：（a）30；（b）40；（c）50；（d）60。

图 3-75　不同温度条件下阴极铋的宏观形貌

在试验温度范围内，可以看出阴极过程中的电流效率始终较高，在 99% 以上，这可能与溶液杂质较少使得副反应大幅度减少有关；而阳极过程在较低的温度下进行，氯酸钠的生成率明显高于高温下的生成率，且在 40℃ 左右时达到最大值，为 65.15%，阳极总效率为 89.49%。电解温度过高会降低阳极 OH⁻ 的过电位，造成 OH⁻ 放电的副反应，产生 O_2，降低阳极电流效率，同时生成的 O_2 也会加剧石墨阳极的损耗；而在较高温度下，一部分 Cl_2 会挥发，不利于 ClO⁻ 的生成。此外，槽电压随电解液温度升高而大幅度下降。因为升高溶液温度既可以促进溶液中离子的迁移，使溶液电阻下降，还可以降低阴极和阳极的析出过电位，使槽电压降低。综合考虑温度对电解过程的影响，最佳电解液温度在40℃左右为宜。

从阴极铋的宏观形貌上可以看出，当温度为30℃时，阴极铋沉积物表面有明显的瘤状沉积物，且容易脱落。温度为40℃时，沉积物表面平整致密，没有瘤状沉积物，颗粒粒度较小。随着温度的进一步升高，沉积物表面颗粒逐渐变粗，整体上较平整且没有瘤状沉积物的生成。

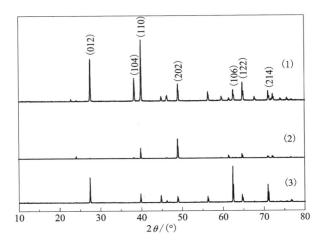

温度/℃：（1）30；（2）40；（3）60。

图 3-76　不同温度下电积铋的 XRD 图谱

从不同温度下电积获得的阴极铋的 XRD 图谱可以看出，30℃下得到的多瘤状铋的衍射峰比较多，强度高，衍射峰以（110）面为主。40℃下电积铋的衍射峰数目很少，以（202）面为主要衍射峰，其他衍射峰被强烈抑制了。60℃下电积得到的很粗糙的铋的主要衍射峰以（106）面、（012）面为主，显然在高温下的取向发生了变化。

（8）电流密度的影响

在电解温度40℃，其他条件同（7）时，考察电流密度对电积铋过程的影响。试验结果如图 3-77、图 3-78 及图 3-79 所示。

从阴极铋的宏观形貌上可以看出，电流密度越小，阴极沉积物越平整致密，在电流密度达到 350 A/m² 时沉积物表面颗粒变粗，甚至比较松散。由此可见，增强电流密度虽然可以提高产率，但电流密度越大沉积速度越快，引起的浓差极化等负面影响也会逐渐显露出来，结果得到的阴极产物质量反而不好。电流密度的增强还会急剧增大槽压，增加了电能消耗。同时，阳极生成氯酸钠的效率会略增，次氯酸

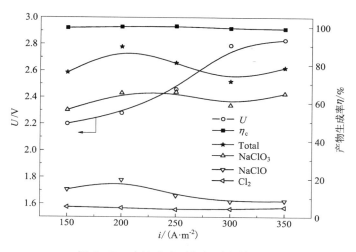

图 3-77　电流密度对阳极过程的影响

电流密度/(A·m⁻²)：(a)150；(b)200；(c)250；(d)300；(e)350。

图 3-78　不同电流密度下阴极铋的宏观形貌

钠的生成率会逐渐降低，说明增强电流密度会增大次氯酸钠在阳极放电。阴极电流效率的变化不明显。综合考虑，选择最佳电流密度为 200~250 A/m²。

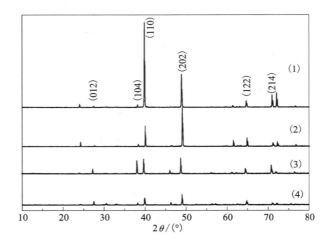

电流密度/(A·m⁻²)：(1)150；(2)200；(3)250；(4)350。

图 3-79   不同电流密度下阴极铋的 XRD 图谱

从不同电流密度下获得的阴极铋的 XRD 图谱可以看出，随着电流密度的增强，衍射峰的强度逐渐减弱。低电流密度下的阴极铋以(110)面为最强衍射峰，(202)面为次强峰；而电流密度在 200 A/m² 以上后，变成了以(202)面为最强衍射峰，(110)面为次强峰。

(9)综合条件试验

由条件试验得到了优化条件：阴极液中 Bi^{3+} 质量浓度为 70~80 g/L、[HCl]为 2~3 mol/L，钛板为阴极，石墨为阳极，阳极液中 NaCl 质量浓度为 250~300 g/L，pH 为 6.6~6.9，温度为 40℃，电流密度为 200~250 A/m²。在优化条件下进行了隔膜电解沉积铋的综合条件试验，结果如图 3-80 所示。

图 3-80 展示的是从模拟溶液中电积获得的阴极铋的 SEM 照片，可以看出宏观形貌下较平整致密的阴极铋表面呈现出不规则的不同尺寸的晶粒相互嵌布，整体表面有球状突起。

上述优化试验结果是在理想的溶液中和较短的试验时间下获得的，而工业上电解生产金属时的一般周期都较长，至少为 24 h，且溶液复杂，因此作者学术团队采用铋精矿浸出液作为试液(主要成分见表 3-118)，在优化条件下进行了短时间电解验证，考察电积铋过程的经济技术指标和形貌变化，结果如图 3-81 和表 3-119 所示。

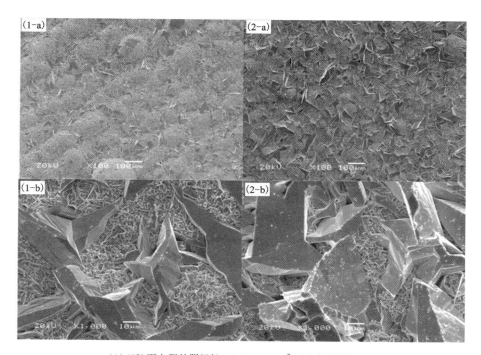

(1)40℃下电积的阴极铋;(2)250 A/m² 下电积的阴极铋。

图 3-80 用模拟溶液电积阴极铋的 SEM 照片

表 3-118 实际溶液成分的质量浓度 单位:mg/L

Bi	Fe	S	Ca	Cu	Mo	Pb	Si
60656	2341	1841	4337	630	13	117	435

表 3-119 阴极铋化学组成的质量分数 单位:%

Bi	Fe	S	Pb	Cu	Mo
99.918	0.003	0.009	0.005	—	—

结果表明,在短时间内阴极电流效率可达 97.50%,平均槽电压为 2.0 V。阴极铋的杂质极少,铋纯度可达 99%。

基于上述最佳条件电解 24 h,结果如表 3-120、表 3-121、图 3-82 及图 3-83 所示。

图 3-81　实际铋溶液电积铋的宏观形貌图和 SEM 照片

表 3-120　实际铋溶液电解 24 h 的阳极产物率、电流效率和槽电压　　单位：%

时间/h	NaClO₃	Cl₂	NaClO	共计	η_c	槽压/V
4	48.41	8.21	15.44	72.06		2.06
8	56.51	6.07	12.29	74.87	98.20	2.04
12	54.62	5.16	10.16	69.94		2.06
16	51.83	3.87	10.49	66.19		2.12
20	52.48	3.21	10.16	65.86	97.95	2.12
24	53.19	2.68	9.30	65.17		2.13

表 3-121　阴极铋化学组成的质量分数　　单位：%

Bi	Fe	S	Pb	Cu	Mo
99.886	0.014	0.025	0.005	—	—

　　试验表明，长时间的电解对阴极铋的形貌有一定影响，24 h 后阴极表面变得很粗糙。电解过程中，平均槽电压为 2.09 V，阴极平均电流效率为 97.88%，阳极氯酸钠平均转化率为 51.17%，阳极氯离子氧化率从 72.06% 降为 65.17%。利用上述数据计算吨铋直流电耗为 822 kW·h，并副产 133 kg 氯酸钠，可满足浸出消耗的 52.16%。从结果中看出，溶液中游离氯和次氯酸钠的生成率在逐渐降低（8.21%→2.68%，15.44%→9.3%），但其质量浓度一直在缓慢增加（24 h 后分别为 1.61 g/L 和 5.88 g/L），说明其浓度有上限且不会出现游离氯逸出的现象。从阴极铋的成分看，产品杂质很少，铋的纯度超过了 99.5%。

(a)12 h;(b)24 h;(c)正面 SEM 照片;(d)断面 SEM 照片。

图 3-82 实际铋溶液电解阴极铋的宏观形貌图

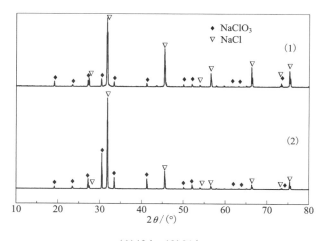

(1)12 h;(2)24 h。

图 3-83 阳极溶液结晶盐的 XRD 图谱

从阳极液结晶盐的 XRD 图谱可以看出,结晶盐以氯化钠和氯酸钠(PDF#05-0610)为主。24 h 后的氯酸钠衍射峰强度明显比 12 h 的强,表明氯酸钠在电解 24 h 后浓度逐渐增加。

4. 小结

(1)以盐酸-氯酸钠体系浸出硫化铋精矿的优化条件如下:反应温度 70℃、酸度 3 mol/L、液固比为 4∶1 mL/g、氧化剂用量为理论量的 1.1 倍、时间为 1.5 h、氧化剂加入速度为 0.24 g/min。在此条件下,铋浸出率为 99%,铁、钼和铜的入渣率分别为 93%、95% 和 79%。硫主要入渣,铅主要进入溶液后结晶析出。

(2)隔膜电积铋的优化条件如下:阴极溶液中 Bi^{3+} 质量浓度为 70~80 g/L、[HCl] 为 2~3 mol/L、钛板为阴极、石墨为阳极、阳极溶液中 NaCl 质量浓度为 250~300 g/L、pH 为 6.6~6.9、温度为 40℃、电流密度为 200~250 A/m²。但在优化条件下电解 24 h 后,阴极铋表面变得粗糙,宏观形貌和结构分析表明,平整致密的正常沉积铋外观为银灰色,衍射峰以(110)面、(202)面为主,阴极铋纯度大于 99.5%。电解过程中,平均槽电压为 2.09 V,阴极平均电流效率为 97.88%,阳极液中氯酸钠平均转化率为 51.17%,氯离子氧化率为 65.17%,实现氧化剂在隔膜电解过程中再生,可循环利用。

3.3 氯配合法从硫化银锰矿中提取银

3.3.1 概 述

广西隆安凤凰山浮选硫化银锰精矿除含辉银矿外,还含有 MnS、FeS_2、PbS、ZnS、FeAsS 和 CuS 等金属硫化物。由于锰、硫和砷含量高,本工艺投产前该银锰精矿尚无成熟的专门处理方法,只能搭配重金属或贵金属火法冶金流程处理,但带入的大量砷会造成严重的环境污染,且锰、铅无法回收。从 1996 年起,作者学术团队与南宁有色金属公司属下广西凤凰银业有限责任公司合作,开展硫化银锰精矿全湿法处理新工艺的研发工作,取得了重要进展,确定了技术方案。2000 年 10 月,南宁有色金属公司引进外资,成立广西福斯银冶炼有限公司(后更名为广西福斯银新材料有限公司),作者学术团队即与之开展全面合作,完成实验室扩大试验和半工业试验。在该公司总经理汪仲英教授的全力支持下,通过专家评审,从"全湿法处理提银""固化焙烧—氰化提银"及"硫酸化焙烧—氰化提银"三种工艺方法中选定"全湿法处理提银"作为设计建厂工艺方案,然后由作者学术团队完成工艺设计。2002 年下半年建成的银精矿 8 t/d 规模的湿法提银生产线,于 2003 年试产成功后投入正式生产,一直运行至今,各项技术经济指标先进,综合利用和清洁生产处于国内外领先地位。

　　硫化银锰精矿全湿法处理工艺包括四个主要过程：①硫酸浸出脱锰；②氯配合氧化浸银及银粉置换；③粗银粉精炼制精银；④浸锰液电解制二氧化锰。该工艺的主要创新点如下：①采用软锰矿，特别是含银软锰矿（氧化银锰矿）作为硫化银锰矿的氧化剂，在毒砂、黄铁矿氧化率尽可能低的情况下，将包裹形态的银暴露出来，不仅为提高银的回收率创造了先决条件，而且解决了氧化银锰矿经济有效处理的难题；②采用氯化钙浓度很高的 $CaCl_2$-$FeCl_3$-HCl-H_2O 体系作为浸银体系，不仅在常压下获得 116℃ 左右的高温，使浸银率大于 95%，而且浸银剂可全部再生，循环利用，实现废水零排放，并在再生浸银剂的同时回收铅；③用石灰乳吸收浸锰过程前期产生的硫化氢气体，制取硫化钙产品，消除 H_2S 的毒害，做到化害为利，变废为宝；④充分利用浸锰液，将其加工成市场畅销的锰产品，增加了总的经济效益，大幅提高了该工艺的市场竞争力，而且锰电解废液会返回浸锰。

　　与火法（焙烧法）工艺比较，全湿法处理提银工艺具有如下突出优点。①资源利用率高，环境污染小，属清洁生产工艺。该工艺除回收银外，还回收锰、铅及部分硫，使之变废为宝，避免了它们对环境的污染，另外还使有毒元素砷约 80% 仍保持在稳定的毒砂中，约 20% 转化为稳定少毒的砷酸铁，从而避免了火法工艺存在的铅、砷粉尘毒害和二氧化硫烟气及氰化物对环境的污染。②该工艺的银回收率比火法工艺高 5%；火法工艺的经济效益不好，只能是亏损，而该工艺由于进行了综合利用，且银回收率高，因此具有较高的利润。③对原料的适应性强，有利于公司的长远发展，全湿法处理提银工艺不仅可以处理硫化银锰矿，还可以处理硫化银铅矿、阳极泥等含金、银原料，更为突出的是，在处理硫化银矿的同时，还可搭配处理氧化银锰矿。

　　硫化银锰精矿全湿法处理工艺可以说是一个综合利用效果好、污染小的湿法氯化清洁冶金工艺。它的成功应用对我国分布较广、储量丰富的银锰硫化矿和氧化矿的开发利用具有现实意义。下面详细介绍该工艺的研究开发情况，以此缅怀对福斯银冶公司全湿法处理提银倾注晚年全部心血的汪仲英教授。

3.3.2　原料和工艺流程

　　广西隆安凤凰山银矿生产的银精矿是一种成分十分复杂的高砷高锰硫化银矿，其化学成分如表 3-122 所示，物相组成如表 3-123 所示，粒度分布如表 3-124 所示。硫化银锰精矿湿法处理提银试验主干流程如图 3-84 所示，浸锰液制电解二氧化锰原则流程如图 3-85 所示，粗银粉精炼原则流程如图 3-86 所示，硫化银锰精矿湿法提银建厂主干流程如图 3-87 所示。

表 3-122　广西隆安凤凰山硫化银锰精矿各化学成分的质量分数　　　单位：%

Ag	Mn	Fe	Pb	Zn	Cu	Sb	Co	As	S
0.6~0.8	13~20	16.5~19	3.3~4.3	2.5~4.0	0.2~0.8	0.5~1.1	0.0095	4~6	30~33

表 3-123　硫化银锰精矿中银、铁、砷的物相组成 (质量分数)　　　　单位：%

银物相	自然银中 Ag	硫化银中 Ag	其他硫化物中 Ag	氧化锰中 Ag	其他氧化物中 Ag	总 Ag
	0.0812	0.3226	0.003	0.0012	0.3893	0.7973
砷物相	氧化砷中 As	砷酸盐中 As	元素砷中 As	硫化砷中 As	毒砂中 As	总 As
	0.062	0.022	0.16	0.18	4.43	4.85
铁物相	碳酸铁中 Fe	磁性铁中 Fe	硫化铁中 Fe	赤铁矿中 Fe	硅酸铁中 Fe	总 Fe
	0.77	0.014	11.65	3.45	2.88	18.76

表 3-124　硫化银锰精矿的粒度分布

粒度/目	>+40	40~80	80~120	120~160	160~200	<-200
分布/%	27.33	6.55	8.87	4.18	9.11	44

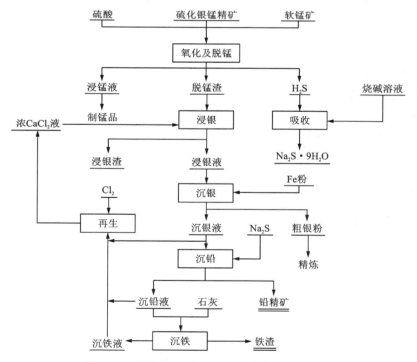

图 3-84　硫化银锰精矿湿法处理试验主干流程

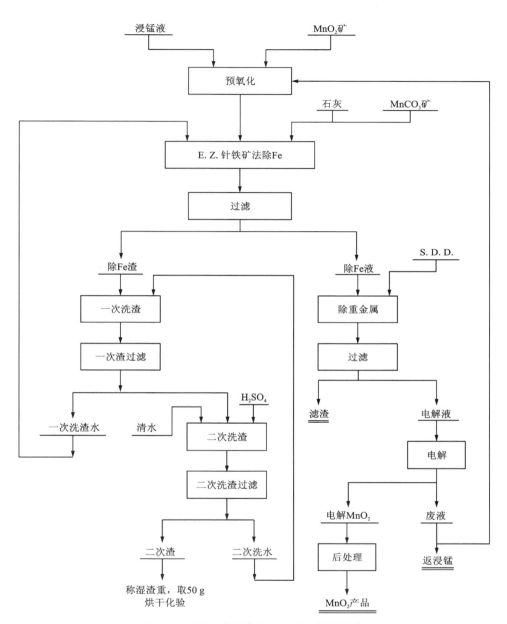

图 3-85　浸锰液制电解二氧化锰原则流程

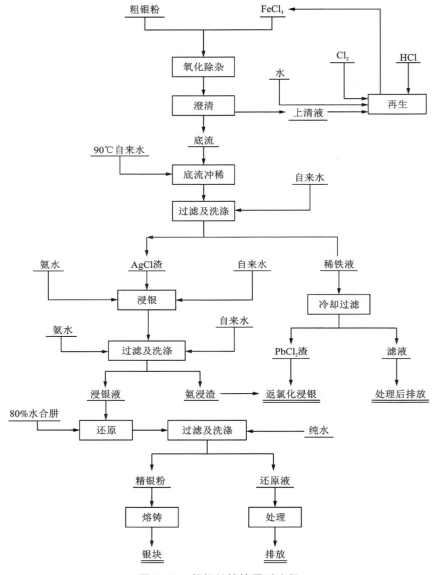

图 3-86 粗银粉精炼原则流程

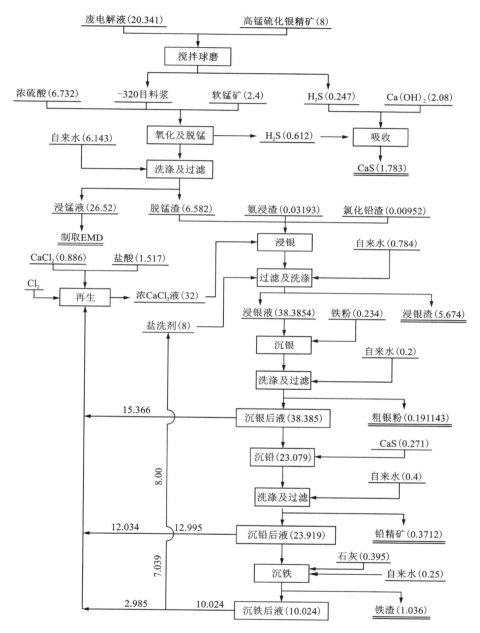

图 3-87　硫化银锰精矿湿法提银建厂主干流程(物流: t/d 或 m³/d)

从流程图中可以看出，除了粗银粉精炼排放少量废水，主流程溶液全部闭路循环，制电解二氧化锰副流程返回到主流程的电解废液量为浸锰液的 76.70%，不仅基本做到无工艺废水排放，而且减少硫酸消耗。

3.3.3 基本原理

1. 银提取原理

1) 脱锰及氧化过程

该过程包括废电解液球磨脱锰、含银黄铁矿及毒砂的氧化剥离、硫化氢吸收三个分过程，在磨矿脱锰过程中，一方面将精矿从 -200 目磨细到 -320 目外，另一方面使废电解废液中的 H_2SO_4 与 MnS 反应，产生 H_2S 气体：

$$MnS+H_2SO_4 =\!=\!= MnSO_4+H_2S \uparrow \tag{3-95}$$

酸溶性脉石也溶解：

$$MeO+H_2SO_4 =\!=\!= MeSO_4+H_2O \tag{3-96}$$

$$MeCO_3+H_2SO_4 =\!=\!= MeSO_4+CO_2 \tag{3-97}$$

在氧化过程中，残余的 MnS 继续与硫酸反应，部分含银黄铁矿及毒砂在 MnO_2 的氧化作用下被破坏，解离出银相：

$$MnS+2H_2SO_4+MnO_2 =\!=\!= 2MnSO_4+2H_2O+S^0 \tag{3-98}$$

$$FeS_2+MnO_2+2H_2SO_4 =\!=\!= FeSO_4+MnSO_4+2H_2O+2S^0 \tag{3-99}$$

$$2FeAsS+7MnO_2+9H_2SO_4 =\!=\!= 2FeSO_4+7MnSO_4+2H_3AsO_4+2S^0+6H_2O \tag{3-100}$$

其他金属硫化物也产生氧化反应：

$$MeS+2H_2SO_4+MnO_2 =\!=\!= MeSO_4+MnSO_4+2H_2O \tag{3-101}$$

在硫化氢吸收过程中，硫化氢气体可以被 NaOH 或 $NH_3 \cdot H_2O$ 或 $Ca(OH)_2$ 吸收，以达到消除污染和回收利用之目的：

$$H_2S+2NaOH =\!=\!= Na_2S+2H_2O \tag{3-102}$$

$$H_2S+2NH_3 \cdot H_2O =\!=\!= (NH_4)_2S+2H_2O \tag{3-103}$$

$$2H_2S+Ca(OH)_2 =\!=\!= Ca(SH)_2+2H_2O \tag{3-104}$$

2) 浸银过程

在浸银过程中，银形成氯配合离子而进入溶液：

$$Ag_2O+2iCl^- \rightleftharpoons 2AgCl_i^{1-i}+H_2O \tag{3-105}$$

$$Ag_2S+2iCl_i+2Fe^{3+} =\!=\!= AgCl_i^{1-i}+2Fe^{2+}+S^0 \tag{3-106}$$

铅的化合物也有类似反应：

$$PbSO_4+iCl^-\!\!=\!\!=\!\!=PbCl_i^{2-i}+SO_4^{2-} \tag{3-107}$$

$$PbS+iCl^-+2Fe^{3+}\!\!=\!\!=\!\!=PbCl_i^{2-i}+2Fe^{2+}+S^0 \tag{3-108}$$

其他金属硫化物也会被氧化溶解：

$$MeS+2Fe^{3+}\!\!=\!\!=\!\!=Me^{2+}+2Fe^{2+}+S^0 \tag{3-109}$$

3）沉银过程

在该过程中，银等比铁正电性的金属离子因被铁置换而沉淀：

$$2AgCl_i^{1-i}+Fe\!\!=\!\!=\!\!=2Ag\downarrow+Fe^{2+}+2iCl^- \tag{3-110}$$

$$Me^{2+}+Fe\!\!=\!\!=\!\!=Me\downarrow+Fe^{2+} \tag{3-111}$$

4）沉铅过程

置换液中的铅配合离子与 Me_2S 作用生成硫化铅沉淀：

$$PbCl_i^{2-i}+Me_2S\!\!=\!\!=\!\!=PbS\downarrow+iCl^-+2Me^{2+} \tag{3-112}$$

5）沉铁过程

在该过程中，先产生中和反应：

$$2H^++Ca(OH)_2\!\!=\!\!=\!\!=Ca^{2+}+2H_2O \tag{3-113}$$

pH 提高后，铁、锌离子都形成氢氧化物沉淀：

$$Me^{2+}+Ca(OH)_2\!\!=\!\!=\!\!=Me(OH)_2\downarrow+Ca^{2+} \tag{3-114}$$

6）再生过程

浸银剂再生过程中，Fe^{2+} 被氧化成 Fe^{3+}，并配成合适的酸度的溶液：

$$2FeCl_2+Cl_2\!\!=\!\!=\!\!=2FeCl_3 \tag{3-115}$$

2. 电解二氧化锰制取原理

浸锰液制电解二氧化锰全过程包含针铁矿法除铁、硫化法除重金属及纯硫酸锰溶液电解等过程，各过程的基本原理分述如下。

1）除铁原理

E. Z. 针铁矿法系将含 Fe^{3+} 的目标金属硫酸盐溶液均匀、缓慢地加入无 Fe^{3+} 的大量目标金属硫酸盐溶液中，使 Fe^{3+} 以针铁矿的形式沉淀除去，其原理如图 3-88 所示。

由图 3-88 可知，在非常稀的溶液中析出 α-FeOOH（针铁矿），要求 Fe^{3+} 质量浓度<1 g/L；在浓溶液中析出 $Fe_2(SO_4)_3\cdot 5Fe_2O_3\cdot 15H_2O$（碱式硫酸铁）和在很浓的溶液中析出 $4Fe_2(SO_4)_3\cdot 5Fe_2O_3\cdot 27H_2O$（草黄铁矾），相当于有 6 个 $[(H_3O)Fe_3(SO_4)_2(OH)_6]$。具体来说，从高质量浓度 Fe^{3+}（15~40 g/L）硫酸盐溶液中析出的铁化合物就是胶体的草黄铁矾，从很低浓度 Fe^{3+} 溶液中却能析出结晶状的针铁矿，为了满足针铁矿法除铁的基本要求，必须把浸锰液中的 Fe^{2+} 氧化为 Fe^{3+}。本试验采用 MnO_2 矿作氧化剂，其氧化反应式如下：

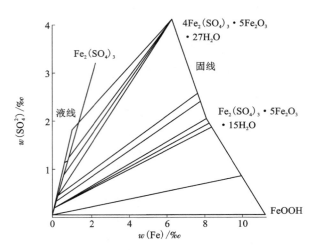

图 3-88　$SO_3-Fe_2O_3-H_2O$ 系平衡图(100℃)

$$2Fe^{2+}+MnO_2+4H^+ \!=\!\!=\!\!= 2Fe^{3+}+Mn^{2+}+2H_2O \qquad (3-116)$$

除 Fe 反应:

$$Fe^{3+}+2H_2O \!=\!\!=\!\!= FeOOH+3H^+ \qquad (3-117)$$

由于除 Fe 反应产生酸,为了维持一定的 pH,必须加中和剂。本试验加入 $MnCO_3$ 作中和剂,并以石灰调 pH 至 5~6 为止。其中和反应式如下:

$$MnCO_3+H_2SO_4 \!=\!\!=\!\!= MnSO_4+H_2O+CO_2 \qquad (3-118)$$

$$CaO+H_2SO_4 \!=\!\!=\!\!= CaSO_4+H_2O \qquad (3-119)$$

2) 硫化除重金属

硫化物在水溶液中的电离溶解按反应 $Me_2S_n \!=\!\!=\!\!= 2Me^{n+}+nS^{2-}$ 进行:

其溶度积如下:

$$K_{sp}=[Me^{n+}]^2[S^{2-}]^n \qquad (3-120)$$

溶液中 $[S^{2-}]$ 由下列两段平衡而定(当温度为 25℃)

$$
\begin{aligned}
&H_2S(g)\!=\!\!=\!\!= H^++HS^- \qquad K_1=10^{-8} \\
&HS^-\!=\!\!=\!\!= H^++S^- \qquad K_2=10^{-12.9} \\
&H_2S(g)\!=\!\!=\!\!= 2H^++S^{2-}
\end{aligned} \qquad (3-121)
$$

$$K=K_1 \cdot K_2=10^{-20.9}=[H^+]^2[S^{2-}]/p_{H_2S}$$

当 $p_{H_2S}=101.325$ kPa 时,式(3-121)便变为下式:

$$[H^+]^2[S^{2-}]=10^{-12.9} \qquad (3-122)$$

由式(3-120)和式(3-121)可导出,对于一价金属的硫化物 Me_2S,平衡 pH 如下:

$$pH = 10.45 + 1/2 lg K_{sp} - lg[Me^+]$$ （3-123）

对于两价金属硫化物 MeS,平衡 pH 如下:

$$pH = 10.45 + 1/2 lg K_{sp} - 1/2 lg[Me^{2+}]$$ （3-124）

对于三价金属硫化物 Me_2S_3,平衡 pH 如下:

$$pH = 10.45 + 1/6 lg K_{sp} - 1/3 lg[Me^{3+}]$$ （3-125）

可见生成硫化物的 pH,不仅与溶度积有关,而且也与金属离子浓度和价数有关。各种硫化物沉淀的平衡 pH 如表 3-125 所示。

表 3-125　硫化物沉淀的平衡 pH（25℃, p_{H_2S} = 101.325 kPa）

硫化物	$[Me^{n+}]$ = 1 mol/L	$[Me^{n+}]$ = 10^{-4} mol/L
As_2S_3	-16.12	-12.12
HgS	-15.59	-13.59
Ag_2S	-14.14	-10.14
Sb_2S_3	-13.85	-9.85
Cu_2S	-13.45	-9.45
CuS	-7.088	-5.088
PbS	-3.096	-1.096
NiS(γ)	-2.888	-0.888
CdS	-2.616	-0.616
SnS	-2.028	-0.028
In_2S_3	-1.760	-0.430
ZnS	-1.586	0.414
CoS	0.327	2.327
NiS(α)	0.635	2.635
FeS	1.726	3.726
MnS	3.296	5.296

某些全硫化物溶度积与 $1/T$ 的关系见图 3-89。

表 3-125 与图 3-89 可见，MnS 较有色重金属硫化物更难于沉淀，加硫化剂有利于重金属的除去。试验采用二甲胺基磺酸钠除重金属，二甲胺基磺酸钠又称福美钠简称 S. D. D. 其分子式为：$(C_2H_5)_2NCS_2Na \cdot 3H_2O$，常以 RS 简写代替。

硫化除重金属反应式为

$$CuSO_4 + RS === CuS\downarrow + RSO_4 \tag{3-126}$$

$$CoSO_4 + RS === CoS\downarrow + RSO_4 \tag{3-127}$$

$$NiSO_4 + RS === NiS\downarrow + RSO_4 \tag{3-128}$$

$$ZnSO_4 + RS === ZnS\downarrow + RSO_4 \tag{3-129}$$

3）电解 MnO_2 原理

采用钛板作阳极，碳棒作阴极。通直流电时，金属钛阳极表面生成 TiO_2，从而呈现不溶钝化状态。产生析氧与析 MnO_2 两个主要反应。

$$O_2 + 4H^+ + 4e^- === 2H_2O \tag{3-130}$$

当 $p_{O_2} = 101.325$ kPa 时，

$\varphi_{25} = 1.229 - 0.0591pH$

$\varphi_{40} = 1.2163 - 0.062pH$

$\varphi_{60} = 1.200 - 0.066pH$

$\varphi_{80} = 1.1834 - 0.07005pHI$

$\varphi_{100} = 1.167 - 0.074pH$

$$MnO_2 + 4H^+ + 2e^- === Mn^{2+} + 2H_2O \tag{3-131}$$

当 $[Mn^{2+}] = 1$ mol/L

$\varphi_{25} = 1.229 - 0.1182pH$

$\varphi_{40} = 1.219 - 0.1241pH$

$\varphi_{60} = 1.206 - 0.132pH$

$\varphi_{80} = 1.1943 - 0.1401pH$

$\varphi_{100} = 1.1824 - 0.148pH$

从式（3-130）和式（3-131）反应的 φ 值可以看出，升高温度对该两反应的标准 φ 之间的差值影响并不大，而 pH 的大小对其差值的影响却是很显著的。$MeSO_4-H_2O_4-H_2O$ 系 $\varphi-[H^+]_T$ 图，φ-温度图和 $\varphi-SO_4^{2-}$ 图分别如图 3-90、图 3-91 和图 3-92。

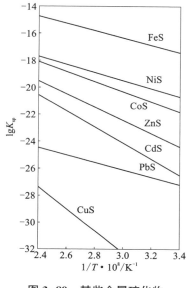

图 3-89　某些金属硫化物
溶度积与 $1/T$ 的关系

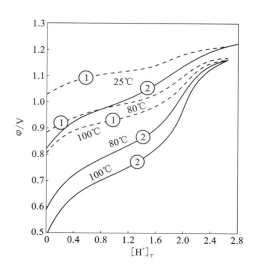

图 3-90　$MeSO_4$-H_2SO_4-H_2O 系
φ-$[H^+]_T$ 图

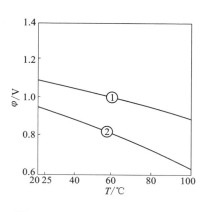

图 3-91　$MeSO_4$-H_2SO_4-H_2O 系
φ-T 图

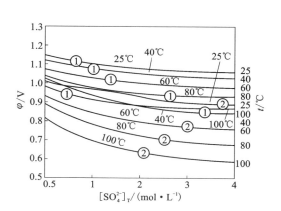

图 3-92　$MeSO_4$-H_2SO_4-H_2O 系
φ-$[SO_4^{2-}]_T$ 图

　　从图 3-91 和图 3-92 可以看出：温度和 $[SO_4^{2-}]$ 升高，φ_2 和 φ_1 均下降，而且 φ_1-φ_2 的差值增大。这表明采用高温和高浓度 SO_4^{2-} 的溶液，在电解开始（即 $[H^+]_T=0$）时，φ_1-φ_2 的差值最大，此时 MnO_2 优先析出。到电解后期（即 $[H^+]_T$ 增大），φ_1-φ_2 的差值为 0，MnO_2 和 O_2 同时析出，说明要得到高的阳极电流效率

与高质量产品,必须采用高温(>95℃)和低酸(<45 g/L)电解,同时还必须采用低的电流密度(40~60 A/m²)与合理的电解液成分。

阳极反应除式(3-130)、式(3-131)外,还可能发生下列反应:

$$Mn^{2+} = Mn^{3+} + e^- \qquad \varphi_{25}^{\ominus} = 1.51 \text{ V} \qquad (3-132)$$

$$Mn^{2+} + 4H_2O = MnO_4^- + 8H^+ + 5e^- \qquad \varphi_{25}^{\ominus} = 1.51 \text{ V} \qquad (3-133)$$

$$MnO_2 + 2H_2O = MnO_4^- + 4H^+ + 3e^- \qquad \varphi_{25}^{\ominus} = 1.695 \text{ V} \qquad (3-134)$$

上述主要的阳极反应为式(3-131)。电解 MnO_2 的总反应式如下:

$$MnSO_4 + 2H_2O = MnO_2 + H_2SO_4 + H_2 \uparrow \qquad (3-135)$$

3. 粗银粉精炼原理

粗银粉精炼包括氧化除杂、氨浸银和银还原三个过程,其基本反应如下。

(1)氧化除杂过程。在粗银粉的氧化除杂过程中,金属 Fe 被 Fe^{3+} 氧化进入溶液,而金属银和铅则被氧化形成氯化物留于残渣中:

$$2Fe + Fe^{3+} = 3Fe^{2+} \qquad (3-136)$$

$$Ag + FeCl_3 = AgCl \downarrow + FeCl_2 \qquad (3-137)$$

$$Pb + 2FeCl_3 = PbCl_2 \downarrow + 2FeCl_2 \qquad (3-138)$$

用水冲稀后,由于总氯离子浓度降低,浸铁液中银、铅的氯配合离子形成沉淀:

$$AgCl_i^{1-i} = AgCl \downarrow + (i-1)Cl^- \qquad (3-139)$$

$$PbCl_i^{2-i} = PbCl_2 \downarrow + (i-2)Cl^- \qquad (3-140)$$

(2)氨浸银过程。在 3~6 mol/L 氨水浓度下,AgCl 形成氨配合物并溶解:

$$AgCl + iNH_3 = [Ag(NH)_i]^+ + Cl^- \qquad (3-141)$$

其他金属氯化物亦会转化成氢氧化物:

$$MeCl_2 + 2NH_3 \cdot H_2O = Me(OH)_2 + 2NH_4Cl \qquad (3-142)$$

(3)银还原过程。银氨配合物溶液被水合肼还原得到银粉:

$$4Ag(NH_3)_i^+ + 4OH^- + N_2H_4 = 4Ag \downarrow + N_2 \uparrow + 4iNH_3 + 4H_2O \qquad (3-143)$$

3.3.4 小型试验

作者学术团队与广西凤凰银业公司真诚合作,于 1996 年底完成隆安凤凰山硫化银锰精矿全湿法提银实验室小型试验,解决多项技术难题,拉通流程,确定了技术方案,取得了较好的技术经济指标;1997 年 3 月通过评审会专家评审,根据评审要求,双方于 1997 年 7 月完成实验室补充小型试验,完全达到评审会的要求,取得了三大技术突破。现详细介绍实验室小型试验的情况和结果。

1. 试料

做小试原料的广西凤凰山硫化银锰精矿的化学成分如表 3-126 所示。

表 3-126 小试原料所用硫化银锰精矿的化学成分质量分数　　单位:%

No.	Ag	Mn	Fe	Pb	Zn	Sb	Co	As	S
1	0.8000	19.81	18.76	4.27	2.45	1.125	0.0095	4.85	31.40
2	0.9283	19.12	—	—	—	—	—	—	—

以氧化银锰精矿代替软锰矿作预处理氧化剂,其化学成分[w(成分)/%]如下:Ag 0.1489、Mn 37.38、Fe 8.40、As 0.92。氧化银锰精矿中银、锰物相如表 3-127 所示。

表 3-127 氧化银锰精矿中银、锰物相组成质量分数　　单位:%

银物相	自然银中 Ag	硫化银中 Ag	硫化矿中 Ag	氧化锰中 Ag	其他氧化矿中 Ag	总 Ag
	0.0618	0.0306	0.0045	0.0442	0.0087	0.1498
锰物相	高价锰	碳酸锰中 Mn	碳酸盐中 Mn	赤铁矿中 Mn		总 Mn
	36.56	0.59	0.06	0.17		37.38

表 3-127 说明,氧化银锰精矿中高价锰占绝对优势,完全可以代替软锰矿作氧化剂。

2.酸浸脱锰及氧化预处理

1)综合条件试验

通过优化条件试验,最佳条件确定如下:

(1)酸浸脱锰:①始酸酸度 343 g/L H₂SO₄;②液固比=3:1;③温度 80~85℃;④保温及搅拌时间 0.5 h。

(2)氧化预处理:①氧化矿用量为硫化矿量的 30%;②木质素磺酸钠(LS)用量为硫化精矿质量的 0.25%~0.5%;③温度 95℃;④保温及搅拌时间 2 h。

基于以上优化条件进行综合条件试验,规模为 20 g/次,氧化预处理渣在固定条件[①液固比=5:1;②CaCl₂ 浓度 8 mol/L;pH≤4;③FeCl₃ 加入量为理论量(按银计)的 20 倍;④温度 90℃;⑤时间 2 h]浸银,以浸银率作为氧化预处理效果的判据,结果如表 3-128 所示。

表 3-128 酸浸脱锰及氧化预处理综合条件试验结果

No.	Ag-S-20	Ag-S-23	Ag-S-Q	Ag-S-3	Ag-S-18	Ag-S-21
FB 用量与硫化精矿质量比/%	0.25			0.50		
浸银渣质量/g	1280	11.60	12.40	11.55	11.45	12.10
浸银渣 w(Ag)/%	0.135	0.124	0.141	0.114	0.144	0.155
浸银率/%	90.19	91.84	90.07	92.52	90.97	89.39

从表3-128可以看出，FB用量为0.25%~0.50%时对浸银率的影响不大，但FB用量过多时，会给浸锰液制取一水硫酸锰带来不良影响。因此，确定FB用量为0.25%。

2）循环试验

酸浸脱锰及氧化预处理循环试验分两段逆流进行，即将氧化液作为浸锰剂，主要原因是氧化预处理要求终酸质量浓度高(≥196 g/L)，可利用部分终酸脱锰，这样不仅减少酸耗，而且有利于浸锰液的除铁，减小中和负担。循环试验规模为600 g/次硫化银锰精矿，1~9次试验以1#硫化银锰精矿为试料，而10~13次试验以2#硫化银锰精矿为试料。试验条件为：

（1）酸浸脱锰：①始酸酸度≥196 g/L；②液固比=3∶1；③温度80℃；④保温及搅拌时间1 h；⑤滤渣不经水洗直接进入氧化预处理；

（2）氧化预处理：①氧化矿用量为硫化矿质量的30%；②FB用量为硫化精矿的0.25%；③始酸酸度为343 g/L；④温度90~95℃；⑤氧化时间2 h。试验结果如表3-129~表3-132所示。

表3-129　循环浸出银渣含锰及浸锰率　　　　单位：%

循环次数	渣率	渣中w(Mn)	浸锰率	渣中w(Ag)
1	49.34	0.18	88.62	1.253
2	49.94	0.16	99.67	1.29
3	51.57	0.18	99.61	1.24
4	53.27	0.22	99.51	1.194
5	53.56	0.17	99.62	1.152
6	53.91	0.24	99.46	1.172
7	57.01	1.58	96.23	1.103
8	55.13	0.50	98.24	1.106
9	56.15	0.19	—	—
10	53.81	0.14	99.68	1.32
11	56.15	0.77	98.19	1.276
12	59.42	5.32	—	—
13	49.23	0.19	99.61	1.34
平均	53.73	0.75	99.09	1.222

表3-130　循环浸出银渣成分质量分数及金属浸出率　　　　　单位：%

No.	项目	Mn	As	Pb	Fe	Sb	S	Zn	Ag
3~5	质量分数	0.23	5.03	6.43	23.54	1.39	39.61	1.24	1.200
	浸出率	99.48	32.65	0.00	24.14	15.19	13.92	65.26	0.00
6~8	质量分数	0.80	5.12	6.33	22.36	1.58	39.02	1.30	1.140
	浸出率	98.14	28.13	0.00	24.16	0.00	10.05	61.81	0.00
平均浸出率		98.81	30.39	0.00	24.15	7.60	12.25	63.54	0.00

表3-131　浸锰液银、锰质量浓度及酸度　　　　　单位：g/L

循环次数	1	2	3	4	5	6	7	8	10	11	13	平均
酸度	79.4	81.8	101.4	103.3	93.6	—	135.7	135.2	84.8	118.6	133.3	106.8
$\rho(Mn)$	117.7	118.4	100.2	109	109.1	90.3	128.9	122.7	98.1	120.8	123.3	112.5
$\rho(Ag)$	—	—	0.0003		0.00016				—	—	—	0.00018
银收率/%	—	—	99.99		99.995				—	—	—	99.994

表3-132　循环浸出银金属质量平衡　　　　　单位：g

加入					产出					入出误差	
硫化精矿		氧化精矿		合计	预处理渣		浸锰液		合计	绝对值	相对值/%
质量	比例/%	质量	比例/%		质量	比例/%	质量	比例/%			
65.479	94.92	3.506	5.08	68.985	65.682	99.994	0.00404	0.06	65.686	-3.299	-4.78

从表3-129~表3-132可以看出，酸浸脱锰及氧化预处理循环试验的效果很好，锰的脱除率高达98.81%~99.09%，按浸锰液计算银的回收率为99.994%。由于采用了逆流循环浸出，浸锰液的酸度从原来常规浸出的196 g/L左右下降到98 g/L左右，锰质量浓度提高至90~110 g/L，但表3-130说明，在酸浸脱锰及氧化预处理过程中有30.39%的砷、24.15%的铁及63.54%的锌进入浸锰液，使其成分十分复杂，给下一步的处理带来困难。另外，由于氧化液中高价金属离子较多，只有1/3的可挥发硫，即总硫的12.25%以H_2S的形式挥发。表3-132说明，银的平衡情况较好，平衡率为95.22%，从理论上分析，银应该100%进入预处理渣，出现负误差属于试验和分析误差所致。

3. 氧化渣提取银

1）浓 $CaCl_2$-$FeCl_3$ 溶液浸银循环试验

进行氯气作氧化剂与三氯化铁作氧化剂的对比试验，结果否定了氯气而选用三氯化铁。在进行循环试验之前，以成分 [w（成分）/%] 为 Ag 1.152、Mn 0.17、As 5 左右（以毒砂的形态存在的砷占80%）的 5# 银渣为试料，返回的浓 $CaCl_2$ 溶液 [ρ/(g·L^{-1}) 为 Fe^{2+} 30.39、Fe^{3+} 0.29、Pb 22.73、Ag 0.56，[H^+]=0.17 mol/L] 经氧化再生后作为浸银剂，进行了浸银剂中铅浓度及总反应时间试验，结果如表 3-133 及表 3-134 所示。

表 3-133　浸银剂中铅浓度对浸银率的影响

No.	1	2	3	备注
ρ(Pb)/(g·L^{-1})	5.91	11.36	17.05	时间：2 h；温度：沸腾；规模 30 g/次
浸银渣质量/g	25.39	24.00	24.67	
浸银渣中 ρ(Ag)/%	0.0758	0.0744	0.106	
浸银率/%	94.31	94.72	92.26	

表 3-134　总反应时间对浸银率的影响

No.	2	4	5	备注
时间/h	2.0	1.5	1.0	浸银剂成分，ρ/(g·L^{-1})：Pb 11.36，Fe^{3+} 16.17，Fe^{2+} 7.6；温度：100℃
浸银渣质量/g	24.00	24.23	24.32	
浸银渣中 ρ(Ag)/%	0.0744	0.0855	0.116	
浸银率/%	94.72	93.91	91.65	

表 3-133 说明，浸银剂中铅质量浓度不能大于 11.36 g/L，后面试验均控制在 10 g/L 左右；表 3-134 说明，总浸银时间为 1.5 h 或 2.0 h，后面试验均采用 2 h。按照前述条件进行浓 $CaCl_2$-$FeCl_3$ 溶液浸银循环试验，共进行 10 次，其中 200 g/次规模的 4 次，500 g/次规模的 6 次，前 4 次以 1# 硫化银精矿的脱锰氧化预处理渣为试料，后 6 次则以 2# 矿预处理渣为试料，浸银循环试验结果如表 3-135~表 3-139 所示。

表 3-135　浸银循环试验的浸银剂成分 (质量浓度)　　　　　单位：g/L

规模 /(g·次$^{-1}$)	No.	Fe$_T$	Fe^{2+}	Pb	Ag	[H$^+$] /(mol·L^{-1})
200	1	22.68	6.89	11.89	0.081	0.863
	2	26.32	5.28	9.08	0.081	—
	3	19.36	1.64	10.86	0.081	0.41
	4	18.86	1.78	13.57	0.081	0.522
	平均	21.805	3.90	11.35	0.081	0.598
500	5	19.57	3.29	10.27	—	0.522
	6	20.57	0.00	10.66	—	—
	7	19.86	3.70	10.78	—	—
	8	19.90	2.66	10.39	—	0.529
	9	19.41	0.00	6.98	—	—
	10	20.85	3.28	10.68	—	—
	平均	20.03	2.155	9.96	—	0.526
总平均		20.92	3.03	10.66	0.081	0.562

表 3-136　浸银循环试验的浸银液成分 (质量浓度)　　　　　单位：g/L

规模 /(g·次$^{-1}$)	No.	Fe$_T$	Fe^{2+}	Pb	Ag	[H$^+$] /(mol·L^{-1})
200	1	22.5	18.21	18.75	—	0.335
	2	28.36	18.93	17.00	—	0.57
	3	21.93	15.285	16.84	—	0.47
	4	21.00	14.50	27.56	—	0.40
	平均	23.45	16.73	20.04	—	0.445
500	5	22.86	15.64	18.55	1.76	0.48
	6	25.64	13.29	16.37	1.76	0.87
	7	21.14	—	19.82		0.484
	8	20.70	13.50	11.81		0.566
	9	21.64	12.85	16.31	—	0.59
	10	21.57	14.07	20.08	—	0.55
	平均	22.26	13.87	17.16	1.76	0.59
总平均		22.85	15.30	18.60	1.76	0.52

表 3-137 浸银循环试验的浸银渣质量及各成分质量分数 单位：%

No.	质量/g	化学成分						
		Ag	Sb	As	Fe	S	SO	Pb
1	132.40	0.0785	—	—	—	—	—	—
2	121.40	0.119	—	—	—	—	—	—
3	126.04	0.125	—	—	—	—	—	—
4	127.35	0.0968	—	—	—	—	—	—
5	311.40	0.100	0.51	4.96	24.74	41.82	19.40	0.26
6	309.40	0.098	0.297	5.27	23.90	43.58	20.22	0.38
7	307.70	0.101	0.39	4.49	25.90	48.93	21.24	0.40
8	328.20	0.117	0.50	3.95	25.50	47.90	21.18	0.39
9	358.00	0.127	—	—	—	—	—	—
10	327.80	0.093	—	—	—	—	—	—
加权平均	64.50%*	0.106	0.426	4.66	25.02	45.58	20.52	0.36

注：* 为渣率。

表 3-138 浸银循环试验渣计金属浸出率 单位：%

No.	1	2	3	4	5	6	7	8	9	10	平均
Ag	93.78	91.31	90.53	92.62	92.21	92.62	93.09	96.75	89.24	93.93	92.12
Pb	—	—	—	—	96.34	94.66	94.72	94.90	—	—	95.16
Fe	—	—	—	—	5.27	7.85	5.06	4.86	—	—	5.76

表 3-139 浸银循环试验银金属质量平衡 单位：g

加入			产出			入出误差	
银渣	浸银剂	共计	浸银液	浸银渣	共计	绝对	相对/%
34.672	1.539	36.211	32.858	2.597	35.455	-0.756	-2.09

表中数据说明，浸银循环试验取得了较好效果，银浸出率稳定在 92.12% 左右，同时铅浸出率为 95.16%，可顺便回收。银的金属平衡较好，平衡率达97.91%。另外，浸银渣含硫高达 45.58%（质量分数），元素硫亦有 20.52%（质量分数），这是一种含银的硫精矿，可用浮选法继续处理、回收银和硫。

2) 沉银试验

先以成分 $[\rho(\text{成分})/(\text{g} \cdot \text{L}^{-1})]$ 为 Ag 1.47、Fe 15.26、Fe^{2+} 9.772、Pb 8.46，$[H^+] = 0.39$ mol/L 的浸银液为试液，进行铁粉用量试验，以 Fe^{3+} 及 Ag 含量计算

铁粉的理论用量，结果如表 3-140 所示。

表 3-140　铁粉用量对沉银率的影响

No.	1	2	3	4
铁粉用量为理论量倍数	1.0	1.1	1.3	1.5
沉银液，$\rho(Ag)/(g \cdot L^{-1})$	0.0094	0.0047	0.00057	0.00013
沉银率/%	99.37	99.58	99.96	99.91

表 3-140 说明，铁粉用量为 1.1 倍理论量即可，但 2# 银精矿获得的浸银液沉银的铁粉用量以 1.7 倍理论量较好，因此，按此用量进行 2# 银精矿获得的浸银液的沉银试验，结果如表 3-141 所示。

表 3-141　粗银粉品位及沉银率

No.	1	2	3	4	5	加权平均
粗银粉质量/g	6.20	3.90	9.73	10.60	15.00	—
粗银粉，$w(Ag)/\%$	24.90	39.57	18.55	39.43	22.73	27.47
沉银率/%	~100	~100	~100	~100	91.49	97.34

表中数据说明，银的置换效果良好，大部分试验的结果接近 100%，加权平均沉银率为 97.34%，粗银粉 $w(Ag)$ 加权平均为 27.47%，需要进一步提纯。试验中发现，铁粉质量及强烈搅拌是沉银是否彻底的关键。

3）沉铅试验

在循环试验中，每次抽出 43% 的沉银后液沉铅，硫化钠为沉淀剂，将质量浓度为 150 g/L 的溶液慢慢加入，试验结果如表 3-142、表 3-143 所示。

表 3-142　溶液体积及铅质量浓度

	No.	1	2	3	4	5	6	7	平均
沉银后液	体积/mL	1010	850	660	1040	1080	875	2530	—
	$\rho(Pb)/(g \cdot L^{-1})$	27.56	18.35	16.37	19.82	11.81	16.31	20.08	19.00
沉铅后液	体积/mL	1030	900	760	1050	1130	950	2615	—
	$\rho(Pb)/(g \cdot L^{-1})$	1.55	1.12	0.90	0.42	0.88	0.74	0.71	0.86
	沉铅率/%	94.26	93.60	93.67	97.87	92.20	95.07	96.36	95.08

表 3-143 铅渣质量、成分及铅银回收率　　　　　　单位：%

No.	1	2	3	4	5	6	7	平均
渣质量/g	42.30	39.50	44.05	38.10	24.80	26.30	92.65	—
$w(Pb)$	59.22	43.38	33.73	59.48	53.00	60.85	—	50.62
$w(Ag)$	0.0186	0.19	0.13	0.0375	0.074	0.0426	0.0668	0.08
沉铅率	89.99	108.67	137.52	109.94	103.05	112.14	—	~100
银收率	99.49	98.02	98.57	99.66	99.61	99.70	98.66	99.06

表中数据说明，沉铅效果良好，液计沉铅率为 95.08%，渣计沉铅率超过 100%，两者之区别系分析误差所致。沉铅过程中，银损失率 0.94%。

4）沉铁及粗银粉精炼

在 60℃ 下用石灰作中和剂，调 pH 至 8.5 左右，稳定 20 min 后铁可完全沉淀，沉铁滤液返回再生浸银剂。粗银粉经过盐酸氧化浸出除去铁等杂质元素，然后用氨水浸银，水合肼还原浸银液后得到精银粉，其品位不小于 98.41%，回收率不小于 99%。

4. 浸锰液制硫酸锰

浸锰液经净化除杂、浓缩结晶煅烧制取一水硫酸锰。

1）预氧化及中和除铁试验

对 Mn 质量浓度为 90 g/L 左右的浸锰液，先用软锰矿粉将其中的二价铁氧化为三价铁，然后用石灰中和除铁，试验结果如表 3-144 所示。

表 3-144 预氧化及中和除铁结果

No.	浸锰液质量浓度/(g·L⁻¹)			除铁液质量浓度/(mg·L⁻¹)			铁渣质量分数/%		除铁率 /%
	Mn	Fe	H_2SO_4	Mn*	Fe	Co	Mn	Fe	
1	87.97	13.32	104.33	55.55	<1	3.54	3.13	8.57	99.99
2	90.66	10.55	83.17	65.20	<0.5	14.15	2.32	8.31	99.995

注：* 单位为 g/L。

表中数据说明，除铁效果非常好，除铁率不小于 99.99%。

2）除重金属试验

往除铁液中加入 B# 除杂剂，除去重金属，然后静置除钙镁，试验结果如表 3-145 所示。

表 3-145 除重金属试验结果

No.	除铁液中ρ(元素)			除钴后液中ρ(元素)			除钴率/%
	ρ(Mn)	Fe	Co	Mn*	Fe	Co	
1	55.55	<1	3.54	56.67	<1	0.24	93.22
2	65.20	<0.5	14.15	64.58	<0.5	0.17	98.85

注：* 单位为 g/L。

表 3-145 说明，除钴效果较好，净化液ρ(Co)小于 0.25 mg/L。

3）浓缩结晶及煅烧

除重金属后的纯硫酸锰溶液经浓缩结晶和煅烧制得符合 GB 1622—1986 的二级硫酸锰，质量见表 3-146。结晶母液成分为ρ(Mn)= 177.22 g/L、ρ(Fe)= 0.45 mg/L、ρ(Co)= 0.61 mg/L，这种母液可返回除铁过程，这样全流程中的锰回收率不小于 90%。

表 3-146 硫酸锰产品质量 单位：%

指标	试验产品		GB 6622—1986		
	Q-1	Q-2	一级	二级	三级
$w(MnSO_4 \cdot H_2O)$，≥	96.47	97.31	98.0	95.0	90.0
$w(Fe)$，≤	0.00081	0.00069	0.004	0.008	0.015
$w(Cl)$，≤	0.024	0.016	0.004	0.05	0.10
水不溶物，≤	0.041	0.037	0.10	0.19	0.20
pH	6.2	6.2	5~7	5~7	5~7

5.浸银渣浮选探索

以含 Ag 0.073%、As 5%的浸银渣为试料，按图 3-93 进行了浮选探索试验，条件如下：①给矿量 90 g/次，②确定药剂制度［粗选一：用自来水调浆6 min，调 pH<6，加水玻璃 3 mL，丁基黄药（0.2%）2 mL，混合油 2 滴，刮泡4 min；粗选二：用自来水调浆 5 min，pH< 6，加水玻璃 6 mL，丁基黄药（0.2%）2 mL，混合油 2 滴，刮泡 4 min；

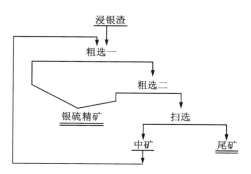

图 3-93 浮选探索试验流程

扫选：调浆 4 min，加丁基黄药（0.2%）3 mL，混合油 3 滴，刮泡 4 min］。探索试验结果如表 3-147 所示。

表 3-147　浸银渣浮选探索试验结果

名称	m/g	银			砷		
		$w(Ag)/\%$	分配/%	回收率/%	$w(As)/\%$	分配/%	脱除率/%
银硫精矿	24.00	0.229	65.06	71.21	3.195	19.44	—
尾矿	51.26	0.042	25.49	—	5.30	68.86	77.98
中矿	10.94	0.073	9.45	—	4.22	11.90	—

　　表中数据说明，浮选结果较好，以银硫精矿的形式回收了浸银渣中 71.21% 的银，从而将银的总回收率提高了 5.66%，使之大于 97%。银硫精矿中银的品位为 0.229%，含砷较硫化银锰精矿低，不含锰则硫含量高，这样的银硫精矿最适合与重金属一起进行自热熔炼。

6. 技术经济指标

1) 金属回收率

　　从硫化银锰精矿到粗 Ag 粉各工艺的阶段回收及精矿中银的总回收率如表 3-148 所示，铅及锰的阶段回收率和总回收率分别如表 3-149~表 3-150 所示。

表 3-148　银的阶段回收率和总回收率　　　　单位：%

过程	浸锰	浸银		浸银液沉银		沉铅	浸银渣浮选	直收率	总回收率	
产物	脱锰银渣	浸银液	浸银渣	粗银粉	沉银液	沉铅液	银精矿	粗银粉	粗银粉	银精矿
银回收率	99.994	92.12	7.88	97.34	2.66	64.62	71.85	91.74	97.40	

表 3-149　锰的阶段回收率和总回收率　　　　单位：%

过程	浸锰	硫酸锰制取	总回收率
产物	浸锰液	硫酸锰和结晶母液	硫酸锰
回收率	98.81	90	88.93

表 3-150　铅的阶段回收率和总回收率　　　　单位：%

过程	浸锰	浸银	沉铅液	总回收率
产物	银渣	浸银液	铅精矿	铅精矿
铅回收率	100.00	95.16	97.04	93.10

表中数据说明，金属回收率都比较高，银从精矿到粗银粉的直收率为91.74%，总回收率达到97.40%，锰和铅的总回收率分别为88.93%及93.10%。

为考察银在各过程的损失情况，福桂银冶公司单独进行了300 g/次规模的4次系统考察试验，试料为2#银精矿(Ag 0.6621%)和1#软锰矿(MnO₂ 166.71%)，考察试验的浸银及沉银过程中，银回收率较大幅度地超过上述指标：①浸银率为97.35%(渣计)及99.01%(液计)；②沉银率为95.23%(渣计)及98.30%(液计)；③从硫化银锰精矿到粗银粉的直收率为92.64%(渣计)，在没有浮选的情况下，总回收率达到96.385%。

2) 产品质量

粗银粉含银27.47%，符合下一步的提纯要求；硫酸锰产品质量符合GB 1622—1986二级品要求；铅精矿含铅50%，符合冶炼要求。银硫精矿含银0.229%，含硫高，适合冶炼厂处理。

3) 原辅材料消耗

按1997年的价格(以下同)，处理1 t硫化银锰精矿的原辅材料消耗及费用如表3-151所示。

表 3-151　处理 1 t 硫化银锰精矿的原辅材料消耗及费用

No.	名称	规格	单耗/(t·t⁻¹)	单价/(元·t⁻¹)	费用/元
1	硫化银锰精矿	$w(Ag) \geq 0.80\%$	1	6400	6400
2	氧化银锰精矿	$w(Ag) \geq 0.15\%$, $w(Mn) \geq 35\%$	0.30	1200	360
3	硫酸	工业纯	1.024	450	461
4	烧碱	工业纯	0.081	3000	242
5	FB	工业纯	0.0025	24000	60
6	氯气	工业纯	0.088	2600	229
7	铁粉	工业纯，-80目	0.034	2000	68
8	石灰		0.500	250	125
9	软锰矿	$w(Mn) \geq 35\%$	0.178	600	107
10	除杂剂		0.01272	12000	153
11	其他				200
小计					8405

注：精矿银按800元/kg计价，锰不计价。

表中数据说明,原辅材料费用为 8405 元/t,其中辅助材料费用为 1645 元/t。

4)产品产量及产值

处理 1 t 硫化银锰精矿产出的银粉、银硫精矿、铅精矿、硫酸锰及硫化钠等产品的产量与产值如表 3-152 所示,其中由粗银粉到银粉,银回收率按 99% 计算。

表 3-152 处理 1 t 硫化银锰精矿的产品产量与产值

No.	名 称	产量/t	售价/(元·t⁻¹)	销售额/元
1	银粉	7.614 kg	1270 元/kg	9746
2	银硫精矿中的银	0.478 kg	800 元/kg	383
3	硫酸锰	0.848	2350	1994
4	精矿铅	0.040	3000	120
5	硫化钠	0.231	2400	554
	共计			12797

表中数据说明,处理 1 t 硫化银锰精矿的产值为 12797 元,其中银产品的产值为 10129 元。

7. 小结

(1)小型试验研究开发的硫化银锰精矿及氧化银锰精矿混合湿法处理提银新工艺技术先进,不仅同时解决了两种银锰精矿的提银问题,而且综合回收了锰、铅、硫等有价元素。

(2)该工艺较好地防止了硫、砷、铅等有毒元素对环境的污染:精矿中约 70% 的砷以毒砂或难溶砷酸盐的形式进入冶炼渣的浮选尾矿,约 30% 在硫酸锰制备过程中以稳定的砷酸铁进入铁渣;93.10% 的铅以品位为 50% 左右的铅精矿的形式回收;12.35% 的硫以 $Na_2S \cdot 9H_2O$ 的形式回收,其余的硫大部分进入银硫精矿,供冶炼厂发热和制酸。

(3)本研究发现的新的高效催化剂 FB 是一大技术进步,这不仅克服硝酸催化剂成本高、NO_x 污染严重的缺点,而且对含砷(硫)金银矿的湿法处理具有重要意义。

(4)本试验数据可作为扩大试验的基础和依据。

3.3.5 主干流程扩大试验

根据中南大学与广西隆安福桂银冶公司签订的湿法处理硫化银锰精矿实验室扩大试验合同的要求,双方人员分别在各自的实验室场地进行主干流程的扩大试验。试验从一开始就遇到了银浸出率低的难题,几经周折,经过 13 次扩大试验和

10 次小型系统试验，最后确认温度低是浸银率低的直接原因。浸银温度提高到 116℃以上后，浸银率即为 95%以上。之后，又遇到了置换沉银不完全的问题，但这些问题最终都得以解决。总之，主干流程试验达到了预期效果，其基本数据可作为设计依据。

1. 试验原料

试验原料为广西隆安凤凰银矿产的硫化银锰精矿，磨碎至-200 目，成分如表 3-153 所示。用广西大兴锰矿产的软锰矿作氧化剂，$w(Mn)=38.65\%$、$w(MnO_2)=61.16\%$。

表 3-153　广西隆安凤凰银矿产硫化银锰精矿成分的质量分数　　　　单位：%

Ag	Pb	Mn	Zn	Fe	As	S	Cu	Sb
0.6336	3.26	13.01	2.99	24.50	1.79	38.12	0.82	0.47

2. 试验

1）试验方法

因受条件限制，只进行过程试验，没有进行串级联动试验，即脱锰及氧化、浸银、沉铅、沉铁等过程试验按过程顺序分过程进行，全部完成后算一个循环，然后进入第二个循环，以此类推，直到满足要求为止。另外，在进行主干流程扩大试验的同时，要为银精炼及锰品制取扩大试验准备试料，所产粗银粉在称重取样后全部集中作为银精炼扩大试验试样，取代表性的浸锰液作锰品制取的试液。

2）试验设备

分为现场扩大试验设备和实验室扩大试验设备两部分。

（1）现场扩大试验设备。现场扩大试验反应设备采用 500 L 电加热搪瓷反应釜 1 台，过滤设备采用 5 m² 板框压滤机 1 台，以空气吹气压滤。溶液计量用 10 L 塑料桶 1 个，50 kg 及 100 kg 的磅秤各 1 台。

（2）实验室扩大试验设备。脱锰预氧化、浸银及沉银在 100 L 搪瓷电加热反应釜内进行，沉铅在 50 L 搪瓷电加热反应釜内进行，沉铁在 5~10 L 烧杯内进行。真空抽滤，50 kg 的磅秤称重。

3）试验条件及步骤

各工艺过程的操作条件及步骤如下，括号内的数据为实验室扩大试验数据。

（1）脱锰及氧化过程。①加水或浸锰渣水洗液 125（50）L 到反应釜内；②溶解 10（4）kg NaOH 于 30（12）L 水中，分别装入两级吸收槽（第二次脱锰时，只需一级吸收液）内；③开排风机使反应釜呈负压；④搅拌，慢慢加入硫化银锰精矿 50（20）kg；⑤慢慢滴入浓硫酸 25（10）L，切勿加快，防止冒槽和导致槽内正压逸出 H_2S 毒气；⑥在确定没有 H_2S 逸出后加入软锰矿 22.5（19）kg；⑦升温到 95℃，在该温度下搅拌 2 h；⑧取出一级 Na_2S 吸收液浓缩结晶 $Na_2S \cdot 9H_2O$，第二级吸收液作为下次的吸收前液；⑨到时间压滤浆料，用 25(10)L 80℃的水洗涤滤饼，滤液与浸锰液合并，再用 100(40)L 热水洗涤滤饼，水洗液返回下次配液；⑩称滤饼湿重，取小样测水分及分析有关元素；⑪量浸锰液及洗液体积，并取样；⑫过滤和自然风干 $Na_2S \cdot 9H_2O$，并称重取样，量结晶母液体积，取样分析有关元素。

（2）浸银过程。①将 130(52)L 再生好的浸银剂 $[d \geq 1.32；pH = 1 \sim 4；\rho(Pb) \leq 10$ g/L；$\rho(Fe^{3+}) 16 \sim 20$ g/L] 加入反应釜；②搅拌，开电热蜡浴加热；③慢慢加入相应槽次的脱锰渣；④升温至沸腾（100~105℃），在此温度下搅拌 2 h，在保温过程中注意观察浸液的颜色变化，若变为白色或浅绿色，则需补加氧化剂，直至恢复到红棕色为止；⑤降温到 85℃后压滤料浆；⑥用 25(10)L 沉铁后液洗滤饼，洗液与浸液合并；⑦再用 13(5)L 水洗滤饼，洗液开路；⑧称浸银渣湿重，取小样测水分及分析有关元素；⑨计量溶液体积，并取样。

（3）沉银过程。①根据浸银液体积及 Ag 和 Fe^{3+} 的含量计算铁粉用量；②将浸银液放入反应槽；③开蒸汽升温到 60℃；④分三批慢慢加入铁粉，每批 10 min，在 30 min 内加完；⑤保温搅拌 1 h；⑥趁热过滤，用 2 L 热水洗滤饼；⑦称粗银粉湿重，烘干后称干重并取样，剩下部分集中存放；⑧量沉银后液及洗水体积，并取样。

（4）沉铅过程。①根据沉银后液中的 Pb 含量及浸银剂中 $\rho(Pb) \leq 10$ g/L 的要求计算沉银后液开路沉铅的百分数；②根据需要从沉铅的沉银后液体积和铅含量计算 Na_2S 用量；③称取相应量的 $Na_2S \cdot 9H_2O$ 配成 150 g/L 的溶液；④加入相应量的沉银后液；⑤开动搅拌，在排风的情况下慢慢加入 Na_2S 溶液；⑥在 60℃的温度下搅拌 1 h；⑦过滤料浆，用 5~7 L 水洗涤滤饼；⑧称铅渣湿重，烘干后称干重并取样；⑨计量沉铅后液及洗液体积，并取样。

（5）沉铁过程。①根据沉银后液中的 Fe 含量及浸银剂中 20 g/L $\geq \rho(Fe) > 16$ g/L 的要求，计算沉铅后液开路沉铁的百分数；②抽取相应量的沉铅后液加入反应釜内；③升温到 60℃；④开搅拌，慢慢加入消石灰，调 pH 至 8.5 左右；⑤pH 稳定 20 min 后过滤料浆及洗涤滤饼；⑥称铁渣湿重，取小样测水分，分析相应元素；⑦计量沉铁后液体积，并取样。

（6）浸银剂再生过程。①调节好再生前液的密度，如果 $d < 1.32$ g/cm³，则加入适量固体 $CaCl_2 \cdot 6H_2O$，直到 1.34 g/cm³ $\geq d \geq 1.32$ g/cm³ 为止，如果 $d > 1.34$ g/cm³，则加入适当洗液，使 1.32 g/cm³ $\leq d \leq 1.34$ g/cm³；②调节好再生前液，使 20 g/L $\geq \rho(Fe) > 16$ g/L，$\rho(Pb) < 10$ g/L；③按 $\rho(Fe^{2+})$ 16 g/L 计算氧化剂及盐酸的加入量；④升温到 60~80℃，加入盐酸；⑤以溶液的形式慢慢加入 $KClO_3$；⑥检测 Fe^{3+} 含量，若 $\rho(Fe^{3+}) < 16$ g/L，则要补加氧化剂；⑦测定 pH，若 pH>4，则要用盐酸调至 1~4。

3.试验结果及讨论

1）浸锰及氧化预处理

现场扩大试验共进行 6 槽，第 1 槽的银精矿 70 kg，以后各槽为 37～38 kg。实验室扩大试验共进行 7 槽，每槽投入的银精矿约 10 kg，共计 69.762 kg，软锰矿共计 20.5504 kg，前 4 槽加了 FB 催化剂。试验平均数据如表 3-154、表 3-155 所示。

表 3-154　氧化脱锰产物及成分

试验	脱锰渣质量分数/%				浸锰液质量浓度/(g·L⁻¹)					
	渣率	Ag	Mn	Pb	Fe	Ag	Mn	Fe^{2+}	Fe^{3+}	H_2SO_4
现场	82.71	0.7489	0.77	4.37	—	0.0036	77.93	—	—	—
实验室	82.28	0.7978	0.244	4.76	22.37	0.004	74.90	7.39	10.31	200.4

表 3-155　脱锰率及银回收率

扩大试验地点	脱锰率/%		银回收率/%	
	渣计	液计	渣计	液计
现场	97.44	92.52	98.63	99.83
实验室	99.18	96.48	104.74	98.22

从表 3-154、表 3-155 可以看出，两地扩大试验的数据相差不大，氧化及脱锰效果良好，渣计脱锰率为 98% 左右，而液计脱锰率约为 95%，主要原因是洗液中锰未计算在内及分析误差；银损失很少，其回收率大于 99%。另外，吨银精矿酸耗 0.93 t，软锰矿单耗 0.3 t。

2）浸银过程

与氧化脱锰相对应，现场浸银扩大试验共进行 6 槽，实验室进行了 7 槽浸银试验，从第 6 槽起，温度升高到 116℃ 以上。浸银剂量及成分如表 3-156 所示，试验数据平均值如表 3-156～表 3-159 所示。

表 3-156　浸银剂量及成分的质量浓度

扩大试验地点	总体积/L	ρ(成分)/(g·L⁻¹)						密度/(g·cm⁻³)
		Ag	Pb	Fe^{2+}	Fe^{3+}	HCl	Cl^-	
现场	1014	0.05092	5.16	1.70	17.28	—	—	—
实验室	281	0.033	9.33	0.56	19.74	16.59	316.53	1.3343

表 3-157　浸银渣成分及渣率

扩大试验地点	渣率	w(成分)/%							
		Ag	Pb	Cu	Zn	As	Sb	S_T	S^0
现场	100.04	0.13996	0.26	—	—	—	—	—	—
实验室	86.20	0.03411	—	0.89	0.0084	1.21	0.015	35.99	12.38

表 3-158　浸银液量及成分

扩大试验地点	总体积/L	ρ(成分)/(g·L^{-1})						
		Ag	Pb	Fe^{2+}	Fe^{3+}	HCl	Cu	Zn
现场	1388.6	0.9356	10.55	13.80	4.60	—	—	—
实验室	130.5	1.42	16.26	10.98	9.76	5.90	0.09	1.52

表 3-159　银和铅的浸出率

扩大试验地点	银浸出率/%		铅浸出率/%	
	渣计	液计	渣计	液计
现场	84.17	82.54	92.56	—
实验室	96.14	94.19	—	93.30

　　表中数据说明,现场扩大试验的浸银效果不理想,浸银率为 85% 左右;实验室扩大试验将浸银温度提高到 116℃ 后,由于破坏了包裹在毒砂及黄铁矿表面的浮选药剂,银浸出率都稳定在 94% 以上,平均渣计浸出率为 96.14%。银平衡情况较好,现场扩大试验平衡率为 98.57%,实验室扩大试验为 101.16%,铅浸出率为 93% 左右。另外,浸银液铅质量浓度增加,为 6.95 g/L;铁质量浓度增加,为 2.54 g/L。

　　3)沉银过程

　　现场扩大试验将对应槽次的浸银液进行沉银,而实验室扩大试验以 5、6 槽浸银液的混合液及 7 槽浸银液为试液进行了沉银试验。试验数据的平均值如表 3-160 所示。

表 3-160　沉银扩大试验结果

扩大试验地点	粗银粉, w(成分)/%					沉银后液, ρ(成分)/(g·L^{-1})				
	总质量/kg	Ag	Pb	Fe	沉银率	总体积/L	Ag	Pb	Fe	沉银率/%
现场	3.1856	33.98	12.24	25.18	84.62	1348.5	0.0247	10.69	11.05	97.13
实验室	0.5235	26.86	—	—	89.71	119.5	0.0757	12.55	27.11	94.17

从表3-160可以看出，液计沉银率较高，为94.17%~97.13%；但固计沉银率较低，为84.62%~89.71%，试验发现强化搅拌可提高沉银率。另外，粗银粉含有较高的铁和铅，需进一步精炼。

4）沉铅过程

现场扩大试验与实验室扩大试验都只进行1槽沉铅试验，结果如表3-161所示。

表3-161　沉铅试验结果

扩大试验地点	铅精矿，w(成分)/%					沉铅后液，ρ(成分)/$(g \cdot L^{-1})$				
	总重量/kg	Ag	Pb	沉铅率/%	银损失率/%	体积/L	Ag	Pb	Fe^{2+}	沉铅率/%
现场	2.56	—	72.43	39.77	28.21	401	0.0336	7.19	25	37.78
实验室	0.5929	0.0353	71.29	47.54	1.67	70	—	3.66	1.064	71.19

表中数据说明，沉铅效果不理想，其原因可能是沉银后液酸度或Fe^{3+}浓度较高，或二者均高，消耗了部分S^{2-}。现场扩大试验沉铅率为37.78%~39.77%，实验室扩大试验液计沉铅率为71.19%，但渣计沉铅率仅为47.584%，二者差别较大，显然是溶液的铅分析结果极不准确所致。铅精矿品位很高，w(Pb)为71.29%~72.43%。在沉铅过程中，现场扩大试验银损失率为28.21%，实验室扩大试验银损失率为1.67%。

6）沉铁过程

只在实验室做了1槽沉铁扩大试验，结果如表3-162所示。

表3-162　沉铁扩大试验结果

沉铁后液，ρ(成分)/$(g \cdot L^{-1})$					铁渣			
体积/L	Fe	Fe^{2+}	Cl^-	密度/$(g \cdot cm^{-3})$	沉铁率/%	质量/kg	w(Ag)/%	Ag损失率/%
51	1.46	1.46	200.11	1.20	91.43	7.3315	0.09752	101.6

从表3-162可以看出，液计沉铁率为91.43%，但银100%损失于铁渣中，铁渣含银量近1 kg/t。

4. 金属及溶液平衡

1）银平衡

以实验室扩大试验最后3槽的数据进行银金属平衡，结果如表3-163~表3-165所示。

从表3-163~表3-165可以看出，扩大实验中，脱锰及氧化预处理和沉银过程银平衡情况良好，平均入出相对误差分别为1.10%及-0.93%；平衡率不小于98.90%，但浸银过程平衡情况不太好，平均入出相对误差为7.32%。这说明分析结果及试验误差较大。

表3-163　脱锰过程银质量平衡　　　　　　　　　　　单位：g

槽次	加入	产出			入出误差	
	银精矿	脱锰渣	浸锰液	小计	绝对	相对/%
5	62.78	64.71	0.056	64.766	1.986	3.16
6	63.9744	66.2232	0.112	66.3352	2.361	3.69
7	63.7212	61.3	0.165	61.465	-2.2562	-3.54
共计	190.4756	192.2332	0.333	192.5662	2.0906	1.10

表3-164　浸银过程银质量平衡　　　　　　　　　　　单位：g

槽次	加入			产出			入出误差	
	脱锰渣	浸银剂	小计	浸银渣	浸银液	小计	绝对	相对/%
5	62.8664	1.312	64.1784	7.9132	66.64	74.5532	10.3748	16.17
6	65.8273	1.28	67.1073	1.450	64.84	66.29	-0.8173	-1.22
7	55.27	1.44	56.71	1.5133	59.4	60.9133	4.2033	7.41
共计	183.9637	4.032	187.9957	10.8765	190.88	201.7565	13.7608	7.32

表3-165　沉银过程银质量平衡　　　　　　　　　　　单位：g

槽次	加入	产出				入出误差	
	浸银液	粗银粉	沉银后液	洗液	小计	绝对	相对/%
5~6	125.425	106.63	15.394	—	122.024	-3.401	-2.71
7	44.55	42.95124	3.1614	0.25	46.363	1.8126	4.07
共计	169.975	149.58124	18.5554	0.25	168.38664	-1.58836	-0.93

2）溶液平衡

以现场第一阶段扩大试验的数据考察溶液平衡，结果如表3-166~表3-168所示。

表 3-166　脱锰及氧化预处理过程的溶液体积平衡　　　　单位：L

槽次	加入				产出				入出误差	
	自来水	水洗液	硫酸	小计	浸锰液	水洗液	滤渣吸水	小计	绝对	相对/%
1	333	0	35	368	175..2	158	20.7	353.9	−14.1	−3.83
2	85	95	19.2	199.2	110.0	74.60	12.8	197.4	−1.8	−0.90
3	95	95	19.2	209.2	114	75.20	12.3	201.5	−7.7	−3.68
4	95	95	19.2	209.2	111.6	76.6	12.6	200.8	−8.4	−4.02
5	86	87.5	17.5	191	100	64.0	11.5	175.5	−15.5	−8.12
6	95	64.0	17.5	176.5	101	60.0	11.1	172.1	−4.4	−2.49
共计	789	436.5	127.6	1353.1	711.8	508.4	81	1301.2	−51.9	−3.84

表 3-167　浸银过程的溶液体积平衡　　　　单位：L

槽次	加入					产出				入出误差	
	浸银剂	沉铅或铁后液	自来水	脱锰渣吸水	小计	浸银液	水洗液	浸银渣吸水	小计	绝对	相对/%
1	360	70	98	20.6	548.6	427	98	21.5	546.5	−2.1	−0.38
2	160	38	69	12.75	279.8	183.6	69	13.9	266.5	−13.3	−4.73
3	162	38	60	12.25	272.3	190.0	60	11.8	261.8	−10.45	−3.84
4	162	38	68	12.55	280.6	181	68	7.6	256.6	−24.0	−8.54
5	175	35	118	10.9	338.9	204	118	10.5	332.5	−6.4	−1.89
6	175	35	98	10.5	318.5	203	98	11.4	312.4	−6.1	−1.92
共计	1194	254	511	79.55	2038.1	1388.6	511	106.7	2006.3	−32.3	−1.58

表 3-168　沉银过程的溶液体积平衡　　　　单位：L

槽次	加入			产出				入出误差	
	浸银液	自来水	小计	沉银后液	水洗液	粗银粉吸水	小计	绝对	相对/%
1	407	2	409	396.3	2.0	0.7	399	−10	2.44
2	183.6	2.9	186.5	181.7	2.9	0.7	185.3	−1.2	−0.64
3	371	2	373	370.5	2.0	0.8	373.3	0.3	0.08
4	427	2	429	417	2.0	1.0	420	−9	−2.10
共计	1388.6	8.9	1397.5	1365.5	8.9	3.2	1377.6	−19.9	−1.42

从表 3-166~表 3-168 可看出，溶液平衡情况良好，脱锰及氧化预处理、浸银及沉银过程的蒸发损失分别为 3.84%、1.58% 及 1.42%，温度升高后浸银过程的失液将增加较多，这对氯化钙浸银剂返回时的溶液平衡是有利的。

5. 技术经济指标

1) 金属回收率

(1) 银的回收率。按实验室扩大试验第二阶段 6#、7# 试验求取银的回收率，结果如表 3-169 所示。

表 3-169　银的阶段回收率、直收率和总回收率　　　　单位：%

过程	脱锰及氧化	浸银	沉银		沉铅	直收率	总回收率
产物	脱锰渣	浸银液	粗银粉	沉银液	沉铅后液	粗银粉	粗银粉及返回液
6#	99.82	96.22	85.92	14.08	55.06	80.31	93.22
7#	99.74	96.26	96.41	3.59	55.06	91.59	95.01
平均	99.78	96.26	91.17	8.84	55.06	85.95	94.14

表 3-169 说明，扩大实验中从银精矿到粗银粉，银的总直收率为 80.31%~91.59%，银的总回收率为 93.22%~95.01%。由此可知，只要浸银、沉银严格控制工艺技术条件，银的总直收率大于 91%，银的总回收率大于 94% 是完全可能的。

(2) 锰的回收率。在主干流程试验中，锰的回收率实际上就是锰浸出率，从表 3-155 可以看出，渣计锰及液计锰的回收率分别为 98.31% 和 94.35%。

(3) 铅的回收率。以现场扩大试验确定铅的回收率，具体情况如表 3-170 所示。

表 3-170　铅的阶段回收率及直收率和总回收率　　　　单位：%

过程	脱锰及氧化	浸银	沉银	沉铅		直收率	总回收率
产物	脱锰渣	浸银液	沉银后液	铅精矿	沉铅后液	铅精矿	铅精矿及返回的沉铅液
回收率	100	93.59	97.54	39.77	60.23	36.31	80.88

由表 3-170 可见，铅的直收率为 36.31%，总回收率为 80.88%。

2) 原辅材料消耗

以现场扩大试验确定原辅材料消耗，具体数据如表 3-171 所示。

表 3-171　吨银精矿消耗化工材料

单位：t

名称	硫酸	盐酸	烧碱	Na₂S·9H₂O	氯酸钾（相当于氯气）	软锰矿	铁粉
规格	工业纯	工业纯	工业纯	工业纯	工业纯	$w(Mn) \geq 35\%$	工业纯，-80 目
消耗	0.9305	0.183	0.081	0.01	0.0304（0.0441）	0.300	0.0292

3）产品及终端产物

处理 1 t 银精矿（Ag 0.63355%）的产品及终端产物如表 3-172 所示。

表 3-172　处理 1 t 银精矿的产品及终端产物

产品			m（终端产物）/t			
粗银粉/kg	浸锰液/m³	铅精矿/t	浸银渣	铁渣	氯化钙液/m³	氯化钙洗水/m³
18.282	2.817	0.0364	0.827	0.187	0.678	2.055

6. 小结

（1）硫化银锰精矿全湿法提银主干流程扩大试验基本重现了小试结果，达到了预期目的，银的直收率和总回收率分别不小于91%及94%。

（2）该工艺可综合回收锰、铅、硫等有价元素，锰和铅的回收率分别为94.35%~98.31%及80.88%。

（3）本试验数据可作为建厂设计依据。

3.3.6　浸锰液制电解二氧化锰

主干流程扩大试验产出的浸锰液由梅光贵教授课题组研究，可制取电解MnO_2。选用制取电解 MnO_2 工艺的主要原因是原料含 Zn 量很高，难以降至 10 mg/L 以下，不能制取电解金属锰，加之当时电解锰国内外的价格大幅度下跌，销售不好。从 2001 年 6 月 10 日至 9 月 5 日，经过连续近三个月的试验，研究取得了重要突破：①由 $\rho(Fe)$ 为 14~21 g/L 的高铁浸锰液一次性除铁，将其降至 0.5 mg/L 以下；②突破除 Co 与电解等技术难关，获得了良好的试验结果，电解 $MnCO_2$ 产品质量与放电性能均达到 A 级标准，按合同完成了试验研究任务。

1. 试验原料及主要辅助材料

试验原料为硫化银锰精矿全湿法提银主干流程的脱锰及氧化预处理过程扩大试验产出的浸锰液，共 3 桶，每桶 30 L，其成分如表 3-173 所示。主要辅助材料为浸锰液除 Fe 用氧化剂 MnO_2 矿与中和剂 $MnCO_3$ 矿，其成分如表 3-174 所示。

表 3-173　浸锰液成分的质量浓度　　　　　　　　　单位：g/L

No.	1	2	3	平均
Mn	69. 66	72. 46	69	70. 37
Fe_T	15. 77	21. 14	14. 38	17. 10
Fe^{3+}	5. 95	16. 89	7. 60	10. 15
$\rho(Co)/(mg \cdot L^{-1})$	1. 6	<0. 5	1. 87	<1. 323
Zn	8. 74	9. 56	8. 61	8. 97
H_2SO_4	92. 37	124 : 5	93. 5	103. 46

表 3-174　氧化剂与中和剂成分的质量分数　　　　　　单位：%

名称	Mn	Fe	Co
大新 MnO_2 矿	39. 79	9. 18	0. 023
大新 $MnCO_3$ 矿-1#	19. 53	6. 88	0. 0096
大新 $MnCO_3$ 矿-2#	20. 06	7. 82	0. 013
湘潭 MnO_2 矿	33. 48	5. 93	0. 0061
湘潭 $MnCO_3$ 矿	20. 82	2. 99	0. 0032

由表 3-173 可知，该浸锰液含 Fe、Zn 量高，是一种工艺上较难处理的原料。试验先采用广西大新 MnO_2 矿与 $MnCO_3$ 矿，后因数量不够，又补充采用湘潭锰矿的 MnO_2 矿与 $MnCO_3$ 矿，均获得了很好的除铁效果。

2. 除铁试验

1）试验条件及方法

（1）预氧化。将第 3 桶的浸锰液 0.6 L 与综合废电解液 1.75 L 混合，加入湘潭 MnO_2 矿 80 g，在 80℃反应 1 h。

（2）E. Z. 针铁矿法除铁。以前次试验的一次洗渣液返回作底液，在不断搅拌下加入湘潭 $MnCO_3$ 矿 300 g，在 90℃的温度下于 3 h 内均匀缓慢地将预氧化浆液滴入底液中，然后用 20~30 g 石灰调 pH，使终点 pH=5~6。

（3）一次洗渣。用前 1 槽试验的二次洗渣水返回进行第一次洗渣，温度 60℃，时间 1 h。

（4）二次洗渣。用清水 1.5 L、H_2SO_4 3 mL 进行第二次洗渣，温度 60℃，时间 1 h。

（5）L-71~L-76 号试验所用 $MnCO_3$ 矿为大新 $MnCO_3$ 矿-1#。

2）试验结果

共进行了 130 个周期的浸锰液 E.Z. 针铁矿法除铁试验, 其中 15 个周期的平均数据与结果见表 3-175 和表 3-176 所示, 除铁过程锰的金属平衡如表 3-177 所示。

表 3-175　E.Z. 针铁矿法除铁试液体积及锰质量浓度　　　　　单位: g/L

浸锰液		废电解液		底液(一次洗渣液)		除铁后液			二次洗渣液	
体积/L	Mn	体积/L	Mn	体积/L	Mn	体积/L	Mn	$\rho(Fe)$ /(mg·L^{-1})	体积/L	Mn
0.60	69	1.75	42.36	1.59	11.62	3.03	54.84	0.085	1.64	2.53

表 3-176　铁渣质量、锰含量及技术经济指标

铁渣			除铁率/%	锰回收率/%
湿重/g	$w(H_2O)$/%	$w(Mn)$/%		
650.87	49.47	9.75	99.997	73.86

表 3-175 及表 3-176 说明, 除铁后液 $\rho(Mn)$ 为 54.84 g/L, $\rho(Fe)$ 为 0.085 mg/L, 除铁率达 99.997%。铁渣经二次逆流水洗, 渣平均 $w(Mn)$ 为 9.75%, 锰回收率为 73.86%。渣含锰量与锰的回收率波动较大, 有待进行除铁的优化试验, 以进一步降低渣含锰量与提高锰的回收率。除铁过程中锰浸出率为 60.54%, 达到目前一般水平, 而 E.Z. 针铁矿法除铁试验是将锌冶金移植至锰冶金, 属国内外首创, 除铁指标达国际先进水平。

表 3-177　浸锰液 E.Z. 针铁矿法除铁过程的锰金属质量平衡　　　　　单位: g

加入			产出		
名称	L-107*	L-108*	名称	L-107*	L-108*
浸锰液	41.40	41.40	除铁后液	163.43	167.68
废电解液	74.13	74.13	一次洗渣液	24.45	19.22
软锰矿	18.78	18.78	二次洗渣液	5.06	3.11
碳酸锰矿	62.46	62.46	铁渣	35.75	42.67
一次洗渣液	27.47	27.47	合计	228.69	232.68
二次洗渣液	7.39	7.39	入出绝对误差	-2.94	1.05
合计	231.63	231.63	入出相对误差/%	-1.27	0.45

注: * 为试验编号。

表 3-177 说明, L-107 与 L-108 试验锰的金属平衡情况很好, 其平衡率分别为 97.06% 与 99.55%, 平衡相对误差分别为 -1.27% 与 0.45%。

3. 硫化除重金属

以重金属含量 $\rho(Cu) < 0.01$ mg/L、$\rho(Co) = 4.7$ mg/L、$\rho(Ni) = 5.08$ mg/L、$\rho(Pb) < 0.01$ mg/L、$\rho(Zn) = 3600$ g/L 的除铁液为试液进行硫化除重金属试验。其技术条件如下: 60℃, S. D. D. 加入量为 2 g/L 除铁液, 搅拌 1 h。试验结果如表 3-178 及表 3-179 所示。

表 3-178　除重金属后液成分及重金属脱除率

除重金属后液成分的质量浓度/(mg·L⁻¹)					重金属脱除率/%				
Cu	Co	Ni	Pb	Zn	Cu	Co	Ni	Pb	Zn
<0.01	0.19	<0.01	<0.01	2090	—	95.96	99.80	—	41.94

由表 3-178 可知, 用原子吸收光谱分析后, Cu 与 Pb 都检测不出, 只能报小于 0.01 mg/L, Co、Ni 和 Zn 的脱除率分别为 95.96%、99.80% 和 41.94%。

表 3-179　除重金属试液锰含量及锰的损失率

No.	除铁液		除重金属后液		锰损失率/%
	体积/L	$\rho(Mn)/(g·L^{-1})$	体积/L	$\rho(Mn)/(g·L^{-1})$	
L-121	2.25	61.77	2.3	55.27	8.43
L-122	2.6	51.23	2.6	47,40	7.40
加权平均	2.425	56.12	2.45	51.10	8.01

从表 3-179 可看出, 除重金属过程锰损失率高达 8.01%, 原因是加入的 S. D. D 过量太多。进行除 Co 优化试验后, 锰损失率有望降低。

4. 电解法制二氧化锰

电解法制二氧化锰的试液体积与成分如表 3-180 所示。

电解法制取 MnO₂ 的技术条件: ①温度大于 95℃; ②电流密度为 40~50 A/m²; ③电解液 $\rho(Mn^{2+})$ 为 37~50 g/L, $\rho(H_2SO_4)$ 为 32~41 g/L; ④钛板为阳极, 石墨棒为阴极; ⑤同名极距为 110~136 mm。电解试液质量与成分如表 3-180 所示, 具体技术条件与指标如表 3-181 所示, 对 E-10(试验编号)电解周期作了锰金属平衡, 结果如表 3-182 所示。

表 3-180　电解试液量与成分　　　　　　　　　　单位：g/L

	周期	1	2	3	4
开槽液	体积/L	8.0	4.7	4.7	4.7
	Mn	50.31	38	38	37.74
	Fe	0.06	1.55	4.12	1.06
	Co	0.19	0.02	0.46	0.5
	Zn	—	1910	2870	2320
	H_2SO_4	—	36.3	31.83	35.37
出槽液	体积/L	4.7	4.7	4.7	4.7
	Mn	33.92	43.62	47.44	41.48
	Fe	6.85	8.68	7.8	0.16
	Co	0.063	0.33	0.35	0.029
	Zn	—	1640	3830	2220
	H_2SO_4	15.84	33.57	41.18	32.31
补加新液体积/L		4.52	38.22	30.29	38.77
补加水体积/L		33.85	—	—	—
排出废液体积/L		—	17.1	8.75	29.3
蒸发率/%		—	70.6	71.11	24.4
备注			未加覆盖剂	未加覆盖剂	加覆盖剂

表 3-181　技术条件与指标

周期	1	2	3	4	平均
同名极距/mm	110	136	136	136	—
总电流/A	2.62	3.96	3.97	4.0	—
电流密度/($A \cdot m^{-2}$)	25	50	50	40	—
槽电压/V	2.02	2.12	2.36	2.39	2.22
槽温/℃	94.8	95.8	95.20	95.3	95.3
电解时间/h	94.0	94.0	45.33	165.25	—
二氧化锰产量/g	80	579	300	1112	—
阳极电流效率/%	95.15	95.92	98	95.79	96.22
电耗/($kW \cdot h \cdot t^{-1}$)	1309	1334	1485	1539	1417

表 3-182　电解过程中金属锰质量平衡　　　　单位: g

加入		产出					入出误差	
新液		废液		二氧化锰		合计锰质量	绝对	相对/%
体积/L	锰质量	体积/L	锰质量	质量	锰质量			
38.77	2093.97	29.3	1216.24	1112	990.68	2206.92	112.93	5.39

由表 3-180 及表 3-181 可知, 电解制 MnO_2 试验获得了较好的技术经济指标: 平均阳极电流效率为 96.2%, 槽电压为 2.22 V, 吨产品电能消耗为 1417 kW·h。第 4 槽电解时间为 165.25 h, 产电解 MnO_2 1112 g 达到公斤级产品规模。表 3-182 说明, 电解 MnO_2 过程中锰的金属平衡较好, 入出相对误差为 5.39%, 平衡率为 94.61%。

5. 产品后处理及检测

电解 MnO_2 后处理是保证产品质量的重要工序。本试验采用块状漂洗与磨细后再次漂洗, 漂洗过程中用碳酸氢铵(钠)溶液调 pH 5~7, 并用 NH_4Cl 解胶, 再次水洗的方案。二氧化锰产品质量检测结果如表 3-183 所示, 将 E-2、E-8、E-9 次试验产品制成混合样及 E-10 大样制成试验电池, 其编号分别为广-混-1 和广-6。试样电池送国家轻工业电池质量监督检测长沙站进行放电检测, 结果如表 3-184 所示。

表 3-183　电解二氧化锰产品中 MnO_2 品位及有害成分的质量分数　　　单位: %

序号	No.	MnO_2	Fe	H_2O	pH	备注
1#	E-2, E-8 混合小样	93.97	0.047	1.24	6.7	
2#	E-2, E-8 混合大样	92.16	0.048	—	—	
3#	E-9	91, 93	0.037	—	—	
4#	E-2, E-8, E-9 混合样	91.92	0.042	—	—	第一批送湖南轻工所放电检测试样
5#	E-10 小样	91.56	0.012	—	—	
6#	E-10 大样	91.17	0.015	—	—	第二批送湖南轻工所放电检测试样
	A 级产品标准	≥91.0	≤0.020	≤3.05	5~7	

注: E-2、E-8、E-9、E-10 为批次小试验编号。

表 3-184　电解二氧化锰制成的试验电池放电检测结果

编号 检测号	检测项目	开路电压/V	负荷电压/V	2 Ω 连续放电 至 0.9 V 时间/min	3.9 Ω 连续 放电至 0.9 V 时间/min
	标准要求	>1.68 V	—	170	400
广-混-1， L20010921	2 Ω 连续 放电实测值	1.761	1.515	202	—
		1.753	1.514	203	—
		1.766	1.520	211	—
		1.765	1.523	212	—
	平均值	1.761	1.518	207	—
	3.9 Ω 连续 放电实测值	1.772	1.542	—	450
		1.773	1.559	—	463
		1.756	1.545	—	468
		1.769	1.578	—	490
		1.768	1.556	—	468
	平均值	1.772	1.542	—	450
广-6， L20010922	2 Ω 连续 放电实测值	1.725	1.506	192	—
		1.722	1.526	206	—
		1.720	1.495	206	—
		1.721	1.519	207	—
	平均值	1.722	1.512	203	—
	3.9 Ω 连续 放电实测值	1.723	1.603	—	458
		1.717	1.584	—	459
		1.720	1.589	—	471
		1.723	1.580	—	466
	平均值	1.721	1.589	—	464

由表 3-183 与表 3-184 可以看出，产品 MnO_2 品位和含铁量以及试验电池放电性能等指标均达到 QB 2106—1995 的 A 级标准。

6. 生产成本与效益估算

按 2001 年的价格及税务政策，处理 1 t 硫化银锰精矿的浸锰液的单位生产成本估算如表 3-185 所示。处理 1 t 硫化银锰精矿的浸锰液可生产电解二氧化锰 0.667 t，按其售价 7500 元/t 进行经济效益分析，结果如表 3-186 所示。

表 3-185　浸锰液制电解二氧化锰单位生产成本估算

名称	规格	单耗/(t·t⁻¹)	单价/(元·t⁻¹)	金额/元
一、直接成本				2660
1.材料费				399
（1）软锰矿	$w(Mn) \geqslant 35\%$	0.2	480	96
（2）碳酸锰矿	$w(Mn) \geqslant 19\%$	0.9	200	180
（3）硫化除杂剂	工业级	0.012	4000	48
（4）石灰		0.2	200	40
（5）小苏打	工业级	0.02	1000	20
（6）氯化铵	工业级	0.015	1000	15
2.煤电费				1392
（1）电费		3000	0.214 元/(kW·h)	642
（2）煤费	$Q \geqslant 25120.8$ kJ	3	250	750
3.运费		4.34	40	173.6
4.包装费				135.4
5.固定费用				560
（1）工资	定员 70 人	2000 元/(月·人)		280
（2）维修费		固定资产 3%		80
（3）环保				50
（4）其他				150
二、间接成本				823.5
1.管理费	直接成本 10%	266		
2.固定资产折旧	固定资产 5 年折旧完	533.33		
3.流动资金利息		250 万元流资	年利 5.8%	24.17
三、制造成本				3483.5

表 3-186　浸锰液制电解二氧化锰经济效益分析

名称	MnO$_2$ 产量	单价/(元·t^{-1})	总额/(万元·a^{-1})
一、产品产值	4062 t/a	7500	3046.50
二、制造成本			1415.00
三、期间费用			148.77
1. 销售费用	销售额 2%		60.93
2. 长期贷款利息	利率 5.49%		87.84
四、税收			695.6772
1. 增值税	税率 17%		205.6083
2. 教育附加税	税率 3%		38.3137
3. 城市维护建筑税	税率 5%		63.8561
4. 所得税	税率 33%		387.8991
五、利税总额			1482.73
六、税后利润			787.0528

由表 3-185 及表 3-186 可知，年处理银精矿 6000 t 可年产电解二氧化锰 4062 t，年产值 3046.50 万元，年税后利润 787.0528 万元，上交各项税金 695.6772 万元，年回收折旧费 320 万元，投资回收期 19.27 个月。可见，本项目是一个生命力很强的好项目。

7. 小结和建议

(1)本试验将 E.Z. 针铁矿法用于锰的湿法冶金，从高铁溶液中一次性将铁除至 0.5 mg/L 以下，属国内外首创。

(2)采用 S.D.D 时的除重金属效果良好，Ni 和 Co 的脱除率分别为 99.8% 及 95.96%，净化后液达到电解新液要求，取得了良好的电解技术指标。

(3)电解 MnO$_2$ 平均电流效率大于 96%，吨 MnO$_2$ 电能消耗为 1417 kW·h，产品质量良好，MnO$_2$ 主品位与 Fe 含量以及试验电池放电检测均达到 QB 2106—1995 的 A 级标准。

(4)本试验的工艺流程稳定可靠，是国内外生产 MnO$_2$ 的标准工艺流程，没有风险。

(5)该工艺洗水闭路循环，废水很少，没有废气，废水、废渣通过处理可达环保要求。

(6)经济效益好，按年处理 6000 t 硫化银锰精矿产生的浸锰液计算，可年产 4062 t 电解二氧化锰，年利润 787.0528 万元，上交各项税金 695.6772 万元，年回收折旧费 320 万元, 投资回收期为 19.27 个月。

（7）本试验结果可作为工业性试验或生产设计的技术依据。

（8）建议进一步进行除铁和除重金属优化条件试验, 以降低渣中含锰量, 提高锰的回收率与降低生产成本。

3.3.7 粗银粉精炼试验

中南大学与福桂银冶公司共同完成的硫化银锰精矿全湿法提银主干流程的扩大试验获得了含 32.565% 银的粗银粉。本试验研究是从该粗银粉中提取精银粉。根据原料的性质和原先的工作基础, 确定采用 $FeCl_3$ 氧化除杂—氨水浸银—水合肼还原试验流程。试验分四个阶段进行: ①$FeCl_3$ 除杂小型条件试验; ②全流程联动试验; ③全流程扩大试验; ④全流程循环试验。试验结果为银的直收率及总回收率分别为 96.01% 及 99.52%。本试验数据可作为工业设计的依据。

1. 试验原料

试验原料是广西凤凰硫化银锰精矿全湿法提银主干流程的实验室扩大试验产得的粗银粉, 成分如表 3-187 所示。

表 3-187　粗银粉成分的质量分数　　　　　　　　　　　　单位: %

元素	Ag	Fe	Pb	Cu	Cl	其他
质量分数	32.565	31.167	7.75	0.626	5.054	22.838

2. 氧化除杂小型试验

1）试验方法及条件

氧化除杂试验规模: 粗银粉 10 g/次, 用三氯化铁溶液作氧化剂, 维持总氯浓度 $\geqslant 3.5$ mol/L, 用盐酸补充不足的氯离子, 在 250 mL 的烧杯中进行反应, 磁力搅拌。通过条件试验, 确定浸铁除杂过程的最佳条件如下: ①温度 $\geqslant 90$℃; ②时间 $\geqslant 2$ h; ③氧化剂为理论量的 1.2 倍; ④浸剂酸度 $[H^+] \geqslant 0.5$ mol/L; ⑤$[Cl^-]_T \geqslant 4$ mol/L; ⑥液固比 $\leqslant 16/1$。

2）试验结果

基于上述最佳条件改变浸剂酸度及液固比进行综合条件试验, 并作进一步优化, 试验结果如表 3-188 及表 3-189 所示。

表 3-188　综合条件试验试液量及成分质量浓度　　　　　单位：g/L

No.	液固比	浸剂浓度/(mol·L^{-1})			浸出液，ρ(成分)				
		ρ(Fe)	[Cl$^-$]$_T$	H$^+$	Ag	Fe^{3+}	Fe^{2+}	Cl$^-$	体积/mL
21$^#$	16：1	63.29	3.5	0.051	0.1180	17.887	43.440	97.25	195
12$^#$	14：1	72.33	4.0	0.058	0.141	14.776	42.774	87.96	203
23$^#$	16：1	63.29	4.0	0.555	0.025	22.342	44.488	110.33	195
20$^#$	12：1	84.39	5.5	1.271	0.104	18.109	50.662	123.91	172

表 3-189　氯化银渣质量及其浸铁率

No.	液固比	浸铁率/%	氯化银渣		
			质量/g	渣率/%	Ag 入渣率/%
21$^#$	16：1	91.14	7.4	74	99.29
12$^#$	14：1	89.04	7.5	75	99.12
23$^#$	16：1	99.32	6	60	99.85
20$^#$	12：1	96.26	5	50	99.45

由表 3-188 及表 3-189 可以看出，当浸剂酸度为 0.555 mol/L、总氯浓度 [Cl$^-$]$_T$ 为 4.0 mol/L、液固比为 16：1 时，浸铁率最高，达到 99.32%，银入渣率也最高，达 99.85%，渣率为 60%。

3. 全流程联动试验

由粗银粉经三氯化铁除杂—氨水浸银—水合肼还原银粉各过程连续进行，全流程连动，考察产品质量等技术经济指标。

1）三氯化铁氧化除杂

试验规模为粗银粉 30 g/次，三氯化铁为理论量的 1.25 倍，维持总氯浓度 ≥ 3.5 mol/L，用盐酸补充不足的氯离子，在 250 mL 烧杯中进行，其他条件同上节综合试验，试验结果如表 3-190 及表 3-191 所示。

表 3-190　氧化除铁产物质量及其成分

No.	液固比	浸出液的 ρ(成分)/(g·L^{-1})				浸出渣的 w(成分)/%				
		Ag	Fe^{3+}	Fe^{2+}	Cl$^-$	渣重/g	Ag	Fe	Pb	Cu
24$^#$	14	0.206	20.079	53.543	111.5	22.5	42.750	15.29	0.25	微
25$^#$	16	0.141	20.768	52.067	110.8	—	43.360	—	—	微

续表3-190

No.	液固比	浸出液的 ρ（成分）/($g \cdot L^{-1}$)				浸出渣的 w（成分）/%				
		Ag	Fe^{3+}	Fe^{2+}	Cl^-	渣重/g	Ag	Fe	Pb	Cu
26#	16	0.180	21.85	51.378	121.1	19.25	50.300	10.459	—	微
27#	16	0.175	20.079	46.85	112.0	18.9	51.600	—	—	微
28#	10	0.110	25.787	44.094	116.6	10.9	49.353	5.39	—	微
29#	11	0.127	18.405	37.992	103.3	17.1	55.456	3.15	—	微

注：28#及29#浸出初始维持较高的总氯浓度，浸出结束时补充热水，使28#和29#的总氯浓度分别降为 4 mol/L 及 3.5 mol/L，继续搅拌 0.5 h，过滤。

表 3-191　氧化除铁技术指标

No.		24#	25#	26#	27#	28#	29#
除铁率/%	液计	99.32	96.95	95.25	96.06	103.18	98.99
	固计	63.206	—	78.467	—	88.219	94.272
Ag 入渣率/%	液计	99.01	99.24	99.06	98.99	99.35	99.10
	固计	98.46	—	99.11	99.83	103.25	97.07

由表 3-190 及表 3-191 可以看出，液计和渣计银的入渣率相差不大；但铁的浸出率相差较大，根据氨浸及还原的试验结果，渣计较准确，28#及29#铁的浸出率较高，分别为 88.219% 和 94.272%。本试验主要是浸出液中游离氯离子的浓度较高，产生的氯化银溶解于溶液，使粗银颗粒因表面裸露而被氧化，因而铁氯化得较完全，提高了浸出率。

2）氨水浸银

氨水浸氯化银渣的条件：①氨水浓度为 6 mol/L；②以氨浸液中银的质量浓度 25~40 g/L 确定液固比；③温度为常温；④搅拌时间 1~2 h；⑤滤渣用 0.5 mol/L 氨水洗涤 3 次以上。氯化银渣成分及其条件如表 3-192 所示，试验结果如表 3-193 所示。

表 3-192　氯化银渣成分及其条件

No.	液固比	理论 $\rho(Ag)$/($g \cdot L^{-1}$)	时间 /h	氯化银渣成分的质量分数/%			
				质量/g	Ag	Fe	Pb
24#	17.1 : 1	25	1	20.0	42.75	15.29	0.25
27#	17.2 : 1	30	2	17.2	51.60	9.786	1.50

续表3-192

No.	液固比	理论 $\rho(Ag)/(g \cdot L^{-1})$	时间 /h	氯化银渣成分的质量分数/%			
				质量/g	Ag	Fe	Pb
26#	14.38:1	35	2	17.8	50.30	10.459	0.302
29#	17.2:1	30	2	16.9	55.456	3.15	—
28#	14.38:1	35	2	10.1	49.353	—	—

表 3-193　氨水浸银试验结果

No.	浸银液, $\rho(Ag)/(g \cdot L^{-1})$			氨浸渣成分的质量分数/%				
	体积/mL	Ag	浸银率/%	质量/g	Ag	Fe	Pb	浸银率/%
24#	455	17.029	47.42	8.2	9.7765	37.068	—	90.62
27#	388	21.253	89.18	5.3	11.87	28.085	—	92.91
26#	367	22.508	90.46	5.7	12.156	29.232	—	92.26
29#	486	18.432	93.29	4.0	10.348	—	11.373	95.58
28#	230	19.821	77.43	3.3	12.128	—	17.404	91.97

由表 3-193 可以看出，浸铁越完全，浸银率就越高，如 29# 为 95.58%。

3）水合肼还原试验

用 80% 的水合肼还原相应编号的浸银液，水合肼用量为理论量的 2~3 倍，缓慢滴加完毕后再计时，温度为 45~50℃，时间为 0.5~0.7 h。结果如表 3-194 所示。

表 3-194　水合肼还原试验结果

No.	还原后液, $\rho(Ag)/(g \cdot L^{-1})$			精银粉, $w(Ag)/\%$		
	体积/mL	Ag	还原率/%	质量/g	Ag	直收率/%
24#	397	0.014	99.927	7.8	98.69	100.45
27#	530	0.0113	99.668	8.0	97.65	95.97
26#	480	0.01803	99.893	7.9	98.601	96.13
28#	350	0.03	99.765	5.1	98.302	106.21
29#	638	0.0056	99.958	8.9	99.161	103.41
平均	—	0.0158	99.84		98.48	100.43

由表 3-194 可以看出，浸银液还原效果很好，平均液计还原率为 99.84%，精银粉平均品位为 98.48%，平均直收率为 100.43%，数据超过 100% 系分析误差所致。另外，由表 3-194 和表 3-191 还可以看出，浸铁率高，从粗银粉到精银粉的直收率就高，如 29# 精银粉，银的直收率为 95.94%。

4. 全流程扩大试验

根据全流程联动试验的结果，在扩大试验中粗银粉的用量为 200 g/次，FeCl₃ 除杂完成后，先用工业氨水浸出氯化银渣，再用水合肼还原浸银液。为减少试验过程中的物料损失，氯化银渣滤完后直接氨浸，浸银液不取样分析，直接还原。本试验基本上采用全流程联动试验的条件，进行了 7 次全流程扩大试验。

1) 浸铁扩大试验

浸铁条件：①浸剂 $[Cl^-]_T \geq 7.0$ mol/L，用工业盐酸补充不足的 $[Cl^-]$，以维持一定的酸度；②液固比 7.5~12；③温度 95℃~沸腾；④时间 2.5 h，浸出 2 h 后补充 95℃ 热水，使总氯离子浓度降为 3.5 mol/L，继续搅拌 0.5 h；⑤过滤，按液固比 1:1，分别用 pH=2 的稀盐酸和等体积的水洗涤滤渣，氧化剂用量及浸剂酸度同前。试液量及成分如表 3-195 所示，试验结果如表 3-196 所示。

表 3-195　氧化除铁扩大试验试液及产物量和成分

No.	液固比	浸剂, c(成分) /(mol·L⁻¹)		浸铁液, ρ(成分)/(g·L⁻¹)					氯化铅渣/%	
		Cl^-	H^+	体积/L	Ag	Fe^{3+}	Fe^{2+}	Cl^-	质量/g	$w(Ag)$
30#	11.91	7.0	1.244	5.37	0.1465	15.917	31.346	82.36	—	—
31#	8.2	8.46	0.527	2.14	0.1465	23.532	40.818	106.18	—	—
32#	7.5	8.0	0.641	4.95	0.0654	15.526	34.08	77.64	18.50	2.510
33#	7.5	8.0	0.641	5.18	0.0699	11.520	33.79	74.27	16.05	4.090
34#	7.5	8.36	1.000	5.31	0.067	13.866	32.322	73.71	17.00	4.074
35#	7.5	8.36	1.000	5.045	0.07	15.673	33.103	81.33	14.80	4.420
36#	7.5	8.36	1.000	5.28	0.019	15.136	31.199	—	12.60	4.628
平均 (共计)	7.5	8.36	1.000	(15.635)	0.0518	14.878	32.195	—	78.95	3.864

注：1. 以 34#~36# 的数据计算平均值和总体积，下表同；2. 铅渣是浸出液冷却至室温时析出的氯化铅晶体。

表 3-196 氧化除铁扩大试验结果

No.	30#	31#	32#	33#	34#	35#	36#	平均
液计浸铁率/%	96.71	104.95	93.57	89.44	93.46	93.77	93.22	93.48
液计银入渣率/%	98.79	99.04	99.50	99.44	99.45	99.46	99.85	99.59
银在铅渣中的损失率/%	—	—	0.713	1.008	1.063	1.004	0.895	0.937

由表 3-195 及表 3-196 可以看出，当液固比稳定在 7.5 时，浸液中总氯浓度为 8.0~8.36 mol/L，酸度 ≥0.641 mol/L，银入渣率和铁浸出率都比较稳定，重现性也较好，平均液汁银入渣率为 99.59%，平均液汁铁浸出率为 93.48%，但有 0.937% 的银进入氯化铅渣。

2）氨浸扩大试验

氨浸条件同联动试验，浸银液滤完后，按 1:1 的液固比分别用 0.5 mol/L 的氨水和纯水洗涤滤渣，洗涤液与氨浸液合并进行水合肼还原。试验结果如表 3-197 所示。

表 3-197 氨浸扩大试验结果

No.	氨浸液		氨浸渣		
	$[NH_3]/(mol \cdot L^{-1})$	$\rho(Ag)/(g \cdot L^{-1})$	m/g	$w(Ag)/\%$	浸银率/%
32#	5.5	25.0	46.9	8.516	93.87
33#	5.5	25.0	51.9	7.168	94.29
34#	6.0	30.0	41.2	6.081	96.15
35#	6.0	30.0	48.6	6.247	95.34
36#	6.0	25.0	48.7	5.629	95.79
平均	5.71	27.14	47.46	6.74	95.09

由表 3-197 可以看出，氨浓度为 5~6 mol/L，氨浸液中 $\rho(Ag)$ 为 25~30 g/L 时，按氨浸渣计算，银的平均浸出率达 95.09%。

3）水合肼还原扩大试验

水合肼还原条件基本同联动试验，水合肼用量为理论量的 3 倍，精银粉用蒸馏水洗涤至洗液 pH=7，并真空干燥，结果如表 3-198 所示。

表 3-198　水合肼还原扩大试验结果

No.	还原后液				精银粉		
	体积 /L	$\rho(Ag)$ /(g·L^{-1})	银质量 /g	银损失率 /%	质量 /g	$w(Ag)$ /%	银直收率 /%
32#	3.45	0.00388	0.0133	0.02	63.60	98.58	96.27
33#	3.60	0.00338	0.0122	0.02	64.00	97.20	95.52
34#	2.86	0.01240	0.0355	0.05	65.10	97.36	97.32
35#	2.90	0.00789	0.0229	0.04	64.25	97.57	96.25
36#	3.14	0.00200	0.0063	0.01	64.25	97.74	96.42
平均(共计)	(20.99)	0.0166	(0.486)	0.03	(416.2)	98.13	96.40

由表 3-198 可以看出，银粉的平均品位达 98.13%，取 63.65 g 的 33#精银粉进行熔铸，熔铸后重 63.4 g，其品位达到了 99.91%。在熔铸过程中，银的品位提高了 2.7% 以上。原过程中，银直收率平均为 96.40%，但在还原后液中损失 0.03%。

5. 三氯化铁再生全流程循环试验

从扩大试验全流程银的金属平衡可以看出，银在浸铁液中损失 0.6%，表 3-195 说明浸出液中 [Cl$^-$]>2 mol/L、Fe^{3+} 及 Fe^{2+} 的平均质量浓度分别为 14.88 g/L 和 32.20 g/L。按照理论分析，工艺流程中，浸铁液只需开路 20%，其余 80% 用氯气氧化再生后返回作氧化浸出剂用。由于条件限制，试验中用氯酸钾和盐酸代替氯气再生三氯化铁，进行 4 次全流程循环试验。试验规模为粗银粉 200 g/次。试验方法及步骤基本按联动试验进行，开路的浸铁液随底流用水冲稀，以提高银的回收率。

1) 三氯化铁除杂

浸铁条件基本上同扩大试验，机械搅拌 2 h 后澄清，底流用 95℃热水冲稀过滤，滤渣直接氨浸，冷却后的滤液过滤氯化铅渣；37# 是用 FeCl$_3$ 作氧化剂，其以后各槽的浸出剂则由前一槽的浸铁上清液配制，根据后一槽浸铁除杂所需的 [Fe^{3+}] 和 [Cl$^-$]$_T$ 取相应量的上清液，补充 KClO$_3$ 和盐酸；再生三氯化铁。氯化铅渣水洗后返主流程处理。上清液返回循环再生浸出剂的情况如表 3-199 所示，开路浸铁液及氯化铅渣量及成分如表 3-200 所示。

表 3-199　上清液返回循环再生浸出剂试验结果

| No. | 上清液，ρ(元素)/(g·L^{-1}) | | | | | | | m(KClO$_3$)/g | | 浸出剂[H$^+$]/(mol·L^{-1}) | |
	V/L	Ag	Fe^{3+}	Fe^{2+}	Cl$^-$	银入渣率/%	铁分配率/%	质量	相当氯气量	V/L	[H$^+$]
37#	1.610	—	58.02	108.96	262.4	—	102.44	—	—	1.288	1.00
38#	1.069	—	52.83	140.57	294.6	—	78.78	46.30	67.17	1.034	0.43
39#	1.060	—	55.19	128.77	308.8	—	74.31	53.21	77.18	1.05	1.18
40#	1.000	0.79	47.74	126.13	282.6	98.792	66.25	51.55	74.77	—	1.47
平均/共计	4.739	—	52.47	124.65	283.9		71.51	50.35	73.04	3.372	1.02

表 3-200　开路浸铁液和氯化铅渣质量及成分

| No. | 开路浸铁液，ρ(成分)/(g·L^{-1}) | | | | | | 氯化铅渣 | | |
	V/L	Ag	Fe^{3+}	Fe^{2+}	铁分配率/%	银损失率/%	m/g	w(Ag)/%	占总银比例
37#	1.89	0.033	9.234	18.01	19.62	0.097	5.80	1.79	0.16
38#	1.645	0.025	9.44	24.76	21.44	0.063	7.60	1.94	0.23
39#	1.744	0.280	9.67	22.88	21.63	0.750	16.30	0.90	0.23
40#	2.555	0.036	8.89	19.07	—	0.141	20.40	1.13	0.42
平均（共计）	(7.834)	0.094	9.309	21.720	20.90	—	(50.10)	1.44	0.26

由表 3-199 及表 3-200 可以看出，当浸出剂中总氯浓度为 8.36 mol/L，酸度≥0.43 mol/L 时，铁的浸出率都比较稳定，重现性也较好，上清液中平均铁分配率为 71.51%，开路浸铁液中平均铁分配率为 20.90%。因此，平均浸铁率为 94.16%。氯化铅渣为开路浸铁液稀释后液和氯化银滤渣洗液冷凝后的氯化铅晶体，进入氯化铅渣的银量占总银量的 0.26%。另外，银在浸铁液开路部分的损失可控制在 0.1% 以下。

2）氨水浸银

氨浸条件同扩大试验，在 5 L 烧杯中进行，机械搅拌。试验结果如表 3-201 所示。

表 3-201　循环试验氨浸渣质量及 Ag 含量

No.	37#	38#	39#	40#	平均(共计)
渣质量/g	15.90	41.90	36.30	38.74	(132.84)
$w(Ag)/\%$	6.82	5.04	5.67	10.30	6.96
银质量/g	1.085	2.112	2.058	3.990	(9.245)
占总银比例/%	1.67	3.24	3.16	6.13	3.55

由表 3-201 可以看出，氨浸渣 $w(Ag)$ 平均为 6.96%，氨浸渣中含银量占总银的比例为 3.55%，可见银的平均浸出率达到 96.45%。

3）水合肼还原

还原条件基本同扩大试验，水合肼的用量为理论量的 2.8 倍，在 5 L 烧杯中进行，机械搅拌。还原试验结果如表 3-202 所示。

表 3-202　水合肼还原试验结果

No.	还原后液，$\rho(Ag)/(g \cdot L^{-1})$				精银粉			
	体积/L	Ag	银质量/g	银损失率	质量/g	$w(Ag)$/%	银质量/g	银直收率/%
37#	2.77	0.0045	0.0125	0.019	65.50	97.06	63.571	97.61
38#	2.17	0.0180	0.0217	0.033	66.35	97.57	64.738	99.38
39#	3.66	0.0045	0.0165	0.025	66.05	97.39	64.392	98.87
40#	2.32	0.0045	0.0104	0.016	64.00	97.77	62.573	96.07
平均(共计)	(10.92)	0.0079	(0.0611)	0.023	(261.90)	97.45	(255.274)	97.98

由表 3-202 可以看出，银的还原很好，银在还原液中的平均损失率为 0.023%，银粉的品位稳定在 97% 以上，平均为 97.45%。银直收率最高达 99.38%，平均为 97.98%。

6. 氨浸渣及铅渣浸银试验

氨浸渣及铅渣浸银采用主流程中脱锰渣浸银的工艺方法和技术条件，浸出液中 $\rho(Ag) \leqslant 4$ g/L，$\rho(Pb) \leqslant 10$ g/L，规模为 20 g/次，试验在 300~500 mL 的锥形瓶中进行，磁力搅拌。试验分为氨浸渣浸银和混合渣浸银两种形式。

1）试料成分

先将整个试验过程中产出的铅渣和氨浸渣分别混匀取样分析，然后将氨浸渣和铅渣按 3:1 的比例混匀后取样分析，三种试料的成分如表 3-203 所示。

表 3-203　铅渣、氨浸渣及混合渣成分的质量分数　　　　　单位：%

元　素	Ag	Fe	Pb	Cu	总质量/g
铅渣	2.879	10.94	41.59	—	107.00
氨浸渣	6.595	26.48	3.93	≤0.001	359.00
混合渣	5.629	22.60	13.35	≤0.001	—

2）氨浸渣浸银

试验条件套用脱锰渣的氯化-浸银条件。①浸剂用扩大试验沉铅后液配制，其成分为 $\rho(Fe^{3+})$ 16~20 g/L，$\rho(Pb)$ ≤3.66 g/L，密度为 1.34，[H^+] ≥0.20 mol/L；②液固比为 15:1；③温度沸腾（116℃）；④时间 2 h；⑤盐洗液为 $CaCl_2$ 溶液，酸度是 0.2 mol/L，20~50 mL，盐洗滤液与浸银液合并；⑥洗水 20~50 mL，洗 3~5 次，头两次与浸银液合并，后者弃之。试验结果如表 3-204 所示。

表 3-204　氨浸渣浸银试验结果

No.	浸银剂			浸银液，$\rho(Fe)/(g \cdot L^{-1})$			浸银渣/%		
	体积/L	[H^+]/(mol·L⁻¹)	$\rho(Fe^{3+})$/(g·L⁻¹)	体积/L	Fe^{3+}	Fe^{2+}	质量/g	$w(Ag)$	浸银率
11#	300	1.29	17.10	337	34.52	1.51	5.50	0.183	99.24
12#	300	1.29	17.10	357	30.48	0.71	5.46	0.046	99.81
14#	300	2.20	17.10	360	30.00	0.86	5.50	0.042	99.83
15#	300	0.50	16.62	356	15.38	10.11	10.50	0.042	99.67
平均*	—	1.32	16.98	—	27.59	3.29	6.74	0.072	99.63

由表 3-204 可以看出，当液固比为 15:1，浸银液中银的理论质量浓度约 4.49 g/L 时，银的平均浸出率为 99.63%。因此，氨浸渣完全可以与脱锰渣一起浸出。

3）混合渣浸银试验

试验条件与氨浸渣浸银基本一样，试验结果如表 3-205 所示。

表 3-205　混合渣浸银试验结果

No.	浸银剂			浸银液, $\rho(Fe)/(g \cdot L^{-1})$			浸银渣/%		
	体积 /L	$[H^+]$ /(mol·L⁻¹)	$\rho(Fe^{3+})$ /(g·L⁻¹)	体积 /L	Fe^{3+}	Fe^{2+}	质量 /g	$w(Ag)$	浸银率
4#	100	0.50	22.89	155	—	—	12.85	3.908	55.40
6#	100	0.20	23.97	240	—	—	12.00	1.028	89.04
5#	100	0.15	24.17	115	—	—	15.55	4.110	45.24
13#	300	1.29	17.10	310	1.08	21.72	12.55	2.364	73.65
16#	400	1.21	17.10	450	25.27	0.75	3.80	0.054	99.83

从表 3-205 可以看出，当液固比小于 20:1 时，银的浸出率不高，16# 液固比
为 20:1，浸银液中银的理论质量浓度约 2.815 g/L，银的浸出率达 99.83%。因
此，混合渣也完全可以与脱锰渣一起浸银。用 15# 氨浸渣浸出液按混合渣的比例
浸出 6.67 g 铅渣，该铅渣中银的浸出率高达 99.70%。由此可见，氨浸渣及铅渣
按比例返回氯化浸出，浸银率大于 99.70%。

7. 金属与溶液平衡

1) 银金属平衡

扩大试验及循环试验全流程的银金属平衡分别如表 3-206 及表 3-207 所示。

表 3-206　扩大试验全流程银质量金属平衡　　　　　　单位：g

No.	加入	产出						入出误差	
	粗银粉	除铁液	铅渣	氨浸渣	还原液	精银粉	小计	绝对	相对/%
30	65.130	0.787	—	1.634	0.255	64.207	66.883	1.7525	2.69
31	32.565	0.314	—	1.231	0.006	30.773	32.324	-0.2406	-0.74
32	63.130	0.324	0.4644	3.994	0.012	62.687	67.481	2.3508	3.61
33	65.130	0.362	0.6564	3.720	0.012	62.208	66.959	1.8289	2.81
34	65.130	0.356	0.6925	2.505	0.039	63.383	66.976	1.8457	2.83
35	65.130	0.353	0.6542	3.036	0.021	62.689	66.754	1.6235	2.50
36	65.130	0.100	0.5832	2.741	0.006	62.154	65.585	0.4546	0.69
共计	423.345	2.596	3.0507	18.862	0.352	408.100	432.960	9.6154	2.27

表 3-207　循环试验全流程银质量平衡　　　　　　单位：g

No.	加入		产出						入出误差	
	粗银粉	精银粉	返回浸铁液	开路浸铁液	铅渣	氨浸渣	还原液	小计	绝对	相对/%
37#	65.13	63.571	—	0.063	0.104	1.085	0.012	64.835	-0.295	-0.45
38#	65.13	64.775	—	0.041	0.147	2.112	0.022	67.097	1.967	3.02
39#	65.13	64.392	—	0.488	0.147	2.058	0.016	67.102	1.972	3.03
40#	65.13	62.706	0.787	0.095	0.231	3.990	0.018	67.827	2.697	4.14
共计	260.52	255.444	0.787	0.687	0.628	9.245	0.069	266.861	6.341	2.43

由表 3-206 可以得出：①扩大试验银的平衡情况良好，平衡率为 102.27%，即产出的银比加入的银多 2.27%；②精银粉银占产物银的比例为 94.26%；③氨浸渣和铅渣的银量占总银量的 5.06%，这部分银可返回前面回收，因此，银的总回收率为 99.32%。

由表 3-207 可以得出：循环试验银金属平衡情况良好，平衡率为 102.43%，即产出的银比加入的银多 2.43%；精银粉中银占产出银的 95.72%。银的总回收率为 99.72%。与表 3-196 相比，大部分浸铁液循环再生利用后，银的直收率和总回收率分别提高 1.46% 和 0.4%。

3）溶液平衡

循环试验考察了全流程溶液平衡，结果如表 3-208 及表 3-209 所示。

表 3-208　氧化除杂过程溶液体积平衡　　　　　　单位：L

No.	加入					产出	入出误差	
	FeCl₃ 液	盐酸	水	洗水	小计	浸铁液	绝对	相对/%
34#	0.762	0.161	4.107	0.400	5.430	5.310	-0.120	-2.21
35#	0.883	0.161	3.972	0.400	5.416	5.045	-0.371	-6.85
36#	0.762	0.161	4.097	0.420	5.440	5.280	-0.160	-2.94
共计(平均)	2.407	0.483	12.176	1.220	16.286	15.635	-0.651	(-4.00)

由表 3-208 及表 3-209 可以看出，溶液平衡情况较好，负误差系蒸发水量造成的，正误差系计量误差所致。

表 3-209　氨浸及还原过程溶液体积平衡　　　　　　单位：L

No.	加入				产出	入出误差	
	氨水	氨洗液	水合肼	小计	还原液	绝对	相对/%
34#	2.171	0.400	0.0227	2.594	2.86	0.266	10.27
35#	2.171	0.400	0.0227	2.594	2.69	0.096	3.70
36#	2.600	0.400	0.0227	3.023	3.14	0.1173	3.88
共计(平均)	6.942	1.200	0.0681	8.211	8.69	0.4793	(5.84)

8. 技术经济指标

1) 银的回收率

以全流程循环试验及氨浸渣和铅渣氯化浸银试验结果求银的直收率和总回收率，结果如表 3-210 所示。

表 3-210　银的阶段回收率、总直收率和总回收率　　　　单位：%

过程	氧化除杂		氨浸		还原	氨浸渣及铅渣处理	总直收率	总回收率
产物	氯化银渣	铅渣	浸银液	氨浸渣	精银粉	粗银粉	精银粉	精银粉
回收率	99.74	0.24	96.53	3.47	99.97	98.55	96.02	99.53

由表 3-210 可以看出，从粗银粉到精银粉，银的直收率为 96.02%。按主干流程扩大试验报告浸银液提取粗银粉的回收率数据(98.80%)和氨浸渣及铅渣浸银率 99.70% 计算，银的总回收率为 99.53%。结合主干流程扩大试验报告的数据，从精矿到精银粉，银的总直收率和总回收率分别大于 87.4% 及 93.7%。

4) 产品质量

将 33# 及循环试验产得的 38#~40# 精银粉加上适量的苏打及硝石熔铸所得银块进行 ICP 分析，精银粉用容量法分析银含量，银块及精银粉品位和银块杂质含量如表 3-211 所示。

表 3-211　银粉及银块质量及成分的质量分数　　　　单位：%

No.	名称	Ag	Sb	Cu	Pb	Bi
33#	精银粉	97.45	—	—	—	—
	银锭	99.91	0.01	0.02	0.002	0.008
38#	精银粉	97.57	—	—	—	—
	银锭	99.00	0.03		0.16	0.004
39#	精银粉	97.49	—	—	—	—
	银锭	99.2	0.01	0.0001	0.03	0.007

续表3-211

No.	名称	Ag	Sb	Cu	Pb	Bi
40#	精银粉	97.77	—	—	—	—
	银锭	99.0	0.03	0.0003	0.02	0.01

从表3-211可知，精银粉平均品位大于97.5%，银块品位不小于99.0%。

5）原材料消耗

以循环试验数据计算化工材料消耗，结果如表3-212所示。

表3-212　每千克精银粉化工材料消耗量　　单位：kg

名称	工业盐酸	工业氨水	水合肼(80%)体积/mL	KClO₃(Cl₂)
消耗量	1.515	3.406	0.43	0.773(1.342)

4）中间及终端产物量

1 kg粗银粉精炼过程中的中间及终端的产物质量如表3-213所示。

表3-213　1 kg粗银粉精炼中间及终端的产物量　　单位：kg

名称	开路浸铁液/L	铅渣	氨浸渣	还原液/L	银锭(99%)/精银粉(98%)
产出量	8.798	0.0495	0.166	18.20	0.334/0.338

注：原料以1 kg粗银粉计算。

9. 小结

（1）采用氯盐体系氧化浸出除杂—氨水浸银—水合肼还原精炼工艺是可行的，流程通畅，"三废"少。

（2）从粗银粉到精银粉，银的总直收率和总回收率分别达到96.02%及99.53%。结合主干流程扩大试验数据及粗银粉的银含量分析偏低2.43%的实际情况，从银精矿到精银粉，银的总直收率及总回收率分别为89.81%及95.77%。

（3）粗银粉及银块的品位分别大于97.5%及99%。

（4）本试验数据可作为建厂设计依据。

3.4　清洁处理焊锡阳极泥

3.4.1　概　述

焊锡阳极泥是电子废料二次资源废焊锡在回收锡过程中产生的中间产物，富含金、银、锡和铜等贵重金属，是可综合利用的宝贵原料。锡阳极泥的数量大，但来源分散，处理厂家多，估计全国有上百家，处理工艺落后，综合利用率差，金属回收率低，环境污染严重。基于上述情况，从 20 世纪 90 年代初起作者学术团队即开始研究锡阳极泥处理新工艺和理论，90 年代中叶开发成功湿氯化处理锡阳极泥新工艺，综合回收利用金、银、锡和铜等贵重有价金属，并在湖南、广东等地快速获得工业应用。但该工艺会排放氨氮废水，进入 21 世纪后，因环保要求的日益严格而限制了其继续应用。因此，2009 年 4 月漳州市鑫烽金属加工有限公司和中南大学签订专利许可实施协议，与作者学术团队联合开发清洁高效处理锡阳极泥的先进技术。我们对漳州市鑫烽金属加工有限公司提供的锡阳极泥试料进行了氯配合法清洁处理新工艺的试验研究，取得了良好结果，使金属回收率大幅提高，盐酸等试剂消耗减少，做到废水零排放。本大节将详细介绍氯配合法处理锡阳极泥工艺的试验研究结果，以及建设年处理 500 t 锡阳极泥生产线的工艺方案、设备、环保和经济等方面的可行性研究结果。

3.4.2 原料与流程

1. 原辅材料

以漳州市鑫烽金属加工有限公司从合作单位收购的废焊锡电解锡阳极泥为原料，其成分如表 3-214 所示。辅助材料主要有工业盐酸、工业纯碱、工业双氧水、工业硫化钠、工业氯酸钠、工业烧碱及煤。

表 3-214 锡阳极泥成分的质量分数　　　　　　　　　　单位：%

Sn	Ag	Au*	Cu	Pb	Sb	Bi	H_2O
58.64	4.21	20.30	7.46	1.96	0.92	0.26	2.00

注：* 单位为 g/t。

2. 工艺流程

清洁处理锡阳极泥综合回收金、银、锡和铜的原则工艺流程如图 3-94 所示。

该工艺流程的突出特点：①两段逆流浸锡，不仅提高浸锡率，而且节省大量盐酸、双氧水以及解决大量锡与锑、铋、铜的分离问题；②浸锡后再浸铜，可大幅度降低氧化剂双氧水的用量并提高银回收率；③采用先蒸酸，再浓缩结晶氯化亚锡的方法，又可再生回用 44% 左右的盐酸；④浓缩结晶回收氯化钠，达到不排废水及工艺水回用的目的。

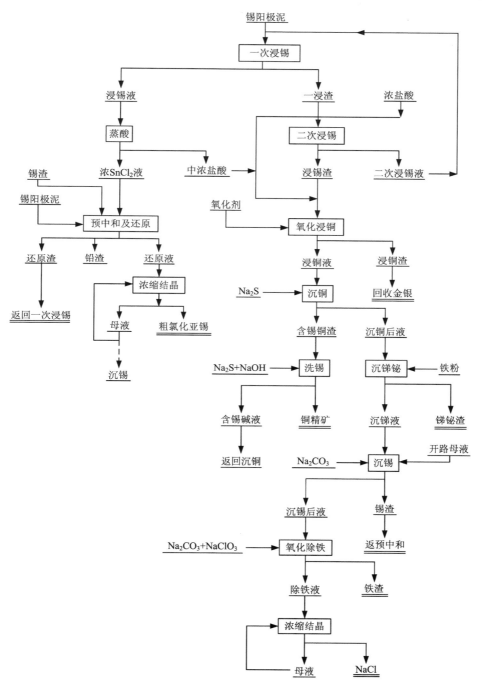

图 3-94　清洁处理锡阳极泥综合回收金、银、锡和铜的原则工艺流程

3.4.3 基本原理

锡阳极泥清洁处理工艺包括浸锡、蒸酸、预中和及还原、氯化亚锡浓缩结晶、浸铜与沉铜、洗锡、苏打沉锡、氯化钠液脱铁、氯化钠浓缩结晶等过程，其基本原理分述如下。

1. 浸锡过程

浸锡过程的基本反应是金属态锡被盐酸溶解，析出氢气：

$$Sn+2HCl \xrightarrow{\quad\quad} SnCl_2+H_2\uparrow \tag{3-144}$$

与锡氧化还原电位相近或更负的金属也被溶解，如铅和铁：

$$Me+2HCl \xrightarrow{\quad\quad} MeCl_2+H_2\uparrow \tag{3-145}$$

金、银、锑、铋、铜等正电性金属不被溶解，即使它们在氧化剂的作用下少量被溶解，也会被锡置换成金属，这就是大量锡与金、银、锑、铋、铜分离的原因。

2. 蒸酸过程

蒸酸过程的原理系基于 HCl 易挥发，与 $SnCl_2$ 的蒸汽压差别大的特点，在合适的温度和压力下将部分 HCl 蒸发冷凝，再生成盐酸。

3. 预中和及还原过程

首先用锡渣中和浓氯化亚锡溶液（馏余液）中的残酸：

$$2HCl+Sn(OH)_2 \xrightarrow{\quad\quad} SnCl_2+2H_2O \tag{3-146}$$

然后用锡阳极泥还原高价铁和锡离子：

$$SnCl_4+Sn \xrightarrow{\quad\quad} 2SnCl_2 \tag{3-147}$$

$$2FeCl_3+Sn \xrightarrow{\quad\quad} SnCl_2+2FeCl_2 \tag{3-148}$$

4. 浸铜过程

浸铜过程的基本原理是在氧化剂的作用下，金属态铜、锑、铋被盐酸溶解：

$$Cu+H_2O_2+2HCl \xrightarrow{\quad\quad} CuCl_2+2H_2O \tag{3-149}$$

$$2Sb+3H_2O_2+6HCl \xrightarrow{\quad\quad} 2SbCl_3+6H_2O \tag{3-150}$$

$$2Bi+3H_2O_2+6HCl \xrightarrow{\quad\quad} 2BiCl_3+6H_2O \tag{3-151}$$

同时，金属态银被转化为氯化银，富集于浸铜渣中：

$$2Ag+H_2O_2+2HCl \xrightarrow{\quad\quad} 2AgCl+2H_2O \tag{3-152}$$

锡以高价态被溶解：

$$Sn+2H_2O_2+4HCl \xrightarrow{\quad\quad} SnCl_4+4H_2O \tag{3-153}$$

5. 沉铜过程

沉铜过程的基本原理是基于硫化铜溶解度极小的特点，加入硫化钠使之形成硫化铜沉淀：

$$CuCl_2+Na_2S \xrightarrow{\quad\quad} CuS+2NaCl \tag{3-154}$$

在过量 S^{2-} 的作用下，也会形成二硫化锡沉淀：

$$SnCl_4+2Na_2S =\!=\!= SnS_2+4NaCl \qquad (3-155)$$

6. 洗锡过程

洗锡过程的基本原理是基于在碱性硫化钠溶液中二硫化锡与硫离子形成配合物而溶解从而与铜分离：

$$SnS_2+(i-2)Na_2S =\!=\!= (2i-4)Na^+ +SnS_i^{4-2i} \qquad (3-156)$$

7. 沉锑铋过程

沉锑铋过程的基本原理是三价锑和铋离子被铁置换，与此同时，四价锡被还原成二价锡：

$$2SbCl_3+3Fe =\!=\!= 2Sb+3FeCl_2 \qquad (3-157)$$
$$2BiCl_3+3Fe =\!=\!= 2Bi+3FeCl_2 \qquad (3-158)$$
$$SnCl_4+Fe =\!=\!= SnCl_2+FeCl_2 \qquad (3-159)$$

8. 沉锡过程

沉锡过程的基本原理是先用碱（苏打或氨水）调 pH 至 4.5~5.0，再继续加碱（苏打或氨水），最后生成氢氧化亚锡沉淀：

$$2HCl+Na_2CO_3 =\!=\!= 2NaCl+CO_2+H_2O \qquad (3-160)$$
$$SnCl_2+Na_2CO_3+H_2O =\!=\!= 2NaCl+CO_2+Sn(OH)_2 \qquad (3-161)$$

9. 脱铁过程

脱铁过程的原理是在氧化剂和中和剂的作用下，pH≥2 时，即形成氢氧化铁沉淀：

$$6FeCl_2+NaClO_3+6Na_2CO_3+9H_2O =\!=\!= 13NaCl+6Fe(OH)_3+6CO_2 \quad (3-162)$$

在中和剂的作用下，pH 为 7.5~9 时，$PbCl_i^{2-i}$ 形成氯氧化铅沉淀：

$$4PbCl_i^{2-i}+3Na_2CO_3+3H_2O =\!=\!= 6NaCl+3Pb(OH)_2 \cdot PbCl_2+3CO_2+4(i-2)Cl^-$$
$$(3-163)$$

10. 浓缩结晶过程

氯化钠与氯化亚锡的结晶原理基本相同，都是先将其浓缩，然后析出结晶。但也有其区别：氯化钠的饱和浓度随温度变化不大，因此，浓缩至饱和浓度后，即边浓缩边结晶；而氯化亚锡的饱和浓度随温度变化大，因此，浓缩至合适浓度后，再进行冷却结晶。

3.4.4 实验优化条件及指标

1. 浸锡过程

浸锡过程的工艺技术条件：①盐酸浓度 6 mol/L（以第二次浸出为准）；②液固比为 7∶1（以第一次浸出为准）；③温度 70℃；④时间 2 h。

主要工艺技术指标如表 3-215 及表 3-216 所示，浸锡渣 $w(H_2O)$ 平均为 22.39%，每克干泥的浸锡液量为 7.244 mL。

表 3-215 由浸锡渣获得的主要技术指标　　　　　　　单位：%

项目	渣率	Ag	Au*	Sn	Cu	Sb	Bi	Pb
w(成分)	30.67	13.73	66.19	27.13	24.12	3.14	0.68	0.022
金属直收率	—	99.99	~100.00	85.81#	99	99.98	99.18	99.66#

注：单位为 * g/t，#为浸出率。

表 3-216 浸锡液各成分质量浓度　　　　　　　单位：g/L

Ag	Au	Sn	Cu	Sb	Bi	Pb	Fe	$[Cl^-]$/(mol·L^{-1})	$[HCl]$/(mol·L^{-1})
0.00068	—	68.69	0.13	—	0.00654	2.47	9.06	4.939	3.423

2. 浸铜过程

浸铜过程的工艺技术条件：①盐酸浓度 5 mol/L；②液固比=6∶1；③温度 70℃；④时间 2 h；⑤双氧水用量为理论量的 1.75 倍，即每克干泥用 1.012 mL 双氧水（30%）。

主要工艺技术指标如表 3-217 及表 3-218 所示，浸铜渣 w(H$_2$O) 为 12.82%，每克干泥的浸铜液量为 1.96 mL。

表 3-217 由浸铜渣获得的主要技术指标　　　　　　　单位：%

项目	渣率	Ag	Au*	Sn	Cu	Sb	Bi	Pb
w(成分)	38.77	35.90	170.72	1.87	0.435	7.72	微	0.055
金属直收率	—	99.86	~100.00	99.01*	96.33*	95.31	~100#	96.93

注：* 单位为 g/t，#为浸出率。

表 3-218 浸铜液各成分的质量浓度　　　　　　　单位：g/L

Ag	Au	Sn	Cu	Sb	Bi	Pb	Fe	Cl$^-$	$[HCl]$/(mol·L^{-1})
0.03	—	33.07	39.42	0.23	1.42	—	—	—	2.311

3. 沉铜过程

沉铜过程的工艺技术条件：①硫化钠用量为理论量的 1.2 倍；②硫化钠慢慢加入；③温度 70℃；④时间 1 h。

铜渣及沉铜液成分如表 3-219 所示,以干泥计铜渣产率为 20.97%,每 100 g 干泥的沉铜液量为 232.4 mL,沉铜率为 97.29%。

表 3-219　铜渣及沉铜液成分

项目	Cu	Sn	Sb	Bi	Ag	[HCl]/(mol·L^{-1})
铜渣中 w(成分)/%	42.51	14.46	0.26	0.16	—	—
沉铜液中 ρ(成分)/(g·L^{-1})	0.699	27.80	0.159	0.94	0.02	1.1

4. 洗锡过程

洗锡过程的工艺技术条件:①洗锡剂成分 ρ/(g·L^{-1}) 为 Na$_2$S 120 和 NaOH 20;②液固比为 4:1;③温度 90~95℃;④时间 3 h。

主要工艺技术指标(以每克干泥计):①洗锡液量 0.84 mL,洗锡液 ρ(Sn) 为 17.18 g/L;②锡回收率为 96.21%;③铜精矿量为 0.1411 g;④铜精矿成分[w(成分)/%]:Cu 50.11 和 Sn 1.74。

5. 沉锑铋过程

沉锑铋过程的工艺技术条件:①先用苏打调 pH 至 0.5;②铁粉用量为理论量的 1.0~1.2 倍;③温度为室温;④时间为 0.5 h。

主要工艺技术指标:①锑、铋、铜的沉淀率均不小于 99%;②四价锡还原率不小于 95%;③每克干泥的铋渣量为 0.012 g。

6. 蒸酸过程

蒸酸过程的工艺技术条件:①微负压蒸馏;②蒸出原液体积的 85% 左右,使馏出液的酸度约 3 mol/L;③蒸出的 HCl 和水蒸气需连续冷凝,可分段接收。

主要工艺技术指标(以每克干泥计):①蒸发量为 6.157 mL,馏出液 HCl 浓度 2.977 mol/L,浸锡液中的酸被回收 73.92%;②馏余液量为 1.195 mL,馏余液成分[ρ(成分)/(g·L^{-1})]为:Sn 416.4、Pb 10.77、Fe 54.90,[Cl$^-$] 14.544 mol/L,[HCl] 5.41 mol/L;③氯化铅结晶率为 28.08%,氯化铅质量为 0.674(Pb 0.502)g;④馏出液返回使用,浸锡用 3.981 mL,浸铜用 1.31 mL。

7. 沉锡过程

工艺技术条件(以每克干泥计):①用苏打作中和剂和沉锡剂;②pH=4.5~5.0;③室温;④时间 0.5 h。

主要工艺技术指标(以每克干泥计):①沉锡后液量为 1.748 mL,沉锡后液 ρ(Sn)=0.24 g/L;②沉锡率 99.35%;③锡渣产率 17.97%,其成分如表 3-220 所示。

表 3-220 锡渣中各化学成分的质量分数 单位: %

Sn	Fe	Pb	Cl
41.835	2.39	0.42	27.20

8. 脱铁过程

工艺技术条件: ①以氯酸钠为氧化剂, 其用量为 1.2 倍理论量; ②苏打为中和剂, pH 调至 8.8; ③温度 80℃; ④时间 0.5~1.0 h。

主要工艺技术指标(以每克干泥计): ①铁渣量: 0.063 g, $w(Fe)$ 为 52.38%, $w(Pb)$ 为 2.00%, $w(Sn)$ 为 0.51%; ②除铁后液量: 1.613 mL, $\rho(NaCl)$ 225.96 g/L。

9. 浓缩结晶过程

1) 氯化钠浓缩结晶

工艺技术条件: ①温度 108~112℃; ②蒸发量为原液的 70%。

主要工艺技术指标(以每克干泥计): ①氯化钠产量 0.3645 g, 其成分如表 3-221 所示; ②循环母液量 0.484 mL。

表 3-221 氯化钠中杂质成分的质量分数 单位: %

NaCl	K	Ca	Mg	Fe	Mn	S
97.50	0.07	0.08	0.006	0.0006	0.0005	0.15

2) 氯化亚锡浓缩结晶

工艺技术条件为: ①温度 122~124℃; ②溶液浓度达到 75°Be(相对密度 2.08)左右; ③冷却至室温结晶。

主要工艺技术指标(以每克干泥计)为: ①粗氯化亚锡($SnCl_2 \cdot 2H_2O$)产量 1.2656 g; ②循环母液量 0.50 mL, 粗氯化亚锡和母液成分如表 3-222 所示。

表 3-222 氯化亚锡和母液成分

项目	Sn	Pb	Fe	Cl	S
粗氯化亚锡中 $w(成分)/\%$	45.26	1.08	5.52	34.37	0.02
母液中 $\rho(成分)/(g \cdot L^{-1})$	525.7	12.6	64.45	592.42	—

3.4.5 冶金计算

以规模 500 t/a 锡阳极泥计, 年工作日为 300 d, 用 3.4.4 节提供的工艺技术条件及工艺技术指标为计算依据, 进行了物流量、金属平衡、溶液平衡、煤和水用量及用电负荷、运输量的计算。

1. 物流量计算

各过程 1 d 所需的原辅材料及产物量的计算结果见表 3-223 所示。

表 3-223　各过程原辅材料及产物量　　　　　　单位：kg/d，L/d

过程		原辅材料/(kg·d⁻¹)				产物/(L·d⁻¹)		
浸锡	名称	锡阳极泥	浓盐酸	馏出液(再生酸)		浸锡液	浸锡渣(干)	
	量	1667	5023	6646		12076	511.27	
浸铜	名称	浸锡渣(湿)	浓盐酸	馏出液(再生酸)	双氧水	浸铜液	浸铜渣(干)	
	量	658.80	884	2184	517	3267	198.206	
沉铜	名称	浸铜液	硫化钠(63%)	烧碱	洗锡液	铜渣(湿)	沉铜液	
	量	3267	188.6	17.6	955	506.3	3874	
洗锡	名称	铜渣(湿)	洗锡剂(Na₂S，NaOH)		洗锡液	铜精矿(干)	洗锡液	
	量	506.3	955(114.6，19.1)		445	235.2	1400	
沉铋锑	名称	沉铜液	苏打	铁粉		锑铋渣	沉锑铋液	
	量	3874	98.4	55.0		20.0	3872	
蒸酸	名称	浸锡液				馏出液(再生酸)		馏余液
	量	12076				10264		1992
沉锡	名称	沉锑铋液		苏打		锡渣(干)		沉锡液 A
	量	3872		108.4		300		2914
预中和及还原	名称	馏余液		锡渣(湿)		还原液		
	量	1992		556		2290		
脱铁	名称	沉锡液	氯酸钠	苏打		铁渣	氯化钠液	
	量	2914	20	43.3		105	2689	
氯化钠结晶	名称	氯化钠液		母液		氯化钠	盐馏出液	母液
	量	2689		807		608	2644	807
氯化亚锡结晶	名称	还原液		母液		粗氯化亚锡	锡馏出液	母液
	量	2290		834		2110	2135	834

2. 金属平衡计算

以 100 kg 锡阳极泥计，计算银、锡及铜的全流程平衡，结果如表 3-224～表 3-226 所示。

表 3-224　全流程银质量平衡

加入	名称	锡阳极泥			
	银质量/kg	4.21			
	分配率/%	100			
产出	名称	浸铜渣	浸铜液	浸锡液	共计
	银质量/kg	4.2046	0.00568	0.0005	4.21098
	分配率/%	99.85	0.14	0.01	100
偏差	绝对/kg	0.00098			
	相对/%	0.02			

表 3-225　全流程锡质量平衡

加入	名称	锡阳极泥			
	锡质量/kg	58.64			
	分配率/%	100			
产出	名称	粗氯化亚锡	铜精矿	沉锡液	共计
	锡质量/kg	57.3346	0.2455	0.042	57.6221
	分配率/%	99.50	0.43	0.07	100
偏差	绝对/kg	-1.0179			
	相对/%	-1.74			

表 3-226　全流程铜质量平衡

加入	名称	锡阳极泥				
	铜质量/kg	7.46				
	分配/%	100				
产出	名称	铜精矿	浸铜渣	沉铜液	浸锡液	共计
	铜质量/kg	7.0705	0.073	0.1642	0.0942	7.4001
	分配率/%	95.54	0.99	2.20	1.27	100
偏差	绝对/kg	-0.0599				
	相对/%	-0.80				

3. 溶液平衡及蒸发量计算

以 100 kg 锡阳极泥计，计算全流程溶液平衡，结果如表 3-227 所示。

表 3-227　全流程溶液体积平衡

<table>
<tr><td rowspan="3">加入</td><td>名称</td><td>浓盐酸</td><td>双氧水</td><td>共计</td><td></td><td></td><td></td><td></td><td></td></tr>
<tr><td>体积/L</td><td>354.3</td><td>37.84</td><td>392.14</td><td></td><td></td><td></td><td></td><td></td></tr>
<tr><td>分配率/%</td><td>90.35</td><td>9.65</td><td>100</td><td></td><td></td><td></td><td></td><td></td></tr>
<tr><td rowspan="3">产出</td><td>名称</td><td>盐馏出液</td><td>锡馏出液</td><td>铜精矿吸水</td><td>粗氯化亚锡吸水</td><td>铁渣吸水</td><td>氯化钠吸水</td><td>稀酸水</td><td>共计</td></tr>
<tr><td>体积/L</td><td>158.6</td><td>128.07</td><td>6.60</td><td>9.30</td><td>5.4</td><td>2.7</td><td>80</td><td>390.67</td></tr>
<tr><td>分配率/%</td><td>40.60</td><td>32.78</td><td>1.69</td><td>2.38</td><td>1.38</td><td>0.69</td><td>20.48</td><td>100</td></tr>
<tr><td rowspan="2">偏差</td><td>绝对/L</td><td colspan="8">-1.47</td></tr>
<tr><td>相对/%</td><td colspan="8">-0.38</td></tr>
</table>

处理 100 kg 锡阳极泥需蒸发的溶液量＝酸馏出液量＋盐馏出液量＋锡馏出液量＝902.4 L。外排水量＝盐馏出液量＋锡馏出液量＋稀酸水－配洗锡剂用水－洗涤浸铜渣、铜渣、铜精矿、锑铋渣和锡渣用水＝183.7 L。

因此，冷凝锡馏出液即可，而浓缩结晶氯化钠的蒸发水蒸气不冷凝，直接排空，另外尚未外排的冷凝水 25.1 L 采用少冷凝锡馏出液的方法解决。

4. 煤、水用量及用电负荷计算

以每天加热及蒸发溶液所需的热量为依据，估算煤耗为 4.078 t/d，即每吨锡阳极泥耗煤 2.447 t。在蒸汽供热的热利用率为 60% 的情况下，选用 2 t 锅炉。生产工艺不用自来水，只用冷却水，约 50 m³/d，循环使用；锅炉用水 50 m³/d。按搅拌电动机 13 台、输液泵 27 台、真空泵 3 台、压滤机 10 台、离心机 2 台、总排风机及吊车各 1 台计算，加上锅炉和照明用电，总装机容量约 150 kW，考虑到负荷容量系数，选用 200 kW 变压器。在容量平均利用 50% 的情况下，每天用电 1800 kW·h。

5. 运输量计算

根据物流量计算年运输量：运进量＝500×(锡阳极泥重＋浓盐酸重＋双氧水重＋苏打重＋硫化钠重＋氯酸钠重＋烧碱重＋铁粉重＋煤重)＝500×8.4086＝4204 t/a，运出量＝500×(金银重＋铜精矿重＋粗氯化亚锡重＋锑铋渣重＋铁渣重＋氯化钠重)＝500×1.888＝944 t/a。年运输量＝运进量＋运出量＝4204＋944＝5148 t/a。

3.4.6　设备计算与选择

以 3.4.4 节提供的液固比及温度、酸度等为依据，在装载率为 75% 的情况下，对各过程的主反应器进行了计算与材质型号选择，按照 2010 年的价格对设备投资进行了估算，主要设备清单如表 3-228 所示。

表 3-228　500 t/a 锡阳极泥清洁处理工程设备清单

No.	名称	型号规格	材质	台/件	参考价/ (万元·台$^{-1}$)	金额 /万元	备注
1	浸锡槽	5 m³	搪瓷	2	8.00	16.00	
2	浸铜槽	1 m³	搪瓷	1	3.00	3.00	
3	沉铜槽	1 m³	钢衬聚丙烯	1	1.50	1.50	非标
4	洗锡槽	0.75 m³	耐碱钢	1	0.75	0.75	非标
5	沉锑槽	1 m³	钢衬聚丙烯	1	1.50	1.50	非标
6	沉锡槽	1 m³	钢衬聚丙烯	1	1.50	1.50	非标
7	蒸酸蒸发器	1 m²	石墨	1	10.00	10.00	非标
8	蒸酸冷凝器	1 m²	石墨	1	6.00	6.00	非标
9	还原槽	0.5 m³	钢衬 PE	1	0.400	0.400	非标
10	沉铁槽	1 m³	钢衬聚丙烯	1	1.50	1.50	非标
11	氯化钠结晶槽	0.5 m³	搪瓷	1	2.00	2.00	
12	氯化亚锡浓缩槽	5 m³	搪瓷	1	8.00	8.00	
13	氯化亚锡结晶槽	1.5 m³	搪瓷	1	3.50	3.50	
14	蒸汽冷凝器	m²	搪瓷	1	1.50	1.50	
15	储液槽	10 m³	钢衬聚乙烯	3	3.00	9.00	非标
16	储液槽	5 m³	钢衬聚乙烯	8	1.80	14.40	非标
17	储液槽	2 m³	钢衬聚乙烯	2	0.80	1.60	非标
18	储液槽	1 m³	钢衬聚乙烯	7	0.50	3.50	非标
19	储液槽	0.5 m³	钢衬聚乙烯	3	0.30	0.90	非标
20	储液槽	10 m³	PVC	2	1.82	3.64	非标
21	储液槽	5 m³	PVC	2	1.20	2.40	非标

续表3-228

No.	名称	型号规格	材质	台/件	参考价/ （万元·台⁻¹）	金额 /万元	备注
22	储液槽	2 m³	PVC	2	0.80	1.60	非标
23	储液槽	1 m³	PVC	2	0.50	1.00	非标
24	储液槽	0.5 m³	PVC	1	0.30	0.30	非标
25	浓盐酸运罐	8 t	玻璃钢	1	2.76	2.76	非标
26	压滤机（20 m²）	BMY20/630-U	增强聚丙烯	3	3.00	9.00	
27	压滤机（10 m²）	BMY11/630-U	增强聚丙烯	7	2.40	16.80	
28	离心过滤机	SS-1000N	耐氯根腐蚀	2	3.18	6.36	
29	压滤泵	50KFJ-38， $Q=18.5$，$H=38$	耐腐耐磨 衬胶	10	0.600	6.00	
30	氟塑合金磁力泵	COB50-32-125F， $Q=12$，$H=20$	氟塑合金	10	0.620	6.20	
31	输液泵	HTB5.0/32， $Q=25$，$H=32$	陶瓷	17	0.33	5.61	
32	电动葫芦	CD₁2-9D， $Q=2$，$H=9$		1	0.96	0.96	
33	地上衡	$Q=1$ t		1	0.36	0.36	
34	锅炉	$Q=2$ t/h， $P \geqslant 8$ kg/cm²		1	30.00	30.00	
35	排风系统			1	5.00	5.00	
36	简易化验设备				5.00	5.00	
37	简易维修设备				5.00	5.00	
	共计					194.54	

3.4.7　技术经济指标

1. 金属回收率

（1）银的回收率。从锡阳极泥到浸铜渣银的回收率 = 0.9999×0.9986 = 99.85%，设由浸铜渣用常规工艺制成 1#银，银的回收率为 99%，则从锡阳极泥到 1#银，银的总回收率为 98.85%。

（2）金的回收率。从锡阳极泥到浸铜渣金的回收率近 100%，到 1#金，金的总回收率不小于 99%。

（3）锡的回收率。从锡阳极泥到粗氯化亚锡，锡的总回收率 = 0.8581+0.1419×0.9935×0.9621 = 99.37%。

（4）铜的回收率。从锡阳极泥到铜精矿铜的总回收率 = 0.99×0.9901×0.9729 = 95.36%。

2. 产品质量

金、银产品符合 1#金和 1#银国家标准，粗氯化亚锡中 $w(Sn) \geqslant 45\%$，铜原料产品符合有关要求，副产品氯化钠符合工业级标准。

3. 消耗

处理 1 t 锡阳极泥的化学试剂及材料消耗如表 3-229 所示。

表 3-229　化学试剂及材料消耗　　　　　　单位：t/t

名称	盐酸	双氧水	氯酸钠	硫化钠	烧碱	苏打	铁粉
规格	工业（35%）	工业（30%）	工业	工业（63%）	工业	工业	≥95%
消耗	4.181	0.341	0.0126	0.222	0.022	0.150	0.033

3.4.8　环保安全及劳动卫生

项目建于福建省漳州市华安县工业集中区的新社片区，位于华安县南部的丰山镇，地处福建省南部、漳州市西北端、华安县南部，毗邻芗城区，交通十分方便。华安县工业集中区地处九龙江冲积平原，属南亚热带和中亚热带的过渡地带，气候温和多雨，无霜期达 320 d，年平均气温 21.3℃，年平均降水量 1620 mm。集中区的工业园区通信、电力、天然气、供水、排污、土地、金融等配套齐全，环境和条件良好，适合该项目的开发建设。项目在建设和生产过程中严格遵守环保安全及劳动卫生的有关标准和法定文件的规定。

1. 环境保护

1）有害元素及化合物的分配和去向

（1）生产原料带入的有害元素。生产原料锡阳极泥带入的有害元素主要是铅、锑和铜，带入量分别为铅 0.031 t/d、锑 0.016 t/d 和铜 0.1244 t/d。在锡阳极泥清洁处理过程中，铜 95.36% 以铜精矿的形式回收，0.99% 进入浸铜渣，1.27% 及 2.20% 分别进入浸锡液和沉铜液，继而进入锡渣；锑 95.29% 进入浸铜渣，4.69% 进入浸铜液，继而进入锑铋渣。铅 3.80% 进入浸锡渣，96.20% 进入浸锡液，其中 27.94% 以 $PbCl_2$ 的形式回收，73.39% 进入粗氯化亚锡；进入浸锡渣的铅主要进入浸铜渣,少部分进入浸铜液,继而进入锡渣和铁渣,进入锡渣部分的全部进入粗氯化亚锡。铁渣可作为炼铅过程的铁添加剂送至铅冶炼厂处理,粗氯化亚锡可作为化工原料出售或深加工锡产品,并回收铅;铜精矿送至炼铜厂处理,而浸铜渣中 $w(Ag)=35.90\%$ 及 $w(Au)=170.72$ g/t 的金银富集物是提取金和银的好原料。

(2)辅助材料带入的有害化合物。该项目消耗的有害化学物质(t/d):盐酸6.970,氯酸钠0.021,硫化钠0.370,苏打0.250,烧碱0.037及双氧水0.690。在锡阳极泥清洁处理过程中,以上有害化学物质均转化为无害和可回收利用的化合物,其中以盐酸和氯酸钠带入的氯,除有0.77%进入浸铜渣、2.72%进入锑铋渣、0.28%进入铁渣外,96.23%以氯化钠或粗氯化亚锡的形式回收,氯酸钠、硫化钠、苏打及烧碱带入的钠以氯化钠的形式回收,硫化钠带入的硫以铜精矿的形式回收。

2)"三废"治理

(1)废渣处理。该项目日产出铁渣0.105 t,其中各成分的质量分数为 $w(Fe)=52.38\%$、$w(Pb)=2.00\%$、$w(Sn)=0.51\%$,可作为炼铅过程的铁质添加剂送至铅冶炼厂处理。

(2)废气处理。废气处理包括盐酸雾、锅炉烟气的处理。

①盐酸雾。在锡阳极泥清洁处理过程中,除了洗锡过程,其他过程均产生盐酸雾,盐酸雾中含有少量HCl,为保证良好的操作条件,这些盐酸雾用1台排风机抽走,排入淋洗塔进行淋洗处理,同时用纯碱液作淋洗剂,淋洗液中氯化钠到一定浓度后送入浓缩结晶过程,以回收氯化钠,做到对环境无害。

②锅炉烟气。该项目选用2 t锅炉1台,产生烧煤烟气25.8 km³/d,其中含有粉尘、SO_2 及 NO_x 等有害气体,因此在订购锅炉时要充分考虑废烟气的处理问题,即购买带有环保辅助设施的锅炉,使烟气达标排放。

(3)废水处理。该项目中,沉锡液可被视为工艺废水,产出量为2.914 m³/d,以氯化钠为主要成分,经脱铁和浓缩结晶回收氯化钠,并产出冷凝水反复使用,做到在生产上不用自来水。

2. 生产安全

在项目建设和生产过程中,严格执行有关规章制度和采取相应措施,确保生产安全:

(1)根据国家地震烈度图,厂区为6级烈度区,对冶炼厂房及其他建筑物按6级地震烈度设防。

(2)厂区内各操作平台、楼道、浸出槽、废水池等均设置防护栏杆。设备传动皮带及连接轴等部位装设安全防护罩。

(3)对于浓盐酸、氯酸钠、硫化钠、烧碱及双氧水等危险性化学试剂,必须按国家有关的使用安全规定进行运输、保存和使用。

（4）对储存输送危险性化学试剂（如浓盐酸、氯酸钠及双氧水等）的设备以及检修吊车等设备，设置联络和警示讯号，保证人员和设备的安全。

（5）对各种药剂设专用仓库保管和专人发放。

（6）浸锡过程会产生氢气，因此必须负压操作，严禁操作者吸烟或用硬件碰击产生火花，以免发生氢气爆炸。

（7）低压电器保护采用接零系统，所有设备由正常不带电的金属外壳接零干线、电缆第四芯或穿线钢管组成接零系统。插座供电回路设漏电保护。当车间配电室向邻近建筑物配电的线路的长度超过 50 m 时，在进户引入处重复接地。

（8）各类建筑物均按"建筑物防火规范"进行设计，并提供必要的消防用水和器材。

3. 工业卫生

（1）对厂房内会产生有害气体的工艺点，均进行负压操作，设置气体处理和回收装置，做到无有害气体逸出。化验室及实验室等会产生粉尘和有害气体的地方也采取全面抽风换气措施。

（2）经常对厂内地面进行冲洗，将冲洗水、除尘污水和泄漏水等排入集液池，沉淀净化后再返回使用。

（3）各工业和民用建筑物设计中，考虑良好的自然通风和采光条件，并按规范设计电气照明，保证良好的工作和生活环境。

（4）加强安全卫生教育，现场工作人员均按作业性质和需要配置个人防护卫生器具。

3.4.9　投资估算

按 2009 年 12 月的市场价格进行投资估算，总投资额为 3008 万元。

1. 固定资产投资

（1）设备购置费：188.72 万元；

（2）工艺管路（管道、闸门、排气罩等）：18.872 万元；

（3）运杂费（按 6% 计算）：11.3232 万元；

（4）安装费（按 6% 计算）：11.3232 万元；

（5）电路安装费：15.0976 万元；

（6）征地费：120 万元；

（7）建筑面积 1132 m²，土建工程费：155 万元；

（8）绿化费：10.0 万元；

（9）其他：10.00 万元；

（10）不可预见费（按以上 1~9 项总和的 8% 计算）：43.2269 万元；固定资产

投资合计584万元。

2. 流动资金

资金周转周期按两个半月计算，确定流动资金为2424万元人民币。

因此，总投资额为3008万元。

3.4.10　效益分析

1. 产值及成本估算

本工程的主产品是浸铜渣，为估算方便，浸铜渣(金银富集物)以1#银和1#金计算，但考虑了由浸铜渣制取1#银和1#金的成本和回收率，副产品是粗氯化亚锡、铜精矿、氯化钠，又由于锑铋渣量很少，其销售收入不计入年产值。按2009年12月的市场价格计算年产值，结果如表3-230所示。

表3-230　产品种类及年产值

序号	名称	规格	产量/(t·a⁻¹)	售价/(万元·t⁻¹)	产值/(万元·a⁻¹)
1	银锭	1#	20.808	378.30	7871.6664
2	金锭	1#	10 kg/a	24.15 万元/kg	241.5
3	粗氯化亚锡中锡	$w(Sn)\geq40\%$	291	10.00	2910
4	精矿铜	$w(Cu)\geq45\%$	35.569	5.370	119.0055
5	氯化钠	工业级	182.25	0.150	27.3375
	合计				11169.5094

按500 t/a锡阳极泥计算，单位产值为22.3390万元/t。单位生产成本计算如表3-231所示。

表3-231　单位生产成本计算

No.	名称	规格	单耗/(t·t⁻¹)	单价/(元·t⁻¹)	金额/元
一	原材料				181068
1	锡阳极泥	$w(Ag)\geq4.21\%$, $\rho(Au)\geq20$ g/t, $w(Sn)\geq58\%$, $w(Cu)$及$w(Sn)\geq7\%$	1.000	175241	175241
2	盐酸	工业级，$w(HCl)\geq35\%$	4.181	1000	4181
4	双氧水	工业级，$w(H_2O_2)\geq30\%$	0.341	1100	375
5	氯酸钠	工业级	0.0126	5000	63
6	硫化钠	工业级，$w(Na_2S)\geq63\%$	0.222	2600	577

续表3-231

No.	名称	规格	单耗 /(t·t^{-1})	单价 /(元·t^{-1})	金额/元
7	纯碱	工业级	0.150	1800	270
8	烧碱	工业级	0.022	3600	79
9	铁粉	$w(Fe) \geq 95\%$	0.033	3000	99
10	其他				183
二	燃料、水、电				3110
1	煤	≥ 6000 kcal/kg	2.447	1000	2447
2	电		1080 kW·h	0.6元/kW·h	648
3	水		30.00	0.50	15.00
三	工资及劳保		定员104人	4万元 /(人·a^{-1})	8320
四	制造费用				1636
1	固资折旧	按584万元的10%计			1168
2	维修费	按折旧费的30%计			350
3	其他				118
	单位生产成本				194134
	加工成本				18893

2. 经济效益分析

1)产品销售利润。产品销售利润=产品销售收入-制造成本-期间费用-增值税及附加。财务效益分析如表3-232所示。

表3-232 锡阳极泥处理财务效益分析

序号		名称	数值/(万元·a^{-1})	备注
一		产品产值	11169.5094	
二		生产成本	9706.7	
三		期间费用	219.8685	
	1	管理费用	33.5085	按产值的0.3%计
	2	销售费用	22.3390	按销售额的0.2%计
	3	贷款利息	164.021	年利率5.9644%

续表3-232

序号		名称	数值/(万元·a⁻¹)	备注
四		税收	682.2405	
	1	增值税	333.3036	增值部分的17%
	2	教育附加税	27.2891	税率3%
	3	城市维护建筑税	45.4819	税率5%
	4	所得税	276.1659	税率33%
五		利润总额	836.8664	
六		税后利润	560.7005	
七		折旧费	73.0000	按8年折旧
八		投资产值率/%	371.33	按全部投资额计
九		投资利润率/%	27.82	按全部投资额计
十		投资利税率/%	41.32	按全部投资额计
十一		固定资产投资回收期/a	0.922	以固资折旧和税后利润回收

2）经济效益分析。本项目的经济效益分析如表3-233所示。

表3-233　经济效益分析

序号	指标名称	指标
1	年平均销售收入/(万元·a⁻¹)	11169.5094
2	年平均总成本/(万元·a⁻¹)	9706.7
3	年平均所得税后利润/(万元·a⁻¹)	560.7005
4	年平均销售税金及附加/(万元·a⁻¹)	682.2405
5	年平均所得税/(万元·a⁻¹)	276.1659
6	投资利润率/%	27.82
7	投资利税率/%	41.32
8	财务内部收益率/%	43.75
9	固定资产投资回收期/a	0.922

从表3-233可知，本项目的固定资产投资回收期较短，为11个多月。另外，生产成本的93.54%为锡阳极泥原料费，因此，流动资金无多大风险，即本项目有很强的盈利能力和抗风险能力。总之，从财务上讲，该项目的经济效益较显著，是可行的。

3. 盈亏平衡分析

1）以生产能力利用率来表示盈亏平衡点。设平衡点为设计能力的 $x\%$，则有以下方程：年制造费用+年管理费用+年工资+年贷款利息＝（年利税+年折旧费）×100%，代入相应数据解之得：$x=52.84$，即产量为设计生产能力的52.84%（年处理264.2 t锡阳极泥）时，企业不盈不亏。

2）以锡价表示盈亏平衡点。设平衡点为现锡价的x%，则有以下方程：年制造费用+年管理费用+年工资+年贷款利息＝年产值-年生产成本+年折旧费，代入相应的数据解之得$x=71.12$，即锡的售价为现锡价的71.12%，也就是71120元/t时，企业不盈不亏。

4.社会效益分析

本项目对锡阳极泥进行清洁处理，综合回收银、金、锡及铜等贵重金属，并副产氯化钠，是一种清洁、高效且能处理锡阳极泥的先进技术。这种技术从根本上解决了传统方法工艺落后、综合利用效果差、金属回收率低、环境污染严重等问题，可循环利用我国十分紧缺的锡、铜、金、银等二次资源，因此其推广应用前景非常好，具有十分突出的社会效益。

3.4.11 小 结

通过以上研究可以得出如下结论：

（1）本项目的技术成熟可靠，资源利用率高，可综合回收银、金、锡及铜等贵重金属，并副产氯化钠，是一个好项目。

（2）流程闭路循环，"三废"排放很少，属清洁生产工艺。

（3）本项目的经济效益明显，资金回收期较短，有很强的盈利能力和抗风险能力。

综上所述，本项目是十分可行的，建议有关部门予以大力支持。

参考文献

[1] 赵天从.无污染有色冶金[M].北京：科学出版社，1992.

[2] 唐谟堂，李洪桂.无污染冶金——纪念赵天从教授诞辰100周年文集[M].长沙：中南大学出版社，2006.

[3] 唐谟堂，杨天足.配合物冶金理论与技术[M].长沙：中南大学出版社，2011.

[4] 唐谟堂，杨建广.精细冶金[M].长沙：中南大学出版社，2017.

[5] 吴本泰.从菱锌矿制氧化锌技术.CN88102610[P].1988.

[6] 倪景清，唐天彪.一种制取氧化锌的方法.CN90105488.7[P].1990.

[7] 唐谟堂，鲁君乐，袁延胜，等.氨法制取氧化锌方法.ZL9210303.7[P].1992.

[8] 刘健，苗则夫，高翔，李晓明.氨浸法从菱锌矿直接提取活性氧化锌[J].有色金属（冶炼部分），1993(3)：25-26.

[9] 欧阳民.兰坪氧化锌矿冶金化工新工艺研究[D].长沙：中南工业大学，1994.

[10] 唐谟堂，鲁君乐，袁延胜，等.$Zn(II)-NH_3-(NH_4)_2SO_4-H_2O$系氨络合平衡[J].中南矿

冶学院学报，1994（6）：701-705.

［11］欧阳民，唐谟堂，等.Zn（Ⅱ）-NH₃-(NH₄)₂CO₃-H₂O 系热力学平衡研究［C］.第六届全国铅锌冶炼学术年会论文集，银川：1996.

［12］唐谟堂，欧阳民.硫铵法制取等级氧化锌［J］.中国有色金属学报，1998，8（1）：118-121.

［13］杨声海.Zn（Ⅱ）-NH₃-NH₄Cl-H₂O 体系电积锌工艺及其理论研究［D］.长沙：中南工业大学，1998.

［14］唐谟堂，杨声海.Zn（Ⅱ）-NH₃-NH₄Cl-H₂O 体系电积锌工艺及阳极反应机理［J］.中南工业大学学报，1999（2）：153-156.

［15］杨声海，唐谟堂，龙运炳，等.一种高纯锌金属的制备方法［P］.ZL99115463.0，1999.

［16］Yang S H, Tang M T. Thermodynamics of Zn（Ⅱ）-NH₃-NH₄Cl-H₂O system［J］. Transactions of Nonferrous Metals Society of China, 2000, 10（6）：830-833.

［17］唐谟堂，程华月.磷酸锌的应用及其制备工艺的现状与发展［J］.无机盐工业，2000，32（2）：29-31.

［18］程华月.氧化锌矿氨法直接制取磷酸锌［D］.长沙：中南大学，2000.

［19］张保平.氨法处理氧化锌矿制电锌新工艺及基础理论研究［D］.长沙：中南大学，2001.

［20］张保平，唐谟堂.氨浸法在湿法炼锌中的优点及展望［J］.江西有色金属，2001（4）：27-28.

［21］杨声海，唐谟堂.Zn（Ⅱ）-NH₃-NH₄Cl-H₂O 体系生产金属锌［J］.有色金属（冶炼部分），2001（1）：7-9.

［22］张保平，唐谟堂，杨声海.锌氨配合体系电积锌研究［J］.湿法冶金，2001，20（4）：175-178.

［23］赵廷凯，唐谟堂.湿法炼锌净化钴渣新处理工艺［J］.中南工业大学学报（自然科学版），2001，32（4）：371-375.

［24］赵廷凯.氨法处理湿法炼锌净化钴渣制取锌粉和回收钴［D］.长沙：中南工业大学，2001.

［25］张保平，唐谟堂.NH₄Cl-NH₃-H₂O 体系浸出氧化锌矿［J］.中南工业大学学报（自然科学版），2001，32（5）：483-486.

［26］杨声海，唐谟堂，邓昌雄，等.由氧化锌烟灰氨法制取高纯锌［J］.中国有色金属学报，2001，11（6）：1110-1113.

［27］赵廷凯，唐谟堂，梁晶.制取活性锌粉的 Zn（Ⅱ）-NH₃-H₂O-(NH₄)₂SO₄ 体系电解法［J］.中国有色金属学报，2003，13（3）：774-777.

［28］杨声海.Zn（Ⅱ）-NH₃-NH₄Cl-H₂O 体系制备高纯锌理论及应用［D］.长沙：中南大学，2003.

［29］杨声海，唐谟堂，何静，等.锌焙砂氨法制取高纯锌（英文）［J］.吉首大学学报（自然科学版），2003（3）：45-49.

［30］张保平，唐谟堂，杨声海.氨法处理氧化锌矿制取电锌［J］.中南工业大学学报（自然科学版），2003，34（6）：619-623.

［31］Yang S H, Tang M T, Chen Y F, et al. Anodic reaction kinetics of electrowinning zinc in system of Zn（Ⅱ）-NH₃-NH₄Cl-H₂O［J］. Transactions of Nonferrous Metals Society of China, 2004,

14(3): 626-630.

[32] 杨声海, 唐谟堂, 何静, 等. 锌焙砂氨法生产高纯锌[J]. 中国有色冶金, 2004, 33(2): 14-16.

[33] 杨声海, 唐谟堂, 等. 用 NH₄Cl 溶液浸出氧化锌矿石[J]. 湿法冶金, 2006, 25(4): 179-182.

[34] 唐谟堂, 张鹏, 等. Zn(Ⅱ)-(NH₄)₂SO₄-H₂O 体系浸出锌烟尘[J]. 中南大学学报(自然科学版), 2007, 35(5): 867-872.

[35] 唐谟堂, 杨声海, 王瑞祥, 等. 一种处理氧化锌矿或氧化锌二次资源制取电锌的方法[P]. CN200810031486X, 2008, 1022.

[36] 王瑞祥, 唐谟堂, 刘维, 等. NH₃-NH₄Cl-H₂O 体系浸出低品位氧化锌矿制取电锌[J]. 过程工程学报, 2008, 8(S1): 219-222.

[37] 王瑞祥, 唐谟堂, 杨建广, 等. Zn(Ⅱ)-NH₃-Cl⁻-CO₃²⁻-H₂O 体系中 Zn(Ⅱ)配合平衡[J]. 中国有色金属学报, 2008, 18(E01): 192-198.

[38] Wang R X, Tang M T, Yang S H, et al. Leaching kinetics of low grade zinc oxide ore in the system of NH₃-NH₄Cl-H₂O[J]. Journal of Central South University of Technology, 2008, 15(5): 679-683.

[39] 王瑞祥. MACA 体系中处理低品位氧化锌制取电锌的理论与工艺研究[D]. 长沙: 中南大学, 2009.

[40] 张家靓. MACA 法循环浸出低品位氧化锌制取电锌新工艺研究[D]. 长沙: 中南大学, 2010.

[41] 夏志美, 杨声海, 唐谟堂, 等. MACA 体系中循环浸出低品位氧化锌矿制备电解锌[J]. 中国有色金属学报, 2013, 23(12): 3455-3461.

[42] 唐谟堂, 张家靓, 王博, 等. 低品位氧化锌矿在 MACA 体系中的循环浸出[J]. 中国有色金属学报, 2011, 21(1): 214-219.

[43] 唐谟堂, 杨声海, 杨海平, 等. MACA 法处理兰坪低品位氧化锌矿制取电锌的 150 kg/次扩大试验报告[R]. 长沙: 中南大学冶金与环境学院, 2011.

[44] 夏志美. MACA 体系中锌电沉积基础理论和添加剂作用机理研究[D]. 长沙: 中南大学, 2015.

[45] Xia Z M, Yang S H, Tang M T. Nucleation and growth orientation of zinc electrocrystallization in the presence of gelatin in Zn(Ⅱ)-NH₃-NH₄Cl-H₂O electrolytes[J]. RSC Advances, 2015, 5(4): 2663-2668.

[46] Xia Z M, Yang S H, Duan L H, et al. Effects of Br⁻ and I⁻ on Zn electrodeposition from ammoniacal electrolytes[J]. International Journal of Minerals, Metallurgy and Materials, 2015, 22(7): 682-687.

[47] Xia Z M, Tang M T, Yang S H. Materials balance of pilot-scale circulation leaching of low-grade zinc oxide ore to produce cathode zinc[J]. Canadian Metallurgical Quarterly, 2015, 54(4): 439-554.

[48] 何静, 唐谟堂, 刘维. 氨法浸出提镉新工艺[J]. 化工学报, 2006, 57(7): 1727-1731.

[49] 王瑞祥, 武岩鹏, 唐谟堂. Cd(Ⅱ)-NH₃-Cl⁻-H₂O 体系配合平衡[J]. 有色金属(冶炼部

分），2010（4）：2-5.

[50] 唐谟堂，李仕庆，杨声海，等.一种无铁渣湿法炼锌方法［P］.中国发明专利，ZL03118199.6，2004.

[51] 李仕庆.高铁铟锌精矿无铁渣湿法炼锌提铟及铁源高值化利用工艺与原理研究［D］.长沙：中南大学，2006.

[52] 唐谟堂，李仕庆，杨声海，等.无铁渣湿法炼锌提铟工艺［J］.有色金属（冶炼部分），2004（6）：27-29，34.

[53] Li S Q, Tang M T, He J, et al. Extraction of indium from indium-zinc concentrates［J］. Transactions of Nonferrous Metals Society of China, 2006, 16(6): 1448-1454.

[54] 夏志华.广西大厂铟锌精矿无铁渣提取铟锌工艺和理论研究［D］.长沙：中南大学，2004.

[55] 夏志华，唐谟堂，李仕庆，等.锌焙砂中浸渣高温高酸浸出动力学研究［J］.矿冶工程，2005，25（2）：53-57.

[56] 唐谟堂，何静，李仕庆，等.无铁渣湿法炼锌工艺实验室小型试验报告（Ⅰ）——高铟中浸渣直接提铟［R］.长沙：中南大学冶金学院重冶所，柳州华锡集团，2005.

[57] 唐谟堂，何静，李仕庆，等.无铁渣湿法炼锌工艺实验室小型试验报告（Ⅱ）——铟萃余液制取共沉粉［R］.长沙：中南大学冶金学院重冶所，柳州华锡集团，2005.

[58] 唐谟堂，何静，鲁君乐，等.无铁渣湿法炼锌工艺实验室补充小型试验报告——铁锌二元粉的制取和铁资源利用［R］.长沙：中南大学冶金学院重冶所，2007.

[59] 何静，杨声海，唐朝波，等.一种铁-锌和锰-锌的分离方法［P］.中国发明专利，ZL200510032417.7，2007.

[60] 何静，唐谟堂，吴胜男，等.一种锌精矿无铁渣湿法炼锌提铟及制取氧化铁的方法［P］.中国发明专利，ZL201010300159.7，2010.

[61] 周存.铟锌焙烧矿低酸浸出—还原液中和提铟及铁资源利用方法研究［D］.长沙：中南大学，2009.

[62] 唐谟堂，何静，周存，等.湿法炼锌提铟赤铁矿渣制取软磁粉料工艺实验室研究——低酸浸出液锌精矿还原后液中和沉铟及净化实验室小型试验报告［R］.长沙：中南大学冶金学院重冶所，柳州华锡集团，2008.

[63] 吴胜男.湿法炼锌过程中锌铁分离与铁资源利用［D］.长沙：中南大学，2010.

[64] 何静，吴胜男，唐谟堂，等.硫酸盐体系中水热法分离锌铁及制备软磁铁氧体用氧化铁粉［J］.矿冶工程，2010，30（6）：85-89.

[65] 周存，何静，唐谟堂，等.锌焙砂还原浸出液中和沉铟及净化工艺研究［J］.化学工程与装备，2010（2）：5-8.

[66] 何静，吴胜男，唐谟堂，等.硅氟酸体系 P204 萃取铟工艺评述［J］.材料研究与应用，2009，3（4）：223-226.

[67] 唐谟堂，何静，唐朝波，等.中浸渣还原净化液赤铁矿法沉铁及制备锰锌软磁铁氧体实验室小型试验报告［R］.长沙：中南大学冶金学院重冶所，柳州华锡集团，2009.

[68] Tang M T, Zhao T C, Lu J L, et al. Principle and Application of the new chlorination-hydrolization process［J］. J. Cent. South Ist. Min. Metall, 1992(4): 405-411.

[69] 乐颂光，鲁君乐，唐谟堂，等.广西大厂脆硫锑铅矿精矿湿法处理新工艺流程研究，四.三氯化锑水溶液电积锑研究报告[R].长沙：中南工业大学冶金研究所，1986.

[70] 杨建广，唐朝波，唐谟堂，等.一种铋或锑湿法清洁冶金方法[P].中国发明专利，CN201010132390.X，2010.

[71] 高亮，杨建广，陈胜龙，等.硫化锑精矿湿法清洁冶金新工艺[J].中南大学学报(自然科学版)，2012，43(1)：28-37.

[72] 高亮.硫化锑精矿湿法清洁冶金新工艺研究[D].长沙：中南大学，2011.

[73] 杨建广，陈冰，雷杰，等.废弃电路板铜锡多金属粉隔膜电积回收锡实验研究[J].东北大学学报(自然科学版)，2017，38(11)：1648-1653.

[74] 南天翔，杨建广，陈冰，等.超声耦合隔膜电积锡电化学机理[J].中国有色金属学报，2018，28(6)：1233-1241.

[75] Peng S Y, Yang J G, Yang J Y, et al. The recovery of bismuth from bismuthinite concentrate through membrane electrolysis [C]. Rare Metal Technology, 4 th Symposium on Rare Metal Extraction and Processing, Sandiego, USA, 2017.

[76] 雷杰.氯盐体系锡隔膜电积研究[D].长沙：中南大学，2016.

[77] 彭思尧.硫化铋精矿隔膜电解清洁冶金新工艺研究[D].长沙：中南大学，2016.

[78] 唐谟堂，鲁君乐，谢敦义，等.广西凤凰银锰精矿湿法冶炼提银实验报告[R].长沙：中南大学冶金学院重冶所，广西凤凰银冶有限公司，1997.

[79] 唐谟堂，鲁君乐，谢敦义，等.广西凤凰银锰精矿湿法冶炼提银补充小型试验报告[R].长沙：中南大学冶金学院重冶所，广西凤凰银冶有限公司，1997.

[80] 唐谟堂，鲁君乐，谢敦义，等.广西凤凰银锰精矿湿法提银主干流程扩大实验报告[R].长沙：中南大学冶金学院重冶所，福桂银冶公司，2001.

[81] 唐谟堂，何静，谢敦义，等.广西凤凰银锰精矿湿法提银——粗银粉精炼实验报告[R].长沙：中南大学冶金学院重冶所，福桂银冶公司，2001.

[82] 梅光贵，卜思珊，谢敦义，等.广西凤凰银矿提银废液制备电解二氧化锰试验报告[R].长沙：中南大学冶金学院重冶所，福桂银冶公司，2001.

[83] 唐谟堂，梅光贵，姚维义，等.广西福斯银冶炼公司8 t 银精矿/d 湿法提银工程工艺设计[R].长沙：中南大学设计院，2002.

[84] 姚维义，唐谟堂，陈永明，等.硫化银锰精矿全湿法提银新工艺[J].金属矿山，2004(7)：47-50.

[85] 姚维义，唐谟堂，谢敦义，等. 高锰高砷硫化银精矿湿法提银扩大试验[J].现代化工，2004，24(2)：26-29.

[86] 唐谟堂，唐朝波，欧振华.锡阳极泥清洁湿法处理实验室小试报告[R].长沙：中南大学冶金学院重冶所，2009.

[87] 唐谟堂，唐朝波，杨建广.循环利用二次金属资源——500 t/a 锡阳极泥清洁处理工程可行性研究[R].长沙：中南大学冶金学院重冶所，2009.

第四篇　重金属冶金"三废"
资源无害化处理

绪　言

重金属冶金工业是资源、能源密集型产业。其特点是产业规模较大，原料和生产工艺流程复杂。重金属冶炼的主要原料是硫化矿精矿，如以黄铜矿、斑铜矿、辉铜矿为主要矿物成分的硫化铜精矿，以方铅矿为主要矿物成分的硫化铅精矿，以闪锌矿为主要矿物成分的硫化锌精矿，等等。氧化矿也是重金属的冶炼原料，而且是锡的主要原料。对重金属冶炼"三废"进行资源化和无害化处理是十分必要的。

在赵天从教授"无污染冶金"学术思想的指导下，作者学术团队于20世纪80年代初期就开始对重金属清洁冶金理论和新工艺的研究，其中包括重金属冶金"三废"的资源化和无害化处理基础理论和新工艺研究，取得了多项重要的阶段性成果。本篇将详细介绍高砷铅阳极泥、高砷锡烟尘及铜转炉烟灰等高砷物料，铁矾渣和锌浸出渣等涉重固废、氟铍废水、低浓度二氧化硫烟气和含汞烟气的资源化和无害化处理研究成果，以供同行参考。

第1章 高砷物料处理

1.1 概　述

在我国，砷主要伴生在锡、铅、锌、铜、金等矿产资源中。共生、伴生砷矿产地61处，储量2436 kt，占总量的87.1%。砷伴随着主要元素被开采出来，在矿石的前处理过程中，约有80%弃留在尾矿中，其余部分随精矿进入冶炼厂。1990年起，我国每年投入重金属冶炼厂的砷超过30 kt/a；估计目前已高达111 kt/a，其中铜厂约62 kt/a，铅厂约19 kt/a，锌厂约28 kt/a。

进入重金属冶炼厂的砷在冶炼过程中富集于冶炼中间产物，形成多种含砷中间物料，如各种烟尘、高砷铅阳极泥、高砷锑阳极泥、铅阳极泥冶炼稀渣、锑精炼砷碱渣、高砷锗渣、硫化砷渣(酸泥)及砷冰铜等。砷中间物料的砷含量一般有以下几种：铜转炉烟灰 $w(As)$ 为2%~20%，锡烟尘 $w(As)$ 为6.42%~10.74%，铅阳极泥冶炼高砷锑烟尘 $w(As)$ 为35%，炼铅鼓风炉烟尘 $w(As)$ 为2%~10%，铅阳极泥冶炼稀渣 $w(As) \geqslant 20\%$，锑精炼砷碱渣 $w(As)$ 为10%~20%(新)或 $w(As)$ 为1%~5%(老)，高砷铅阳极泥 $w(As)$ 为17.48%~29.72%，硫化砷渣 $w(As)$ 为15%~30%。这些高砷物料中，除了砷钴矿脱砷烟尘、炼锡烟尘等几种含砷量较高的物料用挥发法处理生产白砷或金属砷，其他高砷物料都长期堆存，目前这些含砷物料的产出量为444 kt/a(按15%As计)以上。含砷物料(砷冰铜除外)的特点是含砷高、不稳定、毒性大，保管稍有不慎，即会流失，造成严重污染，过去发生的几十起砷污染中毒事件大部分是有色金属冶炼过程中砷的流失和扩散于周边环境所造成的。因此，含砷中间物料的处置已成为各大冶炼厂消除砷害回收金属的重大课题。本章重点介绍作者学术团队自20世纪90年代以来在高砷物料处理方面的研究成果，包括对高砷铅阳极泥及高砷烟尘的处理。

1.2 高砷铅阳极泥处理

砷在铅冶炼流程中是分散的：炉料中的砷约有33.6%进入冶炼炉渣和烟气，有66.4%进入粗铅。粗铅精炼时，41.18%的砷进入铜浮渣，其余58.82%进入阳极泥。高砷铅精矿冶炼厂产出的阳极泥中的 $w(As)$ 为30%以上。作者学术团队曾对这种高砷铅阳极泥的处理进行过深入研究，提出"碱法脱砷—新氯化—水解法"处理高砷铅阳极泥的新工艺,该工艺具有"三废"污染少、综合利用好及贵金属回收率高等突出优点,尤其是将绝大部分砷一次性脱除固定,避免砷对后面工序操作的危害,同时使大部分碱得以再生和循环利用。本大节将详细介绍高砷铅阳极泥处理新工艺的研究情况和试验结果。

1.2.1　工艺流程和基本原理

1. 工艺流程

"碱法脱砷—新氯化—水解法"处理高砷铅阳极泥工艺流程如图 4-1 所示。

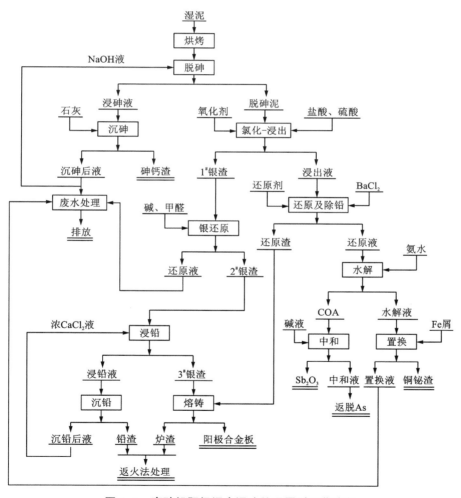

图 4-1　高砷铅阳极泥全湿法处理原则工艺流程

"碱法脱砷—新氯化—水解法"处理高砷铅阳极泥新工艺与处理一般铅阳极泥相比，多了烘烤、浸砷和沉砷三个工序，具有将绝大部分砷一次性脱除固定、避免砷对后面工序操作的危害、同时使大部分碱得以再生和循环利用等显著特点，还具有"新氯化—水解法"贵金属回收率高、综合利用好、"三废"污染少、适应小规模生产等优点。

2. 主要过程原理

1）碱浸脱砷

砷及其他金属元素大部分以金属间化合物，或少量以氧化物的形态存在于铅阳极泥中，而阳极泥中金属态砷及其他金属元素在 $80 \sim 100℃$ 的温度下易被空气中的氧氧化成 As_2O_5 及其他金属氧化物。As_2O_5 与碱作用即生成 Na_3AsO_4：

$$As_2O_5 + 6NaOH \rightleftharpoons 2Na_3AsO_4 + 3H_2O \qquad (4-1)$$

当石灰乳加入 Na_3AsO_4 溶液中，即生成砷酸钙沉淀

$$2Na_3AsO_4 + 4Ca(OH)_2 + 4H_2O \rightleftharpoons Ca_3(AsO_4)_2 \cdot Ca(OH)_2 \cdot 4H_2O + 6NaOH$$
$$\qquad (4-2)$$

其中 NaOH 可以返回利用，而砷酸钙的溶解度小，$25℃$ 时为 0.0013 g/L，因此，可将有害元素砷以砷酸钙的形式固定下来并暂时堆放渣场，等待利用。

2）盐酸浸出

用盐酸浸出脱砷泥，使贵金属与铅富集于浸出渣，而除铅以外的贱金属都进入溶液，从而达到贵贱金属分离的目的。

$$Ag_2O + 2HCl \rightleftharpoons 2AgCl \downarrow + H_2O \qquad (4-3)$$
$$PbO + 2HCl \rightleftharpoons PbCl_2 \downarrow + H_2O \qquad (4-4)$$
$$Sb_2O_3 + 6HCl \rightleftharpoons 2SbCl_3 + 3H_2O \qquad (4-5)$$
$$MeO + 2HCl \rightleftharpoons MeCl_2 + H_2O \qquad (4-6)$$

烘烤时金属态元素氧化得不完全，因此，在酸浸时补加少量氧化剂（选用 $NaClO_3$）。

$$6Ag + 6HCl + NaClO_3 \rightleftharpoons 6AgCl \downarrow + NaCl + 3H_2O \qquad (4-7)$$

3）1#银渣还原

在减性溶液中，氯化银可被甲醛还原为金属银：

$$2AgCl + HCHO + 3NaOH \rightleftharpoons 2Ag + 2NaCl + 2H_2O + HCOONa \qquad (4-8)$$

4）浸铅

在浓 $CaCl_2$ 溶液中，$PbCl_2$ 被浸出，从而与银分离：

$$PbCl_2 + (2-i)Cl^- \rightleftharpoons PbCl_i^{2-i} \qquad (4-9)$$

5）沉铅

当往浸铅液中加入石灰时，铅以碱式氯化铅的形态沉淀：

$$4PbCl_i^{2-i} + 3Ca(OH)_2 \rightleftharpoons 3Pb(OH)_2 \cdot PbCl_2 + 3CaCl_2 + (4i-8)Cl^- \qquad (4-10)$$

6）还原沉金银

浸出液中，高价金属离子先被海绵锑还原后，在酸性溶液中通入 SO_2 可将金、银离子还原，从而进入还原渣。

$$2AuCl_4^- + 3SO_2 + 6H_2O \stackrel{}{=\!=\!=} 2Au \downarrow + 3HSO_4^- + 9H^+ + 8Cl^- \tag{4-11}$$

7）水解

还原液中的三氯化锑在适量水的作用下生成难溶的氯氧锑，为减少排水量，拟采用稀氨水进行中和水解。

$$4SbCl_3 + 5NH_3 \cdot H_2O \stackrel{}{=\!=\!=} Sb_4O_5Cl_2 + 5NH_4Cl + 5HCl \tag{4-12}$$

稀氨水的加入量可用下列数学模型计算：

$$V_{氨} = \frac{V_{原}}{(B[M^+]_{氨} + C)} \{ (1 + A\eta/2 - \eta)[Sb^{3+}]_{T原} - A[Cl^-]_{T原} - B[M^+]_{原} - C \}$$

$$\tag{4-13}$$

式中：$V_{原}$、$[Sb^{3+}]_{T原}$、$[Cl^-]_{T原}$、$[M^+]_{原}$ 分别为三氯化锑原液体积，锑、氯的总浓度以及其他金属离子的总浓度；$[M^+]_{氨}$ 为氨水的浓度；η 为数控水解率。

水解产物用水淋洗后，送下道工序进行中和。

8）中和

在 NaOH 溶液中，氯氧锑可转化为氧化锑。

$$Sb_4O_5Cl_2 + 2NaOH \stackrel{}{=\!=\!=} 2Sb_2O_3 + 2NaCl + H_2O \tag{4-14}$$

中和后过滤，滤饼烘干即为氧化锑，母液返回脱砷工序。

9）置换

水解液中有 2 g/L 左右的锑，还有铋、铜等有价金属离子，利用较负电性金属置换出溶液中较正电性金属离子，表 4-1 列出了有关金属的标准电极电位。

表 4-1　有关金属的标准电极电位

电极	Cu^+/Cu	Sb^{3+}/Sb	Bi^{3+}/Bi	As^{3+}/As	Fe^{2+}/Fe	Zn^{2+}/Zn
$E^{\ominus}/V$	+0.377	+0.152	+0.16	+0.247	-0.44	-0.76

选用较经济的铁屑即可将 Bi、Cu、Sb 等置换成金属海绵物，各反应表现如下：

$$2SbCl_3 + 3Fe \stackrel{}{=\!=\!=} 2Sb \downarrow + 3FeCl_2 \tag{4-15}$$

$$2BiCl_3 + 3Fe \stackrel{}{=\!=\!=} 2Bi \downarrow + 3FeCl_2 \tag{4-16}$$

$$CuCl_2 + Fe \stackrel{}{=\!=\!=} Cu \downarrow + FeCl_2 \tag{4-17}$$

1.2.2　实验室试验

江永县银铅锌矿铅冶炼厂每年约产高砷铅阳极泥 100 t，由于该阳极泥含砷量高, 规模小, 不宜采用传统的火法流程。原中南工业大学重冶研究所开发成功的"新氯化—水解法"处理铅阳极泥新工艺具有贵金属回收率高、综合利用好、"三废"污染少、适应小规模生产等显著特点, 并已通过部级鉴定, 且在广东阳春建成第一套处理装置, 一次试产成功。因此, 江永县银铅锌矿决定与作者学术团队进行技术开发合作, 在"新氯化—水解法"处理一般铅阳极泥的基础上, 研究开发适于处理高砷铅阳极泥新技术, 以防止砷污染和对操作人员的毒害, 双方有关人员于 1995 年在原中南工业大学完成实验室试验, 取得预期结果。

1. 原料

试验原料高砷铅阳极泥取自江永县银铅锌矿冶炼厂, 两次取样的试样成分如表 4-2 所示。

表 4-2　江永县银铅锌矿高砷铅阳极泥成分的质量分数　　　　单位: %

No.	Sb	Ag	Pb	As	Bi	Cu	Sn	Se	$\rho(Au)/(g \cdot t^{-1})$
1#	20.50	11.87	16.10	29.72	3.41	1.84	0.52	0.0066	70.41
2#	18.62	11.085	15.39	17.48	4.20	1.52	—	—	58

表 4-2 说明, 试料含砷量高, 含铋、金量较低。辅助材料: 盐酸、硫酸为工业纯, 其他试剂为化学纯。

2. 烘烤、浸砷及沉砷

根据对云南红河洲沙甸冶炼厂高砷铅阳极泥的脱砷试验结果, 确定浸砷条件如下: ①碱质量浓度 75 g/L; ②L/S=15:1; ③温度 85~90℃; ④时间 0.5 h。基于上述条件进行了氧化方式及脱砷探索试验, 结果如表 4-3 所示。

表 4-3　脱砷探索试验中 2# 银渣的含 As 量及脱 As 率

No.	m/g	$w(As)/\%$	脱 As 率/%	氧化方式
江-BS-1	6.72	20.16	53.29	空气, 以铜矾和苯二酚作催化剂
江-BS-2	6.12	12	75.46	H_2O_2, 100%理论量
江-BS-3	6.27	20.63	56.48	H_2O_2, 50%理论量
江-BS-4	6.14	20.41	57.82	—
No.	m/g	$w(As)/\%$	脱 As 率/%	氧化方式
江-BS-5	4.76	3.19	94.02	80℃下烘 2 d
江-BS-6	4.82	1.88	96.43	80℃下烘 2 h, 再在 100~120℃下烘 24 h
江-BS-7	4.7	3.13	94.21	80℃下烘 2d

对表 4-3 中的数据进行比较,确定先将湿阳极泥在厚度为 30~40 mm 及温度为 100~120℃的条件下烘烤氧化 24 h 较好。浸砷试验规模 300 g/次,在 5 L 烧杯内进行,机械搅拌,用电炉盘加热。结果如表 4-4 及表 4-5 所示。

表 4-4　脱砷渣及浸砷液成分

名称	No.	As	Sb	Ag	Pb	Bi	Au*	Cu	m/g 或 L
脱砷渣 w(成分) /%	江-BS-8~12	4.21	26.49	20.17	—	6.36	119.62	2.86	741.47
	江-BS-15~16	0.66	23.85	17.56	23.3	6.81	94.08	2.47	476.69
	江-BS-17~18	0.64	24.5	20.61	23.84	7.81	107.85	2.82	426.15
	加权平均	2.26	25.21	19.53	23.57	6.87	—	2.740	
浸砷液 ρ(成分) /(g·L^{-1})	江-BS-8~12	15.70	3.20	—	—	—	—	—	22.75
	江-BL-17~18	14.84	2.16	—	1.56	—	—	—	8.185
	江-BL-混	12.61	1.40	—	2.86	—	—	—	16.675
	加权平均	14.98	2.38	—	2.43	—	—	—	—

注:江-BS-8~12 为 1#泥,其他编号为 2#泥;* 单位为 g/t,为推算值。

表 4-5　各有价金属的碱浸率　　　　　　　　　　　单位:%

计算法	No.	渣率	As	Sb	Ag	Pb	Bi	Cu
按渣计	江-BS-15~16	61.65	97.67	21.04	—	7.07	0.05	~0
	江-Bs-17~18	53.78	98.03	29.24	—	16.19	0.002	~0
	江-BS-20	59.18	96.24	19.97	~0	11.63	—	—
	平均	58.20	97.31	23.42	~0	11.63	0.026	~0
按液计	江-BL-8~12	—	91.78	26.30	—	—	—	—
	江-BL-17~18	—	87.69	11.98	—	10.45	—	—
	江-BL-混	—	76.83	8.01	—	19.79	—	—
	平均	—	85.78	17.34	—	16.71	—	—

从表中的数据可以看出,碱浸脱砷效果良好,脱砷率高达 97.31%;但 Sb 和 Pb 分别损失 23.42% 及 11.63%。液计脱砷率较低,主要原因是浸砷液冷却后析出部分砷化合物沉淀。

碱液再生条件:①温度 90~95℃;②时间 1 h;③消石灰用量为理论量的 1.2 倍;④机械搅拌,结果如表 4-6 所示。

表 4-6 沉砷试验结果

No.	名称	体积/mL 或质量/g	As	Sb	Pb
2	浸砷液，ρ(成分)/(g·L⁻¹)	4500	15.5	2.04	4.60
	沉砷后液，ρ(成分)/(g·L⁻¹)	4530	2.71	0.85	1.31
	砷钙渣，w(成分)/%	520.707	—	—	—
	沉淀率/%	液计	82.40	58.06	71.33
No.	名称	体积/mL 或质量/g	As	Sb	Pb
3	浸砷液，ρ(成分)/(g·L⁻¹)	4000	14.84	2.16	1.56
	沉砷后液，ρ(成分)/(g·L⁻¹)	3855	0.64	0.55	0.29
	砷钙渣，w(成分)/%	298.50	17.42	—	1.42
	沉淀率/%	液计	95.84	75.46	82.08

从表 4-6 可以看出，平均沉砷率为 89.12%，Sb 和 Pb 在再生碱液中的回收率分别为 33.24% 及 23.30%。根据沉砷率和式(4-2)计算得出，碱回收率为 85%。

3. 氯化—浸出

1)脱砷干泥氧化度测定

先对脱砷渣进行氧化度测定，然后根据各个金属的氧化度来确定用酸量及氧化剂用量。用非氧化-还原盐酸浸出法测定脱砷泥中金属氧化度，酸浸条件如下：①L/S=5∶1；②酸度 6 mol/L；③温度室温；④时间 2 h。结果如表 4-7 所示。

表 4-7 脱砷泥中金属的渣计氧化度　　　　　　　　　　　　　单位：%

No.	Ag	Sb	As	Cu	Bi	Pb
江-AO-1	~0	90.21	96.29	84.87	~100	~100
江-AO-2	~0	98.81	93.82	70.16	99.92	~100

2)SbCl₅ 氯化浸出探索试验

用氯气再生的五氯化锑盐酸溶液(SbCl₅)氯化浸出试验条件如下：①温度 85~90℃；②时间 2~4 h；③浸液返回分数为 42.4%(氯化剂过剩 10%)；④浸剂酸度 4 mol/L(HCl 和 H₂SO₄ 各半)；⑤循环液固比为 4∶1；⑥实效液固比为 2.304∶1；⑦酸洗和水洗浸渣各 3~5 次，洗水量为干泥量的 50%。试验分双氧水溶液试验及循环试验两阶段进行，探索试验结果说明，浸出效果不好，而且过滤很慢。因此，否定了这种浸出方式。混合浸出渣共重 292.5 g，w(Ag)为 29.48%。

3）NaClO₃作氧化剂的氯化浸出试验

试验条件：①温度 85~90℃；②时间 4 h；③游离酸度 4.5 mol/L（HCl 和 H₂SO₄ 各半）；④NaClO₃用量为理论量的 1.1 倍；⑤洗酸为干泥量的二分之一。探索试验的结果如表 4-8 所示。

表 4-8　NaClO₃作氧化剂的探索浸出试验结果

No.	渣率/%	渣中 $w(Sb)$/%	锑浸出率/%	备注
江-AS-10	46.50	4.26	92.52	过滤较慢
江-AS-11	43.80	2.61	95.68	过滤较快
江-AS-12	41.80	0.25	99.61	过滤较快

探索试验表明，用 NaClO₃ 作氧化剂时，渣含 Sb 量低，过滤性能好。因此，进行 NaClO₃ 作氧化剂的氯化—浸出综合条件试验时，氯酸钠的理论用量为每克脱砷泥 0.04416 g，耗酸用量：盐酸 2.10 mL/g、硫酸 0.3 mL/g。试验在 1000 mL 烧杯内进行，磁力搅拌。结果如表 4-9~表 4-11 所示。

表 4-9　NaClO₃ 氧化浸出浸渣率及成分的质量分数　　　　单位：%

No.	规模 /(g·次⁻¹)	渣重 /g	渣率	Sb	Ag	As	$\rho(Au)$ /(g·t⁻¹)	Pb	Cu
江-AS-15~16	200+150	187.80	53.66	2.74	33.58	0.165	—	32.04	0.026
江-AS-20	10	6.10	61.00	1.785	30.37	—	—	—	—
江-AS-21	298.14	195.55	65.52	1.32	27.76	0.55	148.20	34.705	—
江-AS-22	100	58.40	58.40	0.74	34.53	0.42	150.68	28.74	—
江-AS-23	50	26.90	53.80	1.305	33.91	0.042	—	—	—
江-AS-24	50	28.70	57.40	0.12	32.32	0.012	—	—	—
江-AS-25	50	28.45	56.90	0.71	31.42	0.03	51.67	—	—
加权平均	—	—	58.55	1.66	31.34	0.31	138.99	32.78	0.026

表 4-10　NaClO₃ 氧化浸出液中体积及各成分的质量浓度　　　　　单位：g/L

No.	体积/mL	Sb$_T$	Sb^{5+}	Sb^{3+}	Ag	$\rho(Au)$/(mg·L^{-1})	As	Cl$^-$	SO$_4^{2-}$	Pb
江-AS-15~16	1087	70.74	26.75	43.99	0.17	—	3.02	177.27	168.48	1.76
江-AS-20	35	66.09	2.78	63.31	—	—	—	—	—	—
江-AS-21	690	79.36	9.77	69.59	0.17	—	4.16	—	—	1.63
江-AS-22	400	58.25	20.53	37.72	0.071	3.58	—	—	—	—
江-AS-23	166	70.62	19.81	50.81	0.133	—	2.51	—	—	—
江-AS-24	200	75.76	9.57	66.19	0.15	—	1.71	—	—	—
江-AS-25	200	58.09	9.56	48.53	0.14	—	0.25	—	—	—
加权平均	—	70.47	18.45	52.02	0.15	3.58	2.97	177.03	168.48	1.71

表 4-11　NaClO₃ 氧化浸出过程中渣计金属元素的浸出率　　　　　单位：%

No.	Sb	As	Ag	Au	Cu	Pb
江-AS-15~16	94.00	86.17	99.74	—	99.51	97.71
江-AS-20	95.42	—	—	—	—	—
江-AS-21	97.73	45.40	99.78	103.22	—	98.38
江-As-22	97.00	—	99.86	82.36	—	—
江-AS-23	97.21	97.96	99.76	—	—	—
江-AS-24	99.73	99.38	99.68	—	—	—
江-AS-25	98.40	98.46	99.70	30.00	—	—
加权平均	96.42	71.35	99.76	91.53	99.51	97.97

注：金、银和铅为液汁入渣率。

从表中数据可以看出，贱金属（铅除外）的脱除效果良好，锑、砷、铜的浸出率分别达到 96.42%、71.35% 及 99.51%；浸渣（2#银渣）中银的 w(Ag) 提高到 30% 以上。银浸出很少，直收率达到 99.76%，但金被浸出了 8.47%，铅的入渣率也高达 97.97%。

4. 银还原及浸铅

试验规模为 50~168.78 g/次，在 250 mL 三孔瓶或 500 mL 烧杯内进行，磁力搅拌，先将 2#银渣与碱液调浆，再加入甲醛。银还原条件：①温度小于 40℃；②甲醛加入量为银量的三分之一；③反应时间 2 h；④维持游离碱质量浓度 11 g/L。

还原渣滤饼不烘干直接浸铅。浸铅条件：①ρ(CaCl$_2$)≥450 g/L(相对密度 1.32~1.34)；②pH≤4；③温度 60℃；④时间 1 h；⑤液固比以浸铅液 Pb 的质量浓度达 25 g/L 为准。试验结果如表 4-12 和表 4-13 所示。

表 4-12　银还原及浸铅试验结果

No.		1	2	3	4	加权平均（共计）
2# 银渣	质量/g	50	168.78	137.95	195.58	(552.28)
	w(Ag)/%	35.41	35.41	37.61	24.705	32.17
	w(Pb)/%	20.14	20.14	36.29	34.785	29.331
3# 银渣 w(成分)/%	质量/g	29.02	100.65	62.82	75.20	(267.69)
	Ag	60.76	62.215	83.49	66.47	68.25
	Pb	0.99	1.91	6.25	1.44	2.70
	Sb	13.60	14.19	—	8.92	12.17
	As	0.97	0.097	—		0.29
	Cu	—	0.15	—	0.027	0.097
浸铅液 ρ(成分)/(g·L^{-1})	体积/mL	465	1240	2060	2570	(6335)
	Ag	0.079	0.071	0.0064	—	0.037
	Pb	—	19.73	16.92	22.18	19.82
还原液体积/mL		250	755	660	700	(2365)
渣率/%		58.04	59.63	45.54	36.86	34.89

表 4-13　银还原及浸铅过程中银的回收率及浸铅率　　　　　单位：%

No.	银回收率		浸铅率	
	固计	液计	固计	液计
1	99.59	99.79	97.14	—
2	约100	99.85	94.34	71.97
3	约100	99.97	92.16	62.62
4	约100	—	98.40	83.99
加权平均	约100	99.91	95.27	—

由表 4-12 及表 4-13 可知,银还原及浸铅过程中,银的回收率大于 99.9%,固计浸铅率为 95.27%,因此,3#银渣中 $w(Ag)$ 大于 60%。但液计浸铅率较低,这是浸铅液冷后析出晶体使浸液铅分析不准所造成的。

5. 粗银合金熔铸

3#银渣熔铸粗银合金共进行两批,第一批 $w(Ag)$ 为 62.215%,在黏土坩埚内进行,由于 Sb 等含量较高,第一次未熔化,然后补加熔剂和氧化剂,升高温度方成。第二批 $w(Ag)$ 为 83.49%,在石墨坩埚内进行,熔化后,几乎没有炉渣。熔铸条件:①温度 1100~1200℃;②熔剂加入量(w/%):苏打 10、硼砂 1、硝石 3。试验结果如表 4-14~表 4-16 所示。

表 4-14 粗银合金质量及各成分质量分数 单位:%

No.	质量/g	Ag	Bi	Cu	Te	Pb	Sb	As	Au
1	79.06	95.54	0.11	0.019	0.04	0.99	0.77	0.088	0.0178
2	55.80	88.57	—	0.037	—	5.09	0.64	0.083	0.0165

表 4-15 熔铸原料和炉渣量及其 $w(Ag)$ 单位:%

No.	3#银渣		炉渣	
	质量/g	$w(Ag)$	质量/g	$w(Ag)$
1	122.32	62.215	47.93	2.08
2	60.46	83.49	3.32	0.0076

表 4-16 熔铸过程中银的回收率 单位:%

No.	粗银计直收率	炉渣计直收率	总回收率
1	99.25	98.69	100.56
2	97.91	100	97.91
加权平均	98.70	98.77	99.46

从表中数据可以知道,采用石墨坩埚不能熔铸合格的阳极板,但采用黏土坩埚时,情况大不一样,即使银渣品位只有 60%,也能得到合格的阳极板。在熔铸过程中,银的回收率很高。按采用黏土坩埚的 1#计算,银在粗银中的直收率为 99.25%,而总回收率近 100%。2#采用石墨坩埚,黏附了不少粗银,因此其直收率偏低。

6. 沉铅

沉铅条件：①温度60℃；②用石灰乳调 pH 至 8.5～8.8，稳定 pH 20 min。试验结果如表 4-17 所示。

表 4-17　沉铅试验结果

No.	浸铅液		沉铅后液		铅渣，w(成分)/%			沉铅率/%	
	体积/mL	ρ(Pb)/(g·L^{-1})	体积/mL	ρ(Pb)/(g·L^{-1})	质量/g	Pb	Ag	固计	液计
1	1240	19.73	1149	1.66	74.66	34.62	0.00024	105.65	92.20
2	2000	16.92	2080	1.92	43.74	76.20	—	99.64	88.20
3	2570	22.18	2590	—	79.25	73.80	—	102.60	—
平均	—	19.82	5819	1.83	197.65	59.53	—	103.102	90.7

从表 4-17 可以看出，沉铅效果良好，沉铅率大于 90%，在一般情况下，铅渣品位大于 70%，沉铅过程中银的损失为 0.2%。

7. 氯化浸出液的处理

氯化浸出液的还原除铅、水解、中和及置换都套用新氯化水解法处理脆硫锑铅矿精矿的工艺技术条件，按照相应的规模在三孔瓶或烧杯内进行，采用磁力搅拌。但在还原除铅后期，加入亚硫酸钠，以便将浸出液中的金还原进入还原渣。为了减少废水量，可采用稀氨水中和水解。用 NaOH 作氯氧锑（COA）的中和剂以除去其中的砷，使之达到产品标准要求。

1）还原除铅

根据浸液中的五价锑量加入活性锑粉，其加入量为理论量的 3 倍，同时在此过程中除铅，沉银、金。按 n(Pb) ： n(Ba) = 10 加入 BaCl$_2$ 除铅，按干泥量的 0.034 倍加入亚硫酸钠。试验结果如表 4-18 及表 4-19 所示。

从表 4-18 及表 4-19 可以看出，除铅效果较好，还原液平均 ρ(Pb) 为 0.44 g/L。但用铁粉除金、银的效果不佳，还原液 ρ(Ag) 为 0.092 g/L，ρ(Au) 为 341 mg/L，而采用 Na$_2$SO$_3$ 还原金、银时，金的沉淀率近 100%，银的沉淀率为 90%。还原渣含金、银量较高。

2）水解及中和

用 3 mol/L 氨水作中和剂，水解条件如下：①温度 60℃；②时间为脱水后搅动 30 min，③数控水解率为 75% 或 70%；④快速或慢慢加入氨水，并用 1 mol/L 盐酸，按酸 COA 比为 2：1 的液固比对氯氧锑进行调浆酸洗，再进行水洗，水洗后的 COA 用 100 g/L 的碱液按 L/S＝4：1 在常温下中和脱氯、砷。试验号对应的还原液号及体积如表 4-20 所示，试验结果如表 4-21～表 4-22 所示。

表4-18 还原及除铅产物的各成分

No.	还原液各成分质量浓度/(g·L⁻¹)										还原渣各成分质量分数/%				
	体积/mL	Sb	Bi	Cu	Pb	Ag	Au*	As	SO_4^{2-}	Cl^-	质量/g	Sb	As	Ag	Au
1	945	82.9	24.94	7.57	0.84	0.14	3.41	1.22	142.56	164.86	10.50	1.15	2.71	1.50	—
2	106	80.42	—	—	0.15	—	—	—	—	—	—	—	—	—	—
3	106	—	—	—	0.41	—	—	—	—	—	—	—	—	—	—
4	1059	71.35	19.17	7.95	0.11	0.079	—	0.49	139.20	148.90	12.25	—	—	0.32	—
5	495	68.40	20.09	6.83	—	0.057	0.46	—	79.68	166.27	—	—	—	—	—
混合	175	—	—	—	—	0.014	—	—	—	—	3.32	—	—	0.84	0.108
平均	—	75.35	21.53	7.58	0.44	0.092	—	0.84	126.68	158.38	—	—	—	0.86	—

注: * 单位为 mg/L。

表 4-19　除铅率及金、银回收率　　　　　　　单位：%

No.	液计除铅率	银回收率		金回收率(共计)	备注
		铅渣计	除铅液计		
1	43.62	115.81	2.72	—	加 Fe 粉除 Ag
2	90.25	—	—	—	—
3	73.34	—	—	—	—
4	88.09	38.43	17.98	—	加 Fe 粉除 Ag
5	—	13.83	90.00	约 100	加 Na_2SO_3 沉金
加权平均	68.52	—	—		

表 4-20　试验号对应的还原液号及体积　　　　　　　单位：mL

试验号	1	2	3	4	5	6
还原液号	1	4	混	混	混	混
还原液体积	760	834	50	50	50	50

表 4-21　氧化锑成分的质量分数及溶液中各成分的质量浓度　　　单位：g/L

名称	No.	体积/mL	Sb	Bi	Cu	Pb	As
水解液	1	2000	1.65	7.98	2.52	—	—
	2	1960	2.57	7.86	2.17	—	—
	3	116	3.52	8.47	2.28	—	—
	4	120	4.30	8.04	2.61	—	—
	5	107	1.49	8.33	2.63	—	—
	6	110	0.75	7.41	2.56	—	—
	加权平均		2.15	7.94	2.36		
酸洗液	1	295	0.46	2.61	0.824	—	—
	2	157	1.11	2.24	0.88	—	—
	3	39	0.38	—	—	—	—
	4	23	—	—	—	—	—
	5	98	0.74	1.34	0.47	—	—
	6	48	0.37	2.45	1.01	—	—
	加权平均		0.65	2.29	0.80	—	—

续表4-21

名称	No.	体积/mL	Sb	Bi	Cu	Pb	As
中和液	1	200	0.21	1.195	0.377	—	—
	2	—	—	—	—	—	—
	3	37	—	—	0.92	—	—
	4	38	—	—	—	—	—
	5	86	0.353	—	0.93	—	—
	6	106	1.19	—	0.61	—	—
	加权平均		0.82				
氧化锑/%	1	74.90	77.22	1.86	—	0.59	0.0079
	2	69.80	78.21	0.61	3.77	0.19	0.053
	3	3.40	81.34	—	—	—	—
	4	—	—	—	—	—	—
	5	3.93	80.48	—	—	—	—
	6	3.90	78.07	1.87	0.065	0.37	0.017
	加权平均		77.86	1.27	—	0.396	0.029

注：1号及6号的数控水解率为0.75，余为0.70；1~3号为氨水快速加入，4~6号为氨水慢加入。

表4-22　水解及中和过程中的金属直收率　　　　单位：%

No.	Sb		Bi		Cu		Sb 总回收率 /%	Sb³⁺水解率 /%
	液计	固计	液计	固计	液计	固计		
1	94.48	91.80	89.53	92.65	93.14	—	—	94.76
2	91.24	91.74	98.55	97.34	66.23	60.31	—	91.53
5	92.33	92.48	101.80	—	96.89	—	93.22	95.34
6	93.36	89.03	92.85	92.74	95.89	99.26	97.07	97.59
平均	92.86	91.26	95.68	94.24	87.98		95.14	93.41

从表中数据可以看出，水解效果较好，当数控水解率为 70%~75% 及慢慢加入氨水时，从还原液到氧化锑，锑的直收率大于 92%；总回收率及水解率均大于 95%，铋和铜的回收率分别为 95.03% 及 96.28%。另外，氧化锑品位为 95% 左右（最高为 97.38%），$w(As) < 0.03\%$；但铋和铅的含量较高。用碱中和氯氧锑的中

和液碱浓度为 0.78 mol/L，可返回脱砷工段使用。

　　3）置换

　　置换沉铜条件：①铁粉为理论量的 6 倍；②温度为室温；③时间 45 min。试验号对应的水解液号及体积如表 4-23 所示，结果如表 4-24、表 4-25 所示。

表 4-23　试验号对应的水解液号及体积　　　　　单位：mL

试验号	1	2	3
水解液号	1	2	混合
水解液体积	2000	1960	900

表 4-24　置换产物及混合水解液的成分

名称	No.	体积/mL 或质量/g	Sb	Bi	Cu	As
置换液 ρ（成分）/(g·L^{-1})	1	2240	0.012	0.0075	0.0083	0.12
	2	2470	0.065	0.13	0.91	0.43
	3	980	0.01	0.0012	<0.001	0.19
	加权平均		0.035	0.0596	0.398	0.267
铜铋渣 w（成分）/%	1	50.30	—	42.74	9.81	—
	2	38.60	—	50.74	9.90	—
	3	12.74	15.08	53.79	11.54	—
	加权平均		15.08	47.16	10.75	—
混合水解液			2.59	7.77	1.65	—

表 4-25　金属置换率　　　　　单位：%

No.	Sb		Bi		Cu		备注
	液计	渣计	液计	渣计	液计	渣计	
1	99.27	—	99.91	120.27	99.67	97.91	—
2	97.47	—	98.35	100.88	58.06	71.30	—
3	99.61	82.41	99.98	98.00	99.94	99.00	置换两次
平均	98.78	—	99.42	106.38	85.89	89.40	

由表 4-24 及表 4-25 可以看出，置换效果好，除了 2 号试验铜的置换率偏低（可能是条件控制不好所引起的），其他都为 97% 以上。铜铋渣中，铋的品位大于 47%，这对于铋的回收十分有利。

8. 技术经济指标

1) 金属回收率

金、银、锑、铜、铅的阶段回收率及总回收率分别列于表 4-26~表 4-29 中。

表 4-26　金、银的阶段直收率及总回收率　　单位：%

过程	脱砷	氯化-浸出		银还原及浸铅		熔铸	
Au	约 100	91.53	8.47	约 100		98.74	1.26
Ag	约 100	99.76	0.24	99.91	0.09	98.74	1.26
产物或中间产物	脱砷渣	浸渣	浸液	浸铅渣	浸铅液	合金	炉渣
过程	沉铅	还原除铅		直收率		总回收率	
Au	—	约 100		90.38		98.85	
Ag	99.80	90		98.41		98.71	
产物或中间产物	铅渣	还原渣		合金		合金、铅渣、还原渣	

表 4-27　锑的阶段直收率及总回收率　　单位：%

过程	脱砷		沉砷	氯化-浸出	还原除铅
阶段回收率	76.5	33.24	33.24	96.42	约 100
产物或中间产物	脱砷渣	浸砷液	沉砷后液	浸出液	还原液
过程	水解及中和		置换	直收率	总回收率
阶段回收率	91.26	8.74	98.78	67.38	81.54
产物或中间产物	氧化锑	水解液	铜铋渣	氧化锑	氧化锑、铜铋渣、沉砷后液

表 4-28　铅的阶段直收率及总回收率　　单位：%

过程	脱砷		沉砷	氯化-浸出	银还原及浸铅
阶段回收率	88.37	11.63	23.30	97.97	95.27
产物或中间产物	脱砷渣	浸砷液	沉砷后液	浸出渣	浸铅液

续表 4-28

过程	沉铅		直收率	总回收率
阶段回收率	96.91	3.09	79.93	85.19
产物或中间产物	铅渣	沉铅液	铅渣	铅渣、沉砷后液、沉铅后液

表 4-29 铜、铋的阶段直收率及总回收率 单位：%

过程	脱砷	氯化-浸出	还原除铅	水解	置换	总回收率
Cu	约100	99.51	约100	95.08	99.13	93.74
Bi	约100	99.51	约100	96.28	99.42	95.25
产物或中间产物	脱砷渣	浸出液	还原液	水解液	铜铋渣	铜铋渣

从表中数据可以看出，贵金属的回收率很高，金、银的总回收率分别为 98.85% 及 98.71%，直收率分别为 90.38% 及 98.41%；贱金属的回收率较高，其中锑、铅及铜、铋的总回收率分别为 81.54%、85.19%、93.74% 及 95.25%，直收率分别为 67.38%、79.93%、93.74% 及 95.25%。

2）产品质量及中间产品成分

金银合金板 $w(Ag)$ 大于 95%，Bi、Te 及 Cu 的含量较低，符合电解要求。铅渣中 $w(Pb)$ 大于 70%，可返回火法处理。氧化锑的品位大于 95%，其中砷的含量很低，可作粗锑白出售或炼制精锑。铜铋渣中 $w(Bi)$ 为 47%，$w(Cu)$ 为 10% 以上，是回收铋、铜的好原料。

3）主要原材料单耗

原材料单耗情况如表 4-30 所示。

表 4-30 处理 1 t 干铅阳极泥时主要原材料的消耗情况 单位：t/t

No.	1	2	3	4	5	6	7	8
名称	烧碱	盐酸	硫酸	甲醛	铁屑	氨水	石灰	煤
规格	工业纯	工业纯	工业纯	化学纯	工业纯	18%	工业纯	标煤
单耗	0.25	1.65	0.164	0.2	0.05	0.2	0.4	2.6

9. 小结

(1)高砷铅阳极泥全湿法处理小型试验取得圆满成功，满足了合同要求。"碱法脱砷—新氯化—水解法"处理高砷铅阳极泥新工艺不仅具有将绝大部分砷一次性脱除固定，避免砷对后面工序操作的危害，使大部分碱得以再生和循环利用等显著特点，同时又具有"新氯化—水解法"的贵金属回收率高、综合利用好、适应小规模生产等优点。

(2)由于试验规模小，技术经济指标还有待工业试验考察。

1.2.3 工业试验

1996 年 7 月 17 日～8 月 14 日中南工业大学作者学术团队人员和江永银铅锌矿冶炼厂人员进行现场工业试验，共处理高砷铅阳极泥两批 560.45 kg，投入银金属量 49.94 kg，产出 3 号银渣 55.35 kg，含银量为 44.796 kg，总直收率为 91.14%。试产表明，设计基本合理，设备运转正常。试产获得了较先进的技术经济指标，这再一次证明，"碱法脱砷—新氯化—水解法"处理高砷铅阳极泥新工艺可靠，技术先进；采用碱法脱砷、石灰沉砷再生碱返回使用的方法来处理高砷铅阳极泥可以说在国内外是独一无二的，而且对阳极泥的各组分进行全面综合利用，可分别产得铜铋渣、氧化锑、铅渣、还原渣及砷钙渣等副产品，变废为宝，化害为利。

1. 原料

试产用的高砷铅阳极泥共两批，其成分如表 4-31 所示。

表 4-31　试产用的高砷铅阳极泥各成分质量分数　　　单位：%

批次	Ag*	Au*	Sb	Pb	As	Bi	Cu	H_2O
1	8.84	11	9.44	5.43	34.69	6.23	1.83	7.60
2	8.98	—	8.74	5.14	33.27	6.23	1.98	7.35

* 单位为 g/t。

表 4-31 说明，工业试验原料的含砷量更高，$w(As)$ 均大于 33%。

2. 设备

"碱法脱砷—新氯化—水解法"年处理 100 t 高砷铅阳极泥生产线的主要设备如表 4-32 所示。

由表 4-32 可以看出，按 1996 年价格计算，年处理 100 t 高砷铅阳极泥生产线的设备投资为 54.03 万元。

表 4-32　年处理 100 t 高砷铅阳极泥生产线的主要设备

序号	设备名称	型号、规格	材料	数量	单价/万元	金额/万元	备注
1	锅炉	$Q=1$ t/h，$P \geqslant 7$ kg/cm^2		1		1.7	利用现有锅炉
2	生泥烘烤窑	150×1275	红砖，钢	2	0.85		
3	电动葫芦	CD$_1$，0.25 t，固定式，$H=6$ m	组合	1	0.456	0.456	
4	钢制反应罐	1500 L，悬挂式，配搅拌，4 kW	钢	2	0.75	1.5	浸砷，沉砷
5	钢制反应罐	500 L，悬挂式，配搅拌，3 kW	钢	2	0.5	1.0	1#银渣还原
6	搪瓷反应罐	1500 L，K 型，悬挂式，4 kW	搪瓷	2	3.176	6.352	浸铅，沉铅
7	搪瓷反应罐	300 L，K 型，悬挂式，全套，3 kW	搪瓷	1	1.613	1.613	氯化浸出
8	搪瓷反应罐	500 L，K 型，无夹套，悬挂式，3 kW	搪瓷	2	1.425	2.85	水解，置换
9	搪瓷反应罐	300 L，K 型，无夹套，悬挂式，3 kW	搪瓷	1	1.075	1.075	还原及除铅
10	过滤槽	1.1 m^2	钢	5	0.28	1.4	碱性料浆过滤
11	过滤槽	1.26 m^2	PVC	4	0.7	2.8	浸铅，水解，置换
12	过滤槽	1.26 m^2	聚丙烯	1	0.7	0.7	氯化浸出
13	离心清水泵	单级，1S50-32-125A，1.5 kW	灰铸铁	7	0.22	1.54	
14	耐酸砂浆泵	HTB-Zk4.0/20，$Q=10$，H=20，2.2 kW	陶瓷	1	0.3	0.3	
15	耐酸真空泵	HTB-SZ-125 型，30 kW	陶瓷	2	1.35	2.70	另购液气分离器
16	钢制贮罐	1500 L	钢	1	0.25	0.25	砷碱液

续表4-32

序号	设备名称	型号，规格	材料	数量	单价/万元	金额/万元	备注
17	钢制贮罐	500 L	钢	2	0.1	0.2	碱性还原，中和液
18	钢制贮罐	300 L	钢	1	0.06	0.06	热水
19	钢制贮罐	280 L	钢	1	0.07	0.07	浓硫酸
20	塑料贮槽	800 L	PVC	10	0.12	1.2	
21	塑料贮槽	400 L	PVC	7	0.1	0.7	
22	氟塑料磁力泵	COB50-32-125F，1.3 kW	氟塑合金	12	0.35	4.2	
23	不锈钢泵	F25-18A，$Q=3.27$，$H=12.5$	1Cr18Ni9Ti	4	0.4	1.6	
24	压滤机		聚丙烯	3			库存旧设备
25	废水处理池	6 m³	环氧玻璃钢	2	0.05	0.1	玻璃钢亦可
26	离心通风机	4-72型，No5，2.2 kW	PVC	1	0.2	0.2	
27	银粉酸溶槽	100 L，蒸汽加热，0.75 kW	1Cr18Ni9Ti	1	1.2	1.2	与制新液共用
28	过滤槽		1Cr18Ni9Ti	1	0.1	0.1	
29	蒸发浓缩槽	100 L，蒸汽加热，悬挂式	1Cr18Ni9Ti	1	1.0	1.0	
30	列管冷凝器	2 m²，立式	1Cr18Ni9Ti	1	0.45	0.45	
31	冷凝器贮槽	100 L	1Cr18Ni9Ti	1	0.2	0.2	
32	结晶桶	60 L	1Cr18Ni9Ti	4	0.05	0.2	

续表4-32

序号	设备名称	型号、规格	材料	数量	单价/万元	金额/万元	备注
33	离心过滤机	三足式，S5-400，全不锈钢	1Cr18Ni9Ti	1	0.8	0.8	
34	电热鼓风箱	101-3（DCFX022），6 kW，50~250℃	1Cr18Ni9Ti	2	0.517	1.034	金银粉 1，硝酸银 1
35	烘箱料盘		1Cr18Ni9Ti	20	0.011	0.22	
36	焦炭坩埚炉		黏土砖	1	0.1	0.1	
37	阳极铸型机		铸钢	1	0.15	0.15	
38	电银铸型机		铸钢	1	0.13	0.13	
39	银电解槽	960×770×750	PVC	4	0.13	0.52	
40	硅整流器	1000A/0~12 V		1	12	12	
41	液贮槽	400 L	1Cr18Ni9Ti	3	0.12	0.38	
42	冲床	J23-25, 2.2 kW		1	0.5	0.5	
43	柜式天平	称量20 kg，感量20 mg		1	0.1	0.1	
44	保险柜			1	0.3	0.3	
45	磅秤	500 kg		1	0.05	0.05	
46	磅秤	50 kg		1	0.03	0.03	
40	硅整流器	1000 A/0~12 V		1	12	12	

3. 试产情况简述

试产的工艺技术条件与实验室试验基本一样。

1) 烘烤

共烘烤两批，投入生泥 559.9 kg，产出熟泥 578.65 kg，氧化效果较好，基本上能满足脱砷的要求。第二批的温度较高，烘烤时间集中，效果更佳，脱砷率最高达到了 95.68%，其他贱金属的氧化度也大为提高。这样，可节省氯化—浸出时的双氧水用量。在烘烤过程中，银的直收率为 100%。

2) 浸砷

共脱砷八批，投入熟泥 578.05 kg(含银量为 49.89 kg)，产出脱砷泥 216.283 kg(含银量为 49.763 kg)，银的直收率为 99.85%。脱砷泥中 $w(Ag) \geqslant 22.5\%$，平均脱砷率为 91.97%，最高脱砷率为 95.68%。在脱砷过程中，锑、铅的损失率分别为 28.3% 及 45.53%，湿脱砷泥含水 38.80%，渣率 36.74%。脱砷过程中通风情况良好，砷的危害很小。

3) 沉砷

共沉砷八槽，产出砷钙渣 767.5 kg，湿砷钙渣中 $w(H_2O)$ 为 46.9%，沉砷后液 $\rho(As)$ 2.37 g/L，沉砷率为 92.05%；$\rho(NaOH)$ 为 62.89 g/L，碱返回利用率为 83.56%，达到了沉砷返碱之目的，这是处理高砷阳极泥的关键所在。

4) 氯化—浸出

氯化—浸出进行了四槽，共投入脱砷泥 215.222 kg(含银量为 49.519 kg)，产出 1 号银渣 75.545 kg(含银量为 47.90 kg)。银直收率为 96.73%。贱金属的脱除率(%)很高，分别为 Sb 99.15%、As 98.85%、Cu 和 Bi 近 100%，铅也被浸出 63.69%；银浸出 0.43%，银的工艺回收率为 99.57%。过程运行顺利，滤速很快，这恰好与小试验的情况相反。

5) 银还原

1 号银渣还原共进行两批，投入 1 号银渣 75.11 kg(含 Ag 量为 47.623 kg)，产出 2 号银渣 57.842 kg(含 Ag 量为 47.57 kg)，银直收率 99.69%。

6) 浸铅

2 号银渣浸铅进行两批，投入 2 号银渣 57.621 kg(含 Ag 量为 47.293 kg)，产出 3 号银渣 55.354 kg(含 Ag 量为 44.797 kg)，银的直收率 97.10%。浸铅过程中由于浓氯化钙溶液的黏度大，真空抽滤速度很慢，建议改成压滤。

7) 氯化浸出液还原

氯化浸出液的还原共进行三槽，还原过程中，除铅率超过小试指标，达到 95.75%；银的回收率也比较高，为 69.52%，还原渣中 $w(Ag)$ 为 0.97%。

8) 水解

共水解九槽，水解过程改为冲稀水解后，虽然槽数增加了 3~4 倍，但效果较好，锑的水解率为96.2%，还原液中有97%的砷进入COA。10%~15%的铋水解，经过酸洗，有95%以上的铋与锑分离并成功回收。

9）置换

共进行十一槽，其中制海绵锑一槽，十槽产铜铋渣。置换效果较好，铋和铜的置换率分别为97.09%及93.05%。铜铋渣中$w(Ag)$为0.72%、$w(Bi)$为26.5%、$w(Cu)$为9.04%。

10）中和

COA中和进行一槽，投入湿COA 46.35 kg，产出湿氧化锑33.7 kg，颜色较白。

4. 化工材料消耗

根据试产中的原始数据记录，计算得出处理1 t生泥的主要化工材料消耗如表4-33~表4-36所示。

表4-33　烧碱消耗　　　　　　　　　　　单位：t/t

过程	脱砷	渣还原	COA中和	总耗
消耗	0.217	0.0554	0.0243	约0.300

表4-34　工业盐酸消耗　　　　　　　　　　单位：t/t

过程	氯化—浸出	浸铅	水解	总耗
消耗	1.087	0.032	0.026	1.145

表4-35　石灰消耗　　　　　　　　　　　单位：t/t

过程	沉砷	沉铅	废水处理	总耗
消耗	0.845	0.036	0.112	约1.00

表4-36　其他试剂消耗　　　　　　　　　单位：t/t

名称	硫酸	氯化钡	双氧水	甲醛	铁粉	铁屑
规格	工业纯	工业纯	30%	36%	-40目	
消耗	0.163	0.0258	0.125	0.047	0.004	0.05

5. 产值及成本估算

1）年产值估算

按1996年的价格及年处理100 t阳极泥计算年产值，产品为银锭和金锭，副产品为氧化锑和铅精矿，结果列于表4-37中。

表4-37 产品年产量及产值

序号	名称	质量分数/%	产量/[t(kg)·a⁻¹]	售价/[万元·t⁻¹(kg⁻¹)]	产值/(万元·a⁻¹)
1	银锭	≥99.9	12.368	135	1669
2	金锭	≥95	(6.82977)	(9.6)	65.566
3	氧化锑	≥95	20.86	3	62.58
4	精矿铅	$w(Pb) \geq 55$	13.69	0.28	3.83
	合计	—	—	—	1801.656

2）成本估算

按1996年的价格计算"碱法脱砷—新氯化—水解法"处理1 t高砷阳极泥的成本，结果列于表4-38中。

表4-38 "碱法脱砷—新氯化—水解法"处理高砷阳极泥的单位成本

序号	名称	规格	单耗/(t·t⁻¹)	单价/(元·t⁻¹)	金额/元
一	原材料				
	阳极泥	$w(Ag)12.75\%$, $w(Au)70.41$ g/t	1.0	156434.8	156434.8
	烧碱	工业	0.25	3000	750
	硫酸	工业	1.65	800	1120
	盐酸	工业	0.164	600	98.4
	（硝酸）	化学纯	0.23	8460	1945.8
	氯酸钠	工业	0.0192	18460	354.5
	甲醛	工业	0.2	4000	800
	铁屑	工业	0.05	500	25
	氨水	工业 18%	0.2	800	160
	石灰		0.4	250	100
	其他				400
	小计				162388.5
二	动力				
	煤		2.6	300	780
	电		3600 kW·h/t	0.45 元/kW·h	1620
	水(计入电)				
	小计				2400

续表4-38

序号	名称	规格	单耗 /(t·t⁻¹)	单价 /(元·t⁻¹)	金额 /元
三	工资	按450元/(人·月)计			2970
四	车间经费及企管费				
	固定资产折旧	按80.64万元的10%计算			806.4
	维修	按固定资产的2%计算			161.3
	贷款利息	按增值的17%计算			2614
	增值税	按贷款80万元，年利率15%计算			1200
	其他				500
	小计				5281.7
	工厂成本				173040.2

表4-38说明，按1996年的价格，新工艺处理1t高砷阳极泥的生产成本为173040.2元，税前利润为7125.4元/t，年毛利为71.254万元/a。

1.3　CR法处理高砷物料

CR法的实质是用一种氯化剂和一种还原剂或氧化剂在100℃左右的温度下与含砷物料反应，同时完成氯化、还原或氧化、浸出、蒸砷等过程，从而使绝大部分砷与其他金属分离并富集成较纯的三氯化砷。CR蒸砷法具有很多优点，例如能在100℃左右的温度下将砷较彻底地除去，并富集成较纯的砷溶液，这样既避免了砷在生产过程中的循环和粉尘的产生，大大减轻了对环境的污染，又便于砷的回收和利用。较纯的砷馏出液既可用硫化剂沉淀成稳定且毒性小的三硫化二砷，又可还原成金属砷。笔者认为，三硫化二砷是处理多金属高砷烟尘最理想的砷中间产物，在砷畅销时，可以用成熟的方法将其制成白砷出售；白砷市场不景气时，可暂时保存或长期固化埋存。

1.3.1　基本原理

高砷烟尘中的元素绝大部分以氧化物或含氧酸盐的形态存在，除了SiO_2、SnO_2等惰性氧化物，由于形成氯配合物，盐酸几乎能与所有金属氧化物发生作用，从而使伴生元素与锡石分离，达到富集锡和回收有价元素的目的。另外，烟尘中的砷和锑大部分以高价氧化物或含氧酸盐的形态存在，它们与盐酸反应得很慢，进入溶液后，也不易用蒸馏法除去。因此，必须将其还原成低价态。还原剂的选择是非常重要的，如果选择强还原剂，则会产生剧毒的 AsH_3，对安全极为有害；如果选择中强还原剂，则会生成砷、锑金属，不利于浸出砷、锑。因此，我们选择还原性较弱的 ZnS、铋粉及锑粉作为高价砷、锑化合物的还原剂。在盐酸浓度为 6 mol/L 以上及 100℃ 左右的情况下，进入溶液的 $AsCl_3$ 会迅速挥发。因为是氯化和还原同时进行的过程，故把这个过程简称为 CR 过程。

该过程中的金属氧化物溶解反应：

$$Me_xO_y + xiCl^- + yH_2O \rightleftharpoons xMeCl_i^{2y/x-i} + 2yOH^- \tag{4-18}$$

用硫化锌作还原剂的还原浸出反应：

$$Me_3(SbO_4)_2 + 2ZnS + 16HCl \rightleftharpoons 2SbCl_3 + 3MeCl_2 + 2ZnCl_2 + 2S^0 + 8H_2O \tag{4-19}$$

$$Sb_2O_4 + ZnS + 8HCl \rightleftharpoons 2SbCl_3 + ZnCl_2 + S^0 + 4H_2O \tag{4-20}$$

$$Me_3(AsO_4)_2 + 2ZnS + 16HCl \rightleftharpoons 2AsCl_3 + 3MeCl_2 + 2ZnCl_2 + 2S^0 + 8H_2O \tag{4-21}$$

$$H_3AsO_4 + ZnS + 5HCl \rightleftharpoons AsCl_3 + ZnCl_2 + S^0 + 4H_2O \tag{4-22}$$

用金属锑作还原剂的还原浸出反应：

$$3Me_3(SbO_4)_2 + 4Sb + 48HCl \rightleftharpoons 10SbCl_3 + 9MeCl_2 + 24H_2O \tag{4-23}$$

$$3Sb_2O_4 + 2Sb + 24HCl \rightleftharpoons 8SbCl_3 + 12H_2O \tag{4-24}$$

$$3Me_3(AsO_4)_2 + 4Sb + 48HCl \rightleftharpoons 6AsCl_3 + 9MeCl_2 + 4SbCl_3 + 24H_2O \tag{4-25}$$

$$3H_3AsO_4 + 2Sb + 15HCl \rightleftharpoons 3AsCl_3 + 2SbCl_3 + 12H_2O \tag{4-26}$$

用金属铋作还原剂的还原浸出反应：

$$3Me_3(SbO_4)_2 + 4Bi + 48HCl \rightleftharpoons 6SbCl_3 + 9MeCl_2 + 4BiCl_3 + 24H_2O \tag{4-27}$$

$$3Sb_2O_4 + 2Bi + 24HCl \rightleftharpoons 6SbCl_3 + 2BiCl_3 + 12H_2O \tag{4-28}$$

$$3Me_3(AsO_4)_2 + 4Bi + 48HCl \rightleftharpoons 6AsCl_3 + 9MeCl_2 + 4BiCl_3 + 24H_2O \tag{4-29}$$

$$3H_3AsO_4 + 2Bi + 15HCl \rightleftharpoons 3AsCl_3 + 2BiCl_3 + 12H_2O \tag{4-30}$$

铅也以氯的形式配合离子进入溶液，但浓度很小。因此绝大部分铅以 $PbCl_2$ 的形式留于 CR 过程的残渣中。在热浓 NaCl 溶液浸出过程中，铅被浸入溶液后得以与锡分离。

在 HCl 体系中，As(Ⅲ)易挥发：

$$H_3AsO_3 + 3HCl \rightleftharpoons AsCl_3\uparrow + 3H_2O \tag{4-31}$$

$GeCl_4$ 比 $AsCl_3$ 的沸点更低，也会挥发进入气相。与此同时，部分 ZnS 被盐酸分解析出 H_2S，与馏出的 $AsCl_3$ 在冷凝系统内反应生成 As_2S_3：

$$ZnS + 2HCl \rightleftharpoons ZnCl_2 + H_2S\uparrow \tag{4-32}$$

$$2AsCl_3 + 3H_2S \rightleftharpoons As_2S_3 + 6HCl \tag{4-33}$$

$AsCl_3$ 也可以与 Na_2S 反应生成 As_2S_3，被 $SnCl_2$ 还原成金属砷：

$$2AsCl_3 + 3Na_2S \rightleftharpoons As_2S_3 + 6NaCl \tag{4-34}$$

$$2AsCl_3 + 3SnCl_2 \rightleftharpoons 2As + 3SnCl_4 \tag{4-35}$$

$AsCl_3$ 与氧化剂反应，生成 H_3AsO_4：

$$AsCl_3 + 2H_2O + H_2O_2 =\!=\!= H_3AsO_4 + 3HCl \qquad (4-36)$$

H_3AsO_4 沸点较高、不易挥发，可通过蒸馏浓缩回收馏出液中的 HCl。在浓缩砷液中加入 $CuSO_4$，以氨水作中和剂合成 $Cu_3(AsO_4)_2$：

$$3Cu^{2+} + 2AsO_4^{3-} =\!=\!= Cu_3(AsO_4)_2 \qquad (4-37)$$

当 $CuSO_4$ 的量固定时，pH 是最重要的因素，在最佳 pH 下，沉砷率最高。

1.3.2　CR 法处理高砷锡烟尘

1. 原料与流程

广西大厂砂坪锡中矿烟化所获得的锡烟尘成分如表 4-39 所示，1 号烟尘的物相分析如表 4-40 所示。CR 法处理高砷锡烟尘的原则流程如图 4-2 所示。

表 4-39　砂坪锡中矿烟化所获得锡烟尘各成分的质量分数　　　　单位：%

No.	Sn	Sb	Pb	Zn	Ag	S	Fe	As	Cd	In	CaO	SiO₂
1	23.28	11.81	20.74	4.79	0.055	2.56	1.85	6.42	—	0.047	0.31	2.79
2	19.27	12.82	18.69	5.87	0.041	3.94	2.63	10.74	0.19	0.047	0.29	3.28

表 4-40　1 号高砷锡烟尘中锡、锑、铋、砷的物相分析及各物相中相应金属的质量分数

单位：%

锡物相	SnO 中 Sn	SnO₂ 中 Sn	SnS 中 Sn	—	∑Sn
	1.28	19.65	1.40	—	22.34
锑物相	Sb₂O₃ 中 Sb	Sb₂S₃ 中 Sb	M₃(SbO₄)₂ 中 Sb	—	∑Sb
	2.59	0.52	8.87	—	11.98
铅物相	PbSO₄ 中 Pb	PbO 中 Pb	PbS 中 Pb	不溶渣中 Pb	∑Pb
	5.11	11.77	1.12	2.39	20.39
砷物相	As₂O₃ 中 As	M₃(AsO₄)₂ 中 As	单质砷中 As	As₂S₃ 中 As	∑As
	2.07	3.68	0.12	0.53	6.40

表中数据说明，该烟尘的含砷量高，成分及物相都十分复杂，有价成分多，极具回收价值；锡主要以锡石的形态存在，砷、锑主要以高价态存在，极难处理。

从原则流程可以看出，CR 法具有以下几个突出优点。①能在一般的湿法冶金条件下首先将砷一次脱除，并以纯 $AsCl_3$ 的形态富集，然后沉淀成三硫化二砷或还原为金属砷，从而消除砷对后续过程的危害及对环境的污染，取得化害为利的好效果。②在蒸砷的同时，锑、锌、银、铁等伴生元素也能被较彻底地除去，有

利于锡的冶炼,使炼锡流程大为简化。③可全面且综合地回收锑、锌、银、铟、铅等伴生有价元素,产品方案灵活多变,产品众多;还可实现一矿多用,具有显著的经济效益和社会效益。④主要化学试剂盐酸可循环利用。CR 法还适用于其他高砷物料的处理,对消除砷害具有普遍意义,这种方法彻底解决了脱砷和砷回收以及砷-锑、砷-锡、锡-锑等分离难题,达到了以锡为主且综合回收各有价元素的目的。

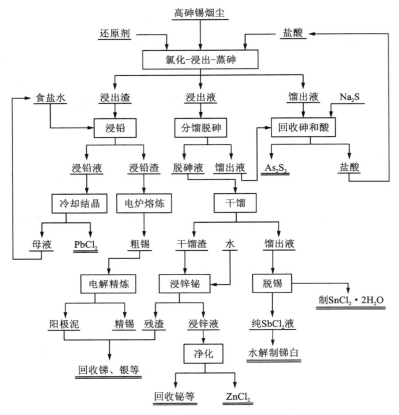

图 4-2 CR 法处理高砷锑多金属锡烟尘的原则流程

2.试验结果及讨论

1)小型试验

以 1 号锡烟尘为试料,硫化锌为还原剂进行小型试验研究,试验规模为烟尘 30 g/次。首先在 HCl-H$_2$O 体系及 HCl-ZnCl$_2$-H$_2$O 体系中进行正交试验,考察浓盐酸用量及酸度、ZnS 用量及加入方式、温度、压力和时间等因素对锑、砷、铅、锌的脱除率,砷和氯化氢的馏出率以及锡入渣率的影响,然后对两体系的试验结果进行综合比较。确定氯化浸出-蒸砷过程宜在 $HCl-H_2O$ 体系中进行,其最佳条件如下:①浓盐酸用量为每克烟尘需要浓盐酸 40 mL,即理论量的 3.81 倍;②酸度第一批为 10 mol/L,第二批为 6 mol/L;③ZnS 用量为烟尘质量的 0.1887 倍;④分两批加入 ZnS 和盐酸,第一批 ZnS 随烟尘加入,第二批 ZnS 和盐酸在反应 2 h 后加入;⑤$V_{HCl第一批}/V_{HCl第二批}=5$;⑥$m(ZnS_{第一批})/m(ZnS_{第二批})=0.5464$;⑦温度 105℃;⑧总反应时间为 4 h,即高价砷、锑还原及蒸砷 2 h,高价锑深度还原 2 h;⑨体系压力为 99324.89 Pa,并抽入少量空气;⑩浸渣用 6 mol/L 盐酸洗 3~5 次后用热浓 NaCl 溶液浸出铅。基于上述优化条件进行综合条件试验,结果如表 4-41 及表 4-42 所示。

表 4-41　综合条件小型试验结果

项目	No.	Sn	Sb	As	Pb	Zn	Fe	Ag	S	Si	HCl
浸液 ρ(成分) /(g·L⁻¹)	F-78L	3.76	32.11	0.33	1.16	53.62	4.85	0.133	5.48	—	
	F-79L	3.03	23.60	0.39	1.16	41.36	5.79	0.081	4.21	—	
浸渣 w(成分) /%	F-76R	49.32	4.04	0.35	0.97	1.59	—	0.0128	—	—	
	F-78R	49.42	2.61	0.54	0.76	0.49	0.0019	1.00	7.65		
渣计浸 出率/%	F-78	14.32	95.66	96.74	98.39	93.85	88.64	78.66	84.99		
	F-101	21.46	88.38	97.76	98.21	98.64	—				
馏出率/%	F-78	0.106	1.68	95.35					74.78	—	54.66

表 4-42　综合条件小型试验所产氯化铅及三硫化二砷的质量

名称	主成分质量分数/%	品位/%	杂质质量分数/%
氯化铅	74.45	99.93	0.07
三硫化二砷	52.69	86.45	13.55(其中 Sb 3.62)

由表 4-41 及表 4-42 可以得出,试验结果良好:①As、Sb、Pb、Zn、Fe 及 S 按浸渣计的平均浸出率,即脱除率(%)分别为 97.25、92.02、98.30、96.25、88.64 及 84.99,Sn 的入渣率及总回收率分别为 85.60% 及 98.59%,Ag 的浸出率为 78.66%;②砷、氯化氢的馏出率分别为 95.35% 及 54.66%,而 Sb 和 Sn 的馏出率很低,分别为 1.68% 及 0.106%;③可溶锡、锑、锌及银富集于浸出液中;④得到了品位为 50% 左右的锡精矿以及多种中间产品;⑤产出氯化铅和三硫化二砷,前者质量高,可直接出售或制取成铅的化工产品,后者的毒性弱,可长期保存或作为生产白砷的原料。对综合试验做了金属平衡,结果如表 4-43 所示。

表 4-43　综合试验产物中各金属的分配比例　　　　　单位：%

物料	浸铅渣（锡精矿）	浸出液	馏出液沉砷后液	碱洗液	浸铅液	三硫化二砷	二氯化铅	共计
Sn	88.31	10.18	<0.05	<0.07	—	—	—	<98.61
Sb	13.68	84.25	0.14	<0.13	0.45	1.59	—	<100.19
As	2.11	5.43	55.82	1.99	—	34.23	—	99.08
Pb	1.87	4.43	—	—	9.85	—	84.74	100.89
Zn	13.28	94.55	—	—	—	—	—	107.85
Ag	9.31	126.67	—	—	3.83	—	—	136.02
Fe	10.56	83.21	—	—	—	—	—	94.37
S	4.42	21.28	0.95	2.22	—	17.94	—	46.81
Cl	—	47.11	49.05	1.06	0.44	—	3.54	101.2

由表 4-43 可以看出，锡、锑、砷、铅、氯的入出平衡情况良好，偏离误差 <3.5%；锌和银的平衡结果偏高，而铁的平衡结果偏低，这些都是溶液分析误差大所造成的。硫的平衡结果<50%，此因 H_2S 逸出所致。不溶锡富集于浸铅渣（锡精矿）中，可溶锡、锑、银集中于浸出液，铅集中于二氯化铅和浸铅母液，砷集中于馏出液和三硫化二砷；另外，氯几乎对半分散于浸出液和馏出液中。根据试验结果推算，若回收 50% 的盐酸，则酸耗每吨烟尘为 1.814 t，硫化锌消耗为 0.189 t（相当于 50% 品位的硫化锌精矿 0.252 t），每处理 1 t 烟尘，可产锡精矿 0.387 t（含锡 0.191 t）、四水二氯化锡 0.0886 t（含锡 0.04 t）、二氯化铅 0.274 t、二氯化锌 0.358 t、三氧化二锑 0.135 t、银 0.543 kg、三硫化二砷 0.102 t。

2）扩大试验

以 2 号锡烟尘为试料，硫化锌精矿为还原剂进行扩大试验，包括氯化—还原—浸出—蒸砷试验和馏出液沉砷试验两部分。

（1）氯化—还原—浸出—蒸砷试验

按小型试验最佳条件及规模优化硫化锌精矿的用量，确定其最佳用量为理论量的 0.7 倍。扩大试验规模为烟尘 200 g/次或 300 g/次，共进行 4 次，1 号、2 号试验还原剂硫化锌精矿用量为理论量的 0.5655 倍，3 号、4 号试验为 0.7 倍。盐酸浓度条件：1 号、2 号试验为 9.9 mol/L，3 号、4 号试验为 10 mol/L，4 号试验温度为 125℃；其他条件均与小型试验相同。结果如表 4-44～表 4-46 所示。

表 4-44 CR 过程扩大试验主产物的成分

产物	No.	Sn	Sb	Pb	Zn	As	Ag	S	Cl
浸出渣 w(元素) /%	1	45.53	2.08	0.93	4.80	0.43	—	12.53	—
	2	41.90	2.05	4.65	4.64	0.36		11.67	—
	3	43.15	2.33	2.19	8.13	0.43		14.69	—
	4	39.93	2.73	7.28	5.76	0.33		5.93	
浸出液 ρ(元素) /(g·L⁻¹)	1	4.74	31.74	4.92	21.26	2.13	0.14	—	301
	2	8.72	59.66	2.77	39.54	0.14	0.26	—	275
	3	5.77	41.37	0.42	23.70	0.54	0.15	—	—
	4	4.36	34.90	0.41	24.43	0.009	0.064		

表 4-45 CR 过程扩大试验杂质元素的脱除率及馏出率 单位: %

No.	脱除率						馏出率			
	Sb	As	Pb	Zn	Ag	Sn*	As	HCl	Sn	Sb
1	94.18	98.57	98.21	82.79	~100	84.80	90.90	22.94	5.67	0.12
2	92.90	98.65	89.92	81.25	~100	87.99	98.38	—	2.66	0.17
3	92.85	98.45	84.88	46.23	~100	86.93	96.80	—	3.36	~0
4	90.95	98.69	91.90	58.28	49.95	98.68	98.68	—	4.86	—

注: * 为入渣率。

表 4-46 CR 过程扩大试验的主金属质量平衡 单位: g

No.	金属	加入			产出					入出误差	
		烟尘	锌精矿	小计	锡精矿	浸出液	馏出液	氯化铅	小计	绝对	相对/%
1	Sn	57.81	0.10	57.91	49.10	5.52	3.28	—	57.90	-0.01	-0.02
	Sb	38.46	0.09	38.55	2.24	37.99	0.05		40.28	1.73	4.49
	As	32.22	0.17	32.39	0.46	2.48	19.81		22.76	-9.63	-29.73
	Zn	17.61	12.48	30.09	5.18	24.78	—		29.96	-0.13	-0.44
2	Sn	57.81	0.10	57.91	50.95	5.42	1.54		57.91	0.00	0.00
	Sb	38.46	0.09	38.55	2.74	37.04	0.07		39.85	1.29	3.35
	As	32.22	0.17	32.39	0.44	0.08	29.30		29.82	-2.57	-7.93
	Zn	17.61	12.48	30.09	5.64	24.55	—		30.19	0.10	0.36

续表4-46

No.	金属	加入			产出					入出误差	
		烟尘	锌精矿	小计	锡精矿	浸出液	馏出液	氯化铅	小计	绝对	相对/%
3	Sn	38.54	0.07	38.61	33.50	3.82	1.30	0.02	38.64	0.03	0.08
	Sb	25.64	0.06	25.70	1.83	27.39	—	0.02	29.24	3.54	13.77
	As	21.48	0.11	21.59	0.33	0.36	18.37	—	19.06	-2.53	-11.71
	Zn	11.74	8.32	20.06	6.31	15.69	—	—	22.00	1.94	9.69
	Pb	37.38	—	37.38	5.65	0.28	—	27.05	32.98	-4.40	-11.76

表4-45及表4-46说明,扩大试验的结果优于小型试验:用硫化锌精矿作还原剂比纯硫化锌的效果好,脱锑率提高到92%以上,锡入渣率大于84%,锡精矿品位大于40%,含锑量2%左右(质量分数)。砷和铅的脱除率分别大于98%及84%,砷馏出率大于96%,而锡馏出率小于6%。锡精矿中含量较高的硫和锌可以用浮选法除去,满足了炼锡要求。表4-46说明,锡平衡很好,入出相对误差小于0.1%,1号及2号试验中,锌平衡良好,入出相对误差小于0.5%,锑平衡较好,入出相对误差小于5%,但砷平衡差,主要原因是冷凝率较低;而3号试验除锡外其他金属平衡都不好,系试验操作损失和分析误差所造成的。

在CR过程中吨烟尘主要原材料消耗(t)如下:工业盐酸0.6(25%返回),锌精矿0.109;吨烟尘CR过程产物进一步加工后的产品种类及产量(t):精锡0.164,氯锡酸铵0.081,三氧化二锑0.146,金属砷0.1,氯化铅0.238,氧化锌0.112,银0.39 kg,铟0.4 kg,镉2.61 kg。

(2)馏出液沉砷试验

进行了模拟液硫化沉砷及馏出液还原沉砷试验。

①硫化沉砷。模拟液成分[ρ(成分)/(g·L^{-1})]:Sb 11.73,As 3.52,Cl 161.67,[HCl] 4.13 mol/L。硫化沉砷条件:Na$_2$S过剩倍数为0.5;温度90℃;时间分别为2 h及3 h,Na$_2$S以溶液的形式慢慢加入。试验结果如表4-47及表4-48所示。

表4-47　硫化沉砷扩大试验结果

时间/h	产物名称	Sb	As	S	Cl	沉砷率/%	锑回收率/%
2	沉砷后液,ρ(元素)/(g·L^{-1})	10.41	1.24	—	117.6	64.17	93.40
	砷渣,w(元素)/%	11.25	47.40	38.53	—	70.56	94.80
3	沉砷后液,ρ(元素)/(g·L^{-1})	10.52	0.23	—	120	93.18	96.87
	砷渣,w(元素)/%	11.23	45.84	40.88	—	92.20	92.98

表 4-48 2# 沉砷试验金属质量平衡 单位：g

元素	加入			产出			入出误差	
	含砷液	硫化钠液	小计	沉砷液	砷渣	小计	绝对	相对/%
Sb	17.00	—	17.00	16.46	1.19	17.65	0.65	3.90
As	5.28	—	5.28	0.36	4.81	5.17	-0.11	-2.08
S	—	5.45	5.45	—	4.34	4.34	-1.11	-20.37

表 4-48 说明，砷、锑平衡良好，其入出相对误差分别为 -2.08% 及 3.90%，但硫平衡不好，有 20.37% 以 H_2S 的形式挥发损失掉，因此，产业化过程中必须特别注意安全问题，加强通风和废气的密封及处理。由表 4-47 可以看出，3 h 的硫化沉砷试验效果很好，实现了锑-砷的进一步分离和砷的高度富集，沉砷率 92.20%，锑回收率 96.87%，砷渣中砷质量分数为 45.84%，这有利于砷、锑的回收，特别是有利于沉砷后液的返回利用和彻底根除砷害。

②还原沉砷。配合氯化—还原—浸出—蒸砷试验进行，用 1.5 倍理论量的二氯化锡盐酸溶液置于砷馏出液接收瓶内作砷的还原沉淀剂，这样三氯化砷馏出后一进入接收瓶即被还原成不挥发的金属砷，从而防止了操作过程中三氯化砷意外逸出造成的砷毒。蒸砷完成后，将悬浮有元素砷的馏出液移入反应器，在 80℃ 下反应 1 h，过滤洗净砷粉后烘干、化验。试验结果如表 4-49 所示。

表 4-49 还原沉砷试验结果

No.	产物名称	化学成分					沉砷率
		As	Sn	Sb	Cl	HCl	/%
1	沉砷液，ρ(成分)/(g·L^{-1})	0.11	186.85	0.084	465.6	30.26	99.79
	金属砷，w(成分)/%	81.44	6.39	0.022	5.02	—	91.07*
2	沉砷液，ρ(成分)/(g·L^{-1})	0.058	93.53	0.066	—	—	99.84
	金属砷，w(成分)/%	89.30	3.18	0.044	2.94	—	91.75*

注：* 按馏出的总砷量计算。

从表 4-49 可以看出，沉砷效果非常好。按溶液计，沉砷率大于 99%；按馏出的总砷计，沉砷率大于 90%，说明还有 9% 左右的馏出砷因没有冷凝下来而被抽走。从金属砷中的杂质含量看，如果加强洗涤，彻底洗除锡的氯化物，并采用特殊的干燥方法防止单质砷的氧化，则可由砷馏出液直接制取 99.5% 以上纯度的金属砷。沉砷液的主要成分是 $SnCl_4$，可用电解法还原成 $SnCl_2$：

$$SnCl_4 + 2H^+ + 2e^- \Longrightarrow SnCl_2 + 2HCl \qquad (4-38)$$

亦可先沉淀氯锡酸铵开路多余的锡：

$$SnCl_4 + 2N_4HCl \Longrightarrow (N_4H)_2SnCl_6 \tag{4-39}$$

然后用锡片将剩余的 $SnCl_4$ 还原成 $SnCl_2$：

$$SnCl_4 + Sn \Longrightarrow 2SnCl_2 \tag{4-40}$$

将 $SnCl_2$ 溶液蒸酸浓缩后即可返回作三氯化砷的还原剂，蒸出的盐酸亦可返回利用。

1.3.3 CR 法处理铜转炉烟灰

1. 试料与流程

试验原料铜转炉烟灰取自大冶冶炼厂，烟灰及其水不溶渣的成分如表 4-50 所示。

表 4-50 铜转炉烟灰及其水不溶渣中各化学成分的质量分数　　单位：%

元素	Pb	S	Bi	Sn	Cu	Zn	As	Cd	Fe	Ag	In	Ge	Ca
烟灰	21.91	15.70	4.26	0.505	1.92	10.35	2.41	0.41	1.77	0.02	0.001	0.0097	0.19
水浸渣	45.91	8.79	7.69	1.44	0.10	0.13	2.31	0.10	1.12	0.02	0.003	0.0203	0.29

由表 4-50 可以看出，试验原料的成分十分复杂，主要包含铅、铋、锌、铜、锡、镉等有价元素，另外含有较高量的砷。这给拟定合理的处理流程带来了很大困难，不仅要综合回收其中的有价元素，而且还要解决环境污染问题。为此，特拟定了处理这种烟灰的原则流程如图 4-3 所示。

该流程具有综合利用率高、主金属回收率高、污染小等优点，尤其是针对砷产品开发和砷污染防治，锡、铅回收等问题解决得很好。但该流程也存在设备防腐要求高、化学试剂消耗较多等缺点。

2. 试验结果及讨论

1）CR 过程

CR 过程即氯化—还原—浸出—蒸砷过程试验，以海绵铋为还原剂，首先分两阶段用正交设计法进行条件试验，规模为烟灰 50 g/次，然后基于优化条件进行综合试验，规模为 500 g/次，基本情况及结果介绍如下。

（1）条件试验

以水不溶渣中的金属含量来计算理论耗酸量，第一阶段固定馏砷温度 116℃，馏锗温度 110℃，馏砷、馏锗时间均以到温即停为准，考察酸度、液固比、还原剂（铋粉）倍数及氯化铵浓度四个因素。第一阶段正交试验结果表明，还原剂倍数对铋浸出率的影响显著，对液固比也有显著影响，其他因素则无影响。

经正交试验，综合分析后得出第一阶段正交试验的综合优化条件如下：酸度为 7 mol/L，液固比为 5∶1，还原剂倍数为 3，氯化铵浓度为 1.6 mol/L。

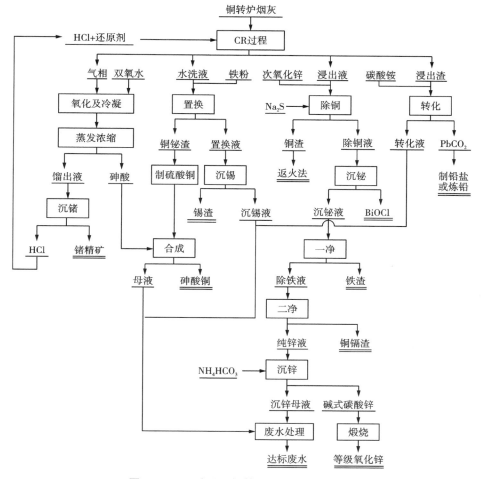

图 4-3　CR 法处理铜转炉烟灰的原则流程

　　第二阶段以第一阶段正交试验的综合优化条件为固定条件，考察馏锗温度及时间、馏砷温度及时间四个因素对 CR 过程的影响。

　　经正交试验，综合分析后得出第二阶段的优化条件如下：馏锗温度 112℃，馏锗时间 2 h，馏砷温度 120℃，馏砷时间 0.5 h。

（2）综合条件试验

　　条件试验证明砷和锗不能分段馏出，因此，在进行综合条件试验时，只考虑终馏温度，其他条件固定如下：①酸度 7 mol/L；②液固比为 5∶1；③还原剂用量为 3 倍理论量；④氯化铵浓度 1.6 mol/L；⑤补加相当于 1/4 馏出液体积的 7 mol/L 盐酸到馏后的料浆中；⑥$AsCl_3$ 的氧化剂为理论量的 1.1 倍，分批加入受液瓶；⑦终馏时间 0.5 h；⑧终馏温度改变，分别为 116℃及 115℃。试验结果列于表 4-51 至表 4-55 中。

表 4-51 CR 过程综合试验产物及其成分的质量分数和质量浓度

单位：g/L

名称	No.	Cu	Pb	Zn	Bi	As	Cd	Ag	Sn	Ge	Fe	Cl⁻	SO₄²⁻
浸出渣 w(成分)/%	33	—	65.72	—	0.0576	0.0027	0.0455	—	0.28	0.004	—	22.93	0.14
	34	0.0024	63.67	0.0052	0.0623	0.0021	0.0419	0.002	0.36	0.0004	—	23.96	0.56
	35	0.0409	66.53	0.171	0.0783	0.092	0.0482	0.0033	0.39	0.0002	—	19.23	0.40
	36	0.0111	66.15	0.0005	0.0617	0.077	0.493	0.0004	0.28	0.0004	—	21.13	0.13
浸出液	33	—	0.17	54.22	46.22	0.19	1.13	—	0.21	0.0001	14.54	280.79	173.12
	34	7.54	0.27	57.51	59.44	0.12	1.57	0.065	0.57	0.0001	18.47	262.0	233.30
	35	7.54	0.22	58.41	—	0.031	1.58	0.086	0.64	0.0001	17.08	300.64	173.12
	36	3.83	0.35	48.06	75.22	0.13	1.37	0.12	0.22	0.0001	14.70	243.21	233.30
馏出液	33	—	—	—	—	7.18	—	—	0.011	0.015	—	252.78	—
	34	—	—	—	7.50	6.14	—	—	0.006	0.012	—	268.02	—
	35	—	—	—	1.17	12.44	—	—	0.015	0.002	—	—	—
	36	—	—	—	0.75	6.26	—	—	0.014	0.015	—	227.96	—
水洗液	33	9.50	—	6.27	—	—	—	—	6.27	—	—	105.65	—
	34	11.85	—	1.12	1.17	—	—	—	9.79	—	—	139.68	—
	35	11.10	—	1.10	0.75	—	—	—	17.15	—	—	170.53	—
	36	18.18	—	18.18	0.38	—	—	—	7.17	—	—	96.43	—

表 4-52　CR 过程综合试验渣计成分浸出率或入渣率　　　单位：%

No.	Cu	Pb*	Zn	Bi	As	Cd	Ag	Sn	Ge
33	—	—	—	99.84	99.97	96.65	—	83.57	98.78
34	99.96	92.03	99.81	99.81	99.97	96.78	96.84	77.57	98.70
35	99.33	95.77	99.95	99.93	98.80	96.29	94.80	75.64	99.35
36	99.82	95.05	99.98	99.82	99.00	96.23	99.43	82.62	98.71
平均	99.70	94.28	99.92	99.85	99.54	96.49	97.02	79.85	98.89

注：*为入渣率。

表 4-53　CR 过程综合试验组分馏出率　　　单位：%

No.	As	Ge	Sn	Cl⁻	HCl
33	98.37	99.59	2.31	58.31	68.91
34	99.04	99.59	0.68	65.84	77.72
35	99.78	97.77	1.48	—	—
36	98.93	99.54	2.02	55.25	60.02
平均	99.03	99.12	1.62	59.80	68.89

表中数据说明，CR 过程的综合条件试验结果非常好，有价元素的脱除率如下：Cu、Zn、Bi、As 大于 99%，Cd、Ag、Ge 大于 96%，Sn 大于 79%。按渣计算，Pb 近 95% 入渣，液计 Pb 的入渣率为 99.41%，浸渣中 $w(Pb)$ 高达 63.67% ~ 66.53%。As、Ge 的馏出率均大于 99%；而 Sn 的馏出率仅为 1.62%，同时 HCl 馏出了 68.89%，这为酸的返回利用创造了条件。从金属平衡可以看出，有 99% 的 Pb 富集于浸出渣中，有 97% 以上的 As、Ge 进入馏出液，而有 76% 的 Sn 富集于水洗液；有 99% 以上的 Ag、Zn、Bi 和 94% 以上的 Cd 集中于浸出液中，但 Cu 分散于水洗液及浸出液中。除了 Cu、Pb、Zn 平衡较好，其他金属平衡都不好，其原因是分析误差和试验误差较大，As 和 Ge 还有冷凝效率不高的原因。溶液平衡良好，由于氯化物浓度较高及生成水，产出的溶液体积稍有膨胀(约 2.75%)。

总之，CR 过程的试验成功，为各有价元素的综合回收、砷品的制取及砷害的防治打下了良好基础。

表 4-54　36 号试验的金属平衡

金属		加入	产出					出入误差
		烟尘	浸出液	馏出液	水洗液	浸出渣	小计	
Pb	m/g	109.55	0.345	—	0.270*	104.127	104.742	−4.89
	w/%	100	0.33	—	0.26	99.41	100	−4.39
Cu	m/g	9.60	3.773	—	5.454	0.0174	9.244	−0.36
	w/%	100	40.81	—	59.00	0.19	100	−3.70
Zn	m/g	51.75	47.34	—	0.120	0.0007	47.461	−4.29
	w/%	100	99.75	—	0.25	0.004	100	−9.29
Bi	m/g	21.30	27.06	—	0.114	0.0967	27.271	5.97
	w/%	100	99.23	—	0.42	0.35	100	28.03
As	m/g	12.05	0.128	10.53	0.0003	0.121	10.780	−1.27
	w/%	100	1.19	97.687	0.003	1.123	100	−10.55
Cd	m/g	2.05	1.35	—	0.0034	0.0773	1.431	−0.619
	w/%	100	94.36	—	0.25	5.40	100	−30.21
Ge	m/g	0.0485	0.0001	0.0252	—	0.0006	0.260	0.023
	w/%	100	0.38	97.19	—	2.43	100	−40.48
Sn	m/g	2.525	0.217	0.0235	2.151	0.439	2.830	0.305
	w/%	100	7.66	0.83	76.01	15.5	100	12.08
Ag	m/g	0.10	0.118	—	0.0003	0.0006	0.119	0.019
	w/%	100	99.28	—	0.25	0.47	100	19.06

注：* 为　　　。

表 4-55　CR 过程综合试验的溶液体积平衡　　　　单位：mL

项目	No.	33	34	35	36	共计
加入	浓盐酸	1790	1790	1790	1790	7160
	盐酸(2 mol/L)氯化铵液	100	100	100	100	400
	水	710	710	710	710	2840
	盐酸(7 mol/L)	300	300	300	300	1200
	双氧水	18	18	18	18	72
	小计	2918	2918	2918	2918	11672

续表4-55

项目	No.	33	34	35	36	共计
产出	浸出液	1110	930	860	985	3885
	水洗液	95	125	118	300	638
	馏出液	1780	1860	1870	1700	7210
	浸渣吸水	65	65	65	65	260
	小计	3050	2980	2913	3050	11993
出入误差	绝对	132	62	−5	132	321
	相对/%	4.52	2.12	−0.17	4.52	2.75

（3）酸返回利用试验

将脱砷后的馏出液（二次馏出液）返回 CR 过程，其含酸量占总用酸量的 51.44%；试验条件取 CR 过程的优化条件（终馏温度115℃），规模为烟灰500 g/次，结果如表4-56所示。

表4-56　CR 过程酸返回利用试验结果　　　　单位：%

No.	项目	Cu	Zn	Bi	Ag	Sn	Cd	渣率/%
37	浸渣，w（成分）	0.0134	0.0017	0.00012	0.0031	0.0013	0.0001	31.933
	渣计浸率	99.78	99.99	99.999	95.95	99.92	99.99	—
38	浸渣，w（成分）	0.0089	0.0016	0.00014	0.0027	0.0011	0.0001	31.093
	渣计浸率	99.86	99.995	100	95.80	99.93	99.99	—

由表4-56可以看出，酸返回利用对 CR 过程无任何影响。值得指出的是，这次试验中锡的浸出率提高到了99.92%以上。

2）浸出液处理

浸出液处理包括除铜、水解沉铋及锌品制取等试验研究。

（1）除铜试验

先进行除铜探索试验，考察了 Na_2S、ZnS 及 $Na_2S_2O_3$ 三种硫化剂，结果以 Na_2S 的效果最佳。因此，选定 Na_2S 作硫化剂，在95℃，2 h 及 100 g/L Na_2S 溶液的条件下，进行了 Na_2S 用量试验，结果如表4-57所示。

表4-57　Na_2S 用量对沉铜率的影响

Na_2S 用量为理论量的倍数	1.5	1.558	2.7	3.0	6.0
沉铜率/%	21.97	28.51	53.5	93.9	94.24

由表 4-57 可见, 沉铜率随着 Na$_2$S 用量的增加而提高, 到 3 倍理论量时, 沉铜率达到 93.9%。考虑到浸出液的酸度太高对沉铜不利, 在沉铜前用次氧化锌 [w(成分)/%: Zn 63.28, Bi 5.32, Cu 0.02, Cd 0.08] 对浸出液进行了预中和, 然后再用浓 Na$_2$S 沉铜, 结果如表 4-58 所示。

表 4-58　次氧化锌预中和对 Na$_2$S 沉铜率的影响　　　　　单位: %

项目	1	2	3	4	5	6	7
$\rho(ZnO)/(g \cdot mL^{-1})$	0.155	0.155	0.100	0.207	0.155	0.155	0.155
Na$_2$S 用量为理论量的倍数	3	3	3	4	4	4	4
净化液 $\rho(Cu)/(g \cdot L^{-1})$	痕	0.114	0.90	0.16	0.144	0.0153	0.0661
液计除铜率/%	约 100	94.40	54.92	91.26	93.98	99.35	97.30
铋回收率	83.06	—	—	—	99.67	99.73	99.57
锌回收率	—	—	—	—	99.83	99.76	99.58
备注	Na$_2$S 质量浓度均为 100 g/L					先中和好再加 Na$_2$S	

次氧化锌用量 0.258 g/mL(即中和后残酸为 1.49 mol/L), 时间 2 h, Na$_2$S 用量为理论量的 3.05 倍, 试验结果如表 4-59 所示。

表 4-59　第 37 及 38 号浸液除铜试验结果

名称	No.	Cu	Bi	Zn	[HCl]/(mol · L^{-1})
CR 浸液, ρ(元素)	37	8.06	64.03	68.83	—
/(g · L^{-1})	38	9.08	56.58	62.19	—
除铜液, ρ(元素)	37	0.0005	37.23	135.33	1.49
/(g · L^{-1})	38	0.00045	29.78	132.3	1.62
铜渣, w(元素)	37	10.64	18.15	4.01	—
/%	38	9.90	25.79	6.73	—
除铜率及	37	99.99	77.96	98.65	
金属直收率/%	38	99.99	58.63	97.48	

从表 4-58 和表 4-59 可以看出, 次氧化锌预中和, 大幅度地提高了 Na$_2$S 的除铜效果, 当次氧化锌用量为 0.155 g/mL, Na$_2$S 用量为 4 倍理论量时, 在先中

和、后沉铜的情况下，获得了良好的除铜效果，除铜率为 97.30% ~ 99.35%，而 Bi 和 Zn 的回收率都大于 99%。铜渣中各成分的质量分数为 Cu 14.64% ~ 16.23%、Bi 0.94% ~ 1.46%、Zn 2.09% ~ 3.34%，可返回火法处理。但第 37 及 38 号浸液由于含铜量高，预中和的酸度大（5 mol/L，次氧化锌用量为 0.258 g/mL），铋的直收率较低。今后若浸液铜质量浓度超过 3 g/L，应以提高铋的直收率为准。

（2）水解沉铋试验

先以第 24 及 26 号除铜液[ρ(Bi) 为 48.39 g/L]为试液，在 40℃下，用 1:1 的氨水调 pH 至 3.0 及 3.5，稳定 30 min，pH=3.5 时水解液含 Bi 量较少。氯氧铋渣中 w(Bi) 为 69.84% 及 68.69%，渣计沉铋率为 79.91% 及 91.11%。除铜液含锌量高，氨水中和沉铋时，易出现复盐沉淀。因此，对第 37 号及 38 号除铜液先用水冲稀 1 倍，然后用 1:1 的氨水调 pH=2.5，在 60℃下稳定 30 min，澄清后过滤，获得了良好的沉铋效果，如表 4-60 所示。

表 4-60　中和水解沉铋试验结果

No.	沉铋液，ρ(元素)/(g·L^{-1})							BiOCl，w(Bi)/%		沉铋率/%		锌回收率/%
	V/mL	Bi	Zn	Cu	Fe	Cd	Mn	m/g	Bi	液计	渣计	液计
37	780	0.014	60.56	0.0004	3.93	0.62	0.008	19.6	68.74	99.92	97.81	94.34
38	860	0.029	62.89	0.0003	3.93	0.63	0.007	16.15	72.3l	99.80	93.37	97.34

从表 4-60 可以看出，液计沉铋率均大于 99.8%，锌回收率大于 94%。从烟灰到氯氧铋的总回收率为 99.36%。

（3）锌品制取试验

套用现有工艺技术条件进行由沉铋后液制取氧化锌的试验，结果如表 4-61 及表 4-62 所示。

表 4-61　锌品制取试验结果

No.	锌回收率/%					氧化锌品位/%
	除铁	除镉	沉锌	煅烧	总回收率	
26A	99.71	—	93.69	99.50	—	99.26
26B	99.71	—	92.94	99.50	—	99.34
37	99.85	95.40	95.91	99.50	90.90	99.55
38	99.87	92.34	—	99.50	—	99.53

表 4-62 沉铋水解液净化除杂产物成分及镉回收率   单位：%

No.	名称	Fe	Zn	Cd	Bi	镉回收率
37	铁渣	47.56	0.928	—	—	
	镉渣	—	66.68	14.05	1.27	103.46
38	铁渣	49.3	0.86	—	—	
	镉渣	—	81.10	9.67	1.07	102.02

表中数据说明，试验效果良好，由水解液到等级氧化锌，锌的总直收率大于90%，氧化锌质量达到直接法一级或二级要求。镉渣的含镉量较高，$w(Cd)$ 达 9.67%~14.05%，这为镉的回收利用创造了条件。

3）水洗液处理

水洗液处理含分离铜锡试验和沉锡试验研究。

（1）分离铜锡试验

先进行了硫化沉铜试验，发现锡也一起沉淀。后改用置换法分离铜锡，取得了良好效果。铁粉置换试验结果如表 4-63 所示。

表 4-63 铁粉用量对铜置换率的影响

No.	铁粉用量为理论量的倍数	除铜液，ρ(元素)/(g·L^{-1})			置换率/%	锡回收率/%
		V/mL	Cu	Sn		
8	1.5	135	0.012	3.12	99.89	~100
9	1.75	130	0.016	3.09	99.86	~100
10	1.25	125	0.65	3.15	94.61	~100

从表 4-63 可以看出，铁粉用量为理论量的 1.5 倍时，即获得满意结果。因此，在铁粉用量为理论量的 1.5 倍，常温及 2 h 的条件下进行了扩大试验，结果如表 4-64 所示。

表 4-64 置换法分离铜锡综合试验结果

No.	项目	Cu	Sn	Bi
11	置换后液，ρ(成分)/(g·L^{-1})	0.0032	3.78	痕迹
12		0.022	3.39	痕迹

续表4-64

No.	项目		Cu	Sn	Bi
11	铜铋渣，w(成分)/%		52.55	0.06	18.43
12			54.13	0.059	20.33
11	回收率/%	液计	99.98	约100	约100
		渣计	93.28	99.59	97.43
		平均	99.91	约100	约100
12		液计	99.83	99.20	约100
		渣计	85.67	99.64	95.82
		平均	89.47	99.62	96.63

注：11号的铁粉用量为1.75倍理论量，12号的铁粉用量为1.50倍理论量。

从表4-64可以看出，扩大试验结果非常好：液计铜、铋的置换率都大于99.9%，锡回收率大于99.5%。

（2）沉锡试验

将11号与12号沉铜后液合并[ρ(Sn)为3.44 g/L]为试液，在常温下用氨水中和至pH为4.5~5时沉锡，试验结果如表4-65所示。

表4-65　沉锡试验结果

名称	No.	Sn	锡回收率/%
沉锡后液，ρ(Sn)/(g·L^{-1})	3	<0.001	>99.96
	4	0.0019	99.93
锡渣，w(Sn)/%	3	70.95	~100
	4	67.29	~100

由表4-65可以看出，沉锡效果十分理想，沉锡率大于99.9%。锡渣中w(Sn)高达69.12%~70.95%，这为锡的进一步回收利用创造了良好条件。从烟灰到锡渣，锡的直收率为75.68%。

4）馏出液处理及砷酸铜制取

馏出液处理及砷酸铜制取包括酸回收与砷液浓缩、砷酸铜合成等试验研究。

（1）酸回收与砷液浓缩

混合CR馏出液成分：ρ(As)为5.77 g/L；[Cl$^-$]为6.345 mol/L；[HCl]为

5.96 mol/L,以此为料液进行砷液浓缩及回收酸试验,直到砷含量比浓缩前液高20倍[即$\rho(As)$为115.4 g/L],砷液冷却后无结晶析出,若再浓缩,则有结晶析出;因此,以CR馏出液蒸馏95%为佳。此时,第二次馏出液[HCl]为5.88 mol/L,盐酸回收93.72%,按CR过程投入的总盐酸消耗计算,盐酸的返回利用率为49.73%。

(2)砷酸铜合成

考察了pH对沉砷率的影响及进行合成砷酸铜的试验,结果较好。

①pH对沉砷率影响。以CR馏出液的浓缩液[$\rho(As)$为115.4 g/L]为试液,浓氨水为中和剂,CuSO₄溶液[$\rho(Cu)$为45 g/L]过量0.05%,试验规模10 mL/次,在常温及磁力搅拌0.5 h的条件下,试验了pH对沉砷率的影响,结果如表4-66所示。

表4-66 pH对沉砷率的影响

pH	砷酸铜			沉砷后液		
	m/g	$w(As)/\%$	沉砷率/%	V/mL	$\rho(As)/(g \cdot L^{-1})$	沉砷率/%
3.5	3.26	25.74	72.71	—	—	—
4	3.78	25.16	82.41	—	—	—
4.5	4.30	25.41	94.68	187	0.14	97.73
5	4.24	25.98	95.46	172	0.078	98.84
6	4.36	26.16	98.84	168	0.056	99.18
7	3.94	26.69	91.14	220	0.33	93.71

从表4-66可见,pH对沉砷率影响显著,以pH=6为最好,沉砷率约99%。

②沉砷综合条件试验。取CR馏出液的浓缩液50 mL,CuSO₄液[$\rho(Cu)$为38 g/L]为理论量的105%,在常温、pH=6.0及磁力搅拌0.5 h的条件下进行沉砷综合条件试验,结果如表4-67所示。

表4-67 砷酸铜合成综合试验结果

名称	As	Cu	沉砷率	铜回收率
砷酸铜,$w(元素)/\%$	26.585	34.28	99.32	95.89
沉砷后液,$\rho(元素)/(g \cdot L^{-1})$	0.0061	0.7015	99.95	95.40

表中数据说明,试验结果十分好,沉砷率为99.32%,铜回收率大于95%,砷酸铜产品符合要求。

3.技术经济指标

1）金属回收率

由铅、铋、铜、锌、砷、镉及锡的阶段回收率可计算出这些金属的总回收率，结果说明，金属的总回收率都很高，总回收率大于98%的有铅、铋、铜、砷，其余金属的总回收率为镉大于90%、锌大于86%、锡大于75%。

2）主要产品及中间产物

产品及中间产物的产量及质量如表4-68所示，按1995年的价格计算，产值估算如表4-69所示。

表4-68　主产品及中间产物的产量与质量

名称	产量/(t·t⁻¹)	质量分数/%						
		Pb	Bi	ZnO	Cu	Cd	As	Sn
铅渣	0.334	65.10	—	—	—	—	—	—
氯氧铋	0.06	—	70.53	—	—	—	—	—
氧化锌	0.484	—	—	99.50	—	—	—	—
铜渣	0.049	—	—	—	15.44	—	—	—
铜铋渣	0.0212	—	19.38	—	53.44	—	—	—
镉渣	0.032	—	—	—	—	11.86	—	—
砷酸铜	0.0895	—	—	—	34.28	—	26.58	—
锡渣	0.0055	—	—	—	—	—	—	69.15

注：产量为每吨烟灰产出的物料量。

表4-69　产值估算

名称	铅渣中铅	氯氧铋中铋	等级氧化锌	铜渣及铜铋渣中铜	砷酸铜	锡渣中锡	共计
产量/(t·t⁻¹)	0.218	0.0464	0.484	0.0189	0.0895	0.0038	—
产值/元	871	2785	3630	340	1164	114	8905

注：质量为每吨烟灰产出的物料中相关成分的质量。

从表4-68可以看出，氧化锌质量符合直接法一级要求，砷酸铜质量符合工业级要求，中间产物品位高，对下一步的处理非常有利。表4-69说明，总产值为8905元/t（处理1吨烟灰所获产值）。铅、铋若加工成电铅和精铋，则总产值可达到10168元/t。回收金属在总产值中的贡献排名顺序为锌、铋、砷、铅、铜、锡。

3）主要原材料消耗及成本估算

处理1 t铜转炉烟灰的主要原材料消耗如表4-70所示。

表 4-70 处理铜转炉烟灰的主要原材料消耗

名称	盐酸	碳酸铵	氨水	氯化铵	硫化钠	次氧化锌	锌粉	其他	共计
规格	工业	工业	18%	工业	工业	97.60%	工业	—	—
单耗/(t·t^{-1})	2.379	1.335	0.377	0.103	0.089	0.500	0.024	—	—
价格/(元·t^{-1})	800	500	400	600	1500	3000	10000	—	—
消耗/(元/t)	1903	667	151	62	134	1500	240	35	4692
备注	返回 49.73%				9 个结晶水				

注：表中数据为处理 1 t 烟灰的原材料消耗。

从表 4-70 可以看出，处理 1 t 烟灰总的原材料消耗为 4692 元。若燃料动力费为 1500 元/t，设备折旧费为 200 元/t，工资、福利及管理费为 1000 元/t，以上各项加合为总成本 7392 元/t。产值 8903 元/t，因此，尚有 1511 元/t 的毛利。

第 2 章 涉重固废的处理

涉重固废是指含有重金属的固体废弃物，包括重金属冶金产出的废渣、中间产物以及化工等其他行业产出的含有重金属的固体废弃物，如黄铁矿烧渣、磷石膏等。涉重铁渣与含铅废料的无害化和资源化处置已在第二篇第 1 章中详细述及，本章将系统介绍作者学术团队在铁矾渣及锌浸出渣等重金属冶金废渣的无害化和资源化处置方面的研究成果。

2.1 铁矾渣的处理

2.1.1 概 述

对于年产 100 kt 的电锌厂，若锌精矿含铁量以 8% 计，则每年产出的铁矾渣约为 53 kt。铁矾渣稳定性差、堆存性不好，所含的 Zn、Cu、Cd、Pb、As、Sb 等重金属在自然堆存条件下会不断溶出，从而污染地下水和土壤。如何经济环保地处置数量巨大的湿法炼锌铁矾渣，包括铁矾渣的无害化处置和回收有价金属两个方面，成为当今有色冶金工业面临的重大难题。铁矾渣无害化的现有工艺由于运营成本高，都未得到推广应用。目前，铁矾渣中有价金属的回收着眼于稀散金属铟的回收，即采用"高温还原挥发—硫酸浸出—D_2EHPA 萃铟—锌板置换"工艺产出海绵铟。该工艺存在的主要问题是铟总回收率低，能耗大，生产成本高，挥发工序产生的低浓度 SO_2 烟气严重污染环境。基于上述原因，有必要开发一种环境友好、流程简单、成本低廉、有价金属回收率高的含铟铁矾渣湿法处理工艺，不但可高效回收铁矾渣中的铟、锌等有价金属，还可实现锌精矿铁资源的有效利用，避免铁渣堆存所带来的负面影响。据相关文献报道，NaOH 和 Ca(OH)$_2$ 均可在常温常压下有效分解银铁矾和铅铁矾。由此，作者学术团队提出"NaOH 分解—盐酸浸出—还原—TBP 萃取"的含铟铁矾渣湿法处理流程，即首先在 NaOH 体系中分解铁矾渣，分别产出 Na$_2$SO$_4$ 浸液和含 In、Zn 的铁渣，前者经净化除杂和浓缩结晶回收芒硝，后者则纳入盐酸体系湿法炼锌提铟流程，稀盐酸选择性浸出和 TBP 萃取铟、锌后，所得浸出渣经磁选富集后作为炼铁原料。

2.1.2 试验原料与流程

试验所用的原料为华锡集团来宾冶炼厂产出的铁矾渣，其化学成分如表4-71所示。铁矾渣的 XRD 分析结果如图4-4所示。

表 4-71　铁矾渣成分的质量分数　　　　　　　　　　　　　　单位：%

Zn	Fe	In	Cu	SiO₂	Cd
9.05	26.63	0.15	0.32	4.33	0.18

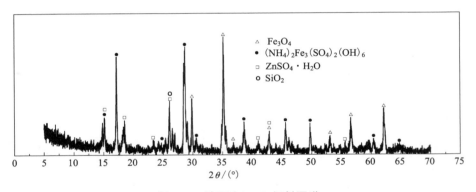

图 4-4　铁矾渣 XRD 衍射图谱

由表4-71可知，铁矾渣的主要化学组成[w(成分)/%]：Fe 26.63、S 11、Zn 9.05 和 SiO₂ 4.33。依据 XRD 衍射图谱，原料中的 Fe 大部分以铵矾[$(NH_4)Fe_3(SO_4)_2(OH)_6$]的形态存在，还有一部分为 Fe_3O_4 相；而铁矾渣中的锌主要为水溶性硫酸盐[$ZnSO_4 \cdot H_2O$]。铁矾渣所含的杂质金属来源有二：一为沉矾中和剂锌焙砂带入；二为低酸浸出液中的杂质金属离子在沉矾过程中与 Fe^{3+} 共沉淀，从而进入矾渣。Ag^+、Pb^{2+} 与 Na^+、K^+、NH_4^+ 一样，各自以相应的铁矾形式沉淀；In^{3+}、Cu^{2+}、Cd^{2+}、Zn^{2+} 则分别取代铁矾晶格中的 Fe^{3+} 进入铁渣；而 Sb^{5+}、Sn^{4+}、As^{5+} 除少部分以 SbO_4^{3-}、SnO_3^{2-} 和 AsO_4^{3-} 的形态取代铁矾晶格中的 SO_4^{2-} 处，大部分以独立的 $FeSbO_4$、$FeSnO_3$、$FeAsO_4$ 物相存于铁矾渣中。铁矾渣湿法提铟的实验流程如图4-5所示。

该流程首先对铁矾渣进行 NaOH 分解，使 $(NH_4)Fe_3(SO_4)_2(OH)_6$ 转化为 $Fe(OH)_3$ 或 Fe_3O_4，In、Zn、Cu、Cd、Pb 等有价金属以氢氧化物 $Me(OH)_n$ 沉淀的形式入渣。分解液硫化脱砷后蒸发浓缩和冷却结晶回收芒硝，结晶母液则返回碱分解工序；分解渣再用稀 HCl 选择性浸出 In、Zn、Cu、Cd、Pb，浸出液经还原后

用 TBP 萃取 In、Zn，浸出渣则经磁选产出铁砂作为炼铁原料。该流程可避免现行
工艺所存在的能耗大、有价金属回收率低、低浓度 SO₂ 烟气污染等缺点。更重要
的是，可将铁矾渣中的铁资源应用于钢铁工业，避免铁渣排放对环境的污染。

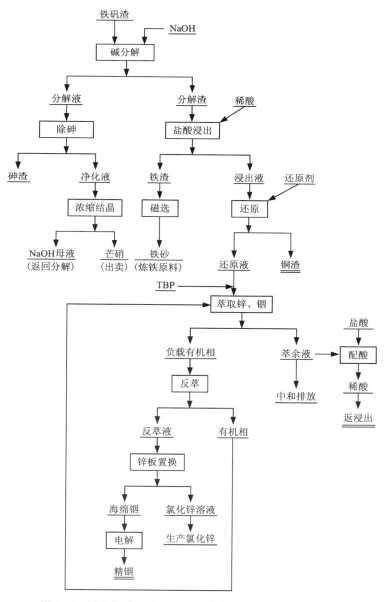

图 4-5　碱分解铁矾渣提铟及铁资源利用的原则工艺流程

2.1.3 基本原理

本节将对铁矾渣碱分解与浸出液还原后用 TBP 萃取锌、铟等过程的基本理论进行分析。

1. 铁矾渣碱分解过程机理

$50℃$ 和 $200℃$ 下 Fe_2O_3-SO_3-H_2O 三元体系相平衡如图 4-6 所示。按照平衡固相分类，图 4-6(a) 大致可划分为以下三大区域：①平衡固相是氧化铁的水合物，即三角形 1；②平衡固相是碱式盐(三角形 3、5、7)或碱式盐和氧化铁水合物的混合物(三角形 2、4、6)，在此区域内，除三角形 7 外，随着体系中 SO_3 含量的增加，平衡液相的铁含量均随之不断增大，一直达到液相线顶点为止；③平衡固相是正盐(三角形 9)、酸式盐(三角形 11、13)或两者的混合物(三角形 10、12)，本区域内的平衡液相具有很高的 SO_3 量，且随着体系中 SO_3 的增加，平衡液相中铁含量急剧下降。图 4-6(b) 与图 4-6(a) 相比，有以下两点差异：一是由于温度较高，$200℃$ 平衡固相为结晶水很少的 $Fe_2O_3 \cdot 2SO_3 \cdot H_2O$ 以及不含结晶水的硫酸高铁($Fe_2O_3 \cdot 3SO_3$、$Fe_2O_3 \cdot 4SO_3$)和无水氧化铁 Fe_2O_3；二是温度为 $200℃$ 时未饱和液相区的面积大为缩小，平衡液相的含铁量很低。

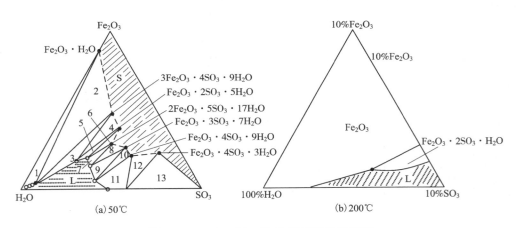

图 4-6　Fe_2O_3-SO_3-H_2O 三元体系相平衡

湿法炼锌中，黄钾铁矾法除铁的操作条件主要位于图 4-6(a) 的三角形 3 区，其平衡固相草黄铁矾[$(H_3O)_2O \cdot 3Fe_2O_3 \cdot 4SO_3 \cdot 6H_2O$]不论在成分上还是物理化学性质上都和黄钾铁矾($K_2O \cdot 3Fe_2O_3 \cdot 4SO_3 \cdot 6H_2O$)非常相近。在此区域内，随着溶液酸度的降低，草黄铁矾趋于不稳定，并将转化为含水氧化铁。由图 4-6 可知，铁矾渣的湿法处理工艺不外有两种：一种是高温水解法，另一种则为采用

NaOH 或 Ca(OH)$_2$ 的碱分解法。

NaOH 分解黄钠铁矾渣的反应如式(4-41)、式(4-42)所示：

$$2NaFe_3(SO_4)_2(OH)_6+6NaOH \Longrightarrow 4Na_2SO_4+6Fe(OH)_3 \downarrow \quad (4-41)$$

$$2NaFe_3(SO_4)_2(OH)_6+3Fe^{2+}+6NaOH \Longrightarrow 4Na_2SO_4+3Fe_3O_4 \downarrow +6H_2O+6H^+$$
$$(4-42)$$

NaOH 分解铁矾渣过程中，随着黄钠铁矾晶格的瓦解，铁矾晶格中的 Zn^{2+}、In^{3+}、Cu^{2+}、Cd^{2+}、Pb^{2+}、Ag^+ 和包裹态的 As^{3+}、Sb^{3+}、Sn^{4+} 等杂质离子纷纷析出，并按式(4-43)与 OH^- 反应生成相应的氢氧化物沉淀，留于分解渣中：

$$Me^{n+}+nOH^- \Longrightarrow Me(OH)_n \downarrow \quad (4-43)$$

式中：Me^{n+} 分别代表 Zn^{2+}、In^{3+}、Cu^{2+}、Cd^{2+}、Pb^{2+}、As^{3+}、Sb^{3+}、Sn^{4+}、Ag^+。

当碱浓度达到一定值后，两性氢氧化物如 $Zn(OH)_2$、$Cu(OH)_2$、$In(OH)_3$、$Pb(OH)_2$、$As(OH)_3$、$Sb(OH)_3$ 和 $Sn(OH)_4$ 等分别按照式(4-44)、式(4-45)重新溶解：

$$Me(OH)_n+iOH^- \Longrightarrow Me(OH)_{n+i}^{i-} \quad (4-44)$$

式中：Me^{n+} 分别代表 Zn^{2+}、In^{3+}、Cu^{2+}、Pb^{2+}、Sn^{4+}。

$$Mc(OH)_n+OH^- \Longrightarrow McO_{n-1}^{(n-2)-}+2H_2O+(n-3)H^+ \quad (4-45)$$

式中：Mc^{n+} 分别代表 As^{3+}、Sb^{3+}。

铁矾渣中的砷酸铁和锡酸铁在碱浓度较高时，也会被碱分解进入溶液：

$$FeAsO_4+3OH^- \Longrightarrow Fe(OH)_3 \downarrow +AsO_4^{3-} \quad (4-46)$$

$$FeSnO_3+2OH^- \Longrightarrow Fe(OH)_2 \downarrow +SnO_3^{2-} \quad (4-47)$$

2. TBP 萃取原理

磷酸三丁酯(TBP)是一种中性磷脂萃取剂，其分子式为 $(C_4H_9)_3PO_4$，它通过磷酰氧官能团上的孤对电子与金属离子配位或与待萃化合物形成氢键缔合，从而形成萃合物。TBP 从氯盐体系萃取 Zn^{2+}、In^{3+}、Fe^{3+} 时，溶液中的 H_2O 和 HCl 也能被同时萃取。H_2O 在有机相中存在的形态包括自由水、自身缔合水和 TBP 结合水三种，其中 TBP 可与 H_2O 形成 $H_2O \cdot$ TBP 和 $H_2O \cdot 2$TBP 两种萃合物。依据中性溶剂化萃取机理，TBP 从氯盐体系中萃取 Zn^{2+}、In^{3+}、Fe^{3+} 的反应可用式(4-48)表示：

$$MeCl_{i_0}^{n-i_0}+(a+2)TBP_{(O)}+(d+i_1-n)H^++(i_1+d-i_0)Cl^-+(b+c)H_2O$$
$$\Longrightarrow H_{i_1-n}MeCl_{i_1} \cdot aTBP \cdot bH_2O_{(O)}+TBP \cdot cH_2O_{(O)}+TBP \cdot dHCl_{(O)} \quad (4-48)$$

式中：Me^{n+} 为 Zn^{2+}，In^{3+}，Fe^{3+}。

根据溶液中[H^+]和[Cl^-]的不同，TBP 萃取 Zn^{2+}、In^{3+} 和 Fe^{3+} 的萃合物可分为 $MeCl_n \cdot m$TBP、$MeCl_n \cdot m$TBP $\cdot k$H$_2$O、$H_{i_1-n}MeCl_i \cdot j$ TBP $\cdot k$H$_2$O 和 $H_{i_1-n}MeCl_i \cdot j$ TBP 四种。式(4-48)的热力学平衡常数：

$$K_{ex}^{\ominus}=\frac{\alpha_{H_{i_1-n}MeCl_{i_1} \cdot a{\rm TBP} \cdot b{\rm H_2O}_{(O)}} \cdot \alpha_{{\rm TBP} \cdot c{\rm H_2O}_{(O)}} \cdot \alpha_{{\rm TBP} \cdot d{\rm HCl}_{(O)}}}{\alpha_{MeCl_{i_0}^{n-i_0}} \cdot \alpha_{{\rm TBP}_{(O)}}^{a+2} \cdot \alpha_{H^+}^{d+i_1-n} \cdot \alpha_{Cl^-}^{i_1+d-i_0}} \quad (4-49)$$

金属 Me 的分配比 D 可定义为下式：

$$D = \frac{c_{Me_{(O)}}}{c_{Me}} = \frac{c_{H_{i_1-n}MeCl_{i_1} \cdot aTBP \cdot bH_2O_{(O)}}}{c_{MeCl_{i_0}^{n-i_0}}} \quad (4-50)$$

假设活度系数比值项不随溶液中离子浓度改变，则式(4-50)可变为下式：

$$D = K_{ex}^{\ominus} \cdot K_{\gamma} \cdot \frac{c_{TBP_{(O)}}^{a+2} \cdot c_{H^+}^{d+i_1-n} \cdot c_{Cl^-}^{i_1+d-i_0}}{c_{TBP \cdot cH_2O_{(O)}} \cdot c_{TBP \cdot dHCl_{(O)}}} \quad (4-51)$$

式(4-51)中，温度一定时，$K_{ex}^{\ominus}$、K_{γ} 均为常数，由此可知：①增加萃取剂 TBP 浓度 $c_{TBP_{(O)}}$ 可大幅提高分配比 D；②溶液酸度 c_{H^+} 的提高，分配比 D 随之增大，但酸度过大时，HCl 也被 TBP 大量萃取，$c_{TBP \cdot dHCl_{(O)}}$ 不断增大，分配比 D 反而减小；③向溶液中加入氯盐，可使分配比 D 增大。除 c_{Cl^-} 增大的缘故之外，分配比 D 的增加还归功于阳离子的水合作用，使得自由态 H_2O 分子量减小，待萃取金属离子 Me^{n+} 浓度随之增大，而 $c_{TBP \cdot cH_2O_{(O)}}$ 也相应减小，这就是所谓的盐析效应。在一定的盐析剂浓度下，阳离子盐析效应的强弱顺序为 Al^{3+}、Mg^{2+}、Ca^{2+}、Li^+、Na^+、Al^{3+}、Mg^{2+}、Ca^{2+}、Li^+、Na^+、K^+，阳离子盐析效应的强弱与其离子半径和电荷密度有关。但 c_{Cl^-} 过大后，溶液中 Me^{n+} 主要以 $MeCl_{i_0}^{n-i_0}$ 的形态存在，在没有足够 H^+ 存在的条件下，$MeCl_{i_0}^{n-i_0}$ 基本不被 TBP 萃取，造成分配比 D 下降。实验也表明，在 c_{Cl^-} 相同的情况下，HCl 溶液中 TBP 萃取 Zn^{2+}、In^{3+} 和 Fe^{3+} 的分配比 D 要比 NaCl 溶液中的分配比大。

2.1.4 结果及讨论

1. 铁矾渣碱分解

首先进行铁矾渣碱分解单因素条件试验，考察 NaOH 用量、液固比、温度和时间对铁矾渣分解率的影响，铁矾渣的分解率用 S 的溶出率表征，其表达式见式(4-52)：

$$铁矾渣分解率(\%) = \frac{分解液中 S 质量}{铁矾渣中 S 质量} \times 100\% \quad (4-52)$$

依据单因素条件试验结果，确定 NaOH 分解铁矾渣的最佳工艺条件如下：①NaOH 与铁矾渣质量比为 0.3814：1；②分解温度 60℃；③液固比 2：1；④反应时间 2 h。在此最优条件下，进行 6 次铁矾渣碱分解的综合扩大试验，每次铁矾渣投料量为 1000 g。所得分解液总体积为 31.86 L，其化学组成如表 4-72 所示；分解渣总重 4167.75 g，平均渣率为 69.46%，其化学组成列于表 4-73 中。铁矾渣分解过程中，主要金属元素的平衡如表 4-74 所示。

表 4-72　分解液化学成分的质量浓度　　　　　　　　　　单位：mg/L

S	Zn	In	Cu	Cd	Pb	As	Sn	Sb	Ag
20309	380	微量	0.04	微量	0.15	1113	74	5.10	微量

表 4-73　分解渣的化学成分的质量分数　　　　　　　　　　单位：%

Fe	S	As	Zn	Cu	Pb	Cd	Sn	In	Sb	SiO₂	MgO	Ag*
38.81	0.60	0.17	12.89	0.44	0.65	0.25	0.60	0.23	0.27	5.57	0.38	125

*单位为 g/t。

由表 4-73、表 4-73 可知，铁矾渣基本被 NaOH 分解完全，分解渣中 $w(S)$ 仅为 0.60%，渣计分解率为 96.21%；而分解液中 $\rho(S)$ 则高达 20.31 g/L，即 $\rho(Na_2SO_4)$ 达到 90 g/L，液计分解率为 98.03%。依据分解液中 Na_2SO_4 的含量，按处理 1 t 铁矾渣计算，通过浓缩结晶工艺可副产无水芒硝 2.93 t。在最佳工艺条件下，As 的浸出率为 83.36%，其在分解液中的质量浓度高达 1.113 g/L；Sn、Sb 和 Zn 也有一定程度的溶出，但绝大部分还是留于分解渣中，入渣率分别为 91.37%、98.60% 和 97.80%；分解液中 In、Cu、Cd、Pb、Ag 等金属的质量浓度均小于 1 mg/L，铁矾渣分解过程中它们均进入分解渣并得到富集。

表 4-74 说明，元素平衡情况良好，除了铟和锑的平衡率小于 95%，其他元素的平衡率大于 95%。在铁矾渣分解过程中，铁依然留于分解渣中，质量分数高达 38.81%，进一步富集和除杂后可作为炼铁原料。为了确定铁矾渣分解过程中铁以何种形态沉淀，在 100 mL/min 的氩气保护气氛中，对分解渣进行了 DSC-TGA 热分析，升温速度为 10℃/min，如图 4-7 所示；对热处理前后的铁渣进行 XRD 衍射分析，所得结果如图 4-8 所示。

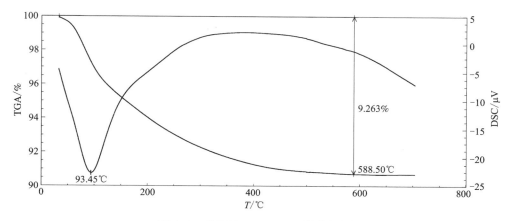

图 4-7　分解渣 DSC-TGA 热分析图

表4-74 铁矾渣 NaOH 分解过程中金属质量平衡

元素	投入				产出						入出误差	
	铁矾渣		共计		分解液		分解渣		共计		绝对/g	相对/%
	质量/g	比例/%	质量/g	比例/%	质量/g	比例/%	质量/g	比例/%	质量/g	比例/%		
Fe	1597.8	100	1597.8	100	0	0	1617.5	100	1617.5	100	19.7	1.23
S	660.0	100	660.0	100	647.0	96.28	25.0	3.72	672.0	100	12.0	1.81
Zn	543.0	100	543.0	100	12.11	2.20	537.22	97.80	549.33	100	6.33	1.17
In	9.0	100	9.0	100	0	0	9.58	100	9.58	100	0.58	6.44
Cu	19.2	100	19.2	100	0.0013	0.0074	18.34	99.26	18.341	100	-0.86	-4.47
Cd	10.8	100	10.8	100	0	0	10.42	100	10.42	100	-0.38	-3.52
Pb	27.0	100	27.0	100	0.0048	0.04	27.09	99.96	27.10	100	0.10	0.37
As	0.70	100	0.70	100	35.46	83.36	7.08	16.64	42.54	100	0.54	1.28
Sn	28.2	100	28.2	100	2.36	8.63	25.00	91.37	27.36	100	-0.84	-2.98
Sb	10.8	100	10.8	100	0.16	1.40	11.25	98.60	11.41	100	0.61	5.65
Ag	0.516	100	0.516	100	0	0	0.521	100	0.521	100	0.005	0.97

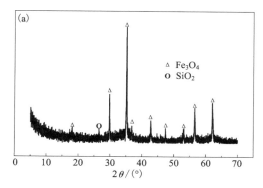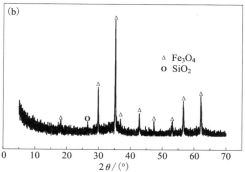

图 4-8　分解渣的 XRD 衍射图谱

对比图 4-4 和图 4-8(a)可知,NaOH 可有效分解铁矾渣,XRD 衍射图谱中铵矾相[(NH₄)Fe₃(SO₄)₂(OH)₆]消失,(ZnSO₄·H₂O)也溶解并与 NaOH 反应生成 Zn(OH)₂ 沉淀,分解渣中仅存在 Fe₃O₄ 和 SiO₂。

由图 4-7 可知,当温度由室温匀速升高至 700℃时,分解渣失重约 9.263%,而差热(DTA)图中仅在 93.45℃时出现一个吸热峰,这说明分解渣的失重主要是物理吸附态的水挥发所致,并无其他化合物分解反应发生。如图 4-8 所示,热处理前后分解渣的 XRD 衍射图谱完全一致,主要为 Fe₃O₄ 和 SiO₂,并无相变反应发生。由此可以确定,铁矾渣分解过程中,铁主要以 Fe₃O₄ 的形态沉淀,而不是其他氧化铁水合物如 FeOOH、Fe(OH)₃ 或 Fe₂O₃。但根据相关文献报道,在 NaOH 浸出银铁矾过程中,所得铁渣主要为 Fe(OH)₃。我们认为,之所以存在这一差异,主要是因为所用的原料不同。相关文献所用的银铁矾系由相关化学试剂合成所得,并不存在其他杂质元素;而本研究所用的铁矾渣为湿法炼锌厂产出,原料含有一定量的亚铁,使得黄铵铁矾按照反应式(4-42)进行分解时,铁主要以 Fe₃O₄ 的形态沉淀。

2. 分解渣的盐酸浸出

依据单因素条件试验结果,确定 HCl 浸出分解渣的最佳工艺条件如下:①温度 40℃;②液固比 7:1;③反应时间 2 h;④HCl 用量为其理论耗量的 1.8 倍。在此最优条件下,进行 3 次盐酸浸出综合扩大试验,每次分解渣投料量为 1000 g。所得浸出液总体积为 18.78 L,其化学组成如表 4-75 所示;浸出渣总重 2022.48 g,平均渣率为 67.42%,其化学组成列于表 4-76 中。分解渣盐酸浸出过程中,主要金属元素的平衡情况如表 4-77 所示。

表 4-75　浸出液化学成分的质量浓度　　　　　　单位：g/L

In	Zn	Fe	Cu	Cd	Pb	As	Sn	Sb	Ag	S
0.364	20.20	6.808	0.685	0.388	0.689	0.209	0.671	0.35	0.01193	0.964

表 4-76　浸出渣化学成分的质量分数　　　　　　单位：%

Fe	Zn	In*	Cu	Pb	Cd	Sn	As	Sb	SiO₂	MgO	Ag*
52.48	0.125	59.33	0.0079	0.339	0.004	0.28	0.0598	0.0796	8.35	0.59	72.68

注：＊单位为 g/t。

由表 4-75、表 4-76 可知，分解渣中的 In、Zn 基本被完全浸出，浸出渣中 $w(Zn)$ 为 0.125%、$\rho(In)$ 为 59.33 g/t，渣计 In、Zn 的浸出率分别为 98.26% 和 99.35%；浸出液中 In、Zn 的质量浓度分别为 0.364 g/L 和 20.20 g/L，可纳入盐酸体系湿法炼锌提铟流程，经还原和净化除杂后，采用 TBP 同时萃取 In、Zn。

表 4-77 说明，盐酸浸出过程中的金属平衡良好，平衡率均大于 97%。分解渣中 89.25% 的 Fe 留于浸出渣中，10.75% 的 Fe 进入溶液。浸出渣 $w(Fe)$ 高达 52.48%，经磁选富集和除杂后可作为炼铁原料。分解渣中的 Cu、Cd 基本进入浸出液，渣计浸出率分别为 98.79% 和 98.93%。但只有 76.41% 的 As、68.97% 的 Sn 和 80.32% 的 Sb 进入浸出液，这主要是由于它们在分解渣中大部分以较难浸出的含氧酸盐的形态存在。由于浸出温度只有 40℃，$PbCl_2$ 和 AgCl 的溶解度有限，原料中 Pb、Ag 的渣计浸出率仅为 64.82% 和 60.80%。

3. 铟锌提取

1）萃取

浸出液经铁屑还原后的成分如表 4-78 所示，将此还原液作为 TBP 萃取铟和锌的试液。萃取条件：①有机相组成为 70%TBP+30% 磺化煤油溶液；②相比 O/A ＝1.5∶1；③室温；④水相初始酸度为 1.5 mol/L；⑤振荡及静置分层时间均为 10 min；⑥三级逆流萃取。萃取结果如表 4-79 及表 4-80 所示。表中数据表明，In、Zn 的平均萃取率分别为 97.93% 和 99.20%，而 Fe^{2+} 的萃取率仅为 0.60%，Zn、Fe 的分离效果非常理想。

表4-77　分解渣 HCl 浸出过程的金属质量平衡

元素	投入				产出						入出误差	
	分解渣		共计		浸出液		浸出渣		共计		绝对/g	相对/%
	质量/g	比例/%	质量/g	比例/%	质量/g	比例/%	质量/g	比例/%	质量/g	比例/%		
In	6.90	100	6.90	100	6.84	98.27	0.12	1.73	6.96	100	0.06	0.87
Zn	386.7	100	386.7	100	379.38	99.34	2.52	0.66	381.9	100	-4.80	-1.24
Fe	1164.3	100	1164.3	100	127.85	10.75	1061.5	89.25	1189.3	100	25.00	2.15
Cu	13.2	100	13.2	100	12.86	98.77	0.16	1.23	13.02	100	-0.18	-1.36
Cd	7.50	100	7.50	100	7.28	98.91	0.08	1.09	7.36	100	-0.14	-1.87
Pb	19.5	100	19.5	100	12.94	65.35	6.86	34.65	19.8	100	0.30	1.54
As	5.10	100	5.10	100	3.92	76.41	1.21	23.59	5.13	100	0.03	0.59
Sn	18.0	100	18.0	100	12.60	68.97	5.67	31.03	18.27	100	0.27	1.50
Sb	8.10	100	8.10	100	6.57	80.32	1.61	19.68	8.18	100	0.08	0.99
Ag	0.375	100	0.375	100	0.224	60.38	0.147	39.62	0.371	100	-0.004	-1.08

表 4-78　还原液成分的质量浓度　　　　　　　　　单位: g/L

Zn	Fe$_T$	In	Cd	Pb
20.2	12.8	0.364	0.388	0.689

表 4-79　萃余液成分的质量浓度　　　　　　　　　单位: g/L

No.	Zn	Fe$_T$	In	Cd	Pb
1	0.162	12.7	0.0067	0.341	0.682
2	0.230	12.6	0.0072	0.339	0.679
3	0.189	12.7	0.0065	0.338	0.679
平均	0.194	12.6	0.0068	0.339	0.680

表 4-80　金属萃取率　　　　　　　　　单位: %

No.	Zn	In	Fe
1	99.20	98.16	0.50
2	98.86	98.02	0.75
3	99.10	98.21	0.54
平均	99.05	98.13	0.60

2) 反萃

采用纯水反萃铟锌负载有机相, 室温、3 级反萃、相比 O/A=3∶1、振荡和静置分层时间均为 5 min 的最佳工艺条件下进行 3 次铟锌反萃实验, 结果如表 4-81 所示。由表 4-81 可知, Zn、In 的平均反萃率分别为 93.62% 和 99.10%, 有机相夹杂的 Fe^{2+} 也被反萃出来, 但其含量较少。从还原液到萃余液, Zn、In 的直收率分别为 92.87% 和 97.05%。

表 4-81　反萃液的化学成分及反萃率

No.	反萃液成分, ρ(元素)/(g·L^{-1})			反萃率/%	
	Zn	In	Fe$_T$	Zn	In
1	19.02	0.354	0.20	95.06	99.10
2	18.63	0.354	0.12	93.11	99.20
3	18.54	0.354	0.10	92.68	98.99
平均	18.73	0.354	0.14	93.62	99.10

3）铟的置换

反萃所得的水相为纯净的锌、铟氯化物溶液，在常温下用锌板置换反萃液即可得到海绵铟和 $ZnCl_2$ 溶液，铟置换率大于 99%。

2.2　富铟高酸浸锌渣的处理

广西大厂富铟锌精矿全湿法炼锌工艺产出的高酸锌浸出渣仍然含铟量较高，但此类锌浸出渣属涉重废渣，目前尚未有合适的处置方法，只能堆存渣场，污染环境。作者学术团队对这种锌浸出渣的无害化和资源化处置进行了系统研究，本大节将详细介绍有关盐酸浸出和还原过程的试验研究成果，而与上节重复的铟锌萃取等内容不再重复。

2.2.1　试料及流程

高酸浸锌渣试料取自柳州华锡集团来宾冶炼厂，其化学组成如表 4-82 所示，Zn、Fe、In 的物相组成列于表 4-83 中。

表 4-82　高酸浸锌渣化学成分的质量分数　　　　　　　　　单位：%

Zn	Fe	In	Cu	Pb	Cd	S_T	As	Ag	Sn	SiO_2
4.77	21.90	0.11	0.16	1.42	0.22	12.91	0.34	0.027	0.45	5.89

表 4-83　高浸渣中 Zn、Fe 和 In 的物相组成

铁物相	$w(Fe)/\%$	锌物相	$w(Zn)/\%$	铟物相	$\rho(In)/(g \cdot t^{-1})$
$Fe_2(SO_4)_3$	3.51	$ZnSO_4$	3.04	In_2S_3	130
FeS_x	2.41	ZnS	1.05	In_2O_3	763
Fe_3O_4	0.10	ZnO	0.00	$In_2(SO_4)_3$	192
Fe_2O_3	14.92	$ZnSiO_3$	0.12	结合 In	8
$ZnO \cdot Fe_2O_3$	0.96	$ZnO \cdot Fe_2O_3$	0.56	—	—
Fe_T	21.90	Zn_T	4.77	In_T	1093

表 4-82 说明，高酸浸锌渣的主要成分是铁、硫、锌，含铟量较高，具有回收价值。从表 4-83 可以看出，高酸浸锌渣中的 Zn 主要以 $ZnSO_4$（63.73%）和 ZnS（22.01%）的形态存在，余下则为 $ZnO \cdot Fe_2O_3$ 和 $ZnSiO_3$；而 In 主要以 In_2O_3 物相存在，约占总铟量的 69.81%，余下则为 $In_2(SO_4)_3$ 和 In_2S_3。根据试料的物相组成和特点，确定在盐酸体系中对高酸锌浸出渣进行无害化和资源化处置，其原则

工艺流程如图 4-9 所示。

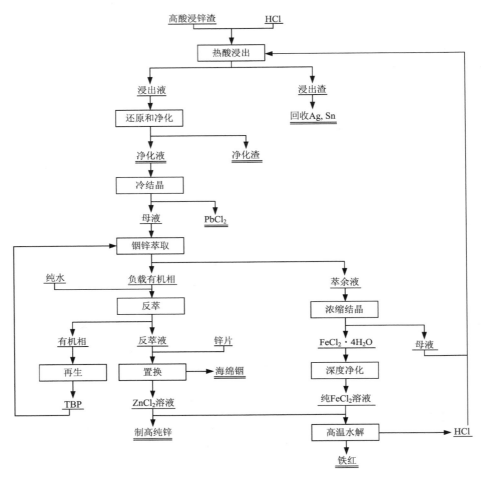

图 4-9　盐酸体系中高酸锌浸出渣无害化和资源化处置的原则工艺流程

图 4-9 说明，以传统湿法炼锌工艺产出的高酸浸锌渣为原料，采用 HCl 进行热酸浸出，使 Zn、Fe、In 等有价金属元素同时进入溶液；浸出液冷却析出 $PbCl_2$ 后进行还原和净化，继而采用 TBP 同时萃取 Zn、In，纯水反萃负载有机相中的铟，反萃液采用锌板置换得到海绵铟和纯净的 $ZnCl_2$ 溶液；萃余液的主要成分为 $FeCl_2$，可直接浓缩结晶得到 $FeCl_2 \cdot 4H_2O$ 晶体，再根据制备目标产品对铁盐纯度的要求进行进一步深度净化，所得的纯 $FeCl_2$ 可用流化床(Lurgi)法或喷雾高温水解(Ruthner)法进行热水解，再生盐酸返回热酸浸出工序，实现氯的循环利用，并得到各种等级的铁红。

该工艺的最大优点是盐酸易于再生,可实现循环利用;其次是有价金属浸出率高,锌、铁分离彻底,为后续铁资源的有效利用创造了良好条件;最后是流程简单,富有弹性,可根据市场形势适时调整产品结构。

2.2.2 基本原理

在盐酸的作用下,铁、锌及铟等金属的氧化物及含氧酸盐被转化为氯化物并溶解:

$$ZnFe_2O_4+8HCl \Longrightarrow ZnCl_2+2FeCl_3+4H_2O \tag{4-53}$$

$$Fe_2O_3+6HCl \Longrightarrow 2FeCl_3+3H_2O \tag{4-54}$$

$$Fe_3O_4+8HCl \Longrightarrow 2FeCl_3+FeCl_2+4H_2O \tag{4-55}$$

$$In_2O_3+6HCl \Longrightarrow 2InCl_3+3H_2O \tag{4-56}$$

在三价铁离子的氧化作用下,金属硫化物转化为氯化物并溶解:

$$MeS+2FeCl_3 \Longrightarrow MeCl_2+2FeCl_2+S \tag{4-57}$$

在高温及氯离子浓度较高的情况下,硫酸铅因形成氯配合物而溶解:

$$PbSO_4+iCl^- \Longrightarrow PbCl_i^{2-i}+SO_4^{2-} \tag{4-58}$$

在盐酸浸出过程中,水溶性的硫酸盐,如锌和铁的硫酸盐都溶解进入浸出液。

2.2.3 盐酸热浸出

以高酸浸锌渣为试料,首先进行单因素条件试验,考察了时间、温度、HCl 用量和液固比等因素对 Zn、Fe、In 浸出率的影响。依据单因素条件试验结果,确定最优条件:时间 4 h,温度 90℃,盐酸用量为 2.4 倍理论量,液固比 5:1。然后在最佳工艺条件下进行综合扩大试验,规模为 1.2 kg/次,结果如表 4-84~表 4-86 所示。

表 4-84 综合扩大试验液计金属浸出率及浸出液成分的质量浓度

No.	浸出液/$(g \cdot L^{-1})$				浸出率/%		
	体积/L	Zn	Fe	In	Zn	Fe	In
1	13.44	3.993	17.6	0.091	93.76	90.01	93.48
2	16.20	3.32	15.2	0.076	93.96	93.70	93.73
3	14.40	3.716	16.4	0.085	93.48	89.86	93.48
共计/平均	44.04	3.676	16.4	0.084	93.73	91.19	93.73

表4-85　综合扩大试验浸出渣成分及渣计金属浸出率

No.	浸出渣, w(元素)/%						浸出率/%		
	渣率	Zn	Fe	In	Sn	SiO$_2$	Zn	Fe	In
1	20.45	0.589	5.885	0.01865	2.20	28.80	97.48	94.51	96.50
2	20.80	0.569	5.945	0.00935	2.16	28.32	97.52	94.35	98.22
3	20.85	0.589	5.915	0.0124	2.16	28.24	97.43	94.37	97.62
平均	20.70	0.582	5.915	0.0135	2.17	28.45	97.48	94.41	97.45

表4-86　综合扩大试验的金属质量平衡

项目	物料	类别	Zn	Fe	In
加入	高酸浸锌渣	质量/g	171.72	788.4	3.924
		比例/%	100	100	100
	小计	质量/g	171.72	788.4	3.924
		比例/%	100	100	100
产出	浸出渣	质量/g	4.332	44.08	3.667
		比例/%	2.62	5.66	97.35
	浸出液	质量/g	160.97	735.8	0.1008
		比例/%	97.38	94.34	2.65
	小计	质量/g	165.3	779.9	3.767
		比例/%	100	100	100
入出误差		绝对/g	-6.42	-8.50	-0.157
		相对/%	-3.74	-1.08	-4.00

由表4-84和表4-85可知，综合扩大试验的结果非常理想，原料中的Zn、Fe、In基本被浸出，Zn、Fe、In的渣计平均浸出率(%)分别为97.48、94.41和97.45，渣率为20.70%，废渣减量明显，浸出渣中的锡被富集了4.83倍，有利于下一步的回收。浸出液中Zn、Fe、In的平均质量浓度(g/L)分别为3.676、16.4和0.0837。由表4-86可知，综合扩大试验中，Zn、Fe、In的金属平衡情况良好，平均出入相对误差(%)分别为-3.74、-1.08和-4.00，平衡率大于95%。

2.2.4　浸出液还原

　　热酸浸出液中的 Fe 绝大多数以 Fe^{3+} 的形态存在，不符合 TBP 萃取的要求。本小节以硫化锌精矿[主成分的质量分数(%)为：Zn 48.74，Fe 12.27，S 30.57]为还原剂，将热酸浸出液中 Fe^{3+} 还原为 Fe^{2+}，先进行条件优化试验，考察温度、时间、硫化锌精矿用量、粒度及其加入方式等因素对浸出液还原的影响。确定还原的最优条件如下：温度 90℃，时间 3 h，硫化锌精矿粒度 45 μm，还原剂用量为1.1 倍理论量，一批加入。在最优工艺条件下进行了 3 次综合扩大实验，规模为高酸浸锌渣 1 kg/次，还原与盐酸热浸出在同一浸出槽中进行，即热酸浸出完成后随即加入硫化锌精矿进行浸出液还原。结果分别如表4-87 和表4-88 所示。

表 4-87　浸出液还原后液化学成分的质量浓度　　　　　　单位：g/L

No.	Zn	Fe_T	Fe^{3+}	In	Cu	Cd	Pb
1	24.48	73.82	2.49	0.3705	0.24	0.051	1.03
2	28.25	85.65	2.91	0.4356	0.28	0.059	1.21
3	28.84	93.18	3.14	0.4698	0.30	0.064	1.30
平均	27.47	83.53	2.85	0.4217	0.27	0.058	1.17

表 4-88　浸出-还原扩大实验 Zn、Fe、In 浸出率　　　　　　单位：%

No.	浸出率			Fe^{3+} 的还原率
	Zn	Fe	In	
1	94.87	94.65	97.50	96.63
2	93.60	93.88	98.00	96.60
3	93.20	94.50	97.80	96.63
平均	93.89	94.46	97.89	96.62

　　由表4-87 和表4-88 可知，综合扩大试验中，还原效果较好。Fe^{3+} 平均还原率为 96.62%，还原液中 Fe^{3+} 的平均质量浓度小于 3 g/L，但 Zn、Fe、In 的浸出率有所降低，平均浸出率分别为 93.89%、94.46% 和 97.89%，这主要是因为作为还原剂的硫化锌精矿中的 Zn、Fe、In 等较难溶出，导致浸出渣中有价金属的含量偏高。

2.2.5 置换除铜

为了将 Fe^{3+} 彻底还原为 Fe^{2+}，并回收还原液中的铜，进行了铁粉置换除铜条件优化试验，确定铁粉置换除铜的最优条件：温度 50℃，时间 25 min，铁粉用量为其理论耗量 1.6 倍。在此优化条件下，共进行了 3 次综合扩大试验，规模为还原液 1000 mL/次，所得除铜后液化学组成及相关技术经济指标分别列于表 4-89 及表 4-90 中。

表 4-89　除铜后液化学组成的质量浓度　　　　单位：g/L

No.	Zn	Fe^{2+}	Fe^{3+}	In	Cu	Cd	Pb	HCl
1	26.89	91.46	微量	0.3691	0.0025	0.051	0.775	29.29
2	26.65	91.49	微量	0.4341	0.0030	0.059	0.774	29.29
3	26.84	91.42	微量	0.4680	0.0028	0.064	0.775	29.27
平均	26.92	91.81	微量	0.4201	0.0027	0.058	0.775	29.28

表 4-90　置换除铜试验结果

No.	脱除率/%			铟损失率/%
	Cu	Cd	Pb	
1	98.96	约 0	24.76	0.37
2	98.93	约 0	36.03	0.35
3	99.07	约 0	40.36	0.38
平均	98.99	约 0	33.72	0.37

由表 4-89 及表 4-90 可知，还原液中的 Cu^{2+} 几乎完全被铁粉置换，除铜率达 98.9% 以上，还原液中残存的 Fe^{3+} 也被铁粉完全还原为 Fe^{2+}，而 In 的损失率仅为 0.37%；但除 Pb^{2+} 的效果不好，其脱除率仅为 33.72%，不能除 Cd^{2+}，这种还原液进一步净化后按 2.2 节的方法处理可综合回收铟、锌、铁等有价元素，使再生盐酸循环利用。

2.3　富银高酸浸锌渣的处理

热酸浸出-铁矾法炼锌工艺的高酸浸渣包括锌、铅、锡等有价金属，有的还富含银、铟等稀贵金属，例如四川省会东铅锌矿的高酸浸锌渣中银质量浓度达 1000

g/t，具有较大的综合回收价值。但这种高酸浸锌渣一直被堆放于渣场，不仅污染环境，而且有价金属得不到回收利用。为了无害化处置和资源化利用这种高浸渣，2000 年 4 月中南大学开始与四川省会东铅锌矿合作研究该课题，经过两年努力，成功开发了"低温硫酸化焙烧—水浸锌—氯化浸银—置换沉银"新技术，该技术在提取银的同时可综合回收铅、锌等有价金属，大大减少废渣排放量。本节将系统介绍作者学术团队与四川省会东铅锌矿的有关人员进行无害化处置和资源化利用这种高浸渣的实验室试验及半工业试验研究成果。

2.3.1　基本原理

物相分析表明，高浸渣中的锌和铁主要以铁酸锌形式存在，少量以硫化物状态存在，大部分铅以硫酸铅形式存在。银存在形态复杂，大部分银以硫化银及自然银形态存在（约占 80%），少部分银以氧化银、氯化银、硫酸银、硅酸银等形态存在。在硫酸化焙烧过程中，分解铁酸锌，将锌和铁转化为硫酸盐：

$$ZnFe_2O_4+4H_2SO_4 \Longrightarrow ZnSO_4+Fe_2(SO_4)_3+4H_2O \tag{4-59}$$

金属硫化物被氧化为硫酸盐：

$$MeS+2H_2SO_4+O_2 \Longrightarrow MeSO_4+2SO_2+2H_2O \tag{4-60}$$

自然银亦被氧化为硫酸银：

$$2Ag+2H_2SO_4 \Longrightarrow Ag_2SO_4+SO_2+2H_2O \tag{4-61}$$

在水浸过程中，锌和铁的硫酸盐溶解，进入水浸液；硫酸铅难溶，绝大部分留于水浸渣中。水浸时加入适量氯化物，使硫酸银转化为难溶的氯化银并富集于水浸渣中：

$$Ag_2SO_4+2NaCl \Longrightarrow 2AgCl+Na_2SO_4 \tag{4-62}$$

在浓氯化物（如 NH_4Cl、$NaCl$ 或 $CaCl_2$）体系中，AgCl 与 Cl^- 形成配合物，使其因溶解度增高而被浸出：

$$AgCl+(n-1)Cl^- \Longrightarrow AgCl_n^{1-n} \tag{4-63}$$

$$Ag_2S+2nCl^-+2Fe^{3+} \Longrightarrow 2AgCl_n^{1-n}+2Fe^{2+}+S \tag{4-64}$$

$$Ag+nCl^-+Fe^{3+} \Longrightarrow AgCl_n^{1-n}+Fe^{2+} \tag{4-65}$$

在浸银过程中，铅的化合物与银一样被浸入溶液：

$$PbSO_4+nCl^- \Longrightarrow PbCl_n^{2-n}+SO_4^{-2} \tag{4-66}$$

用铅板置换可从氯化浸银液中制取粗银粉：

$$2Ag^++Pb \Longrightarrow 2Ag+Pb^{2+} \tag{4-67}$$

2.3.2　实验室试验

1. 试验原料及流程

以四川省会东铅锌矿现有工艺过程产出的高酸浸出渣为原料，其成分如表

4-91 所示。1#渣为回收锗扩大试验产出的高浸渣，2#渣为会东铅锌矿大桥冶炼厂现场取样。原则工艺流程如图 4-10 所示。

表 4-91　四川省会东铅锌矿高浸渣成分的质量分数　　　　　　单位：%

No.	Zn	Fe	Pb	Ag	Ge
1#	15.53	5.84	7.70	0.1621	0.03477
2#	10.31	8.59	5.00	0.0894	0.01497

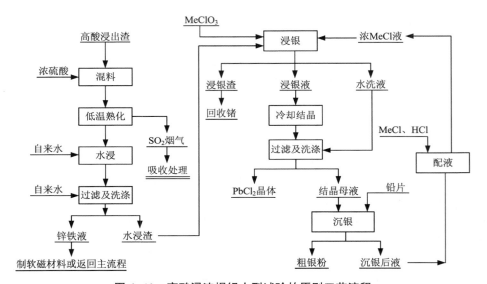

图 4-10　高酸浸渣提银小型试验的原则工艺流程

2. 试验结果及讨论

以 2#渣为试料进行实验室小型试验，对于硫酸化焙烧、水浸出、氯化浸银、置换沉银等过程先进行条件试验，再进行综合条件试验和循环试验。浸银过程中还进行了氯化钙、氯化铵溶液为浸银剂的对比试验。试验结果分别叙述如下。

1）硫酸化焙烧和水浸出

各条件试验采用 XMB-70 型圆筒棒磨机先将试料湿磨至-60 目；再将矿浆滤饼装入搪瓷托盘，置于电热恒温干燥箱中低温烘干；然后将烘干的高酸浸渣和浓硫酸按一定比例拌匀后置于耐热不锈钢盘中，在优化条件下于马弗炉内进行常压焙烧，试验规模 400 g/次。硫酸化焙烧条件：①硫酸用量为高酸浸渣质量的 70%~84%；②焙烧时间 120 min；③焙烧温度 300℃。水浸条件：①反应物质量比：m(焙砂)：m(自来水)$= 1 : 3$；②NaCl用量为高酸浸出渣量的1/1000；③在常温下机械搅拌；④时间1 h。硫酸化焙烧水浸出试验结果如表4-92所示，锌和铁的金属平衡如表4-93所示。

表4-92 硫酸化低温焙烧—水浸综合条件试验结果

| No. | 水浸渣成分，w(元素)/% | | | | | | 渣率/% | 渣计浸出率/% | |
	m/g	Pb	Ag	Ge	Zn	Fe		Zn	Fe
1	181.00	10.29	0.1796	—	1.78	1.20	45.25	92.181	93.47
2	187.60	9.91	0.182	0.03054	1.60	1.38	46.90	92.71	92.48
3	190.4	10.20	0.1417	—	1.59	1.50	47.6	92.66	91.67
4*	190.12	—	0.183	—	0.76	1.50	47.53	96.50	91.70
5	184.20	10.25	0.1916	0.03036	1.89	0.95	46.5	91.54	94.88
平均	186.66	10.16	0.1737	—	1.41	1.32	47.06	93.57	92.75

注：* 水浸时没有加入NaCl，银的平均值没有计入4#数据。

表4-93 锌和铁的质量平衡   单位：g

| 项目 | 加入 | 产出 | | | 入出误差 | |
	高酸浸渣	水浸渣	水浸液	合计	绝对	相对/%
Zn	62.12	3.58	60.0	65.53	3.41	5.49
Fe	23.36	1.92	22.02	23.94	0.58	2.50

由表4-92可知，高酸浸渣经硫酸低温熟化焙烧后水浸，锌、铁的平均浸出率分别为93.57%和92.75%，实现了银与铁、锌的有效分离。锌和铁的最高浸出率分别为96.50%和94.88%，渣中锌和铁的质量分数分别为0.76%和0.95%，渣中银的质量分数由处理前的0.0894富集到0.1737%。表4-93说明，锌的金属平衡较好，入出相对误差为5.49%；铁的金属平衡更好，入出相对误差为2.50%。

2）氯配合浸出

以混合水浸渣作为氯配合浸银试验的原料。用氯化钙或氯化铵作浸出剂，KClO或Fe^{3+}作氧化剂，先进行条件优化试验，考察氯根总浓度、液固比、温度、时间、Fe^{3+}浓度及酸度对银浸出率的影响。根据条件优化试验结果，确定氯配合浸银最佳条件如下：①浸出液主要成分为ρ(Fe^{3+}) 20 g/L、[Cl^-] 7.05 mol/L、[H^+] 2.3 mol/L；②液固比$= 5 : 1$；③温度为(95±1) ℃；④机械搅拌1.5 h。基于以上优化条件，浓氯化钙溶液浸银综合条件试验结果如表4-94所示。

表 4-94　浓氯化钙溶液浸银综合条件试验结果

No.	浸银液, ρ(元素)/(g·L^{-1})				浸银渣, w(元素)/%			浸出率/%	
	Cl$^-$	Pb	Ag	Zn	Ag	Pb	渣率/%	Ag	Pb
1	241.33	18.95	0.1985	8.55	0.0140	0.290	72.00	94.17	97.90
2	251.91	—	0.2380	8.66	0.0199*	0.276	63.45	92.69	98.24
3	224.03	11.45	0.1930	8.03	0.0150*	0.399	70.95	93.85	97.15
平均	238.66	—	0.2094	8.40	0.0162	0.323	68.80	93.57	97.76

从表 4-94 可以看出，浓氯化钙溶液作浸银剂的综合条件试验效果较好，银和铅的浸出率分别为 93.57% 和 97.76%。沉银液除杂后返回按上述条件进行循环浸出试验，结果如表 4-95~表 4-97 所示。

表 4-95　浓氯化钙溶液浸银循环试验结果

No.	浸银液, ρ(元素)/(g·L^{-1})			浸银渣		浸银率/%
	Cl$^-$	Pb	Ag	w(Ag)/%	渣率/%	
1	285.76	16.950	0.1310	0.02023	86.90	90.76
2	271.71	29.536	0.1990	0.01424	90.71	92.70
3	212.22	18.990	0.5738	0.01214	88.64	93.92
平均	258.68	22.149	0.2880	0.01549	88.75	92.51

表 4-96　氧化剂用量为 2% 时浓氯化铵溶液浸银循环试验结果

No.	浸银液, ρ(成分)/(g·L^{-1})				浸银渣, w(元素)/%			浸银率/%
	NH$_4$Cl	Pb	Ag	Zn	Ag	Zn	Pb	
1	256.22	4.56	0.7063	15.29	0.0152	0.23	4.18	91.68
2	256.68	6.47	0.7306	18.11	0.0321	0.25	9.87	85.33
3	229.53	5.58	0.7140	14.89	0.0230	0.33	9.46	88.25
平均	247.48	5.34	0.7170	16.10	0.0234	0.27	7.84	88.42

表 4-97　浓氯化钙溶液浸银循环试验中银金属质量平衡　　　　单位：g

No.	加入			产出				误差	
	浸银剂	水浸渣	小计	浸银液	浸银渣	PbCl$_2$渣	小计	绝对	相对/%
1	0.3687	0.2462	0.6149	0.5699	0.0361	0.0017	0.6077	-0.0072	-1.17
2	0.3749	0.2462	0.6210	0.5458	0.0274	0.0286	0.6018	-0.0192	-3.10

表 4-95~表 4-97 说明，浓氯化钙体系中循环浸出效果与新配浸银剂的差不多，平均浸银率为 92.51%，而且银金属平衡良好，平衡率高达 97.86%。但浓氯化铵溶液浸银循环效果较浓氯化钙溶液差，平均浸银率仅为 88.42%。

3）铅片置换沉银

氯化浸银液冷却结晶析出 $PbCl_2$，结晶母液在 60℃ 下用铁粉将 Fe^{3+} 还原成 Fe^{2+}，还原时间 45 min。还原后液用铅片在 80℃ 温度下置换 30 min 得到粗银粉，置换试验结果如表 4-98 所示。

表4-98　铅片置换沉银试验结果

Fe 粉用量(g)与母液(L)比 /(g·L^{-1})	银含量		银置换率/%	
	银粉/g	置换后液 Ag 质量浓度/(g·L^{-1})	液计	渣计
1.85	29.78	0.0062	99.18	104.1

从表 4-98 可以看出，在铁粉用量为每升结晶母液加入 1.85 g 的情况下，银置换率为 99% 以上。

3.小结

（1）高酸浸渣经硫酸低温熟化焙烧后水浸，锌、铁的平均浸出率分别为 93.57% 和 92.75%，实现了银与铁、锌的有效分离。

（2）用氯化铵循环浸出时，铅浸出率不高，银不分散，银的浸出率≥88%；用氯化钙循环浸出时，银的浸出率为 92.51%。

（3）沉银后液经除杂后可返回利用，做到流程闭路循环，污染少。

（4）实验室小型试验达到了预期目的，可作为扩大试验或半工业试验的依据。

2.3.3　半工业试验

1.概述

半工业试验高酸浸渣从四川省会东铅锌矿的大桥冶炼厂采集，其成分如表 4-99 所示。

表4-99　半工业试验用高酸浸出渣成分的质量分数　　　　单位：%

Zn	Pb	Cd	Fe	S	Ag	Ge	SiO$_2$	SO$_4^{2-}$
12.24	4.51	0.12	8.61	12.62	0.060	0.022	20.23	20.67

半工业试验流程除在配制浸银剂前增加了中和除铁、锌的工序外，其余与小型试验的流程完全相同，试验设备流程图如图 4-11 所示。

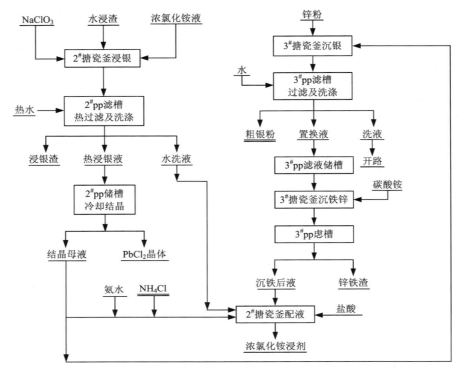

图 4-11 半工业试验设备流程图

半工业试验规模为高酸浸渣 400 kg/次，分三个阶段进行：第一阶段在不锈钢回转窑中用浓硫酸低温熟化焙烧处理高酸浸出渣；第二阶段进行焙烧渣的水浸试验；第三阶段进行水浸渣的浸银、沉银、中和除杂等试验。该试验共处理高酸浸渣 3.117 t，浸银试验处理水浸渣 892.506 kg，产出粗银粉 7.648 kg，平均含银量为 $w_平(Ag) = 12.30\%$。

2. 硫酸化焙烧及水浸试验

根据小型试验优化条件，先在不锈钢回转窑中进行高酸浸出渣的硫酸低温熟化焙烧半工业试验，焙烧渣的平均成分如表 4-100 所示。再在 1# 搪瓷釜中进行水浸试验，结果如表 4-101 及表 4-102 所示。

表 4-100 硫酸化焙烧渣成分的质量分数　　　　单位：%

Zn	Pb	Fe	Ag
10.14	4.00	7.68	0.0516

表 4-101　水浸渣量及成分的质量分数　　　　　单位：%

干渣质量/kg	渣率/%	Ag	Zn	Fe	Pb	Ge	S	$S_{可溶}$
952.02	38.54	0.12663	2.68	1.57	10.70	0.045	10.09	5.47

表 4-102　铁和锌的水浸率　　　　　单位：%

No.	2	3	4	5	6	7	8	9	10	平均
Zn	74.683	83.283	79.510	87.751	81.82	86.26	88.342	86.50	88.76	84.07
Fe	80.465	80.465	85.893	87.430	88.33	83.36	85.900	84.61	86.13	85.59

从表 4-101 及表 4-102 可以看出，高酸浸渣的硫酸低温熟化焙烧及水浸渣半工业试验中的锌和铁脱除率分别为 84.07% 及 85.59%，较小型试验（分别为93.12%和92.84%）低。但银的富集度较小型试验高，为 2.1105 倍，银含量 $[w(Ag)/\%]$ 由高酸浸渣的 0.06% 提高到了 0.12663%。

3. 氯配合浸出及沉银试验

在小型试验优化条件下，以水浸渣（成分见表 4-101）为试验原料，氯酸钠为氧化剂，在浓氯化铵-水体系中进行了氯配合循环浸银半工业试验，规模为 150 kg/次，结果如表 4-103 及表 4-104 所示。62.60% 的浸银液直接返回配浸银剂，37.40% 的浸银液开路，进行锌粉置换沉银，结果如表 4-105 所示，沉银后液用碳酸铵中和沉淀铁、锌等的结果如表 4-106 所示，沉铁后液亦纳入浸银剂配制。

表 4-103　氯配合循环浸银渣各成分质量分数及浸银率　　　　　单位：%

干渣质量 /kg	渣率	Ag	Fe	Zn	Pb	Ge	Cl^-	浸银率
809.14	90.36	0.0142	0.723	0.726	4.98	0.0391	3.90	88.99

表 4-104　氯化铅量及成分质量分数　　　　　单位：%

$PbCl_2$ 质量/kg	Ag	Fe	Zn	Pb	Ge
66.19	0.00725	0.091	0.91	56.16	0.0037

表 4-105　粗银粉量及成分

温度/℃	粗银粉干重/kg	成分，w(元素)/%						沉银率/%
		Ge	Ag	Cl	Fe	Zn	Pb	
70	2.1411	—	22.62	2.33	1.64	1.73	1.37	88.69
85	5.2366	0.21	8.72	9.80	2.85	2.96	42.54	91.64

表 4-106　铁渣重及成分的质量分数　　　　　　单位：%

No.	Fe 渣干重/kg	Ag	Pb	Fe	Zn	Cl
1	25.82	0.3272	10.02	3.35	6.94	25.57
2	37.77	0.0098	10.21	14.94	6.68	20.66

由表 4-103 及表 4-104 可以看出，浓氯化铵溶液循环浸出水浸渣半工业试验重现了小型试验结果，达到了预期目的，银的浸出率为 88.99%。另外，还获得了含铅 56.16% 的氯化铅副产品，可作为回收铅和深度加工的原料。表 4-105 说明，锌粉的沉银效果较好，沉银率大于 90%，控制好温度等沉银条件，粗银粉品位可达 20% 以上。从表 4-106 可以看出，铁渣含铅、锌量较高，而含银量波动大，应尽可能控制好沉铁条件，使铁渣中的 ρ(Ag) < 100 g/t。铁渣应返回冶金过程，以便消除对环境的危害和综合利用有价元素。

4. 主要技术经济指标

1）金属回收率

半工业试验银的阶段回收率及总回收率如表 4-107 所示。

表 4-107　半工业试验银的阶段回收率及总回收率　　　　　　单位：%

过程	硫酸低温熟化焙烧	水浸出	浸银	沉银		沉铁	直收率	总回收率
产物	焙烧渣	水浸渣	浸银液	粗银粉	沉银后液	铁渣	粗银粉	粗银粉+返回沉银后液
回收率	99.5	99.51	88.98	99.31	0.69	-0.26	87.49	87.89

表 4-107 说明，"低温硫酸化焙烧—水浸锌—氯化浸银—置换沉银"新技术的金属回收率高，即使处理 w(Ag) 为 0.06% 的高酸浸渣，从高酸浸渣到粗银粉，银的直收率和总回收率分别达到了 87.49% 和 87.89%。

2）化工材料消耗

处理 1 t 高酸浸渣的化工材料消耗如表 4-108 所示。

表 4-108　化工材料消耗　　　　单位：t/t

名称	硫酸	盐酸	氯化铵*	氯酸钠	锌粉	碳酸铵	氨水
等级	工业纯	工业纯	工业纯	工业纯	工业纯	工业纯	工业纯
消耗	0.721	0.023	0.11	0.027	0.022	0.073	0.036

注：按回收率 90% 计。

表 4-108 说明，主要化工材料消耗是工业硫酸，其次是工业氯化铵，其他试剂都很少。

4. 小结

（1）采用"硫酸低温熟化焙烧—水浸铁锌—氯化铵浸银—置换沉银"的新技术处理高酸浸出渣在技术上可行，经济上合理，银、铅、锌都能有效地被回收。

（2）流程短而闭路循环，"三废"排放少，浸银渣仅为高酸浸出渣的 34.82%，大幅减少了堆渣量及其对环境的有害影响，为湿法炼锌废渣的资源化处置找到了一种有效方法，环境效益显著；同时增加了就业机会，具有较好的社会效益。

（3）较好地实现了锌和铁的脱除和回收，其水浸率分别为 84.07% 和 85.59%，水浸液可用直接法生产软磁铁氧体材料。

（4）浓氯化铵溶液的浸银效果好，从高酸浸出渣到粗银粉，银的直收率和总回收率分别为 87.49% 和 87.89%。

（5）获得 $w(Pb)$ 为 56.16% 的氯化铅副产品，可作为回收铅和深度加工的原料。

（6）本试验所得数据可作为建厂设计的依据。

第 3 章　氟铍废水处理

3.1　概　述

铍是剧毒元素，因此，有关研究重点考察了铍在湿法冶金过程中的行为及去向。结果表明，在氯化—浸出过程中，铍是分散的，其中有 79.62% 入渣，有 20.38% 进入浸出液。在浸出液的各净化过程及水解、置换过程中，约有 100% 的铍留于溶液中。柿竹园铋中矿湿法氯化处理过程中会产生两种氟铍废水，其化学成分如表 4-109 所示。

表 4-109　两种氟铍废水化学成分的质量浓度　　　　　　单位：g/L

元素	Cu	Pb	Zn	F	BeO	Fe	Bi
置换液	0.0026	0.0089	0.62	3.46	0.0057	3.84	—
中和水解液	0.13	0.017	0.36	3.81	0.0025	—	0.0087

新氯化—水解法处理柿竹园铋精矿过程中会产生置换液氟铍废水，其主要化学成分 $[\rho(成分)/(g \cdot L^{-1})]$ 为 Bi $0.029 \sim 0.069$、F 1.60、Cl 44.31、Pb 0.044、As 0.065、BeO 0.00105。本章将系统介绍作者学术团队对这两种氟铍废水处理的研究成果。

3.2　基本原理

从氟铍废水的化学成分分析可知，其都含有一定量的重金属离子和 F^-、Be^{2+} 等有毒物质，必须处理达标后排放。为此，可采用硫化法回收其中的有价金属，然后用石灰中和法除去氟和大部分铍，絮凝砂滤法深度除铍。

硫化法处理含多种有价金属的酸性废水时，具有沉淀少、净化程度深、硫化渣可堆存待处理等优点，钟竹前教授等详细研究过硫化法处理废水过程的热力学，在此不再叙述。

氟在废水中的形态主要有 F^-、HF、HF^{2-}、FeF_n^{3-n}、BeF_n^{2-n}、SiF_6^{2-} 等。石灰中和过程中的化学反应式如下：

$$Ca(OH)_2 + 2F^- =\!=\!= CaF_2 \downarrow + 2OH^- \tag{4-68}$$

$$Ca(OH)_2 + 2HCl =\!=\!= CaCl_2 + 2H_2O \tag{4-69}$$

$$Ca(OH)_2 + 2HF =\!=\!= CaF_2 \downarrow + 2H_2O \tag{4-70}$$

$$Ca(OH)_2 + HF_2^- =\!=\!= CaF_2 \downarrow + H_2O + OH^- \tag{4-71}$$

$$Ca(OH)_2 + SiF_6^{2-} =\!=\!= CaSiF_6^+ + 2OH^- \tag{4-72}$$

$$Ca(OH)_2 + CaSiF_6 =\!=\!= 3CaF_2 \downarrow + SiO_2 \downarrow + H_2O \tag{4-73}$$

$$BeF_n^{2-n} + 0.5nCa(OH)_2 =\!=\!= 0.5nCaF_2 \downarrow + Be(OH)_2 \downarrow + (n-2)OH^- \tag{4-74}$$

$$FeF_n^{3-n} + 0.5nCa(OH)_2 =\!=\!= 0.5nCaF_2 \downarrow + Fe(OH)_3 \downarrow + (n-3)OH^- \tag{4-75}$$

废水中的氟化物和石灰相互作用生成了氟化钙,其在水中的溶解度(18℃)为16.3 mg/L,相当于7.94 mg/L的氟。从理论上讲,单独用石灰在常温下是完全可以将氟除到10 mg/L以下,但生产实践中却为20~30 mg/L。

Miller在研究用石灰处理金属加工含氟废水时发现,水中有一定量的盐类如氯化钠、硫酸钠、氯化铵等,会提高氟化钙的溶解度(图4-12);氟化钙饱和溶液中投加氟化钙,亦能提高其溶解度(图4-13)。Miller认为这种现象是一种比氟化钙易溶的羟基化合物引起氟浓度超标所致的。用石灰处理含氟量高的废水时,生成的氟化钙处于过饱和状态,导致石灰除氟处理后溶液的含氟量大于理论值。相反,当水中添加有氯化钙、硫酸钙盐类时,由于同离子效应抑制CaF_2形成了羟基化合物,降低了氟化钙的溶解度。

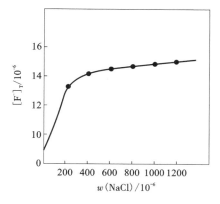

图4-12　氯化钠浓度与总氟浓度($[F^-]_T$)的关系

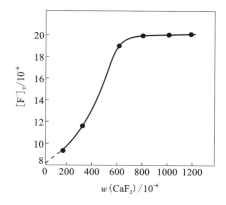

图4-13　氟化钙浓度与总氟浓度的关系

简单的Ca(Ⅱ)-F^--H_2O系中存在下列平衡:

$$CaF_2 =\!=\!= Ca^{2+} + 2F^- \qquad K_{CaF_2} = 4.0 \times 10^{-11} \tag{4-76}$$

$$Ca^{2+} + F^- =\!=\!= CaF^+ \qquad K_{CaF^+} = 10 \tag{4-77}$$

$$H^+ + F^- =\!=\!= HF \qquad K_{HF} = 1.5 \times 10^{-3} \tag{4-78}$$

$$HF + F^- \rightleftharpoons HF_2^- \qquad K_{HF} = 3.9 \tag{4-79}$$

根据以上平衡常数可以导出溶液中的总氟浓度计算式：

$$[F^-]_T = (1 + 10[Ca^{2+}] + 1.5 \times 10^3[H^+])A^{1/2} + 1.17 \times 10^4[H^+]A \tag{4-80}$$

式中：A 为 $10^{-104}/[Ca^{2+}]$；$[Ca^{2+}]$ 为残钙浓度。

由式(4-80)可以看出，简单的 $Ca(II)$-F^--H_2O 系中的残氟量是残钙浓度和溶液中氢离子浓度的函数。

向上述体系加入不和氟离子形成配合离子的 MeCl 后，上述体系则成为 $Ca(II)$-$Me(I)$-F^--Cl^--H_2O 系。根据电中性原理，可得下式：

$$[Me^+] + 2[Ca^{2+}] + [CaF^+] + [H^+] = [OH^-] + [HF_2^-] + [F^-] + [Cl^-] \tag{4-81}$$

即

$$[Me^+] + 2[Ca^{2+}] + 10[Ca^{2+}][F^-] + [H^+] = K_w/[H^+] + 5.85 \times 10^3[H^+][F^-]^2 + [F^-] + [Cl^-] \tag{4-82}$$

上式简化并整理得：

$$5.85 \times 10^3[H^+][F^-]^2 + (1 - 10[Ca^{2+}])[F^-] - [Me^+] + 2[Ca^{2+}] + [H^+] - K_w/[H^+] - [Cl^-] = 0 \tag{4-83}$$

(1)对 $[Ca^{2+}]$ 求导并整理得：

$$d[F^-]/d[Ca^{2+}] = (2 + 10[F^-])/(1 - 10[Ca^{2+}] + 1.17 \times 10^4[H^+][F^-]) \tag{4-84}$$

当溶液中满足 $[Ca^{2+}] < R$ $(R = 0.1 + 1.17 \times 10^3[H^+][F^-])$ 时，$d[F^-]/d[Ca^{2+}] > 0$，$[F^-]$ 随 $[Ca^{2+}]$ 的增加而增加；反之，则随 $[Ca^{2+}]$ 的减小而减小。

(2)对 $[H^+]$ 求导并整理得：

$$d[F^-]/d[H^+] = (1 - K_w/[H^+]^2 - 5.85 \times 10^3[F^-]^2)/(1.17 \times 10^4[H^+][F^-] + 1 - 10[Ca^{2+}]) \tag{4-85}$$

当 $[Ca^{2+}] > R$，pH > 7 时，$d[F^-]/d[H^+] > 0$；

当 $[Ca^{2+}] > R$，pH < 7 时，$d[F^-]/d[H^+] < 0$；

当 $[Ca^{2+}] < R$，pH > 7 时，$d[F^-]/d[H^+] < 0$；

当 $[Ca^{2+}] < R$，pH < 7 时，$d[F^-]/d[H^+] > 0$。

(3)对 $[Cl^-]$ 求导并整理得：

$$d[F^-]/d[Cl^-] = -1/(1.17 \times 10^4[H^+][F^-] + 1 - 10[Ca^{2+}]) \tag{4-86}$$

当 $[Ca^{2+}] < R$ 时，$d[F^-]/d[Cl^-] < 0$，即 $[F^-]$ 随 $[Cl^-]$ 的增加而减小；当 $[Ca^{2+}] > R$ 时，$d[F^-]/d[Cl^-] > 0$，即 $[F^-]$ 随 $[Cl^-]$ 的增加而增加。

(4)对 $[Me^+]$ 求导并整理得：

$$d[F^-]/d[Me^+] = -1/(1.17 \times 10^4[H^+][F^-] + 1 - 10[Ca^{2+}]) \tag{4-87}$$

当 $[Ca^{2+}] < R$ 时，$d[F^-]/d[Me^+] > 0$，即 $[F^-]$ 随 $[Me^+]$ 的增加而增加；反之，

则随着[Me$^+$]的减小而减小。

从以上的讨论可知，用石灰中和法除氟时，若[Ca^{2+}]<R，且[Me$^+$]较高，势必会得到[F$^-$]超过氟化钙溶解度的理论值。

此外，溶液中 Si^{4+}、Fe^{3+}、Be^{2+}等可和氟离子形成氟配离子，也会使除氟难度增大，使得单加石灰时无法一次将氟除到 10 mg/L 以下。

通常采用中和法除去废水中的铍，有关资料表明，当 $m(F)/m(Be)$>4 时，不管有多少氨水都不能使 Be(OH)$_2$ 完全沉淀下来。所以，柿竹园矿废水中 $m(F)/m(Be)$ 高达 1.69×10^3 ~ 2.74×10^4，远远大于 4，为国内外处理铍污水时所少见。所以用氨水中和是不合适的。

废水中含 Na$^+$量约 2.67×10^4 mg/L，用 NaOH 作中和剂，会产生一系列反应：

$$2BeF_2+2NaOH =\!=\!= Be(OH)_2+Na_2BeF_4 \tag{4-88}$$

$$6BeF_2+2NaOH =\!=\!= Be(OH)_2+2Na_2BeF_3 \tag{4-89}$$

$$(NH_4)_2BeF_4+2NaOH =\!=\!= Na_2BeF_4+NH_3\uparrow+2H_2O \tag{4-90}$$

NaBeF$_3$ 或 Na$_2$BeF$_4$ 是溶解度较小的物质，但从净化角度来说是不小的。如 NaBeF$_3$ 在水中的溶解度为 1.4%，即水中的可溶铍为 1.42×10^3 mg/L，比废水的允许排放标准 0.02 mg/L 要高出 5 个数量级。因此，含铍废水是不能完全用 NaOH 除到 0.02 mg/L 以下的。

目前，国内外不少厂家采用石灰作中和剂，这是基于以下原理：

$$BeF_2+Ca(OH)_2 =\!=\!= Be(OH)_2\downarrow+CaF_2 \tag{4-91}$$

$$(NH_4)_2BeF_4+2Ca(OH)_2 =\!=\!= Be(OH)_2\downarrow+2CaF_2+2NH_3\uparrow+2H_2O \tag{4-92}$$

$$2Be(OH)_2 =\!=\!= BeO\cdot Be(OH)_2\downarrow+H_2O \tag{4-93}$$

$$BeF_n^{2-n}+2OH^- =\!=\!= Be(OH)_2\downarrow+nF^- \tag{4-94}$$

由上式可见，溶液中可溶铍的主要来源是 Be(OH)$_2$ 和 BeO·Be(OH)$_2$ 的溶解及离解。氢氧化铍是两性化合物，在酸性条件下可形成带正电荷的 Be^{2+}，在碱性条件下可形成带负电荷的 BeO$_2^{2-}$，因此，可用絮凝法深度除铍，各铍物种的平衡式及平衡常数如下：

$$Be(OH)_2 =\!=\!= Be^{2+}+2OH^- \qquad K_1=1\times10^{-20} \tag{4-95}$$

$$BeO\cdot Be(OH)_2 =\!=\!= Be_2O^{2+}+2OH^- \qquad K_2=4\times10^{-19} \tag{4-96}$$

$$Be(OH)_2 =\!=\!= BeO_2^{2-}+2H^+ \qquad K_3=2\times10^{-30} \tag{4-97}$$

$$BeO\cdot Be(OH)_2 =\!=\!= Be_2O_3^{2-}+2H^+ \qquad K_4=8\times10^{-30} \tag{4-98}$$

根据以上各平衡常数可得溶液中的[Be^{2+}]$_T$：

$$[Be^{2+}]_T=8.1\times10^9[H^+]^2+(1.8\times10^{-29}/[H^+]^2) \tag{4-99}$$

将不同的[H$^+$]代入上式得出溶液中的[Be^{2+}]$_T$，结果如表 4-110 所示。将表中数据作图可得图 4-14。

表 4-110　不同 pH 下溶液中的 $lg[Be^{2+}]_T$

pH	5	6	7	8	9	10	11	12
$lg[Be^{2+}]_T$	-0.09	-2.09	-4.09	-6.09	-8.09	-8.73	-6.75	-4.75

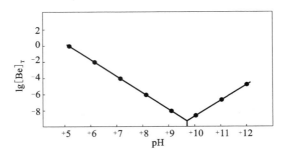

图 4-14　Be(Ⅱ)-H$_2$O 系的 $lg[Be^{2+}]_T$-pH 图

为了寻求最佳 pH，式(4-99)对[H$^+$]取导得：

$$d[Be^{2+}]_T/d[H^+] = 1.62 \times 10^{10}[H^+] - (3.68 \times 10^{-29}/[H^+]^3) \qquad (4-100)$$

令 $d[Be^{2+}]_T/d[H^+] = 0$，则解得：$[H^+] = 2.7 \times 10^{-10}$。

最佳 pH 为 9.66，与图 4-14 中两直线的交点值一样。此时 $[Be^{2+}]_T = 7.70 \times 10^{-10}$ mol/L(约为 6.93×10^{-8} mg/L)。

由于 Be^{2+} 的电荷对离子半径小，是良好的络合物形成体，而 F$^-$ 的电负性大、半径小，溶液中 Be^{2+} 主要以 BeF$_4^{2-}$ 的形式存在。由于 BeF$_4^{2-}$ 是十分稳定的络离子($K_{离} = 4.4 \times 10^{-16}$)，当用石灰除氟时会形成难溶的 CaBeF$_4$ 沉淀，但在 25℃ 下，每 100 g 水可溶解 0.0125 g CaBeF$_4$，即可溶铍为 9×10^{-3} g/L。废液中的铍量大大超过铍的标准值 0.02 mg/L，所以，深度除铍前必须先除氟。

3.3　铋中矿湿法氯化冶金废水处理

柿竹园铋中矿湿法氯化处理过程中产生了置换液与中和水解液两种氟铍废水，其主要成分如表 4-111 所示。拟采用硫化沉淀法除重金属和石灰中和法脱氟铍，具体情况如下所述。

3.3.1　硫化法除重金属

在 Na$_2$S 过剩系数为 1，初始 pH=5.0，反应时间 3 min，室温(15℃)的条件下，用硫化沉淀法除中和水解液中的重金属离子，试验结果如表 4-111 所示。

表 4-111　硫化法除重金属后液成分

元素	Cu	Pb	Zn	Bi
ρ（元素）/（g·L^{-1}）	0.00028	0.00032	0.0090	0.00087
脱除率/%	99.78	98.12	97.50	90.00

由表 4-111 可知，铜、铅、锌的脱除率均大于 97%，铋的脱除率为 90%。由于 FeS、Fe$_2$S 也参与反应，硫化物的沉淀颗粒会增大，澄清过滤性能好，含水率低，但有部分硫化氢气体逸出，存在污染环境、硫化钠价格贵等缺点。不过有资料表明，用 10%Na$_2$S 溶液吸收反应中所产生的硫化氢，所生成的硫化氢钠与硫化钠返回作硫化剂可克服上述缺点。

3.3.2　石灰中和法除氟铍

石灰中和法除氟铍试验共做了 7 次，试验条件及结果如表 4-112 所示。

表 4-112　石灰除氟条件及试验结果

单位：mg/L

编号	处理方法	试验条件	一段除氟液含氟	二段除氟液含氟	三段除氟液含氟	絮凝剂种类和量
1	石灰一段除氟	pH=8.5~9.5，40 min，15℃	74	—	—	无
2	石灰+氯化钙两段除氟	pH=8.5~9.5，40 min，15℃，液固分离后加 CaCl$_2$ 和石灰反应 1 h	51	11	—	每升溶液加 3$^\#$ 絮凝剂 0.2 mg
3	石灰+氯化钙一段除氟	pH=6.5~7.5，反应 30 min，加 CaCl$_2$ 反应 1 h	63	—	—	同上
4	石灰+氯化钙一段除氟	同 3	64	—	—	每升溶液加铝铵矾 0.2 mg
5*	石灰+氯化钙+碳酸钙一段除氟	pH=6.5~7.5，反应 30 min，加 CaCl$_2$ 和 CaCO$_3$ 反应 1 h	88.12	—	—	每升溶液加 3 絮凝剂 0.2 mg
6*	石灰+氯化钙+碳酸钙一段除氟	pH=8.5~9.5，其他同 5	87	—	—	同上

续表4-112

编号	处理方法	试验条件	一段除氟液含氟	二段除氟液含氟	三段除氟液含氟	絮凝剂种类和量
7	石灰+氯化钙+碳酸钙三段除氟	pH = 8.5~9.5，反应 30 min，加 CaCl$_2$ 反应 1 h，过滤后，加 CaCl$_2$ 和石灰反应 30 min，过滤后，加石灰和 CaCO$_3$ 控制 pH = 8.5~9.5，反应 30 min	87	44	5.89×10^{-3}	同上

注：*为置换废水，其余为中和水解废水。

从试验结果看，置换废水需要三段除氟才能使氟质量浓度低于 10 mg/L，而中和废水二段除氟后，氟质量浓度接近 10 mg/L 的排放标准。试验表明，絮凝剂的种类对脱氟影响不大，试验 7 外排废水化学成分的分析结果如表 4-113 所示。

表 4-113　外排废水化学成分

元素	Pb	Cu	Bi	F	Be
质量浓度/(mg·L^{-1})	1.52	0.165	4.17	5.89	0.58

从表 4-113 中可以看出，尽管铍的脱除率接近 90%，但铍的含量没有达到排放标准，而其他有害元素含量全部达标。

3.4　铋精矿新氯化水解法冶金废水处理

3.4.1　概　述

新氯化—水解法处理柿竹园铋精矿过程中产生了置换液氟铍废水，其主要成分[ρ(成分)/(g·L^{-1})] 如下：Bi 0.029~0.069；F 1.60；Cl 44.31；Pb 0.044；As 0.065；BeO 0.00105。拟采用硫化沉淀法除重金属、石灰中和除氟与砷及絮凝沉降砂滤法深度除铍三段净化处理这种氟铍废水。

3.4.2　硫化沉淀除重金属

硫化沉淀法除去重金属时，条件如下：①硫化剂的加入量为理论量的 2 倍；②室温；③时间 0.5 h；④pH = 4。一净废水中重金属的含量[ρ(成分)/(mg·

$L^{-1})$]如下：分别 Cu 0.011；Pb 0.2；Zn 1.7。这些含量都达到了工业废水排放标准$(1.1\ mg/L\ 及\ 5\ mg/L)$。另外，吨铋硫化剂消耗为 0.0115 t。

3.4.3　石灰中和法除氟与砷

在 pH = 8.5~9，$m(Ca)/m(F)=6.0$，常温，搅拌 0.5 h 的固定条件下，进行石灰中和法除氟、砷及大部分铍的二次净化废水试验，结果如表 4-114 所示。

表 4-114　石灰中和法除氟与砷的试验结果

No.	石灰加入量/g	二净废水，ρ(成分)/(mg·L^{-1})				渣质量/g	备注
		体积/mL	F	As	BeO		
1	5	100	4.3	1.2	—	5.40	用 1.42 g 漂白粉为氧化剂
2	58.45	1615	5.9	0.5	0.03472	55.58	空气为氧化剂，搅动 2 h
3	68：42	1900	6.50	0.34	—	55.14	空气为氧化剂，搅动 2 h

从表 4-114 中可以看出，废水经过石灰中和净化后，氟和砷的含量可以达到工业排放标准(分别为 10 mg/L 及 0.5 mg/L)；但 1# 试验因漂白粉失效，无氧化作用，因此砷含量超标。由此可见，欲使砷达标，必须在中和过程中氧化 Fe^{2+}、As^{3+} 等低价离子。尽管除去了 96.69% 的铍，但二净废水中 BeO 的含量仍然超标。另外，吨铋石灰消耗平均为 0.821 t，中和渣量为 0.469 t。

3.4.4　絮凝沉降砂滤法深度除铍

在 pH ≥ 9，每升废水的絮凝剂用量为 200 mg，常温，砂层厚 0.8 m，砂滤液流速 1.18 m/h 的条件下，进行了 3 次净化废水深度除铍试验，结果如表 4-115 所示。

表 4-115　深度净化除铍试验结果

No.	絮凝剂	三净废水，ρ(BeO)/(μg·L^{-1})	除铍率/%	备注
1	铝铵矾	13.89	60.00	BeO 由水口山
2	聚氯化铝	13.89	60.00	矿务局六厂分析

从表 4-115 中可以看出，废水经三次净化后，BeO 含量达到了工业排放标准(≤20 μg/L)。另外，吨铋絮凝剂消耗约为 2.9 kg。

3.4.5 铍在湿法工艺流程中的行为和去向

铍在氯化—浸出过程中是分散的，有 79.62% 入渣，有 20.38% 进入浸出液。在浸出液的净化、水解和置换过程中，近 100% 的铍留于溶液中。在废水处理过程中，硫化沉淀过程中的铍还是近 100% 地进入溶液，石灰中和过程中除去 96.69% 的铍，因此，只有 3.31%（总量的 0.67%）的铍进入二净废水，第三次净化又除去 60% 的铍，最后只有总量 0.27% 的铍以废水形式排出。当然，尚有总量 19.71% 及 0.4% 的铍分别进入二净废渣及三净废渣。冶金过程中间及终端产物的含铍量如表 4-116 所示。

表 4-116 冶金过程中间及终端产物中 BeO 含量的质量浓度 单位：mg/L

浸出渣，w(BeO)/%	浸出液	除铅液	除铜液	水解液	废水		
					一净	二净	三净
0.0022	3.5	3.45	3.3	0.993	0.993	0.035	0.014

注：BeO 含量由水口山矿务局六厂分析。

第4章　冶炼烟气处理

空气中若含有颗粒物、SO_2、酸雾及其他有害物，即为废气。重金属冶炼过程中会产生大量的废气，如一个拥有 1 台 17.5 m^2 鼓风炉的标准火法炼锌厂产生的废气量达到了 100000 m^3/h。本章系统介绍重金属冶炼生产过程产生的二氧化硫烟气和含汞烟气的治理技术与措施。

4.1　次氧化锌吸收法处理低浓度二氧化硫烟气

4.1.1　概　述

十多年前，来宾冶炼厂锡系统沸腾炉和烟化炉生产过程中产生的大量低浓度二氧化硫烟气直接排空，二氧化硫排放量为 3600~4000 t/a，不仅污染环境，而且浪费锡硫资源。随烟气排空的烟尘锡金属量达到 30 t/a，如果对这部分低浓度二氧化硫烟气进行处理，则每年可回收 30 t 锡金属，价值 400 多万元。

低浓度二氧化硫烟气污染的治理一直是工业企业和环保界面临的一个难题，国外对低浓度二氧化硫的治理较早，技术相对成熟，但其保密性强，技术转让费昂贵；虽然国内也有不少企业成功地治理了低浓度二氧化硫烟气，但是由于炼锡厂低浓度二氧化硫烟气中二氧化硫浓度不稳定的特殊性，我们决定用氧化锌烟尘吸收二氧化硫以生成亚硫酸锌，再用空气将其氧化成硫酸锌溶液，硫酸锌溶液可返回锌系统用于提取锌金属，每年可少用 6000 t 硫酸，价值 1080 万元。这样可取得解决低浓度二氧化硫烟气的污染治理和增加企业经济效益的双重效果。通过探讨，提出了次氧化锌料浆吸收—空气氧化法处理低浓度二氧化硫烟气的新工艺。2007 年 7 月进行工业试验，取得了良好效果（二氧化硫吸收率大于 95%，氧化锌利用率大于 50%；空气利用率达 20%~25%，亚硫酸锌氧化率大于 92%），为来宾冶炼厂低浓度二氧化硫烟气治理的技术改造提供了依据。本大节将详细介绍"次氧化锌料浆吸收—空气氧化法处理低浓度二氧化硫烟气"工业试验结果。

4.1.2　试验原料与流程

试验原料为来宾冶炼厂锡冶炼系统沸腾炉产生的低浓度二氧化硫烟气，SO_2 浓度 3510 mg/m^3，颗粒物浓度 175 mg/m^3，颗粒物中含 40% 的 Sn 40；试验辅助原料为锌冶炼系统生产的次氧化锌烟尘, 其成分如表4-117所示。

表 4-117　次氧化锌烟尘成分的质量分数　　　　　　　单位: %

Zn	$Zn_{水溶}$	Fe	S	As	Sb	Cl
36. 30	0. 23	16. 46	4. 76	0. 86	0. 7	0. 2

试验流程如图4-15所示。

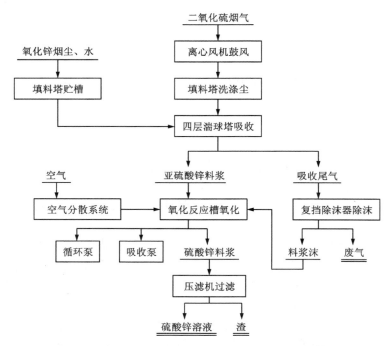

图 4-15　次氧化锌料浆吸收—空气氧化法处理低浓度二氧化硫烟气的工业试验流程

4.1.3　工业试验设备

工业试验设备的型号、规格与材质如图4-15所示。

(1)填料洗尘塔: 设计 φ1045 mm×6000 mm 填料塔, 洗涤烟气中夹带的少量尘。填料采用 φ80 mm×80 mm 开尔环, 填料高度 3000 mm, 玻璃钢。

(2)空气分散系统: 非标设计件。

(3)亚硫酸锌氧化反应槽: φ1630 mm×2000 mm, 玻璃钢。

(4)过滤设备: 1 台 30 m^2 厢式聚丙烯压滤机。

(5)泵: 空气分散系统循环泵, 不锈钢泵 300 m^3/h, $H35$ m; 填料塔循环泵,

40 m³/h，*H*30 m；湍球塔循环泵，28.8 m³/h，*H*30 m；反应槽矿浆转移或压滤泵，不锈钢泵，50 m³/h，*H*50 m。

（6）高压离心鼓风机：作为空气分散系统强化供风使用，要求风量为 1400 m³/h，全压 3610 Pa，选择 9-19 型 4#高压离心通风机，功率 3 kV·A。

（7）高压离心鼓风机：作为试验烟气供风使用，要求风量为 5950 m³/h，全压 5500 Pa，功率 15 kV·A。

（8）矿浆加热设备：使用蒸汽管直接在解析反应槽通蒸汽加热矿浆。

（9）计量仪表、器具：空气流量计，测量范围 160~1500 m³/h；烟气流量计，测量范围 3000~6000 m³/h；反应槽温度测量采用热电阻测温计，温度范围 25~100℃。

4.1.4　试验方法

（1）在沸腾炉开炉的情况下，填料塔贮槽、氧化反应槽预先注水，把氧化反应后的槽内水加热到 40~50℃。

（2）启动填料塔贮槽搅拌器，在槽内加入预计每小时氧化锌烟尘加入量的一半。

（3）氧化锌烟尘的加入量为吸收二氧化硫需要的理论量的 1.5~1.6 倍。试验期间，根据吸收尾气含 SO_2 的浓度是否达标适当增加和减少投入量。

（4）启动湍球塔、填料塔循环泵、启动烟气鼓风机，控制烟气流量为 3000~3500 m³/h。

（5）启动氧化反应槽和空气分散系统。

（6）适当地往填料塔贮槽补充水，根据每个试验的氧化锌烟尘加入速度和二氧化硫烟气浓度、烟气量确定。

（7）每个试验的连续作业时间为 3~6 h。

（8）到试验时间后，停止烟气鼓风机，停止湍球塔、填料塔循环泵，停止往填料塔贮槽加入氧化锌烟尘，停止加水。氧化反应槽作业继续运转 1 h，考察溶液锌离子浓度的变化，1 h 后，停止空气分散系统，关闭加热蒸汽。将反应槽内的料浆全部泵送去压滤机过滤。

（9）试验过程中，及时把溢流到料浆贮槽的料浆送到压滤机压滤。

4.1.5　基本原理

氧化锌吸收二氧化硫的主要反应如下：

$$ZnO + SO_2 \Longrightarrow ZnSO_3 \tag{4-101}$$

$$ZnSO_3 + SO_2 + H_2O \Longrightarrow Zn(HSO_3)_2 \tag{4-102}$$

$$ZnO + SO_2 + \frac{5}{2}H_2O \Longrightarrow ZnSO_3 \cdot \frac{5}{2}H_2O \tag{4-103}$$

与此同时，多相反应器下部循环槽内鼓入空气，将生成的 $ZnSO_3$ 氧化成 $ZnSO_4$，其主要化学反应如下：

$$ZnSO_3+\frac{1}{2}O_2 =\!\!= ZnSO_4 \qquad\qquad (4-104)$$

$$Zn(HSO_3)_2+O_2 =\!\!= ZnSO_4+H_2SO_4 \qquad\qquad (4-105)$$

$$ZnO+H_2SO_4 =\!\!= ZnSO_4+H_2O \qquad\qquad (4-106)$$

4.1.6 结果及讨论

1. 二氧化硫吸收效果

相应条件下，吸收后的尾气中二氧化硫浓度如表 4-118 所示。

表 4-118 烟气经吸收后的尾气中二氧化硫浓度

时间间隔/h	1	2	3	4	5	平均
烟气流量/$(m^3 \cdot h^{-1})$	3300	3300	3300	3300	3300	3300
矿浆温度/℃	45	45	45	45	45	45
氧化锌加入速度/$(kg \cdot h^{-1})$	180	180	180	180	180	180
尾气 SO_2 浓度/$(mg \cdot m^{-3})$	147	300	270	280	300	259.4

从表 4-118 中可以看出，当烟气流量为 3300 m^3/h 时，在矿浆温度为 45℃，次氧化锌加入量为 180 kg/h 的条件下吸收，尾气中二氧化硫浓度平均为 259.4 mg/m^3，低于国家二级排放标准（400 mg/m^3）。

2. 氧化锌烟尘锌利用率

氧化锌烟尘利用率是指生成的硫酸锌溶液含锌量占投入的氧化锌烟尘中锌金属量的百分比。优化条件下连续吸收 5 h，氧化锌烟尘用量及氧化锌利用率如表 4-119 所示。

表 4-119 氧化锌利用率

序号	工艺条件					氧化锌利用率/%
	氧化锌烟尘加入量/$(kg \cdot h^{-1})$	氧化锌烟尘含锌量/kg	烟气流量/$(m^3 \cdot h^{-1})$	料浆温度/℃	空气供给量/$(m^3 \cdot h^{-1})$	
1	180	64.8	3300	45	210~270	50.33
2	180	64.8	3300	45	210~270	49.43
3	180	64.8	3300	45	210~270	52.82

续表4-119

序号	工艺条件					氧化锌利用率/%
	氧化锌烟尘加入量/(kg·h^{-1})	氧化锌烟尘含锌量/kg	烟气流量/(m³·h^{-1})	料浆温度/℃	空气供给量/(m³·h^{-1})	
4	180	64.8	3300	45	210~270	51.09
5	180	64.8	3300	45	210~270	49.49
6	180	64.8	3300	45	210~270	54.38
平均	180	64.8	3300	45	210~270	51.26

从表4-119中可以看出，氧化锌利用率平均为51.26%。由于试验过程没有对被吸收的尾气的浓度实施在线监控，无法根据尾气的浓度及时调整投入氧化锌量。在工业生产中，如果配备在线监控设备并实时调节氧化锌烟尘给入量，氧化锌的有效利用率仍有提高的空间。

3. 亚硫酸锌氧化率

亚硫酸锌氧化率=（生成的硫酸锌溶液中 SO_4^{2-} 质量+滤渣中机械夹带的硫酸锌溶液中的 SO_4^{2-} 质量-氧化锌烟尘中水溶 SO_4^{2-} 质量）/（生成的硫酸锌溶液中的 SO_4^{2-} 质量+滤渣中总 S（换算成 SO_4^{2-}）质量-氧化锌烟尘总 S（换算成 SO_4^{2-}）质量×100%。优化条件下，连续氧化获得的亚硫酸锌氧化率如表4-120所示。

表 4-120　亚硫酸锌氧化率

序号	工艺条件				亚硫酸锌氧化率/%	锌金属平衡率/%
	氧化锌加入量/(kg·h^{-1})	烟气流量/(m³·h^{-1})	料浆温度/℃	空气供给量/(m³·h^{-1})		
1	240	3300	45	210~270	94.60	102.72
2	240	3300	45	210~270	93.60	98.39
3	240	3300	45	210~270	95.82	101.70
4	240	3300	45	210~270	92.63	107.35
5	240	3300	45	210~270	94.66	104.61
6	240	3300	45	210~270	92.08	99.23
平均	240	3300	45	210~270	93.90	102.33

从表4-120中可以看出，亚硫酸锌的平均氧化率为93.90%，锌金属的平均平衡率为102.33%，说明锌金属的平衡情况良好。

4.1.7　小　结

（1）次氧化锌吸收法处理低浓度二氧化硫烟气在技术上和工程上都是可行的，吸收效果好。在优化条件下，尾气中二氧化硫的平均浓度为 259.4 mg/m³，低于国家二级排放标准（400 mg/m³）。

（2）采用特制的空气分散系统，将亚硫酸锌的氧化率和氧化锌利用率分别提高到92%以上和50%左右。

（3）次氧化锌吸收二氧化硫和空气氧化亚硫酸锌的优化条件如下：①烟气流量 3300 m³/h；②料浆温度 45℃；③空气供给量 210~270 m³/h。

4.2　氯配合法处理含汞烟气

4.2.1　概　述

锌、汞共存于闪锌矿晶格中，因此，每吨锌精矿常含有几克乃至几百克的汞，在焙烧过程中，汞几乎100%进入烟气，其中约50%进入硫酸，从而降低硫酸产品的品质。例如我国某炼锌厂年产硫酸 1000 kt，汞的平均质量分数为 100×10^{-6}；而特级及优级硫酸要求 $w(Hg) \leqslant 5 \times 10^{-6}$。如此大量的含汞量严重超标的硫酸流入市场后，势必造成大范围的汞污染；另外，汞很贵，价格近 30 万元/t，而且资源短缺。因此，冶炼烟气除汞势在必行，可达到提高硫酸产品质量，综合利用汞资源，提高经济效益的目的。

4.2.2　除汞原理

硫化汞在焙烧过程中，产生汞蒸气和二氧化硫：

$$HgS + O_2 = Hg \uparrow + SO_2 \qquad (4-107)$$

当汞蒸气与 $HgCl_2$ 溶液接触时，产生氯化亚汞固态结晶：

$$Hg + HgCl_2 = Hg_2Cl_2 \downarrow \qquad (4-108)$$

$HgCl_2$ 可能被二氧化硫还原：

$$2HgCl_2 + SO_2 + 2H_2O = Hg_2Cl_2 \downarrow + H_2SO_4 + 2HCl \qquad (4-109)$$

在过剩氯离子存在的情况下，生成稳定的且不被二氧化硫还原的汞（Ⅱ）-氯配合离子 $HgCl_i^{2-i}$，可降低氧化还原电位，并能选择性地氧化汞蒸气，达到烟气除汞的目的。

$$HgCl_i^{2-i} + Hg = Hg_2Cl_2 \downarrow + (i-2)Cl^- \qquad (4-110)$$

Hg_2Cl_2 沉淀用氯气氧化成 $HgCl_i^{2-i}$，一部分氯化汞溶液返回利用，另一部分开路制备氯化汞产品。

4.2.3　除汞流程与装置

烟气除汞流程及设备配置如图4-16所示，采用填料吸收塔脱汞，该塔配置在二次低温电除雾器和干燥塔之间，这样可使焙烧烟气在经过高温静电除尘、两段逆流洗涤、间冷及两段低温电除雾后，再进入除汞塔。

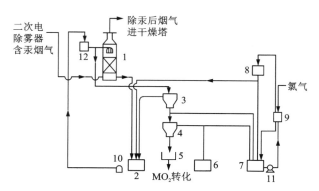

1—吸收填料塔；2—溶液循环槽；3—1#沉淀槽；4—2#沉淀槽；5—氯化亚汞过滤器；
6—处理槽；7—氧化槽；8—氧化液高位槽；9—气液混合器；10、11—陶瓷泵；12—循环液高位槽。

图4-16　烟气除汞流程及设备配置图

4.2.4　试验技术参数与条件

烟气除汞工业试验技术参数与条件如下：①空塔烟气流速为 $0.43 \sim 0.47$ m/s；②喷淋强度为 15 m³/(m²·h)；③氯化汞溶液中汞质量浓度为 3.0 g/L；④循环液中氯离子质量浓度为 35 g/L；⑤塔身阻力损失为 $196 \sim 294$ Pa；⑥吸收塔入口的平均温度为 $41℃$；⑦吸收塔出口的平均温度为 $38.5℃$。

4.2.5　试验结果

烟气除汞工业试验分两阶段进行，第一阶段试验结果如表4-121所示。

表4-121　第一阶段烟气除汞工业试验结果

No.	塔进口汞质量浓度 /(mg·m⁻³)	塔出口汞质量浓度 /(mg·m⁻³)	吸收效率 /%
1	35.51	1.68	95.27
2	26.48	1.44	94.56

续表4-121

No.	塔进口汞质量浓度 /(mg·m⁻³)	塔出口汞质量浓度 /(mg·m⁻³)	吸收效率 /%
3	48.89	1.58	96.77
4	37.43	1.27	96.61
5	55.42	1.28	97.69
6	17.85	0.77	95.67
7	50.93	1.58	96.90
8	35.75	0.96	97.27
平均	35.75	1.05	97.06

表中数据说明，除汞效果很好，除汞烟气中 Hg 质量浓度达 1.05 mg/m³，平均除汞率为 97.06%。在第一阶段工业试验的基础上，对吸收塔等部分设备进行局部改造后进行第二阶段工业试验，结果如表 4-122 及表 4-123 所示。

表 4-122　第二阶段烟气除汞工业试验结果

No.	塔进口汞质量浓度 /(mg·m⁻³)	塔出口汞质量浓度 /(mg·m⁻³)	吸收效率 /%
1	32.82	1.22	96.28
2	28.92	1.22	95.78
3	41.55	0.82	98.03
4	25.48	0.84	96.70
5	69.08	0.81	98.83
6	63.15	2.83	98.69
7	73.71	0.83	98.87
8	61.84	0.83	98.66
平均	37.31	0.96	97.43

表 4-123　成品酸中汞的质量分数　　　　单位：μg/g

No.	1	2	3	4	5	6	7	8	平均
酸中汞	6.02	6.16	4.68	4.12	3.85	5.90	5.09	3.08	4.60

从表 4-122 及表 4-123 可以看出，除汞效果好而稳定，平均除汞率为 97.43%，最高为 98.87%；除汞烟气中 Hg 的平均质量浓度为 0.96 mg/m³，成品

酸中 $w(Hg)$ 为 4.6 $\mu g/g$，达到国家特级硫酸的标准要求。

4.2.6 结 论

(1)含汞锌精矿焙烧烟气用氯配合法除汞在技术上及工程上均是可行的，工业试验取得很好的技术经济指标，将汞质量浓度为 37.31 mg/m^3 的烟气中的汞除至 0.96 mg/m^3，使成品酸中的汞含量达到国家特级硫酸的标准要求。

(2)在经济上，氯配合法比碘配合法更具优越性，采用碘配合法后，吨汞 KI 的单耗为 0.25 t，费用为 5 万元；而采用氯配合法后，吨汞氯气单耗为 1.4 t，费用为 980 元。

(3)副产品氯化亚汞可深加工成用量很大的氯化汞催化剂。

参考文献

[1] 赵天从，汪键. 有色金属提取冶金手册锡锑汞卷[M]. 北京：冶金工业出版社，1999：217-388.

[2] 肖细元，陈同斌，廖晓勇，等. 中国主要含砷矿产资源的区域分布与砷污染问题[J]. 地理研究，2008，27(1)：201-211.

[3] 殷德洪，黄其兴，刘特明. 砷害治理与白砷提取流程的选择[J]. 有色金属(冶炼部分)，1984(6)：12-17.

[4] 唐谟堂. 我国有色冶金中的砷害与对策[J]. 湖南有色金属，1989，5(2)：42-44.

[5] 唐谟堂，黎茂梁，彭长宏. 砷害防治及含砷木材防腐剂的开发[C]. 湖南高新技术及其产业发展学术研讨会论文集，2000，长沙：245-248.

[6] 唐谟堂，唐朝波，何静，等. 有色金属选冶过程中的砷害与对策[C]. 全国重有色金属冶炼含砷危废处理及资源化综合利用研讨会议论文集，2008，烟台：61-72.

[7] 唐谟堂，鲁君乐，袁延胜，等. 新氯化-水解法处理铅阳极泥[J]. 有色金属(冶炼部分)，1992(2)：

[8] 唐谟堂，鲁君乐，袁延胜，等. 江永银铅锌矿铅阳极泥湿法处理实验室小型试验报告[R]. 长沙：中南工业大学有色金属研究所，1995.

[9] 唐谟堂，袁延胜，鲁君乐，等. 江永银铅锌矿新建100 t/a铅阳极泥湿法处理分厂可行性研究报告[R]. 长沙：中南工业大学，1995.

[10] 唐谟堂. 氯化—干馏法的研究——理论基础和实际应用[D]. 长沙：中南工业大学，1986.

[11] Tang Motang, Zhao Tiancong, et al. CR Process for Treating Guang-Xi Dachang's Complex Tin Dusts Bearing High As and Sb[J]. Transactions of Nonferrous Metals Society of China，1992，(4).

[12] 唐谟堂，汪键，鲁君乐，等. CR 法处理广西大厂高砷高锑多金属锡烟尘小型试验报告[R]. 长沙：中南工业大学有色金属研究所，1987.

[13] 唐谟堂, 汪键, 鲁君乐, 等. CR 法处理广西大厂复杂锡烟尘补充试验报告[R]. 长沙: 中南工业大学有色金属研究所, 1991.

[14] 唐谟堂, 鲁君乐, 袁延胜, 等. 大冶铜转炉烟灰水洗渣湿法处理实验室小型试验报告[R]. 长沙: 中南工业大学有色金属研究所, 1993.

[15] 李鹏, 唐谟堂, 鲁君乐. 由含砷烟灰直接制取砷酸铜[J]. 中国有色金属学报, 1997, 7(1): 37-39.

[16] 唐谟堂, 李鹏. CR 法处理铜转炉烟灰制取砷酸铜[J]. 中国有色冶金, 2009(6): 55-59.

[17] 陈永明. 盐酸体系炼锌渣提铟及铁资源有效利用的工艺与理论研究[D]. 长沙: 中南大学, 2009.

[18] 李诚国. 高铟锌焙砂的硫酸浸渣在盐酸体系中提铟及制取铁酸锌新工艺研究[D]. 长沙: 中南大学, 2006.

[19] 王亦男. 在盐酸体系中处理含铟高浸渣综合回收铟及有价元素[D]. 长沙: 中南大学, 2008.

[20] 覃宝桂. 铁矾渣提铟及铁资源利用新工艺研究[D]. 长沙: 中南大学, 2010.

[21] 李诚国, 唐谟堂, 唐朝波, 等. 氯盐体系中锌焙砂中浸渣高温高酸还原浸出研究[J]. 湿法冶金, 2005, 24(4): 203-207.

[22] 王亦男, 杨声海, 唐谟堂. 盐酸体系浸出含铟高浸渣工艺研究[J]. 湿法冶金, 2008, 127(1): 41-44.

[23] 陈永明, 唐谟堂, 李诚国, 等. 铟锌精矿铁资源制取铁酸锌新工艺[J]. 材料与冶金学报, 2007, 6(3): 196-203.

[24] 陈永明, 唐谟堂, 杨声海, 等. NaOH 分解含铟铁矾渣新工艺[J]. 中国有色金属学报, 2009, 19(7): 1322-1331.

[25] 唐谟堂, 鲁君乐, 何静, 等. 从四川会东铅锌矿锌焙砂高酸浸出渣中回收银的实验室小型试验报告[R]. 长沙: 中南大学有色金属研究所, 2001.

[26] 唐谟堂, 何静, 刘中清, 等. 四川会东铅锌矿锌焙砂高酸浸出渣湿法提银主干流程半工业试验报告[R]. 长沙: 中南大学有色金属研究所, 四川会东铅锌矿新产品技术开发公司, 2002.

[27] 王瑞祥, 唐谟堂, 唐朝波, 等. 从高酸浸出锌渣中回收银研究[J]. 黄金, 2008, 29(9): 32-35.

[28] 唐明成. 湖南柿竹园铋中矿冶金化工新工艺及其基础理论研究[D]. 长沙: 中南工业大学学位论文, 1992.

[29] 唐谟堂, 鲁君乐, 袁延胜, 等. 柿竹园高硅含铍含氟铋精矿直接制取铋化工产品实验室小型试验报告[R]. 长沙: 中南大学有色金属研究所, 1992.

[30] 张志凌. 我国有色冶炼低浓度二氧化硫烟气治理现状及对策[J]. 硫酸工业, 2003(5): 8-11.

[31] 覃宝桂, 唐谟堂. 次品氧化锌吸收法处理低浓度二氧化硫烟气的工业试验[J]. 中国有色冶金, 2009(1): 54-56.

[32] 董丰库. 氯络合法烟气除汞的工业试验[J]. 有色冶炼, 1994(5): 37-40.